이 책을 펴고 있는 그대를 환영합니다.

똑. 똑. 똑

호기심과 질문으로
지식의 문을 힘차게 두드리기를

쿵. 쿵. 쿵

알아가는 즐거움으로
심장이 벅차게 뛰기를

이 책을 펴고 있는 그대를 응원합니다.

BETTER CONTENT BETTER LIFE

중등 수학 2-1

WRITERS

미래엔콘텐츠연구회
No.1 Content를 개발하는 교육 콘텐츠 연구회

COPYRIGHT

인쇄일 2025년 9월 15일(1판3쇄)
발행일 2024년 11월 11일

펴낸이 신광수
펴낸곳 (주)미래엔
등록번호 제16–67호

중고등개발본부장 하남규
개발책임 주석호 **개발** 이선희, 남예지, 이슬비, 김윤지, 김희성

디자인실장 손현지
디자인책임 김병석 **디자인** 교육디자인1팀

CS본부장 장명진

ISBN 979–11–7311–117–4

리:피트

중등 수학

2-1

STRUCTURE

특장과 구성

개념 책(Book)과 반복 첵(Check)을 1 : 1 매칭하여
자연스럽게 반복 학습을 할 수 있도록 구성하였다.

① 개념 학습

완벽한 개념 정리, 개념 Bridge와 개념을 바로
적용하여 풀 수 있는 check 문제로 구성하였다.

② 필수 유형 익히기

반드시 익혀야 하는 유형을 선별하여 대표 문제와
쌍둥이 문제로 구성하였다.

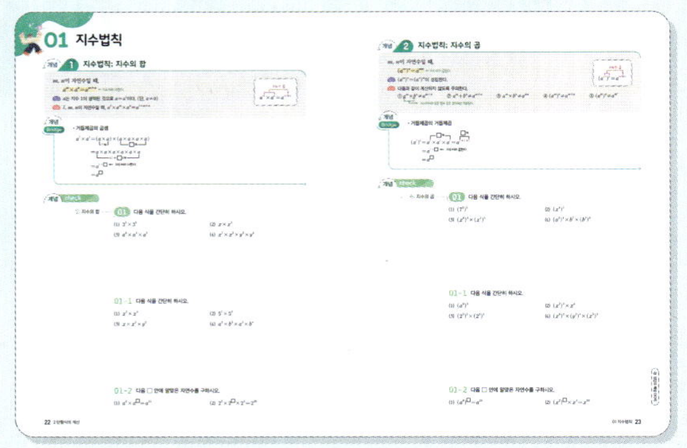

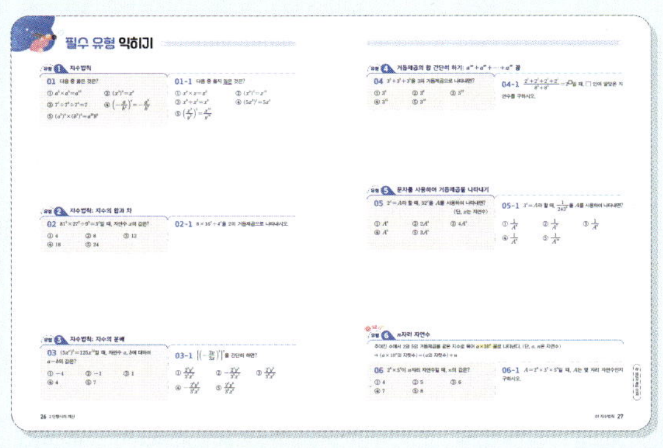

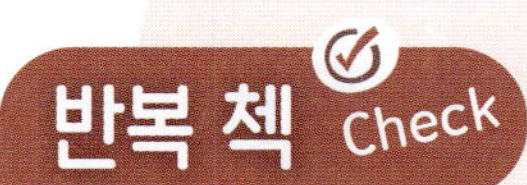

③ 서술형 감잡기

구체적인 단계를 통해 서술형 문제를 연습하면서
서술형에 대한 감각을 기를 수 있도록 하였다.

④ 단원 마무리하기

단원을 마무리하고 학교 시험에
대비할 수 있는 실전 문제로 구성하였다.

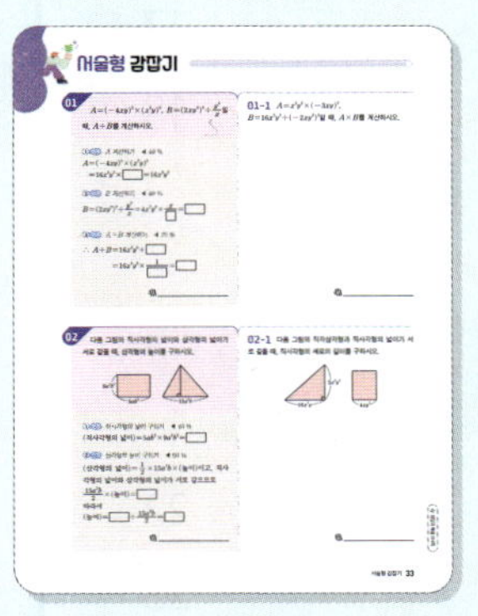

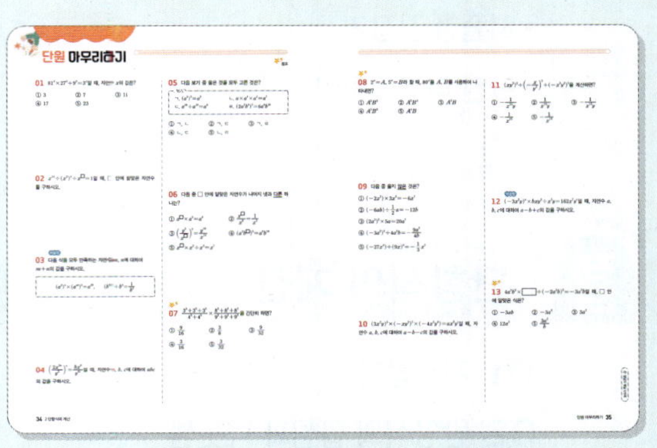

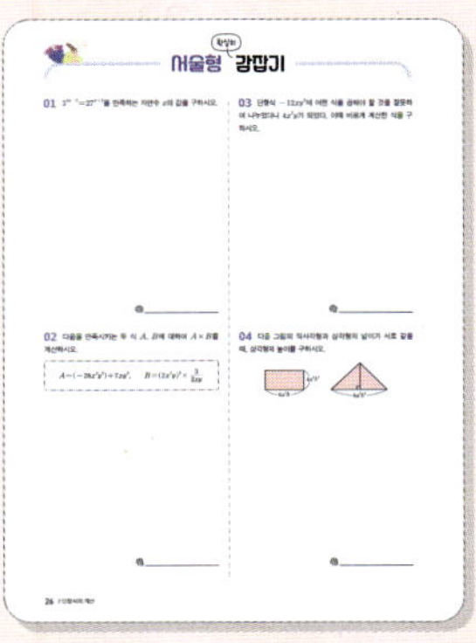

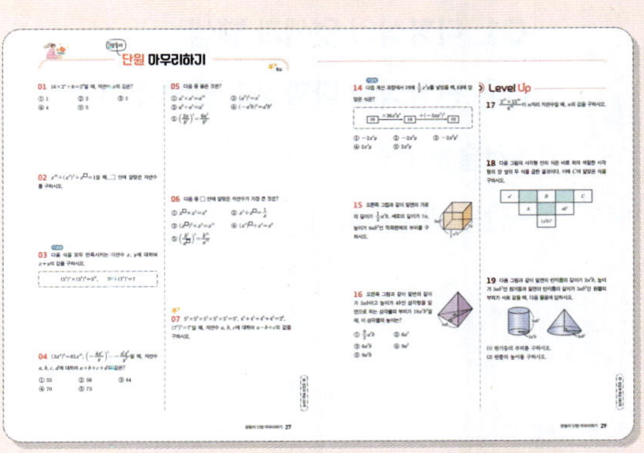

CONTENTS
차례

행복의 원칙은
첫째, 어떤 일을 할 것
둘째, 어떤 사람을 사랑할 것
셋째, 어떤 일에 희망을 가질 것이다.

- 엠마누엘 칸트 -

유리수와 순환소수

개념 1 유리수와 소수

(1) **유리수**: 분수 $\dfrac{a}{b}$ (a, b는 정수, $b \neq 0$) 꼴로 나타낼 수 있는 수

(2) **소수의 분류**

① **유한소수**: 소수점 아래에 0이 아닌 숫자가 유한 번 나타나는 소수

예 0.3, 1.25, -3.91

② **무한소수**: 소수점 아래에 0이 아닌 숫자가 무한 번 나타나는 소수

예 $0.222\cdots$, $1.1234\cdots$, $3.141592\cdots$

개념 Bridge

· 유한소수인지 무한소수인지 구분하기

$$0.5 \xrightarrow[\text{0이 아닌 숫자가 유한 번}]{\text{소수점 아래에}} \boxed{} \text{소수}$$

$$0.333\cdots \xrightarrow[\text{0이 아닌 숫자가 무한 번}]{\text{소수점 아래에}} \boxed{} \text{소수}$$

개념 check

✓ 유한소수와 무한소수 ········ **01** 다음 분수를 소수로 나타내고, 유한소수와 무한소수로 구분하시오.

(1) $\dfrac{5}{4}$ 　　　　　　(2) $\dfrac{1}{8}$

(3) $\dfrac{8}{11}$ 　　　　　　(4) $\dfrac{7}{12}$

(5) $\dfrac{2}{25}$ 　　　　　　(6) $-\dfrac{2}{9}$

01-1 다음 분수를 소수로 나타내고, 유한소수와 무한소수로 구분하시오.

(1) $\dfrac{3}{2}$ 　　　　　　(2) $\dfrac{4}{9}$

(3) $\dfrac{2}{11}$ 　　　　　　(4) $\dfrac{101}{100}$

(5) $-\dfrac{13}{5}$ 　　　　　　(6) $-\dfrac{7}{6}$

(1) **순환소수**: 소수점 아래의 어떤 자리에서부터 일정한 숫자의 배열이 끝없이 되풀이되는 무한소수

(2) **순환마디**: 순환소수의 소수점 아래에서 숫자의 배열이 일정하게 되풀이되는 가장 짧은 부분

(3) **순환소수의 표현**: 순환소수는 첫 번째 순환마디의 양 끝의 숫자 위에 점을 찍어 나타낸다.

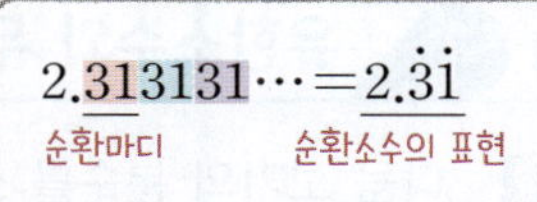

주의 순환마디는 소수점 아래에서 숫자의 배열이 가장 먼저 반복되는 부분이다.

$$1.333\cdots=\begin{bmatrix} 1.3\dot{3}\ (\times) \\ 1.\dot{3}\ (\bigcirc) \end{bmatrix},\ 2.1232323\cdots=\begin{bmatrix} 2.12\dot{3}\dot{2}\ (\times) \\ 2.1\dot{2}\dot{3}\ (\bigcirc) \end{bmatrix},\ 3.456456456\cdots=\begin{bmatrix} 3.4\dot{5}\dot{6}\ (\times) \\ 3.\dot{4}5\dot{6}\ (\bigcirc) \end{bmatrix}$$

개념 **Bridge**

· 순환소수 표현하기

$0.666\cdots$ → (순환마디: 6) → $0.\dot{6}$

$1.515151\cdots$ → (순환마디: 51) → $1.\dot{\Box}\dot{\Box}$

$3.4712712712\cdots$ → (순환마디: 712) → $3.4\dot{\Box}1\dot{\Box}$

개념 **check**

✓ 순환소수 표현하기

01 다음 순환소수를 순환마디에 점을 찍어 간단히 나타내시오.

(1) $1.555\cdots$ (2) $0.212121\cdots$

(3) $2.348348348\cdots$ (4) $3.5101010\cdots$

01-1 다음 순환소수를 순환마디에 점을 찍어 간단히 나타내시오.

(1) $3.282828\cdots$ (2) $-0.769769769\cdots$

(3) $1.9454545\cdots$ (4) $4.52666\cdots$

✓ 분수를 순환소수로 표현하기

02 분수 $\dfrac{14}{33}$ 를 소수로 나타낼 때, 다음 물음에 답하시오.

(1) 순환마디를 구하시오.

(2) 순환마디에 점을 찍어 순환소수로 간단히 나타내시오.

02-1 다음 분수를 순환마디에 점을 찍어 순환소수로 간단히 나타내시오.

(1) $\dfrac{5}{9}$ (2) $\dfrac{4}{11}$

(3) $\dfrac{17}{6}$ (4) $\dfrac{32}{27}$

필수 유형 익히기

01 다음 **보기**의 분수를 소수로 나타낼 때, 무한소수인 것을 모두 고르시오.

보기
ㄱ. $\dfrac{13}{6}$　　ㄴ. $\dfrac{15}{8}$　　ㄷ. $\dfrac{7}{11}$　　ㄹ. $\dfrac{33}{20}$

01-1 다음 분수를 소수로 나타낼 때, 유한소수인 것은?

① $\dfrac{5}{6}$　　② $\dfrac{14}{9}$　　③ $\dfrac{11}{12}$

④ $\dfrac{3}{16}$　　⑤ $\dfrac{1}{27}$

02 다음 중 순환소수의 표현이 옳은 것은?

① $1.3555\cdots=1.3\dot{5}$

② $0.2585858\cdots=0.2\dot{5}\dot{8}$

③ $1.456456456\cdots=1.4\dot{5}\dot{6}$

④ $2.090909\cdots=2.0\dot{9}0$

⑤ $4.784784784\cdots=\dot{4}.7\dot{8}$

02-1 다음 중 순환소수의 표현이 옳지 <u>않은</u> 것은?

① $0.454545\cdots=0.\dot{4}\dot{5}$

② $0.1666\cdots=0.1\dot{6}$

③ $0.1232323\cdots=0.1\dot{2}\dot{3}$

④ $1.737373\cdots=1.\dot{7}3\dot{7}$

⑤ $2.532532532\cdots=2.\dot{5}3\dot{2}$

03 분수 $\dfrac{8}{55}$ 을 순환소수로 바르게 나타낸 것은?

① $0.14\dot{5}$　　② $0.1\dot{4}\dot{5}$　　③ $0.\dot{1}4\dot{5}$

④ $\dot{0}.14\dot{5}$　　⑤ $0.145\dot{4}$

03-1 분수 $\dfrac{50}{27}$ 을 순환소수로 바르게 나타낸 것은?

① $1.\dot{8}51$　　② $1.\dot{8}5\dot{1}$　　③ $1.85\dot{1}$

④ $1.\dot{8}5\dot{1}$　　⑤ $1.8\dot{5}\dot{1}$

❶ 순환마디의 숫자의 개수 구하기

❷ $n \div$ (순환마디의 숫자의 개수)를 하여 나머지 구하기

❸ 순환마디에서 나머지만큼 이동한 자리의 숫자 찾기 (나머지가 0인 경우에는 순환마디의 맨 끝 자리의 숫자)

04 순환소수 $0.23\dot{8}4\dot{7}$의 소수점 아래 65번째 자리의 숫자를 구하시오.

04-1 분수 $\dfrac{3}{7}$ 을 소수로 나타낼 때, 소수점 아래 100번째 자리의 숫자를 구하시오.

02 유리수의 분수 표현

개념 3 유한소수로 나타낼 수 있는 분수

(1) 모든 유한소수는 분모가 10의 거듭제곱인 분수로 나타낼 수 있다.

이때 분모를 소인수분해 하면 분모의 소인수가 2와 5뿐임을 알 수 있다.

(2) 정수가 아닌 분수를 기약분수로 나타냈을 때,

① 분모의 소인수가 2 또는 5뿐이면 그 분수는 유한소수로 나타낼 수 있다.

② 분모에 2 또는 5 이외의 소인수가 있으면 그 분수는 순환소수로 나타낼 수 있다.

개념 Bridge

• 유한소수 또는 순환소수로 나타낼 수 있는 분수 구분하기

$$\frac{9}{60} = \frac{3}{20} = \frac{3}{2^2 \times 5} \longrightarrow \boxed{}\text{소수로 나타낼 수 있다.}$$

소인수가 2 또는 5뿐

$$\frac{1}{14} = \frac{1}{2 \times 7} \longrightarrow \boxed{}\text{소수로 나타낼 수 있다.}$$

2 또는 5가 아닌 소인수

개념 check

☑ 분수의 분모를 10의 거듭제곱 꼴로 고쳐서 유한소수로 나타내기

01 다음 분수의 분모를 10의 거듭제곱 꼴로 고쳐서 유한소수로 나타내시오.

(1) $\dfrac{3}{4}$ (2) $\dfrac{3}{8}$ (3) $\dfrac{4}{25}$ (4) $\dfrac{7}{20}$

☑ 유한소수 또는 순환소수로 나타낼 수 있는 분수 구분하기

02 다음 분수를 소수로 나타낼 때, 유한소수로 나타낼 수 있는 것은 ○표, 나타낼 수 없는 것은 ×표를 하시오.

(1) $\dfrac{21}{2 \times 3 \times 7}$ (　　　) (2) $\dfrac{55}{121}$ (　　　)

02-1 다음 **보기**의 분수 중 유한소수로 나타낼 수 있는 것을 모두 고르시오.

보기

ㄱ. $\dfrac{3}{2^3}$　　　　ㄴ. $\dfrac{4}{5 \times 7}$　　　　ㄷ. $\dfrac{50}{9}$　　　　ㄹ. $\dfrac{39}{60}$

❶ 순환소수를 x라 한다.

❷ 양변에 10의 거듭제곱을 곱하여 소수점 아래의 부분이 같은 두 식을 만든다.

❸ 두 식을 변끼리 빼어 x의 값을 구한다.

순환소수 $0.\dot{2}\dot{3}$을 x라 하면

❶ $x=0.232323\cdots$ ← 순환마디: 23

❷ $100x=23.232323\cdots$ ← 소수점이 첫 순환마디 뒤에 오도록 한다.

❸
$$100x=23.232323\cdots$$
$$-)\quad x=\ 0.232323\cdots$$
소수점 아래의 부분이 같으므로 빼어 없앤다.
$$99x=23 \qquad \therefore\ x=\frac{23}{99}$$

개념 Bridge

• 순환소수 $0.\dot{5}\dot{6}$을 분수로 나타내기

$0.\underline{56}.$　순환소수의 소수점을 첫 순환마디 뒤로 옮기려면 $\boxed{}$을 곱해야 한다.

→ 따라서 순환소수를 분수로 고칠 때 가장 편리한 식은 $\boxed{}x-x$이다.

• 순환소수 $0.5\dot{6}\dot{7}$을 분수로 나타내기

$0.5\dot{6}\dot{7}.$　순환소수의 소수점을 첫 순환마디 뒤로 옮기려면 $\boxed{}$을 곱해야 한다.

$0.5\underline{.67}$　순환소수의 소수점을 첫 순환마디 앞으로 옮기려면 $\boxed{}$을 곱해야 한다.

→ 따라서 순환소수를 분수로 고칠 때 가장 편리한 식은 $\boxed{}x-\boxed{}x$이다.

개념 check

☑ 순환소수를 분수로 나타내기; 10의 거듭제곱 이용

01 다음은 순환소수를 분수로 나타내는 과정이다. ☐ 안에 알맞은 수를 써넣으시오.

(1) $1.\dot{7}$

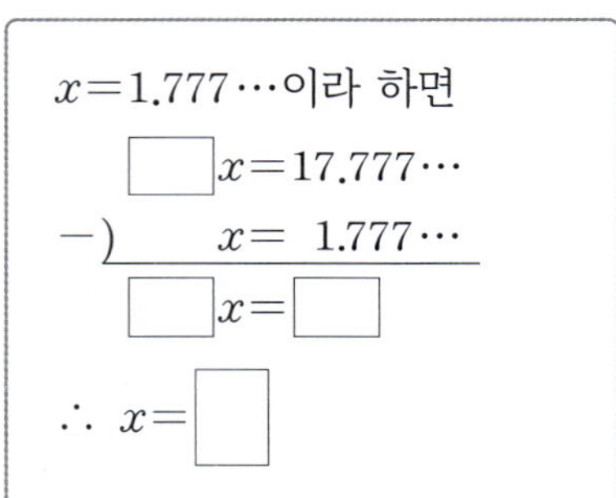

(2) $0.3\dot{4}$

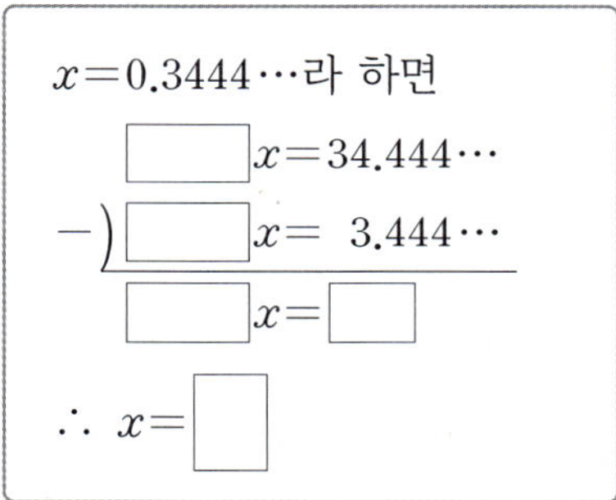

01-1 다음 순환소수를 기약분수로 나타내시오.

(1) $0.\dot{8}$

(2) $0.\dot{3}\dot{1}$

(3) $1.6\dot{7}$

(4) $4.1\dot{5}\dot{3}$

순환소수를 분수로 나타내기; 공식 이용

(1) 소수점 아래 바로 순환마디가 오는 경우
 ① 분모: 순환마디를 이루는 숫자의 개수만큼 9를 쓴다.
 ② 분자: (전체의 수)−(정수 부분)을 쓴다.

(2) 소수점 아래 바로 순환마디가 오지 않는 경우
 ① 분모: 순환마디를 이루는 숫자의 개수만큼 9를 쓰고, 그 뒤에 소수점 아래에서 순환하지 않는 숫자의 개수만큼 0을 쓴다.
 ② 분자: (전체의 수)−(순환하지 않는 부분의 수)를 쓴다.

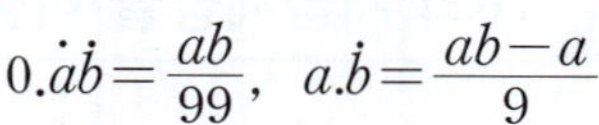

$$0.\dot{a}\dot{b}=\frac{ab}{99}, \quad a.\dot{b}=\frac{ab-a}{9}$$

$$0.a\dot{b}=\frac{ab-a}{90}, \quad a.b\dot{c}\dot{d}=\frac{abcd-ab}{990}$$

참고 유리수와 소수의 관계
 ① 정수가 아닌 모든 유리수는 유한소수 또는 순환소수로 나타낼 수 있다.
 ② 유한소수와 순환소수는 모두 유리수이다.

개념 Bridge

• 순환소수를 분수로 나타내기

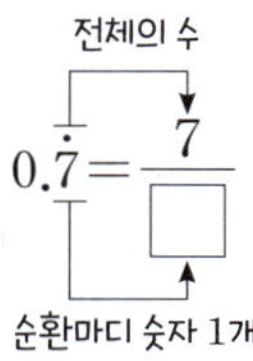
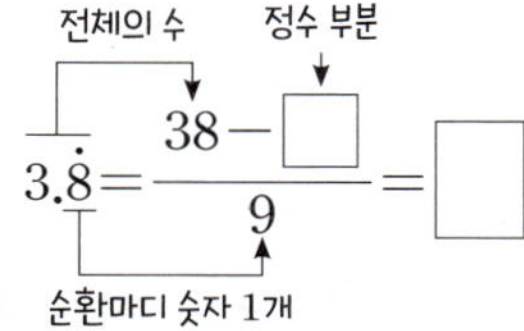
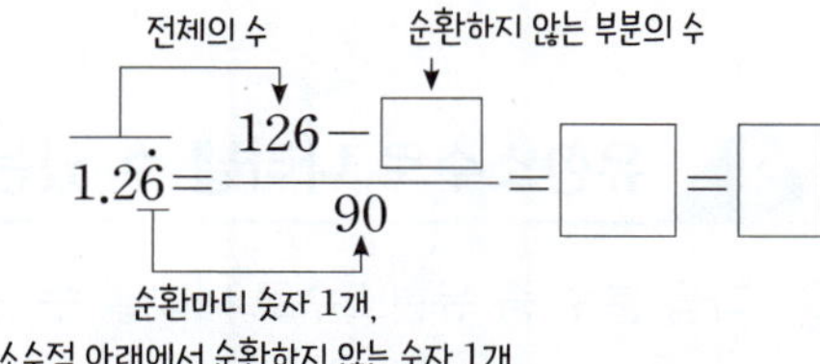

개념 check

순환소수를 분수로 나타내기; 공식 이용

01 다음 순환소수를 기약분수로 나타내시오.

(1) $0.\dot{5}$　　　(2) $3.\dot{2}\dot{8}$　　　(3) $1.0\dot{7}$　　　(4) $1.2\dot{3}\dot{8}$

01-1 다음 순환소수를 기약분수로 나타내시오.

(1) $4.\dot{1}$　　　(2) $0.\dot{7}\dot{3}$　　　(3) $0.58\dot{3}$　　　(4) $3.6\dot{2}$

유리수와 소수의 관계 알기

02 다음 수가 유리수이면 ○표, 유리수가 아니면 ×표를 하시오.

(1) 2.7　　　　(　　　)　　(2) $5.0\dot{1}$　　　　（　　　）
(3) $5.2368194\cdots$　　（　　　）　　(4) $-3.727272\cdots$　　（　　　）

02-1 다음 **보기** 중 유리수인 것을 모두 고르시오.

보기
ㄱ. 3.14　　　　　　ㄴ. -0.85　　　　　ㄷ. $0.123456\cdots$
ㄹ. $2.1\dot{7}$　　　　　ㅁ. $\pi=3.141592\cdots$　　ㅂ. $\dfrac{4}{3}$

필수 유형 익히기

01 다음은 분수 $\dfrac{11}{50}$ 을 유한소수로 나타내는 과정이다. 이때 수 a, b, c에 대하여 $a+bc$의 값을 구하시오.

$$\frac{11}{50}=\frac{11}{2\times5^2}=\frac{11\times a}{2\times5^2\times a}=\frac{22}{b}=c$$

01-1 다음은 분수 $\dfrac{27}{150}$ 을 유한소수로 나타내는 과정이다. ①~⑤에 들어갈 알맞은 수로 옳지 <u>않은</u> 것은?

$$\frac{27}{150}=\frac{9}{\boxed{①}}=\frac{9\times\boxed{②}}{2\times5^2\times\boxed{③}}=\frac{\boxed{④}}{100}=\boxed{⑤}$$

① 50 ② 2^2 ③ 2
④ 18 ⑤ 0.18

02 다음 분수 중 유한소수로 나타낼 수 있는 것은?

① $\dfrac{4}{15}$ ② $\dfrac{3}{56}$ ③ $\dfrac{21}{2^2\times3\times7}$

④ $\dfrac{28}{120}$ ⑤ $\dfrac{6}{2\times3^2\times5}$

02-1 다음 보기의 분수 중 유한소수로 나타낼 수 <u>없는</u> 것을 모두 고르시오.

보기
ㄱ. $\dfrac{5}{12}$ ㄴ. $\dfrac{14}{35}$ ㄷ. $\dfrac{6}{2^3\times3^2\times5}$

ㄹ. $\dfrac{6}{45}$ ㅁ. $\dfrac{9}{2\times3\times5^2}$

03 $\dfrac{3}{84}\times x$를 소수로 나타내면 유한소수가 될 때, x의 값이 될 수 있는 가장 작은 자연수를 구하시오.

03-1 분수 $\dfrac{x}{3\times5^2\times11}$를 소수로 나타내면 유한소수가 될 때, x의 값이 될 수 있는 두 자리 자연수의 개수를 구하시오.

04 분수 $\dfrac{35}{2^2\times5\times x}$를 소수로 나타내면 순환소수가 될 때, x의 값이 될 수 있는 한 자리 자연수를 모두 구하시오.

04-1 분수 $\dfrac{x}{360}$를 소수로 나타내면 순환소수가 될 때, 다음 중 x의 값이 될 수 있는 것을 모두 고르면? (정답 2개)

① 9 ② 15 ③ 27
④ 45 ⑤ 96

05 다음은 순환소수 $1.5\dot{4}$를 분수로 나타내는 과정이다. (개)~(매)에 들어갈 알맞은 수를 구하시오.

> 순환소수 $1.5\dot{4}$를 x라 하면
> $x = 1.5444\cdots$ $\qquad$ ……㉠
> ㉠의 양변에 $\boxed{(개)}$ 과 $\boxed{(내)}$ 을 각각 곱하면
> $\boxed{(개)}\,x = 154.444\cdots$ $\qquad$ ……㉡
> $\boxed{(내)}\,x = 15.444\cdots$ $\qquad$ ……㉢
> ㉡에서 ㉢을 변끼리 빼면
> $\boxed{(대)}\,x = \boxed{(래)}$ $\qquad \therefore\ x = \boxed{(매)}$

05-1 다음은 순환소수 $0.\dot{1}\dot{4}$를 분수로 나타내는 과정이다. (개)~(매)에 들어갈 알맞은 수로 옳지 **않은** 것은?

> 순환소수 $0.\dot{1}\dot{4}$를 x라 하면
> $x = 0.141414\cdots$ $\qquad$ ……㉠
> ㉠의 양변에 $\boxed{(개)}$ 을 각각 곱하면
> $\boxed{(내)}\,x = 14.141414\cdots$ $\qquad$ ……㉡
> ㉡에서 ㉠을 변끼리 빼면
> $\boxed{(대)}\,x = \boxed{(래)}$ $\qquad \therefore\ x = \boxed{(매)}$

① (개) 100　　　② (내) 100　　　③ (대) 90

④ (래) 14　　　⑤ (매) $\dfrac{14}{99}$

06 순환소수 $x = 2.3\dot{6}\dot{8}$을 분수로 나타내려고 할 때, 다음 중 가장 편리한 식은?

① $10x - x$　　　　② $100x - x$
③ $100x - 10x$　　④ $1000x - x$
⑤ $1000x - 10x$

06-1 순환소수를 분수로 나타내는 과정에서 주어진 순환소수를 x라 할 때, 다음 중 $1000x - 10x$를 이용하는 것이 가장 편리한 것은?

① $0.00\dot{3}$　　　② $1.5\dot{7}$　　　③ $3.1\dot{4}\dot{6}$
④ $3.9\dot{0}\dot{2}$　　　⑤ $7.2\dot{8}$

❶ 주어진 분모가 A이면 구하는 분수를 $\dfrac{a}{A}$ (a는 자연수)로 놓고, 부등식을 세운다.

❷ 구하는 분수를 기약분수로 나타내었을 때, 분모의 소인수가 2 또는 5뿐이어야 함을 이용한다.

07 두 분수 $\dfrac{1}{4}$과 $\dfrac{6}{7}$ 사이에 있는 분수 중에서 분모가 28이고 유한소수로 나타낼 수 있는 분수의 개수를 구하시오.

07-1 두 분수 $\dfrac{1}{9}$과 $\dfrac{4}{5}$ 사이에 있는 분수 중에서 분모가 45이고 유한소수로 나타낼 수 있는 분수의 개수를 구하시오.

유형 8 순환소수를 분수로 나타내기; 공식 이용

08 다음 중 순환소수를 분수로 나타낸 것으로 옳지 <u>않</u>은 것은?

① $0.\dot2\dot1 = \dfrac{7}{33}$ ② $0.3\dot5 = \dfrac{16}{45}$

③ $3.\dot1\dot2 = \dfrac{104}{33}$ ④ $0.\dot2 3 \dot4 = \dfrac{26}{111}$

⑤ $1.1\dot8\dot2 = \dfrac{1171}{990}$

08-1 다음 중 순환소수를 분수로 나타내는 과정으로 옳은 것은?

① $0.7\dot3 = \dfrac{73-7}{99}$ ② $0.1\dot2\dot0 = \dfrac{120-1}{900}$

③ $4.0\dot6 = \dfrac{406-4}{90}$ ④ $2.5\dot4 = \dfrac{254-2}{99}$

⑤ $1.\dot3 1 \dot5 = \dfrac{1315-1}{900}$

유형 9 유리수와 소수의 관계

09 다음 중 옳은 것은?

① 무한소수는 모두 유리수이다.
② 정수가 아닌 유리수는 유한소수로 나타낼 수 있다.
③ 유리수 중 분수로 나타낼 수 없는 것도 있다.
④ 모든 순환소수는 분수로 나타낼 수 있다.
⑤ 순환소수를 기약분수로 나타내면 분모는 3의 배수이다.

09-1 다음 보기 중 옳은 것을 모두 고르시오.

보기
ㄱ. 순환소수는 무한소수이다.
ㄴ. 유한소수 중에는 유리수가 아닌 것도 있다.
ㄷ. 순환소수가 아닌 무한소수는 유리수가 아니다.
ㄹ. 유한소수로 나타낼 수 없는 정수가 아닌 유리수는 순환소수로 나타낼 수 있다.

유형 10 (순환소수)$\times x$가 유한소수가 되도록 하는 x의 값 구하기

❶ 순환소수를 기약분수로 나타낸 후, 분모를 소인수분해한다.
❷ $x = $ (분모의 소인수 중 2와 5를 제외한 소인수들의 곱의 배수)

10 순환소수 $1.0\dot6$에 어떤 자연수 n을 곱하면 유한소수로 나타낼 수 있을 때, n의 값이 될 수 있는 가장 작은 두 자리 자연수를 구하려고 한다. 다음 물음에 답하시오.

(1) 순환소수 $1.0\dot6$을 기약분수로 나타내시오.
(2) (1)의 분수에 곱해야 할 자연수 n의 조건을 구하시오.
(3) n의 값이 될 수 있는 가장 작은 두 자리 자연수를 구하시오.

10-1 순환소수 $0.4\dot8$에 어떤 자연수 n을 곱하면 유한소수로 나타낼 수 있을 때, 다음 중 n의 값이 될 수 <u>없는</u> 것은?

① 9 ② 12 ③ 18
④ 27 ⑤ 36

서술형 감잡기

01

두 분수 $\dfrac{1}{30}$ 과 $\dfrac{4}{70}$ 에 어떤 자연수 a를 곱하면 모두 유한소수로 나타낼 수 있을 때, a의 값이 될 수 있는 가장 작은 자연수를 구하시오.

1 단계 두 분수의 분모를 소인수분해 하기 ◀ 30 %

$$\frac{1}{30} = \frac{1}{2 \times 3 \times 5}, \quad \frac{4}{70} = \frac{2}{35} = \frac{2}{5 \times \boxed{}}$$

2 단계 자연수 a의 조건 구하기 ◀ 50 %

두 분수에 자연수 a를 곱하여 모두 유한소수가 되게 하려면 a는 3과 $\boxed{}$의 공배수, 즉 $\boxed{}$의 배수이어야 한다.

3 단계 a의 값이 될 수 있는 가장 작은 자연수 구하기
◀ 20 %

$\boxed{}$의 배수 중 가장 작은 자연수는 $\boxed{}$이다.

답 _______________

01-1

두 분수 $\dfrac{13}{90}$ 과 $\dfrac{30}{175}$ 에 어떤 자연수 a를 곱하면 모두 유한소수로 나타낼 수 있을 때, a의 값이 될 수 있는 가장 작은 자연수를 구하시오.

답 _______________

02

어떤 기약분수를 소수로 나타내는데 수현이는 분모를 잘못 보아서 $0.1\dot{4}$로 나타내고, 은우는 분자를 잘못 보아서 $0.\dot{7}$로 나타냈다. 두 사람이 잘못 본 분수도 모두 기약분수일 때, 처음 기약분수를 순환소수로 나타내시오.

1 단계 처음 기약분수의 분자 구하기 ◀ 40 %

수현이는 분자를 제대로 보았으므로 $0.1\dot{4} = \dfrac{\boxed{}}{90}$ 에서 처음 기약분수의 분자는 $\boxed{}$이다.

2 단계 처음 기약분수의 분모 구하기 ◀ 40 %

은우는 분모를 제대로 보았으므로 $0.\dot{7} = \dfrac{\boxed{}}{9}$ 에서 처음 기약분수의 분모는 $\boxed{}$이다.

3 단계 처음 기약분수를 순환소수로 나타내기 ◀ 20 %

처음 기약분수는 $\boxed{}$이므로 이를 순환소수로 나타내면 $\boxed{}$이다.

답 _______________

02-1

어떤 기약분수를 소수로 나타내는데 선우는 분모를 잘못 보아서 $0.5\dot{2}$로 나타내고, 시아는 분자를 잘못 보아서 $0.\dot{3}\dot{8}$로 나타냈다. 두 사람이 잘못 본 분수도 모두 기약분수일 때, 처음 기약분수를 순환소수로 나타내시오.

답 _______________

단원 마무리하기

01 다음 중 옳은 것은?

① $\dfrac{21}{8}$ 은 유리수가 아니다.

② 2.318318318⋯은 유한소수이다.

③ 5.409는 무한소수이다.

④ $\dfrac{17}{6}$ 을 소수로 나타내면 유한소수이다.

⑤ $\dfrac{4}{11}$ 를 소수로 나타내면 무한소수이다.

02 다음 중 순환소수와 순환마디가 바르게 연결된 것은?

① 0.303030⋯ ➔ 3 ② 0.1878787⋯ ➔ 187

③ 1.212121⋯ ➔ 212 ④ 3.252525⋯ ➔ 52

⑤ 43.343434⋯ ➔ 34

03 두 분수 $\dfrac{5}{12}$ 와 $\dfrac{17}{22}$ 을 소수로 나타낼 때, 순환마디를 이루는 숫자의 개수를 각각 a, b라 하자. 이때 $a+b$의 값을 구하시오.

04 다음 중 순환소수의 표현이 옳지 <u>않은</u> 것을 모두 고르면? (정답 2개)

① $0.515151⋯=0.\dot{5}\dot{1}$ ② $3.183183183⋯=\dot{3}.1\dot{8}$

③ $0.8222⋯=0.8\dot{2}$ ④ $2.37444⋯=2.37\dot{4}$

⑤ $0.465465465⋯=0.\dot{4}6\dot{5}$

05 분수 $\dfrac{11}{27}$ 을 소수로 나타낼 때, 소수점 아래 50번째 자리의 숫자를 구하시오.

06 다음은 분수 $\dfrac{7}{250}$ 을 유한소수로 나타내는 과정이다. ㈎~㈜에 들어갈 알맞은 수를 차례대로 구한 것은?

$$\frac{7}{250}=\frac{7}{2\times5^3}=\frac{7\times\boxed{㈎}}{2\times5^3\times\boxed{㈎}}=\frac{\boxed{㈏}}{\boxed{㈐}}=\boxed{㈑}$$

	㈎	㈏	㈐	㈑
①	2	14	10^2	0.14
②	2	14	10^3	0.014
③	2^2	28	10^2	0.28
④	2^2	28	10^3	0.028
⑤	2^3	56	10^3	0.056

07 다음 분수 중 유한소수로 나타낼 수 있는 것을 모두 고르면? (정답 2개)

① $\dfrac{2}{45}$ ② $\dfrac{5}{56}$ ③ $\dfrac{9}{2^2\times3\times5}$

④ $\dfrac{18}{40}$ ⑤ $\dfrac{12}{2^2\times3^2\times5}$

08 분수 $\dfrac{1}{2}$, $\dfrac{1}{3}$, $\dfrac{1}{4}$, $\cdots$, $\dfrac{1}{50}$ 중 유한소수로 나타낼 수 있는 분수의 개수를 구하시오.

09 분수 $\dfrac{54}{2^2 \times 5 \times x}$ 를 소수로 나타내면 유한소수가 될 때, 다음 중 x의 값이 될 수 없는 것은?

① 3 　　　　② 6 　　　　③ 15
④ 18 　　　　⑤ 21

10 순환소수 $1.4\dot{1}$에 어떤 자연수 x를 곱하면 유한소수로 나타낼 수 있을 때, x의 값이 될 수 있는 가장 큰 두 자리 자연수를 구하시오.

11 분수 $\dfrac{x}{90}$ 를 소수로 나타내면 순환소수가 될 때, 다음 중 x의 값이 될 수 있는 것을 모두 고르면? (정답 2개)

① 9 　　　　② 18 　　　　③ 24
④ 32 　　　　⑤ 36

12 다음 중 순환소수 $x=3.0525252\cdots$에 대한 설명으로 옳지 <u>않은</u> 것은?

① 순환마디는 52이다.
② $x=3.0\dot{5}\dot{2}$로 나타낸다.
③ x는 유리수이다.
④ 분수로 나타낼 때, 이용할 수 있는 가장 편리한 식은 $1000x-x$이다.
⑤ 기약분수로 나타내면 $x=\dfrac{1511}{495}$이다.

13 다음 중 순환소수를 분수로 나타낸 것으로 옳은 것은?

① $0.7\dot{3}=\dfrac{73}{90}$ 　　　　② $0.\dot{3}4\dot{5}=\dfrac{115}{303}$

③ $0.1\dot{6}=\dfrac{8}{33}$ 　　　　④ $2.\dot{8}\dot{9}=\dfrac{287}{99}$

⑤ $0.5\dot{3}\dot{6}=\dfrac{268}{495}$

14 두 순환소수 $0.4\dot{6}$, $2.\dot{7}$을 기약분수로 나타낼 때, 그 역수를 각각 a, b라 하자. 이때 ab의 값을 구하시오.

서술형

15 자연수 x에 $0.\dot{3}$을 곱해야 할 것을 잘못하여 0.3을 곱하였더니 그 계산 결과가 바르게 계산한 답보다 0.5만큼 작았다. 이때 x의 값을 구하시오.

16 다음 중 대소 관계가 옳은 것은?

① $\dfrac{9}{10} < 0.\dot{8}$　　② $0.\dot{3} < \dfrac{1}{4}$

③ $0.\dot{5} < 0.5\dot{1}$　　④ $0.\dot{7} < \dfrac{7}{10}$

⑤ $0.3\dot{2}\dot{8} < 0.\dot{3}2\dot{8}$

17 다음 중 옳지 <u>않은</u> 것을 모두 고르면? (정답 2개)

① 분모의 소인수가 2뿐인 기약분수는 유한소수로 나타낼 수 있다.
② 분모를 10의 거듭제곱 꼴로 나타낼 수 있는 분수는 유한소수로 나타낼 수 있다.
③ 분모가 30인 분수는 유한소수로 나타낼 수 없다.
④ 무한소수는 모두 순환소수로 나타낼 수 있다.
⑤ 순환소수로 나타낼 수 있는 기약분수는 그 분모에 2 또는 5 이외의 소인수가 있다.

18 다음 중 두 정수 a, b $(b \neq 0)$에 대하여 a를 b로 나누었을 때의 계산 결과가 될 수 <u>없는</u> 것은?

① 자연수　　　　② 정수
③ 유한소수　　　④ 순환소수
⑤ 순환소수가 아닌 무한소수

Level Up

19 분수 $\dfrac{8}{21}$을 소수로 나타낼 때, 소수점 아래 n번째 자리의 숫자를 a_n이라 하자. 다음을 구하시오.

(1) 순환마디를 이루는 숫자의 개수
(2) $a_1 + a_2 + a_3 + \cdots + a_{30}$의 값

20 분수 $\dfrac{x}{2 \times 3^2 \times 5^2}$가 다음 조건을 모두 만족할 때, x의 값이 될 수 있는 가장 작은 자연수를 구하시오.

> ㉮ 소수로 나타내면 유한소수가 된다.
> ㉯ x는 3과 4의 공배수이다.

21 $2 + \dfrac{6}{10^2} + \dfrac{6}{10^3} + \dfrac{6}{10^4} + \cdots$을 계산하여 기약분수로 나타내면 $\dfrac{b}{a}$일 때, 자연수 a, b에 대하여 $b - a$의 값을 구하시오.

2 단항식의 계산

01 지수법칙

m, n이 자연수일 때,

$$a^m \times a^n = a^{m+n} \quad \leftarrow \text{지수끼리 더한다.}$$

참고 a는 지수 1이 생략된 것으로 $a = a^1$이다. (단, $a \neq 0$)

주의 l, m, n이 자연수일 때, $a^l \times a^m \times a^n = a^{l+m+n}$

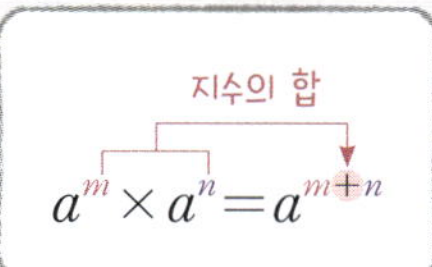

개념 Bridge

· 거듭제곱의 곱셈

$$a^2 \times a^4 = \underbrace{(a \times a)}_{2\text{개}} \times \underbrace{(a \times a \times a \times a)}_{\square\text{개}}$$

$$= \underbrace{a \times a \times a \times a \times a \times a}_{(2+\square)\text{개}}$$

$$= a^{2+\square} \quad \leftarrow \text{지수끼리 더한다.}$$

$$= a^{\square}$$

개념 check

✓ 지수의 합 ⋯⋯⋯ **01** 다음 식을 간단히 하시오.

(1) $3^2 \times 3^5$

(2) $x \times x^3$

(3) $a^6 \times a^4 \times a^5$

(4) $x^7 \times x^2 \times y^3 \times y^4$

01-1 다음 식을 간단히 하시오.

(1) $x^3 \times x^4$

(2) $5^7 \times 5^2$

(3) $x \times x^5 \times y^2$

(4) $a^2 \times b^3 \times a^3 \times b^4$

01-2 다음 $\square$ 안에 알맞은 자연수를 구하시오.

(1) $a^5 \times a^{\square} = a^{11}$

(2) $2^3 \times 2^{\square} \times 2^4 = 2^{10}$

m, n이 자연수일 때,

$$(a^m)^n = a^{mn} \quad \leftarrow \text{지수끼리 곱한다.}$$

$$\boxed{\begin{array}{c} \text{지수의 곱} \\ (a^m)^n = a^{m \times n} \end{array}}$$

참고 $(a^m)^n = (a^n)^m$이 성립한다.

주의 다음과 같이 계산하지 않도록 주의한다.

① $a^m \times b^n \neq a^{m+n}$　　② $a^m + b^n \neq a^{m+n}$　　③ $a^m \times b^n \neq a^{mn}$　　④ $(a^m)^n \neq a^{m+n}$　　⑤ $(a^m)^n \neq a^{m^n}$

└─→ 지수끼리의 합은 밑이 같은 경우에만 적용된다.

개념 Bridge

• 거듭제곱의 거듭제곱

$$(a^2)^3 = \overbrace{a^2 \times a^2 \times a^2}^{\square \text{개}} = a^{2+2+2} \quad \overset{\square \text{개}}{}$$

$$= a^{2 \times \square} \quad \leftarrow \text{지수끼리 곱한다.}$$

$$= a^{\square}$$

개념 check

✓ 지수의 곱 ········· **01**　다음 식을 간단히 하시오.

(1) $(7^2)^5$

(2) $(x^4)^2$

(3) $(x^6)^3 \times (x^4)^5$

(4) $(a^3)^4 \times b^7 \times (b^2)^2$

01-1　다음 식을 간단히 하시오.

(1) $(a^6)^3$

(2) $(x^2)^3 \times x^4$

(3) $(2^3)^5 \times (2^2)^3$

(4) $(x^6)^2 \times (y^2)^4 \times (x^5)^3$

01-2　다음 □ 안에 알맞은 자연수를 구하시오.

(1) $(a^8)^{\square} = a^{24}$

(2) $(x^2)^{\square} \times x^4 = x^{18}$

$a \neq 0$이고 m, n이 자연수일 때,
① $m > n$이면 $a^m \div a^n = a^{m-n}$
② $m = n$이면 $a^m \div a^n = 1$ ← 자기를 자기 자신으로 나누면 1이다.
③ $m < n$이면 $a^m \div a^n = \dfrac{1}{a^{n-m}}$

주의 다음과 같이 계산하지 않도록 주의한다.
① $a^m \div a^n = a^{m \div n}$ ($\times$)　　② $a^m \div a^n = 0$ ($\times$)

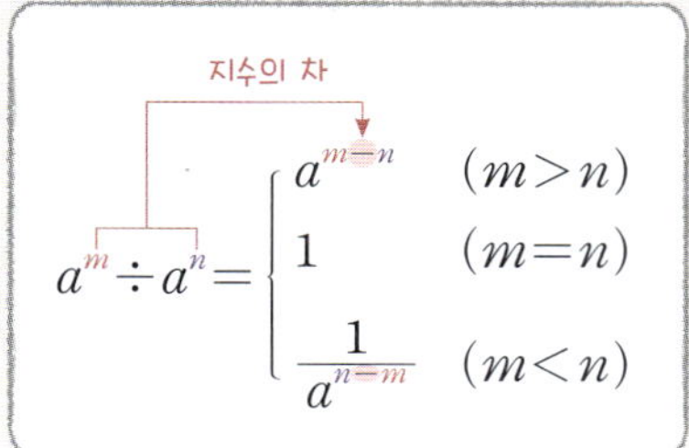

개념 **Bridge**

• 거듭제곱의 나눗셈

① $a^5 \div a^2 = \dfrac{a^5}{a^\square} = \dfrac{a \times a \times a \times a \times a}{a \times a} = a^\square$

② $a^2 \div a^2 = \dfrac{a^2}{a^2} = \dfrac{a \times a}{a \times a} = \square$

③ $a^2 \div a^5 = \dfrac{a^\square}{a^5} = \dfrac{a \times a}{a \times a \times a \times a \times a} = \dfrac{1}{a^\square}$

개념 **check**

✓ 지수의 차 ········ **01** 다음 식을 간단히 하시오.

(1) $a^8 \div a^5$　　　　　　　　　　(2) $x^4 \div x^9$
(3) $(x^2)^6 \div (x^3)^4$　　　　　　　(4) $a^5 \div a \div a^8$

01-1 다음 식을 간단히 하시오.

(1) $a^8 \div a^{13}$　　　　　　　　　(2) $x^7 \div x^7$
(3) $a^{15} \div (a^4)^2$　　　　　　　(4) $x^{12} \div x^3 \div x^5$

01-2 다음 $\square$ 안에 알맞은 자연수를 구하시오.

(1) $a^6 \div a^\square = a^4$　　　　　　　(2) $a^\square \div a^7 = \dfrac{1}{a^2}$

m이 자연수일 때,
① $(ab)^m = a^m b^m$
② $\left(\dfrac{a}{b}\right)^m = \dfrac{a^m}{b^m}$ (단, $b \neq 0$)

참고 $(-a)^m = \{(-1) \times a\}^m = (-1)^m a^m$이므로 $(-a)^m = \begin{cases} a^m & (m\text{이 짝수}) \\ -a^m & (m\text{이 홀수}) \end{cases}$

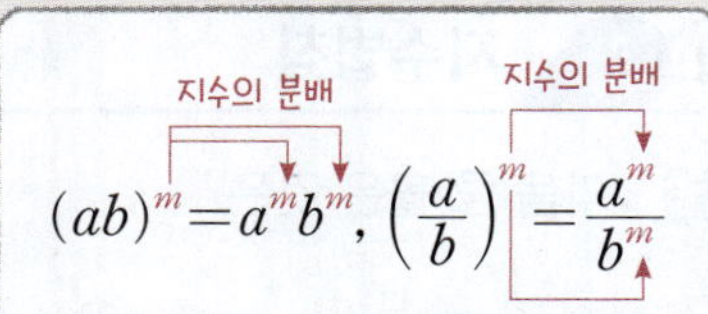

개념 Bridge

• 곱과 몫의 거듭제곱

① $(ab)^3 = ab \times ab \times ab = \underbrace{a \times a \times a}_{3\text{개}} \times \underbrace{b \times b \times b}_{3\text{개}} = a^3 b^{\square}$ ($\square$개)

② $\left(\dfrac{a}{b}\right)^3 = \dfrac{a}{b} \times \dfrac{a}{b} \times \dfrac{a}{b} = \dfrac{\overbrace{a \times a \times a}^{\square\text{개}}}{\underbrace{b \times b \times b}_{3\text{개}}} = \dfrac{a^{\square}}{b^3}$

개념 check

☑ 지수의 분배 ……… **01** 다음 식을 간단히 하시오.

(1) $(x^3 y^2)^3$

(2) $(2x^3 y^2)^2$

(3) $\left(\dfrac{a}{b^3}\right)^4$

(4) $\left(-\dfrac{x^2}{y^5}\right)^3$

01-1 다음 식을 간단히 하시오.

(1) $(-2a^4)^3$

(2) $(3a^3 b)^4$

(3) $\left(\dfrac{a^4}{b^2}\right)^6$

(4) $\left(-\dfrac{1}{3}xy^2\right)^2$

01-2 다음 $\square$ 안에 알맞은 자연수를 구하시오.

(1) $(a^{\square} b^5)^2 = a^4 b^{\square}$

(2) $\left(\dfrac{y^{\square}}{2x^3}\right)^2 = \dfrac{y^8}{4x^{\square}}$

필수 유형 익히기

유형 1 지수법칙

01 다음 중 옳은 것은?

① $a^3 \times a^5 = a^{15}$ ② $(x^3)^5 = x^8$

③ $7^7 \div 7^3 \div 7^4 = 7$ ④ $\left(-\dfrac{a}{b^2}\right)^4 = -\dfrac{a^4}{b^8}$

⑤ $(a^5)^4 \times (b^2)^3 = a^{20}b^6$

01-1 다음 중 옳지 <u>않은</u> 것은?

① $x^4 \times x = x^5$ ② $(x^6)^2 = x^{12}$

③ $x^8 \div x^2 = x^6$ ④ $(5x^3)^2 = 5x^6$

⑤ $\left(\dfrac{x^3}{y^2}\right)^5 = \dfrac{x^{15}}{y^{10}}$

유형 2 지수법칙; 지수의 합과 차

02 $81^3 \times 27^2 \div 9^3 = 3^x$일 때, 자연수 x의 값은?

① 4 ② 8 ③ 12

④ 18 ⑤ 24

02-1 $8 \times 16^2 \div 4^4$을 2의 거듭제곱으로 나타내시오.

유형 3 지수법칙; 지수의 분배

03 $(5x^a)^b = 125x^{12}$일 때, 자연수 a, b에 대하여 $a - b$의 값은?

① -4 ② -1 ③ 1

④ 4 ⑤ 7

03-1 $\left\{\left(-\dfrac{2y}{3x}\right)^3\right\}^2$을 간단히 하면?

① $\dfrac{2^5 y^5}{3^5 x^5}$ ② $-\dfrac{2^5 y^5}{3^5 x^5}$ ③ $\dfrac{2^5 y^5}{3^6 x^6}$

④ $-\dfrac{2^6 y^6}{3^6 x^6}$ ⑤ $\dfrac{2^6 y^6}{3^6 x^6}$

유형 **4** 거듭제곱의 합 간단히 하기; $a^m+a^m+\cdots+a^m$ 꼴

04 $3^5+3^5+3^5$을 3의 거듭제곱으로 나타내면?

① 3^6 ② 3^9 ③ 3^{12}
④ 3^{15} ⑤ 3^{18}

04-1 $\dfrac{2^7+2^7+2^7+2^7}{8^2+8^2}=2^\square$일 때, $\square$ 안에 알맞은 자연수를 구하시오.

유형 **5** 문자를 사용하여 거듭제곱을 나타내기

05 $2^x=A$라 할 때, 32^x을 A를 사용하여 나타내면?

(단, x는 자연수)

① A^4 ② $2A^4$ ③ $4A^4$
④ A^5 ⑤ $3A^5$

05-1 $3^4=A$라 할 때, $\dfrac{1}{243^8}$을 A를 사용하여 나타내면?

① $\dfrac{1}{A^6}$ ② $\dfrac{1}{A^7}$ ③ $\dfrac{1}{A^8}$
④ $\dfrac{1}{A^9}$ ⑤ $\dfrac{1}{A^{10}}$

한 걸음 더

유형 **6** n자리 자연수

주어진 수에서 2와 5의 거듭제곱을 같은 지수로 묶어 $a\times10^n$ 꼴로 나타낸다. (단, a, n은 자연수)

→ ($a\times10^n$의 자릿수) = (a의 자릿수) + n

06 $2^6\times5^4$이 n자리 자연수일 때, n의 값은?

① 4 ② 5 ③ 6
④ 7 ⑤ 8

06-1 $A=2^8\times3^2\times5^6$일 때, A는 몇 자리 자연수인지 구하시오.

02 단항식의 곱셈과 나눗셈

(1) 계수는 계수끼리, 문자는 문자끼리 계산한다.

(2) 같은 문자끼리의 곱셈은 지수법칙을 이용하여 간단히 한다.

참고 곱셈에서의 부호는 다음과 같이 결정된다.
- $-$ 가 짝수 개이면 ➡ $+$
- $-$ 가 홀수 개이면 ➡ $-$

개념 Bridge

- (단항식) × (단항식)

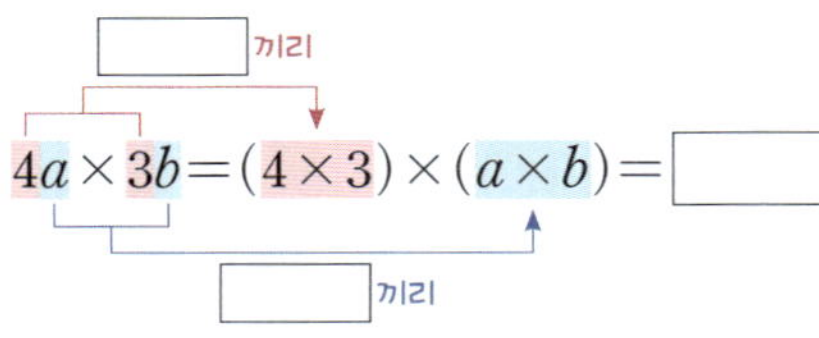

$$4a \times 3b = (4 \times 3) \times (a \times b) = \boxed{}$$

개념 check

✓ (단항식) × (단항식) ······· **01** 다음 식을 계산하시오.

(1) $3a^3 \times 6a^4$

(2) $a^2b \times (-2ab)$

(3) $\dfrac{2}{5}xy^3 \times (5x^2y)^2$

(4) $(-3a) \times 2a^5b \times 5b^2$

01-1 다음 식을 계산하시오.

(1) $8a^3 \times 2a$

(2) $5a^2 \times (-3a^6)$

(3) $(-5x) \times \dfrac{3}{5}x^2y$

(4) $3y \times \left(-\dfrac{1}{6}xy^4\right) \times (-4x^3)$

01-2 다음 식을 계산하시오.

(1) $\dfrac{3}{2}x^2y^3 \times (2xy^2)^3$

(2) $6b^4 \times \left(-\dfrac{3}{2}a^3b\right)^3 \times 4ab$

방법1 분수의 꼴로 바꾸어 계산한다.

$$\rightarrow A \div B = \frac{A}{B}$$

방법2 나눗셈을 곱셈으로 바꾸어 계산한다.

$$\rightarrow A \div B = A \times \frac{1}{B} = \frac{A}{B}$$

참고 나누는 식이 분수의 꼴이거나 나눗셈이 2개 이상인 경우에는 **방법2**를 이용하는 것이 편리하다.

개념 **Bridge**

· (단항식)÷(단항식)

방법1

$$24x^2y \div 6x = \frac{24x^2y}{6x} = \boxed{}$$

방법2

$$24x^2y \div 6x = 24x^2y \times \frac{1}{6x} = \boxed{}$$

개념 **check**

(단항식)÷(단항식) ········· **01** 다음 식을 계산하시오.

(1) $(-ab^2)^2 \div ab$

(2) $(-16x^5y^6) \div (-2xy^2)^3$

(3) $(xy^2)^4 \div \left(-\dfrac{2x^2}{y} \right)$

(4) $x^2y \div 3y^2 \div \dfrac{1}{6}x$

01-1 다음 식을 계산하시오.

(1) $10a^3 \div 2a$

(2) $(-6a^2b^2) \div 3ab$

(3) $8a^3b \div \left(-\dfrac{4}{3}ab^2 \right)$

(4) $(-5x^4)^2 \div (xy^2)^5$

01-2 다음 식을 계산하시오.

(1) $12x^3 \div 2x^2 \div 3x$

(2) $3a^5 \div \left(-\dfrac{9}{2}a \right) \div 4a^2$

❶ 괄호가 있는 거듭제곱은 지수법칙을 이용하여 괄호를 푼다.

❷ 나눗셈은 나누는 식의 역수의 곱셈으로 바꾼다.

❸ 부호를 결정한 후 계수는 계수끼리, 문자는 문자끼리 계산한다.

주의 곱셈과 나눗셈이 혼합된 식은 앞에서부터 차례대로 계산한다.

$$\rightarrow A \div B \times C = A \div BC = \frac{A}{BC} \ (\times), \quad A \div B \times C = \frac{A}{B} \times C = \frac{AC}{B} \ (\bigcirc)$$

개념 Bridge

• 단항식의 혼합 계산

❶ 지수법칙을 이용하여 괄호를 푼다.

$$(2a^4)^3 \div (-4a^5) \times 3a = 8a^{12} \div (-4a^5) \times 3a$$

❷ 역수의 곱셈으로 바꾼다.

$$= 8a^{12} \times \left(-\frac{1}{4a^5}\right) \times 3a$$

$$= \left\{\boxed{} \times \left(-\frac{1}{4}\right) \times 3\right\} \times \left(\boxed{} \times \frac{1}{a^5} \times a\right)$$

$$= \boxed{}$$

❸ 계수는 계수끼리, 문자는 문자끼리 계산한다.

개념 check

✓ 단항식의 곱셈과 나눗셈의 혼합 계산

01 다음 식을 계산하시오.

(1) $12x^3 \times x^4 \div (-2x)^2$

(2) $18a^5b \div (-3a^2)^3 \times 9a^4b^2$

01-1 다음 식을 간단히 하시오.

(1) $4a^2 \times (-9a) \div 8a^2$

(2) $(-12x^2) \div (-3x) \times 4x$

(3) $(-2xy^2)^3 \times 6x^3y \div (-y)^2$

(4) $(a^3b)^2 \div \left(-\frac{a^2}{b}\right)^3 \times a^2b$

✓ □ 안에 알맞은 식 구하기

02 다음 □ 안에 알맞은 식을 구하시오.

$A \times \square \div B = C$

$\rightarrow A \times \square \times \dfrac{1}{B} = C$

$\rightarrow \square = C \div A \times B$

(1) $4x^2 \times \boxed{} = 16x^5$

(2) $10a^6b^3 \div \boxed{} = 5a^2b$

02-1 다음 □ 안에 알맞은 식을 구하시오.

(1) $6a^2 \times \boxed{} = -30a^3b^2$

(2) $2xy^2 \div \boxed{} = 8xy$

필수 유형 익히기

유형 **1** (단항식)×(단항식)

01 다음 중 옳지 <u>않은</u> 것은?

① $2a^2 \times (-5b) = -10a^2b$

② $(-21a^2b) \times \dfrac{b}{3a} = -7ab^2$

③ $(-3x^2y) \times (-8x^2y^3) = 24x^4y^4$

④ $3x^4 \times (-y^3)^2 = 3x^4y^6$

⑤ $(6x^2y^5)^2 \times \left(-\dfrac{x}{3y}\right)^2 = 4x^6y^3$

01-1 $(-2x^2y)^3 \times 8xy^4 \times \left(-\dfrac{1}{32x^5y^2}\right) = Ax^By^C$일 때, 자연수 A, B, C에 대하여 $A+B+C$의 값을 구하시오.

유형 **2** (단항식)÷(단항식)

02 $(3a^3b^2)^3 \div \dfrac{9}{2}a^2b = 6a^xb^y$일 때, 자연수 x, y의 값은?

① $x=5,\ y=3$ ② $x=5,\ y=4$

③ $x=7,\ y=5$ ④ $x=7,\ y=6$

⑤ $x=9,\ y=7$

02-1 $A = 16x^8y^3 \div (4x^2y)^2$, $B = 12x^3y^2 \div (-2x)^2$일 때, $\dfrac{A}{B}$를 계산하시오.

유형 **3** 단항식의 곱셈과 나눗셈의 혼합 계산

03 $(-4x^3) \times (2xy)^3 \div \dfrac{1}{4}x^2y$를 계산하면?

① $-128x^4y^2$ ② $128x^3y$ ③ $-8x^4y^2$

④ $8x^3y$ ⑤ $-64x^4y$

03-1 $(-3xy^A)^2 \times 8x^4 \div 4x^By^3 = Cxy^3$일 때, 자연수 A, B, C에 대하여 $A-B+C$의 값을 구하시오.

유형 4 　□ 안에 알맞은 식 구하기

04 $36a^3 \times \boxed{} \div 12a^4 = 9a$일 때, □ 안에 알맞은 식은?

① $3a$ 　　② $6a$ 　　③ $3a^2$

④ $6a^2$ 　　⑤ $3a^3$

04-1 다음 □ 안에 알맞은 식을 구하시오.

$$3xy^2 \div \boxed{} \times (-2x^2y) = 24xy$$

유형 5 　도형에의 활용

05 오른쪽 그림과 같이 밑변의 길이가 $6xy^3$인 평행사변형의 넓이가 $15x^5y^6$일 때, 이 평행사변형의 높이를 구하시오.

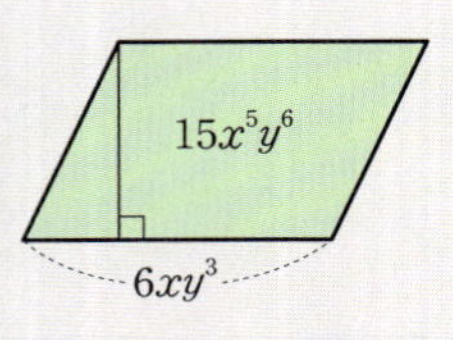

05-1 오른쪽 그림과 같이 밑면이 직각삼각형인 삼각기둥의 부피가 $24a^3b^5$일 때, 이 삼각기둥의 높이를 구하시오.

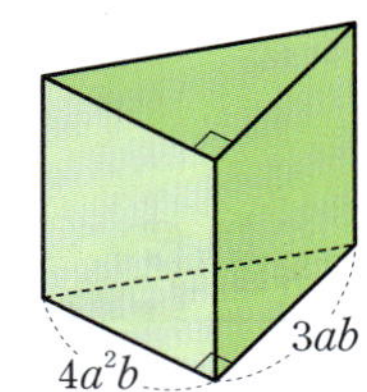

유형 6 　잘못 계산한 식에서 바르게 계산한 식 구하기

어떤 식 A에 X를 곱해야 할 것을 잘못하여 나누었더니 Y가 되었다.

❶ 잘못 계산한 식을 세운다. ➡ $A \div X = Y$

❷ A를 구한다. ➡ $A = Y \times X$

❸ 바르게 계산한 식을 구한다. ➡ $A \times X$

06 어떤 식 A에 $\dfrac{3b}{a}$를 곱해야 할 것을 잘못하여 나누었더니 $5a^2b^3$이 되었다.

(1) 어떤 식 A를 구하시오.

(2) 바르게 계산한 식을 구하시오.

06-1 어떤 식에 $-\dfrac{2y^2}{x}$을 곱해야 할 것을 잘못하여 나누었더니 $\dfrac{3}{4}x^3y$가 되었다. 이때 바르게 계산한 식을 구하시오.

01

$A=(-4xy)^2\times(x^2y)^3$, $B=(2xy^3)^2\div\dfrac{y^3}{x}$일 때, $A\div B$를 계산하시오.

① 단계 A 계산하기 ◀ 40 %

$A=(-4xy)^2\times(x^2y)^3$

$\quad=16x^2y^2\times\boxed{}=16x^8y^5$

② 단계 B 계산하기 ◀ 40 %

$B=(2xy^3)^2\div\dfrac{y^3}{x}=4x^2y^6\times\dfrac{x}{\boxed{}}=\boxed{}$

③ 단계 $A\div B$ 계산하기 ◀ 20 %

$\therefore A\div B=16x^8y^5\div\boxed{}$

$\qquad=16x^8y^5\times\dfrac{1}{\boxed{}}=\boxed{}$

답 ______________

01-1

$A=x^3y^2\times(-3xy)^2$,
$B=16x^5y^3\div(-2xy^2)^3$일 때, $A\times B$를 계산하시오.

답 ______________

02

다음 그림의 직사각형의 넓이와 삼각형의 넓이가 서로 같을 때, 삼각형의 높이를 구하시오.

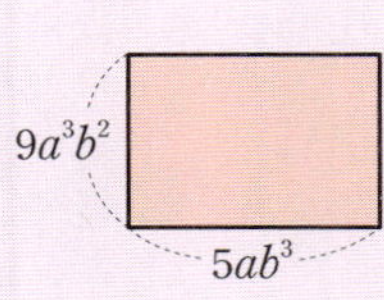

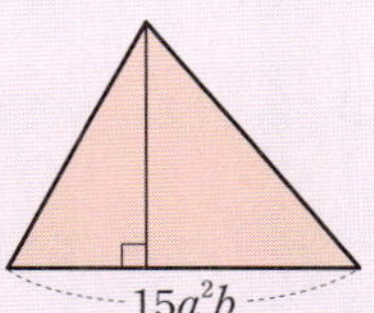

① 단계 직사각형의 넓이 구하기 ◀ 40 %

$(\text{직사각형의 넓이})=5ab^3\times9a^3b^2=\boxed{}$

② 단계 삼각형의 높이 구하기 ◀ 60 %

$(\text{삼각형의 넓이})=\dfrac{1}{2}\times15a^2b\times(\text{높이})$이고, 직사각형의 넓이와 삼각형의 넓이가 서로 같으므로

$\dfrac{15a^2b}{2}\times(\text{높이})=\boxed{}$

따라서

$(\text{높이})=\boxed{}\div\dfrac{15a^2b}{2}=\boxed{}$

답 ______________

02-1

다음 그림의 직각삼각형과 직사각형의 넓이가 서로 같을 때, 직사각형의 세로의 길이를 구하시오.

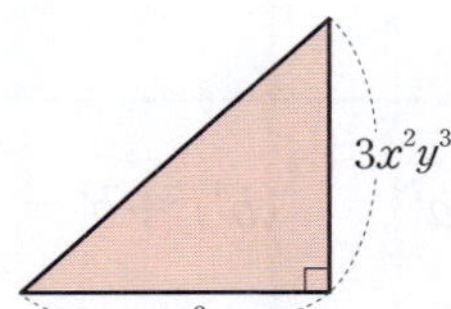

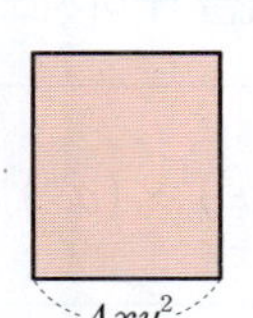

답 ______________

단원 마무리하기

01 $81^2 \times 27^3 \div 9^3 = 3^x$일 때, 자연수 x의 값은?

① 3 　　　　② 7 　　　　③ 11
④ 17 　　　　⑤ 23

02 $x^{14} \div (x^2)^4 \div x^\square = 1$일 때, $\square$ 안에 알맞은 자연수를 구하시오.

서술형

03 다음 식을 모두 만족하는 자연수 m, n에 대하여 $m+n$의 값을 구하시오.

$$(a^2)^4 \times (a^m)^3 = a^{29}, \qquad (b^6)^2 \div b^n = \frac{1}{b^3}$$

04 $\left(\dfrac{2x^{2a}}{y^3}\right)^4 = \dfrac{bx^8}{y^{6c}}$일 때, 자연수 a, b, c에 대하여 abc의 값을 구하시오.

05 다음 보기 중 옳은 것을 모두 고른 것은?

보기
ㄱ. $(a^2)^3 = a^5$ 　　　　ㄴ. $a \times a^4 \times a^2 = a^7$
ㄷ. $a^{16} \div a^{10} = a^6$ 　　　　ㄹ. $(2a^2b^6)^3 = 6a^6b^{18}$

① ㄱ, ㄴ 　　　② ㄱ, ㄷ 　　　③ ㄱ, ㄹ
④ ㄴ, ㄷ 　　　⑤ ㄴ, ㄹ

06 다음 중 $\square$ 안에 알맞은 자연수가 나머지 넷과 <u>다른</u> 하나는?

① $a^\square \times a^2 = a^8$ 　　　　② $\dfrac{x^\square}{x^9} = \dfrac{1}{x^3}$

③ $\left(\dfrac{y^5}{x^\square}\right)^2 = \dfrac{y^{10}}{x^{12}}$ 　　　　④ $(a^2b^\square)^3 = a^6b^{18}$

⑤ $x^\square \times x^2 \div x^3 = x^7$

07 $\dfrac{3^5 + 3^5 + 3^5}{4^5 + 4^5} \times \dfrac{8^2 + 8^2 + 8^2}{9^2 + 9^2 + 9^2}$을 간단히 하면?

① $\dfrac{9}{16}$ 　　　　② $\dfrac{3}{8}$ 　　　　③ $\dfrac{9}{32}$

④ $\dfrac{3}{16}$ 　　　　⑤ $\dfrac{3}{32}$

08 $2^x = A$, $5^x = B$라 할 때, 80^x을 A, B를 사용하여 나타내면?

① $A^2 B^2$ ② $A^2 B^3$ ③ $A^3 B$
④ $A^3 B^2$ ⑤ $A^4 B$

09 다음 중 옳지 <u>않은</u> 것은?

① $(-2x^2) \times 3x^5 = -6x^7$

② $(-6ab) \div \dfrac{1}{2} a = -12b$

③ $(2a^3)^2 \times 5a = 20a^7$

④ $(-3a^2)^2 \div 4a^2 b = -\dfrac{9a^2}{4b}$

⑤ $(-27x^4) \div (9x)^2 = -\dfrac{1}{3}x^2$

10 $(3x^2 y)^3 \times (-xy^2)^5 \times (-4x^5 y^6) = ax^b y^c$일 때, 자연수 a, b, c에 대하여 $a - b - c$의 값을 구하시오.

11 $(xy^3)^2 \div \left(-\dfrac{x}{y^2}\right)^2 \div (-x^3 y^2)^5$을 계산하면?

① $-\dfrac{1}{x^{15}y}$ ② $\dfrac{1}{x^{14}y}$ ③ $-\dfrac{1}{x^{13}y}$
④ $-\dfrac{1}{x^{15}}$ ⑤ $-\dfrac{1}{x^{14}}$

12 $(-3x^2 y)^a \times bxy^3 \div x^2 y = 162x^7 y^c$일 때, 자연수 a, b, c에 대하여 $a - b + c$의 값을 구하시오.

13 $4a^5 b^3 \times \boxed{} \div (-2a^2 b)^2 = -3a^3 b$일 때, $\square$ 안에 알맞은 식은?

① $-3ab$ ② $-3a^2$ ③ $3a^2$
④ $12a^2$ ⑤ $\dfrac{3a^2}{b}$

14 다음은 식의 계산 과정을 나타낸 것이다. A, B에 알맞은 식을 각각 구하시오.

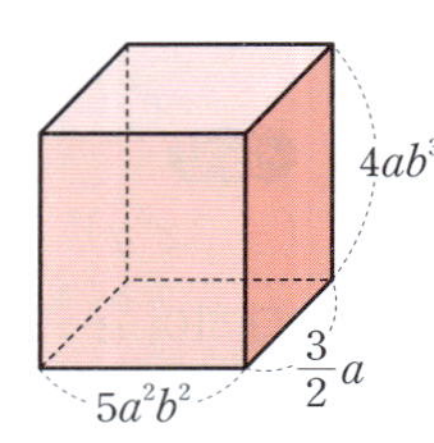

$$A \xrightarrow{\times(-3a)^2} B \xrightarrow{\div \frac{1}{2}b^3} 3a^5 b$$

15 오른쪽 그림과 같이 밑면의 가로의 길이가 $5a^2 b^2$, 세로의 길이가 $\frac{3}{2}a$, 높이가 $4ab^3$인 직육면체의 부피를 구하시오.

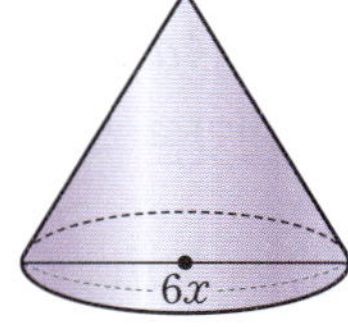

16 오른쪽 그림과 같이 밑면의 지름의 길이가 $6x$인 원뿔의 부피가 $48\pi x^2 y$일 때, 이 원뿔의 높이는?

① $16y$ ② $16xy$
③ $17y$ ④ $17xy$
⑤ $17y^2$

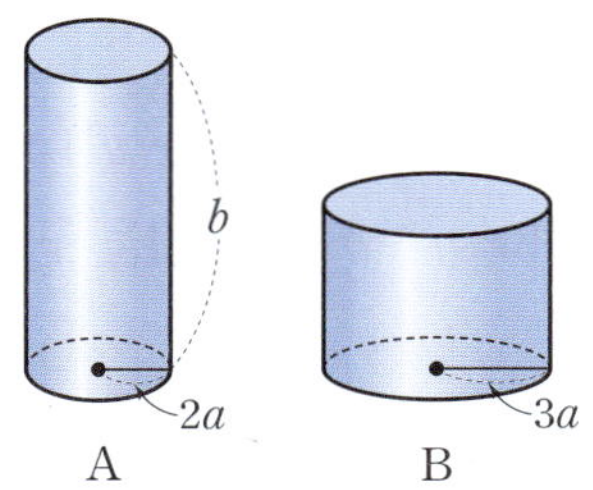

Level Up

17 $\dfrac{2^7 \times 3^2 \times 25^4}{10}$은 n자리의 자연수이고 각 자리의 숫자의 합이 k일 때, $n+k$의 값을 구하시오.

18 다음 그림에서 색칠한 부분의 식은 바로 위 사각형의 양 옆에 있는 두 식을 곱한 것과 같다. 이때 $B \times A \div C$를 계산하시오.

$-3xy^2$		A		C
	$12x^3 y^4$		B	
		$-\frac{2}{3}x^5 y^7$		

19 다음 그림과 같이 밑면의 반지름의 길이가 $2a$이고 높이가 b인 원기둥 A와 밑면의 반지름의 길이가 $3a$인 원기둥 B의 부피가 서로 같을 때, 원기둥 B의 높이를 구하시오.

3 다항식의 계산

01 다항식의 덧셈과 뺄셈

(1) **다항식의 덧셈**: 괄호가 있으면 먼저 괄호를 풀고 동류항끼리 모아서 계산한다.

(2) **다항식의 뺄셈**: 빼는 식의 각 항의 부호를 바꾸어 더한다.

주의 빼는 식의 괄호를 풀 때, 모든 항의 부호를 반대로 바꾼다.

$$\to -(A-B)=-A+B\ (\circ),\quad -(A-B)=-A-B\ (\times)$$

참고 여러 가지 괄호가 있는 식은 (소괄호) → {중괄호} → [대괄호]의 순서로 괄호를 풀어서 동류항끼리 계산한다.

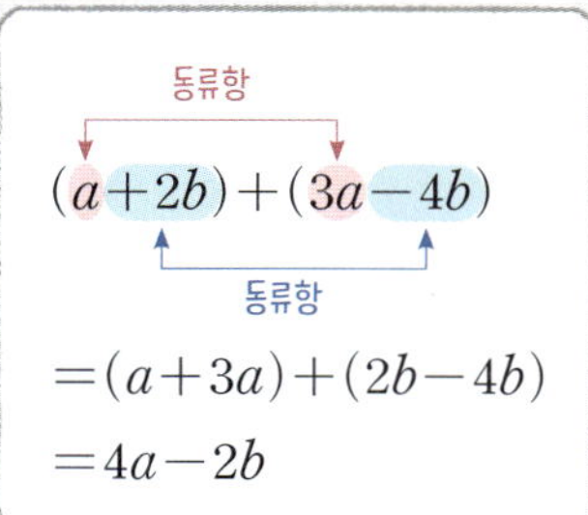

개념 **Bridge**

• 다항식의 덧셈

$$(2x+3y)+(3x-5y)$$
$$=2x+3y+3x-5y \qquad \text{괄호 풀기}$$
$$=2x+\boxed{}+3y-\boxed{} \qquad \text{동류항끼리 모으기}$$
$$=\boxed{} \qquad \text{계산하기}$$

• 다항식의 뺄셈

$$(2x+3y)-(3x-5y)$$
$$=2x+3y-3x+5y \qquad \text{빼는 식의 각 항의 부호 바꾸기}$$
$$=2x-\boxed{}+3y+\boxed{} \qquad \text{동류항끼리 모으기}$$
$$=\boxed{} \qquad \text{계산하기}$$

개념 **check**

✓ 다항식의 덧셈과 뺄셈 ·········· **01** 다음 식을 계산하시오.

(1) $(-x+3y)+(2x-5y)$

(2) $(5x-4y)-(-2x+7y)$

(3) $(4x-8y+5)-2(x+3y-2)$

(4) $\dfrac{2x-5y}{3}+\dfrac{3x-y}{4}$

01-1 다음 식을 계산하시오.

(1) $(5x-3y)-(-x-4y)$

(2) $2(x-4y)+(6x+2y-7)$

(3) $\dfrac{3a+b}{2}-\dfrac{a-5b}{3}$

(4) $\left(\dfrac{1}{3}x-\dfrac{3}{2}y\right)-\left(\dfrac{5}{6}x+\dfrac{1}{3}y\right)$

01-2 다음 식을 계산하시오.

(1) $5a-\{3b-2(a+b)\}$

(2) $-4x-[-2y+\{3x-5y-(2x-3y)\}]$

(1) **이차식**: 한 문자에 대한 차수가 2인 다항식을 그 문자에 대한 이차식이라 한다.

> **예** $3x^2-4x+1$은 x에 대한 이차식이고 $-a^2+3$은 a에 대한 이차식이다.

> **참고** a, b, c는 수, $a\neq0$일 때
> ① $ax+b$ ➡ x에 대한 일차식　　② ax^2+bx+c ➡ x에 대한 이차식

(2) **이차식의 덧셈과 뺄셈**: 괄호를 풀고 동류항끼리 모아서 계산한다.

> **예** $(2x^2-5x+1)-(x^2-3)=2x^2-5x+1-x^2+3$
> $\qquad =x^2-5x+4$ ← 보통 차수가 높은 항부터 낮은 항의 순서로 정리한다.

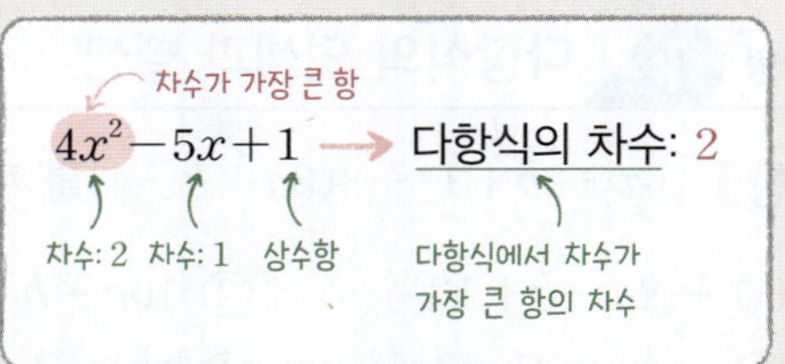

개념 Bridge

· 일차식과 이차식

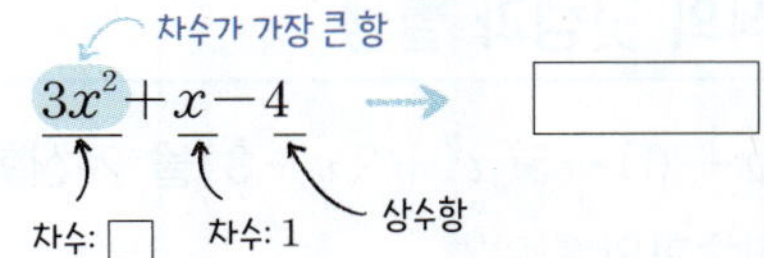

개념 check

☑ 이차식의 뜻 ┈┈ **01** 다음 중 이차식인 것은 ○표, 이차식이 아닌 것은 ×표를 하시오.

(1) $2a-b$ 　　　　(　　　)　　(2) x^2-x 　　　　(　　　)

(3) $3a^2+4a$ 　　　(　　　)　　(4) $\dfrac{1}{x}-5$ 　　　(　　　)

☑ 이차식의 덧셈과 뺄셈 ┈┈ **02** 다음 식을 계산하시오.

(1) $(2x^2-2x+1)+(x^2+3x-2)$　　(2) $(4a^2-3a-2)-(2a^2-5a-3)$

(3) $\dfrac{3x^2-5x-2}{4}-\dfrac{x^2-3x+4}{3}$　　(4) $(x^2-4x)-\{3x^2-(5x^2-2)\}$

02-1 다음 식을 계산하시오.

(1) $(7x^2-x+4)-2(4x^2-5x+1)$　　(2) $\dfrac{-2x^2+3}{3}+\dfrac{4x^2+2x-1}{2}$

(3) $(3a^2-2a)-\{2a+(5a^2-7a)\}$　　(4) $2a^2+[a-3a^2-\{a^2-(4a+7)\}]$

필수 유형 익히기

01 $(a+2b+1)-3(3a+b-4)$를 계산하면?

① $-8a-b+13$ ② $10a-b+13$

③ $-8a+4b-11$ ④ $10a-b-11$

⑤ $-8a+4b+3$

01-1 $\left(-\dfrac{1}{2}x+\dfrac{2}{3}y\right)+\left(\dfrac{1}{3}x+\dfrac{1}{6}y\right)=ax+by$일 때, 수 a, b에 대하여 ab의 값을 구하시오.

02 $(-x^2+8x-6)-5(x^2+2x-3)$을 계산했을 때, x^2의 계수와 상수항의 합은?

① 2 ② 3 ③ 4

④ 5 ⑤ 6

02-1 다음 등식을 만족시키는 수 a, b, c에 대하여 $a+4b-2c$의 값을 구하시오.

$$\frac{x^2+2x+1}{2}+\frac{2x^2-x}{4}=ax^2+bx+c$$

03 $2a-[3b-\{3a+(-a+2b)\}]$를 계산하면?

① $4a-b$ ② $5a+2b$ ③ $4a-3b$

④ $5a+4b$ ⑤ $4a-5b$

03-1 $5a-[2a-3a^2-\{4a-3a^2-(a^2-3a)\}]$를 계산했을 때, a^2의 계수를 x, a의 계수를 y라 하자. 이때 $x+y$의 값을 구하시오.

어떤 식에 A를 더해야 할 것을 잘못하여 뺐더니 B가 되었다.

➡ (어떤 식)$-A=B$ ➡ (어떤 식)$=B+A$

04 어떤 식에 $3x^2-2x+4$를 더해야 할 것을 잘못하여 뺐더니 $2x^2+3x-4$가 되었다. 다음 물음에 답하시오.

(1) 어떤 식을 구하시오.

(2) 바르게 계산한 식을 구하시오.

04-1 어떤 식에서 $5x^2-2$를 빼야 할 것을 잘못하여 더했더니 $-7x^2-x-1$이 되었다. 이때 바르게 계산한 식을 구하시오.

02 단항식과 다항식의 곱셈과 나눗셈

(1) **(단항식) × (다항식)**: 분배법칙을 이용하여 단항식을 다항식의 각 항에 곱하여 계산한다.

(2) **전개**: 단항식과 다항식의 곱을 분배법칙을 이용하여 괄호를 풀어 하나의 다항식으로 나타내는 것

(3) **전개식**: 전개하여 얻은 다항식

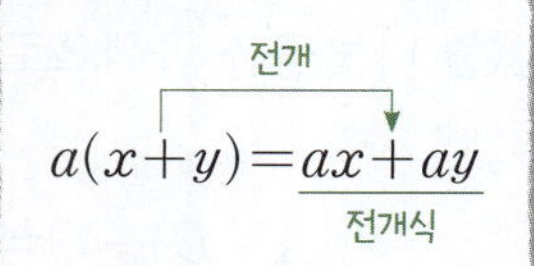

개념 Bridge

• (단항식) × (다항식)

① $3a(4a+b) = \boxed{} \times 4a + \boxed{} \times b = \boxed{}$

② $(2a-b) \times (-a) = 2a \times (\boxed{}) - b \times (\boxed{}) = \boxed{}$

개념 check

☑ (단항식) × (다항식) ……… **01** 다음 식을 계산하시오.

(1) $6x(4x-1)$

(2) $(4x-3y) \times (-2x)$

(3) $(9a+6b) \times \dfrac{1}{3}a$

(4) $5a(a+2b-1)$

01-1 다음 식을 계산하시오.

(1) $2x(3x-4)$

(2) $(-x+5y)(-y)$

(3) $-\dfrac{a}{4}(8-12a)$

(4) $(30x-25y) \times \dfrac{2}{5}x$

(5) $4xy(-2x+y-3)$

(6) $(-4a+8b-10) \times \dfrac{3}{2}ab$

방법1 분수의 꼴로 바꾸어 다항식의 각 항을 단항식으로 나눈다.

$$\rightarrow (A+B)\div C = \frac{A+B}{C} = \frac{A}{C} + \frac{B}{C}$$

방법2 나눗셈을 곱셈으로 바꾸고 다항식의 각 항에 단항식의 역수를 곱한다.

÷를 ×로

$$\rightarrow (A+B)\div C = (A+B)\times\frac{1}{C} = A\times\frac{1}{C} + B\times\frac{1}{C} = \frac{A}{C} + \frac{B}{C}$$

역수로

참고 계수가 분수인 단항식으로 나눌 때에는 방법2 를 이용하는 것이 편리하다.

개념 Bridge

• (다항식)÷(단항식)

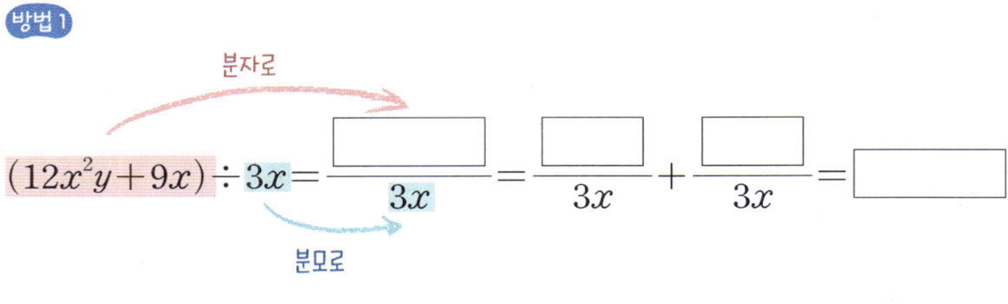

방법1

분자로

$$(12x^2y+9x)\div 3x = \frac{\boxed{}}{3x} = \frac{\boxed{}}{3x} + \frac{\boxed{}}{3x} = \boxed{}$$

분모로

방법2

곱셈으로

$$(12x^2y+9x)\div 3x = (12x^2y+9x)\times\boxed{} = 12x^2y\times\boxed{} + 9x\times\boxed{} = \boxed{}$$

분모로

개념 check

✓ (다항식)÷(단항식) ·········· **01** 다음 식을 계산하시오.

(1) $(9x^2+3xy)\div(-3x)$

(2) $(-6a^2+4a)\div\dfrac{2}{3}a$

(3) $(-6a^3b+6ab^2)\div\left(-\dfrac{1}{2}ab\right)$

(4) $(9x^3y-3xy^2+4xy)\div 3xy$

01-1 다음 식을 계산하시오.

(1) $(9x^2y+12y^2)\div(-3y)$

(2) $(-4x^2+x)\div\dfrac{1}{5}x$

(3) $(3ab^2-2b^2)\div\left(-\dfrac{b}{2}\right)$

(4) $(6x^2y-4xy^2+2xy)\div(-4xy)$

덧셈, 뺄셈, 곱셈, 나눗셈이 혼합된 식의 계산

❶ 거듭제곱이 있으면 지수법칙을 이용하여 거듭제곱을 먼저 계산한다.

❷ 분배법칙을 이용하여 곱셈, 나눗셈을 한다.

❸ 동류항끼리 모아서 덧셈, 뺄셈을 한다.

주의 덧셈, 뺄셈, 곱셈, 나눗셈이 혼합된 식의 계산에서는 반드시 $\times$, $\div$의 계산을 $+$, $-$의 계산보다 먼저 해야 한다.

$\rightarrow 4x+6x\div2=4x+3x=7x\ (\bigcirc),\quad 4x+6x\div2=10x\div2=5x\ (\times)$

개념 **Bridge**

• 다항식의 혼합 계산

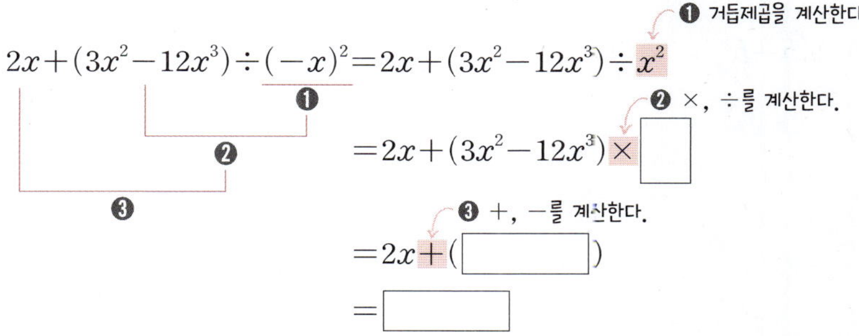

개념 **check**

✔ 다항식의 혼합 계산 ……… **01** 다음 식을 계산하시오.

(1) $\left(-3x^2+\dfrac{6}{5}x\right)\div3x\times(-10x)$

(2) $3a(a-2)+(-a^3+5a^2)\div\dfrac{a}{2}$

(3) $2x\left(2x+\dfrac{5}{2}y\right)-(4x^3y-2x^2y^2)\div xy$

01-1 다음 식을 계산하시오.

(1) $(2a^2-6ab)\div\dfrac{4}{3}a\times(2b)^2$

(2) $3x(4x-1)+(16x^4-24x^3)\div8x$

(3) $xy\left(\dfrac{y}{x}-\dfrac{x}{y}\right)-\dfrac{2x^3y+xy^3}{xy}$

(4) $(a^2b-2ab^2)\times8a^2b\div(-2ab)^2-5ab$

정답과 해설 020쪽

유형 1 (단항식) × (다항식)

01 다음 중 옳은 것은?

① $xy(x-2y)=x^2y-2xy^3$

② $-x(2x^2+7x)=-2x^3-7x$

③ $(4x-y)2y=8xy+2y^2$

④ $\dfrac{1}{3}a(9a^2-24a+6)=3a^3-8a^2+2a$

⑤ $-b(3a^2-2ab+b^2)=-3a^2b+2ab-b^3$

01-1 $-2x(x+3y-5)$를 전개한 식의 x^2의 계수를 a, $(4x-2y+1)\times7x$를 전개한 식의 xy의 계수를 b라 할 때, ab의 값을 구하시오.

유형 2 (다항식) ÷ (단항식)

02 다음 중 옳지 <u>않은</u> 것은?

① $(20x^2+8xy)\div4x=5x+2y$

② $(15a^2-12ab)\div(-3a)=-5a-4b$

③ $(3x^3y+9xy)\div\dfrac{3}{5}x=5x^2y+15y$

④ $(-16a^2b^3+20ab^2)\div4ab=-4ab^2+5b$

⑤ $(xy+2y^2-3y)\div\left(-\dfrac{1}{7}y\right)=-7x-14y+21$

02-1 $(6x^2y-4xy^2+8xy)\div\dfrac{2}{5}xy=ax+by+c$일 때, 수 a, b, c에 대하여 $a-b-c$의 값을 구하시오.

한 걸음 더

유형 3 식의 값

❶ 주어진 식을 계산한다.

❷ ❶의 식의 문자에 주어진 수를 대입하여 식의 값을 구한다. 이때 대입하는 수가 음수이면 괄호를 사용한다.

03 $x=-3$, $y=2$일 때,

$\dfrac{6xy^2-8x^2}{-2x}-\dfrac{25xy-10x^2y}{5y}$의 값은?

① 1　　　② 3　　　③ 5

④ 7　　　⑤ 9

03-1 $a=-1$, $b=\dfrac{2}{3}$일 때, 다음 식의 값을 구하시오.

$$(a+2b)\times(-4a)-\left(\dfrac{2}{3}a^3+\dfrac{5}{6}a^2b\right)\div\left(-\dfrac{1}{6}a\right)$$

유형 4 덧셈, 뺄셈, 곱셈, 나눗셈이 혼합된 식의 계산

04 다음 식을 계산하시오.

$$(12x^3+8x^2y)\div(2x)^2+(3xy+y^2)\times\left(-\dfrac{4}{y}\right)$$

04-1 $(a+6)\times(-2b)-(9a^2-18a^2b)\div\left(\dfrac{3}{2}a\right)^2$ 을

계산했을 때, ab의 계수와 b의 계수의 합을 구하시오.

유형 5 ☐ 안에 알맞은 식 구하기

05 $\left(-\dfrac{4}{3}ab\right)\times$ ☐ $=12a^3b-4a^2b^2$일 때, ☐

안에 알맞은 식을 구하시오.

05-1 ☐ $\div\left(-\dfrac{7}{x}\right)=x^3-3x$일 때, ☐ 안에 알맞

은 식을 구하시오.

유형 6 도형에의 활용 (1)

06 오른쪽 그림과 같이 윗변의 길이가 $3y$, 아랫변의 길이가 $9xy-6y$, 높이가 $6x^2y$인 사다리꼴의 넓이를 구하시오.

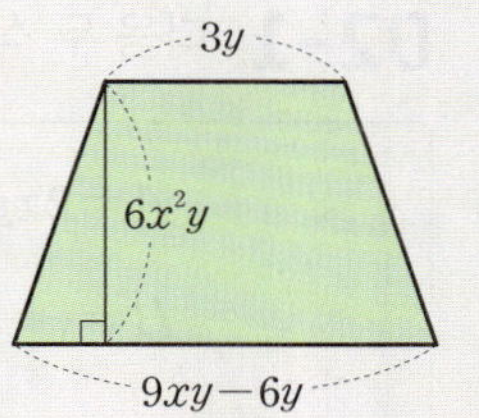

06-1 오른쪽 그림과 같이 높이가 $6a$인 삼각형의 넓이가 $24a^2+6ab$일 때, 이 삼각형의 밑변의 길이를 구하시오.

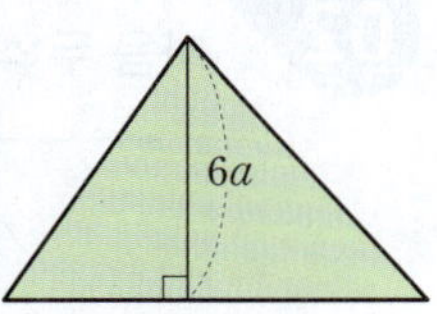

걸음 더

유형 7 도형에의 활용 (2)

오른쪽 그림에서

(색칠한 부분의 넓이)=(①의 넓이)+(②의 넓이)+(③의 넓이)

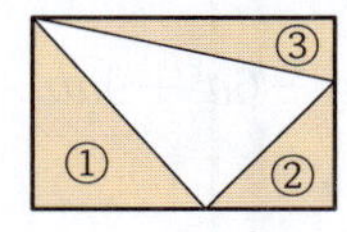

07 오른쪽 그림과 같이 가로, 세로의 길이가 각각 $5a$, $3b$인 직사각형에서 색칠한 부분의 넓이를 구하시오.

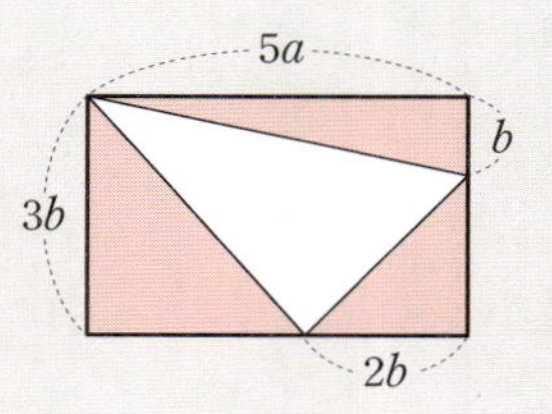

07-1 오른쪽 그림과 같이 가로, 세로의 길이가 각각 $4x$, $3y$인 직사각형에서 색칠한 부분의 넓이를 구하시오.

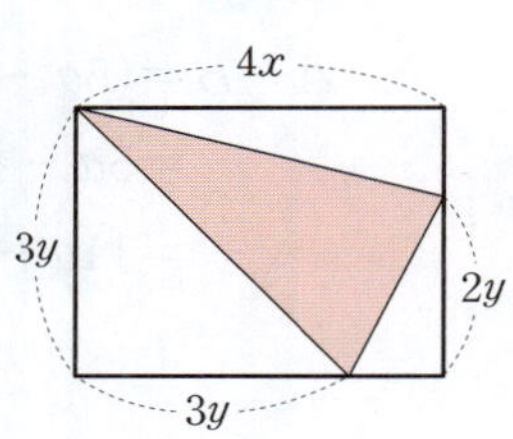

서술형 감잡기

---

01 다음 식을 계산했을 때, 모든 항의 계수의 합을 구하시오.

$$5a^2 - [3ab - b^2 + \{2a^2 - (ab - 6b^2)\}]$$

①단계 주어진 식 계산하기 ◀ 70 %

$5a^2 - [3ab - b^2 + \{2a^2 - (ab - 6b^2)\}]$

$= 5a^2 - \{3ab - b^2 + (2a^2 - ab + \boxed{}b^2)\}$

$= 5a^2 - (2a^2 + 2ab + \boxed{}b^2)$

$= \boxed{}a^2 - 2ab - \boxed{}b^2$

②단계 모든 항의 계수의 합 구하기 ◀ 30 %

따라서 a^2의 계수는 $\boxed{}$, ab의 계수는 -2, b^2의 계수는 $\boxed{}$이므로 모든 항의 계수의 합은

$\boxed{} + (-2) + (\boxed{}) = \boxed{}$

답 ____________________

01-1 다음 식을 계산했을 때, x^2의 계수와 x의 계수의 합을 구하시오.

$$3x^2 - [-4x^2 - \{x^2 - 3(5x - 1)\} - 6x]$$

답 ____________________

---

02 다음 두 식 A, B에 대하여 $A - B$를 계산하시오.

$$A = (15ab - 9b^2) \times \frac{a}{3b}$$
$$B = (-4a^3b + 6a^2b^2) \div \frac{2}{3}ab$$

①단계 A 계산하기 ◀ 30 %

$A = (15ab - 9b^2) \times \dfrac{a}{3b} = 5a^2 - \boxed{}$

②단계 B 계산하기 ◀ 30 %

$B = (-4a^3b + 6a^2b^2) \div \dfrac{2}{3}ab$

$\quad = (-4a^3b + 6a^2b^2) \times \dfrac{3}{\boxed{}} = -6a^2 + 9ab$

③단계 $A - B$ 계산하기 ◀ 40 %

$A - B = (5a^2 - \boxed{}) - (-6a^2 + 9ab)$

$\qquad = 5a^2 - \boxed{} + 6a^2 - \boxed{}$

$\qquad = 11a^2 - \boxed{}$

답 ____________________

02-1 다음 두 식 A, B에 대하여 $A + B$를 계산하시오.

$$A = 2xy \times (3x - 2y)$$
$$B = (-x^2y^3 + 2x^3y^2) \div \left(-\frac{1}{5}xy\right)$$

답 ____________________

중요

01 다음 중 옳지 <u>않은</u> 것은?

① $(2x-5y)+(3x+4y)=5x-y$

② $-(3a+b)-(a-7b)=-4a+6b$

③ $(4x+6y-3)+(5x-3y-2)=9x+3y-5$

④ $(x-3y-7)-(9x+5y-1)=-8x-8y-6$

⑤ $3(a-4b-2)-(2b-6)=3a-10b+6$

02 $\dfrac{2x+3y}{5}+\dfrac{x-2y-1}{4}=ax+by+c$일 때, 수 a, b, c에 대하여 $a-b-c$의 값을 구하시오.

03 $ax+4-[by-\{3x-(x+y)\}]=5x-2y+4$일 때, 수 a, b에 대하여 $a+b$의 값은?

① -4 　　② -2 　　③ -1

④ 2 　　⑤ 4

서술형

04 다음 등식에서 □ 안에 알맞은 식을 구하시오.

$$4a-[3b-\{2a+6b-(a+\boxed{})\}]=3a-2b+7$$

05 다음 중 이차식인 것을 모두 고르면? (정답 2개)

① $-(a^2+4a-1)+4a$

② $5x^3-x(x^2-3)$

③ $2(y-3y^2)+6y^2$

④ $10b^2-(8b^2+7b)-2b^2$

⑤ $\dfrac{x^2-1}{2}+x$

06 $(ax^2-7x+5)-(2x^2+x-1)$을 계산했을 때, x^2의 계수와 상수항의 합이 -2이다. 이때 수 a의 값을 구하시오.

07 다음 중 옳은 것을 모두 고르면? (정답 2개)

① $x(6x+4y)=6x^2+4y$

② $-2xy(x^2-5y^2)=-2x^3y+10xy^3$

③ $(6ab-2b^3)\div 2b=3ab-b^2$

④ $(-3x^4y^2+9xy)\div(-3y)=x^4y-3x$

⑤ $(15a^2b^3+10ab^2)\div\dfrac{5}{2}ab=6a^3b^4+4a^2b^3$

08 $\left(5x^4 - \dfrac{8}{3}x^3y\right) \div 2x^2 - \left(\dfrac{4}{3}x^2y - x^3\right) \div \dfrac{2}{3}x$ 를 계산했을 때, x^2의 계수를 a, xy의 계수를 b라 하자. 이때 $a+b$의 값은?

① $-\dfrac{10}{3}$ ② $-\dfrac{5}{3}$ ③ $-\dfrac{1}{3}$

④ $\dfrac{2}{3}$ ⑤ $\dfrac{5}{3}$

09 $\{3x^2y + (-x)^2\} \div \left(-\dfrac{3}{4}x\right) - y(y-3x)$ 를 계산한 식에 대하여 다음 중 바르게 말한 학생을 모두 고르시오.

[지영] 항은 모두 4개야.
[상민] x의 계수는 $-\dfrac{4}{3}$야.
[승희] xy의 계수는 -1이야.
[건우] y^2의 계수는 7이야.

10 어떤 식에 $4ab^2$을 곱해야 할 것을 잘못하여 나누었더니 $2a^2 - 3ab$가 되었다. 이때 바르게 계산한 식을 구하시오.

11 오른쪽 그림과 같이 밑면의 반지름의 길이가 $5x$인 원뿔의 부피가 $50\pi x^3 y - 75\pi x^2 y^2$일 때, 이 원뿔의 높이를 구하시오.

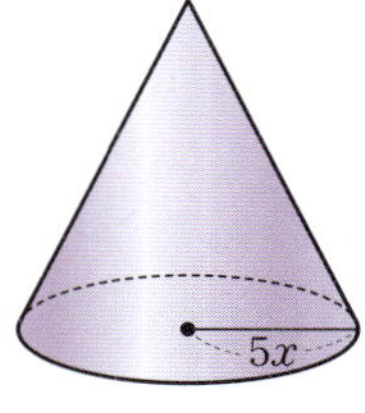

12 $x=-1$, $y=\dfrac{1}{3}$일 때, 다음 식의 값은?

$$(x^2y - xy^2) \div \dfrac{1}{3}xy - (2x^2 - x^3) \times \left(-\dfrac{2}{x}\right)^2$$

① -16 ② -4 ③ 6
④ 10 ⑤ 18

Level Up

13 다음 그림과 같은 전개도로 직육면체를 만들었을 때, 마주 보는 면에 적힌 두 다항식의 합이 모두 같다고 한다. 이때 다항식 A를 구하시오.

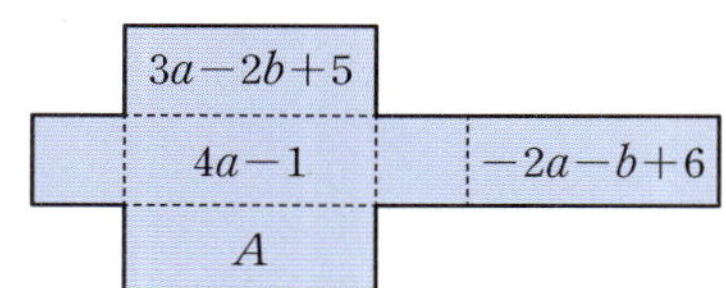

14 오른쪽 그림의 입체도형은 부피가 $36ab + 18b^2$인 큰 직육면체 위에 부피가 $12ab + 18b^2$인 작은 직육면체를 올려놓은 것이다. h를 a, b에 대한 식으로 나타내시오.

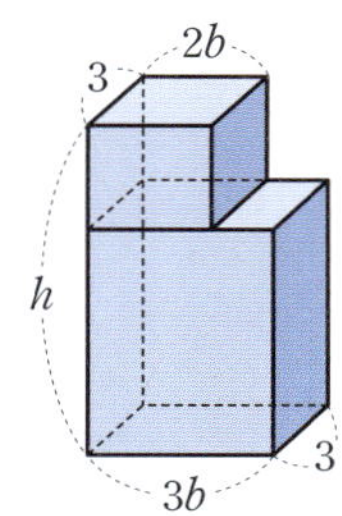

일차부등식

01 부등식의 해와 그 성질

개념 1 부등식과 그 해

(1) **부등식**: 부등호 $<$, $>$, $\leq$, $\geq$ 를 사용하여 수 또는 식의 대소 관계를 나타낸 것

> **예** $2<3$, $x\leq1$, $2x+1\geq5$는 모두 부등식이다.

(2) **부등식의 표현**

$a<b$	$a>b$	$a\leq b$	$a\geq b$
a는 b보다 작다. a는 b 미만이다.	a는 b보다 크다. a는 b 초과이다.	a는 b보다 작거나 같다. a는 b보다 크지 않다. a는 b 이하이다.	a는 b보다 크거나 같다. a는 b보다 작지 않다. a는 b 이상이다.

> **참고** $a\leq b$는 '$a<b$ 또는 $a=b$', $a\geq b$는 '$a>b$ 또는 $a=b$'임을 의미한다.

(3) **부등식의 해**

① **부등식의 해**: 미지수 x를 포함한 부등식이 참이 되게 하는 x의 값

② **부등식을 푼다**: 부등식의 해를 모두 구하는 것

$$x+3<6$$
좌변　　우변
양변

개념 Bridge

• 문장을 부등식으로 나타내기

<u>x에 10을 더하면</u> / <u>13보다</u> / <u>크다.</u>　　　→　　☐ >13
좌변: $x+10$　　　우변: 13　　　$>$

<u>한 자루에 700원인 색연필 x자루의 가격은</u> / <u>6000원</u> / <u>이하이다.</u>　　→　　☐
좌변: $700x$　　　　　　우변: 6000　　　$\leq$

개념 check

✓ 부등식으로 나타내기 ········· **01** 다음 문장을 부등식으로 나타내시오.

(1) x의 2배에 4를 더하면 25 이상이다.

(2) 가로의 길이가 $x\,\mathrm{cm}$, 세로의 길이가 $3\,\mathrm{cm}$인 직사각형의 둘레의 길이는 $10\,\mathrm{cm}$보다 길지 않다.

(3) 1회 이용 요금이 800원인 지하철을 x회 이용한 요금은 16000원 미만이다.

✓ 부등식의 해 ········· **02** x의 값이 4 이하의 자연수일 때, 부등식 $-2x+6<4x-7$을 푸시오.

02-1 x의 값이 -2, 0, 2일 때, 다음 부등식을 푸시오.

(1) $x+5\geq4$　　　　　　　　　　(2) $3-x<6$

(1) 부등식의 양변에 같은 수를 더하거나 양변에서 같은 수를 빼도 부등호의 방향은 바뀌지 않는다.

→ $a<b$이면 $a+c<b+c,\ a-c<b-c$

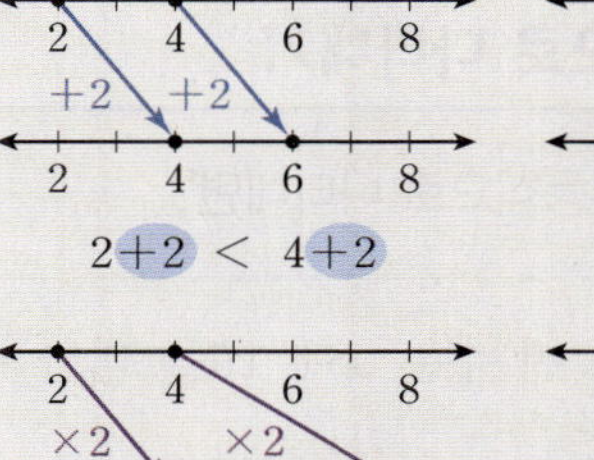
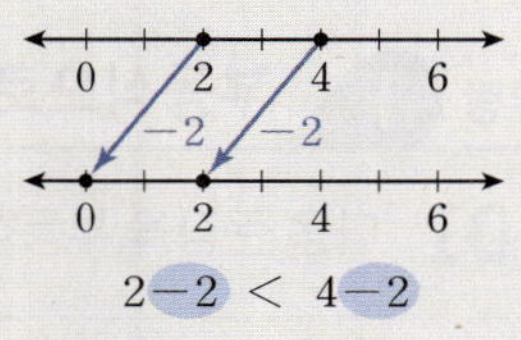

$$2+2 \ < \ 4+2 \qquad 2-2 \ < \ 4-2$$

(2) 부등식의 양변에 같은 양수를 곱하거나 양변을 같은 양수로 나누어도 부등호의 방향은 바뀌지 않는다.

→ $a<b,\ c>0$이면 $ac<bc,\ \dfrac{a}{c}<\dfrac{b}{c}$

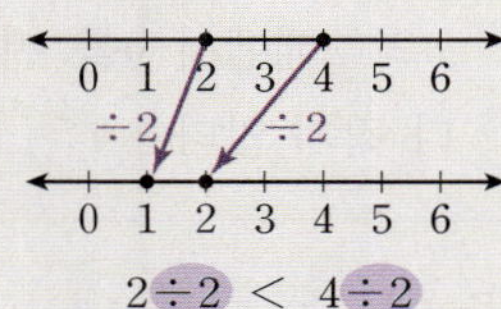
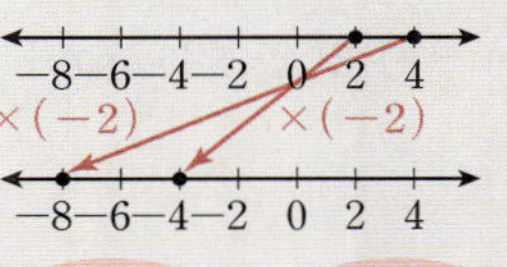

$$2\times2 \ < \ 4\times2 \qquad 2\div2 \ < \ 4\div2$$

(3) 부등식의 양변에 같은 음수를 곱하거나 양변을 같은 음수로 나누면 부등호의 방향이 바뀐다.

→ $a<b,\ c<0$이면 $ac>bc,\ \dfrac{a}{c}>\dfrac{b}{c}$

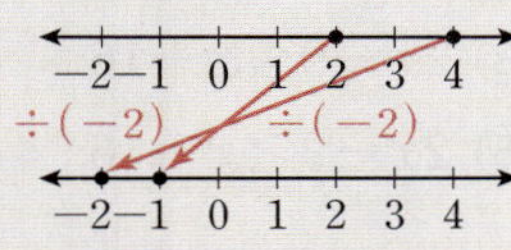

$$2\times(-2) \ > \ 4\times(-2) \qquad 2\div(-2) \ > \ 4\div(-2)$$

참고 부등식의 성질은 $<$를 $\leq$로, $>$를 $\geq$로 바꾸어도 성립한다.

개념 **check**

✓ 부등식의 성질 (1) ……… **01** $a<b$일 때, 다음 □ 안에 알맞은 부등호를 써넣으시오.

(1) $a+3\ \square\ b+3$ (2) $5a\ \square\ 5b$

(3) $\dfrac{a}{6}+4\ \square\ \dfrac{b}{6}+4$ (4) $-a+2\ \square\ -b+2$

01-1 $a\geq b$일 때, 다음 □ 안에 알맞은 부등호를 써넣으시오.

(1) $a-6\ \square\ b-6$ (2) $-\dfrac{a}{7}\ \square\ -\dfrac{b}{7}$

(3) $3a-1\ \square\ 3b-1$ (4) $5-\dfrac{a}{2}\ \square\ 5-\dfrac{b}{2}$

✓ 부등식의 성질 (2) ……… **02** 다음 □ 안에 알맞은 부등호를 써넣으시오.

(1) $a-2<b-2\ \rightarrow\ a\ \square\ b$ (2) $-3a\leq-3b\ \rightarrow\ a\ \square\ b$

(3) $\dfrac{a}{6}\geq\dfrac{b}{6}\ \rightarrow\ a\ \square\ b$ (4) $5-\dfrac{2}{3}a>5-\dfrac{2}{3}b\ \rightarrow\ a\ \square\ b$

02-1 $6a-1>6b-1$일 때, 다음 □ 안에 알맞은 부등호를 써넣으시오.

(1) $a\ \square\ b$ (2) $-2a\ \square\ -2b$

(3) $1-a\ \square\ 1-b$ (4) $\dfrac{a}{3}+2\ \square\ \dfrac{b}{3}+2$

필수 유형 익히기

01 다음 문장을 부등식으로 나타내면?

> x의 2배에서 9를 뺀 수는 x에 16을 더한 수 보다 작지 않다.

① $2x-9<x+16$ ② $2(x-9)\leq x+16$
③ $2x-9\leq x+16$ ④ $2(x-9)>x+16$
⑤ $2x-9\geq x+16$

01-1 다음 문장을 부등식으로 나타내시오.

> 무게가 1 kg인 상자에 무게가 3 kg인 물건을 x개 넣으면 전체 무게는 12 kg 이하이다.

02 다음 부등식 중 해가 $x=3$인 것은?

① $2x-5\geq 7$ ② $3x<x+1$
③ $4(x-2)\leq 3$ ④ $1-\dfrac{x}{2}>\dfrac{1}{3}$
⑤ $6-3x>x-8$

02-1 다음 중 [ ] 안의 수가 주어진 부등식의 해가 <u>아닌</u> 것은?

① $5x\leq x$ $[0]$ ② $\dfrac{1}{2}x+5>0$ $[-4]$
③ $-3x+4\leq 9$ $[1]$ ④ $1-2x\geq 2$ $[2]$
⑤ $0.7x+0.6<3$ $[3]$

03 $a>b$일 때, 다음 중 옳은 것은?

① $a+11<b+11$ ② $1-a<1-b$
③ $-\dfrac{a}{2}>-\dfrac{b}{2}$ ④ $\dfrac{a}{5}-\dfrac{1}{3}<\dfrac{b}{5}-\dfrac{1}{3}$
⑤ $4a-7<4b-7$

03-1 $1-2a\leq 1-2b$일 때, 다음 중 옳지 <u>않은</u> 것은?

① $\dfrac{a}{3}\geq\dfrac{b}{3}$ ② $-a+6\leq -b+6$
③ $4a-1\geq 4b-1$ ④ $2-5a\geq 2-5b$
⑤ $7-\dfrac{a}{2}\leq 7-\dfrac{b}{2}$

x의 값의 범위를 알 때, $ax+b$의 값의 범위는 다음과 같이 구한다.

❶ 주어진 부등식의 각 변에 a를 곱한다.

❷ ❶의 부등식의 각 변에 b를 더한다.

04 $-2<x\leq 3$일 때, 다음 식의 값의 범위를 구하시오.

(1) $5x-1$ (2) $-x+2$

04-1 $-3<x<1$일 때, 다음 중 $2x+3$의 값이 될 수 있는 것은?

① -5 ② -3 ③ 4
④ 6 ⑤ 8

02 일차부등식의 풀이

(1) **일차부등식**: 부등식에서 우변의 모든 항을 좌변으로 이항하여 정리할 때

$$(\text{일차식}) < 0, \ (\text{일차식}) > 0, \ (\text{일차식}) \leq 0, \ (\text{일차식}) \geq 0$$

중 어느 하나의 꼴이 되는 부등식

(2) **일차부등식의 풀이**

❶ 일차항은 좌변으로, 상수항은 우변으로 각각 이항한다.

❷ 양변을 정리하여 $ax < b$, $ax > b$, $ax \leq b$, $ax \geq b$ $(a \neq 0)$ 중 어느 하나의 꼴로 만든다.

❸ 양변을 x의 계수 a로 나누어 $x < (\text{수}), \ x > (\text{수}), \ x \leq (\text{수}), \ x \geq (\text{수})$ 중 어느 하나의 꼴로 나타낸다. 이때 $a < 0$이면 부등호의 방향이 바뀐다.

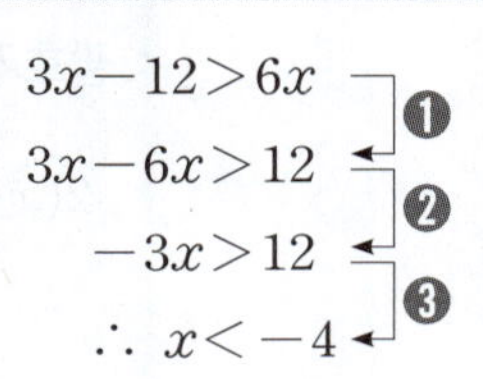

(3) **부등식의 해를 수직선 위에 나타내기**

① $x < a$ ② $x > a$ ③ $x \leq a$ ④ $x \geq a$

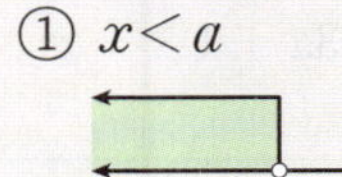 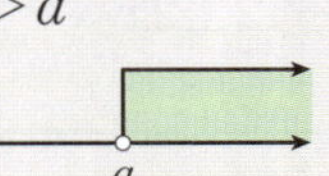 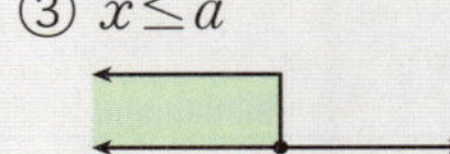 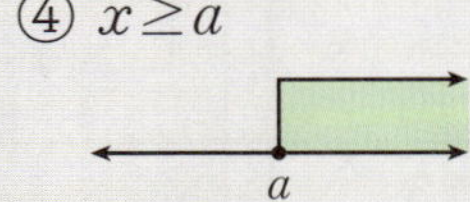

참고 수직선 위에서 ●에 대응하는 수는 부등식의 해에 포함되고, ○에 대응하는 수는 부등식의 해에 포함되지 않는다.

개념 Bridge

• 일차부등식

$$2x + 1 < 5 \xrightarrow{\text{우변의 모든 항을}\ \text{좌변으로 이항}} 2x + 1 - \square < 0 \xrightarrow{\text{정리}} \underset{\text{일차부등식}}{\boxed{}} < 0$$

개념 check

일차부등식의 뜻 ⋯⋯ **01** 다음 중 일차부등식인 것은 ○표, 일차부등식이 아닌 것은 ×표를 하시오.

(1) $6x + 5 < 11 - 6x$ (   ) (2) $2x + 6 \geq x^2$ (   )

(3) $7x^2 + 4 \leq 10x + 7x^2$ (   ) (4) $3x > 5x + 1$ (   )

일차부등식의 풀이 ⋯⋯ **02** 다음 일차부등식을 풀고, 그 해를 수직선 위에 나타내시오.

(1) $6x - 2 \leq x + 8$ (2) $x + 12 > 3 - 2x$

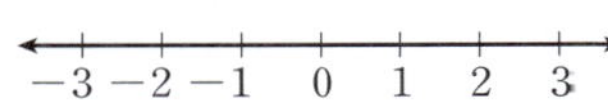 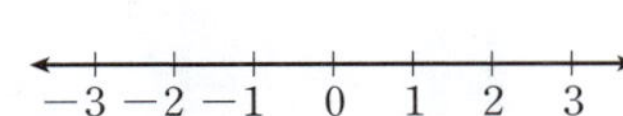

02-1 다음 일차부등식을 풀고, 그 해를 수직선 위에 나타내시오.

(1) $5x + 9 \geq 2x - 6$ (2) $2x + 8 < 5x + 1$

(1) **괄호가 있는 일차부등식**: 분배법칙을 이용하여 괄호를 풀어 정리한 후 푼다.
(2) **계수가 소수인 일차부등식**: 양변에 10의 거듭제곱을 곱하여 계수를 모두 정수로 고쳐서 푼다.
(3) **계수가 분수인 일차부등식**: 양변에 분모의 최소공배수를 곱하여 계수를 모두 정수로 고쳐서 푼다.

주의 부등식의 양변에 수를 곱할 때는 모든 항에 빠짐없이 곱해야 한다.

개념 Bridge

· 일차부등식 간단히 나타내기

<계수가 있는 경우>

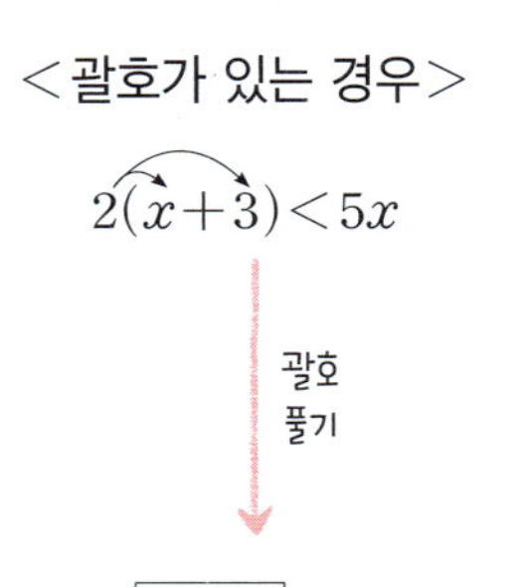

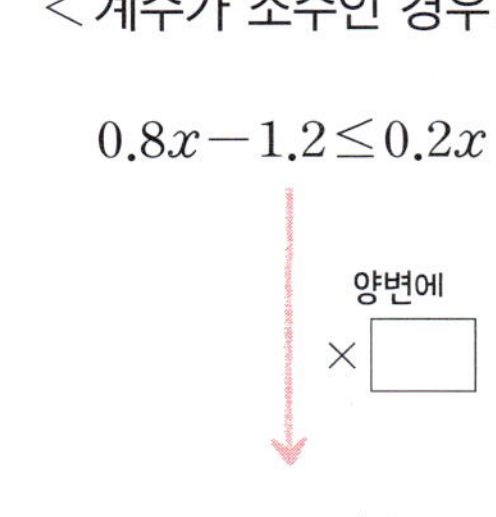

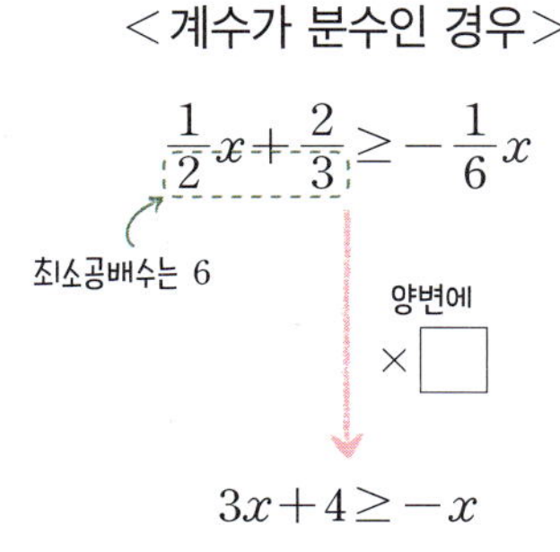

개념 check

☑ 괄호가 있는 일차부등식의 풀이

01 다음 일차부등식을 푸시오.

(1) $5x - 2 \leq 2(x+1)$

(2) $x > -3(x+4) - 12$

01-1 다음 일차부등식을 푸시오.

(1) $6(x+2) < 3(x+3)$

(2) $5 - (3x+2) \geq -2(x-4)$

☑ 계수가 소수 또는 분수인 일차부등식의 풀이

02 다음 일차부등식을 푸시오.

(1) $0.1x \leq 0.4x + 2.7$

(2) $0.12x > 0.6 + 0.07x$

(3) $\dfrac{1}{2}x + \dfrac{1}{6} < \dfrac{2}{3}x - \dfrac{1}{2}$

(4) $0.4x - \dfrac{1}{3} \geq \dfrac{x-1}{2}$

02-1 다음 일차부등식을 푸시오.

(1) $0.3x - 1.2 > 0.1x + 2$

(2) $0.5x - 3 \geq 0.2(x+3)$

(3) $\dfrac{x+3}{3} - \dfrac{x-2}{4} \leq 1$

(4) $3 - \dfrac{x}{5} < 0.2(x+9)$

유형 1 일차부등식

01 다음 보기에서 일차부등식인 것을 모두 고른 것은?

보기
ㄱ. $3x-2<3x+5$ ㄴ. $2x+1\geq -2x-3$
ㄷ. $2(x+3)\leq 2x$ ㄹ. $x^2+4x>7+x^2$

① ㄱ, ㄴ ② ㄱ, ㄷ ③ ㄴ, ㄷ
④ ㄴ, ㄹ ⑤ ㄷ, ㄹ

01-1 다음 중 일차부등식이 <u>아닌</u> 것은?

① $x<\dfrac{1}{2}$ ② $7x+1\geq -5$

③ $6x-4\leq -6x+10$ ④ $x^2+7x-1\geq x^2$

⑤ $\dfrac{1}{x}-3\leq 9-2x$

유형 2 일차부등식의 풀이

02 다음 일차부등식 중 해가 $x<6$인 것은?

① $7-2x<-1$ ② $x<32-3x$
③ $4x+3>2x+15$ ④ $3x-5<-x+19$
⑤ $5x-11>8x+7$

02-1 다음 일차부등식 중 해가 나머지 넷과 <u>다른</u> 하나는?

① $12-5x<-x$ ② $3x-2>7$
③ $8x+3>9x-2$ ④ $2x-6<4x-12$
⑤ $5+10x>8x+11$

유형 3 일차부등식의 해를 수직선 위에 나타내기

03 다음 중 일차부등식 $8-5x\leq 4x+17$의 해를 수직선 위에 바르게 나타낸 것은?

① 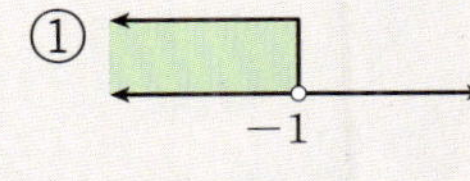 ② 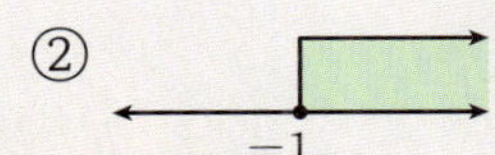

③ 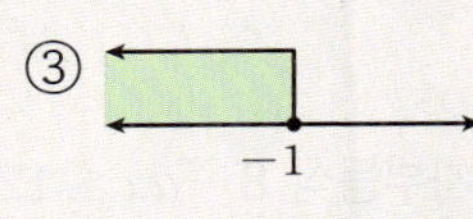 ④ 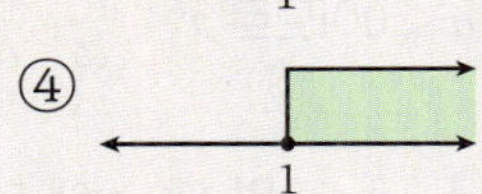

⑤ 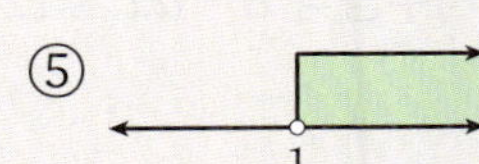

03-1 다음 일차부등식 중 해를 수직선 위에 나타냈을 때, 오른쪽 그림과 같은 것은?

① $2x\leq x+1$ ② $-3x+4<-7x$
③ $4x+6\leq 2$ ④ $1+x>-x-1$
⑤ $9-3x\geq x+5$

유형 4 괄호가 있는 일차부등식

04 일차부등식 $-(x-2)+11\leq 8(x-4)$를 풀면?

① $x\leq -5$ ② $x\leq -1$ ③ $x\leq 5$
④ $x\geq 1$ ⑤ $x\geq 5$

04-1 일차부등식 $6(x-1)>2x-3(x-5)$를 만족시키는 가장 작은 정수 x의 값을 구하시오.

유형 5 계수가 소수 또는 분수인 일차부등식

05 일차부등식 $0.7x+2>1.3x+\dfrac{1}{5}$ 을 풀면?

① $x<1$ ② $x>2$ ③ $x<3$
④ $x>4$ ⑤ $x<5$

05-1 일차부등식 $0.4x-1.2\leq\dfrac{x+3}{4}$ 을 만족시키는 자연수 x의 개수를 구하시오.

유형 6 일차부등식의 해가 주어질 때, 미지수 구하기

06 일차부등식 $-3x+a\leq9$의 해가 $x\geq-4$일 때, 수 a의 값은?

① -5 ② -3 ③ -1
④ 1 ⑤ 3

06-1 일차부등식 $7x-3>9x+k$의 해가 $x<2$일 때, 수 k의 값은?

① -7 ② -5 ③ -3
④ 3 ⑤ 5

한 걸음 더 | 유형 7 계수가 문자인 일차부등식의 풀이

일차부등식이 $ax>b$ 꼴로 정리되었을 때, 주어진 해가

(1) $x>k$이면 → $a>0$이므로 $x>\dfrac{b}{a}$, $\dfrac{b}{a}=k$

(2) $x<k$이면 → $a<0$이므로 $x<\dfrac{b}{a}$, $\dfrac{b}{a}=k$

07 a의 값의 범위가 다음과 같을 때, x에 대한 일차부등식 $ax-1>0$을 푸시오.

(1) $a>0$
(2) $a<0$

07-1 $a<0$일 때, x에 대한 일차부등식 $8-ax\leq12$를 풀면?

① $x\geq\dfrac{a}{2}$ ② $x\leq-\dfrac{2}{a}$ ③ $x\geq\dfrac{2}{a}$
④ $x\geq\dfrac{4}{a}$ ⑤ $x\leq-\dfrac{4}{a}$

03 일차부등식의 활용

❶ 미지수 정하기 　 문제의 뜻을 이해하고, 구하려는 것을 미지수 x로 놓는다.
❷ 부등식 세우기 　 문제의 뜻에 맞게 x에 대한 일차부등식을 세운다.
❸ 부등식 풀기 　 일차부등식을 푼다.
❹ 확인하기 　 구한 해가 문제의 뜻에 맞는지 확인한다.

주의 물건의 개수, 사람 수, 횟수 등을 미지수 x로 놓았을 때는 구한 해 중 자연수만을 답으로 한다.

개념 check

✅ 연속하는 자연수에 대한 문제

01 연속하는 두 자연수의 합이 21보다 클 때, 이와 같은 수 중 가장 작은 두 자연수를 구하려고 한다. 다음 물음에 답하시오.

(1) 두 자연수 중 작은 수를 x라 할 때, 부등식을 세우시오.

(2) 두 자연수를 구하시오.

01-1 연속하는 세 자연수의 합이 69보다 작거나 같다고 한다. 이와 같은 수 중 가장 큰 세 자연수를 구하시오.

✅ 최대 개수에 대한 문제

02 한 개에 300원인 자와 한 개에 200원인 지우개를 합하여 10개를 사는데 전체 가격이 3000원 미만이 되게 하려고 한다. 다음 물음에 답하시오.

(1) 자를 x개 산다고 할 때, 부등식을 세우시오.
(2) 자를 최대 몇 개까지 살 수 있는지 구하시오.

02-1 무게가 400 g인 빈 바구니에 한 개의 무게가 200 g씩인 망고를 담으려고 한다. 전체 과일바구니의 무게가 3 kg 이하가 되게 하려면 망고는 최대 몇 개까지 담을 수 있는지 구하시오.

03 현재 지윤이와 석진이의 통장에는 각각 18000원, 30000원이 예금되어 있다. 다음 달부터 매달 지윤이는 4000원씩, 석진이는 2500원씩 예금한다고 할 때, 다음 물음에 답하시오.

(1) x개월 후 지윤이의 예금액이 석진이의 예금액보다 많아진다고 할 때, 부등식을 세우시오.

(2) 지윤이의 예금액이 석진이의 예금액보다 많아지는 것은 몇 개월 후부터인지 구하시오.

03-1 현재 건우의 예금액을 45000원, 나은이의 예금액은 28000원이다. 다음 달부터 매달 건우는 8000원씩, 나은이는 3000원씩 예금한다고 할 때, 건우의 예금액이 나은이의 예금액의 2배보다 많아지는 것은 몇 개월 후부터인지 구하시오.

개념 6 일차부등식의 활용; 거리, 속력, 시간

거리, 속력, 시간에 대한 문제는 다음 관계를 이용하여 부등식을 세운다.

$$(거리) = (속력) \times (시간), \quad (속력) = \frac{(거리)}{(시간)}, \quad (시간) = \frac{(거리)}{(속력)}$$

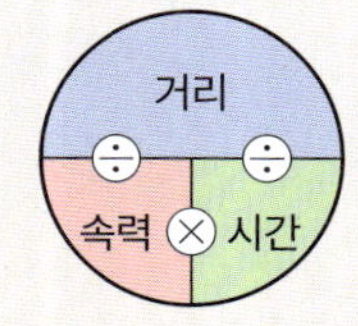

개념 check

01 집에서 출발하여 산책을 하는데 갈 때는 시속 4 km로 걷고, 올 때는 같은 길을 시속 2 km로 걸어서 3시간 이내에 돌아오려고 한다. 다음 물음에 답하시오.

(1) 집에서 x km 떨어진 지점까지 산책을 한다고 할 때, 다음 표를 완성하시오.

	갈 때	올 때	전체
거리	x km	x km	
속력	시속 4 km	시속 2 km	
시간			3시간 이내

(2) (갈 때 걸린 시간)$+$(올 때 걸린 시간)≤ 3(시간)임을 이용하여 부등식을 세우시오.

(3) 집에서 최대 몇 km 떨어진 지점까지 갔다 올 수 있는지 구하시오.

01-1 등산을 하는데 올라갈 때는 시속 2 km으로 걷고, 내려올 때는 같은 길을 시속 3 km으로 걸어서 2시간 이내에 등산을 마치려고 한다. 출발점에서 최대 몇 km 떨어진 지점까지 갔다 올 수 있는지 구하시오.

필수 유형 익히기

유형 1 수에 대한 문제

01 어떤 자연수의 5배에서 7을 뺀 값이 어떤 자연수의 3배에 5를 더한 값보다 작거나 같다고 한다. 이와 같은 수 중 가장 큰 자연수는?

① 5 ② 6 ③ 7
④ 8 ⑤ 9

01-1 연속하는 두 홀수가 있다. 작은 수의 3배에 1을 더한 것은 큰 수의 2배 이상일 때, 가장 작은 두 홀수의 곱을 구하시오.

유형 2 최대 개수에 대한 문제

02 한 송이에 1200원인 장미와 한 송이에 1000원인 카네이션을 합하여 12송이를 사려고 한다. 포장비는 2500원일 때, 전체 가격이 16000원 이하가 되게 하려면 장미는 최대 몇 송이까지 살 수 있는지 구하시오.

02-1 한 개에 300원인 사탕과 한 개에 700원인 초콜릿을 합하여 15개를 사고, 2000원짜리 상자에 담아 포장하려고 한다. 전체 가격이 9000원을 넘지 않게 하려고 할 때, 초콜릿은 최대 몇 개까지 살 수 있는지 구하시오.

유형 3 도형에 대한 문제

03 윗변의 길이가 3 cm, 높이가 4 cm인 사다리꼴이 있다. 이 사다리꼴의 넓이가 16 cm² 미만일 때, 아랫변의 길이는 몇 cm 미만이어야 하는지 구하시오.

03-1 가로의 길이가 세로의 길이보다 15 cm만큼 더 긴 직사각형이 있다. 이 직사각형의 둘레의 길이가 110 cm 이상이 되도록 할 때, 이 직사각형의 세로의 길이는 몇 cm 이상이어야 하는지 구하시오.

유형 4 추가 비용에 대한 문제

04 어느 박물관의 입장료가 10명까지는 1인당 3000원이고 10명을 초과하면 초과된 사람 1인당 2500원이라 한다. 총 입장료가 50000원 이하가 되게 하려면 최대 몇 명까지 입장할 수 있는지 구하시오.

04-1 어느 사진관에서 사진 4장을 인화하는 데 드는 가격은 4000원이고 4장을 초과하면 한 장당 400원씩 추가된다고 한다. 사진 한 장당 가격이 600원 이하가 되게 하려면 사진을 몇 장 이상 인화해야 하는지 구하시오.

유형 5 — 예금액에 대한 문제

05 현재 주연이의 통장에는 80000원이 예금되어 있다. 다음 달부터 매달 2500원씩 예금한다면 몇 개월 후부터 주연이의 예금액이 100000원을 넘게 되는지 구하시오.

05-1 현재 진우와 채아의 통장에는 각각 15000원, 20000원이 예금되어 있다. 다음 달부터 매달 진우는 1500원씩, 채아는 1000원씩 예금하기로 할 때, 진우의 예금액이 채아의 예금액보다 많아지는 것은 몇 개월 후부터인지 구하시오.

유형 6 — 거리, 속력, 시간에 대한 문제

06 성훈이는 집에서 10 km 떨어진 주영이네 집까지 자전거를 타고 가는데 처음에는 시속 10 km로 달리다가 도중에 자전거가 고장나서 시속 2 km로 걸었더니 4시간 이내에 도착하였다. 이때 자전거를 타고 이동한 거리는 최소 몇 km인지 구하시오.

06-1 등산을 하는데 올라갈 때는 시속 3 km로 걸어 가고, 내려올 때는 올라간 길보다 2 km 더 먼 길을 시속 4 km로 걸어서 4시간 이내에 등산을 마치려고 한다. 이때 올라갈 수 있는 거리는 최대 몇 km인지 구하시오.

유형 7 — 유리한 방법을 선택하는 문제

방법 A가 방법 B보다 유리한 경우 → (방법 A에 드는 비용) < (방법 B에 드는 비용)

07 동네 편의점에서 한 개에 1100원인 음료수가 할인 매장에서는 한 개에 900원이다. 할인 매장에 다녀오는 데 드는 왕복 교통비가 2000원일 때, 음료수를 몇 개 이상 살 경우 할인 매장에서 사는 것이 유리한지 구하시오.

07-1 동네 서점에서는 한 권에 8000원 하는 만화책을 인터넷 서점에서는 이 가격에서 10 % 할인된 금액으로 판매한다. 인터넷 서점에서 구입하는 경우 4000원의 배송비를 내야 한다고 할 때, 만화책을 몇 권 이상 살 경우 동네 서점보다 인터넷 서점을 이용하는 것이 유리한지 구하시오.

01

일차부등식 $ax-6\leq 4(x-3)$의 해를 수직선 위에 나타내면 다음 그림과 같을 때, 수 a의 값을 구하시오.

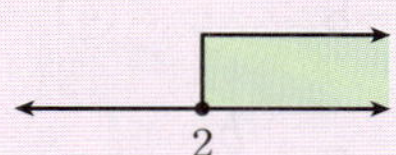

① 단계 부등식 $ax-6\leq 4(x-3)$의 해를 a에 대한 식으로 나타내기 ◀ 60 %

$ax-6\leq 4(x-3)$에서 $ax-6\leq 4x-12$

$(\boxed{})x\leq -6$ ······㉠

주어진 그림에서 이 부등식의 해가 $x\geq\boxed{}$이므로 $a-4<0$이어야 한다.

㉠의 양변을 $a-4$로 나누면 $x\boxed{}\dfrac{-6}{a-4}$

② 단계 a의 값 구하기 ◀ 40 %

즉, $\dfrac{-6}{a-4}=\boxed{}$이므로 $a-4=\boxed{}$

$\therefore\ a=\boxed{}$

답 _____________________

01-1

일차부등식 $3-ax>\dfrac{1}{2}(2x+12)$의 해를 수직선 위에 나타내면 다음 그림과 같을 때, 수 a의 값을 구하시오.

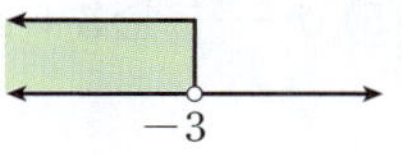

답 _____________________

02

윤기는 국어, 수학, 영어 시험에서 각각 88점, 92점, 84점을 받았다. 과학을 포함한 네 과목의 평균 점수가 90점 이상이 되려면 과학 시험에서 몇 점 이상을 받아야 하는지 구하시오.

① 단계 일차부등식 세우기 ◀ 40 %

과학 시험에서 x점을 받는다고 하면

$$\dfrac{88+92+84+x}{\boxed{}}\geq 90$$

② 단계 일차부등식의 해 구하기 ◀ 40 %

$264+x\geq\boxed{}$ $\therefore\ x\geq\boxed{}$

③ 단계 평균 점수가 90점 이상이 되려면 몇 점 이상을 받아야 하는지 구하기 ◀ 20 %

따라서 과학 시험에서 $\boxed{}$점 이상을 받아야 한다.

답 

02-1

4회에 걸쳐 치르는 수학 시험에서 채연이의 3회까지의 평균 점수는 83점이었다. 4회까지의 수학 시험의 평균이 85점 이상이 되려면 채연이는 4회째 수학 시험에서 몇 점 이상을 받아야 하는지 구하시오.

답 _____________________

중요

01 다음 중 부등식인 것을 모두 고르면? (정답 2개)

① $3x<4$ ② $x-2=0$ ③ $-6x+1$

④ $5-5=6$ ⑤ $x-\dfrac{1}{4}\geq3+x$

02 다음 중 문장을 부등식으로 나타낸 것으로 옳지 <u>않은</u> 것은?

① x의 2배에 3을 더한 수는 -5보다 크다.
  → $2x+3>-5$
② 길이가 9 cm인 끈에서 x cm를 잘라 내고 남은 끈의 길이는 3 cm 미만이다. → $9-x<3$
③ 한 송이에 x원인 장미 6송이의 가격은 7000원을 넘지 않는다. → $6x<7000$
④ 한 개에 300원인 지우개 5개와 한 권에 700원인 공책 x권의 값의 합은 5000원 이상이다.
  → $1500+700x\geq5000$
⑤ x km의 거리를 시속 45 km로 달리는 데 걸리는 시간은 1시간 30분 이하이다. → $\dfrac{x}{45}\leq\dfrac{3}{2}$

03 다음 중 [ ] 안의 수가 주어진 부등식의 해인 것은?

① $x-1>-3$ $[-2]$ ② $3x+1\leq-4$ $[2]$
③ $5<2-7x$ $[1]$ ④ $-4x\geq1-x$ $[-1]$
⑤ $4-3x>7-x$ $[0]$

04 $a<b$일 때, 다음 중 옳지 <u>않은</u> 것은?

① $\dfrac{a}{5}<\dfrac{b}{5}$ ② $-3a>-3b$

③ $2a-8<2b-8$ ④ $-2+\dfrac{a}{11}>-2+\dfrac{b}{11}$

⑤ $-7-\dfrac{a}{2}>-7-\dfrac{b}{2}$

05 $-5<x\leq2$이고 $A=7-3x$일 때, A의 값의 범위는 $a\leq A<b$이다. 이때 수 a, b에 대하여 $b-a$의 값을 구하시오.

06 부등식 $4x-6\leq ax+2-3x$가 x에 대한 일차부등식일 때, 다음 중 수 a의 값이 될 수 <u>없는</u> 것은?

① 1 ② 3 ③ 5
④ 7 ⑤ 9

07 일차부등식 $2x+5>5x-7$을 만족시키는 x의 값 중 가장 큰 정수를 구하시오.

08 일차부등식 $3x-4\geq a-x$의 해가 $x\geq -1$일 때, 수 a의 값은?

① -10 ② -9 ③ -8
④ -7 ⑤ -6

09 $a<2$일 때, x에 대한 일차부등식
$$ax-4<2(x+3)-5a$$
를 푸시오.

서술형
10 일차부등식 $1-x\geq 3x+a-5$의 해 중 가장 큰 수가 2일 때, 수 a의 값을 구하시오.

11 일차부등식 $3(3x-5)+2<9-5(x-4)$를 만족시키는 자연수 x의 개수를 구하시오.

12 다음 중 일차부등식
$$-(x-2)\leq 2(3x+7)+9$$
의 해를 수직선 위에 바르게 나타낸 것은?

① 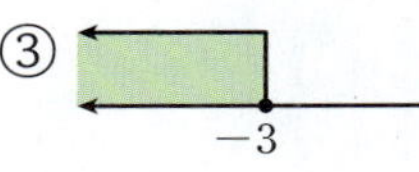 ② 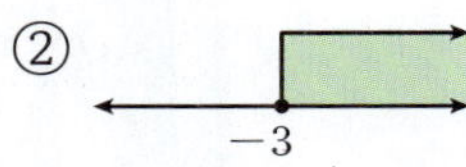

③ 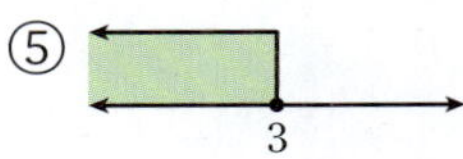 ④ 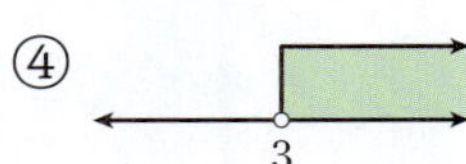

⑤

13 일차부등식
$$\frac{2x+1}{5}-\frac{3(x-5)}{4}\leq 1.2x-\frac{x-1}{2}$$
을 만족시키는 가장 작은 자연수 x의 값을 구하시오.

서술형
14 두 일차부등식 $\dfrac{1}{4}(3x-5)\geq \dfrac{2x-1}{3}+\dfrac{x-3}{2}$,

$2(x+a)\geq 7x-17$의 해가 서로 같을 때, 수 a의 값을 구하시오.

15 차가 7인 두 정수의 합이 25보다 작다고 한다. 두 수 중 큰 수를 x라 할 때, x의 값이 될 수 있는 가장 큰 정수를 구하시오.

(서술형)
16 한 개에 500원인 펜과 한 개에 300원인 연필을 합하여 10개를 사려고 한다. 전체 금액이 4500원 이하가 되도록 하려면 펜을 최대 몇 개까지 살 수 있는지 구하시오.

17 영화관에 갔다가 상영 시각까지 1시간 30분의 여유가 있어서 이 시간 동안 식당에 가서 식사를 하려고 한다. 식사를 하는 데 50분이 걸리고 시속 3 km로 걷는다고 할 때, 영화관에서 몇 km 이내에 있는 식당을 이용할 수 있는지 구하시오.

Level Up

18 $a>b$일 때, x에 대한 일차부등식
$$3ax-b(x-7)<2bx+7a$$
를 풀면?

① $x<-\dfrac{7}{3}$ ② $x>-\dfrac{7}{3}$ ③ $x<-1$

④ $x>\dfrac{7}{3}$ ⑤ $x<\dfrac{7}{3}$

19 일차부등식 $3(x+2a)\leq x+3$을 만족시키는 양수 x가 존재하지 않을 때, 수 a의 값의 범위는?

① $a<-\dfrac{1}{2}$ ② $a\leq-\dfrac{1}{2}$ ③ $a\leq\dfrac{1}{2}$

④ $a>\dfrac{1}{2}$ ⑤ $a\geq\dfrac{1}{2}$

20 어느 미술관의 특별 전시회 입장료는 한 사람당 4000원이고 15명 이상의 단체인 경우에는 입장료를 20 % 할인해 준다고 한다. 15명 미만의 단체가 입장하려고 할 때, 몇 명 이상이면 15명의 단체 입장권을 사는 것이 유리한지 구하시오.

5 연립일차방정식

01 연립일차방정식과 그 해

개념 1 미지수가 2개인 일차방정식

(1) **미지수가 2개인 일차방정식**: 미지수가 2개이고, 그 차수가 모두 1인 방정식

$$ax+by+c=0 \ (a, b, c\text{는 수}, a\neq0, b\neq0)$$

미지수 x, y의 2개, x, y의 차수가 모두 1이다.

(2) **미지수가 2개인 일차방정식의 해**

① **미지수가 2개인 일차방정식의 해**: 미지수가 x, y의 2개인 일차방정식이 참이 되게 하는 x, y의 값 또는 그 순서쌍 (x, y)

> **예** 일차방정식 $2x+y=7$에서 $x=1$, $y=5$일 때 $2\times1+5=7$ (참)
> $\qquad\qquad\qquad\qquad\qquad\quad x=1$, $y=6$일 때 $2\times1+6\neq7$ (거짓)
> → $x=1$, $y=5$는 해이고, $x=1$, $y=6$은 해가 아니다.

② **일차방정식을 푼다**: 일차방정식의 해를 모두 구하는 것

개념 Bridge

· 미지수가 2개인 일차방정식

$$x+2y-1=y \xrightarrow{\text{우변에 있는 항을 좌변으로 이항}} x+2y-1-\square=0 \xrightarrow{\text{정리}} x+\square-1=0 \ \leftarrow \text{미지수가 2개인 일차방정식}$$

$ax+by+c=0$ 꼴

개념 check

☑ 미지수가 2개인 일차방정식의 뜻

01 다음 중 미지수가 2개인 일차방정식인 것은 ○표, 아닌 것은 ×표를 하시오.

(1) $x-6y-1=0$ (　　　)　　(2) $x^2+y-2=0$ (　　　)

(3) $3x-4y=7$ (　　　)　　(4) $5x-1=5x+y$ (　　　)

☑ 미지수가 2개인 일차방정식의 해

02 x, y의 값이 자연수일 때, 일차방정식 $2x+y=10$에 대하여 오른쪽 표를 완성하고 해를 순서쌍 (x, y)로 나타내시오.

x	1	2	3	4	5
y					

일차방정식의 해가 $x=a$, $y=b$일 때
→ 일차방정식에 $x=a$, $y=b$를 대입하면 등식이 성립한다.

02-1 다음 일차방정식 중 해가 $x=4$, $y=2$인 것을 모두 고르시오.

(1) $4x-y=14$　　　　　　　　(2) $-x+5y=7$

(3) $2x-3y=2$　　　　　　　　(4) $-3x-y=-13$

(1) **미지수가 2개인 연립일차방정식 또는 연립방정식**

미지수가 2개인 두 일차방정식을 한 쌍으로 묶어서 나타낸 것을 미지수가 2개인 연립일차방정식 또는 간단히 **연립방정식**이라 한다.

예 $\begin{cases} x+y=5 \\ 2x-y=1 \end{cases}$, $\begin{cases} 2x-3y=5 \\ y=x-1 \end{cases}$

(2) **연립방정식의 해**

① **연립방정식의 해**: 연립방정식에서 각 방정식의 공통인 해

② **연립방정식을 푼다**: 연립방정식의 해를 모두 구하는 것

개념 Bridge

• x, y의 값이 자연수일 때, 연립방정식 $\begin{cases} x-y=2 & \cdots\cdots \text{㉠} \\ 4x+y=13 & \cdots\cdots \text{㉡} \end{cases}$ 의 해 구하기

[㉠의 해]

x	1	2	3	4
y	-1	0	1	2

[㉡의 해]

x	1	2	3
y	9	5	1

→ 해: ($\square$, $\square$)

연립방정식의 해

개념 check

☑ 연립방정식의 해 ……… **01** x, y의 값이 자연수일 때, 연립방정식 $\begin{cases} x+y=4 & \cdots\cdots \text{㉠} \\ x-2y=1 & \cdots\cdots \text{㉡} \end{cases}$ 에 대하여 다음 표

를 완성하고 해를 순서쌍 (x, y)로 나타내시오.

[㉠의 해]

x	1	2	3	4
y				

[㉡의 해]

x	1	2	3	4	5	$\cdots$
y						$\cdots$

→ 해: _______________

01-1 다음 연립방정식 중 해가 $x=2$, $y=4$인 것을 모두 고르시오.

(1) $\begin{cases} x+y=6 \\ x-y=-1 \end{cases}$

(2) $\begin{cases} 3x-y=2 \\ x+2y=10 \end{cases}$

(3) $\begin{cases} 4x+y=12 \\ 3x+2y=14 \end{cases}$

(4) $\begin{cases} 2x-3y=-8 \\ 5x-2y=3 \end{cases}$

필수 유형 익히기

01 다음 중 미지수가 2개인 일차방정식은?

① $-5x-2y$ ② $x^2-2x=0$

③ $4x+y=1$ ④ $2x+y=2x-3$

⑤ $y=\dfrac{1}{x}$

01-1 다음 중 미지수가 2개인 일차방정식이 <u>아닌</u> 것은?

① $3x-2y=6$ ② $\dfrac{x}{2}-y=5$

③ $y=-x^2+x$ ④ $5y=x-2$

⑤ $\dfrac{x}{4}=\dfrac{y}{3}$

02 다음 중 일차방정식 $x-3y=4$의 해가 <u>아닌</u> 것은?

① $(-2,\ -2)$ ② $(1,\ -1)$ ③ $\left(2,\ -\dfrac{1}{3}\right)$

④ $(4,\ 0)$ ⑤ $\left(5,\ \dfrac{1}{3}\right)$

02-1 다음 일차방정식 중 $x=-2,\ y=3$을 해로 갖는 것은?

① $x+3y=11$ ② $2x-y=-5$

③ $-x+2y=5$ ④ $4x+5y-7=0$

⑤ $5x=1-3y$

03 $x,\ y$의 값이 자연수일 때, 일차방정식 $x+4y=20$의 해를 순서쌍 $(x,\ y)$로 나타내시오.

03-1 $x,\ y$의 값이 자연수일 때, 일차방정식 $3x+2y=17$의 해의 개수를 구하시오.

미지수가 2개인 일차방정식에서 계수 또는 해의 순서쌍에 문자가 포함되어 있는 경우

❶ 주어진 해를 일차방정식의 $x,\ y$에 각각 대입한다.

❷ 등식이 성립하도록 하는 문자의 값을 구한다.

04 일차방정식 $2x-ay=11$의 한 해가 $(5,\ 1)$일 때, 수 a의 값을 구하시오.

04-1 일차방정식 $4x+y=-9$의 한 해가 $(-2,\ k)$일 때, k의 값을 구하시오.

05 다음 연립방정식 중 $x=5$, $y=-1$이 해인 것은?

① $\begin{cases} x+y=-4 \\ x-y=6 \end{cases}$
② $\begin{cases} x=1-4y \\ y=3x-14 \end{cases}$

③ $\begin{cases} x+2y=3 \\ 2x+3y=7 \end{cases}$
④ $\begin{cases} 2x+y=9 \\ x-2y=4 \end{cases}$

⑤ $\begin{cases} 3x-2y=10 \\ -2x+5y=-15 \end{cases}$

05-1 다음 보기의 연립방정식 중 해가 $(-2, 3)$인 것을 모두 고르시오.

보기

ㄱ. $\begin{cases} 3x+y=4 \\ x+2y=4 \end{cases}$
ㄴ. $\begin{cases} x-5y=-17 \\ 2x-3y=-13 \end{cases}$

ㄷ. $\begin{cases} 2x+3y=-4 \\ x-y=-6 \end{cases}$
ㄹ. $\begin{cases} 2x+y=-1 \\ 4x+2y=-2 \end{cases}$

06 다음은 연립방정식 $\begin{cases} ax+y=7 \quad \cdots\cdots ㉠ \\ x+by=11 \quad \cdots\cdots ㉡ \end{cases}$ 의 해가 $(5, 2)$일 때, 수 a, b의 값을 구하는 과정이다. □ 안에 알맞은 수를 써넣으시오.

$x=\square$, $y=\square$ 를 ㉠에 대입하면
$a\times\square+\square=7$ $\quad \therefore a=\square$
$x=\square$, $y=\square$ 를 ㉡에 대입하면
$\square+b\times\square=11$ $\quad \therefore b=\square$

06-1 연립방정식 $\begin{cases} x+ay=-2 \\ 2x-y=b \end{cases}$ 의 해가 $x=3$, $y=-1$일 때, 수 a, b에 대하여 ab의 값을 구하시오.

07 연립방정식 $\begin{cases} x+y=8 \\ 2x+y=a \end{cases}$ 의 해가 $x=2$, $y=b$일 때, $a+b$의 값을 구하시오. (단, a는 수)

07-1 연립방정식 $\begin{cases} 3x+2y=7 \\ x-ay=-2 \end{cases}$ 의 해가 $(b, -1)$일 때, ab의 값을 구하시오. (단, a는 수)

02 연립일차방정식의 풀이

개념 3 연립방정식의 풀이; 대입법

(1) **대입법**: 대입을 이용하여 한 미지수를 없앤 다음 미지수가 1개인 일차방정식을 만들어 연립방정식의 해를 구하는 방법

(2) **대입법을 이용한 연립방정식의 풀이**

❶ 한 방정식을 한 미지수에 대하여 푼다. ➜ $x=(y$에 대한 식$)$ 또는 $y=(x$에 대한 식$)$

❷ ❶의 식을 다른 방정식의 그 미지수에 대입하여 한 미지수를 없앤 후 방정식의 해를 구한다.

❸ ❷에서 구한 해를 ❶의 식에 대입하여 다른 미지수의 값을 구한다.

참고 연립방정식의 두 일차방정식 중 어느 하나가 $x=(y$에 대한 식$)$ 또는 $y=(x$에 대한 식$)$의 꼴로 정리하기 편할 때, 대입법을 이용하면 편리하다.

주의 식을 대입할 때는 괄호를 사용한다.

개념 Bridge

· 대입을 이용하여 한 미지수 없애기

$$\begin{cases} y=x+2 \\ 2x+3y=16 \end{cases}$$

$2x+3y=16$ $\xrightarrow[y\text{를 없앤다.}]{y=x+2\text{를 대입하여}}$ $2x+3(\boxed{})=16,\ \boxed{}x+6=16$

하나의 미지수만 남긴다.

개념 check

✓ 대입법 .... **01** 다음은 대입법을 이용하여 연립방정식 $\begin{cases} x-2y=7 & \cdots\cdots ㉠ \\ 2x-3y=11 & \cdots\cdots ㉡ \end{cases}$ 을 푸는 과정이다.

□ 안에 알맞은 수를 써넣으시오.

㉠에서 x를 y에 대한 식으로 나타내면

$x=\boxed{}$ ...... ㉢

㉢을 ㉡에 대입하면

$2(\boxed{})-3y=11$ ∴ $y=\boxed{}$

$y=\boxed{}$ 을(를) ㉢에 대입하면

$x=2\times(\boxed{})+7=\boxed{}$

따라서 연립방정식의 해는 $x=\boxed{},\ y=\boxed{}$ 이다.

01-1 대입법을 이용하여 다음 연립방정식을 푸시오.

(1) $\begin{cases} y=3x+6 \\ x-2y=13 \end{cases}$

(2) $\begin{cases} x=-3y+1 \\ 2x+5y=4 \end{cases}$

(3) $\begin{cases} x-y=-3 \\ 3x+5y=7 \end{cases}$

(4) $\begin{cases} 2x+y=8 \\ 4x-3y=-4 \end{cases}$

연립방정식의 풀이; 가감법

(1) **가감법**: 두 일차방정식을 변끼리 더하거나 빼서 한 미지수를 없애 연립방정식의 해를 구하는 방법
(2) **가감법을 이용한 연립방정식의 풀이**

❶ 두 방정식의 양변에 적당한 수를 곱하여 없애려는 미지수의 계수의 절댓값을 같게 만든다.

❷ 없애려는 미지수의 계수의 부호가

　　┌ 같으면 ➡ 두 방정식의 변끼리 빼고
　　└ 다르면 ➡ 두 방정식의 변끼리 더하여

한 미지수를 없앤 후 방정식의 해를 구한다.

❸ ❷에서 구한 해를 한 일차방정식에 대입하여 다른 미지수의 값을 구한다.

개념 **Bridge**

• 가감법을 이용하여 한 미지수 없애기

부호가 같다. / 빼서 y를 없앤다.

$$\begin{cases} 5x+2y=15 \\ 3x+2y=9 \end{cases} \rightarrow \begin{array}{r} 5x+2y=15 \\ -)\ \ 3x+2y=9 \\ \hline \boxed{}\,x\quad\ \ =6 \end{array}$$

하나의 미지수만 남긴다.

부호가 다르다. / 더해서 y를 없앤다.

$$\begin{cases} 3x+y=5 \\ 2x-y=10 \end{cases} \rightarrow \begin{array}{r} 3x+y=5 \\ +)\ \ 2x-y=10 \\ \hline \boxed{}\,x\quad\ \ =15 \end{array}$$

하나의 미지수만 남긴다.

개념 **check**

✓ 가감법 …… **01** 다음은 가감법을 이용하여 연립방정식 $\begin{cases} 5x+2y=8 & \cdots\cdots ㉠ \\ 3x+4y=2 & \cdots\cdots ㉡ \end{cases}$ 를 푸는 과정이다.

□ 안에 알맞은 수를 써넣으시오.

> y를 없애기 위해 ㉠×2−㉡을 하면
> $$\begin{array}{r} 10x+4y=\ 16 \\ -)\ \ 3x+4y=\ \ 2 \\ \hline \boxed{}\,x\quad\ =\boxed{} \qquad \therefore\ x=\boxed{} \end{array}$$
> $x=\boxed{}$ 을(를) ㉡에 대입하여 풀면 $y=\boxed{}$
> 따라서 연립방정식의 해는 $x=\boxed{}$, $y=\boxed{}$ 이다.

01-1 대입법을 이용하여 다음 연립방정식을 푸시오.

(1) $\begin{cases} x+2y=5 \\ 7x-2y=19 \end{cases}$ 　　　(2) $\begin{cases} 3x-y=4 \\ 3x+2y=19 \end{cases}$

(3) $\begin{cases} 4x+y=6 \\ x-3y=-5 \end{cases}$ 　　　(4) $\begin{cases} 2x+3y=2 \\ 5x-4y=-18 \end{cases}$

(1) **괄호가 있는 연립방정식**: 분배법칙을 이용하여 괄호를 풀고, 동류항끼리 정리한 후 푼다.
(2) **계수가 소수인 연립방정식**: 양변에 10의 거듭제곱을 곱하여 계수를 정수로 고쳐서 푼다.
(3) **계수가 분수인 연립방정식**: 양변에 분모의 최소공배수를 곱하여 계수를 정수로 고쳐서 푼다.

주의 양변에 적당한 수를 곱할 때는 모든 항에 똑같이 곱해야 한다.

개념 **check**

✅ 괄호가 있는 연립방정식 ·········· **01** 다음 연립방정식을 푸시오.

(1) $\begin{cases} 3x-y=6 \\ 5(2x-1)+y=2 \end{cases}$

(2) $\begin{cases} 3(x+2y)+4x=11 \\ x+2(y-5)=-5 \end{cases}$

01-1 다음 연립방정식을 푸시오.

(1) $\begin{cases} x+2(x-y)=1 \\ 3(x+y)-y=-7 \end{cases}$

(2) $\begin{cases} 2(x-y)=3-5y \\ 3x-4(x+2y)=5 \end{cases}$

✅ 계수가 소수 또는 분수인 ·········· **02** 다음 연립방정식을 푸시오.
　연립방정식

(1) $\begin{cases} 0.6x+0.5y=-0.9 \\ 0.02x+0.03y=0.01 \end{cases}$

(2) $\begin{cases} \dfrac{x}{3}+\dfrac{y}{15}=\dfrac{1}{5} \\[2mm] \dfrac{x}{8}+\dfrac{y}{4}=-\dfrac{3}{8} \end{cases}$

02-1 다음 연립방정식을 푸시오.

(1) $\begin{cases} 0.4x+y=0.2 \\ 0.07x+0.05y=0.16 \end{cases}$

(2) $\begin{cases} \dfrac{x}{4}+\dfrac{y}{3}=1 \\[2mm] \dfrac{x}{2}-\dfrac{y}{3}=5 \end{cases}$

(3) $\begin{cases} \dfrac{1}{5}x-\dfrac{2}{3}y=-1 \\[2mm] 0.2x+0.5y=2.5 \end{cases}$

(4) $\begin{cases} 0.6x-0.1y=0.8 \\[2mm] \dfrac{3}{4}x-\dfrac{2}{5}y=-\dfrac{1}{10} \end{cases}$

$A=B=C$ 꼴의 방정식은 다음 세 연립방정식 중 하나의 꼴로 바꾸어 푼다.

$$\begin{cases} A=B \\ A=C \end{cases}, \qquad \begin{cases} A=B \\ B=C \end{cases}, \qquad \begin{cases} A=C \\ B=C \end{cases}$$

위의 세 연립방정식은 해가 모두 같으므로 세 가지 중 가장 간단한 것을 선택하여 푼다.

참고 C가 상수일 때는 $\begin{cases} A=C \\ B=C \end{cases}$ 를 푸는 것이 가장 간단하다.

개념 **Bridge**

• 방정식 $\underset{A}{4x+y}=\underset{B}{2x-3y}=\underset{C}{1}$ 과 같은 연립방정식 세우기

$$\begin{cases} 4x+y=2x-3y \\ 4x+y=1 \end{cases} \quad \text{또는} \quad \begin{cases} 4x+y=2x-3y \\ 2x-3y=1 \end{cases} \quad \text{또는} \quad \begin{cases} 4x+y=\square \\ 2x-3y=\square \end{cases} \leftarrow \text{가장 간단하다.}$$

$$\begin{cases} A=B \\ A=C \end{cases}\text{꼴} \qquad\qquad \begin{cases} A=B \\ B=C \end{cases}\text{꼴} \qquad\qquad \begin{cases} A=C \\ B=C \end{cases}\text{꼴}$$

개념 **check**

☑ $A=B=C$ 꼴의 방정식 ……… **01** 다음 방정식 $2x+y=3x-y=5$에 대하여 다음 물음에 답하시오.

(1) 해가 모두 같은 세 연립방정식을 세우면 다음 ①, ②, ③과 같을 때, $\square$ 안에 알맞은 것을 쓰시오.

$$① \begin{cases} 2x+y=3x-y \\ 2x+y=\square \end{cases} \qquad ② \begin{cases} 2x+y=3x-y \\ 3x-y=\square \end{cases} \qquad ③ \begin{cases} 2x+y=5 \\ \square=5 \end{cases}$$

(2) 연립방정식의 해를 구하시오.

01-1 다음 방정식을 푸시오.

(1) $x-7y=2x-8y=-18$

(2) $6x+2y-9=2x-3y+10=3$

(3) $\dfrac{x+y}{2}=\dfrac{x-y}{3}=2$

(4) $2x+5y=4x+y-2=8x-3y+2$

유형 ① 연립방정식의 풀이; 대입법

01 연립방정식 $\begin{cases} x+3y=6 & \cdots\cdots \text{㉠} \\ y=3x-8 & \cdots\cdots \text{㉡} \end{cases}$ 을 풀기 위

해 ㉡을 ㉠에 대입하여 y를 없앴더니 $ax=30$이 되었다.
이때 수 a의 값을 구하시오.

01-1 연립방정식 $\begin{cases} x=-5y-2 & \cdots\cdots \text{㉠} \\ -2x+3y=-22 & \cdots\cdots \text{㉡} \end{cases}$ 를

풀기 위해 ㉠을 ㉡에 대입하여 x를 없앴더니 $ay=-26$이
되었다. 이때 수 a의 값을 구하시오.

유형 ② 연립방정식의 풀이; 가감법

02 가감법을 이용하여 연립방정식

$$\begin{cases} 7x+2y=14 & \cdots\cdots \text{㉠} \\ 3x-5y=6 & \cdots\cdots \text{㉡} \end{cases}$$

을 풀 때, y를 없애려고 한다. 이때 필요한 식은?

① ㉠$\times 2+$㉡$\times 5$ ② ㉠$\times 2-$㉡$\times 5$
③ ㉠$\times 3-$㉡$\times 7$ ④ ㉠$\times 5+$㉡$\times 2$
⑤ ㉠$\times 5-$㉡$\times 2$

02-1 가감법을 이용하여 연립방정식

$$\begin{cases} 4x-3y=-8 & \cdots\cdots \text{㉠} \\ 3x+2y=11 & \cdots\cdots \text{㉡} \end{cases}$$

을 풀 때, x를 없애려고 한다. 이때 필요한 식은?

① ㉠$-$㉡$\times 4$ ② ㉠$\times 3+$㉡$\times 4$
③ ㉠$\times 4+$㉡$\times 3$ ④ ㉠$\times 3-$㉡$\times 4$
⑤ ㉠$\times 4-$㉡$\times 3$

한 걸음 더
유형 ③ 연립방정식의 해가 주어진 경우

❶ 주어진 해를 연립방정식에 대입한다.
❷ 새로 만들어지는 두 문자에 대한 연립방정식을 푼다.

03 연립방정식 $\begin{cases} ax+by=20 \\ 3ax-by=28 \end{cases}$ 의 해가 $x=-4$,

$y=2$일 때, 수 a, b의 값을 각각 구하시오.

03-1 연립방정식 $\begin{cases} ax-by=6 \\ bx+ay=2 \end{cases}$ 의 해가 $(2, -1)$일

때, 수 a, b에 대하여 $a+b$의 값을 구하시오.

유형 4 계수가 소수 또는 분수인 연립방정식

04 연립방정식 $\begin{cases} 0.2x+0.1y=2 \\ \dfrac{x}{6}-\dfrac{y}{4}=-1 \end{cases}$ 의 해가 $x=a$, $y=b$일 때, $a+b$의 값을 구하시오.

04-1 연립방정식 $\begin{cases} \dfrac{x}{8}+\dfrac{y}{5}=-\dfrac{1}{2} \\ 0.5x-0.2y=3 \end{cases}$ 을 만족시키는 x, y에 대하여 $x-y$의 값을 구하시오.

유형 5 $A=B=C$ 꼴의 방정식

05 다음 방정식을 푸시오.

$$5x+3y=3x-y=x-2y-3$$

05-1 방정식 $\dfrac{x+y+3}{3}=\dfrac{4x-5y}{2}=x-1$의 해가 $x=a$, $y=b$일 때, $a+b$의 값을 구하시오.

한 걸음 더

유형 6 두 연립방정식의 해가 서로 같은 경우

❶ 네 일차방정식 중 계수와 상수항이 모두 주어진 두 일차방정식으로 연립방정식을 세워 해를 구한다.

❷ ❶에서 구한 해를 나머지 두 일차방정식에 대입하여 미지수의 값을 구한다.

06 다음 두 연립방정식의 해가 서로 같을 때, 수 a, b의 값을 각각 구하시오.

$$\begin{cases} 3x+2y=-6 \\ ax-3y=7 \end{cases},\quad \begin{cases} -2x+by=2 \\ x+3y=5 \end{cases}$$

06-1 두 연립방정식 $\begin{cases} x+6y=a \\ 2x-5y=9 \end{cases}$, $\begin{cases} 3x-2y=8 \\ bx-10y=-8 \end{cases}$ 의 해가 서로 같을 때, 수 a, b에 대하여 ab의 값을 구하시오.

개념 7 연립방정식의 활용

❶ 미지수 정하기　　문제의 뜻을 이해하고, 구하려는 것을 미지수 x, y로 놓는다.
❷ 연립방정식 세우기　문제의 뜻에 맞게 x, y에 대한 연립방정식을 세운다.
❸ 연립방정식 풀기　　연립방정식을 푼다.
❹ 확인하기　　　　　구한 해가 문제의 뜻에 맞는지 확인한다.

개념 Bridge

• 합이 25이고 차가 3인 두 자연수 구하기

❶ 미지수 정하기　　　두 수 중 큰 수를 x, 작은 수를 y라 하자.

❷ 연립방정식 세우기　큰 수와 작은 수의 합이 25이므로 $\boxed{}=25$

　　　　　　　　　　큰 수와 작은 수의 차가 3이므로 $\boxed{}=3$

　　　　　　　　　　연립방정식을 세우면 $\begin{cases} \boxed{}=25 \\ \boxed{}=3 \end{cases}$

❸ 연립방정식 풀기　　연립방정식을 풀면 $x=\boxed{}$, $y=\boxed{}$

　　　　　　　　　　따라서 큰 수는 $\boxed{}$, 작은 수는 $\boxed{}$이다.

❹ 확인하기　　　　　두 수의 합은 $\boxed{}+\boxed{}=25$, 두 수의 차는 $\boxed{}-\boxed{}=3$이므로 문제의 뜻에 맞는다.

개념 check

✓ 수에 대한 문제 ……… **01** 각 자리의 숫자의 합이 6인 두 자리 자연수가 있다. 이 수의 십의 자리의 숫자와 일의 자리의 숫자를 바꾼 수는 처음 수보다 18만큼 클 때, 처음 수를 구하려고 한다. 다음 물음에 답하시오.

(1) 처음 수의 십의 자리의 숫자를 x, 일의 자리의 숫자를 y라 할 때, 연립방정식을 세우시오.

(2) (1)의 연립방정식을 푸시오.

(3) 처음 수를 구하시오.

01-1 각 자리의 숫자의 합이 8인 두 자리 자연수가 있다. 십의 자리의 숫자와 일의 자리의 숫자를 바꾼 수는 처음 수보다 36만큼 작을 때, 처음 수를 구하시오.

개수, 가격에 대한 문제

02 한 개에 800원인 키위와 한 개에 1000원인 사과를 합하여 9개를 사고 7800원을 지불했을 때, 키위와 사과를 각각 몇 개씩 샀는지 구하려고 한다. 다음 물음에 답하시오.

(1) 키위를 x개, 사과를 y개 샀다고 할 때, 연립방정식을 세우시오.

(2) (1)의 연립방정식을 푸시오.

(3) 키위와 사과를 각각 몇 개씩 샀는지 구하시오.

02-1 어느 농장에 닭과 토끼를 합하여 21마리가 있다. 닭과 토끼의 다리의 수의 합이 70일 때, 이 농장에 있는 토끼의 수를 구하시오.

거리, 속력, 시간에 대한 문제

03 태형이가 등산을 하는데 올라갈 때는 시속 3 km로 걷고, 내려올 때는 시속 4 km로 걸어서 총 3시간이 걸렸다. 총 10 km를 걸었다고 할 때, 올라간 거리와 내려온 거리를 구하려고 한다. 다음 물음에 답하시오.

(1) 올라간 거리를 x km, 내려온 거리를 y km라 할 때, 다음 표를 완성하고 이를 이용하여 연립방정식을 세우시오.

	올라갈 때	내려갈 때	전체
거리(km)	x		10
속력(km/시)	3	4	
시간(시간)	$\dfrac{x}{3}$		3

(2) (1)의 연립방정식을 푸시오.

(3) 올라간 거리와 내려온 거리를 각각 구하시오.

03-1 선아가 집에서 8 km 떨어진 체육관까지 가는데 처음에는 시속 4 km로 걷다가 중간에 시속 8 km로 뛰어갔더니 총 1시간 30분이 걸렸다. 이때 시속 8 km로 뛰어간 거리를 구하시오.

정답과 해설 040쪽

필수 유형 익히기

01 합이 30인 두 자연수가 있다. 큰 수가 작은 수의 4배일 때, 이 두 수의 차는?

① 17 　　② 18 　　③ 19
④ 20 　　⑤ 21

01-1 두 자리 자연수가 있다. 이 수의 일의 자리의 숫자는 십의 자리의 숫자보다 5만큼 크고, 십의 자리의 숫자와 일의 자리의 숫자를 바꾼 수는 처음 수의 2배보다 7만큼 크다. 이때 처음 수를 구하시오.

02 은정이는 객관식 문제는 4점, 주관식 문제는 6점인 영어 시험에서 16문제를 맞혀 72점을 받았다. 은정이가 맞힌 객관식 문제와 주관식 문제의 수를 각각 구하시오.

02-1 어느 박물관의 입장료가 어른은 3000원, 청소년은 2000원이다. 어른과 청소년을 합하여 7명이 총 19000원의 입장료를 내고 입장했을 때, 입장한 청소년은 몇 명인지 구하시오.

03 현재 언니와 동생의 나이의 차는 8살이고, 6년 후에는 언니의 나이가 동생의 나이의 2배보다 4살이 적어진다고 한다. 현재 언니와 동생의 나이를 각각 구하시오.

03-1 현재 이모의 나이는 재호의 나이의 3배이고, 5년 전에는 이모의 나이가 재호의 나이의 4배였다고 한다. 현재 이모의 나이는?

① 41살 　　② 42살 　　③ 43살
④ 44살 　　⑤ 45살

유형 4 도형에 대한 문제

04 둘레의 길이가 58 cm인 직사각형이 있다. 가로의 길이가 세로의 길이보다 5 cm만큼 길다고 할 때, 가로의 길이를 구하시오.

04-1 윗변의 길이가 아랫변의 길이보다 4 cm만큼 짧은 사다리꼴이 있다. 이 사다리꼴의 높이가 8 cm이고, 넓이가 56 cm²일 때, 윗변의 길이를 구하시오.

유형 5 거리, 속력, 시간에 대한 문제

05 준호가 등산을 하는데 올라갈 때는 시속 2 km로 걷고, 내려올 때는 올라갈 때보다 4 km 더 먼 길을 시속 3 km로 걸었더니 총 3시간이 걸렸다. 이때 내려온 거리를 구하시오.

05-1 공원에 갈 때는 시속 6 km로 뛰고, 올 때는 갈 때보다 2 km 더 가까운 길을 시속 3 km로 걸어서 총 1시간 20분이 걸렸다. 이때 걸어간 거리를 구하시오.

ⓚ 걸음 더✤
유형 5 계단에 대한 문제

계단을 올라가는 것은 ➕로, 계단을 내려가는 것은 ➖로 생각하고 연립방정식을 세운다.

참고 A, B 두 사람이 가위바위보를 할 때, 비기는 경우가 없으면
→ (A가 이긴 횟수)＝(B가 진 횟수), (A가 진 횟수)＝(B가 이긴 횟수)

06 민주와 서준이가 가위바위보를 하여 이긴 사람은 3계단씩 올라가고 진 사람은 2계단씩 내려가기로 하였다. 가위바위보를 총 18회 하여 민주는 처음 위치보다 14계단을 올라가 있었을 때, 서준이가 이긴 횟수를 구하시오.
(단, 비기는 경우는 없다.)

06-1 성범이와 유리가 가위바위보를 하여 이긴 사람은 4계단씩 올라가고 진 사람은 3계단씩 내려가기로 하였다. 얼마 후 처음 위치보다 성범이는 22계단을, 유리는 1계단을 올라가 있었을 때, 두 사람이 가위바위보를 한 횟수를 구하시오.
(단, 비기는 경우는 없다.)

정답과 해설 040쪽

서술형 감잡기

01

연립방정식 $\begin{cases} y=4x+7 \\ 2x+ay=1 \end{cases}$ 의 해가 일차방정식

$2x+y=-5$를 만족시킬 때, 수 a의 값을 구하시오.

1 단계 주어진 연립방정식과 해가 같은 연립방정식 세우기　◀ 40 %

주어진 연립방정식의 해는 세 일차방정식을 모두 만족시키므로 연립방정식

$\begin{cases} y=4x+7 & \cdots\cdots ㉠ \\ 2x+y=-5 & \cdots\cdots ㉡ \end{cases}$ 의 해와 같다.

2 단계 새로 만든 연립방정식의 해 구하기　◀ 40 %

㉠을 ㉡에 대입하면

$2x+(\boxed{})=-5$　∴ $x=\boxed{}$

$x=-2$를 ㉠에 대입하면 $y=\boxed{}$

3 단계 a의 값 구하기　◀ 20 %

$x=\boxed{}$, $y=\boxed{}$을 $2x+ay=1$에 대입하면

$-4-a=1$　∴ $a=\boxed{}$

답 ＿＿＿＿＿＿＿＿

01-1

연립방정식 $\begin{cases} 2x+y=k \\ 5x+3y=16 \end{cases}$ 의 해가 일차방정식

$-3x+y=-4$를 만족시킬 때, 수 k의 값을 구하시오.

답 ＿＿＿＿＿＿＿＿

02

연립방정식 $\begin{cases} -x+3y=10 \\ 2x-ay=12 \end{cases}$ 를 만족시키는 y의

값이 x의 값의 2배일 때, 수 a의 값을 구하시오.

1 단계 해의 조건을 식으로 나타내기　◀ 30 %

y의 값이 x의 값의 2배이므로 $y=\boxed{}x$

2 단계 x, y의 값 구하기　◀ 50 %

$\begin{cases} -x+3y=10 & \cdots\cdots ㉠ \\ y=2x & \cdots\cdots ㉡ \end{cases}$ 에서

㉡을 ㉠에 대입하면

$-x+\boxed{}x=10$　∴ $x=\boxed{}$

$x=\boxed{}$를 ㉡에 대입하면 $y=\boxed{}$

3 단계 a의 값 구하기　◀ 20 %

$x=\boxed{}$, $y=\boxed{}$를 $2x-ay=12$에 대입하면

$\boxed{}-4a=12$　∴ $a=\boxed{}$

답 ＿＿＿＿＿＿＿＿

02-1

연립방정식 $\begin{cases} 3x-2y=-11 \\ 4x+5y=k \end{cases}$ 를 만족시키는 x와

y의 값의 합이 3일 때, 수 k의 값을 구하시오.

답 ＿＿＿＿＿＿＿＿

민지와 윤아가 연립방정식 $\begin{cases} ax+2y=10 \\ 3x-by=6 \end{cases}$ 을 푸는데 민지는 a를 잘못 보고 풀어서 $x=6$, $y=6$을 해로 얻었고, 윤아는 b를 잘못 보고 풀어서 $x=2$, $y=4$를 해로 얻었다. 처음의 연립방정식을 푸시오.

(단, a, b는 수)

① 단계 민지가 바르게 본 일차방정식 찾기　◀ 10 %

민지는 a를 잘못 보았으므로 민지가 바르게 본 일차방정식은

$3x-by=6$

② 단계 b의 값 구하기　◀ 20 %

$x=6$, $y=6$은 $3x-by=6$의 해이므로

$18-6b=6$　　∴ $b=\boxed{}$

③ 단계 윤아가 바르게 본 일차방정식 찾기　◀ 10 %

윤아는 b를 잘못 보았으므로 윤아가 바르게 본 일차방정식은

$ax+2y=10$

④ 단계 a의 값 구하기　◀ 20 %

$x=2$, $y=4$는 $ax+2y=10$의 해이므로

$2a+8=10$　　∴ $a=\boxed{}$

⑤ 단계 처음의 연립방정식 세우기　◀ 20 %

처음의 연립방정식은

$\begin{cases} \boxed{}x+2y=10 & \cdots\cdots ㉠ \\ 3x-\boxed{}y=6 & \cdots\cdots ㉡ \end{cases}$

⑥ 단계 처음의 연립방정식 풀기　◀ 20 %

㉠+㉡을 하면

$\boxed{}x=16$　　∴ $x=\boxed{}$

$x=\boxed{}$를 ㉠에 대입하면

$\boxed{}+2y=10$　　∴ $y=\boxed{}$

답 ________________

03-1 정우와 준희가 연립방정식 $\begin{cases} ax-4y=1 \\ x+by=2 \end{cases}$ 를 푸는데 정우는 a를 잘못 보고 풀어서 $x=8$, $y=2$를 해로 얻었고, 준희는 b를 잘못 보고 풀어서 $x=7$, $y=5$를 해로 얻었다. 처음의 연립방정식을 푸시오. (단, a, b는 수)

답 ________________

 단원 마무리하기

01 다음 중 미지수가 2개인 일차방정식을 모두 고르면?

(정답 2개)

① $\dfrac{x}{4}+y+3=2y$　　② $x-xy+y=0$

③ $y=\dfrac{5}{x}+1$　　④ $y(y+1)=x+y^2-3$

⑤ $2x(x-2)=3$

02 일차방정식 $x-ay+7=0$의 한 해가 $(-3,\ 2)$일 때, 수 a의 값은?

① -3　　② -2　　③ -1

④ 1　　⑤ 2

03 $x,\ y$의 값이 음이 아닌 정수일 때, 일차방정식 $5x+y=24$를 만족시키는 순서쌍 $(x,\ y)$는 모두 몇 개인지 구하시오.

04 다음 연립방정식 중 $x=2,\ y=1$이 해인 것은?

① $\begin{cases} x-y=1 \\ x+y=8 \end{cases}$　　② $\begin{cases} x+y=-3 \\ 3x-2y=4 \end{cases}$

③ $\begin{cases} x-2y=0 \\ 2x=8-y \end{cases}$　　④ $\begin{cases} x+2y=4 \\ 2x+y=9 \end{cases}$

⑤ $\begin{cases} 2x-y=3 \\ x=2y \end{cases}$

 서술형

05 연립방정식 $\begin{cases} 3x+2y=5 \\ ax+2y=11 \end{cases}$ 의 해가 $x=b,\ y=-2$일 때, $a-b$의 값을 구하시오. (단, a는 수)

06 연립방정식 $\begin{cases} 3x-4y=8 \\ x=3y-19 \end{cases}$ 에서 대입법을 이용하여 x를 없앴더니 $ky=65$가 되었다. 이때 수 k의 값은?

① 2　　② 3　　③ 4

④ 5　　⑤ 6

07 가감법을 이용하여 연립방정식

$$\begin{cases} 2x-3y=-5 & \cdots\cdots \ \textcircled{\scriptsize ㄱ} \\ 3x+5y=2 & \cdots\cdots \ \textcircled{\scriptsize ㄴ} \end{cases}$$

를 풀 때, x를 없애려고 한다. 이때 필요한 식은?

① $\textcircled{\scriptsize ㄱ}\times2+\textcircled{\scriptsize ㄴ}\times3$ ② $\textcircled{\scriptsize ㄱ}\times3-\textcircled{\scriptsize ㄴ}\times2$

③ $\textcircled{\scriptsize ㄱ}\times3+\textcircled{\scriptsize ㄴ}\times2$ ④ $\textcircled{\scriptsize ㄱ}\times5-\textcircled{\scriptsize ㄴ}\times3$

⑤ $\textcircled{\scriptsize ㄱ}\times5+\textcircled{\scriptsize ㄴ}\times3$

08 연립방정식 $\begin{cases} ax+by=18 \\ 2ax-by=6 \end{cases}$ 의 해가 $x=-4$, $y=2$일

때, 수 a, b에 대하여 ab의 값을 구하시오.

09 다음 두 연립방정식의 해가 서로 같을 때, 수 a, b에 대하여 $a-b$의 값을 구하시오.

$$\begin{cases} x-2y=a \\ 2x-y=-4 \end{cases}, \qquad \begin{cases} x-y=-1 \\ -x+by=9 \end{cases}$$

서술형

10 연립방정식 $\begin{cases} ax-by=3 \\ bx+ay=4 \end{cases}$ 에서 잘못하여 a와 b를 서

로 바꾸어 놓고 풀었더니 해가 $x=2$, $y=1$이었다. 처음의 연립방정식을 푸시오.

11 연립방정식 $\begin{cases} 2(x+1)-5y=22 \\ 11x+5y=6 \end{cases}$ 의 해가 일차방정식

$3x+5y=a$를 만족시킬 때, 수 a의 값은?

① -10 ② -5 ③ 0

④ 5 ⑤ 10

12 연립방정식 $\begin{cases} 0.3x+\dfrac{1}{5}y=0.5 \\ 3x+1=2(x+y) \end{cases}$ 를 풀면?

① $x=-1$, $y=-1$ ② $x=-1$, $y=1$

③ $x=1$, $y=-1$ ④ $x=1$, $y=0$

⑤ $x=1$, $y=1$

13 연립방정식 $\begin{cases} \dfrac{x}{4}-\dfrac{y}{2}=\dfrac{5}{4} \\ 3x-2y=a \end{cases}$ 를 만족시키는 y의 값이

x의 값의 3배일 때, 수 a의 값을 구하시오.

서술형

14 다음 방정식의 해가 $x=a$, $y=b$일 때, $a+b$의 값을 구하시오.

$$x+2y+2=-4x+3y-5=4x+4y+1$$

15 두 자리 자연수가 있다. 이 수의 각 자리의 숫자의 합은 9이고, 십의 자리의 숫자와 일의 자리의 숫자를 바꾼 수는 처음 수의 2배보다 9만큼 작다고 할 때, 처음 수는?

① 18　　　　② 27　　　　③ 36
④ 63　　　　⑤ 72

16 한 개에 500원인 자두와 한 개에 1000원인 귤을 합하여 15개를 사고 11000원을 지불하였다. 이때 귤을 몇 개 샀는지 구하시오.

Level Up

17 방정식 $4x-3y=3x+ky+4=12$를 만족시키는 x와 y의 값의 비가 $3:2$일 때, 수 k의 값은?

① -4　　　　② $-\dfrac{5}{2}$　　　　③ -1
④ $\dfrac{5}{2}$　　　　⑤ 4

18 형이 집에서 출발한 지 9분 후에 동생이 집에서 출발하여 같은 길을 따라갔다. 형은 분속 50 m로 걷고, 동생은 분속 200 m로 달렸다고 할 때, 두 사람이 만나는 것은 형이 집에서 출발한 지 몇 분 후인지 구하시오.

19 전체 학생 수가 700명인 어느 중학교에서 주말마다 전체 학생의 $\dfrac{2}{7}$가 텃밭 가꾸기를 한다. 지난 주말에는 남학생의 $\dfrac{1}{3}$, 여학생의 $\dfrac{1}{4}$이 텃밭 가꾸기에 참여했을 때, 이 학교의 여학생은 몇 명인지 구하시오.

정답과 해설 044쪽

일차함수

개념 1 함수

두 변수 x, y에 대하여 **x의 값이 변함에 따라 y의 값이 하나씩 정해지는 대응 관계가 있을 때**, y를 x의 **함수**라 하고, 기호로 $y=f(x)$와 같이 나타낸다. ← 함수 $y=f(x)$에서 f는 function(함수)의 첫 글자이다.

예 다음과 같은 관계는 함수이다.

- 정비례 관계 $y=ax$ $(a\neq0)$

  $y=2x$ (x는 자연수)

x	1	2	3	$\cdots$
y	2	4	6	$\cdots$

- 반비례 관계 $y=\dfrac{a}{x}$ $(a\neq0)$

  $y=\dfrac{6}{x}$ (x는 자연수)

x	1	2	3	$\cdots$
y	6	3	2	$\cdots$

- $y=$ (x에 대한 일차식)

  $y=x+3$ (x는 자연수)

x	1	2	3	$\cdots$
y	4	5	6	$\cdots$

참고 함수 $y=2x$를 $f(x)=2x$와 같이 나타내기도 한다.

개념 Bridge

- 함수인 경우와 함수가 아닌 경우 구분하기

① 자연수 x의 약수 y

x	1	2	3	4	$\cdots$
y	1				$\cdots$

$\longrightarrow$ y의 값이 2개 이상

➡ y는 x의 (함수이다 / 함수가 아니다).

② 자연수 x의 약수의 개수 y

x	1	2	3	4	$\cdots$
y	1				$\cdots$

$\longrightarrow$ y의 값이 하나

➡ y는 x의 (함수이다 / 함수가 아니다).

개념 check

✓ 함수 ·········· **01** 다음 중 y가 x의 함수인 것은 ○표, 함수가 아닌 것은 ×표를 하시오.

(1) 자연수 x보다 작은 자연수 y ( )

(2) 자연수 x보다 작은 짝수의 개수 y ( )

(3) 합이 10인 두 자연수 x와 y ( )

(4) 한 개에 400원인 지우개 x개의 가격 y원 ( )

01-1 다음 중 y가 x의 함수인 것은 ○표, 함수가 아닌 것은 ×표를 하시오.

(1) 자연수 x의 배수 y ( )

(2) 절댓값이 x인 수 y ( )

(3) 자연수 x를 3으로 나눈 나머지 y ( )

(4) 한 변의 길이가 x cm인 정삼각형의 둘레의 길이 y cm ( )

함수 $y=f(x)$에서 x의 값에 따라 하나씩 정해지는 y의 값 $f(x)$를 x에서의 **함숫값**이라 한다.

참고 함수 $y=f(x)$에서

$f(a)$의 값 → $x=a$일 때의 함숫값

→ $x=a$일 때, y의 값

→ $f(x)$에 x 대신 a를 대입하여 얻은 값

주의 함숫값을 구할 때, x의 값이 음수이면 괄호를 사용하여 대입한다.

개념 **Bridge**

・함숫값 구하기

① 함수 $y=x+1$에 대하여 $f(3)$의 값 → $y=\boxed{}+1=\boxed{}$

대입

② 함수 $y=-2x$에 대하여 $f(5)$의 값 → $y=-2\times\boxed{}=\boxed{}$

대입

개념 **check**

☑ 함숫값 구하기 ……… **01** 다음 함수 $y=f(x)$에 대하여 $f(-2)$의 값을 구하시오.

(1) $f(x)=-\dfrac{1}{2}x$

(2) $f(x)=3x+1$

(3) $f(x)=\dfrac{14}{x}$

(4) $f(x)=\dfrac{3}{x}-2$

01-1 함수 $f(x)=-5x+1$에 대하여 다음 함숫값을 구하시오.

(1) $f(-3)$

(2) $f\left(\dfrac{3}{5}\right)$

(3) $f(0)$

(4) $2f(2)$

01-2 두 함수 $f(x)=-2x,\ g(x)=\dfrac{6}{x}$에 대하여 다음 함숫값을 구하시오.

(1) $f(10)$

(2) $f\left(\dfrac{1}{4}\right)$

(3) $g(2)$

(4) $g(-3)$

필수 유형 익히기

01 다음 **보기** 중 y가 x의 함수인 것을 모두 고르시오.

┌ 보기 ┐
ㄱ. 자연수 x보다 작은 소수 y
ㄴ. 자연수 x와 서로소인 자연수 y
ㄷ. 자연수 x를 4로 나누었을 때의 나머지 y
ㄹ. 오리 x마리의 다리의 개수 y개
ㅁ. 키가 x cm인 사람의 몸무게 y kg

01-1 다음 **보기** 중 y가 x의 함수인 것을 모두 고르시오.

┌ 보기 ┐
ㄱ. 자연수 x보다 3만큼 작은 수 y
ㄴ. 자연수 x보다 큰 음수 y
ㄷ. 나이가 x세인 사람의 키 y cm
ㄹ. 하루 24시간 중 낮의 길이를 x시간이라 할 때, 밤의 길이 y시간

02 함수 $f(x)=-4x$에 대하여 $f(1)+f(-2)$의 값은?

① -6 ② -4 ③ -2
④ 4 ⑤ 6

02-1 두 함수 $f(x)=-\dfrac{10}{x}$, $g(x)=\dfrac{2}{3}x$에 대하여 $f(5)-g(3)$의 값은?

① -4 ② -2 ③ -1
④ 2 ⑤ 4

03 함수 $f(x)=ax$에 대하여 $f(2)=-9$일 때, $f(-4)$의 값은? (단, a는 수)

① -20 ② -18 ③ -10
④ 10 ⑤ 18

03-1 함수 $f(x)=\dfrac{a}{x}$에 대하여 $f(-3)=4$일 때, $f(6)$의 값을 구하시오. (단, a는 수)

02 일차함수와 그 그래프

함수 $y=f(x)$에서

$$y=ax+b \ (a, b는 수,\ a\neq 0)$$

와 같이 y가 x에 대한 일차식으로 나타내어질 때, 이 함수를 x에 대한 **일차함수**라 한다.

개념 Bridge

· 일차함수 찾기

$\underset{\text{일차식}}{y=2x+3}$ ➡ $y=(x$에 대한 일차식$)$ ➡ y는 x에 대한 (일차함수이다 , 일차함수가 아니다).

$\underset{\text{이차식}}{y=x^2+1}$ ➡ $y=(x$에 대한 이차식$)$ ➡ y는 x에 대한 (일차함수이다 , 일차함수가 아니다).

개념 check

☑ 일차함수의 뜻 …… **01** 다음 중 y가 x에 대한 일차함수인 것은 ○표, 일차함수가 아닌 것은 ×표를 하시오.

(1) $y=-6x$ (   ) (2) $y=x-(x+7)$ (   )

(3) $\dfrac{2}{3}x-y=-\dfrac{1}{5}$ (   ) (4) $y=\dfrac{3}{x}+1$ (   )

☑ 일차함수의 식으로 나타내기 …… **02** 다음 문장에서 y를 x의 식으로 나타내고, y가 x에 대한 일차함수인지 말하시오.

(1) 올해 x살인 지원이의 8년 후의 나이는 y살이다.

(2) 900원짜리 초콜릿 x개를 사고 5000원을 냈을 때 받는 거스름돈은 y원이다.

(3) 가로의 길이가 x cm이고 넓이가 40 cm^{2}인 직사각형의 세로의 길이는 y cm이다.

02-1 다음 문장에서 y를 x의 식으로 나타내고, y가 x에 대한 일차함수인지 말하시오.

(1) 반지름의 길이가 x cm인 원의 넓이는 y cm^{2}이다.

(2) 8 km의 거리를 시속 x km로 걸을 때 걸리는 시간은 y시간이다.

(3) 사탕 50개를 2개씩 x명이 먹고 남은 사탕의 개수는 y이다.

일차함수 $y=ax+b$의 그래프

(1) **평행이동**: 한 도형을 일정한 방향으로 일정한 거리만큼 이동하는 것
(2) **일차함수 $y=ax+b$의 그래프**
일차함수 $y=ax$의 그래프를 y축의 방향으로 b만큼 평행이동한 직선

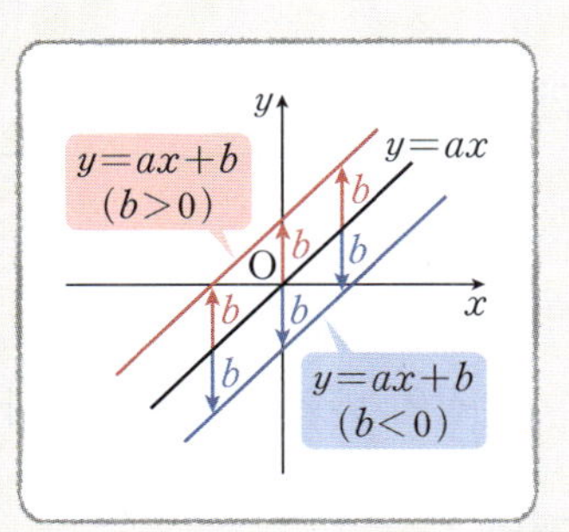

• 일차함수 $y=\dfrac{1}{2}x$의 그래프의 평행이동

$$y=\dfrac{1}{2}x \xrightarrow[\text{4만큼 평행이동}]{y\text{축의 방향으로}} y=\dfrac{1}{2}x+\square$$

$$y=\dfrac{1}{2}x \xrightarrow[\text{-3만큼 평행이동}]{y\text{축의 방향으로}} y=\dfrac{1}{2}x-\square$$

☑ 일차함수 $y=ax+b$의 그래프

01 오른쪽 그림은 일차함수 $y=-x$의 그래프이다. 이 그래프를 이용하여 오른쪽 좌표평면 위에 다음 일차함수의 그래프를 그리시오.

(1) $y=-x+2$ (2) $y=-x-3$

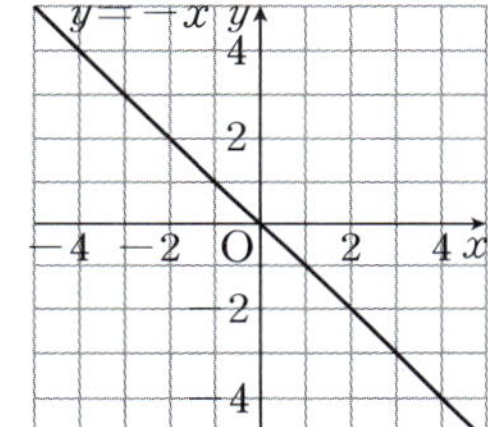

☑ 일차함수의 그래프의 평행이동

02 다음 일차함수의 그래프를 y축의 방향으로 $[\ \ ]$ 안의 수만큼 평행이동한 그래프가 나타내는 일차함수의 식을 구하시오.

(1) $y=2x \quad \left[\dfrac{1}{6}\right]$ (2) $y=-x+5 \quad [-3]$

02-1 다음 일차함수의 그래프는 일차함수 $y=-x+1$의 그래프를 y축의 방향으로 얼마만큼 평행이동한 것인지 구하시오.

(1) $y=-x+6$ (2) $y=-x-5$

유형 1 일차함수의 뜻

01 다음 보기 중 y가 x에 대한 일차함수인 것을 모두 고르시오.

> **보기**
> ㄱ. $y=7$ ㄴ. $y=\dfrac{1}{x}$
> ㄷ. $y=x^2-1$ ㄹ. $y=x-y$
> ㅁ. $y=x(x-2)$ ㅂ. $\dfrac{x}{2}+\dfrac{y}{3}=1$

01-1 다음 중 y가 x에 대한 일차함수가 <u>아닌</u> 것을 모두 고르면? (정답 2개)

① $y=\dfrac{x+2}{5}$ ② $xy=3$

③ $y=x(x+7)-x^2$ ④ $x-y=4-y$

⑤ $y=-2x+2(1-x)$

유형 2 일차함수의 함숫값

02 일차함수 $f(x)=2x+5$에 대하여 $f(a)=-7$일 때, 수 a의 값을 구하시오.

02-1 일차함수 $f(x)=ax-7$에 대하여 $f(-2)=-10$일 때, $f(5)$의 값을 구하시오. (단, a는 수)

유형 3 일차함수의 그래프의 평행이동

03 다음 일차함수 중 그 그래프가 일차함수 $y=-2x$의 그래프를 평행이동하여 겹쳐지는 것은?

① $y=2x-2$ ② $y=2x-\dfrac{3}{2}$

③ $y=-2x+\dfrac{1}{5}$ ④ $y=2x-6$

⑤ $y=-\dfrac{1}{2}x+11$

03-1 일차함수 $y=ax+2$의 그래프를 y축의 방향으로 -5만큼 평행이동하였더니 일차함수 $y=-\dfrac{4}{3}x+b$의 그래프가 되었다. 이때 수 a, b에 대하여 ab의 값을 구하시오.

유형 4 평행이동한 그래프 위의 점

04 일차함수 $y=4x+1$의 그래프를 y축의 방향으로 -3만큼 평행이동한 그래프가 점 $(a, 10)$을 지날 때, a의 값을 구하시오.

04-1 일차함수 $y=-4x+3$의 그래프를 y축의 방향으로 k만큼 평행이동한 그래프가 점 $(-2, 6)$을 지날 때, k의 값을 구하시오.

일차함수의 그래프의 x절편과 y절편

(1) x절편: 함수의 그래프가 x축과 만나는 점의 x좌표
  → $y=0$일 때, x의 값

(2) y절편: 함수의 그래프가 y축과 만나는 점의 y좌표
  → $x=0$일 때, y의 값

참고 일차함수 $y=ax+b$의 그래프에서
  ① x축과 만나는 점의 좌표: $\left(-\dfrac{b}{a},\,0\right)$ → x절편: $-\dfrac{b}{a}$
  ② y축과 만나는 점의 좌표: $(0,\,b)$ → y절편: b

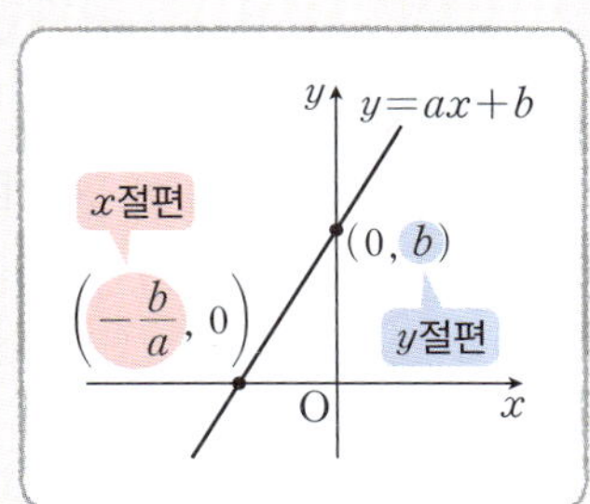

개념 Bridge

• 함수 $y=x+3$의 그래프의 x절편과 y절편 구하기

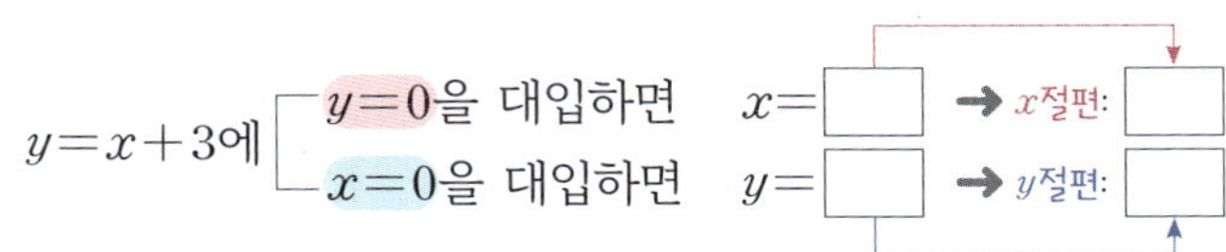

$y=x+3$에 $\begin{cases} y=0 \text{을 대입하면} \quad x=\boxed{} \ \to\ x\text{절편: } \boxed{} \\ x=0 \text{을 대입하면} \quad y=\boxed{} \ \to\ y\text{절편: } \boxed{} \end{cases}$

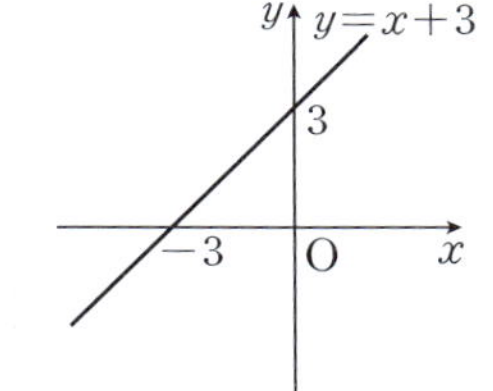

개념 check

일차함수의 그래프의
x절편과 y절편

01 오른쪽 그림과 같은 세 일차함수의 그래프 (1), (2), (3)의 x절편과 y절편을 각각 구하시오.

(1) x절편: _______   (2) x절편: _______   (3) x절편: _______
  y절편: _______ y절편: _______ y절편: _______

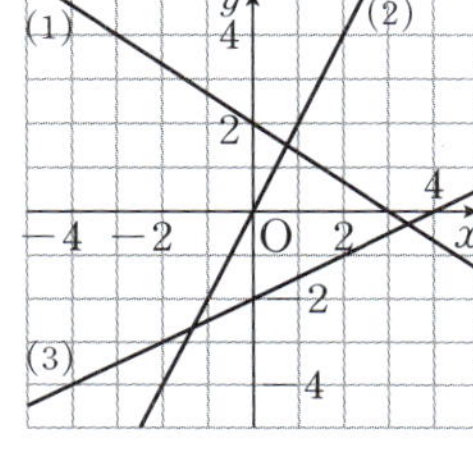

일차함수의 식에서의
x절편과 y절편

02 다음 일차함수의 그래프의 x절편과 y절편을 각각 구하시오.

(1) $y=2x+5$

(2) $y=-\dfrac{1}{4}x+2$

02-1 다음 일차함수의 그래프의 x절편과 y절편을 각각 구하시오.

(1) $y=-3x$

(2) $y=x-\dfrac{1}{2}$

(3) $y=-\dfrac{1}{5}x+4$

(4) $y=\dfrac{3}{2}x+6$

❶ x절편, y절편을 각각 구한다.
❷ x절편과 y절편을 이용하여 x축, y축과 만나는 두 점을 좌표평면 위에 나타낸다.
❸ 두 점을 직선으로 연결한다.

개념 Bridge

· x절편과 y절편을 이용하여 일차함수 $y=x+1$의 그래프 그리기

❶ x절편은 □, y절편은 □이다.
❷ 두 점 (□, 0), (0, □)을 좌표평면 위에 나타낸다.
❸ 두 점을 직선으로 연결한다.

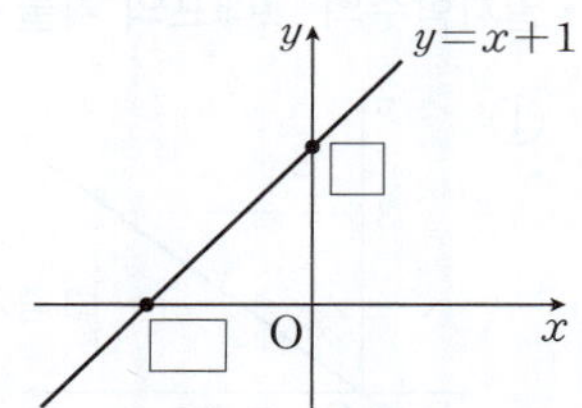

개념 check

✔ x절편과 y절편을 이용하여
일차함수의 그래프 그리기

01 x절편과 y절편을 이용하여 좌표평면 위에 다음 일차함수의 그래프를 그리시오.

(1) $y=x-1$

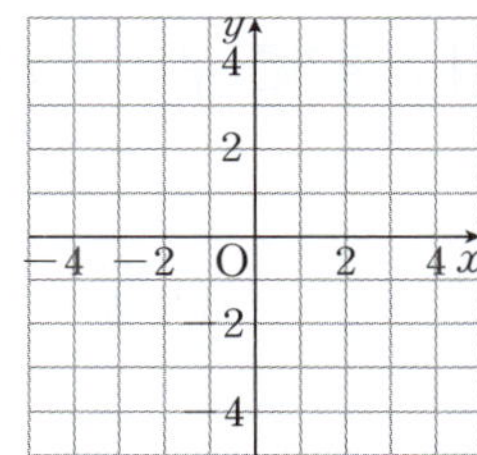

(2) $y=-\dfrac{1}{2}x-2$

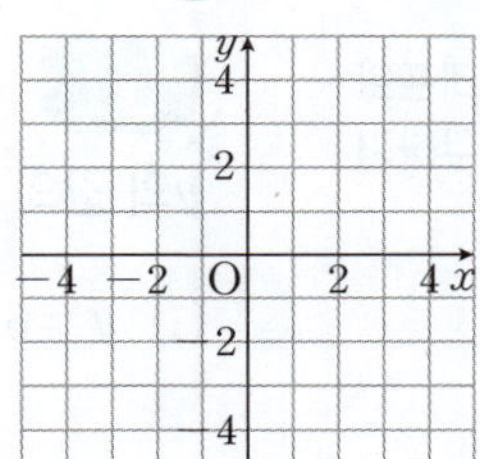

01-1 x절편과 y절편을 이용하여 좌표평면 위에 다음 일차함수의 그래프를 그리시오.

(1) $y=2x-4$

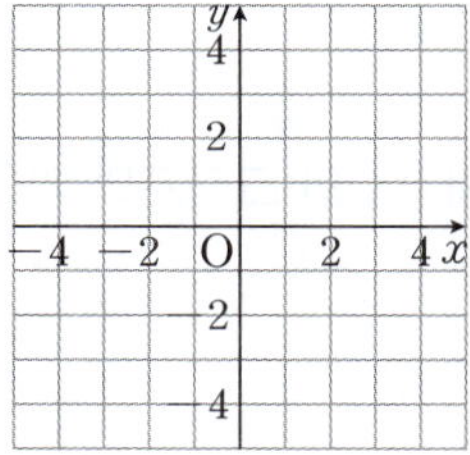

(2) $y=-\dfrac{1}{3}x+1$

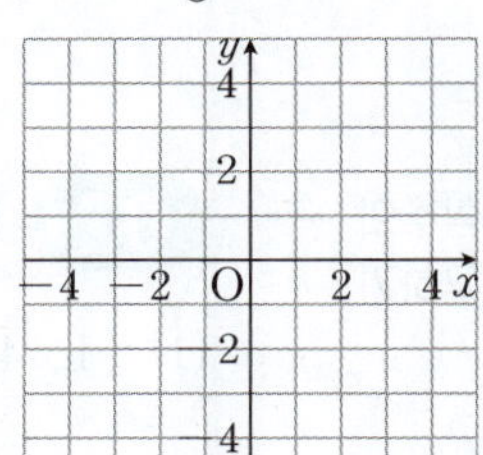

일차함수 $y=ax+b$의 그래프에서 x의 값의 증가량에 대한 y의 값의 증가량의 비율은 항상 일정하고, 그 비율은 x의 계수 a와 같다. 이 증가량의 비율 a를 일차함수 $y=ax+b$의 그래프의 **기울기**라 한다.

→ (기울기) $=\dfrac{(y\text{의 값의 증가량})}{(x\text{의 값의 증가량})}=a$ ← 항상 일정

개념 Bridge

• 일차함수의 그래프의 기울기 구하기

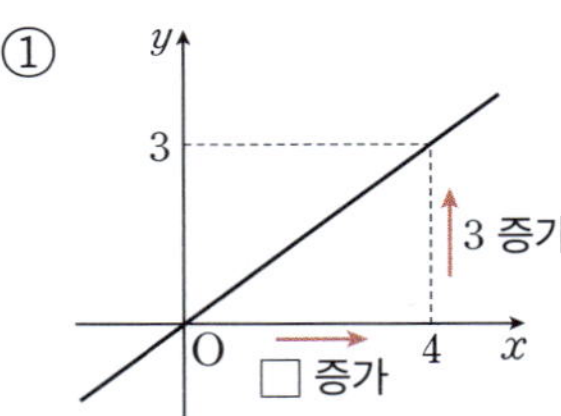

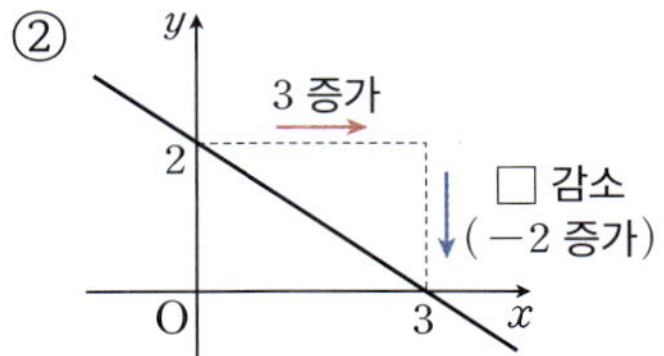

→ (기울기) $=\dfrac{3}{\square}$

→ (기울기) $=\dfrac{\square}{3}=-\dfrac{2}{3}$

개념 check

✅ 일차함수의 그래프의 기울기 구하기

01 다음 일차함수의 그래프의 기울기를 구하고, x의 값이 [ ] 안의 수만큼 증가할 때, y의 값의 증가량을 구하시오.

(1) $y=6x-7$ $[2]$

(2) $y=-2x-1$ $[-4]$

01-1 다음 일차함수의 그래프의 기울기를 구하고, x의 값이 [ ] 안의 수만큼 증가할 때, y의 값의 증가량을 구하시오.

(1) $y=\dfrac{1}{3}x+5$ $[-6]$

(2) $y=-\dfrac{2}{3}x+\dfrac{1}{4}$ $[5]$

✅ 두 점을 지나는 일차함수의 그래프의 기울기 구하기

서로 다른 두 점 $(x_1,\ y_1)$, $(x_2,\ y_2)$를 지나는 일차함수의 그래프의 기울기

→ (기울기) $=\dfrac{y_2-y_1}{x_2-x_1}$

02 다음 두 점을 지나는 일차함수의 그래프의 기울기를 구하시오.

(1) $(1,\ 4),\ (2,\ 7)$

(2) $(-5,\ 8),\ (0,\ -2)$

02-1 다음 두 점을 지나는 일차함수의 그래프의 기울기를 구하시오.

(1) $(3,\ -2),\ (1,\ -6)$

(2) $(0,\ 1),\ (3,\ -1)$

(3) $(-2,\ -7),\ (2,\ 3)$

(4) $(4,\ 0),\ (0,\ 6)$

기울기와 y절편을 이용하여 일차함수의 그래프 그리기

일차함수 $y=ax+b$ (a, b는 수, $a\neq0$)의 그래프는 기울기와 y절편을 이용하여 그릴 수 있다.

❶ y절편을 이용하여 y축과 만나는 점 $(0, b)$를 좌표평면 위에 나타낸다.

❷ 기울기를 이용하여 그래프가 지나는 다른 한 점을 찾아 좌표평면 위에 나타낸다.

❸ 두 점을 직선으로 연결한다.

개념 Bridge

• 기울기와 y절편을 이용하여 일차함수 $y=\dfrac{1}{2}x+1$의 그래프 그리기

❶ y절편은 $\boxed{}$이므로 점 $(0, \boxed{})$을 좌표평면 위에 나타낸다.

❷ 기울기가 $\boxed{}$이므로 ❶의 점에서 x의 값이 2만큼 증가하고,

y의 값이 $\boxed{}$만큼 증가한 점 $(2, \boxed{})$를 좌표평면 위에 나타낸다.

❸ 두 점을 직선으로 연결한다.

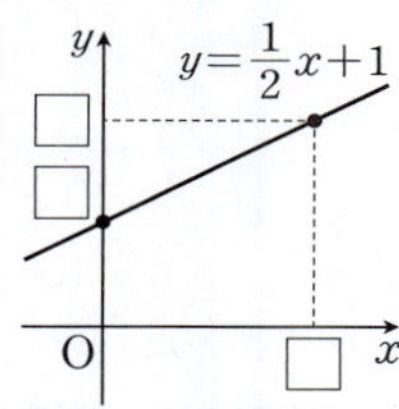

개념 check

✓ 기울기와 y절편을 이용하여 일차함수의 그래프 그리기

01 기울기와 y절편을 이용하여 좌표평면 위에 다음 일차함수의 그래프를 그리시오.

(1) $y=-3x+1$

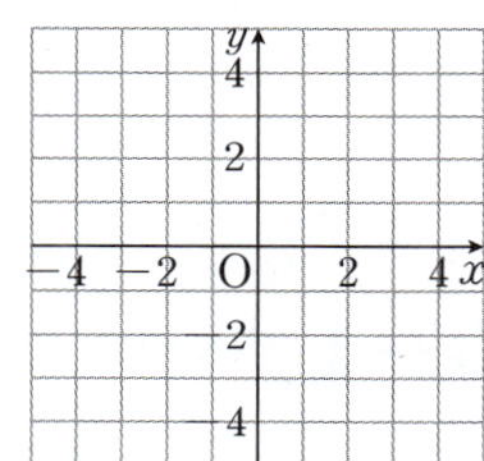

(2) $y=\dfrac{5}{2}x-2$

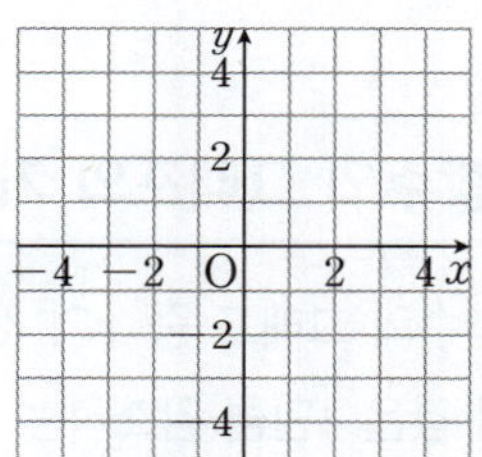

01-1 기울기와 y절편을 이용하여 좌표평면 위에 다음 일차함수의 그래프를 그리시오.

(1) $y=-2x+2$

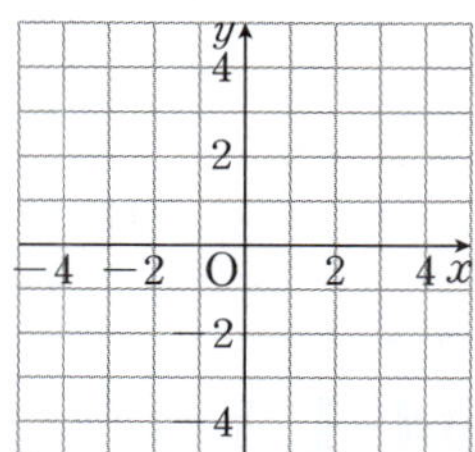

(2) $y=\dfrac{4}{3}x-3$

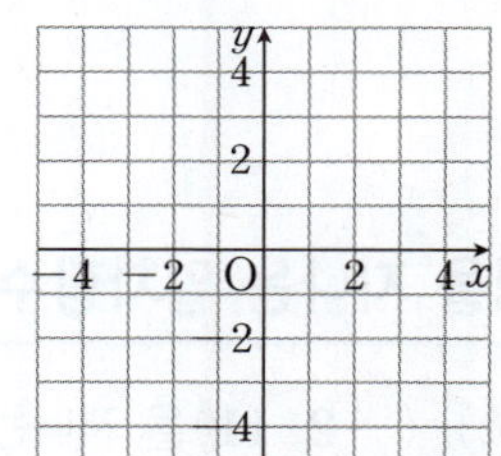

필수 유형 익히기

 일차함수의 그래프의 x절편과 y절편

01 일차함수 $y=\dfrac{4}{5}x-2$의 그래프의 x절편을 m, y절편을 n이라 할 때, mn의 값은?

① -5 　　② -3 　　③ 1

④ 3 　　⑤ 5

01-1 오른쪽 그림과 같은 일차함수 $y=-\dfrac{5}{6}x+1$의 그래프에서 두 점 A, B의 좌표를 차례대로 구하시오.

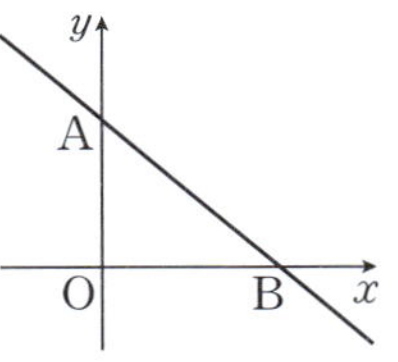

 x절편과 y절편을 이용하여 미지수의 값 구하기

02 일차함수 $y=5x-\dfrac{1}{3}$의 y절편과 일차함수 $y=ax-1$의 x절편이 같을 때, 수 a의 값을 구하시오.

02-1 일차함수 $y=\dfrac{5}{3}x-k$의 그래프의 x절편이 -6일 때, y절편을 구하시오. (단, k는 수)

 일차함수의 그래프의 기울기

03 다음 일차함수의 그래프 중 x의 값이 -2에서 8까지 증가할 때, y의 값은 4만큼 감소하는 것은?

① $y=-\dfrac{5}{2}x+4$ 　　② $y=-\dfrac{2}{5}x+1$

③ $y=\dfrac{2}{5}x+3$ 　　④ $y=2x+5$

⑤ $y=\dfrac{5}{2}x-2$

03-1 일차함수 $y=\dfrac{3}{2}x-1$의 그래프에서 x의 값이 4만큼 증가할 때, y의 값은 -5에서 k까지 증가한다. 이때 k의 값을 구하시오.

 두 점을 지나는 일차함수의 그래프의 기울기

04 두 점 $(3, k)$, $(-2, 11)$을 지나는 일차함수의 그래프의 기울기가 -2일 때, k의 값은?

① -3 　　② -2 　　③ -1

④ 0 　　⑤ 1

04-1 두 점 $(2, 8)$, $(-3, a)$를 지나는 일차함수의 그래프의 기울기가 1일 때, a의 값을 구하시오.

유형 5 일차함수의 그래프 그리기

05 다음 중 일차함수 $y=3x+9$의 그래프는?

① 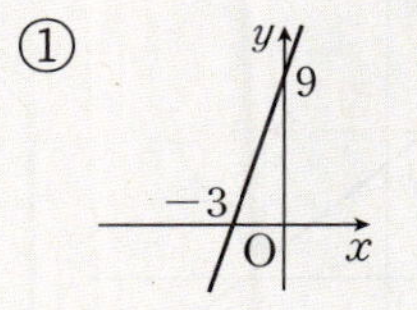 ② 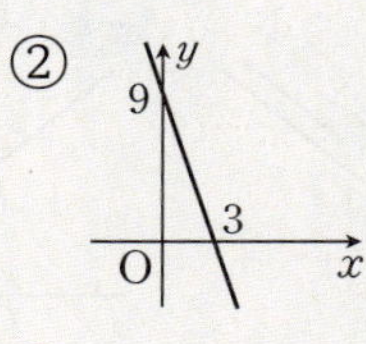 ③ 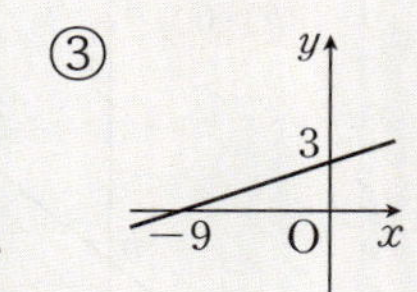

④ 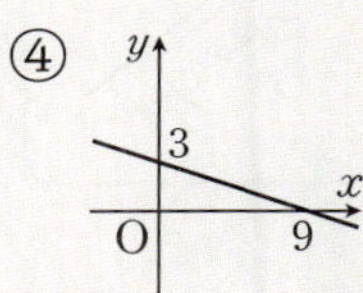 ⑤ 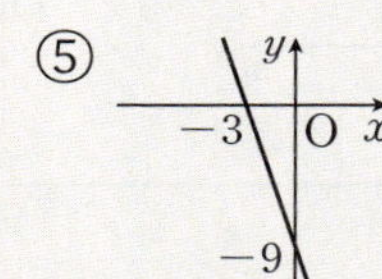

05-1 다음 중 일차함수 $y=-\dfrac{1}{4}x+1$의 그래프는?

① 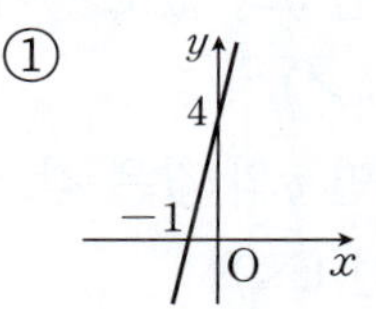 ② 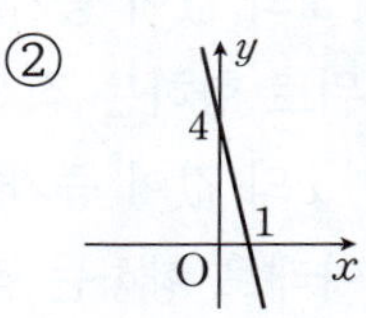 ③ 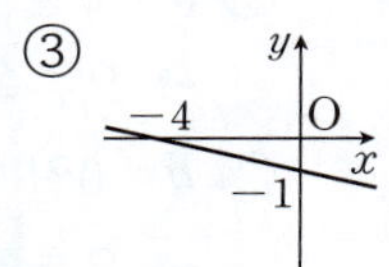

④ 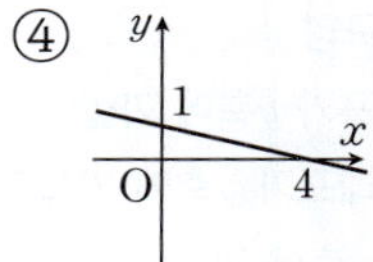 ⑤

유형 6 일차함수의 그래프와 x축 및 y축으로 둘러싸인 삼각형의 넓이

06 일차함수 $y=-\dfrac{5}{8}x+5$의 그래프와 x축 및 y축으로 둘러싸인 삼각형의 넓이를 구하시오.

06-1 일차함수 $y=ax+6$의 그래프와 x축 및 y축으로 둘러싸인 삼각형의 넓이가 6일 때, 양수 a의 값을 구하시오.

유형 7 세 점이 한 직선 위에 있을 조건

서로 다른 세 점 A, B, C가 한 직선 위에 있다.

→ 세 직선 AB, BC, AC는 모두 같은 직선이다.

→ (직선 AB의 기울기)＝(직선 BC의 기울기)＝(직선 AC의 기울기)

07 세 점 $(-5, 7)$, $(5, -1)$, $(10, k)$가 한 직선 위에 있을 때, k의 값을 구하시오.

07-1 세 점 $(2, 4)$, $(-1, a)$, $(-4, -5)$가 한 직선 위에 있을 때, a의 값을 구하시오.

개념 9 일차함수 $y=ax+b$의 그래프의 성질

(1) **기울기 a의 부호**: 그래프의 모양 결정

① $a>0$일 때, x의 값이 증가하면 y의 값도 증가한다.
→ 오른쪽 위로 향하는 직선 (↗)

② $a<0$일 때, x의 값이 증가하면 y의 값은 감소한다.
→ 오른쪽 아래로 향하는 직선 (↘)

참고 기울기 a의 크기에 따른 그래프의 모양
• $a>0$이면 a의 값이 클수록 그래프가 y축에 가깝다.
• $a<0$이면 a의 값이 작을수록 그래프가 y축에 가깝다.
→ a의 절댓값이 클수록 그래프가 y축에 가깝다.

(2) **y절편 b의 부호**: 그래프가 y축과 만나는 부분 결정

① $b>0$일 때, y축과 양의 부분에서 만난다. → y절편이 양수
② $b<0$일 때, y축과 음의 부분에서 만난다. → y절편이 음수

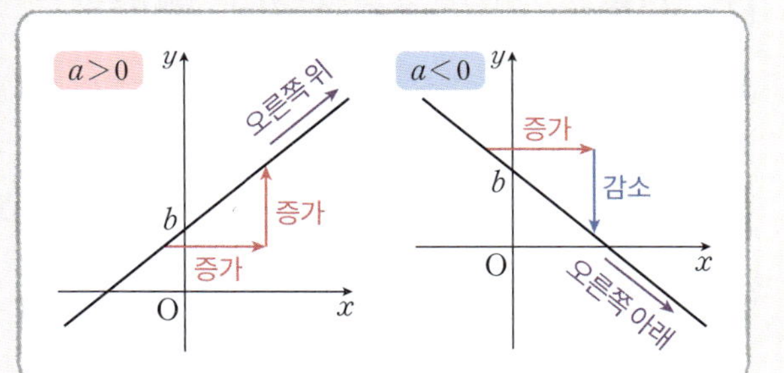

개념 check

☑ 일차함수의 그래프의 성질

01 다음을 만족시키는 일차함수의 식을 **보기**에서 모두 고르시오.

보기
ㄱ. $y=3x-4$ ㄴ. $y=-x+5$ ㄷ. $y=\dfrac{1}{6}x+2$
ㄹ. $y=-4x+\dfrac{1}{2}$ ㅁ. $y=\dfrac{5}{3}x$ ㅂ. $y=-7x-1$

(1) 오른쪽 위로 향하는 직선
(2) x의 값이 증가할 때, y의 값은 감소하는 직선
(3) y축과 양의 부분에서 만나는 직선
(4) x축에 가장 가까운 직선

☑ 일차함수의 그래프에서 기울기와 y절편의 부호

02 일차함수 $y=ax+b$의 그래프가 오른쪽 그림과 같을 때, 수 a, b의 부호를 각각 정하시오.

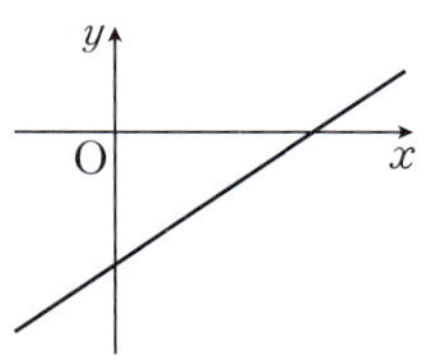

02-1 일차함수 $y=ax+b$의 그래프가 오른쪽 그림과 같을 때, 수 a, b의 부호를 각각 정하시오.

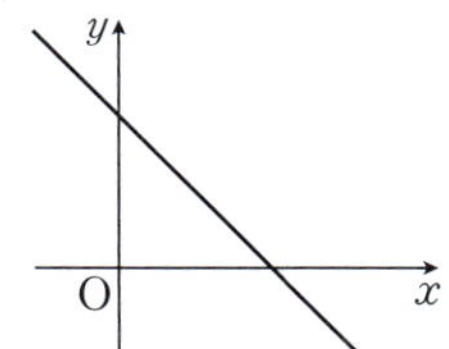

(1) 기울기가 같은 두 일차함수의 그래프는 서로 평행하거나 일치한다.

두 일차함수 $y=ax+b$와 $y=cx+d$의 그래프에 대하여

① 기울기가 같고 y절편은 다르면, 즉 $a=c$, $b\neq d$이면

→ 두 그래프는 서로 평행하다.

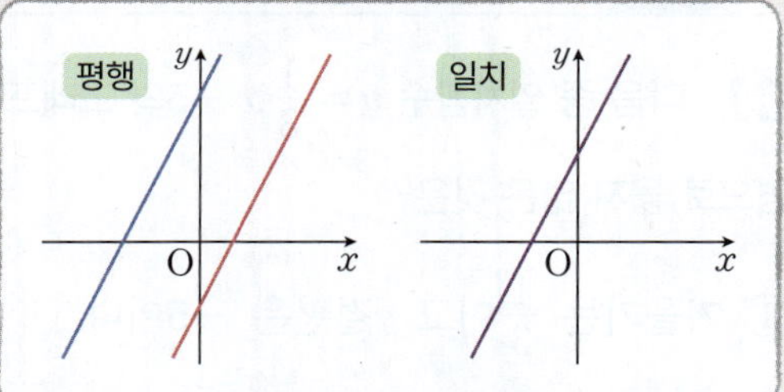

예 두 일차함수 $y=2x+1$, $y=2x+2$의 그래프에서

→ 기울기가 2로 같고, y절편은 각각 1, 2로 다르다.

→ 두 일차함수 $y=2x+1$, $y=2x+2$의 그래프는 서로 평행하다.

② 기울기가 같고 y절편도 같으면, 즉 $a=c$, $b=d$이면

→ 두 그래프는 일치한다.

참고 기울기가 서로 다른 두 일차함수의 그래프는 한 점에서 만난다.

(2) 서로 평행한 두 일차함수의 그래프의 기울기는 같다.

개념 **Bridge**

• 두 일차함수의 그래프의 평행, 일치 판단하기

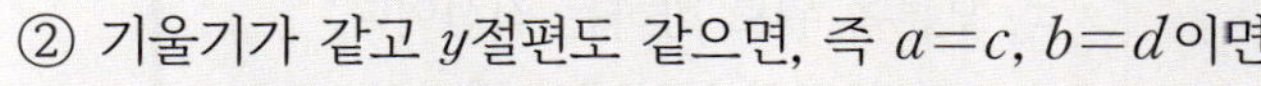

$$y=3x+5$$
$$y=3x-2$$
같다 다르다

$$y=3x+5$$
$$y=3x+5$$
같다 같다

개념 **check**

☑ 일차함수의 그래프의 평행과 일치

01 보기의 일차함수의 그래프에 대하여 다음 물음에 답하시오.

보기

ㄱ. $y=x+5$ ㄴ. $y=-2x+4$ ㄷ. $y=\dfrac{1}{3}x-1$

ㄹ. $y=3x+1$ ㅁ. $y=\dfrac{1}{3}(2+3x)$ ㅂ. $y=-2(x-2)$

(1) 서로 평행한 것끼리 짝 지으시오.

(2) 일치하는 것끼리 짝 지으시오.

☑ 두 일차함수의 그래프가 서로 평행하거나 일치하기 위한 조건

02 두 일차함수 $y=12x-5$, $y=-ax+1$의 그래프가 서로 평행할 때, 수 a의 값을 구하시오.

02-1 두 일차함수 $y=ax-5$, $y=-2x+b$의 그래프가 일치하기 위한 수 a, b의 조건을 각각 구하시오.

필수 유형 익히기

유형 1 일차함수의 그래프의 성질

01 다음 중 일차함수 $y=\dfrac{1}{3}x-5$의 그래프에 대한 설명으로 옳지 <u>않은</u> 것은?

① 기울기는 $\dfrac{1}{3}$이고 y절편은 -5이다.

② x절편과 y절편의 합은 10이다.

③ x의 값이 증가하면 y의 값은 감소한다.

④ x축과 양의 부분에서 만난다.

⑤ 일차함수 $y=\dfrac{1}{3}x$의 그래프를 y축의 방향으로 -5만큼 평행이동한 것이다.

01-1 다음 **보기** 중 일차함수 $y=-2x+3$의 그래프에 대한 설명으로 옳은 것을 모두 고르시오.

> 보기
>
> ㄱ. 점 $(-2, 7)$을 지난다.
> ㄴ. x절편은 -2, y절편은 3이다.
> ㄷ. 오른쪽 위로 향하는 직선이다.
> ㄹ. y축과 양의 부분에서 만난다.
> ㅁ. x의 값이 4만큼 증가할 때, y의 값은 8만큼 증가한다.

유형 2 일차함수 $y=ax+b$의 그래프와 a, b의 부호

02 $a+b<0$, $ab>0$일 때, 다음 중 일차함수 $y=ax+b$의 그래프로 알맞은 것은?

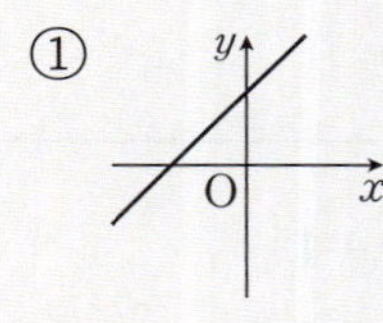
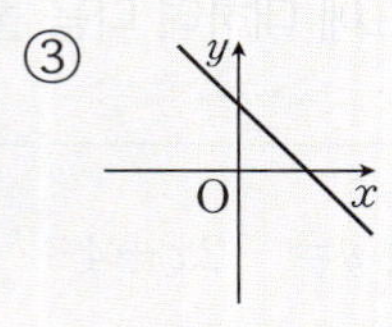
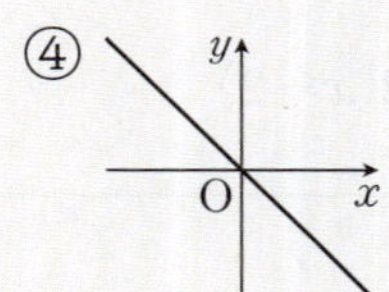
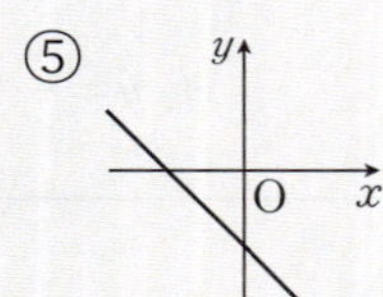

02-1 일차함수 $y=ax+b$의 그래프가 오른쪽 그림과 같을 때, 다음 중 일차함수 $y=bx-a$의 그래프로 알맞은 것은? (단, a, b는 수)

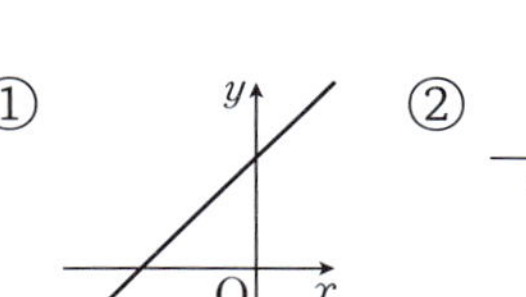
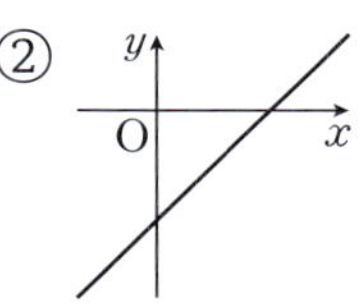
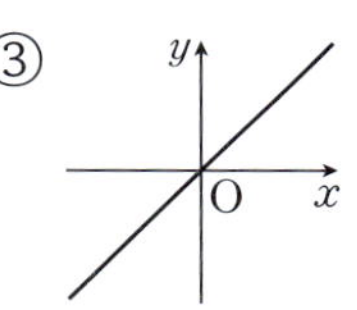
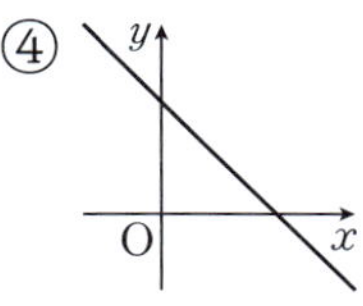
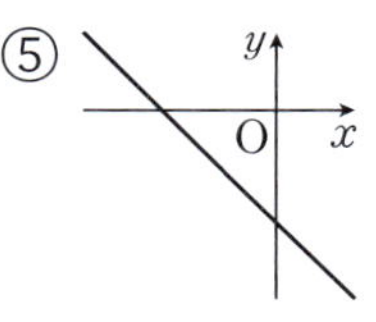

유형 3 일차함수의 그래프의 평행과 일치

03 두 일차함수 $y=-ax+6$, $y=8x+4$의 그래프가 서로 평행할 때, 수 a의 값을 구하시오.

03-1 두 일차함수 $y=-px+5$와 $y=4x+q$의 그래프가 일치할 때, 수 p, q에 대하여 $p+q$의 값을 구하시오.

기울기가 a이고 y절편이 b인 직선을 그래프로 하는 일차함수의 식은 ➡ $y=ax+b$

개념 **Bridge**

• 기울기와 y절편을 알 때, 일차함수의 식 구하기

기울기가 3, y절편이 1인 일차함수의 식 ➡ $y=\boxed{}x+\boxed{}$

개념 **check**

✅ 일차함수의 식 구하기;
기울기와 y절편을 이용

01 다음과 같은 직선을 그래프로 하는 일차함수의 식을 구하시오.

(1) 기울기가 -5이고 y절편이 7인 직선

(2) 기울기가 $\dfrac{3}{4}$이고, 점 $(0,\ -1)$을 지나는 직선

(3) 일차함수 $y=-2x$의 그래프와 평행하고, y절편이 1인 직선

(4) x의 값이 4만큼 증가할 때 y의 값이 9만큼 증가하고, y절편이 -3인 직선

01-1 다음과 같은 직선을 그래프로 하는 일차함수의 식을 구하시오.

(1) 기울기가 4이고 y절편이 -9인 직선

(2) 기울기가 -2이고, 점 $(0,\ 5)$를 지나는 직선

(3) 일차함수 $y=3x$의 그래프와 평행하고, y절편이 $\dfrac{4}{5}$인 직선

(4) x의 값이 2만큼 증가할 때 y의 값이 1만큼 감소하고, y절편이 8인 직선

01-2 오른쪽 그림의 직선과 평행하고, y절편이 2인 직선을 그래프로 하는 일차함수의 식을 $y=ax+b$라 할 때, 수 a, b의 값을 각각 구하시오.

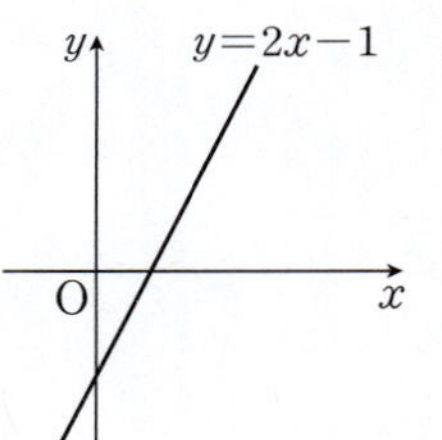

기울기가 a이고 점 (x_1, y_1)을 지나는 직선을 그래프로 하는 일차함수의 식은 다음과 같은 순서로 구한다.

❶ 일차함수의 식을 $y=ax+b$로 놓는다.

❷ $x=x_1$, $y=y_1$을 $y=ax+b$에 대입하여 b의 값을 구한다.

개념 Bridge

• 기울기가 4이고 점 $(2, 9)$를 지나는 직선을 그래프로 하는 일차함수의 식 구하기

❶ 일차함수의 식을 $y=\boxed{}x+b$로 놓는다.
　　　　　　　　　　　　└→ 기울기

❷ $x=\boxed{}$, $y=\boxed{}$를 ❶의 식에 대입하면 $b=1$
　　└→ 점 $(2, 9)$

따라서 구하는 일차함수의 식은 $y=\boxed{}$

개념 check

✓ 일차함수의 식 구하기; 기울기와 한 점의 좌표를 이용

01 다음과 같은 직선을 그래프로 하는 일차함수의 식을 구하시오.

(1) 기울기가 -3이고 점 $(1, -4)$를 지나는 직선

(2) 일차함수 $y=\dfrac{3}{2}x-5$의 그래프와 평행하고, x절편이 -6인 직선

01-1 다음과 같은 직선을 그래프로 하는 일차함수의 식을 구하시오.

(1) 기울기가 $\dfrac{1}{3}$이고 점 $(-3, 4)$를 지나는 직선

(2) 일차함수 $y=-\dfrac{2}{3}x+5$의 그래프와 평행하고 점 $(6, -1)$을 지나는 직선

(3) x의 값이 2만큼 증가할 때 y의 값은 4만큼 감소하고, 점 $(1, -3)$을 지나는 직선

01-2 오른쪽 그림의 직선과 평행하고, 점 $(-4, 4)$를 지나는 직선을 그래프로 하는 일차함수의 식을 $y=ax+b$라 할 때, 수 a, b의 값을 각각 구하시오.

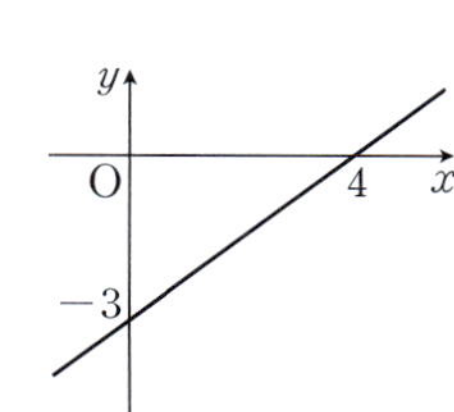

일차함수의 식 구하기; 서로 다른 두 점의 좌표를 이용

서로 다른 두 점 (x_1, y_1), (x_2, y_2)를 지나는 직선을 그래프로 하는 일차함수의 식은 다음과 같은 순서로 구한다.

❶ 두 점의 좌표를 이용하여 기울기 a를 구한다. ➡ $a = \dfrac{y_2 - y_1}{x_2 - x_1} = \dfrac{y_1 - y_2}{x_1 - x_2}$

❷ 일차함수의 식을 $y = ax + b$로 놓는다.

❸ 두 점 중 한 점의 좌표를 $y = ax + b$에 대입하여 b의 값을 구한다.

개념 Bridge

• 두 점 $(-2, 0)$, $(1, -6)$을 지나는 직선을 그래프로 하는 일차함수의 식 구하기

❶ (기울기) $= \dfrac{-6 - 0}{1 - (-2)} = \boxed{}$

❷ 일차함수의 식을 $y = \boxed{}\,x + b$로 놓는다.
  └▶ 기울기

❸ $x = -2$, $y = 0$을 ❷의 식에 대입하면 $b = \boxed{}$
따라서 구하는 일차함수의 식은 $y = \boxed{}$

개념 check

☑ 일차함수의 식 구하기;
서로 다른 두 점의 좌표를 이용

01 다음 두 점을 지나는 직선을 그래프로 하는 일차함수의 식을 구하시오.

(1) $(-1, 2)$, $(1, 6)$ (2) $(-2, 1)$, $(2, -3)$

01-1 다음 두 점을 지나는 직선을 그래프로 하는 일차함수의 식을 구하시오.

(1) $(4, -1)$, $(6, -3)$ (2) $(-6, -3)$, $(-4, 3)$

☑ 일차함수의 식 구하기;
그래프 위의 서로 다른
두 점의 좌표를 이용

02 오른쪽 그림의 직선을 그래프로 하는 일차함수의 식을 구하시오.

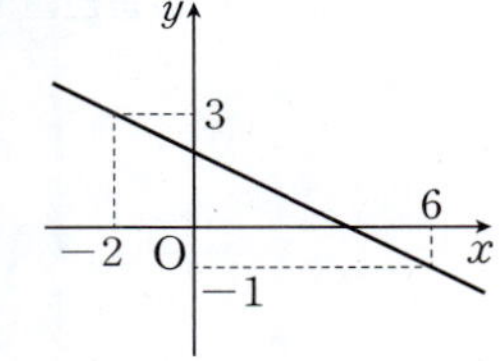

02-1 오른쪽 그림의 직선을 그래프로 하는 일차함수의 식을 구하시오.

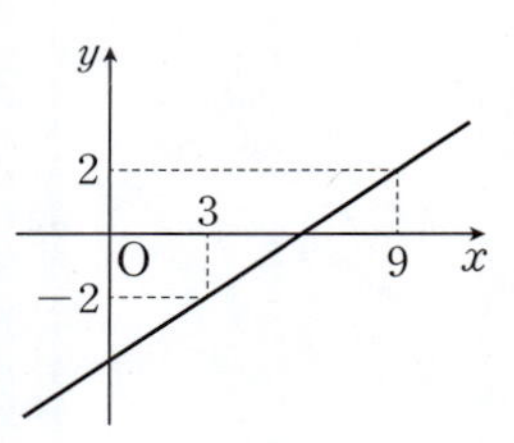

x절편이 p, y절편이 q인 직선을 그래프로 하는 일차함수의 식은 다음과 같은 순서로 구한다.

❶ 두 점 $(p, 0)$, $(0, q)$를 지남을 이용하여 기울기 a를 구한다. → $a = \dfrac{q-0}{0-p} = -\dfrac{q}{p}$

❷ y절편이 q이므로 구하는 일차함수의 식은 $y = -\dfrac{q}{p}x + q$이다.

개념 **Bridge**

• x절편이 2, y절편이 -8인 직선을 그래프로 하는 일차함수의 식 구하기

❶ 두 점 ($\boxed{}$, 0), (0, $\boxed{}$)을 지나므로 (기울기)$= \dfrac{-8-0}{0-2} = \boxed{}$

        x절편 ↗   ↘ y절편

❷ y절편이 $\boxed{}$이므로 구하는 일차함수의 식은 $y = \boxed{}$

개념 **check**

✓ 일차함수의 식 구하기;
x절편과 y절편을 이용

01 x절편이 6, y절편이 -4인 직선을 그래프로 하는 일차함수의 식을 구하시오.

01-1 다음과 같은 직선을 그래프로 하는 일차함수의 식을 구하시오.

(1) x절편이 -3, y절편이 -6인 직선

(2) x절편이 5, y절편이 -2인 직선

✓ 일차함수의 식 구하기;
그래프 위의 x절편과
y절편을 이용

02 오른쪽 그림의 직선을 그래프로 하는 일차함수의 식을 구하시오.

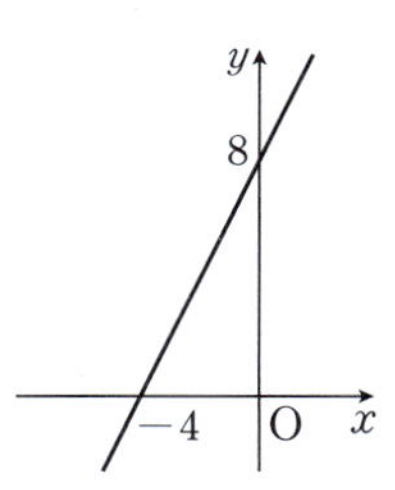

02-1 오른쪽 그림의 직선을 그래프로 하는 일차함수의 식을 구하시오.

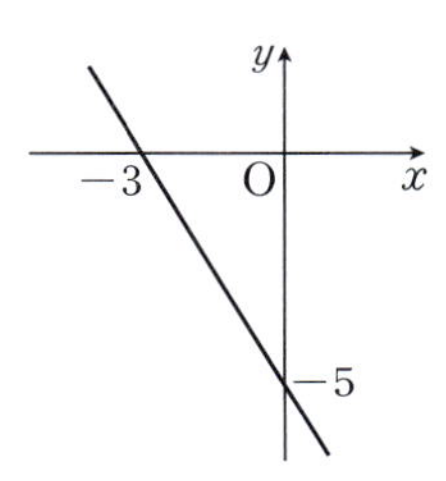

필수 유형 익히기

01 x의 값이 2만큼 증가할 때 y의 값은 6만큼 감소하고, y절편이 7인 직선을 그래프로 하는 일차함수의 식을 구하시오.

01-1 일차함수 $y=5x+7$의 그래프와 평행하고, y절편이 3인 일차함수의 그래프가 점 $(k, -2)$를 지날 때, k의 값을 구하시오.

02 x의 값이 2에서 6까지 증가할 때 y의 값은 3만큼 감소하고, 점 $(8, 2)$를 지나는 직선을 그래프로 하는 일차함수의 식은?

① $y=-4x-2$ ② $y=-4x+8$

③ $y=-\dfrac{3}{4}x-2$ ④ $y=-\dfrac{3}{4}x+8$

⑤ $y=x-2$

02-1 오른쪽 그림의 직선과 평행하고, 점 $(6, -2)$를 지나는 직선을 그래프로 하는 일차함수의 식을 구하시오.

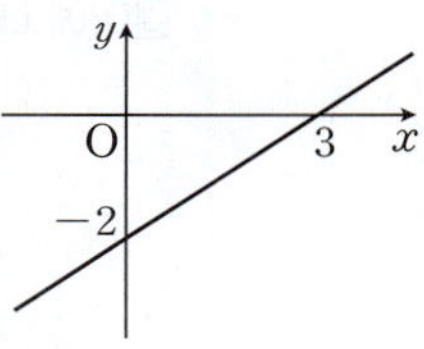

03 두 점 $(1, -2)$, $(4, 7)$을 지나는 일차함수의 그래프의 기울기를 a, x절편을 b, y절편을 c라 할 때, abc의 값을 구하시오.

03-1 오른쪽 그림의 직선을 그래프로 하는 일차함수의 식을 구하시오.

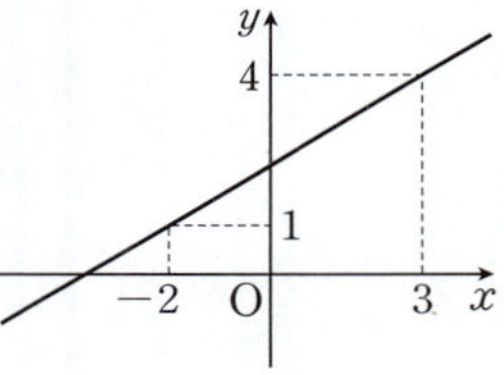

04 일차함수 $y=-3x-9$의 그래프와 x절편이 같고 y절편이 -6인 직선을 그래프로 하는 일차함수의 식을 구하시오.

04-1 오른쪽 그림의 일차함수의 그래프가 점 $(-4, k)$를 지날 때, k의 값을 구하시오.

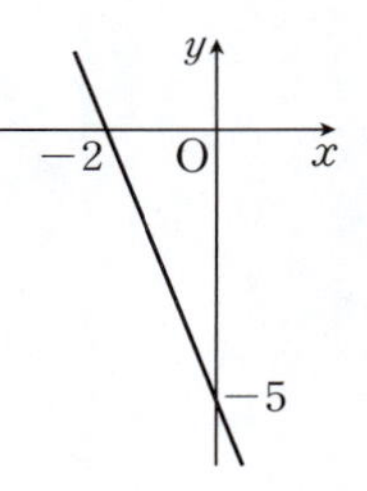

04 일차함수의 활용

❶ **변수 정하기**: 문제의 뜻을 이해하고 변하는 두 양을 x, y로 놓는다.

❷ **함수 구하기**: x, y 사이의 관계를 일차함수 $y=ax+b$로 나타낸다.

❸ **답 구하기**: 일차함수의 식이나 그래프를 이용하여 문제를 푸는 데 필요한 값을 찾는다.

❹ **확인하기**: 구한 답이 문제의 뜻에 맞는지 확인한다.

참고 먼저 변하는 양을 변수 x로 놓고, x의 값에 따라 변하는 양을 변수 y로 놓으면 편리하다.

개념 check

✓ 길이에 대한 문제 ········ **01** 길이가 12 cm인 초에 불을 붙이면 1분마다 0.4 cm씩 길이가 짧아진다고 할 때, 다음 물음에 답하시오.

(1) 불을 붙인 지 x분 후에 남아 있는 초의 길이를 y cm라 할 때, y를 x에 대한 식으로 나타내시오.

(2) 불을 붙인 지 10분 후에 남아 있는 초의 길이를 구하시오.

01-1 길이가 10 cm인 용수철에 무게가 20 g인 추를 달았더니 용수철의 길이가 15 cm가 되었다. 무게가 16 g인 추를 달았을 때, 용수철의 길이를 구하시오.

(단, 추의 무게에 따라 용수철이 늘어나는 길이는 일정하다.)

✓ 물의 양에 대한 문제 ········ **02** 100 L의 물이 들어 있는 수영장에 1분마다 5 L씩 물을 더 넣을 때, 다음 물음에 답하시오.

(1) 물을 넣기 시작한 지 x분 후에 수영장에 들어 있는 물의 양을 y L라 할 때, y를 x에 대한 식으로 나타내시오.

(2) 물을 넣기 시작한 지 30분 후에 수영장에 들어 있는 물의 양을 구하시오.

02-1 120 L의 물이 들어 있는 물탱크에서 5분마다 10 L씩 물이 흘러나온다고 한다. 물이 흘러나오기 시작한 지 12분 후에 물탱크에 남아 있는 물의 양을 구하시오.

필수 유형 익히기

유형 1 온도, 길이에 대한 문제

01 어느 건물의 엘리베이터는 1초에 2 m씩 내려온다고 한다. 50 m 높이에서 출발하여 쉬지 않고 내려올 때, 8초 후의 엘리베이터의 높이를 구하시오.

01-1 80 °C의 물이 담긴 컵을 실온에 두면 4분이 지날 때마다 물의 온도가 3 °C씩 내려간다고 한다. 물의 온도가 44 °C가 되는 것은 컵을 실온에 둔 지 몇 분 후인지 구하시오.

유형 2 물의 양에 대한 문제

02 100 L의 물이 들어 있는 물통에서 1분에 2 L씩 물이 흘러나올 때, 25분 후 물통에 남아 있는 물의 양을 구하시오.

02-1 40 L의 물이 들어 있는 물탱크에 3분에 8 L씩 물을 넣는다고 할 때, 물탱크에 들어 있는 물의 양이 96 L가 되는 것은 물을 넣기 시작한 지 몇 분 후인지 구하시오.

유형 3 거리, 속력, 시간에 대한 문제

03 민지는 10 km 마라톤 대회에 참가하여 시속 6 km로 달릴 때, 결승점까지 남은 거리가 3 km가 되는 것은 출발한 지 몇 분 후인지 구하시오.

03-1 서진이가 집에서 270 km 떨어진 캠핑장까지 자동차를 타고 시속 90 km로 갈 때, 서진이가 캠핑장까지 가는 데 걸리는 시간을 구하시오.

유형 4 도형에 대한 문제

04 오른쪽 그림과 같은 직사각형 ABCD에서 점 P가 점 B를 출발하여 변 BC를 따라 점 C까지 1초에 2 cm씩 움직일 때, $\triangle$ABP의 넓이가 90 cm²가 되는 것은 점 P가 점 B를 출발한 지 몇 초 후인지 구하시오.

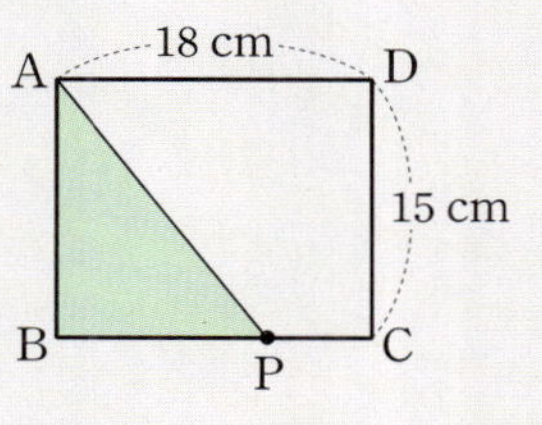

04-1 오른쪽 그림과 같은 직각삼각형 ABC에서 점 P가 점 B를 출발하여 변 BA를 따라 점 A까지 1초에 3 cm씩 움직일 때, $\triangle$APC의 넓이가 104 cm²가 되는 것은 점 P가 점 B를 출발한 지 몇 초 후인지 구하시오.

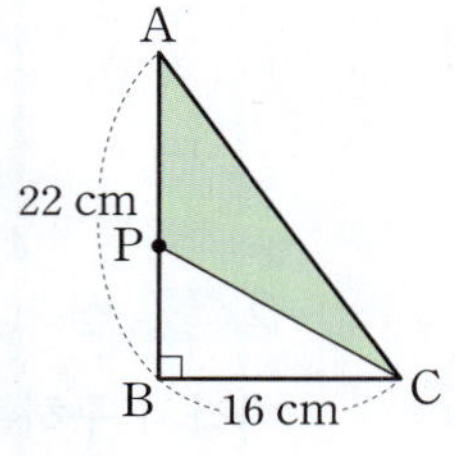

정답과 해설 055쪽

01 일차함수 $y=-2x+a$의 그래프를 y축의 방향으로 -2만큼 평행이동하면 일차함수 $y=2bx+8$의 그래프와 일치한다. 이때 수 a, b에 대하여 $a+b$의 값을 구하시오.

①단계 평행이동한 그래프의 식 구하기 ◀ 30 %
$y=-2x+a$의 그래프를 y축의 방향으로 -2만큼 평행이동한 그래프의 식은
$y=\boxed{}$

②단계 a, b의 값 구하기 ◀ 50 %
이 그래프가 $y=2bx+8$의 그래프와 일치하므로
$-2=\boxed{}$, $a-2=8$
$\therefore a=\boxed{}$, $b=\boxed{}$

③단계 $a+b$의 값 구하기 ◀ 20 %
$\therefore a+b=\boxed{}+(\boxed{})=\boxed{}$

답 ________________

01-1 일차함수 $y=4x+a$의 그래프를 y축의 방향으로 6만큼 평행이동하면 일차함수 $y=(b-1)x+3b$의 그래프와 일치한다. 이때 수 a, b에 대하여 ab의 값을 구하시오.

답 ________________

02 두 일차함수 $y=-x+3$, $y=\dfrac{1}{3}x+3$의 그래프와 x축으로 둘러싸인 삼각형의 넓이를 구하시오.

①단계 두 일차함수의 그래프 그리기 ◀ 60 %
$y=-x+3$의 x절편은 $\boxed{}$, y절편은 3이고
$y=\dfrac{1}{3}x+3$의 x절편은 $\boxed{}$, y절편은 3이므로
두 일차함수의 그래프는 다음 그림과 같다.

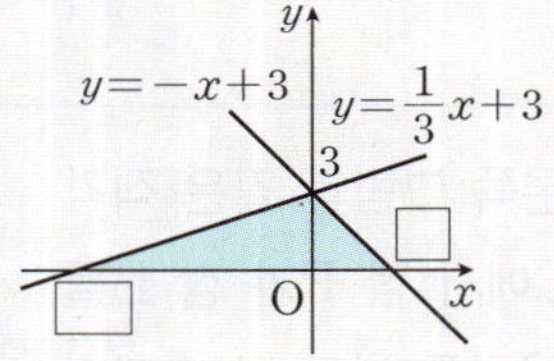

②단계 삼각형의 넓이 구하기 ◀ 40 %
따라서 구하는 넓이는 $\dfrac{1}{2}\times\boxed{}\times3=\boxed{}$

답 ________________

02-1 두 일차함수 $y=x-6$, $y=-2x+12$의 그래프와 y축으로 둘러싸인 삼각형의 넓이를 구하시오.

답 ________________

일차함수 $y=ax+3$의 그래프는 $y=2x+\dfrac{1}{5}$의 그래프와 평행하고, 점 $(-1, b)$를 지난다. 이때 ab의 값을 구하시오. (단, a는 수)

① 단계 a의 값 구하기 ◀ 40 %

$y=ax+3$과 $y=2x+\dfrac{1}{5}$의 그래프가 서로 평행하므로 $a=\boxed{}$

② 단계 b의 값 구하기 ◀ 40 %

$y=\boxed{}x+3$의 그래프가 점 $(-1, b)$를 지나므로
$b=\boxed{}\times(-1)+3=\boxed{}$

③ 단계 ab의 값 구하기 ◀ 20 %
$\therefore\ ab=\boxed{}\times\boxed{}=\boxed{}$

답 ________________

03-1 일차함수 $y=-ax+2$의 그래프는 $y=\dfrac{1}{3}x+1$의 그래프와 평행하고, 점 $(4, b)$를 지난다. 이때 $a+b$의 값을 구하시오. (단, a는 수)

답 ________________

---

15 km를 달리는 데 1 L의 휘발유가 소모되는 자동차가 있다. 이 자동차에 38 L의 휘발유를 넣고 x km를 달린 후에 남아 있는 휘발유의 양을 y L라 할 때, 75 km를 달린 후에 남아 있는 휘발유의 양을 구하시오.

① 단계 x와 y 사이의 관계식 구하기 ◀ 50 %

15 km를 달리는 데 1 L의 휘발유가 소모되므로
1 km를 달리는 데 $\boxed{}$ L의 휘발유가 소모된다.

$\therefore\ y=38-\boxed{}x$

② 단계 남아 있는 휘발유의 양 구하기 ◀ 50 %

$x=75$를 $y=38-\boxed{}x$에 대입하면

$y=38-\boxed{}\times75=\boxed{}$

따라서 75 km를 달린 후에 남아 있는 휘발유의 양은 $\boxed{}$ L이다.

답 ________________

04-1 1 L의 휘발유로 16 km를 달릴 수 있는 자동차가 있다. 이 자동차에 40 L의 휘발유를 넣고 x km를 달린 후에 남아 있는 휘발유의 양을 y L라 할 때, 휘발유를 모두 사용할 때까지 자동차가 달릴 수 있는 거리를 구하시오.

답 ________________

단원 마무리하기

01 다음 중 y가 x의 함수가 <u>아닌</u> 것은?

① 정수 x의 절댓값 y
② 자연수 x보다 작은 홀수 y
③ 시속 $60\,km$로 x시간 동안 이동한 거리 $y\,km$
④ 길이가 $75\,m$인 테이프를 $x\,m$ 사용하고 남은 길이 $y\,m$
⑤ 밑변의 길이가 $8\,cm$이고 높이가 $x\,cm$인 삼각형의 넓이 $y\,cm^2$

02 함수 $f(x)=-\dfrac{a}{x}$에 대하여 $f(-1)=2$일 때, $f(3)$의 값을 구하시오. (단, a는 수)

03 다음 보기 중 y가 x에 대한 일차함수인 것을 모두 고르시오.

> 보기
> ㄱ. $y=9$　　　　　ㄴ. $y=x(1+x)$
> ㄷ. $y=\dfrac{1}{2}x-1$　　ㄹ. $y=\dfrac{4}{x}$
> ㅁ. $y=1-x^2$　　　ㅂ. $y=-8x+3$

04 일차함수 $f(x)=2x+k$에 대하여 $f(-1)=0$일 때, $f(1)+f(3)$의 값을 구하시오. (단, k는 수)

05 일차함수 $y=-2x+k$의 그래프를 y축의 방향으로 -1만큼 평행이동한 그래프가 점 $(-3,\ 2)$를 지날 때, 수 k의 값을 구하시오.

06 일차함수 $y=-2x+m$의 그래프가 일차함수 $y=-\dfrac{1}{3}x-2$의 그래프와 x축 위에서 만날 때, 수 m의 값을 구하시오.

서술형

07 일차함수 $y=ax-5$의 그래프는 x의 값이 3만큼 증가할 때 y의 값이 9만큼 감소한다. 이 일차함수의 그래프가 점 $(b,\ 19)$를 지날 때, $a-b$의 값을 구하시오. (단, a는 수)

08 오른쪽 그림과 같은 일차함수의 그래프의 기울기가 $\dfrac{1}{3}$일 때, k의 값을 구하시오.

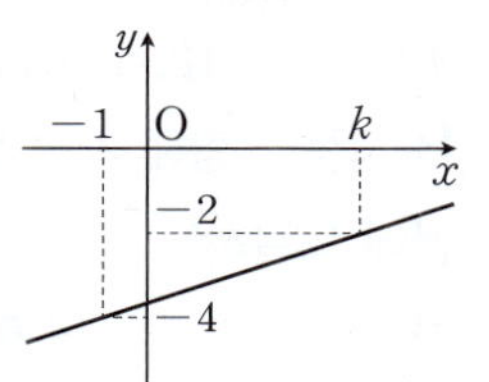

09 다음 중 일차함수 $y=\dfrac{4}{5}x+8$의 그래프는?

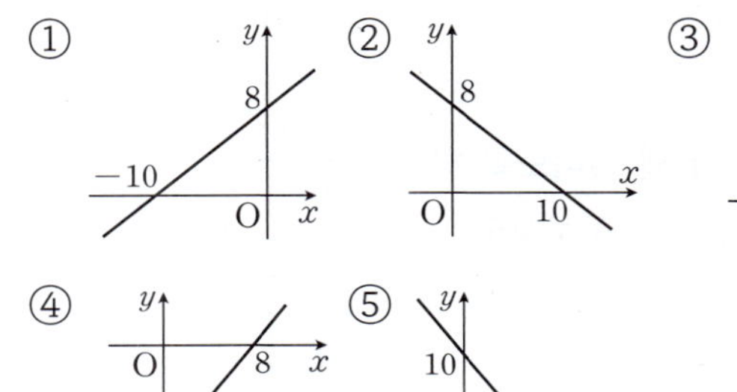

10 일차함수 $y=ax-8$의 그래프와 x축 및 y축으로 둘러싸인 삼각형의 넓이가 16일 때, 수 a의 값을 구하시오.
$$(\text{단, } a<0)$$

11 세 점 $(-1,\ 1-2k),\ (3,\ 4),\ (5,\ 2k+1)$이 한 직선 위에 있을 때, k의 값을 구하시오.

12 다음 중 일차함수 $y=-\dfrac{3}{4}x-6$의 그래프에 대한 설명으로 옳지 <u>않은</u> 것은?

① 오른쪽 아래로 향하는 직선이다.

② 기울기는 $-\dfrac{3}{4}$이고, x절편은 $-\dfrac{4}{3}$이다.

③ y축과 음의 부분에서 만난다.

④ 제2, 3, 4사분면을 지난다.

⑤ 일차함수 $y=-\dfrac{3}{4}x+2$의 그래프와 평행하다.

13 일차함수 $y=ax+b$의 그래프가 오른쪽 그림과 같을 때, 일차함수 $y=bx-a$의 그래프가 지나지 <u>않는</u> 사분면을 구하시오. (단, a, b는 수)

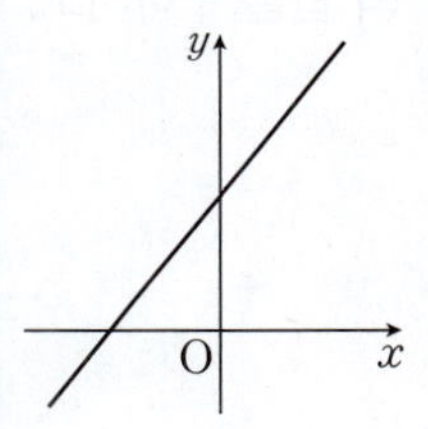

14 두 일차함수 $y=mx+3$과 $y=(3m-2)x-1$의 그래프가 서로 평행할 때, 수 m의 값을 구하시오.

15 오른쪽 그림의 직선과 평행하고, 점 $(4, -1)$을 지나는 직선을 그래프로 하는 일차함수의 식은?

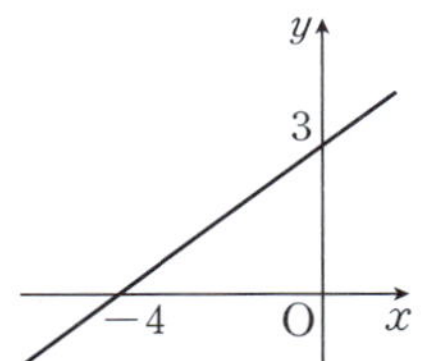

① $y = \dfrac{3}{4}x - 4$ 　② $y = \dfrac{3}{4}x + 1$

③ $y = -4x + 3$ 　④ $y = 3x - 4$

⑤ $y = 4x + 3$

[서술형]

16 두 점 $(-2, 4)$, $(6, -8)$을 지나는 일차함수의 그래프를 y축의 방향으로 -5만큼 평행이동한 그래프가 점 $(k, 2)$를 지날 때, k의 값을 구하시오.

17 일차함수 $y = ax + b$의 그래프가 오른쪽 그림과 같을 때, 일차함수 $y = bx + a$의 그래프의 기울기와 y절편의 합을 구하시오. (단, a, b는 수)

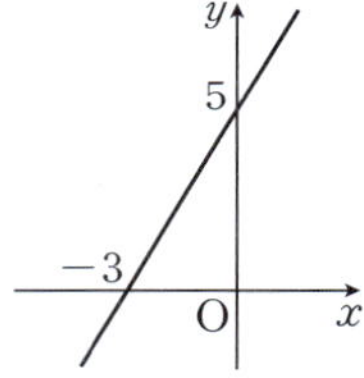

18 공기 중에서 소리의 속력은 기온이 $0\ ^\circ\mathrm{C}$일 때 초속 $331\ \mathrm{m}$이고, 기온이 $3\ ^\circ\mathrm{C}$ 올라갈 때마다 소리의 속력이 초속 $1.8\ \mathrm{m}$씩 증가한다고 한다. 기온이 $23\ ^\circ\mathrm{C}$일 때, 소리의 속력은?

① 초속 $344.8\ \mathrm{m}$ 　② 초속 $345.4\ \mathrm{m}$

③ 초속 $360.4\ \mathrm{m}$ 　④ 초속 $361\ \mathrm{m}$

⑤ 초속 $372.4\ \mathrm{m}$

19 A 지점에 있는 태풍이 북동쪽으로 $350\ \mathrm{km}$ 떨어진 B 지점을 향해 시속 $25\ \mathrm{km}$로 이동하고 있다. 태풍이 B 지점에 도달하는 것은 A 지점을 출발한 지 몇 시간 후인지 구하시오. (단, 태풍의 이동 경로는 직선으로 나타난다.)

Level Up

20 오른쪽 그림과 같이 좌표평면 위에 두 점 A$(2, 5)$, B$(4, 3)$이 있다. 일차함수 $y = ax + 1$의 그래프가 선분 AB와 만나도록 하는 수 a의 값의 범위를 구하시오.

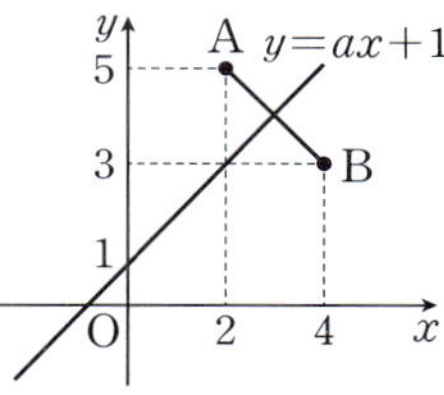

21 오른쪽 그림에서 점 P는 점 B를 출발하여 선분 BD를 따라 점 D까지 5초에 $2\ \mathrm{cm}$씩 움직인다. 점 P가 점 B를 출발한 지 x초 후의 $\triangle \mathrm{ABP}$와 $\triangle \mathrm{CPD}$의 넓이의 합을 $y\ \mathrm{cm}^2$라 할 때, 다음 물음에 답하시오.

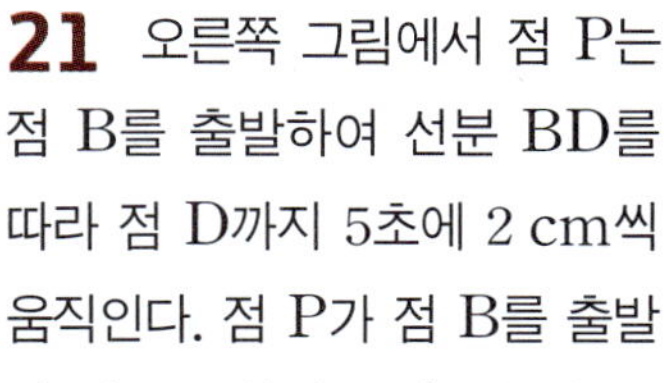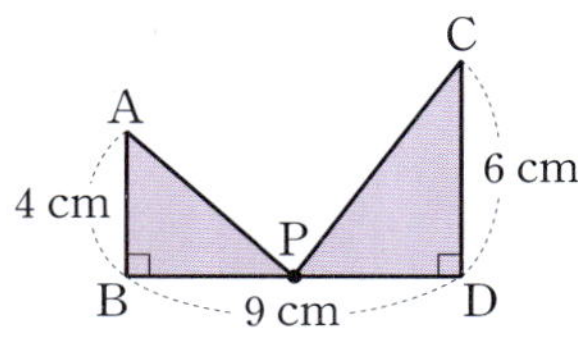

(1) x와 y의 관계식을 구하시오.

(2) 점 P가 점 B를 출발한 지 몇 초 후에 $\triangle \mathrm{ABP}$와 $\triangle \mathrm{CPD}$의 넓이의 합이 $21\ \mathrm{cm}^2$가 되는 지 구하시오.

7 일차함수와 일차방정식의 관계

01 일차함수와 일차방정식

(1) **미지수가 2개인 일차방정식의 그래프**: 미지수가 2개인 일차방정식의 해 (x, y)를 좌표평면 위에 나타낸 것

참고 일차방정식 $ax+by+c=0$ $(a, b, c$는 수, $a\neq0, b\neq0)$의 그래프는 x, y의 값의 범위가 자연수 또는 정수이면 점, 수 전체이면 직선이다.

(2) **일차함수와 일차방정식의 관계**

미지수가 2개인 일차방정식 $ax+by+c=0$ $(a, b, c$는 수, $a\neq0, b\neq0)$의 그래프는 일차함수 $y=-\dfrac{a}{b}x-\dfrac{c}{b}$의 그래프와 같다.

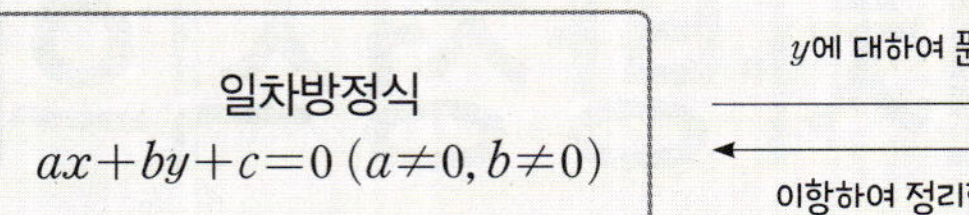

개념 check

일차방정식의 그래프와 일차함수의 그래프 (1)

01 다음 일차방정식을 일차함수 $y=ax+b$ 꼴로 나타내시오. (단, a, b는 수)

(1) $4x-y+7=0$
(2) $-x+5y-3=0$

01-1 다음 일차방정식을 일차함수 $y=ax+b$ 꼴로 나타내시오. (단, a, b는 수)

(1) $x+3y-9=0$
(2) $4x-2y-1=0$

일차방정식의 그래프와 일차함수의 그래프 (2)

02 일차방정식 $x+2y+4=0$에 대하여 다음 물음에 답하시오.

(1) x절편과 y절편을 각각 구하시오.

(2) 그래프를 오른쪽 좌표평면 위에 그리시오.

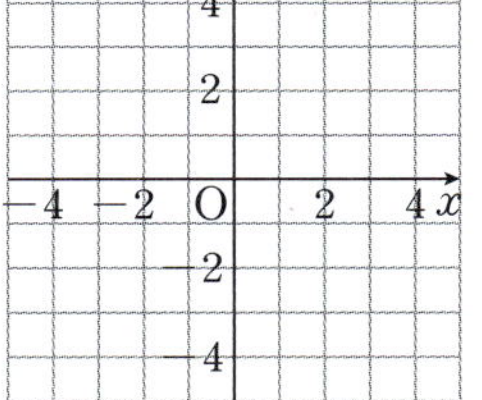

02-1 다음 일차방정식의 그래프를 좌표평면 위에 그리시오.

(1) $4x-y-4=0$
(2) $2x+3y-6=0$

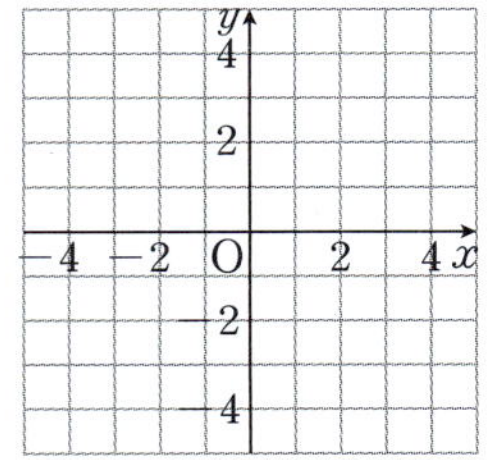
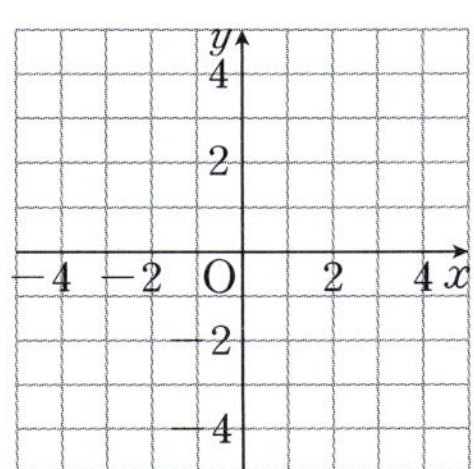

(1) 일차방정식 $x=p$ $(p\neq0)$의 그래프
  점 $(p,\ 0)$을 지나고 y축에 평행한 직선 →x축에 수직인 직선
(2) 일차방정식 $y=q$ $(q\neq0)$의 그래프
  점 $(0,\ q)$를 지나고 x축에 평행한 직선 →y축에 수직인 직선
(3) **직선의 방정식**: 미지수 x, y의 값의 범위가 수 전체일 때, 일차방정식 $ax+by+c=0$ (a, b, c는 수, $a\neq0$ 또는 $b\neq0$)의 해는 무수히 많고, 이것을 좌표평면 위에 나타내면 직선이 된다. 이때 이 일차방정식을 직선의 방정식이라 한다.

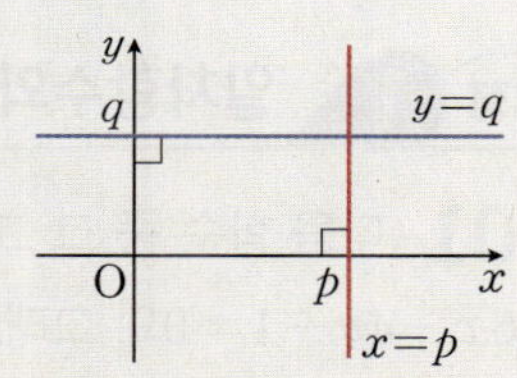

개념 **Bridge**

• 두 일차방정식 $x=3$, $y=-4$의 그래프 그리기

① $x=3$의 그래프

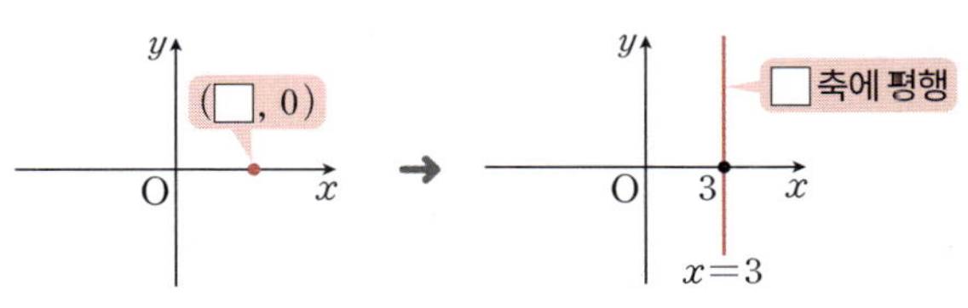
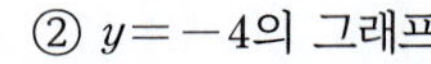

② $y=-4$의 그래프

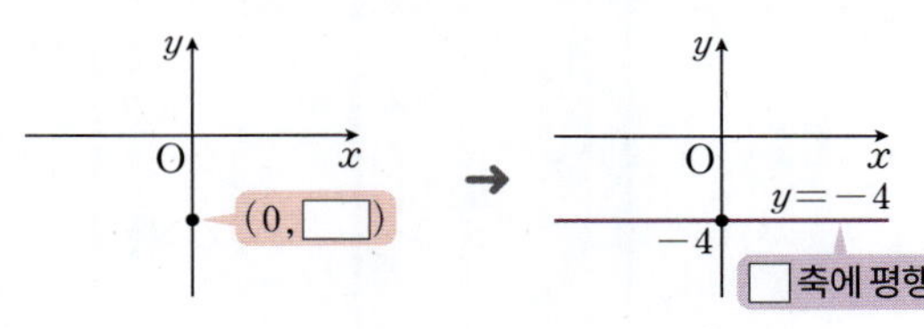

개념 **check**

✔ $x=p$, $y=q$의 그래프 ⋯⋯ **01** 다음 일차방정식의 그래프를 오른쪽 좌표평면 위에 그리시오.

(1) $x-1=0$ (2) $y+5=2$

(3) $2x+1=-5$ (4) $3y-12=0$

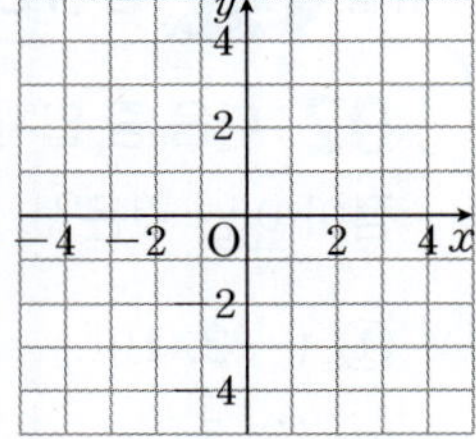

01-1 다음 일차방정식의 그래프를 오른쪽 좌표평면 위에 그리시오.

(1) $x+4=0$ (2) $y-6=-4$

(3) $2x-4=0$ (4) $3y+5=2$

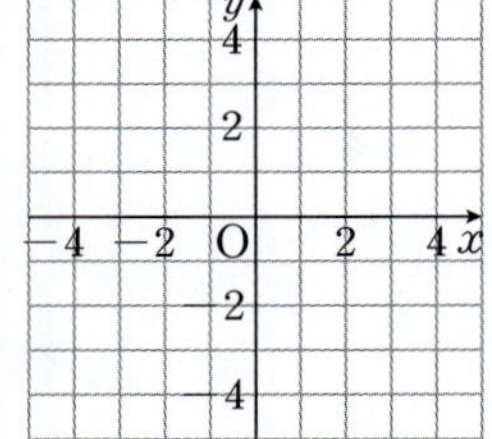

✔ 좌표축에 평행한 ⋯⋯ **02** 점 $(-5,\ 3)$을 지나고 y축에 평행한 직선의 방정식을 구하시오.
　 직선의 방정식

02-1 다음 직선의 방정식을 구하시오.

(1) 점 $(-7,\ 4)$를 지나고 x축에 평행한 직선

(2) 두 점 $(-1,\ 2)$, $(-1,\ 6)$을 지나는 직선

필수 유형 익히기

01 다음 함수 중 그 그래프가 일차방정식 $6x-4y+1=0$의 그래프와 같은 것은?

① $y=-\dfrac{3}{2}x-\dfrac{1}{4}$ ② $y=-\dfrac{3}{2}x+\dfrac{1}{4}$

③ $y=\dfrac{3}{2}x-\dfrac{1}{4}$ ④ $y=\dfrac{3}{2}x+\dfrac{1}{4}$

⑤ $y=\dfrac{3}{2}x+4$

01-1 다음 중 일차방정식 $2x-y+3=0$의 그래프는?

①

② 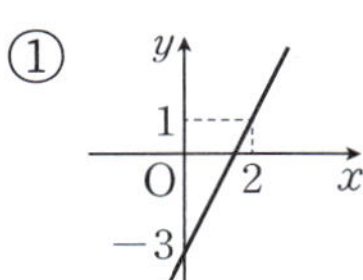

③ 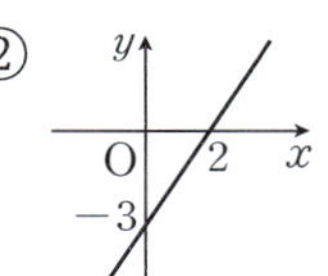

④ 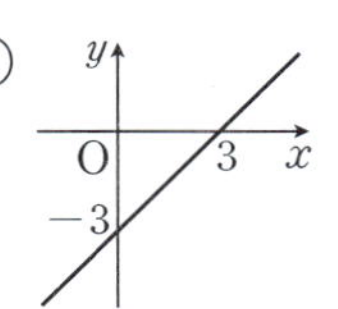

⑤ 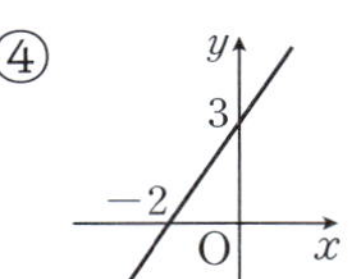

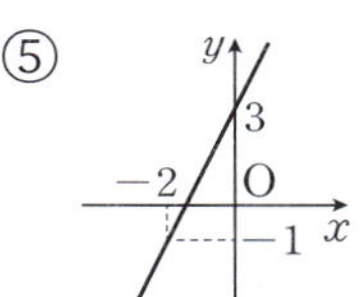

02 다음 중 일차방정식 $3x+y-4=0$의 그래프 위의 점이 <u>아닌</u> 것은?

① $(-2,\ 10)$ ② $(0,\ 4)$ ③ $(1,\ 1)$

④ $(3,\ 5)$ ⑤ $(4,\ -8)$

02-1 일차방정식 $4x-y+12=0$의 그래프가 오른쪽 그림과 같을 때, a의 값을 구하시오.

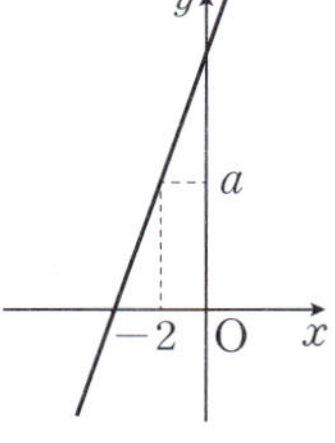

03 직선 $5x+y=7$과 평행하고, x절편이 2인 직선의 방정식은?

① $5x+y+10=0$ ② $5x+y-10=0$

③ $5x+y+5=0$ ④ $5x+y-5=0$

⑤ $5x+y=0$

03-1 두 점 $(2,\ 4),\ (3,\ 7)$을 지나는 직선의 방정식은?

① $3x-y-2=0$ ② $3x+y+2=0$

③ $4x-y+1=0$ ④ $4x+y+2=0$

⑤ $4x+y-2=0$

04 점 $(-3, 1)$을 지나고 x축에 수직인 직선과 y축에 수직인 직선의 방정식을 차례대로 구하시오.

04-1 점 $(5, -6)$을 지나고 직선 $y+7=0$에 평행한 직선의 방정식을 구하시오.

유형 **5** 좌표축에 평행한 직선 위의 점 (2)

05 두 점 $(4a, 2a+1)$, $(4, -1)$을 지나는 직선이 y축에 수직일 때, a의 값은?

① -1 　② $-\dfrac{1}{2}$ 　③ 0

④ $\dfrac{1}{2}$ 　⑤ 1

05-1 두 점 $A(a+2, 1)$, $B(4a-7, -3)$을 지나는 직선이 y축에 평행할 때, 다음에 답하시오.

(1) a의 값을 구하시오.

(2) 두 점 A, B를 지나는 직선의 방정식을 구하시오.

한 걸음 더
유형 **6** 일차방정식 $ax+by+c=0$의 그래프와 a, b, c의 부호

일차방정식 $ax+by+c=0$을 일차함수 $y=-\dfrac{a}{b}x-\dfrac{c}{b}$ 꼴로 바꾼다.

① $-\dfrac{a}{b}$의 부호 ➡ 그래프의 모양 결정　　　　② $-\dfrac{c}{b}$의 부호 ➡ 그래프가 y축과 만나는 부분 결정

06 일차방정식 $ax-y+b=0$의 그래프가 오른쪽 그림과 같을 때, 다음 중 일차방정식 $ax+by-1=0$의 그래프로 알맞은 것은?

(단, a, b는 수)

① 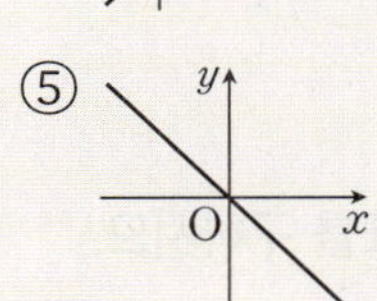 ② 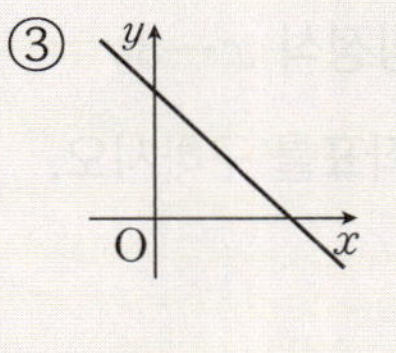 ③

④ ⑤

06-1 일차방정식 $x+ay+b=0$의 그래프가 오른쪽 그림과 같을 때, 다음 중 옳은 것은? (단, a, b는 수)

① $a>0$, $b>0$　② $a>0$, $b<0$

③ $a<0$, $b>0$　④ $a<0$, $b<0$

⑤ $a<0$, $b=0$

02 두 일차함수의 그래프와 연립일차방정식

개념 3 일차방정식의 그래프와 연립방정식의 해

두 일차방정식 $ax+by+c=0$, $a'x+b'y+c'=0$의 그래프의 교점의 좌표는

연립방정식 $\begin{cases} ax+by+c=0 \\ a'x+b'y+c'=0 \end{cases}$ 의 해와 같다.

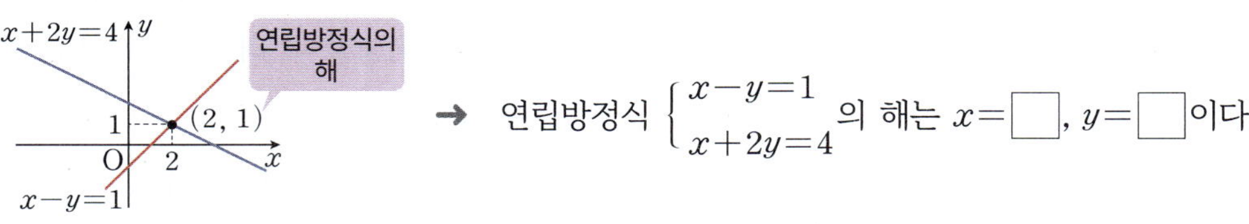

개념 Bridge

• 그래프를 이용하여 연립방정식 풀기

→ 연립방정식 $\begin{cases} x-y=1 \\ x+2y=4 \end{cases}$ 의 해는 $x=\boxed{}$, $y=\boxed{}$ 이다.

개념 check

✓ 두 그래프의 교점의 좌표를 이용하여 방정식의 해 구하기

01 두 일차방정식 $x+y=1$, $x-y=3$의 그래프가 오른쪽 그림과 같을 때, 연립방정식 $\begin{cases} x+y=1 \\ x-y=3 \end{cases}$ 의 해를 구하시오.

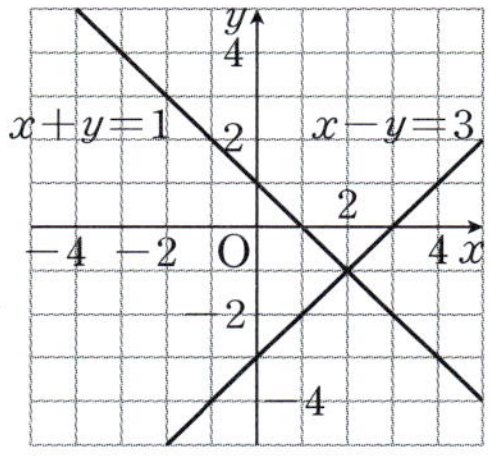

01-1 오른쪽 그래프를 이용하여 다음 연립방정식을 푸시오.

(1) $\begin{cases} x-4y=3 \\ 3x-y=-2 \end{cases}$

(2) $\begin{cases} 3x-y=-2 \\ 5x+4y=8 \end{cases}$

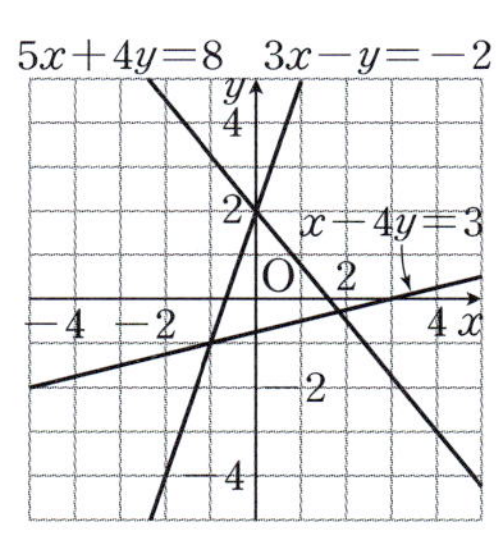

✓ 두 그래프의 교점의 좌표 구하기

02 오른쪽 그림은 두 일차방정식 $x-3y=-5$, $5x-2y=1$의 그래프이다. 두 그래프의 교점의 좌표를 구하시오.

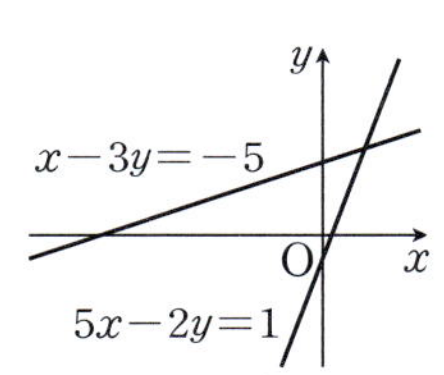

02-1 다음 두 일차방정식의 그래프의 교점의 좌표를 구하시오.

(1) $2x+y=5$, $2x-y=-1$

(2) $-x+2y=5$, $3x-4y=-6$

연립방정식 $\begin{cases} ax+by+c=0 \\ a'x+b'y+c'=0 \end{cases}$ 의 해의 개수는 두 일차방정식 $ax+by+c=0$, $a'x+b'y+c'=0$의 그래프의 교점의 개수와 같다.

두 일차방정식의 그래프의 위치 관계	한 점에서 만난다.	평행하다.	일치한다.
두 그래프의 교점의 개수	한 개이다.	없다.	무수히 많다.
연립방정식의 해의 개수	해가 한 쌍이다.	해가 없다.	해가 무수히 많다.
기울기와 y절편	기울기가 다르다.	기울기는 같고 y절편은 다르다.	기울기와 y절편이 각각 같다.

참고 연립방정식 $\begin{cases} ax+by+c=0 \\ a'x+b'y+c'=0 \end{cases}$ 에서

① 해가 한 쌍이다. ➡ $\dfrac{a}{a'} \neq \dfrac{b}{b'}$ ② 해가 없다. ➡ $\dfrac{a}{a'} = \dfrac{b}{b'} \neq \dfrac{c}{c'}$ ③ 해가 무수히 많다. ➡ $\dfrac{a}{a'} = \dfrac{b}{b'} = \dfrac{c}{c'}$

개념 Bridge

• 두 그래프의 위치 관계를 이용하여 연립방정식의 해의 개수 구하기

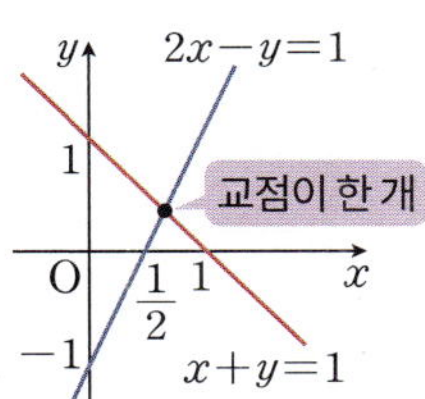

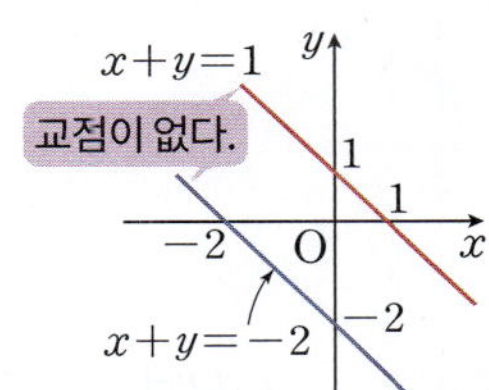

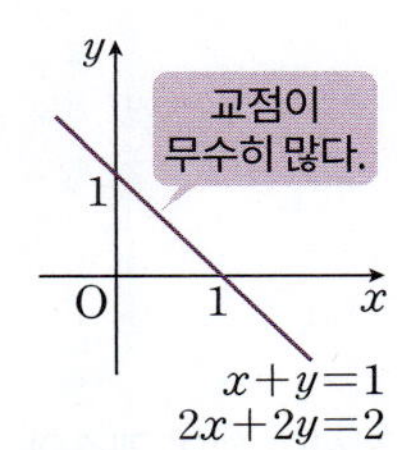

➡ 연립방정식 $\begin{cases} 2x-y=1 \\ x+y=1 \end{cases}$ 의 해가 한 쌍이다.

➡ 연립방정식 $\begin{cases} x+y=1 \\ x+y=-2 \end{cases}$ 의 해가 $\boxed{}$.

➡ 연립방정식 $\begin{cases} x+y=1 \\ 2x+2y=2 \end{cases}$ 의 해가 무수히 $\boxed{}$.

개념 check

✓ 연립방정식의 해의 개수와 두 그래프의 위치 관계 (1)

01 다음 물음에 답하시오.

(1) 두 일차방정식 $x-2y=-4$, $2x-4y=8$의 그래프를 오른쪽 좌표평면 위에 그리시오.

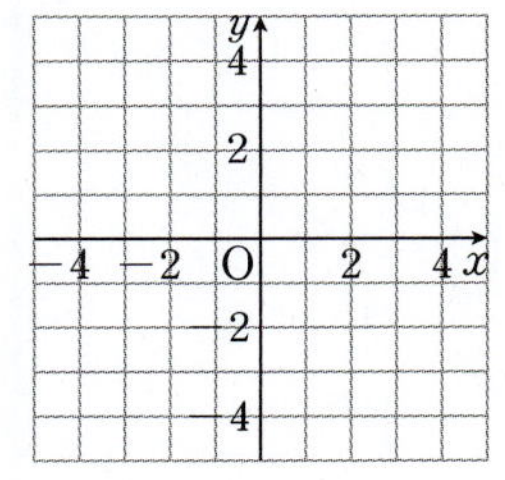

(2) 연립방정식 $\begin{cases} x-2y=-4 \\ 2x-4y=8 \end{cases}$ 의 해를 구하시오.

01-1 다음 연립방정식의 두 일차방정식의 그래프를 각각 좌표평면 위에 그리고, 그 그래프를 이용하여 연립방정식을 푸시오.

(1) $\begin{cases} 2x+y=-3 \\ 4x+2y=2 \end{cases}$ (2) $\begin{cases} x-3y=1 \\ 3x-9y=3 \end{cases}$

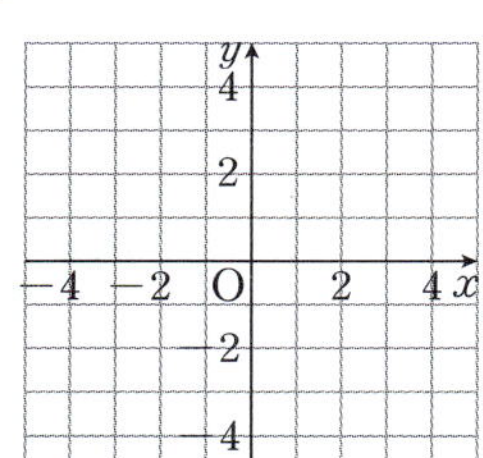   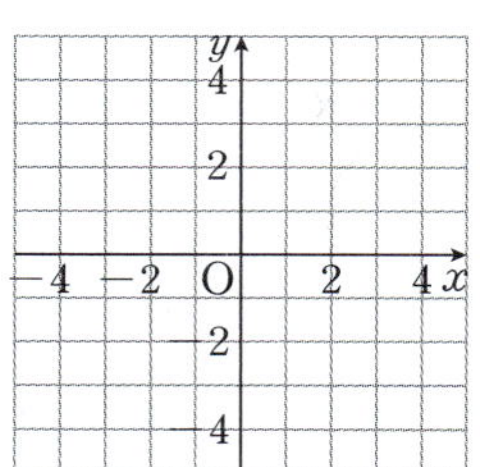

01-2 보기의 연립방정식 중 두 일차방정식의 그래프의 교점의 개수가 다음과 같은 것을 고르시오.

보기

ㄱ. $\begin{cases} 2x-y=1 \\ x+2y=3 \end{cases}$ ㄴ. $\begin{cases} x-y=2 \\ 2x-2y=-3 \end{cases}$ ㄷ. $\begin{cases} 3x+y=2 \\ 6x+2y=4 \end{cases}$

(1) 교점이 한 개인 것

(2) 교점이 무수히 많은 것

(3) 교점이 없는 것

연립방정식의 해의 개수와
두 그래프의 위치 관계 (2)

02 연립방정식 $\begin{cases} ax+y=3 \\ 4x-2y=b \end{cases}$ 의 해가 다음과 같을 때, 수 a, b의 조건을 각각 구하시오.

(1) 해가 한 쌍이다.

(2) 해가 없다.

(3) 해가 무수히 많다.

02-1 연립방정식 $\begin{cases} ax+2y=2 \\ 2x-y=b \end{cases}$ 의 해가 다음과 같을 때, 수 a, b의 조건을 각각 구하시오.

(1) 해가 한 쌍이다.

(2) 해가 없다.

(3) 해가 무수히 많다.

필수 유형 익히기

유형 1 연립방정식의 해와 그래프

01 두 일차방정식 $x+2y-1=0$, $2x-y+3=0$의 그래프의 교점의 좌표를 (a, b)라 할 때, $a-b$의 값은?

① -3 ② -2 ③ -1
④ 1 ⑤ 2

01-1 두 일차방정식 $x-y=5$, $3x+y=3$의 그래프의 교점이 일차함수 $y=2ax-7$의 그래프 위에 있을 때, 수 a의 값을 구하시오.

유형 2 두 직선의 교점을 지나는 직선의 방정식

02 두 직선 $3x+y+1=0$, $5x-2y-13=0$의 교점을 지나고 기울기가 -1인 직선의 방정식은?

① $x+y+3=0$ ② $x+y+2=0$
③ $x+y+1=0$ ④ $x+y-2=0$
⑤ $x+y-3=0$

02-1 두 직선 $3x-y-4=0$, $x+2y+1=0$의 교점과 점 $(3, -5)$를 지나는 직선의 y절편은?

① -5 ② -3 ③ -1
④ 1 ⑤ 3

유형 3 두 직선과 좌표축으로 둘러싸인 도형의 넓이

03 오른쪽 그림과 같이 두 직선 $x-y+5=0$, $x+2y-1=0$과 x축으로 둘러싸인 도형의 넓이를 구하시오.

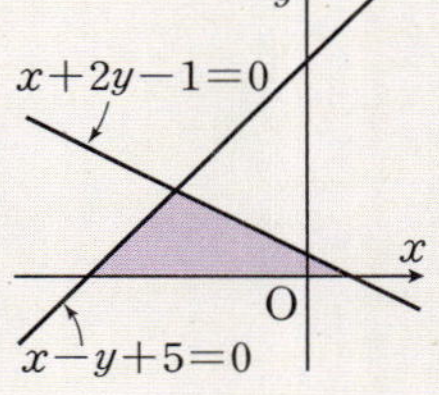

03-1 오른쪽 그림과 같이 두 일차방정식 $x+y-6=0$, $3x-y-2=0$의 그래프와 y축으로 둘러싸인 도형의 넓이를 구하시오.

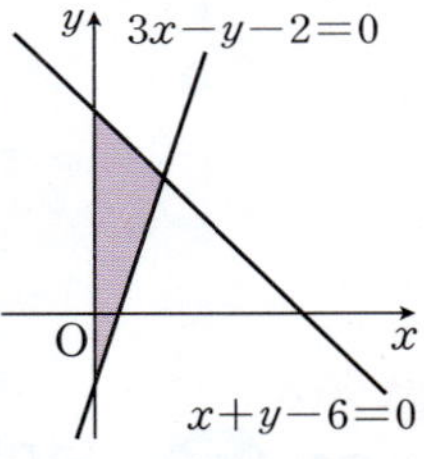

한 걸음 더

유형 4 한 점에서 만나는 세 직선

세 직선이 한 점에서 만난다.

➡ 두 직선의 교점을 나머지 한 직선도 지난다.

➡ 두 직선의 교점의 좌표를 구하여 이를 나머지 한 직선의 방정식에 대입하면 등식이 성립한다.

04 세 직선 $x+y=0$, $2x+y-2=0$, $ax-y-4=0$이 한 점에서 만날 때, 수 a의 값을 구하시오.

04-1 세 직선 $3x-y=0$, $3x+2y-9=0$, $x-y-k=0$이 한 점에서 만날 때, 수 k의 값을 구하시오.

유형 5 연립방정식의 해의 개수와 그래프; 두 직선이 일치할 때

05 연립방정식 $\begin{cases} ax-3y=1 \\ 4x-6y=b \end{cases}$ 의 해가 무수히 많을 때, 수 a, b에 대하여 $b-a$의 값을 구하시오.

05-1 두 일차방정식 $x+ay=3$, $-3x+9y=b$의 그래프가 일치할 때, 일차함수 $y=ax+b$의 x절편을 구하시오.

(단, a, b는 수)

유형 6 연립방정식의 해의 개수와 그래프; 두 직선이 평행할 때

06 연립방정식 $\begin{cases} ax-2y=4 \\ 2x+4y=b \end{cases}$ 의 해가 없을 때, 수 a, b의 조건은?

① $a=-4$, $b=-1$ ② $a\neq-4$, $b=-1$
③ $a=-1$, $b=-4$ ④ $a\neq-2$, $b=-8$
⑤ $a=-1$, $b\neq-8$

06-1 두 직선 $3x+y=2$, $-9x-3y=a$의 교점이 존재하지 않을 때, 다음 중 수 a의 값이 될 수 <u>없는</u> 것은?

① -6 ② -2 ③ 0
④ 2 ⑤ 6

유형 7 넓이를 이등분하는 직선의 방정식

$\triangle \mathrm{AOB}$의 넓이를 직선 $y=ax$가 이등분한다.

❶ $\triangle \mathrm{COB}=\dfrac{1}{2}\triangle \mathrm{AOB}$에서 두 직선의 교점 C의 y좌표를 구한다.

❷ $y=ax$에 점 C의 좌표를 대입하여 a의 값을 구한다.

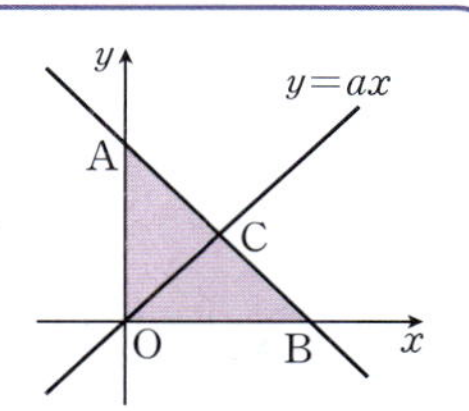

07 오른쪽 그림과 같이 일차방정식 $2x+3y-6=0$의 그래프가 x축, y축과 만나는 점을 각각 A, B라 하자. 직선 $y=ax$가 삼각형 OAB의 넓이를 이등분할 때, 수 a의 값을 구하시오. (단, O는 원점)

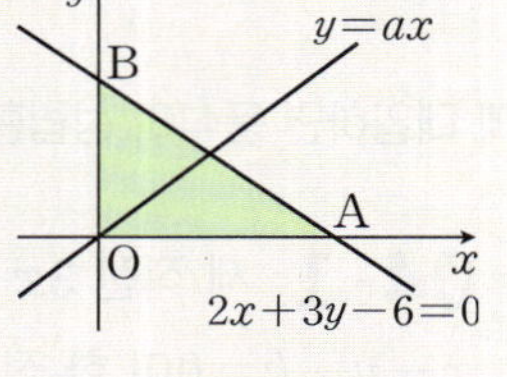

07-1 오른쪽 그림과 같이 직선 $y=ax$가 직선 $y=\dfrac{4}{5}x+4$와 x축 및 y축으로 둘러싸인 도형의 넓이를 이등분할 때, 수 a의 값을 구하시오.

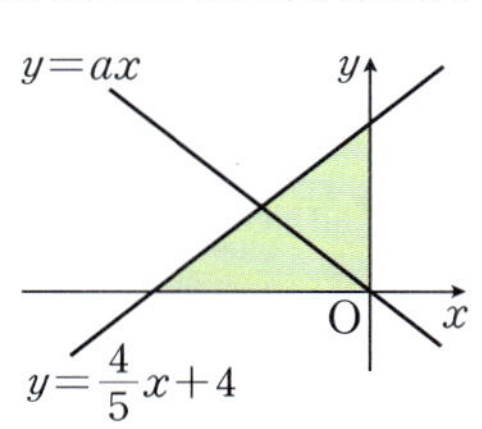

서술형 감잡기

01 일차방정식 $ax+by-3=0$의 그래프가 점 $(3, -2)$를 지나고 y축에 평행할 때, 수 a, b의 값을 각각 구하시오.

1 단계 점 $(3, -2)$를 지나고 y축에 평행한 직선의 방정식 구하기 ◀ 40 %

y축에 평행한 직선의 방정식은 $x=$(수) 꼴이고 점 $(3, -2)$를 지나므로

$x=\boxed{}$

2 단계 일차방정식을 **1 단계**의 식의 꼴로 정리하기 ◀ 30 %

$ax+by-3=0$에서 $x=\boxed{}\,y+\dfrac{3}{a}$

3 단계 a, b의 값 구하기 ◀ 30 %

따라서 $0=\boxed{}$, $\boxed{}=\dfrac{3}{a}$이므로

$a=\boxed{}$, $b=\boxed{}$

답 ____________________

01-1 일차방정식 $ax-by+8=0$의 그래프가 점 $(7, -4)$를 지나고 x축에 평행할 때, 수 a, b의 값을 각각 구하시오.

답 ____________________

02 두 일차방정식 $2x-y-4=0$, $5x+ay+1=0$의 교점의 y좌표가 -2일 때, 수 a의 값을 구하시오.

1 단계 두 일차방정식의 그래프의 교점의 좌표 구하기 ◀ 50 %

$y=-2$를 $2x-y-4=0$에 대입하면

$2x+\boxed{}-4=0$, $2x=\boxed{}$ ∴ $x=\boxed{}$

즉, 두 일차방정식의 그래프의 교점의 좌표는 $(\boxed{},\ -2)$이다.

2 단계 a의 값 구하기 ◀ 50 %

$x=\boxed{}$, $y=-2$를 $5x+ay+1=0$에 대입하면

$\boxed{}-2a+1=0$, $-2a=\boxed{}$ ∴ $a=\boxed{}$

답 ____________________

02-1 오른쪽 그림과 같이 두 직선 $x+y+1=0$, $x+ay-8=0$의 교점의 x좌표가 2일 때, 수 a의 값을 구하시오.

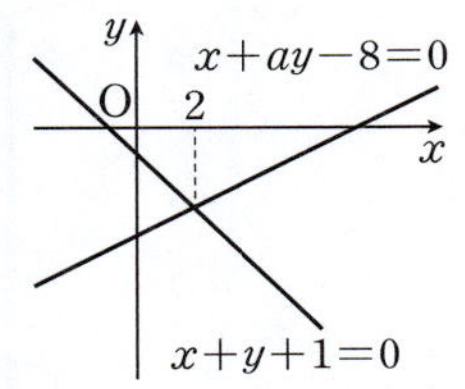

답 ____________________

단원 마무리하기

01 다음 중 일차방정식 $2x+3y-4=0$의 그래프에 대한 설명으로 옳은 것을 모두 고르면? (정답 2개)

① 기울기는 $\dfrac{2}{3}$이다.

② x절편은 2이다.

③ y절편은 $-\dfrac{4}{3}$이다.

④ 제3사분면을 지나지 않는다.

⑤ x의 값이 증가하면 y의 값도 증가한다.

서술형

02 일차방정식 $3x+5y=-2$의 그래프가 두 점 $(1,\ a)$, $(b,\ 2)$를 지날 때, $b-a$의 값을 구하시오.

03 일차방정식 $ax+by-6=0$의 그래프가 오른쪽 그림과 같을 때, 수 a, b에 대하여 $a+b$의 값을 구하시오.

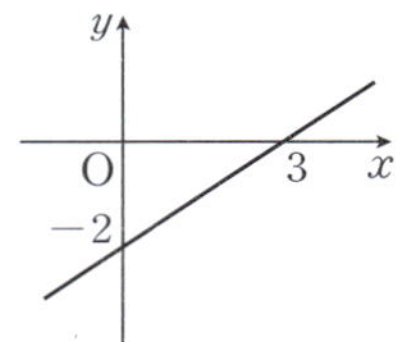

04 일차방정식 $x+ay-b=0$의 그래프가 오른쪽 그림과 같을 때, 다음 중 옳은 것은? (단, a, b는 수)

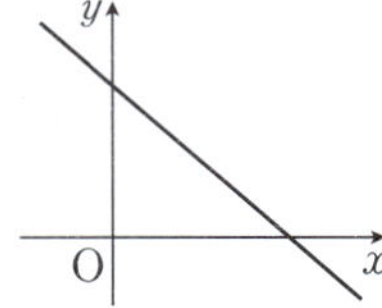

① $a>0,\ b>0$ 　② $a>0,\ b<0$ 　③ $a>0,\ b=0$
④ $a<0,\ b>0$ 　⑤ $a<0,\ b<0$

05 오른쪽 그림과 같은 직선과 평행하고, 점 $(9,\ 3)$을 지나는 직선의 방정식은?

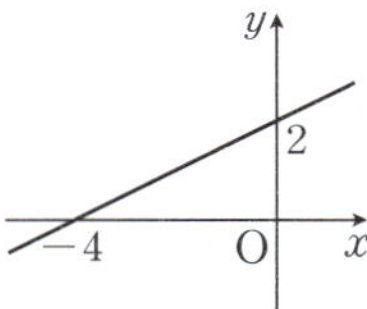

① $x+2y-3=0$ 　　② $2x+y-3=0$
③ $x-2y-3=0$ 　　④ $2x-y-3=0$
⑤ $x+2y+3=0$

06 점 $(4,\ -3)$을 지나고 y축에 수직인 직선의 방정식은?

① $x+4=0$ 　② $x-4=0$ 　③ $y+3=0$
④ $y-3=0$ 　⑤ $4x-3y=0$

07 두 점 $(a-2,\ 4)$, $(1-2a,\ 3)$을 지나는 직선이 x축에 수직일 때, a의 값을 구하시오.

08 일차방정식 $ax-by-10=0$의 그래프가 오른쪽 그림과 같을 때, 다음 중 일차방정식 $bx+ay=4$의 그래프는? (단, a, b는 수)

① 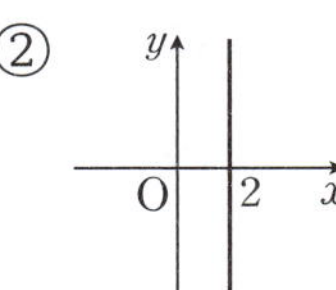
② ③ 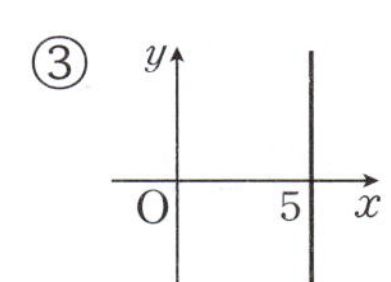
④ 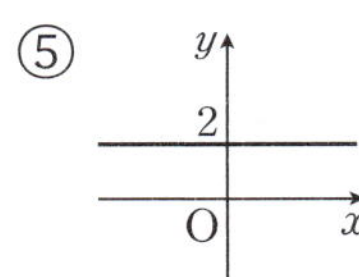
⑤ 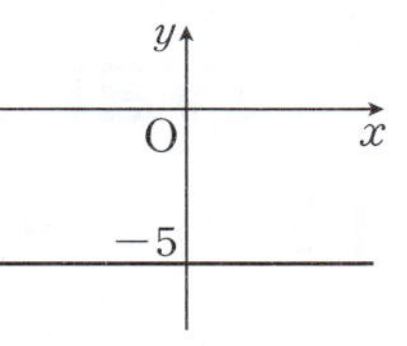

09 네 직선 $x=-1$, $2x-6=0$, $y+k=0$, $y=2$로 둘러싸인 도형의 넓이가 36일 때, 양수 k의 값을 구하시오.

10 두 일차방정식 $x-4y+3=0$, $2x-5y-9=0$의 그래프의 교점의 좌표가 (a, b)일 때, $a-b$의 값을 구하시오.

11 두 일차방정식 $x+ay=4$, $bx-3y=8$의 그래프가 오른쪽 그림과 같을 때, 수 a, b에 대하여 $a+b$의 값을 구하시오.

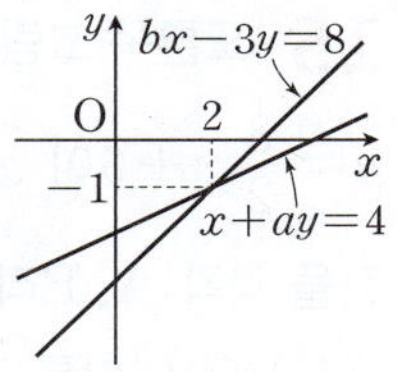

12 두 직선 $2x-y=1$, $3x+2y=12$의 교점을 지나고 y절편이 -1인 직선의 x절편을 구하시오.

13 두 일차방정식 $x+4y+12=0$, $-3x+2y-8=0$의 그래프의 교점을 지나고, 일차방정식 $x-3y=12$의 그래프와 만나지 <u>않는</u> 직선의 방정식은?

① $x-2y+3=0$
② $x-3y+2=0$
③ $x-2y-3=0$
④ $x-3y-2=0$
⑤ $x+2y-3=0$

14 두 직선 $x+y=4$, $2x-y=2$와 y축으로 둘러싸인 도형의 넓이를 구하시오.

15 오른쪽 그림과 같이 직선 $y=\dfrac{3}{2}x+6$이 x축, y축과 만나는 점을 각각 A, B라 하자. 삼각형 AOB의 넓이를 직선 $y=mx$가 이등분할 때, 수 m의 값을 구하시오.

(단, O는 원점)

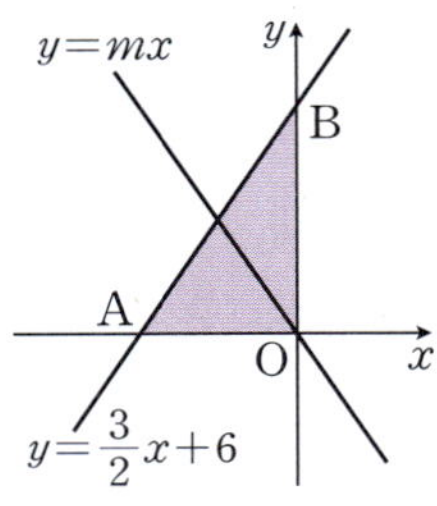

16 다음 중 주어진 두 직선의 교점이 존재하지 않는 것은?

(정답 2개)

① $3x-2y-6=0$, $-3x+2y-6=0$
② $x-y-4=0$, $-2x+2y+8=0$
③ $x-4y+1=0$, $4x-y-3=0$
④ $x+3y-2=0$, $2x+6y+4=0$
⑤ $2x-y-4=0$, $-6x+3y+12=0$

🔵 서술형
17 연립방정식 $\begin{cases} ax-y-3=0 \\ 2x+y-b=0 \end{cases}$ 의 해가 무수히 많을 때, 직선 $y=ax-b$가 지나지 <u>않는</u> 사분면을 구하시오.

(단, a, b는 수)

Level Up

18 일차방정식 $ax+by+c=0$의 그래프가 오른쪽 그림과 같을 때, 다음 중 일차방정식 $y=-\dfrac{c}{b}x-ab$의 그래프로 알맞은 것은? (단, a, b, c는 수)

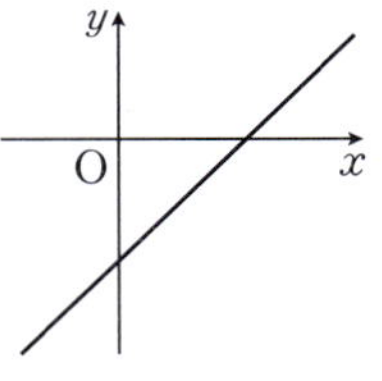

① 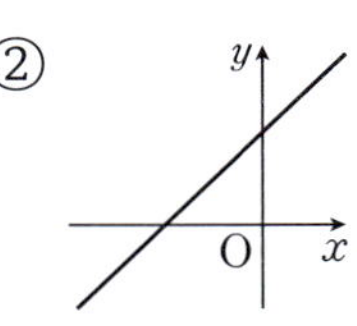 ② 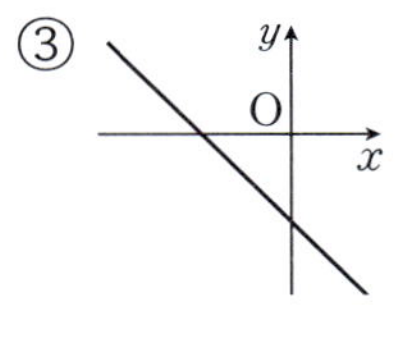 ③

④ 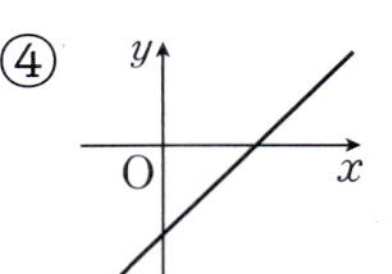 ⑤ 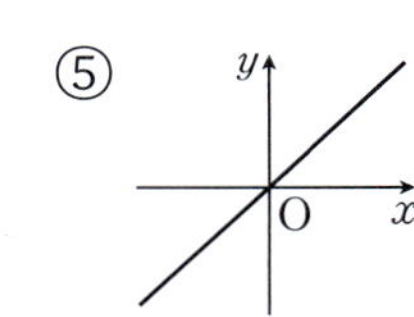

19 세 직선 $6x-y-1=0$, $4x+y-9=0$, $kx-y+7=0$에 의하여 삼각형이 만들어지지 않도록 하는 수 k의 값을 모두 구하려고 한다. 다음을 구하시오.

(1) 세 직선 중 어느 두 직선이 평행하도록 하는 모든 k의 값

(2) 세 직선이 한 점에서 만나도록 하는 k의 값

(3) 세 직선에 의하여 삼각형이 만들어지지 않도록 하는 모든 k의 값

20 일정한 속력으로 1100 L의 물이 들어 있는 물탱크 A에서는 물을 빼내고, 동시에 200 L의 물이 들어 있는 물탱크 B에는 물을 넣었다. 오른쪽 그림은 x분 후에 각 물탱크에 남아 있는 물의 양을 y L라 할 때, x와 y 사이의 관계를 그래프로 나타낸 것이다. 이때 두 물탱크 A, B에 남아 있는 물의 양이 같아지는 것은 몇 분 후인지 구하시오.

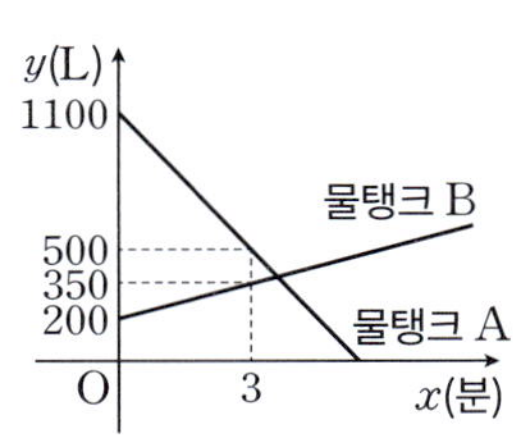

Memo

Memo

중등 수학

2-1

 유리수와 순환소수

소수의 분류

0.5 → (소수점 아래에 0이 아닌 숫자가 유한 번) → 유한소수

$0.333\cdots$ → (소수점 아래에 0이 아닌 숫자가 무한 번) → 무한소수

① **유한소수**: 소수점 아래에 0이 아닌 숫자가 유한 번 나타나는 소수
② **무한소수**: 소수점 아래에 0이 아닌 숫자가 무한 번 나타나는 소수

순환소수

$0.666\cdots$ → 순환마디: 6 → $0.\dot{6}$

$1.515151\cdots$ → 순환마디: 51 → $1.\dot{5}\dot{1}$

$3.4712712712\cdots$ → 순환마디: 712 → $3.4\dot{7}1\dot{2}$

① **순환소수**: 소수점 아래의 어떤 자리에서부터 일정한 숫자의 배열이 끝없이 되풀이되는 무한소수
② **순환마디**: 순환소수의 소수점 아래에서 숫자의 배열이 일정하게 되풀이되는 가장 짧은 부분
③ **순환소수의 표현**: 순환소수는 첫 번째 순환마디의 양 끝의 숫자 위에 점을 찍어 나타낸다.

유한소수로 나타낼 수 있는 분수

$$\frac{9}{60} = \frac{3}{20} = \frac{3}{2^2 \times 5}$$

소인수가 2 또는 5뿐

→ 유한소수로 나타낼 수 있다.

분수를 기약분수로 나타냈을 때, 분모의 소인수가 2 또는 5뿐이면 그 분수는 유한소수로 나타낼 수 있다.

| 순환소수로 나타낼 수 있는 분수 | $\dfrac{1}{14}=\dfrac{1}{2\times7}$
 2 또는 5가 아닌 소인수
 → 순환소수로 나타낼 수 있다. | 분수를 기약분수로 나타냈을 때, 분모가 2 또는 5 이외의 소인수가 있으면 그 분수는 순환소수로 나타낼 수 있다. |

순환소수를 분수로 나타내기 (1)

순환소수 $0.\dot{2}\dot{3}$을 x라 하면

❶ $x=0.232323\cdots$
❷ $100x=23.232323\cdots$
❸ $\quad\ \ 100x=23.232323\cdots$
$\ -)\quad\ \ x=\ \ 0.232323\cdots$
$\quad\ \ \ \ 99x=23 \qquad \therefore\ x=\dfrac{23}{99}$

❶ 순환소수를 x라 한다.
❷ 양변에 10의 거듭제곱을 곱하여 소수점 아래의 부분이 같은 두 식을 만든다.
❸ 두 식을 변끼리 빼어 x의 값을 구한다.

순환소수를 분수로 나타내기 (2)

전체의 수
$0.\dot{7}=\dfrac{7}{9}$
순환마디 숫자 1개

전체의 수 정수 부분
$3.\dot{8}=\dfrac{38-3}{9}=\dfrac{35}{9}$
순환마디 숫자 1개

소수점 아래 바로 순환마디가 오는 경우
❶ 분모 : 순환마디를 이루는 숫자의 개수만큼 9를 쓴다.
❷ 분자 : (전체의 수)−(정수 부분)을 쓴다.

순환소수를 분수로 나타내기 (3)

전체의 수   순환하지 않는 부분의 수
$1.2\dot{6}=\dfrac{126-12}{90}=\dfrac{114}{90}=\dfrac{57}{45}$
순환마디 숫자 1개
소수점 아래에서 순환하지 않는 숫자 1개

소수점 아래 바로 순환마디가 오지 않는 경우
❶ 분모: 순환마디를 이루는 숫자의 개수만큼 9를 쓰고, 그 뒤에 소수점 아래에서 순환하지 않는 숫자의 개수만큼 0을 쓴다.
❷ 분자: (전체의 수)−(순환하지 않는 부분의 수)를 쓴다.

01 유리수의 소수 표현

개념 1 유리수와 소수

✔ 유한소수와 무한소수

01 다음 소수가 유한소수이면 '유', 무한소수이면 '무'를 쓰시오.

(1) 0.42 　　　　　　　　　　(　　)

(2) 3.555⋯ 　　　　　　　　(　　)

(3) 0.101001 　　　　　　　(　　)

(4) −1.789789⋯ 　　　　　(　　)

02 다음 분수를 소수로 나타내고, 그 소수가 유한소수이면 '유', 무한소수이면 '무'를 쓰시오.

(1) $\dfrac{2}{9} = 2 \div \boxed{} = \boxed{}$ 　　(　　)

(2) $\dfrac{1}{6} = $ _______________ 　　(　　)

(3) $\dfrac{11}{6} = $ _______________ 　　(　　)

(4) $-\dfrac{16}{5} = $ _______________ 　　(　　)

(5) $-\dfrac{2}{7} = $ _______________ 　　(　　)

개념 2 순환소수

✔ 순환소수 표현하기

01 다음 순환소수의 순환마디를 구하고, 순환마디에 점을 찍어 간단히 나타내시오.

(1) 0.555⋯
　➜ 순환마디: _______________
　　순환소수의 표현: _______________

(2) 1.3979797⋯
　➜ 순환마디: _______________
　　순환소수의 표현: _______________

(3) 3.303303303⋯
　➜ 순환마디: _______________
　　순환소수의 표현: _______________

✔ 분수를 순환소수로 표현하기

02 다음 분수를 소수로 나타내고, 순환마디에 점을 찍어 간단히 나타내시오.

(1) $\dfrac{2}{15}$
　➜ 소수: _______________
　　순환소수의 표현: _______________

(2) $\dfrac{5}{11}$
　➜ 소수: _______________
　　순환소수의 표현: _______________

(3) $\dfrac{10}{27}$
　➜ 소수: _______________
　　순환소수의 표현: _______________

유형 1 유한소수와 무한소수 구분하기

01 다음 보기 중 무한소수의 개수를 구하시오.

보기
ㄱ. 3.5 ㄴ. $-2.333\cdots$
ㄷ. $1.5423237\cdots$ ㄹ. 0.666666
ㅁ. -4.2537253 ㅂ. $3.1415926535\cdots$

02 다음 분수를 소수로 나타낼 때, 유한소수인 것을 모두 고르면? (정답 2개)

① $\dfrac{16}{3}$ ② $-\dfrac{51}{6}$ ③ $-\dfrac{10}{13}$

④ $\dfrac{38}{30}$ ⑤ $\dfrac{35}{56}$

유형 2 순환소수 표현하기 (1)

03 다음 중 순환소수와 순환마디가 바르게 연결된 것은?

① $0.262626\cdots$ ➔ 262

② $1.494949\cdots$ ➔ 149

③ $16.316316316\cdots$ ➔ 163

④ $0.5878787\cdots$ ➔ 87

⑤ $0.459459459\cdots$ ➔ 4594

04 다음 중 순환소수의 표현이 옳지 <u>않은</u> 것을 모두 고르면? (정답 2개)

① $1.515151\cdots$ ➔ $1.\dot{5}$

② $0.9444\cdots$ ➔ $0.9\dot{4}$

③ $2.543543543\cdots$ ➔ $2.\dot{5}4\dot{3}$

④ $0.080808\cdots$ ➔ $0.0\dot{8}$

⑤ $0.3165165165\cdots$ ➔ $0.3\dot{1}6\dot{5}$

유형 3 순환소수 표현하기 (2)

05 분수 $\dfrac{6}{11}$ 을 순환소수로 바르게 나타낸 것은?

① $0.\dot{5}$ ② $0.5\dot{4}$ ③ $0.\dot{5}\dot{4}$

④ $0.54\dot{5}$ ⑤ $0.\dot{5}4\dot{5}$

06 분수 $\dfrac{5}{27}$ 를 순환소수로 바르게 나타낸 것은?

① $0.1\dot{8}$ ② $0.\dot{1}\dot{8}$ ③ $0.18\dot{5}$

④ $0.1\dot{8}\dot{5}$ ⑤ $0.\dot{1}8\dot{5}$

유형 4 순환소수의 소수점 아래 n번째 자리의 숫자 구하기

07 순환소수 $0.3\dot{8}\dot{4}$의 소수점 아래 22번째 자리의 숫자를 구하시오.

08 분수 $\dfrac{12}{37}$ 를 소수로 나타낼 때, 소수점 아래 35번째 자리의 숫자를 구하시오.

02 유리수의 분수 표현

✓ 분수의 분모를 10의 거듭제곱으로 고쳐서 유한소수로 나타내기

01 다음 유한소수를 기약분수로 나타내고, 분모의 소인수를 구하시오.

(1) $0.6 = \boxed{}$ ➡ 분모의 소인수: ______

(2) $0.35 = \boxed{}$ ➡ 분모의 소인수: ______

(3) $0.56 = \boxed{}$ ➡ 분모의 소인수: ______

02 다음은 분수의 분모를 10의 거듭제곱 꼴로 고쳐서 유한소수로 나타내는 과정이다. □ 안에 알맞은 수를 써넣으시오.

(1) $\dfrac{1}{4} = \dfrac{1 \times \boxed{}}{2^2 \times \boxed{}} = \dfrac{\boxed{}}{100} = \boxed{}$

(2) $\dfrac{7}{8} = \dfrac{7 \times \boxed{}}{2^3 \times \boxed{}} = \dfrac{\boxed{}}{1000} = \boxed{}$

(3) $\dfrac{7}{50} = \dfrac{7 \times \boxed{}}{2 \times 5^2 \times \boxed{}} = \dfrac{\boxed{}}{100} = \boxed{}$

(4) $\dfrac{27}{120} = \dfrac{9}{\boxed{}} = \dfrac{9 \times \boxed{}}{2^3 \times 5 \times \boxed{}} = \dfrac{\boxed{}}{1000} = \boxed{}$

03 다음 □ 안에 알맞은 수를 써넣고, 옳은 것에 ○표를 하시오.

(1) $\dfrac{1}{40} = \dfrac{1}{\boxed{}^3 \times 5}$

➡ 분모의 소인수가 $\boxed{}$ 또는 $\boxed{}$뿐이다.

➡ 유한소수로 나타낼 수 (있다 , 없다).

(2) $\dfrac{7}{90} = \dfrac{7}{2 \times \boxed{}^2 \times \boxed{}}$

➡ 분모에 2 또는 5 이외의 소인수 $\boxed{}$이 있다.

➡ 유한소수로 나타낼 수 (있다 , 없다).

✓ 유한소수 또는 순환소수로 나타낼 수 있는 분수 구분하기

04 다음 분수를 소수로 나타낼 때, 유한소수로 나타낼 수 있는 것은 ○표, 나타낼 수 없는 것은 ×표를 하시오.

(1) $\dfrac{6}{3 \times 5^2}$　　　　　　(　　)

(2) $\dfrac{14}{2^2 \times 5 \times 7^2}$　　　　(　　)

(3) $\dfrac{15}{36}$　　　　　　　(　　)

(4) $\dfrac{21}{84}$　　　　　　　(　　)

(5) $\dfrac{33}{110}$　　　　　　(　　)

(6) $\dfrac{18}{132}$　　　　　　(　　)

 개념 **4** 순환소수를 분수로 나타내기;
10의 거듭제곱 이용

✔ 순환소수를 분수로 나타내기; 10의 거듭제곱 이용

01 다음 순환소수를 기약분수로 나타내시오.

(1) $0.\dot{2}$

➜ $x=0.222\cdots$라 하면

$$\boxed{}x=2.222\cdots$$
$$-)\quad x=0.222\cdots$$
$$\boxed{}x=2 \qquad \therefore\ x=\dfrac{2}{\boxed{}}$$

(2) $0.\dot{3}\dot{6}$

➜ $x=0.363636\cdots$이라 하면

$$\boxed{}x=36.363636\cdots$$
$$-)\quad x=0.363636\cdots$$
$$\boxed{}x=36 \qquad \therefore\ x=\dfrac{36}{\boxed{}}=\boxed{}$$

(3) $0.\dot{2}\dot{5}$

➜ $x=0.252525\cdots$라 하면

$$\boxed{}x=25.252525\cdots$$
$$-)\quad x=0.252525\cdots$$
$$\boxed{}x=\boxed{} \qquad \therefore\ x=\boxed{}$$

(4) $0.\dot{7}$

(5) $1.\dot{3}$

(6) $2.\dot{1}\dot{4}$

(7) $0.\dot{1}0\dot{2}$

02 다음 순환소수를 기약분수로 나타내시오.

(1) $0.4\dot{8}$

➜ $x=0.4888\cdots$이라 하면

$$\boxed{}x=48.888\cdots$$
$$-)\boxed{}x=\ \ 4.888\cdots$$
$$\boxed{}x=44 \qquad \therefore\ x=\dfrac{44}{\boxed{}}=\boxed{}$$

(2) $2.1\dot{5}\dot{3}$

➜ $x=2.1535353\cdots$이라 하면

$$\boxed{}x=2153.535353\cdots$$
$$-)\boxed{}x=\ \ \ 21.535353\cdots$$
$$\boxed{}x=2132 \qquad \therefore\ x=\dfrac{2132}{\boxed{}}=\boxed{}$$

(3) $0.1\dot{9}\dot{6}$

➜ $x=0.1969696\cdots$이라 하면

$$\boxed{}x=196.969696\cdots$$
$$-)\boxed{}x=\ \ \ 1.969696\cdots$$
$$\boxed{}x=\boxed{} \qquad \therefore\ x=\boxed{}$$

(4) $0.0\dot{6}$

(5) $1.9\dot{5}$

(6) $0.2\dot{2}\dot{1}$

(7) $1.37\dot{4}$

✔ 순환소수를 분수로 나타내기; 공식 이용

01 다음 순환소수를 기약분수로 나타내시오.

(1) 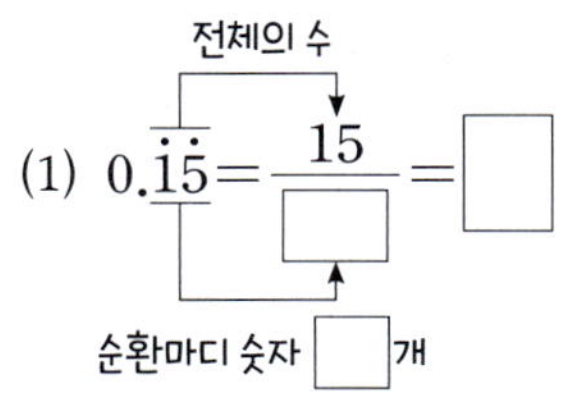
$$0.1\dot{5} = \frac{15}{\boxed{}} = \boxed{}$$

(2) $0.\dot{4}$

(3) $0.\dot{9}1\dot{2}$

(4) $6.\dot{7}$

(5) $3.\dot{2}\dot{8}$

02 다음 순환소수를 기약분수로 나타내시오.

(1) 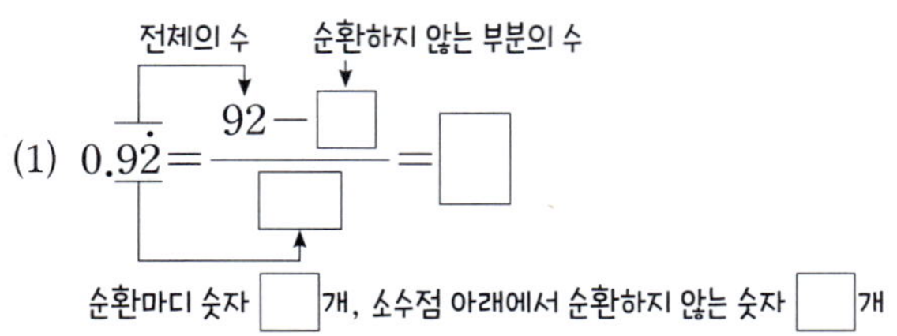
$$0.9\dot{2} = \frac{92 - \boxed{}}{\boxed{}} = \boxed{}$$

(2) $1.6\dot{7}$

(3) $0.1\dot{2}\dot{4}$

(4) $0.10\dot{6}$

(5) $2.16\dot{9}$

✔ 유리수와 소수의 관계 알기

03 다음 중 옳은 것은 ○표, 옳지 않은 것은 ×표를 하시오.

(1) $0.1\dot{4}$는 유리수이다. ( )

(2) $\dfrac{1}{2 \times 3 \times 5^2}$은 유한소수로 나타낼 수 있다.

( )

(3) $-3.636363\cdots$은 무한소수이다. ( )

(4) $\pi + 1$은 분수로 나타낼 수 있다. ( )

(5) 모든 무한소수는 유리수이다. ( )

(6) 정수가 아닌 유리수는 모두 유한소수로 나타낼 수
있다. ( )

(7) 모든 소수는 분수로 나타낼 수 있다. ( )

(8) 순환소수가 아닌 무한소수는 유리수가 아니다.

( )

(9) 모든 유한소수는 분수로 나타낼 수 있다.

( )

(10) 모든 순환소수는 $\dfrac{a}{b}$ (a, b는 정수, $b \neq 0$) 꼴로 나타
낼 수 있다. ( )

필수 유형 익히기

유형 1 10의 거듭제곱을 이용하여 분수를 유한소수로 나타내기

01 다음은 분수 $\dfrac{17}{20}$을 유한소수로 나타내는 과정이다. 이때 수 a, b, c, d에 대하여 $ab+cd$의 값을 구하시오.

$$\frac{17}{20}=\frac{17}{2^2\times 5}=\frac{17\times a}{2^2\times 5\times b}=\frac{85}{c}=d$$

02 다음 분수 중 분모를 10의 거듭제곱 꼴로 나타낼 수 <u>없는</u> 것을 모두 고르면? (정답 2개)

① $\dfrac{39}{12}$ ② $\dfrac{12}{30}$ ③ $\dfrac{7}{42}$

④ $\dfrac{3}{51}$ ⑤ $\dfrac{27}{75}$

유형 2 유한소수로 나타낼 수 있는 분수

03 다음 보기의 분수 중 유한소수로 나타낼 수 있는 것을 모두 고른 것은?

보기

ㄱ. $\dfrac{12}{45}$ ㄴ. $\dfrac{33}{110}$ ㄷ. $\dfrac{9}{72}$ ㄹ. $\dfrac{3}{36}$

① ㄱ, ㄴ ② ㄱ, ㄷ ③ ㄴ, ㄷ

④ ㄴ, ㄹ ⑤ ㄷ, ㄹ

04 분수 $\dfrac{4}{28}$, $\dfrac{5}{28}$, $\dfrac{6}{28}$, $\cdots$, $\dfrac{15}{28}$ 중 유한소수로 나타낼 수 있는 분수의 개수를 구하시오.

유형 3 유한소수가 되도록 미지수 정하기

05 $\dfrac{3}{315}\times x$를 소수로 나타내면 유한소수가 될 때, x의 값이 될 수 있는 두 자리 자연수의 개수를 구하시오.

06 분수 $\dfrac{x}{2^2\times 5\times 13}$를 소수로 나타내면 유한소수가 될 때, x의 값이 될 수 있는 가장 작은 자연수를 구하시오.

유형 4 순환소수가 되도록 미지수 정하기

07 분수 $\dfrac{27}{3^2\times 5\times x}$을 소수로 나타내면 순환소수가 될 때, 10보다 작은 자연수 중 x의 값이 될 수 있는 수를 모두 구하시오.

08 분수 $\dfrac{x}{165}$ 를 소수로 나타내면 순환소수가 될 때, 다음 중 x의 값이 될 수 <u>없는</u> 것은?

① 20 　　② 27 　　③ 33

④ 42 　　⑤ 50

유형 **5** 순환소수를 분수로 나타내기;
10의 거듭제곱 이용⑴

09 다음은 순환소수 $0.1\dot{2}$를 기약분수로 나타내는 과정이다. ㈎~㈃에 들어갈 알맞은 수를 구하시오.

순환소수 $0.1\dot{2}$를 x라 하면

$x=0.121212\cdots$ 　　　　　　　…… ㉠

㉠의 양변에 ☐㈎ 을 각각 곱하면

☐㈎ $x=12.121212\cdots$ 　　　…… ㉡

㉡에서 ㉠을 변끼리 빼면

☐㈏ $x=$ ☐㈐ 　　∴ $x=$ ☐㈑

---

10 다음은 순환소수 $3.40\dot{5}$를 기약분수로 나타내는 과정이다. ㈎~㈔에 들어갈 알맞은 수를 구하시오.

순환소수 $3.40\dot{5}$를 x라 하면

$x=3.40555\cdots$ 　　　　　　　…… ㉠

㉠의 양변에 ☐㈎ 과 ☐㈏ 을 각각 곱하면

☐㈎ $x=3405.555\cdots$ 　　　…… ㉡

☐㈏ $x=340.555\cdots$ 　　　　…… ㉢

㉡에서 ㉢을 변끼리 빼면

☐㈐ $x=$ ☐㈑ 　　∴ $x=$ ☐㈒

유형 **6** 순환소수를 분수로 나타내기;
10의 거듭제곱 이용⑵

11 다음 순환소수를 분수로 나타낼 때, 가장 편리한 식으로 바르게 연결된 것은?

① $x=1.\dot{2}\dot{1}$ ➡ $1000x-x$

② $x=0.5\dot{8}$ ➡ $100x-x$

③ $x=3.1\dot{6}\dot{7}$ ➡ $1000x-10x$

④ $x=2.9\dot{4}$ ➡ $1000x-100x$

⑤ $x=3.\dot{3}0\dot{6}$ ➡ $10000x-x$

12 순환소수 $x=0.2\dot{1}4\dot{5}$를 분수로 나타내려고 할 때, 다음 중 가장 편리한 식은?

① $1000x-x$ 　　　② $1000x-10x$

③ $10000x-x$ 　　　④ $10000x-10x$

⑤ $10000x-100x$

걸음 더

유형 **7** 두 분수 사이에 있는
유한소수의 개수 구하기

13 두 분수 $\dfrac{1}{7}$ 과 $\dfrac{4}{5}$ 사이에 있는 분수 중에서 분모가 35이고 유한소수로 나타낼 수 있는 분수의 개수를 구하시오.

14 두 분수 $\dfrac{1}{3}$ 과 $\dfrac{9}{10}$ 사이에 있는 분수 중에서 분모가 30이고 유한소수로 나타낼 수 있는 분수의 개수를 구하시오.

유형 8 순환소수를 분수로 나타내기; 공식 이용

15 다음 중 순환소수를 분수로 나타내는 과정으로 옳은 것은?

① $3.\dot{8} = \dfrac{38-3}{90}$

② $1.0\dot{3} = \dfrac{103-1}{90}$

③ $1.\dot{2}\dot{5} = \dfrac{125-1}{99}$

④ $0.23\dot{4} = \dfrac{234-34}{990}$

⑤ $4.20\dot{7} = \dfrac{420-7}{900}$

16 다음 중 순환소수를 분수로 나타낸 것으로 옳은 것은?

① $0.1\dot{7} = \dfrac{17}{90}$

② $0.4\dot{6} = \dfrac{23}{43}$

③ $0.2\dot{3}\dot{4} = \dfrac{116}{495}$

④ $3.\dot{7} = \dfrac{37}{9}$

⑤ $3.0\dot{5} = \dfrac{55}{16}$

유형 9 유리수와 소수의 관계

17 다음 중 유리수의 개수를 구하시오.

$$0, \quad \pi, \quad -\dfrac{1}{6}, \quad 2.7\dot{2}\dot{3}, \quad -1, \quad \dfrac{35}{7}$$

18 다음 중 옳지 <u>않은</u> 것을 모두 고르면? (정답 3개)

① 모든 순환소수는 유리수이다.

② 모든 무한소수는 순환소수이다.

③ 유한소수 중에는 유리수가 아닌 것도 있다.

④ 모든 유한소수는 분수로 나타낼 수 있다.

⑤ 모든 기약분수는 유한소수로 나타낼 수 있다.

⑥ 정수가 아닌 유리수는 유한소수 또는 순환소수로 나타낼 수 있다.

⑦ 순환소수가 아닌 무한소수는 유리수가 아니다.

한 걸음 더

유형 10 (순환소수) × x가 유한소수가 되도록 하는 x의 값 구하기

19 순환소수 $1.0\dot{5}$에 어떤 자연수 n을 곱하면 유한소수로 나타낼 수 있을 때, n의 값이 될 수 있는 가장 작은 자연수를 구하시오.

20 순환소수 $0.2\dot{7}$에 어떤 자연수 n을 곱하면 유한소수로 나타낼 수 있을 때, n의 값이 될 수 있는 가장 작은 세 자리 자연수를 구하시오.

01 두 분수 $\dfrac{3}{165}$과 $\dfrac{17}{56}$에 어떤 자연수 a를 곱하면 모두 유한소수로 나타낼 수 있을 때, a의 값이 될 수 있는 가장 작은 자연수를 구하시오.

답 _______________

02 서로소인 두 자연수 a, b에 대하여 분수 $\dfrac{b}{a}$를 소수로 나타내면 $0.40\dot{9}$이다. 이때 분수 $\dfrac{a}{b}$를 순환소수로 나타내시오.

답 _______________

03 어떤 기약분수를 소수로 나타내는데 인성이는 분모를 잘못 보아서 $1.\dot{5}$로 나타내고, 영조는 분자를 잘못 보아서 $0.\dot{6}$으로 나타냈다. 두 사람이 잘못 본 분수도 모두 기약분수일 때, 처음 기약분수를 순환소수로 나타내시오.

답 _______________

04 다음 일차방정식의 해를 순환소수로 나타내시오.

$$0.\dot{3}x - 2 = 1.\dot{2}$$

답 _______________

단원 마무리하기

01 다음 중 무한소수인 것은 모두 몇 개인지 구하시오.

$$1.6, \quad \frac{10}{3}, \quad \pi, \quad -\frac{8}{25}, \quad \frac{1}{14}$$

02 다음 중 분수를 소수로 나타낼 때, 순환마디가 나머지 넷과 다른 하나는?

① $\dfrac{5}{9}$ ② $\dfrac{1}{18}$ ③ $\dfrac{8}{3}$

④ $\dfrac{7}{45}$ ⑤ $\dfrac{23}{90}$

03 두 분수 $\dfrac{14}{27}$ 와 $\dfrac{2}{15}$ 를 소수로 나타낼 때, 순환마디를 이루는 숫자의 개수를 각각 a, b라 하자. 이때 $a-b$의 값을 구하시오.

04 다음 중 순환소수의 표현이 옳은 것은?

① $0.5333\cdots = 0.5\dot{3}$

② $7.070707\cdots = 7.\dot{0}$

③ $-3.0222\cdots = -3.0\dot{2}\dot{2}$

④ $0.134134134\cdots = 0.\dot{1}3\dot{4}$

⑤ $0.02282828\cdots = 0.02\dot{2}\dot{8}$

서술형

05 순환소수 $0.2\dot{1}84\dot{5}$의 소수점 아래 65번째 자리의 숫자를 구하시오.

06 다음은 분수 $\dfrac{21}{140}$ 을 유한소수로 나타내는 과정이다. 이때 수 a, b, c, d에 대하여 $a+b+c+d$의 값을 구하시오.

$$\frac{21}{140} = \frac{a}{2^2 \times 5} = \frac{a \times b}{2^2 \times 5 \times b} = \frac{c}{100} = d$$

07 다음 분수 중 유한소수로 나타낼 수 <u>없는</u> 것은?

① $\dfrac{8}{32}$ ② $\dfrac{6}{3 \times 5^2}$ ③ $\dfrac{7}{50}$

④ $\dfrac{28}{60}$ ⑤ $\dfrac{14}{2^2 \times 5 \times 7}$

08 분수 $\dfrac{1}{10}$, $\dfrac{1}{11}$, $\dfrac{1}{12}$, $\cdots$, $\dfrac{1}{25}$ 중 유한소수로 나타낼 수 있는 분수의 개수는?

① 3   ② 4   ③ 5
④ 6   ⑤ 7

09 분수 $\dfrac{21}{40 \times x}$ 을 소수로 나타내면 유한소수가 될 때, 다음 중 x의 값이 될 수 있는 것을 모두 고르면? (정답 2개)

① 12   ② 13   ③ 14
④ 17   ⑤ 18

10 $0.39\dot{0} \times x$가 유한소수가 되도록 하는 두 자리 자연수 x의 개수를 구하시오.

11 분수 $\dfrac{x}{450}$ 를 소수로 나타내면 순환소수가 될 때, 다음 중 x의 값이 될 수 <u>없는</u> 것을 모두 고르면? (정답 2개)

① 21   ② 27   ③ 30
④ 36   ⑤ 42

12 다음 중 순환소수 $x = 2.0414141\cdots$에 대한 설명으로 옳지 <u>않은</u> 것은?

① 순환마디를 이루는 숫자의 개수는 2이다.
② $x = 2.0\dot{4}\dot{1}$로 나타낸다.
③ $x = 2 + 0.0\dot{4}\dot{1}$
④ 분수로 나타낼 때, 이용할 수 있는 가장 편리한 식은 $1000x - 10x$이다.
⑤ 분수로 나타내면 $x = \dfrac{2039}{990}$이다.

13 다음 **보기** 중 순환소수를 분수로 나타내는 과정으로 옳지 <u>않은</u> 것을 모두 고르면?

> **보기**
>
> ㄱ. $1.0\dot{3} = \dfrac{103 - 1}{90}$ ㄴ. $0.5\dot{1}\dot{2} = \dfrac{512 - 5}{990}$
>
> ㄷ. $2.\dot{6}\dot{8} = \dfrac{268 - 2}{990}$ ㄹ. $7.\dot{3} = \dfrac{73 - 7}{9}$

① ㄱ   ② ㄱ, ㄷ   ③ ㄴ, ㄷ
④ ㄴ, ㄹ   ⑤ ㄷ, ㄹ

14 순환소수 $3.0\dot{5}$를 기약분수로 나타내면 $\dfrac{A}{18}$ 일 때, 자연수 A의 값을 구하시오.

15 자연수 x에 $2.\dot{6}$을 곱해야 할 것을 잘못하여 2.6을 곱하였더니 그 계산 결과가 바르게 계산한 답보다 0.2만큼 작았다. 이때 x의 값을 구하시오.

16 $\dfrac{1}{5} < 0.\dot{x} < \dfrac{2}{3}$를 만족하는 한 자리 자연수 x의 값 중 가장 큰 값을 a, 가장 작은 값을 b라 할 때, ab의 값을 구하시오.

17 다음 중 옳지 <u>않은</u> 것을 모두 고르면? (정답 2개)

① 유리수는 정수 또는 유한소수로 나타낼 수 있다.
② 모든 유한소수는 분수로 나타낼 수 있다.
③ 모든 무한소수는 분수로 나타낼 수 없다.
④ 무한소수 중에는 유리수가 아닌 것도 있다.
⑤ 기약분수의 분모의 소인수가 2 또는 5뿐이면 유한소수로 나타낼 수 있다.

18 다음 중 두 정수 a, $b(b \neq 0)$에 대하여 $\dfrac{a}{b}$ 꼴로 나타낼 수 <u>없는</u> 것을 모두 고르면? (정답 2개)

① 0 ② 3.14 ③ π
④ $1.5\dot{3}\dot{0}$ ⑤ $0.101001000\cdots$

Level Up

19 분수 $\dfrac{23}{7}$을 소수로 나타낼 때, 소수점 아래 n번째 자리의 숫자를 a_n이라 하자. 다음을 구하시오.

(1) 순환마디를 이루는 숫자의 개수
(2) $a_1 + a_2 + a_3 + \cdots + a_{24}$의 값

20 분수 $\dfrac{x}{2^2 \times 5 \times 7}$가 다음 조건을 모두 만족할 때, x의 값이 될 수 있는 가장 작은 세 자리 자연수를 구하시오.

㉮ 소수로 나타내면 유한소수가 된다.
㉯ x는 3의 배수이다.

21 $3 + \dfrac{2}{10^3} + \dfrac{2}{10^4} + \dfrac{2}{10^5} + \cdots$를 계산하여 기약분수로 나타내면 $\dfrac{b}{a}$일 때, 자연수 a, b에 대하여 $b - a$의 값을 구하시오.

단항식의 계산

<table>
<tr>
<td>

**지수법칙;
지수의 합**

</td>
<td>

$$a^2 \times a^4 = \underbrace{(a \times a)}_{2\text{개}} \times \underbrace{(a \times a \times a \times a)}_{4\text{개}}$$
$$= \underbrace{a \times a \times a \times a \times a \times a}_{(2+4)\text{개}}$$
$$= a^{2+4}$$
$$= a^6$$

</td>
<td>

m, n이 자연수일 때,
$$a^m \times a^n = a^{m+n}$$

</td>
</tr>
<tr>
<td>

**지수법칙;
지수의 곱**

</td>
<td>

$$(a^2)^3 = \overbrace{a^2 \times a^2 \times a^2}^{3\text{개}} = a^{\overset{3\text{개}}{2+2+2}}$$
$$= a^{2 \times 3}$$
$$= a^6$$

</td>
<td>

m, n이 자연수일 때,
$$(a^m)^n = a^{mn}$$

</td>
</tr>
<tr>
<td>

**지수법칙;
지수의 차**

</td>
<td>

① $a^5 \div a^2 = \dfrac{a^5}{a^2} = \dfrac{\not{a} \times \not{a} \times a \times a \times a}{\not{a} \times \not{a}} = a^3$

② $a^2 \div a^2 = \dfrac{a^2}{a^2} = \dfrac{\not{a} \times \not{a}}{\not{a} \times \not{a}} = 1$

③ $a^2 \div a^5 = \dfrac{a^2}{a^5} = \dfrac{\not{a} \times \not{a}}{\not{a} \times \not{a} \times a \times a \times a} = \dfrac{1}{a^3}$

</td>
<td>

$a \neq 0$이고 m, n이 자연수일 때,
① $m > n$이면 $a^m \div a^n = a^{m-n}$
② $m = n$이면 $a^m \div a^n = 1$
③ $m < n$이면 $a^m \div a^n = \dfrac{1}{a^{n-m}}$

</td>
</tr>
</table>

<table>
<tr><td>

**지수법칙;
지수의 분배**

</td><td>

$$① \ (ab)^3 = \underbrace{ab \times ab \times ab}_{3개}$$
$$= \underbrace{a \times a \times a}_{3개} \times \underbrace{b \times b \times b}_{3개} = a^3 b^3$$
$$② \ \left(\frac{a}{b}\right)^3 = \underbrace{\frac{a}{b} \times \frac{a}{b} \times \frac{a}{b}}_{3개} = \frac{\overbrace{a \times a \times a}^{3개}}{\underbrace{b \times b \times b}_{3개}} = \frac{a^3}{b^3}$$

</td><td>

m이 자연수일 때,
$$① \ (ab)^m = a^m b^m$$
$$② \ \left(\frac{a}{b}\right)^m = \frac{a^m}{b^m} \ (단, \ b \neq 0)$$

</td></tr>

<tr><td>

**(단항식)
×(단항식)**

</td><td>

계수끼리

$$4a \times 3b = (4 \times 3) \times (a \times b) = 12ab$$

문자끼리

</td><td>

(1) 계수는 계수끼리, 문자는 문자끼리 계산한다.
(2) 같은 문자끼리의 곱셈은 지수법칙을 이용하여 간단히 한다.

</td></tr>

<tr><td>

**(단항식)
÷(단항식)**

</td><td>

분자로

방법1 $24x^2 y \div 6x = \dfrac{24x^2 y}{6x} = 4xy$

분모로

곱셈으로

방법2 $24x^2 y \div 6x = 24x^2 y \times \dfrac{1}{6x} = 4xy$

역수로

</td><td>

방법1 분수의 꼴로 바꾸어 계산한다.
방법2 나눗셈을 곱셈으로 바꾸어 계산한다.

</td></tr>

<tr><td>

**단항식의
혼합 계산**

</td><td>

$$(2a^4)^3 \div (-4a^5) \times 3a$$
$$= 8a^{12} \div (-4a^5) \times 3a \quad ❶$$
$$= 8a^{12} \times \left(-\frac{1}{4a^5}\right) \times 3a \quad ❷$$
$$= \left\{ 8 \times \left(-\frac{1}{4}\right) \times 3 \right\} \times \left(a^{12} \times \frac{1}{a^5} \times a \right)$$
$$= -6a^8 \quad ❸$$

</td><td>

❶ 괄호가 있는 거듭제곱은 지수법칙을 이용하여 괄호를 푼다.
❷ 나눗셈은 나누는 식의 역수의 곱셈으로 바꾼다.
❸ 부호를 결정한 후 계수는 계수끼리, 문자는 문자끼리 계산한다.

</td></tr>
</table>

개념 1 지수법칙; 지수의 합

✔ 지수의 합

01 다음 식을 간단히 하시오.

(1) $a^3 \times a^4 = a^{3+\square} = a^{\square}$

(2) $2^7 \times 2^5$

(3) $b^5 \times b^{11}$

(4) $x^6 \times x^3 \times x^2$

(5) $3^2 \times 3^4 \times 3$

(6) $a^5 \times a^2 \times a^3$

(7) $y^4 \times y \times y^2 \times y^6$

(8) $a \times b^8 \times a^9$

(9) $x^3 \times x^7 \times y^2 \times y^5$

02 다음 $\square$ 안에 알맞은 자연수를 구하시오.

(1) $2^{\square} \times 2^2 = 2^8$

(2) $a^4 \times a^{\square} = a^{11}$

(3) $y \times y^{\square} \times y^5 = y^9$

(4) $3^3 \times 3^2 \times 3^{\square} = 3^{10}$

개념 2 지수법칙; 지수의 곱

✔ 지수의 곱

01 다음 식을 간단히 하시오.

(1) $(a^2)^4 = a^{2 \times \square} = a^{\square}$

(2) $(3^3)^5$

(3) $(x^7)^4$

(4) $\{(y^4)^3\}^2$

(5) $(x^5)^2 \times x^4 = x^{5 \times \square} \times x^4 = x^{\square} \times x^4$
$= x^{\square + 4} = x^{\square}$

(6) $7 \times (7^4)^2$

(7) $(a^3)^4 \times a^2$

(8) $(a^2)^4 \times (b^6)^3 \times a^5$

(9) $x \times (y^3)^7 \times (x^3)^2$

02 다음 $\square$ 안에 알맞은 자연수를 구하시오.

(1) $(a^8)^{\square} = a^{16}$

(2) $(b^{\square})^4 = b^{20}$

(3) $(x^{\square})^3 \times x^2 = x^8$

(4) $(y^3)^4 \times y^3 = (y^{\square})^5$

✔ 지수의 차

01 다음 식을 간단히 하시오.

(1) $a^6 \div a^2 = a^{\square - \square} = a^{\square}$

(2) $a^4 \div a^7 = \dfrac{1}{a^{\square - \square}} = \dfrac{1}{a^{\square}}$

(3) $2^{10} \div 2^5$

(4) $y^5 \div y^9$

(5) $a^3 \div a^3$

(6) $x^8 \div x^4 \div x = x^{8 - \square} \div x = x^{\square} \div x$
$\qquad\qquad = x^{\square - 1} = x^{\square}$

(7) $a^9 \div a^7 \div a^3$

(8) $5^6 \div 5^2 \div 5^4$

02 다음 □ 안에 알맞은 자연수를 구하시오.

(1) $a^7 \div a^{\square} = a^2$

(2) $x^{\square} \div x^6 = 1$

(3) $y^8 \div y^{\square} = \dfrac{1}{y^3}$

(4) $3^{10} \div 3^2 \div 3^{\square} = 3$

✔ 지수의 분배

01 다음 식을 간단히 하시오.

(1) $(ab^2)^3 = a^{\square} \times b^{2 \times \square} = a^{\square} b^{\square}$

(2) $\left(\dfrac{a}{b^2}\right)^4 = \dfrac{a^{\square}}{b^{2 \times \square}} = \dfrac{a^{\square}}{b^{\square}}$

(3) $(x^4 y^3)^5$

(4) $\left(\dfrac{a^3}{b^5}\right)^2$

(5) $(5x^4)^2 = 5^{\square} \times x^{4 \times \square} = \boxed{} x^{\square}$

(6) $(2a^3 b)^5$

(7) $(-3x^2 y^5)^3$

(8) $\left(\dfrac{4}{a^3}\right)^3$

(9) $\left(-\dfrac{3a}{b^6}\right)^4$

02 다음 □ 안에 알맞은 자연수를 구하시오.

(1) $(a^{\square} b^3)^4 = a^{16} b^{12}$

(2) $(-2x^2)^{\square} = -8x^6$

(3) $\left(\dfrac{a^{\square}}{b}\right)^7 = \dfrac{a^{28}}{b^7}$

유형 1 지수법칙

01 다음 보기 중 옳은 것을 모두 고른 것은?

> 보기
> ㄱ. $a^2 \times a^7 = a^9$ ㄴ. $(a^3)^4 = a^7$
> ㄷ. $a^8 \div a^{12} = a^4$ ㄹ. $(3a^2 b^4)^2 = 9a^4 b^8$

① ㄱ, ㄴ ② ㄱ, ㄷ ③ ㄱ, ㄹ
④ ㄴ, ㄷ ⑤ ㄴ, ㄹ

02 다음 중 □ 안에 알맞은 수가 나머지 넷과 다른 하나는?

① $a^3 \times a^\square = a^8$ ② $\dfrac{x^2}{x^\square} = \dfrac{1}{x^3}$

③ $\left(\dfrac{y^\square}{x^4}\right)^2 = \dfrac{y^{10}}{x^8}$ ④ $(a^2 b^\square)^4 = a^8 b^{24}$

⑤ $x^\square \times x^3 \div x^2 = x^6$

유형 2 지수법칙; 지수의 합과 차

03 $2^x \times 32 = 64^3$일 때, 자연수 x의 값은?

① 9 ② 10 ③ 11
④ 12 ⑤ 13

04 $3^{11} \div 3^\square \div 3^6 = 3^2$일 때, □ 안에 알맞은 자연수를 구하시오.

유형 3 지수법칙; 지수의 분배

05 다음 중 옳지 않은 것은?

① $(x^3 y^2)^5 = x^{15} y^{10}$

② $(-2xy^2)^3 = -8x^3 y^6$

③ $\left(-\dfrac{3y}{x}\right)^2 = \dfrac{6y^2}{x^2}$

④ $\left(\dfrac{y^3}{3x}\right)^3 = \dfrac{y^9}{27x^3}$

⑤ $\left(-\dfrac{2x}{y^2}\right)^2 = \dfrac{4x^2}{y^4}$

06 $\left(\dfrac{3x^a}{y^3}\right)^b = \dfrac{27x^6}{y^c}$일 때, 자연수 a, b, c에 대하여 $a+b+c$의 값은?

① 11 ② 12 ③ 13
④ 14 ⑤ 15

유형 **4** 거듭제곱의 합 간단히 하기; $a^m+a^m+\cdots+a^m$ 꼴

유형 **4** 거듭제곱의 합 간단히 하기; $a^m+a^m+\cdots+a^m$ 꼴

07 $4^2\times4^2\times4^2\times4^2=4^a$, $4^2+4^2+4^2+4^2=4^b$일 때, 자연수 a, b에 대하여 $a-b$의 값은?

① 3   ② 4   ③ 5
④ 6   ⑤ 7

08 $\dfrac{3^7+3^7+3^7}{81}$을 간단히 하면?

① 3^3 ② 3^4 ③ 3^5
④ 3^6 ⑤ 3^7

09 $A=2^4+2^4+2^4+2^4$, $B=8^3+8^3$일 때, $A\div B$의 값을 구하시오.

유형 **5** 문자를 사용하여 거듭제곱을 나타내기

10 $3^{10}=A$라 할 때, $\dfrac{1}{9^{10}}$을 A를 사용하여 나타내면?

① $\dfrac{1}{A^{20}}$ ② $\dfrac{1}{A^3}$ ③ $\dfrac{1}{A^2}$
④ A^2 ⑤ A^3

11 $2^3=A$, $3^3=B$라 할 때, 12^3을 A, B를 사용하여 나타내면?

① AB ② AB^2 ③ A^2B
④ A^2B^2 ⑤ A^2B^3

한 걸음 더
유형 **6** n자리 자연수

12 $2^7\times5^5$이 n자리 자연수일 때, n의 값은?

① 6   ② 7   ③ 8
④ 9   ⑤ 10

13 $2^{10}\times5^8\times7$이 n자리 자연수일 때, n의 값은?

① 6   ② 7   ③ 8
④ 9   ⑤ 10

02 단항식의 곱셈과 나눗셈

✔ (단항식) × (단항식)

01 다음 식을 계산하시오.

(1) $3x \times 5y^3$

(2) $a^3 \times (-3a^4)$

(3) $(-4x) \times 6y$

(4) $9x^2y \times 2y^2$

(5) $(-5a^2) \times (-4ab)$

(6) $\left(-\dfrac{1}{7}x^2y^3\right) \times 14xy^5$

02 다음 식을 계산하시오.

(1) $(-a)^3 \times (-2ab)^2$

(2) $(4ab^2)^3 \times \left(-\dfrac{1}{8}a^2b\right)$

(3) $(-x^2y)^3 \times (5xy^2)^2$

(4) $xy^3 \times 5x^2y \times (-x^3y^5)^2$

✔ (단항식) ÷ (단항식)

01 다음 식을 계산하시오.

(1) $4a^3 \div \dfrac{1}{5}a$

(2) $15x^6 \div 3x^4y^2$

(3) $3x^5 \div \left(-\dfrac{1}{4}x^2\right)$

(4) $6a^3b^4 \div 2ab$

(5) $(-2a^3) \div \left(\dfrac{1}{3}a^4\right)^2$

(6) $(x^2)^6 \div (x^3)^4$

02 다음 식을 계산하시오.

(1) $12x^7 \div 4x^3 \div \dfrac{1}{x^2}$

$\quad = 12x^7 \times \dfrac{1}{\boxed{}} \times x^2$

$\quad = \boxed{}$

(2) $9a^5b^3 \div (-3ab^4) \div a^3b^2$

(3) $(2x^3y^6)^2 \div \dfrac{3x}{y^2} \div \dfrac{2}{5}x^2y$

✔ 단항식의 곱셈과 나눗셈의 혼합 계산

01 다음 식을 계산하시오.

(1) $3x^5 \times x \div 6x^3$

$$= 3x^5 \times x \times \dfrac{1}{\boxed{}}$$

$$= \boxed{}$$

(2) $15a^3b^2 \div \left(-\dfrac{5a^3}{b^4}\right) \times \dfrac{1}{b^3}$

$$= 15a^3b^2 \times \left(-\dfrac{b^4}{\boxed{}}\right) \times \dfrac{1}{b^3}$$

$$= \boxed{}$$

(3) $5a^4 \times 2a \div a^2$

(4) $16a^3 \div 8a^2 \times (-4a)$

(5) $28x^3 \times \dfrac{1}{7x^2} \div \dfrac{1}{x^5}$

(6) $(-xy^5) \div (-3x^6y^2) \times 6x^4y$

02 다음 식을 계산하시오.

(1) $(-a^2b)^2 \div \dfrac{1}{2}a^3 \times 7a^4b^5$

$$= \boxed{} \div \dfrac{1}{2}a^3 \times 7a^4b^5$$

$$= \boxed{} \times \dfrac{2}{\boxed{}} \times 7a^4b^5$$

$$= \boxed{}$$

(2) $(x^2y)^5 \times (-4xy^2)^2 \div 2x^5y^3$

(3) $12a^6b^4 \div (-3a^5b^7) \times \left(\dfrac{1}{2}a^3b\right)^3$

(4) $10a^6b^5 \times \dfrac{b^4}{5a^3} \div (-a^4b)^3$

(5) $(-3xy^2)^4 \div \left(\dfrac{2y^3}{x}\right)^2 \times \dfrac{1}{9}xy$

(6) $(-6x^3y^5)^2 \times \dfrac{x^3}{y} \div \left(-\dfrac{3xy^4}{2}\right)^3$

✔ □ 안에 알맞은 식 구하기

> **Tip** 양변에 같은 식을 곱하거나 양변을 같은 식으로 나누어 좌변
> 에 □만 남긴다.
> - $A \times \square = B \ \rightarrow \ \square = B \div A$
> - $A \div \square = B \ \rightarrow \ \square = A \div B$

03 다음 □ 안에 알맞은 식을 구하시오.

(1) $2x^2y \times \boxed{} = 6x^3y^2$

(2) $12x^4y^5 \div \boxed{} = -4xy^3$

(3) $6a^3b^2 \times \boxed{} = 15a^7b^5$

(4) $(-8a^6b^3) \div \boxed{} = 2a^4b^2$

유형 1 (단항식) × (단항식)

01 $(-3x^2y)^2 \times xy^3 = Ax^By^C$일 때, 자연수 A, B, C에 대하여 $A+B+C$의 값은?

① 3   ② 7   ③ 11
④ 15   ⑤ 19

02 $A = x^2y \times (-3xy)^2$, $B = 4xy^2 \times \dfrac{1}{8x^3y}$일 때, $A \times B$를 계산하면?

① $\dfrac{9}{2}x^2y$ ② $5xy^2$ ③ $\dfrac{9}{2}x^2y^2$

④ $5x^2y^2$ ⑤ $\dfrac{9}{2}x^2y^4$

유형 2 (단항식) ÷ (단항식)

03 $8x^8y^6 \div (-2x^Ay^2)^3 = -x^2$일 때, 자연수 A의 값을 구하시오.

04 $24x^ay^8 \div \dfrac{3}{7}xy^b \div (2xy)^2 = cxy^3$일 때, 자연수 a, b, c에 대하여 $a+b+c$의 값을 구하시오.

유형 3 단항식의 곱셈과 나눗셈의 혼합 계산

05 $(-5x^3y)^3 \times \dfrac{1}{20}xy^2 \div \left(\dfrac{1}{4}xy^2\right)^2$을 계산하면?

① $-125x^7y$ ② $-100x^8y$ ③ $-25x^8y^2$
④ $100x^8y$ ⑤ $125x^8y^2$

06 $(-3x^2y)^3 \div 6xy^a \times 8x^by^3 = -cx^7y^5$일 때, 자연수 a, b, c에 대하여 $a+b-c$의 값은?

① -33 ② -30 ③ -27
④ 30 ⑤ 33

07 $(-2x)^2 \div 2xy \times \boxed{} = 2x^2y^2$일 때, □ 안에 알맞은 식은?

① xy 　 ② xy^3 　 ③ x^2y

④ $4x^3y$ 　 ⑤ $\dfrac{1}{x^2y}$

08 다음 □ 안에 알맞은 식을 구하시오.

$$(-2x^2y)^3 \div \boxed{} \times (-x^2y) = -\frac{4}{3}x^2y^2$$

유형 **5** 도형에의 활용

09 오른쪽 그림과 같이 밑변의 길이가 $4a^2b$이고 넓이가 $8a^4b^2$인 삼각형의 높이는?

① $2a^2b$ 　 ② $4a^2b$

③ $2a^2b^2$ 　 ④ $8a^2b$

⑤ $8ab^2$

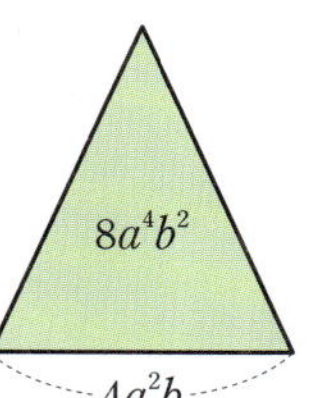

10 오른쪽 그림과 같이 밑면이 직각삼각형인 삼각기둥의 부피가 $36x^5y^7$일 때, 이 삼각기둥의 높이를 구하시오.

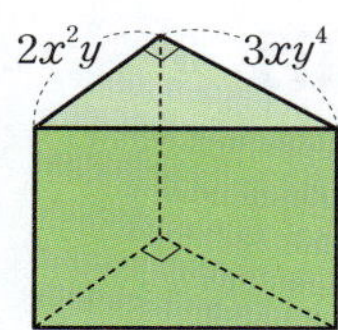

한 걸음 더
유형 **6** 잘못 계산한 식에서 바르게 계산한 식 구하기

11 어떤 식 A에 $3ab^4$을 곱해야 할 것을 잘못하여 나누었더니 $-2a^3b^5$이 되었다. 이때 바르게 계산한 식은?

① $-18a^5b^{13}$ 　 ② $-6a^4b^9$ 　 ③ $6a^5b^{13}$

④ $12a^4b^9$ 　 ⑤ $18a^5b^{13}$

12 어떤 식에 $\dfrac{ab^4}{2}$을 곱해야 할 것을 잘못하여 나누었더니 $\dfrac{16a}{b}$가 되었다. 이때 바르게 계산한 식은?

① $2a^3b^5$ 　 ② $2a^3b^7$ 　 ③ $4a^3b^5$

④ $4a^3b^7$ 　 ⑤ $6a^3b^7$

01 $3^{4x-2}=27^{x+3}$을 만족하는 자연수 x의 값을 구하시오.

답 ______________________

02 다음을 만족시키는 두 식 A, B에 대하여 $A \times B$를 계산하시오.

$$A=(-28x^3y^5) \div 7xy^3, \qquad B=(2x^2y)^2 \times \frac{3}{2xy}$$

답 ______________________

03 단항식 $-12xy^3$에 어떤 식을 곱해야 할 것을 잘못하여 나누었더니 $4x^2y$가 되었다. 이때 바르게 계산한 식을 구하시오.

답 ______________________

04 다음 그림의 직사각형과 삼각형의 넓이가 서로 같을 때, 삼각형의 높이를 구하시오.

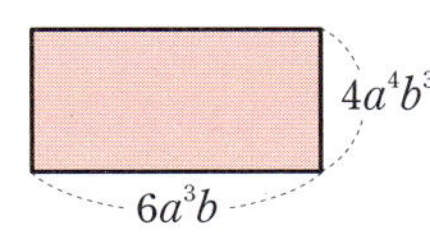

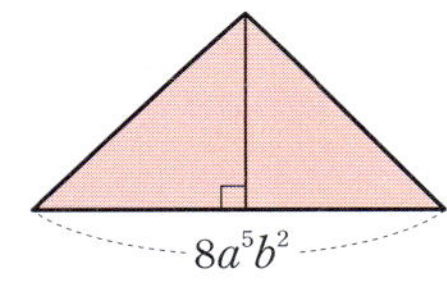

답 ______________________

단원 마무리하기

01 $16 \times 2^x \div 8 = 2^6$일 때, 자연수 x의 값은?

① 1   ② 2   ③ 3

④ 4   ⑤ 5

02 $x^{10} \div (x^3)^2 \div x^\square = 1$일 때, $\square$ 안에 알맞은 자연수를 구하시오.

서술형

03 다음 식을 모두 만족시키는 자연수 x, y에 대하여 $x + y$의 값을 구하시오.

$$(5^3)^x \times (5^2)^6 = 5^{27}, \qquad 7^{25} \div (7^4)^y = 7$$

04 $(3x^a)^b = 81x^{12}$, $\left(-\dfrac{4x^c}{y}\right)^3 = -\dfrac{dx^6}{y^3}$일 때, 자연수 a, b, c, d에 대하여 $a + b + c + d$의 값은?

① 55   ② 58   ③ 64

④ 70   ⑤ 73

05 다음 중 옳은 것은?

① $a^3 \times a^4 = a^{12}$ ② $(a^2)^5 = a^7$

③ $a^6 \div a^2 = a^3$ ④ $(-a^3b)^2 = a^6b^2$

⑤ $\left(\dfrac{2a}{b^2}\right)^3 = \dfrac{6a^3}{b^6}$

06 다음 중 $\square$ 안에 알맞은 자연수가 가장 큰 것은?

① $x^\square \times x^2 = x^6$ ② $x^4 \div x^\square = \dfrac{1}{x}$

③ $(x^\square)^2 \times x^5 = x^{11}$ ④ $(x^5)^\square \div x^4 = x^6$

⑤ $\left(\dfrac{b^5}{a^\square}\right)^3 = \dfrac{b^{15}}{a^{12}}$

07 $5^2 \times 5^2 \times 5^2 \times 5^2 \times 5^2 = 5^a$, $4^5 + 4^5 + 4^5 + 4^5 = 2^b$, $(7^3)^5 = 7^c$일 때, 자연수 a, b, c에 대하여 $a - b + c$의 값을 구하시오.

08 $7^4 = A$라 할 때, $49^3 \div 49^7$을 A를 사용하여 나타내면?

① $\dfrac{1}{A^2}$ ② $\dfrac{1}{A}$ ③ A

④ A^2 ⑤ A^3

09 다음 중 옳지 <u>않은</u> 것은?

① $(-20ab) \times \dfrac{1}{4a} = -5b$

② $\left(-\dfrac{1}{2}a^2\right) \times (-6ab^2) = 3a^3b^2$

③ $(x^3y^5)^2 \times \left(-\dfrac{x}{y^2}\right)^4 = x^{10}y^2$

④ $(2x^3y)^4 \div 8x^2y = x^{10}y^3$

⑤ $27a^8 \div \left(-\dfrac{3}{4}a^3\right)^2 = 48a^2$

10 $(-x^2y^4)^2 \times \left(\dfrac{x^3}{y^2}\right)^3 \times \dfrac{1}{x^8}$을 계산하면?

① x^4y^2 ② x^4y^3 ③ x^5y^2

④ x^5y^3 ⑤ x^6y^2

11 $\dfrac{4y^7}{x^5} \div (-6xy^2)^2 \div \left(\dfrac{y}{x^3}\right)^4 = \dfrac{x^c}{ay^b}$일 때, 자연수 a, b, c에 대하여 $a+b+c$의 값은?

① 9 ② 11 ③ 13

④ 15 ⑤ 17

서술형
12 $(-3x^3y)^a \times 4x^2y^5 \div 12x^by = -cx^3y^7$일 때, 자연수 a, b, c에 대하여 $a+b-c$의 값을 구하시오.

13 $\left(-\dfrac{x}{2y}\right)^2 \times \boxed{} \div 9x^2y = -\dfrac{5}{2}x^7y^2$일 때, ☐ 안에 알맞은 식은?

① $-90x^5y^5$ ② $-90x^7y^5$ ③ $-45x^5y^5$

④ $-45x^7y^5$ ⑤ $-30x^7y^5$

14 다음 계산 과정에서 (개)에 $\dfrac{1}{2}x^2y$를 넣었을 때, (대)에 알맞은 식은?

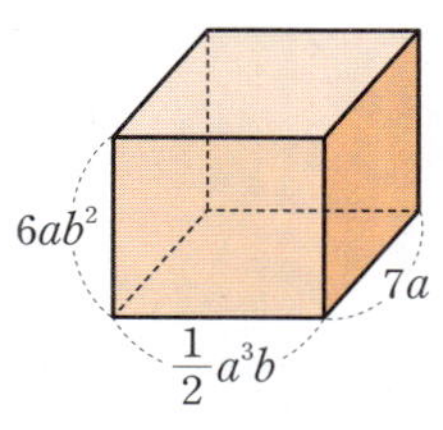

① $-2x^4y$ ② $-2x^8y$ ③ $-2x^8y^2$

④ $2x^4y$ ⑤ $2x^8y$

15 오른쪽 그림과 같이 밑면의 가로의 길이가 $\dfrac{1}{2}a^3b$, 세로의 길이가 $7a$, 높이가 $6ab^2$인 직육면체의 부피를 구하시오.

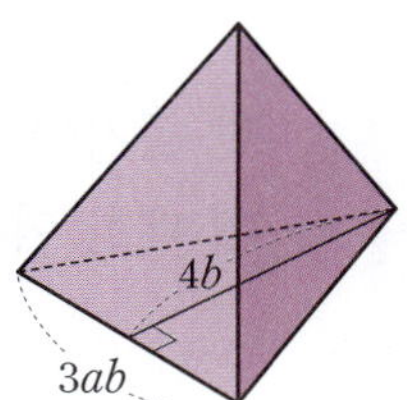

16 오른쪽 그림과 같이 밑변의 길이가 $3ab$이고 높이가 $4b$인 삼각형을 밑면으로 하는 삼각뿔의 부피가 $18a^3b^3$일 때, 이 삼각뿔의 높이는?

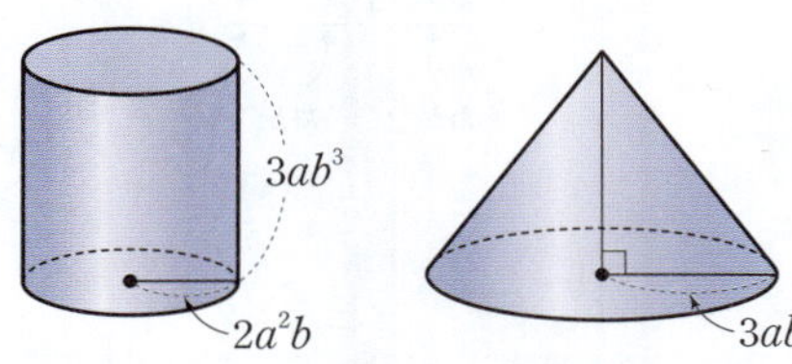

① $\dfrac{9}{2}a^2b$ ② $6a^2$

③ $6a^2b$ ④ $9a^2$

⑤ $9a^2b$

Level Up

17 $\dfrac{2^{17}\times 15^{10}}{6^{10}}$ 이 n자리 자연수일 때, n의 값을 구하시오.

18 다음 그림의 사각형 안의 식은 바로 위의 색칠한 사각형의 양 옆의 두 식을 곱한 결과이다. 이때 C에 알맞은 식을 구하시오.

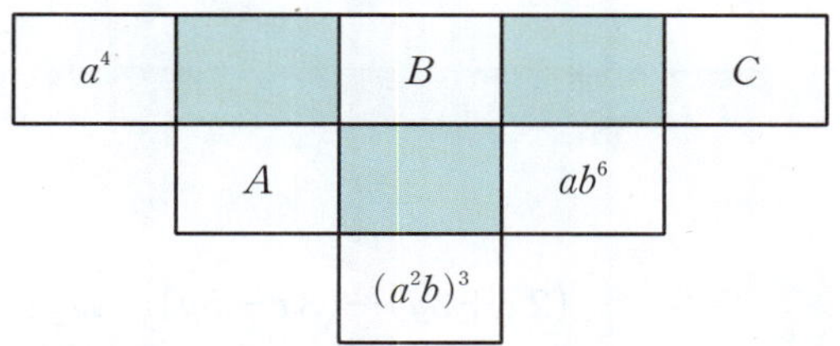

19 다음 그림과 같이 밑면의 반지름의 길이가 $2a^2b$, 높이가 $3ab^3$인 원기둥과 밑면의 반지름의 길이가 $3ab^2$인 원뿔의 부피가 서로 같을 때, 다음 물음에 답하시오.

(1) 원기둥의 부피를 구하시오.

(2) 원뿔의 높이를 구하시오.

③ 다항식의 계산

다항식의 덧셈

$$(2x+3y)+(3x-5y)$$
$$=2x+3y+3x-5y$$
$$=2x+3x+3y-5y$$
$$=5x-2y$$

괄호가 있으면 먼저 풀고 동류항끼리 모아서 간단히 한다.

다항식의 뺄셈

$$(2x+3y)-(3x-5y)$$
$$=2x+3y-3x+5y$$
$$=2x-3x+3y+5y$$
$$=-x+8y$$

빼는 식의 각 항의 부호를 바꾸어 더한다.

이차식

$$3x^2+x-4 \quad \longrightarrow \quad 이차식$$

한 문자에 대한 차수가 2인 다항식을 그 문자에 대한 이차식이라 한다.

이차식의 덧셈과 뺄셈

$$(2x^2-3x+5)+(3x^2+9x-1)$$
$$=2x^2-3x+5+3x^2+9x-1$$
$$=2x^2+3x^2-3x+9x+5-1$$
$$=5x^2+6x+4$$

괄호를 풀고 동류항끼리 모아서 간단히 한다.

<table>
<tr><td>

**(단항식)
×(다항식)**

</td><td>

① $3a(4a+b)=\underset{①}{3a\times4a}+\underset{②}{3a\times b}=12a^2+3ab$

② $(2a-b)\times(-a)=\underset{①}{2a\times(-a)}-\underset{②}{b\times(-a)}$
$=-2a^2+ab$

</td><td>

분배법칙을 이용하여 단항식을 각항에 곱하여 계산한다.

</td></tr>
</table>

<table>
<tr><td>

**(다항식)
÷(단항식)**

</td><td>

분자로
$(12x^2y+9x)\div3x=\dfrac{12x^2y+9x}{3x}$

분모로
$=\dfrac{12x^2y}{3x}+\dfrac{9x}{3x}$
$=4xy+3$

</td><td>

방법1 분수의 꼴로 바꾸어 다항식의 각 항을 단항식으로 나눈다.

</td></tr>
</table>

<table>
<tr><td>

**(다항식)
÷(단항식)**

</td><td>

곱셈으로
$(12x^2y+9x)\div3x=(12x^2y+9x)\times\dfrac{1}{3x}$

분모로
$=12x^2y\times\dfrac{1}{3x}+9x\times\dfrac{1}{3x}$
$=4xy+3$

</td><td>

방법2 나눗셈을 곱셈으로 바꾸고 다항식의 각 항에 단항식의 역수를 곱한다.

</td></tr>
</table>

<table>
<tr><td>

**다항식의
혼합 계산**

</td><td>

$2x+(3x^2-12x^3)\div(-x)^2$
$=2x+(3x^2-12x^3)\div x^2$ ❶
$=2x+(3x^2-12x^3)\times\dfrac{1}{x^2}$ ❷
$=2x+(3-12x)$ ❸
$=-10x+3$

</td><td>

❶ 거듭제곱이 있으면 지수법칙을 이용하여 거듭제곱을 먼저 계산한다.
❷ 분배법칙을 이용하여 곱셈, 나눗셈을 한다.
❸ 동류항끼리 모아서 덧셈, 뺄셈을 한다.

</td></tr>
</table>

개념 1 다항식의 덧셈과 뺄셈

✓ 다항식의 덧셈과 뺄셈

01 다음 식을 계산하시오.

(1) $(3x-y)+(x+8y)=3x-y+x+8y$
$$=3x+\boxed{}-y+\boxed{}$$
$$=\boxed{}$$

(2) $(a-5b)-(2a+b)=a-5b-2a-b$
$$=a-\boxed{}-5b-\boxed{}$$
$$=\boxed{}$$

(3) $(2a+3b)+(4a-5b)$

(4) $(x-9y)+(-6x+y)$

(5) $(8x-3y)-(x-4y)$

(6) $(6a-b)-(-3a+2b)$

(7) $(7a+2b-1)+(2a+b+3)$

(8) $(-5x+y+4)-(2x-3y-8)$

02 다음 식을 계산하시오.

(1) $(x-9y)+3(x+2y)$

(2) $5(2a+b)+(-7a+3b)$

(3) $6(3x-y)-(9x+2y)$

(4) $3(a-b)+4(3a+2b)$

(5) $2(x-5y)-\dfrac{1}{3}(6x-9y)$

(6) $\dfrac{4x+y}{3}+\dfrac{x-3y}{2}$

(7) $\dfrac{2x+3y}{2}-\dfrac{5x+6y}{4}$

(8) $\dfrac{-a+b}{3}-\dfrac{a-2b}{5}$

03 다음 식을 계산하시오.

(1) $x-\{3y-(-2x+7y)\}$
$$=x-(3y+\boxed{}x-\boxed{}y)$$
$$=x-(\boxed{}x-\boxed{}y)$$
$$=x-\boxed{}x+\boxed{}y$$
$$=\boxed{}$$

(2) $7x+\{x-(3x+y)\}$

(3) $4a-\{a-2b-(5a-b)\}$

(4) $a+2b-\{4a-b-(3a+5b)\}$

(5) $5y-[2x-\{7-(4x+y)\}-1]$

(6) $6x-[2y+\{x-(2x-3y)\}]$

✔ 이차식의 뜻

01 다음 중 이차식인 것은 ○표, 이차식이 아닌 것은 ×표를 하시오.

(1) $2a^2-7$　　　　　　　　(　 　)

(2) $2x-y+1$　　　　　　　(　 　)

(3) $4x^3+x^2-2$　　　　　(　 　)

(4) $\dfrac{1}{x^2}+1$　　　　　　　(　 　)

(5) $\dfrac{x^2}{4}+3x$　　　　　　(　 　)

(6) $3x^2+x-x^2$　　　　　(　 　)

(7) $6y^2-(6y^2-5y+1)$　(　 　)

✔ 이차식의 덧셈과 뺄셈

02 다음 식을 계산하시오.

(1) $(x^2+6x-4)+(3x^2-4x+5)$
$\quad =x^2+6x-4+3x^2-4x+5$
$\quad =x^2+\boxed{}x^2+\boxed{}x-4x-4+\boxed{}$
$\quad =\boxed{}$

(2) $(2x^2-x+1)-(5x^2+3x+2)$
$\quad =2x^2-x+1-\boxed{}x^2-3x-\boxed{}$
$\quad =2x^2-\boxed{}x^2-x-3x+1-\boxed{}$
$\quad =\boxed{}$

(3) $(a^2-a)+(3a^2+a)$

(4) $(-5x^2+1)-(2x^2-3)$

(5) $(2x^2-x)+(-x^2+3x+6)$

(6) $(3a^2+5)-(7a^2-a-3)$

(7) $(3x^2-5x-6)+(-4x^2-x+8)$

(8) $(a^2+5a-4)-(-2a^2+7a-10)$

03 다음 식을 계산하시오.

(1) $2(a^2-9a+1)+(a^2+3a-6)$

(2) $(2x^2+10x-9)-3(-x^2+5x-2)$

(3) $4(y^2-3y)-5(-y^2-5y+1)$

(4) $-\left(a^2-\dfrac{5}{2}a+3\right)+\dfrac{1}{4}(4a^2-6a+8)$

(5) $\dfrac{3x^2-5x-2}{4}+\dfrac{x^2+4x+1}{2}$

(6) $\dfrac{4x^2+3x-6}{2}-\dfrac{-2x^2+x-7}{3}$

(7) $3a^2+2-\{-a^2-(5a-2a^2)\}$

(8) $-5x-[7-\{4x^2-(-8+x^2)\}+3x]$

필수 유형 익히기

유형 1 다항식의 덧셈과 뺄셈

01 $\left(\dfrac{3}{2}x-y\right)+\left(\dfrac{2}{3}x+\dfrac{1}{6}y\right)$를 계산하면?

① $-\dfrac{7}{6}x-\dfrac{5}{6}y$ ② $-\dfrac{5}{6}x+\dfrac{13}{6}y$

③ $-\dfrac{5}{6}x+\dfrac{7}{6}y$ ④ $\dfrac{13}{6}x-\dfrac{5}{6}y$

⑤ $\dfrac{5}{6}x+\dfrac{7}{6}y$

02 $(-5x+3y-8)-2(3x+7y-6)$을 계산했을 때, x의 계수와 상수항의 합은?

① -9 ② -8 ③ -7

④ -6 ⑤ -5

유형 2 이차식의 덧셈과 뺄셈

03 다음 식을 계산했을 때, x^2의 계수와 x의 계수의 합을 구하시오.

$$3(x^2+2x-1)-(-2x^2+5x-8)$$

04 $\dfrac{x^2-2x+7}{5}+\dfrac{3x^2+x-4}{2}$를 계산하면 ax^2+bx+c일 때, 수 a, b, c에 대하여 $a-b+c$의 값을 구하시오.

유형 3 여러 가지 괄호가 있는 다항식의 계산

05 $-2x-[8y-\{2y-(-x+3y)\}]=ax+by$일 때, 수 a, b에 대하여 $a-b$의 값은?

① 5 ② 6 ③ 7

④ 8 ⑤ 9

06 다음 식을 계산하시오.

$$6a-[a-3b-\{-5a+b-(4a-7b)\}]$$

유형 4 바르게 계산한 식 구하기

07 어떤 식에 x^2+2x+1을 더해야 할 것을 잘못하여 뺐더니 $-2x^2+5x+7$이 되었다. 이때 바르게 계산한 식은?

① $-5x^2+x-4$ ② $-9x-6$

③ $2x^2-4x+5$ ④ $9x+9$

⑤ $5x^2-3x+4$

08 어떤 식에서 $5x^2-2x+3$을 빼야 할 것을 잘못하여 더했더니 $-3x^2+2x-5$가 되었다. 이때 바르게 계산한 식을 구하시오.

개념 3 (단항식)×(다항식)

✓ (단항식)×(다항식)

01 다음 식을 계산하시오.

(1) $3a(a+4)=3a \times a + 3a \times \boxed{}$
$=\boxed{}$

(2) $-a(4a-5)$

(3) $\dfrac{1}{2}x(6-2x)$

(4) $\dfrac{3}{2}x(4x-6y)$

(5) $5a(-2a+b-1)$

02 다음 식을 계산하시오.

(1) $(x+3)\times 2x = \boxed{} \times 2x + 3 \times 2x$
$=\boxed{}$

(2) $(a-4)\times(-3a)$

(3) $(3a-12)\times \dfrac{4}{3}a$

(4) $\left(\dfrac{1}{16}a-3b\right)\times 8ab$

(5) $(7x-4y+3)\times(-4y)$

03 다음 식을 계산하시오.

(1) $(4a^2-2a)+2a(a+1)=4a^2-2a+\boxed{}+2a$
$=\boxed{}$

(2) $-2x(x+1)+(3x^2-9x)$

(3) $6a(a+2b)-4a(3a+b)$

(4) $x(x-7y)-5x(-2x+y)$

개념 4 (다항식)÷(단항식)

✓ (다항식)÷(단항식)

01 다음 식을 계산하시오.

(1) $(3x^2-4x)\div \dfrac{x}{2}=(3x^2-4x)\times \boxed{}$
$=3x^2 \times \boxed{} - 4x \times \boxed{}$
$=\boxed{}$

(2) $(2ab+3a)\div \dfrac{a}{4}$

(3) $(x^2y-6xy)\div \left(-\dfrac{x}{3}\right)$

(4) $(-2a^2b+7a)\div \dfrac{a}{2}$

(5) $(9x^2y-3y)\div\dfrac{3y}{2}$

(6) $(5a^3b-10ab^2)\div\left(-\dfrac{5}{4}ab\right)$

(7) $(10x^3-5x^2-15x)\div 5x$

(8) $(a^3b-3a^2b+4ab^2)\div(-ab)$

02 다음 식을 계산하시오.

(1) $(5xy-4x)\div x=\dfrac{5xy-4x}{\boxed{}}$

$\qquad =\dfrac{5xy}{\boxed{}}-\dfrac{4x}{\boxed{}}$

$\qquad =\boxed{}$

(2) $(4a^2+6a)\div(-2a)$

(3) $(12x^4-8xy)\div 4x$

(4) $(6a^3b-9a^2)\div(-3a^2)$

(5) $(-8a^2b^3+10ab^4)\div 2ab$

(6) $(6x^4y^2-xy^2)\div(-3xy)$

(7) $(ab+2b^2-3b)\div\left(-\dfrac{b}{7}\right)$

(8) $\left(-x^2y+\dfrac{1}{3}xy^2+\dfrac{1}{2}xy\right)\div\dfrac{1}{6}xy$

✓ 다항식의 혼합 계산

01 다음 식을 계산하시오.

(1) $x(5x+3)+(12x^3-6x^2)\div 6x$

$\quad =5x^2+\boxed{}+\dfrac{12x^3-6x^2}{\boxed{}}$

$\quad =5x^2+\boxed{}+\boxed{}-x$

$\quad =\boxed{}$

(2) $-5x(2x-y)-(x^3+3x^2y)\div\dfrac{x}{2}$

(3) $\dfrac{12x^2y^2-8xy^2}{4y}+(-2xy+y)\times 3x$

(4) $(6a-4b)\times\dfrac{3}{2}ab+(a^3b^2-5a^2b^3)\div(-ab)$

02 다음 식을 계산하시오.

(1) $\dfrac{1}{3}a(6a-3b)+(4a^4-12a^3b)\div(-2a)^2$

$\quad =\dfrac{1}{3}a(6a-3b)+(4a^4-12a^3b)\div\boxed{}$

$\quad =2a^2-\boxed{}+\dfrac{4a^4-12a^3b}{\boxed{}}$

$\quad =2a^2-\boxed{}+\boxed{}-3ab$

$\quad =\boxed{}$

(2) $(-2x)^2\times(3y-2)+(6x^3y+3x^3)\div 3x$

(3) $(4-a)\times ab-(6a^4b+a^5b)\div(-a)^3$

유형 **1** (단항식) × (다항식)

01 $(6x-4y) \times \left(-\dfrac{1}{2}x\right) = ax^2 + bxy$일 때, 수 a, b에 대하여 ab의 값은?

① -8 ② -6 ③ -4
④ 4 ⑤ 6

02 $-3a(2a^2 - a + 5)$를 계산하면?

① $-6a^3 - 3a^2 + 15a$ ② $-6a^3 + 3a^2 - 15a$
③ $-6a^3 + 3a^2 + 15a$ ④ $6a^3 - 3a^2 + 15a$
⑤ $6a^3 + 3a^2 - 15a$

유형 **2** (다항식) ÷ (단항식)

03 $(10x^2y - 8xy^2) \div \left(-\dfrac{2}{3}xy\right)$를 계산하였을 때, x의 계수와 y의 계수의 합은?

① -5 ② -4 ③ -3
④ -2 ⑤ -1

04 $\dfrac{6x^2y - 9xy^2 + 12xy}{3xy} = ax + by + c$일 때, 수 a, b, c에 대하여 $a+b-c$의 값을 구하시오.

유형 **3** 식의 값

05 $x=5$, $y=-4$일 때, $x(x+2y) - y(2x+y)$의 값은?

① -20 ② -9 ③ 9
④ 20 ⑤ 41

06 $a = \dfrac{1}{3}$, $b=-2$일 때, 다음 식의 값을 구하시오.

$$(4ab + 10b^2) \div 2b + (21a^2 - 9ab) \div 3a$$

유형 **4** 덧셈, 뺄셈, 곱셈, 나눗셈이 혼합된 식의 계산

07 다음 식을 계산하시오.

$$(14x^2y - 10xy^2) \div \left(-\dfrac{2}{3}xy\right) \times (-x)^2$$

08 $(16a^3b^2 + 12a^2b^3) \div \dfrac{4}{5}ab - (2a+b) \times 3ab$를 계산했을 때, 모든 항의 계수의 합은?

① 20 ② 22 ③ 24
④ 26 ⑤ 28

유형 **5** □ 안에 알맞은 식 구하기

09 $\left(-\dfrac{4}{3}a\right) \times \boxed{} = 8a^2 - 16a$ 일 때, □ 안에 알맞은 식은?

① $-\dfrac{32}{3}a + \dfrac{64}{3}$ 　　② $-6a + 12$

③ $-\dfrac{1}{6}a + \dfrac{4}{3}$ 　　④ $\dfrac{1}{6}a + \dfrac{3}{4}$

⑤ $6a - 12$

10 $\boxed{} \div \left(-\dfrac{5}{4}x^3y^2\right) = 6xy - \dfrac{2}{5}x$ 일 때, □ 안에 알맞은 식을 구하시오.

유형 **6** 도형에의 활용 (1)

11 오른쪽 그림과 같이 윗변의 길이가 $5y^2$, 아랫변의 길이가 $4xy$, 높이가 $3xy$인 사다리꼴의 넓이는?

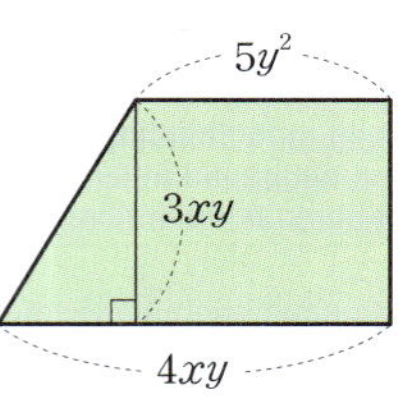

① $\dfrac{15}{2}xy^3 - 6x^2y^2$ 　　② $5xy^3 - 9x^2y^2$

③ $\dfrac{15}{2}xy^3 + 3x^2y^2$ 　　④ $5xy^3 + 12x^2y^2$

⑤ $\dfrac{15}{2}xy^3 + 6x^2y^2$

---

12 오른쪽 그림과 같이 한 대각선의 길이가 $3ab$인 마름모의 넓이가 $7a^2b + 12ab$일 때, 이 마름모의 다른 대각선의 길이를 구하시오.

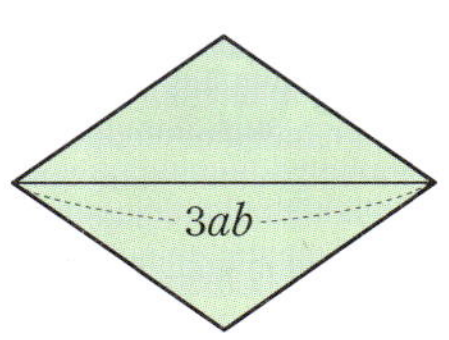

유형 **7** 도형에의 활용 (2)

13 오른쪽 그림과 같이 가로, 세로의 길이가 각각 $4a$, $2b$인 직사각형에서 색칠한 부분의 넓이를 구하시오.

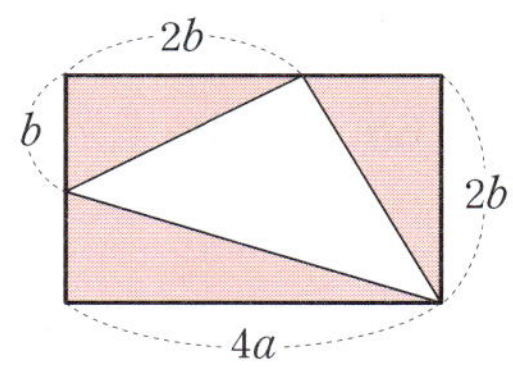

14 오른쪽 그림과 같은 직사각형에서 색칠한 삼각형의 넓이를 구하시오.

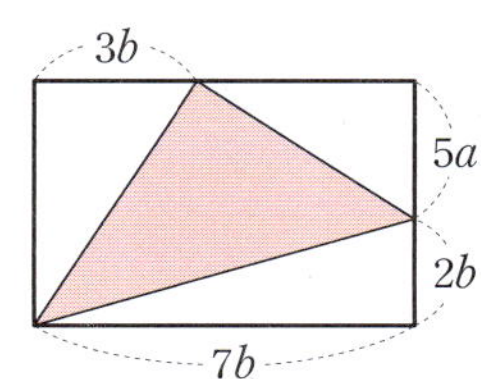

01 다음 두 조건을 모두 만족시키는 두 다항식 A, B에 대하여 $A+B$를 x에 대한 식으로 나타내시오.

> (가) A에 $4x^2-x+1$을 더했더니 $-x^2+x+3$이 되었다.
>
> (나) A에서 $2x^2-5x+1$을 뺐더니 B가 되었다.

답 ___________

02 다음 식을 계산했을 때, x의 계수와 y의 계수의 합을 구하시오.

> $$3x-[2x-4y-\{x-2y+(2x-5y)\}]$$

답 ___________

03 다음은 $(12a^3-8a^2+4a)\div4a$를 계산한 것이다. ㉠, ㉡, ㉢ 중 처음으로 틀린 부분을 찾고, 바르게 계산한 식을 구하시오.

> $(12a^3-8a^2+4a)\div4a$
> $$=\frac{12a^3-8a^2+4a}{4a} \qquad \cdots\cdots ㉠$$
> $$=3a^2-8a^2+4 \qquad \cdots\cdots ㉡$$
> $$=-5a^2+4a \qquad \cdots\cdots ㉢$$

답 ___________

04 다음 두 식 A, B에 대하여 $A-B$를 계산하시오.

> $$A=(9a^2b+3ab^2)\times\frac{4}{3ab},$$
> $$B=(12a^2-15ab)\div(-3a)$$

답 ___________

단원 마무리하기

01 $(8x+3y-2)-(5x+4y-2)=ax+by$일 때, 수 a, b에 대하여 $a-b$의 값은?

① -4 ② -2 ③ 2

④ 4 ⑤ 6

02 $\dfrac{4(3x-y)}{3}-\dfrac{3(x-2y)}{4}$ 를 계산하면?

① $-\dfrac{13}{4}x-\dfrac{1}{6}y$ ② $-3x+y$

③ $\dfrac{1}{4}x+\dfrac{1}{2}y$ ④ $\dfrac{13}{4}x-y$

⑤ $\dfrac{13}{4}x+\dfrac{1}{6}y$

03 $8a-[-3b-\{4a+5b-(7a-9b)\}]$ 를 계산했을 때, a의 계수와 b의 계수의 합은?

① 14 ② 16 ③ 18

④ 20 ⑤ 22

04 다음 등식에서 □ 안에 알맞은 식을 구하시오.

$$7a-[2a+9b-\{-a-(5b-\boxed{})\}]=6a+11b$$

05 다음 중 이차식인 것은?

① $-3+5$

② $4x-5y$

③ $(x^2-2x)-(x^2+x-1)$

④ $(x^2+2x-3)\times(-x)$

⑤ $(2x^3+x)\div x$

06 $-2(x^2+5x-3)+(7x^2+x-4)$ 를 계산했을 때, x의 계수와 상수항의 곱은?

① -18 ② -10 ③ 8

④ 10 ⑤ 18

07 다음 중 옳지 <u>않은</u> 것을 모두 고르면? (정답 2개)

① $-4a(2a+1)=-8a^2-4a$

② $3x(x^2-4y-2)=3x^2-12xy-6$

③ $(9a^3-15a)\div(-3a)=-3a^2+5$

④ $(-x^3+6x^2-x)\div x=-x^2+6x-1$

⑤ $(8x^2y+4xy^2)\div\left(-\dfrac{4}{3}xy\right)=-6x^3y^2-3x^2y^3$

★

08 $\dfrac{12x^2-15xy}{3x}-\dfrac{6xy+14y^2}{-2y}$ 을 계산하면?

① $-7x+2y$ ② $-2x+7y$ ③ $2x+7y$
④ $7x-2y$ ⑤ $7x+2y$

09 다음 보기 중

$$\dfrac{10b^2-15ab+5b}{5b}-(-2a^2b)^2\div(-a^3b^2)$$

을 계산한 식에 대한 설명으로 옳은 것을 모두 고른 것은?

┌ 보기 ┐
ㄱ. 이차식이다. ㄴ. a의 계수는 1이다.
ㄷ. b의 계수는 2이다. ㄹ. 상수항은 5이다.

① ㄱ, ㄴ ② ㄱ, ㄷ ③ ㄴ, ㄷ
④ ㄴ, ㄹ ⑤ ㄷ, ㄹ

10 어떤 식에 $2x$를 곱해야 할 것을 잘못하여 나누었더니 $3x+5y-1$이 되었다. 이때 바르게 계산한 식은?

① $3x^3+5x^2y-x^2$
② $6x^3+10x^2y-2x^2$
③ $12x^3+10x^2y-2x^2$
④ $12x^3+20x^2y-4x^2$
⑤ $15x^3+20x^2y-4x^2$

서술형
11 오른쪽 그림과 같이 밑면의 반지름의 길이가 $4x$인 원뿔의 부피가 $32\pi x^2y^2-80\pi x^2y$일 때, 이 원뿔의 높이를 구하시오.

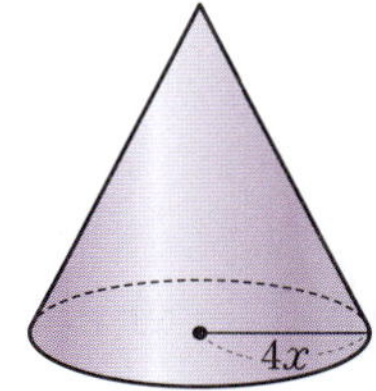

12 $a=-\dfrac{1}{2}$, $b=2$일 때, 다음 식의 값을 구하시오.

$$ab(a-b)-\dfrac{4ab^3-6a^2b^2}{2b}$$

Level Up

서술형
13 다음 그림과 같은 전개도로 만들어지는 직육면체에서 서로 평행한 두 면에 적힌 다항식의 합이 모두 같다고 한다. 이때 다항식 A를 구하시오.

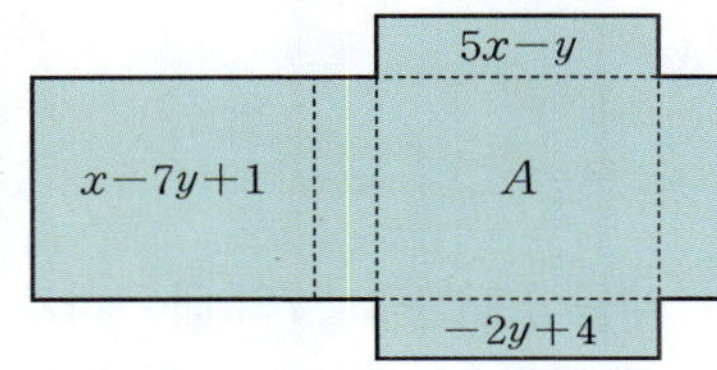

14 다음 그림의 입체도형은 부피가 $45x^2+30xy$인 큰 직육면체 위에 부피가 $15x^2-5xy$인 작은 직육면체를 올려 놓은 것이다. 물음에 답하시오.

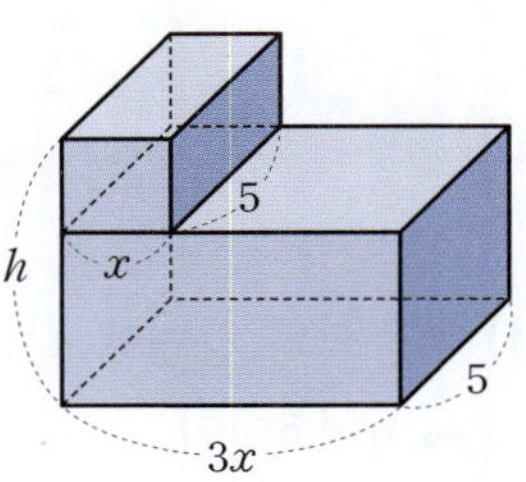

(1) 큰 직육면체의 높이를 구하시오.
(2) 작은 직육면체의 높이를 구하시오.
(3) h를 x, y에 대한 식으로 나타내시오.

 일차부등식

| 부등식 | x에 10을 더하면 / 13보다 / 크다.
좌변: $x+10$　　우변: 13　　$>$
$\rightarrow\ x+10>13$ | 부등호 $<$, $>$, $\leq$, $\geq$를 사용하여 수 또는 식의 대소 관계를 나타낸 것을 **부등식**이라 한다. |

부등식의 해

부등식 $2x+3<7$의 해 구하기

x의 값	좌변의 값	우변의 값	참/거짓
1	5	7	참
2	7	7	거짓
3	9	7	거짓

$\rightarrow$ 해: $x=1$

(1) **부등식의 해**: 미지수 x를 포함한 부등식이 참이 되게 하는 x의 값
(2) **부등식을 푼다**: 부등식의 해를 모두 구하는 것

부등식의 성질

(1) 부등식의 양변에 같은 수를 더하거나 양변에서 같은 수를 빼도 부등호의 방향은 바뀌지 않는다.
　$\rightarrow$ $a<b$이면　$a+c<b+c,\ a-c<b-c$
(2) 부등식의 양변에 같은 양수를 곱하거나 양변을 같은 양수로 나누어도 부등호의 방향은 바뀌지 않는다.
　$\rightarrow$ $a<b,\ c>0$이면　$ac<bc,\ \dfrac{a}{c}<\dfrac{b}{c}$
(3) 부등식의 양변에 같은 음수를 곱하거나 양변을 같은 음수로 나누면 부등호의 방향이 바뀐다.
　$\rightarrow$ $a<b,\ c<0$이면　$ac>bc,\ \dfrac{a}{c}>\dfrac{b}{c}$

| **일차부등식** | 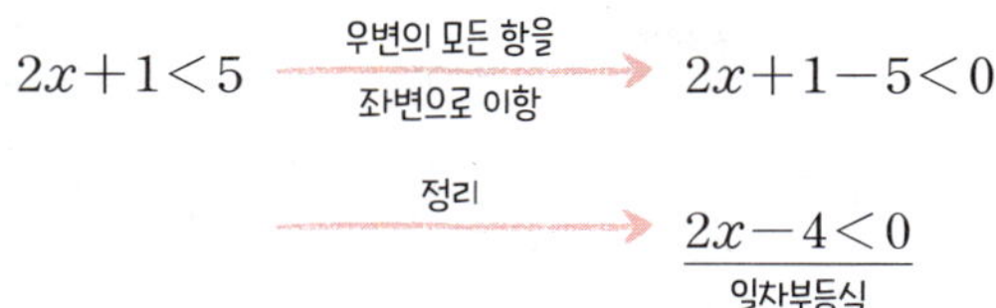 $2x+1<5$ $\xrightarrow{\text{우변의 모든 항을 좌변으로 이항}}$ $2x+1-5<0$ $\xrightarrow{\text{정리}}$ $\underset{\text{일차부등식}}{2x-4<0}$ | 부등식에서 우변의 모든 항을 좌변으로 이항하여 정리할 때
 (일차식)<0, (일차식)>0,
 (일차식)≤0, (일차식)≥0
중 어느 하나의 꼴이 되는 부등식을 **일차부등식**이라 한다. |

| **일차부등식의 풀이** | $\begin{aligned} 3x-12&>6x \\ 3x-6x&>12 \\ -3x&>12 \\ \therefore\ x&<-4 \end{aligned}$ ❶❷❸ | ❶ 일차항은 좌변으로, 상수항은 우변으로 각각 이항한다.
❷ 양변을 정리하여 $ax<b$, $ax>b$, $ax\leq b$, $ax\geq b\,(a\neq0)$ 중 어느 하나의 꼴로 만든다.
❸ 양변을 x의 계수 a로 나누어 $x<(수)$, $x>(수)$, $x\leq(수)$, $x\geq(수)$ 중 어느 하나의 꼴로 나타낸다. 이때 $a<0$이면 부등호의 방향이 바뀐다. |

| **복잡한 일차부등식의 풀이** | $2(x+3)<5x \xrightarrow{\text{괄호 풀기}} 2x+6<5x$
$0.8x-1.2\leq0.2x \xrightarrow{\text{양변에} \times10} 8x-12\leq2x$
$\dfrac{1}{2}x+\dfrac{2}{3}\geq-\dfrac{1}{6}x \xrightarrow{\text{양변에} \times6} 3x+4\geq-x$
최소공배수는 6 | (1) **괄호가 있는 일차부등식**: **분배법칙**을 이용하여 괄호를 풀고 동류항끼리 정리한 후 푼다.
(2) **계수가 소수인 일차부등식**: 양변에 **10의 거듭제곱**을 곱하여 계수를 모두 정수로 고쳐서 푼다.
(3) **계수가 분수인 일차부등식**: 양변에 **분모의 최소공배수**를 곱하여 계수를 모두 정수로 고쳐서 푼다. |

| **일차부등식의 활용** | ❶ 미지수 정하기   문제의 뜻을 이해하고, 구하려는 것을 미지수 x로 놓는다.
❷ 부등식 세우기   문제의 뜻에 맞게 x에 대한 일차부등식을 세운다.
❸ 부등식 풀기   일차부등식을 푼다.
❹ 확인하기   구한 해가 문제의 뜻에 맞는지 확인한다. |

01 부등식의 해와 그 성질

개념 1 부등식과 그 해

✓ 부등식으로 나타내기

01 다음 문장을 부등식으로 나타낼 때, □ 안에 알맞은 부등호를 써넣으시오.

(1) x는 -2보다 크다. → x □ -2

(2) x는 4 미만이다. → x □ 4

(3) x는 8보다 작지 않다. → x □ 8

(4) x는 6 이하이다. → x □ 6

(5) x에서 3을 뺀 수는 10 이상이다. → $x-3$ □ 10

(6) x의 4배에 2를 더한 수는 5보다 작다.

→ $4x+2$ □ 5

✓ 부등식의 해

02 다음 중 [ ] 안의 수가 주어진 부등식의 해인 것은 ○표, 해가 아닌 것은 ×표를 하시오.

(1) $x+2 \geq 3$ [1] ( )

(2) $3x-1 < -8$ [-2] ( )

(3) $5-x \leq x+5$ [-3] ( )

(4) $6x-1 > -2x+7$ [2] ( )

03 x의 값이 $-1, 0, 1, 2$일 때, 다음 부등식에 대하여 표를 완성하고 부등식의 해를 모두 구하시오.

(1) $2x+5 < 6$

x의 값	$2x+5$의 값	대소 비교	6	참, 거짓
-1	$2 \times (-1)+5=3$	$<$	6	참
0				
1				
2	$2 \times 2+5=9$	$<$	6	거짓

→ 주어진 부등식의 해는 _____________ 이다.

(2) $-4x+3 \geq -1$

x의 값	$-4x+3$의 값	대소 비교	-1	참, 거짓
-1	$-4 \times (-1)+3=7$	$\geq$	-1	참
0				
1				
2				

→ 주어진 부등식의 해는 _____________ 이다.

개념 2 부등식의 성질

✓ 부등식의 성질 (1)

01 $a > b$일 때, 다음 □ 안에 알맞은 부등호를 써넣으시오.

(1) $a > b$ $\xrightarrow[+2]{\text{양변에}}$ $a+2$ □ $b+2$

(2) $a > b$ $\xrightarrow[-3]{\text{양변에서}}$ $a-3$ □ $b-3$

(3) $a > b$ $\xrightarrow[\times 5]{\text{양변에}}$ $5a$ □ $5b$

(4) $a > b$ $\xrightarrow[\div(-8)]{\text{양변을}}$ $-\dfrac{a}{8}$ □ $-\dfrac{b}{8}$

02 $a \leq b$일 때, 다음 □ 안에 알맞은 부등호를 써넣으시오.

(1) $a+9$ □ $b+9$

(2) $a-6$ □ $b-6$

(3) $-4a$ □ $-4b$

(4) $\dfrac{a}{5}$ □ $\dfrac{b}{5}$

03 $a > b$일 때, 다음 □ 안에 알맞은 부등호를 써넣으시오.

(1) $4a-1$ □ $4b-1$

(2) $-3a+5$ □ $-3b+5$

(3) $-a-4$ □ $-b-4$

(4) $\dfrac{a}{2}-7$ □ $\dfrac{b}{2}-7$

✔ 부등식의 성질 (2)

04 다음 □ 안에 알맞은 부등호를 써넣으시오.

(1) $-5a+3 \leq -5b+3$ ➡ a □ b

(2) $a-8 > b-8$ ➡ a □ b

(3) $-\dfrac{a}{3}-6 \geq -\dfrac{b}{3}-6$ ➡ a □ b

(4) $2-a < 2-b$ ➡ a □ b

유형 **1** 부등식으로 나타내기

01 다음 문장을 부등식으로 나타내시오.

한 권에 x원인 공책 4권의 가격은 6000원 이하이다.

02 다음 중 문장을 부등식으로 나타낸 것으로 옳지 <u>않은</u> 것은?

① x에서 2를 뺀 수는 30 미만이다. ➡ $x-2 < 30$

② a의 5배는 a에 20을 더한 수보다 작지 않다.
　➡ $5a > a+20$

③ 바이킹을 탈 수 있는 사람의 키 x cm는 110 cm이상이다. ➡ $x \geq 110$

④ 한 개에 500원인 사탕 x개와 한 개에 800원인 아이스크림 2개의 가격은 5000원보다 비싸다.
　➡ $500x+1600 > 5000$

⑤ 12명의 회원이 각각 x원씩 회비를 내면 50000원이하이다. ➡ $12x \leq 50000$

유형 **2** 부등식의 해

03 다음 부등식 중 해가 $x=2$인 것은?

① $x-4 \geq 0$　② $0.3x-1 > 0$　③ $5-x < 0$

④ $3x-4 < 0$　⑤ $\dfrac{x-4}{2} \leq 0$

04 다음 중 [   ] 안의 수가 주어진 부등식의 해인 것을 모두 고르면? (정답 2개)

① $x+2<-2$ $[-2]$ ② $5x+2\leq3$ $[-1]$
③ $3x>-x+4$ $[2]$ ④ $7-8x\geq5$ $[1]$
⑤ $-3-6x>0$ $[0]$

유형 3 부등식의 성질

05 $a<b$일 때, 다음 중 옳은 것을 모두 고르면?

(정답 2개)

① $2-a<2-b$
② $-5a+1>-5b+1$
③ $3a-(-4)>3b-(-4)$
④ $-8a+\dfrac{1}{2}<-8b+\dfrac{1}{2}$
⑤ $a\div\dfrac{1}{6}-2<b\div\dfrac{1}{6}-2$

06 $7-3a<7-3b$일 때, 다음 **보기** 중 옳은 것을 모두 고르시오.

보기

ㄱ. $a-3>b-3$　　ㄴ. $-5a+1>-5b+1$
ㄷ. $\dfrac{1}{2}a<\dfrac{1}{2}b$　　ㄹ. $6-\dfrac{4}{3}a<6-\dfrac{4}{3}b$

07 $a>b$일 때, 다음 중 $\square$ 안에 들어갈 부등호의 방향이 나머지 넷과 <u>다른</u> 하나는?

① $a-4$ $\square$ $b-4$　　② $a+6$ $\square$ $b+6$
③ $3a+2$ $\square$ $3b+2$　　④ $-a+\dfrac{1}{7}$ $\square$ $-b+\dfrac{1}{7}$
⑤ $\dfrac{a}{5}-3$ $\square$ $\dfrac{b}{5}-3$

유형 4 식의 값의 범위 구하기

08 $x\geq2$이고 $A=-2x+1$일 때, A의 값의 범위는?

① $A\geq-2$　　② $A\leq-3$　　③ $A\geq-3$
④ $A\geq2$　　⑤ $A\leq3$

09 $-8\leq x<4$이고 $A=5-\dfrac{1}{4}x$일 때, A의 값의 범위는 $a<A\leq b$이다. 이때 $b-a$의 값은?

① 1　　② 2　　③ 3
④ 4　　⑤ 5

02 일차부등식의 풀이

✔ 일차부등식의 뜻

01 □ 안에 알맞은 것을 써넣고, 일차부등식인 것은 ○표, 일차부등식이 아닌 것은 ×표를 하시오.

(1) $x+1\leq-2x+5$

→ ☐ ≤0　　　　(　)

(2) $x^2+3>2x-3$

→ ☐ >0　　　　(　)

(3) $2(2x+1)<4x+7$

→ ☐ <0　　　　(　)

✔ 일차부등식의 풀이

02 다음 일차부등식을 푸시오.

(1) $4x+9\geq-3$

(2) $5<6x+2$

(3) $2x-5>3x$

(4) $2x+3\leq-3x-7$

(5) $-6x+9\leq2x+3$

(6) $12-3x<4x+5$

(7) $-2x+1>-5x-11$

03 다음 일차부등식을 풀고, 그 해를 수직선 위에 나타내시오.

(1) $2x-5>1$

(2) $3x<-x+2$

(3) $-5x+7>2x$

(4) $x+2\leq5x-6$

(5) $-3x-11\geq2x+4$

(6) $-9x+4<-4x+6$

✔ 괄호가 있는 일차부등식의 풀이

01 다음 일차부등식을 푸시오.

(1) $3(x+2)\geq5x$

(2) $6x-7>2(x-3)$

(3) $-(9-x)+5(x+4)<-7$

(4) $4(-x+2)\leq-3(x+1)$

✔ 계수가 소수 또는 분수인 일차부등식의 풀이

02 다음 일차부등식을 푸시오.

(1) $0.4x > 0.1x - 0.6$

(2) $0.2x - 1.2 \geq 0.5x$

(3) $0.08x + 0.15 < 0.1x - 0.05$

(4) $1.4x - 0.6 \leq 0.2(x+3)$

03 다음 일차부등식을 푸시오.

(1) $\dfrac{3}{8}x + \dfrac{1}{2} < x - \dfrac{3}{4}$

(2) $\dfrac{3}{2}x - \dfrac{5}{6} \leq \dfrac{2}{3}x$

(3) $\dfrac{2}{5} - \dfrac{5}{4}x > -x + \dfrac{1}{2}$

(4) $\dfrac{3x-1}{2} \geq \dfrac{x+2}{3}$

(5) $\dfrac{x-3}{6} \leq -\dfrac{x}{4} + 2$

(6) $\dfrac{1}{4}x - 1 < 0.4x - 0.7$

(7) $0.7x - \dfrac{4-x}{5} \leq 1$

(8) $\dfrac{1}{3}(2-x) \geq 0.5(x+1)$

유형 **1** 일차부등식

01 다음 중 일차부등식인 것은?

① $6 < 1 + 7$ ② $4 - x > -5 - x$

③ $10x + 1 < 8 - x^2$ ④ $x(x-1) \geq x^2 + 1$

⑤ $\dfrac{2}{x} - 4 \leq 9$

02 다음 보기 중 일차부등식의 개수를 구하시오.

보기

ㄱ. $x^2 < x(x-1)$ ㄴ. $3x^2 \leq 2x^2 - 1$

ㄷ. $\dfrac{x}{7} - 1 \geq 3$ ㄹ. $x - 6 < x - 2$

ㅁ. $5(x+3) > 4 + 5x$ ㅂ. $9 \geq 8 - \dfrac{1}{x}$

유형 **2** 일차부등식의 풀이

03 다음 일차부등식을 풀고, 그 해를 수직선 위에 나타내시오.

(1) $x - 1 \leq 4x + 8$

(2) $-3x + 4 > 2x - 1$

04 다음 일차부등식 중 해가 나머지 넷과 <u>다른</u> 하나는?

① $4x - 5 > -3x + 2$ ② $-4x + 2 < -2x$

③ $x - 8 > -7$ ④ $x - 5 > 2x - 6$

⑤ $2x - 1 < 3x - 2$

05 다음 중 일차부등식 $5x-9<6$의 해를 수직선 위에 바르게 나타낸 것은?

① 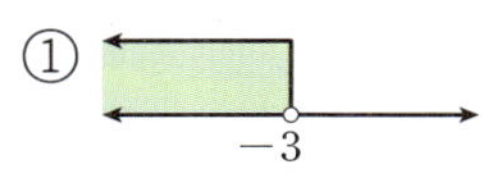

② 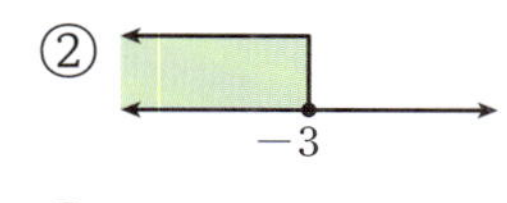

③ 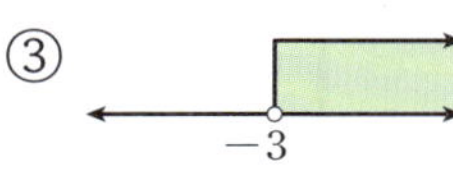

④ 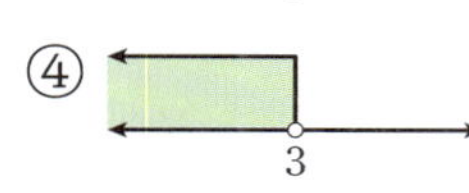

⑤ 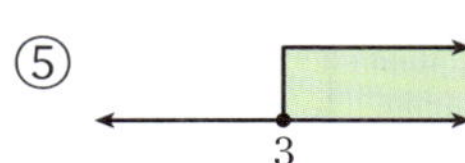

06 다음 일차부등식 중 해를 수직선 위에 나타냈을 때, 오른쪽 그림과 같은 것을 모두 고르면? (정답 2개)

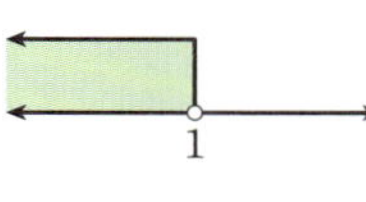

① $5+4x>1$　　　② $3-2x<2-x$
③ $-3x+2>x-2$　　④ $8x-12<-x-3$
⑤ $-2x\leq3x+10$

07 일차부등식 $6(x+2)-7>12-5(x-3)$을 만족시키는 가장 작은 정수 x의 값은?

① -3　　　② -2　　　③ 2
④ 3　　　⑤ 4

08 다음 일차부등식을 푸시오.

$$4(x+1)\geq3(5x-6)$$

09 다음 일차부등식을 푸시오.

(1) $\dfrac{x}{2}-\dfrac{x-4}{3}<2$

(2) $0.5(x-3)+0.9\geq0.2x$

10 일차부등식 $\dfrac{x+5}{3}-4<\dfrac{3x-2}{5}-\dfrac{x}{2}$를 만족시키는 자연수 x의 개수는?

① 6　　　② 7　　　③ 8
④ 9　　　⑤ 10

11 일차부등식 $2(x-2)-3(x+1)\geq6a$의 해를 수직선 위에 나타내면 다음 그림과 같을 때, 수 a의 값을 구하시오.

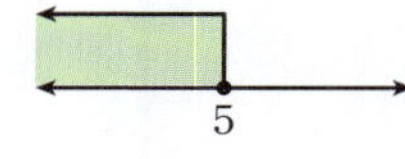

12 일차부등식 $ax-4 \geq 8$의 해가 $x \leq -3$일 때, 수 a의 값은?

① -5　　② -4　　③ -3

④ -2　　⑤ -1

걸음 더

유형 7 계수가 문자인 일차부등식의 풀이

13 $a > 0$일 때, x에 대한 일차부등식 $-ax-4a \geq 0$을 풀면?

① $x \leq -4$　　② $x \geq -4$　　③ $x \leq 4$

④ $x \geq 4$　　⑤ $x \geq \dfrac{4}{a}$

14 $a < 0$일 때, x에 대한 일차부등식 $a(x+2) > 5a$를 푸시오.

---

03 일차부등식의 활용

개념 5 일차부등식의 활용

✓ 연속하는 자연수에 대한 문제

01 어떤 자연수의 4배에 6을 더한 수는 30보다 크다고 할 때, 어떤 자연수 중 가장 작은 수를 구하시오.

02 연속하는 두 자연수가 있다. 이 두 수의 합이 27보다 클 때, 연속하는 두 자연수 중 가장 작은 두 자연수를 구하시오.

✓ 최대 개수에 대한 문제

03 한 개에 500원인 사과와 한 개에 300원인 귤을 합하여 20개를 사는데 전체 가격이 7000원 이하가 되게 하려고 한다. 다음 물음에 답하시오.

(1) 사과를 x개 산다고 할 때, 다음 표를 완성하고 이를 이용하여 부등식을 세우시오.

	사과	귤
개수(개)	x	
가격(원)	$500x$	

(2) (1)의 부등식을 푸시오.

(3) 사과를 최대 몇 개 살 수 있는지 구하시오.

04 한 개에 900원인 크림빵과 한 개에 1200원인 팥빵을 합하여 20개를 사려고 한다. 전체 금액이 20000원을 넘지 않게 할 때, 팥빵은 최대 몇 개까지 살 수 있는지 구하시오.

05 무게가 400 g인 빈 바구니에 한 개의 무게가 200 g인 사과를 담아 전체 과일바구니의 무게가 5 kg 이하가 되도록 하려면 사과를 최대 몇 개 담을 수 있는지 구하시오.

06 현재 민영이와 성호의 저금통에는 각각 6000원, 9000원이 들어 있다. 다음 주부터 매주 민영이는 1000원씩, 성호는 600원씩 저금통에 넣는다고 할 때, 민영이의 저금액이 성호의 저금액보다 많아지는 것은 몇 주 후부터인지 구하려고 한다. 다음 물음에 답하시오.

(1) x주 후부터 민영이의 저금액이 성호의 저금액보다 많아진다고 할 때, 부등식을 세우시오.

(2) (1)의 부등식을 푸시오.

(3) 민영이의 저금액이 성호의 저금액보다 많아지는 것은 몇 주 후부터인지 구하시오.

✔ 거리, 속력, 시간에 대한 문제

01 산책을 하는데 갈 때는 시속 2 km로, 올 때는 같은 길을 시속 3 km로 걸어서 5시간 이내에 돌아오려고 한다. 다음 물음에 답하시오.

(1) x km 떨어진 지점까지 갔다 온다고 할 때, 다음 표를 완성하고 부등식을 세우시오.

	갈 때	올 때	전체
거리	x km	x km	
속력	시속 2 km	시속 3 km	
시간			5시간 이내

(2) (1)의 부등식을 푸시오.

(3) 최대 몇 km 떨어진 지점까지 갔다 올 수 있는지 구하시오.

02 등산을 하는데 올라갈 때는 시속 3 km로, 내려올 때는 같은 길을 시속 4 km로 걸어서 2시간 20분 이내에 갔다 오려고 한다. 다음 물음에 답하시오.

(1) x km까지 올라갔다 내려온다고 할 때, 부등식을 세우시오.

(2) (1)의 부등식을 푸시오.

(3) 최대 몇 km까지 올라갔다 내려올 수 있는지 구하시오.

필수 유형 익히기

유형 1 수에 대한 문제

01 어떤 자연수의 4배에 9를 더한 값이 어떤 자연수의 6배에서 3을 뺀 값보다 크거나 같다고 한다. 이와 같은 수 중 가장 큰 수는?

① 3 ② 4 ③ 5
④ 6 ⑤ 7

02 연속하는 두 짝수가 있다. 작은 수의 3배에 20을 더한 값이 큰 수의 4배보다 클 때, 가장 큰 두 짝수의 곱을 구하시오.

유형 2 최대 개수에 대한 문제

03 한 개에 1000원인 오렌지와 한 개에 800원인 사과를 합하여 30개를 사려고 한다. 전체 금액이 28000원 이하가 되도록 하려면 오렌지는 최대 몇 개까지 살 수 있는가?

① 18개 ② 19개 ③ 20개
④ 21개 ⑤ 22개

04 한 개에 800원인 쿠키를 1000원짜리 상자에 담아 사는데 전체 가격이 5000원 미만이 되도록 하려면 쿠키를 최대 몇 개 살 수 있는지 구하시오.

유형 3 도형에 대한 문제

05 윗변의 길이가 4 cm이고 높이가 6 cm인 사다리꼴이 있다. 이 사다리꼴의 넓이가 39 cm² 이상일 때, 사다리꼴의 아랫변의 길이는 몇 cm 이상이어야 하는지 구하시오.

06 가로의 길이가 세로의 길이의 2배보다 5 cm만큼 짧은 직사각형이 있다. 이 직사각형의 둘레의 길이가 140 cm 이하일 때, 세로의 길이는 몇 cm 이하이어야 하는지 구하시오.

유형 4 추가 비용에 대한 문제

07 어느 공원의 자전거 대여료는 처음 30분까지는 4000원이고 30분이 지나면 1분마다 200원씩 요금이 추가 된다고 한다. 자전거 대여료가 10000원 이하가 되도록 할 때, 최대 몇 분 동안 자전거를 탈 수 있는가?

① 50분 ② 55분 ③ 60분
④ 65분 ⑤ 70분

08 어느 해수욕장의 튜브 대여료는 5개까지 1개당 2000원이고 5개를 초과하면 초과된 튜브 1개당 1200원이라 한다. 튜브 대여료가 16000원 이하가 되게 하려면 최대 몇 개까지 튜브를 대여할 수 있는지 구하시오.

유형 5 예금액에 대한 문제

09 현재 은우의 예금액은 32000원, 소희의 예금액은 40000원이다. 다음 주부터 은우는 매주 2000원씩, 소희는 매주 1500원씩 예금한다면 몇 주 후부터 은우의 예금액이 소희의 예금액보다 많아지는지 구하시오.

10 현재 지우와 보영이의 통장 잔고는 각각 25000원, 8000원이다. 다음 달부터 지우는 매달 2000원씩, 보영이는 매달 6000원씩 예금한다고 할 때, 보영이의 예금액이 지우의 예금액의 2배 이상이 되는 것은 몇 개월 후부터인지 구하시오.

유형 6 거리, 속력, 시간에 대한 문제

11 민경이는 집에서 12 km 떨어진 공연장까지 가는데 처음에는 자전거를 타고 시속 12 km로 달리다가 도중에 자전거가 고장 나서 시속 3 km로 걸었더니 3시간 이내에 도착하였다. 이때 시속 12 km로 자전거를 탄 거리는 최소 몇 km인지 구하시오.

12 영주가 산책을 하는데 갈 때는 시속 2 km로 걷고, 올 때는 갈 때보다 1 km 더 먼 길을 시속 4 km로 걸었다. 산책하는 데 걸린 시간이 1시간 이내일 때, 영주가 걸은 거리는 최대 몇 km인지 구하시오.

한 걸음 더
유형 7 유리한 방법을 선택하는 문제

13 학교 앞 문구점에서 한 봉지에 3200원인 지점토가 할인점에서는 한 봉지에 2600원이고 할인점에 다녀오는 데 드는 왕복 교통비가 1800원이라 한다. 지점토를 몇 봉지 이상 살 경우 할인점에서 사는 것이 더 유리한지 구하시오.

14 집 근처 꽃집에서 한 송이에 1000원인 장미를 꽃시장에서는 이 가격에서 40 % 할인된 금액으로 판매한다. 꽃시장에 다녀오는 데 드는 왕복 교통비가 2800원일 때, 장미를 몇 송이 이상 살 경우 꽃시장에서 사는 것이 유리한가?

① 6송이　　　② 7송이　　　③ 8송이
④ 9송이　　　⑤ 10송이

서술형 감잡기

01 일차부등식 $2(x-a)<3x+10$의 해를 수직선 위에 나타내면 다음 그림과 같을 때, 수 a의 값을 구하시오.

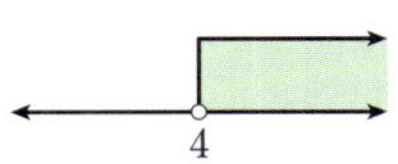

답 ____________________

02 일차부등식 $0.6x+2 \geq 0.4(x-1)+6.8$의 해를 $x \geq a$라 하고, 일차부등식 $\dfrac{x-1}{7} \geq \dfrac{x}{3}-3$의 해를 $x \leq b$라 할 때, 수 a, b에 대하여 $a-b$의 값을 구하시오.

답 ____________________

03 민희는 세 번의 수학 시험에서 각각 84점, 96점, 88점을 받았다. 네 번에 걸친 수학 시험의 평균 점수가 90점 이상이 되려면 네 번째 수학 시험에서 몇 점 이상을 받아야 하는지 구하시오.

답 ____________________

04 우람이가 집에서 출발하여 갈 때는 시속 3 km로 걷고, 올 때는 갈 때보다 2 km 더 먼 길을 시속 5 km로 뛰어서 1시간 20분 이내에 집으로 돌아왔다. 우람이가 시속 3 km로 걸은 거리는 최대 몇 km인지 구하시오.

답 ____________________

단원 마무리하기

중요

01 다음 중 부등식인 것을 모두 고르면? (정답 2개)

① $x+3$ 　　　② $1<5$

③ $2x+4=6x$ 　　　④ $3x-8\geq-x$

⑤ $9-x=0$

02 다음 **보기** 중 문장을 부등식으로 나타낸 것으로 옳지 않은 것을 모두 고른 것은?

> ─ 보기 ┐
>
> ㄱ. a의 4배는 a에서 3을 뺀 수보다 작지 않다.
> 　　→ $4a>a-3$
>
> ㄴ. 영기의 15년 후의 나이는 현재 나이 x세의 3배보다 많지 않다. → $x+15\leq3x$
>
> ㄷ. 4개에 x원인 오렌지 7개의 가격은 8000원 미만이다. → $\dfrac{4}{x}\times7<8000$
>
> ㄹ. 시속 70 km로 x km를 달리는 데 걸리는 시간은 30분보다 짧다. → $\dfrac{x}{70}<\dfrac{1}{2}$

① ㄱ, ㄴ 　　② ㄱ, ㄷ 　　③ ㄴ, ㄷ

④ ㄴ, ㄹ 　　⑤ ㄷ, ㄹ

03 다음 중 [ ] 안의 수가 주어진 부등식의 해인 것을 모두 고르면? (정답 2개)

① $5x+2<-7$ 　[-1] 　② $3+\dfrac{3}{2}x<0$ 　[-2]

③ $3x+2\leq-1$ 　[0] 　④ $6-4x<2x$ 　[2]

⑤ $\dfrac{x}{2}-\dfrac{1}{4}<1$ 　[1]

04 $-7a+4\leq-7b+4$일 때, 다음 중 옳지 않은 것은?

① $a+5\geq b+5$ 　　　② $-3a\leq-3b$

③ $2a-1\geq2b-1$ 　　　④ $\dfrac{a}{5}-2\leq\dfrac{b}{5}-2$

⑤ $3-\dfrac{a}{6}\leq3-\dfrac{b}{6}$

서술형

05 $2\leq x\leq9$이고 $A=-3x+5$일 때, A의 값 중 가장 큰 값을 a, 가장 작은 값을 b라 하자. ab의 값을 구하시오.

06 부등식 $-ax+12\geq4x-3$이 x에 대한 일차부등식이 되도록 하는 수 a의 값이 아닌 것은?

① -4 　　　② -2 　　　③ 1

④ 4 　　　⑤ 6

07 일차부등식 $6(x-1)\geq-x+15$를 만족시키는 가장 작은 정수 x의 값을 구하시오.

08 일차부등식 $5x+4\leq4a+x$의 해가 $x\leq6$일 때, 수 a의 값은?

① 5 　　② 7 　　③ 9
④ 12 　　⑤ 15

09 $a<4$일 때, x에 대한 일차부등식 $ax-2a>4(x-2)$를 만족시키는 가장 큰 정수 x의 값을 구하시오.

서술형
10 일차부등식 $2x-a\leq2+4x$의 해 중 가장 작은 수가 -3일 때, 수 a의 값을 구하시오.

11 부등식 $2(3x-8)+7<9-5(x-3)$을 만족시키는 자연수 x의 개수를 구하시오.

12 다음 중 일차부등식
$$5(x+3)\geq8(x-3)$$
의 해를 수직선 위에 바르게 나타낸 것은?

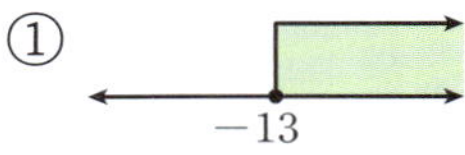
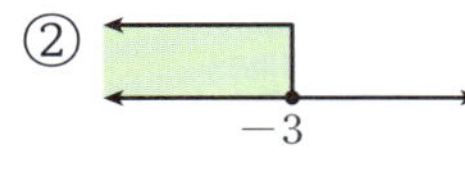
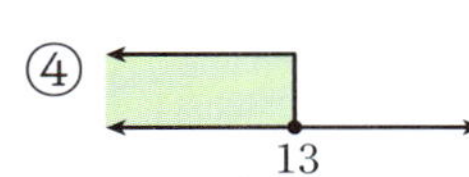

13 일차부등식 $-0.8x+3\geq\dfrac{4-x}{2}$를 푸시오.

서술형
14 두 일차부등식
$$x-a\leq-5(x+3)+2, \qquad \dfrac{x-1}{2}\geq\dfrac{4x+1}{3}$$
의 해가 서로 같을 때, 수 a의 값을 구하시오.

15 연속하는 두 홀수의 합이 16 이하라고 한다. 두 수 중 작은 수를 x라 할 때, x의 값이 될 수 있는 가장 큰 정수를 구하시오.

16 과일 가게에서 한 개에 800원인 단감과 한 개에 1000원인 사과를 합하여 24개를 사려고 한다. 전체 금액이 21000원을 넘지 않게 하려면 사과는 최대 몇 개까지 살 수 있는가?

① 8개   ② 9개   ③ 10개
④ 11개   ⑤ 12개

17 지민이는 버스 출발 시각까지 1시간 20분의 여유가 있어 상점에서 기념품을 사 오려고 한다. 기념품을 사는 데 40분이 걸리고 시속 5 km로 걸을 때, 버스터미널에서 몇 km 이내에 있는 상점을 이용할 수 있는지 구하시오.

Level Up

18 $a < b$일 때, x에 대한 일차부등식 $ax - 4 \leq b(x+1)$을 풀면?

① $x \leq -\dfrac{b+4}{a-b}$ ② $x \geq -\dfrac{b+4}{a-b}$ ③ $x \leq \dfrac{b+4}{a-b}$

④ $x \geq \dfrac{b+4}{a-b}$ ⑤ 해가 없다.

19 일차부등식 $6x - 2a \leq 5x + 7$을 만족시키는 자연수 x가 존재하지 않을 때, 수 a의 값의 범위는?

① $a < -3$ ② $a < -2$ ③ $a > 1$
④ $a > 2$ ⑤ $a > 3$

20 어느 워터파크의 입장료는 한 사람당 6000원이고, 30명 이상의 단체인 경우에는 입장료는 한 사람당 5000원이라 한다. 30명 미만인 단체가 이 워터파크에 입장하려고 할 때, 몇 명 이상이면 30명의 단체 입장권을 사는 것이 유리한지 구하시오.

 연립일차방정식

미지수가 2개인 일차방정식

$$x+2y-1=y$$

우변에 있는 항을 → 좌변으로 이항

$$x+2y-1-y=0$$

↓ 정리

$$x+y-1=0 \ \leftarrow \text{미지수가 2개인 일차방정식}$$
$ax+by+c=0 \ \text{꼴}$

미지수가 2개이고, 그 차수가 모두 1인 방정식을 미지수가 2개인 일차방정식이라 한다.
→ $ax+by+c=0$ (a, b, c는 수, $a\neq0$, $b\neq0$)

미지수가 2개인 일차방정식의 풀이

일차방정식 $2x+y=7$에서
$x=1$, $y=5$일 때 $2\times1+5=7$ (참)
$x=1$, $y=6$일 때 $2\times1+6\neq7$ (거짓)
→ $x=1$, $y=5$는 해이고, $x=1$, $y=6$은 해가 아니다.

(1) **미지수가 2개인 일차방정식의 해**: 미지수가 x, y의 2개인 일차방정식이 참이 되게 하는 x, y의 값 또는 그 순서쌍 (x, y)
(2) **일차방정식을 푼다**: 일차방정식의 해를 모두 구하는 것

연립방정식

연립방정식 $\begin{cases} x-y=2 & \cdots\cdots\ \text{㉠} \\ 4x+y=13 & \cdots\cdots\ \text{㉡} \end{cases}$ 의 해

[㉠의 해]

x	1	2	3	4
y	-1	0	1	2

[㉡의 해]

x	1	2	3
y	9	5	1

→ 해: $(3, 1)$

미지수가 2개인 두 일차방정식을 한 쌍으로 묶어서 나타낸 것을 미지수가 2개인 연립일차방정식 또는 간단히 연립방정식이라 한다.
(1) **연립방정식의 해**: 연립방정식에서 각 방정식의 공통인 해
(2) **연립방정식을 푼다**: 연립방정식의 해를 모두 구하는 것

| 연립방정식의 풀이; 대입법 | $\begin{cases} y=x+2 \\ 2x+3y=16 \end{cases}$ 에서

 $2x+3y=16 \xrightarrow[\;y\text{를 없앤다.}\;]{\;y=x+2\text{를 대입하여}\;} 5x+6=16$
 하나의 미지수만 남긴다. | **대입**을 이용하여 한 미지수를 없앤 다음 미지수가 1개인 일차방정식을 만들어 연립방정식의 해를 구하는 방법을 대입법이라 한다. |

| 연립방정식의 풀이; 가감법 | 부호가 같다. / 빼서 y를 없앤다
 $\begin{cases} 5x+2y=15 \\ 3x+2y=9 \end{cases} \rightarrow \begin{array}{r} 5x+2y=15 \\ -)\;3x+2y=9 \\ \hline 2x=6 \end{array}$
 하나의 미지수만 남긴다. | 두 일차방정식을 **변끼리** 더하거나 **빼서** 한 미지수를 없애 연립방정식의 해를 구하는 방법을 가감법이라 한다. |

| $A=B=C$ 꼴의 방정식의 풀이 | $\underset{A}{4x+y}=\underset{B}{2x-3y}=\underset{C}{1}$ 과 같은 연립방정식 세우기

 $\begin{cases} 4x+y=2x-3y \\ 4x+y=1 \end{cases} \leftarrow \begin{cases} A=B \\ A=C \end{cases}$ 꼴

 또는 $\begin{cases} 4x+y=2x-3y \\ 2x-3y=1 \end{cases} \leftarrow \begin{cases} A=B \\ B=C \end{cases}$ 꼴

 또는 $\begin{cases} 4x+y=1 \\ 2x-3y=1 \end{cases} \leftarrow \begin{cases} A=C \\ B=C \end{cases}$ 꼴 | $A=B=C$ 꼴의 방정식은 다음 세 연립방정식 중 하나의 꼴로 바꾸어 푼다.

 $\begin{cases} A=B \\ A=C \end{cases}$ $\begin{cases} A=B \\ B=C \end{cases}$ $\begin{cases} A=C \\ B=C \end{cases}$ |

| 연립방정식의 활용 | ❶ 미지수 정하기   문제의 뜻을 이해하고, 구하려는 것을 미지수 x, y로 놓는다.
 ❷ 연립방정식 세우기   문제의 뜻에 맞게 x, y에 대한 연립방정식을 세운다.
 ❸ 연립방정식 풀기   연립방정식을 푼다.
 ❹ 확인하기   구한 해가 문제의 뜻에 맞는지 확인한다. | |

01 연립일차방정식과 그 해

✔ 미지수가 2개인 일차방정식의 뜻

01 다음 중 미지수가 2개인 일차방정식인 것은 ○표, 아닌 것은 ×표를 하시오.

(1) $3x-4y$　　　　　　　　　　　（　　　）

(2) $2x+\dfrac{y}{2}-4=0$　　　　　　　（　　　）

(3) $x-y^2+3=0$　　　　　　　　（　　　）

(4) $4x+2y=x+2y$　　　　　　（　　　）

✔ 미지수가 2개인 일차방정식의 해

02 x, y의 값이 자연수일 때, 다음 일차방정식에 대하여 표를 완성하고 해를 순서쌍 (x, y)로 나타내시오.

(1) $2x+y=8$

x	1	2	3	4	…
y					…

→ 해: $(1,\ \boxed{\ })$, $(2,\ \boxed{\ })$, $(3,\ \boxed{\ })$

(2) $x+3y=10$

x					…
y	1	2	3	4	…

→ 해: ______________

✔ 연립방정식의 해

01 x, y의 값이 자연수일 때, 다음 연립방정식에 대하여 표를 완성하고 해를 순서쌍 (x, y)로 나타내시오.

(1) $\begin{cases} x+y=4 & \cdots\cdots\ ㉠ \\ 3x+y=8 & \cdots\cdots\ ㉡ \end{cases}$

→ ㉠의 해:

x	1	2	3
y			

㉡의 해:

x	1	2
y		

→ 연립방정식의 해: $(\boxed{\ },\ \boxed{\ })$

(2) $\begin{cases} 2x+y=9 & \cdots\cdots\ ㉠ \\ x-y=3 & \cdots\cdots\ ㉡ \end{cases}$

→ ㉠의 해:

x	1	2	3	4
y				

㉡의 해:

x				…
y	1	2	3	…

→ 연립방정식의 해: ______________

02 다음 연립방정식 중 x, y의 순서쌍 $(-1, 2)$를 해로 갖는 것은 ○표, 해로 갖지 않는 것은 ×표를 하시오.

(1) $\begin{cases} x+y=1 \\ 2x-y=0 \end{cases}$　　　　　　（　　　）

(2) $\begin{cases} x-3y=-7 \\ 4x+3y=2 \end{cases}$　　　　　（　　　）

(3) $\begin{cases} 3x+y=1 \\ 2x-5y=-12 \end{cases}$　　　　（　　　）

유형 1 미지수가 2개인 일차방정식

01 다음 중 미지수가 2개인 일차방정식은?

① $5x-4=0$ ② $x+2y-3$

③ $x-3y-7=0$ ④ $x^2+6y-1=0$

⑤ $x+y=x-y+1$

02 다음 **보기** 중 미지수가 2개인 일차방정식을 모두 고르시오.

보기

ㄱ. $xy=5$ ㄴ. $-x+7y$

ㄷ. $2x+y=-1$ ㄹ. $3x-y^2=y-y^2+1$

ㅁ. $5x-3=x$ ㅂ. $\dfrac{1}{x}-\dfrac{1}{y}=1$

유형 2 미지수가 2개인 일차방정식의 해

03 다음 중 일차방정식 $-x+2y=4$의 해인 것을 모두 고르면? (정답 2개)

① $x=-6,\ y=-1$ ② $x=-3,\ y=2$

③ $x=2,\ y=0$ ④ $x=4,\ y=4$

⑤ $x=5,\ y=-1$

04 다음 **보기** 중 $(-1,\ 3)$을 해로 갖는 일차방정식을 모두 고르시오.

보기

ㄱ. $x+4y=10$ ㄴ. $-x+2y=7$

ㄷ. $2x-y=1$ ㄹ. $4x+5y=11$

유형 3 미지수가 2개인 일차방정식의 해 구하기

05 $x,\ y$의 값이 자연수일 때, 일차방정식 $2x+3y=13$의 해를 순서쌍 $(x,\ y)$로 나타내시오.

06 $x,\ y$의 값이 자연수일 때, 일차방정식 $4x+3y=19$의 해의 개수를 구하시오.

한 걸음 더

유형 4 일차방정식의 해 또는 계수가 문자인 경우

07 일차방정식 $ax+3y=2$의 한 해가 $(2,\ -2)$일 때, 수 a의 값을 구하시오.

08 일차방정식 $6x-5y=-28$의 한 해가 $(k,\ 2)$일 때, k의 값을 구하시오.

유형 5 연립방정식의 해

09 다음 연립방정식 중 해가 $(-1, 3)$인 것은?

① $\begin{cases} x-y=4 \\ -3x-4y=5 \end{cases}$ ② $\begin{cases} x+y=5 \\ -3x+4y=7 \end{cases}$

③ $\begin{cases} 3x-y=-6 \\ -x+2y=7 \end{cases}$ ④ $\begin{cases} 3x+y=6 \\ x+2y=7 \end{cases}$

⑤ $\begin{cases} x-2y=7 \\ -3x+y=-6 \end{cases}$

10 다음 보기의 연립방정식 중 해가 $x=4$, $y=-2$인 것을 모두 고르시오.

보기
ㄱ. $\begin{cases} x+y=2 \\ 2x-y=6 \end{cases}$ ㄴ. $\begin{cases} x+2y=0 \\ 3x+4y=4 \end{cases}$

ㄷ. $\begin{cases} x-y=2 \\ x+3y=-2 \end{cases}$ ㄹ. $\begin{cases} 2x+y=6 \\ 3x-2y=16 \end{cases}$

유형 6 연립방정식의 계수가 문자인 경우

11 연립방정식 $\begin{cases} 3x+ay=10 \\ bx+5y=-2 \end{cases}$ 의 해가 $(6, 2)$일 때, 수 a, b에 대하여 ab의 값은?

① -8 ② -4 ③ 4
④ 8 ⑤ 12

12 연립방정식 $\begin{cases} x+ay=3 \\ bx+4y=-5 \end{cases}$ 의 해가 $x=-1$, $y=-2$일 때, 수 a, b에 대하여 $a+b$의 값을 구하시오.

유형 7 연립방정식의 해가 문자인 경우

13 연립방정식 $\begin{cases} x-2y=a \\ 3x+2y=10 \end{cases}$ 의 해가 $x=b$, $y=-1$일 때, a, b의 값을 각각 구하시오. (단, a는 수)

14 연립방정식 $\begin{cases} x-y=a \\ 5x-8y=-7 \end{cases}$ 의 해가 $(b, 4)$일 때, $a+b$의 값을 구하시오. (단, a는 수)

개념 3 연립방정식의 풀이; 대입법

✓ 대입법

01 대입법을 이용하여 다음 연립방정식을 푸시오.

(1) $\begin{cases} y=2x & \cdots\cdots\ \text{㉠} \\ 4x-y=8 & \cdots\cdots\ \text{㉡} \end{cases}$

(2) $\begin{cases} 2x+4y=-10 & \cdots\cdots\ \text{㉠} \\ x=3y & \cdots\cdots\ \text{㉡} \end{cases}$

(3) $\begin{cases} y=x-3 & \cdots\cdots\ \text{㉠} \\ x-3y=7 & \cdots\cdots\ \text{㉡} \end{cases}$

(4) $\begin{cases} x=2y-1 & \cdots\cdots\ \text{㉠} \\ 3x-2y=5 & \cdots\cdots\ \text{㉡} \end{cases}$

(5) $\begin{cases} x-2y=3 & \cdots\cdots\ \text{㉠} \\ 2x+3y=-1 & \cdots\cdots\ \text{㉡} \end{cases}$

(6) $\begin{cases} x-3y=0 & \cdots\cdots\ \text{㉠} \\ -3x+5y=8 & \cdots\cdots\ \text{㉡} \end{cases}$

(7) $\begin{cases} 3x+y=1 & \cdots\cdots\ \text{㉠} \\ 5x+2y=3 & \cdots\cdots\ \text{㉡} \end{cases}$

(8) $\begin{cases} -2x+y=7 & \cdots\cdots\ \text{㉠} \\ 3x+4y=6 & \cdots\cdots\ \text{㉡} \end{cases}$

개념 4 연립방정식의 풀이; 가감법

✓ 가감법

01 가감법을 이용하여 다음 연립방정식을 푸시오.

(1) $\begin{cases} x+4y=6 & \cdots\cdots\ \text{㉠} \\ x+2y=4 & \cdots\cdots\ \text{㉡} \end{cases}$

(2) $\begin{cases} 2x-y=-5 & \cdots\cdots\ \text{㉠} \\ -2x+3y=11 & \cdots\cdots\ \text{㉡} \end{cases}$

(3) $\begin{cases} 3x+y=8 & \cdots\cdots\ \text{㉠} \\ 2x-y=-3 & \cdots\cdots\ \text{㉡} \end{cases}$

(4) $\begin{cases} 4x+y=-9 & \cdots\cdots\ \text{㉠} \\ x-3y=1 & \cdots\cdots\ \text{㉡} \end{cases}$

(5) $\begin{cases} 2x-y=5 & \cdots\cdots\ \text{㉠} \\ x-4y=6 & \cdots\cdots\ \text{㉡} \end{cases}$

(6) $\begin{cases} 2x+5y=-2 & \cdots\cdots\ \text{㉠} \\ 3x+2y=8 & \cdots\cdots\ \text{㉡} \end{cases}$

(7) $\begin{cases} 7x-5y=1 & \cdots\cdots\ \text{㉠} \\ 5x-2y=7 & \cdots\cdots\ \text{㉡} \end{cases}$

(8) $\begin{cases} -3x-2y=0 & \cdots\cdots\ \text{㉠} \\ 5x+3y=-1 & \cdots\cdots\ \text{㉡} \end{cases}$

개념 5 여러 가지 연립방정식의 풀이

✓ 괄호가 있는 연립방정식

01 다음 연립방정식을 푸시오.

(1) $\begin{cases} 2(x-3)+3y=-4 & \cdots\cdots\ \unicode{x1F7E1} \\ 5x-4y=-18 & \cdots\cdots\ \unicode{x24C1} \end{cases}$

(2) $\begin{cases} 2x+y=-9 & \cdots\cdots\ \unicode{x1F7E1} \\ 4x-3(x+y)=-8 & \cdots\cdots\ \unicode{x24C1} \end{cases}$

(3) $\begin{cases} 2x+3y=22 & \cdots\cdots\ \unicode{x1F7E1} \\ 4x-(3x+y)=6 & \cdots\cdots\ \unicode{x24C1} \end{cases}$

(4) $\begin{cases} 6x-2(x-y)=5 & \cdots\cdots\ \unicode{x1F7E1} \\ 2(x+2y)-6y=7 & \cdots\cdots\ \unicode{x24C1} \end{cases}$

✓ 계수가 소수 또는 분수인 연립방정식

02 다음 연립방정식을 푸시오.

(1) $\begin{cases} 0.3x+0.1y=0.2 & \cdots\cdots\ \unicode{x1F7E1} \\ 0.5x-0.3y=0.8 & \cdots\cdots\ \unicode{x24C1} \end{cases}$

(2) $\begin{cases} 0.4x+y=0.6 & \cdots\cdots\ \unicode{x1F7E1} \\ 0.3x+0.5y=0.5 & \cdots\cdots\ \unicode{x24C1} \end{cases}$

(3) $\begin{cases} \dfrac{1}{3}x+\dfrac{1}{5}y=1 & \cdots\cdots\ \unicode{x1F7E1} \\[2mm] \dfrac{1}{6}x-\dfrac{1}{6}y=\dfrac{1}{2} & \cdots\cdots\ \unicode{x24C1} \end{cases}$

(4) $\begin{cases} \dfrac{x}{2}+\dfrac{y}{3}=1 & \cdots\cdots\ \unicode{x1F7E1} \\[2mm] \dfrac{x}{4}-\dfrac{y}{3}=2 & \cdots\cdots\ \unicode{x24C1} \end{cases}$

(5) $\begin{cases} \dfrac{2}{3}x+y=3 & \cdots\cdots\ \unicode{x1F7E1} \\[2mm] 0.2x-0.1y=-1.1 & \cdots\cdots\ \unicode{x24C1} \end{cases}$

(6) $\begin{cases} 0.2x-0.5y=1.2 & \cdots\cdots\ \unicode{x1F7E1} \\[2mm] \dfrac{x}{5}+\dfrac{y}{20}=\dfrac{1}{10} & \cdots\cdots\ \unicode{x24C1} \end{cases}$

개념 6 $A=B=C$ 꼴의 방정식의 풀이

✓ $A=B=C$ 꼴의 방정식

01 다음 방정식을 푸시오.

(1) $3x-y=x+y=8$

(2) $2x+y=-3x+2y+13=1$

(3) $6x-y=x+8=2x+3y$

(4) $5x-2y=9x+2=1-2x-7y$

필수 유형 익히기

유형 1 연립방정식의 풀이; 대입법

01 연립방정식 $\begin{cases} x=y+2 & \cdots\cdots\ \bigcirc \\ 2x+3y=-6 & \cdots\cdots\ \bigcirc \end{cases}$ 에서 ㉠을

㉡에 대입하여 x를 없애면 $5y=k$일 때, 수 k의 값은?

① -15 ② -12 ③ -10
④ -8 ⑤ -5

02 연립방정식 $\begin{cases} 2y=x-1 \\ 2y=3x-7 \end{cases}$ 을 만족시키는 $x,\ y$에 대하

여 $x+y$의 값은?

① 3 ② 4 ③ 5
④ 6 ⑤ 7

유형 2 연립방정식의 풀이; 가감법

03 연립방정식 $\begin{cases} x-2y=8 & \cdots\cdots\ \bigcirc \\ x+5y=1 & \cdots\cdots\ \bigcirc \end{cases}$ 을 가감법을 이

용하여 풀 때, x 또는 y를 없애기 위해 필요한 식을 모두 고르면? (정답 2개)

① $\bigcirc-\bigcirc$ ② $\bigcirc+\bigcirc$
③ $\bigcirc\times2-\bigcirc\times5$ ④ $\bigcirc\times5+\bigcirc\times2$
⑤ $\bigcirc\times5-\bigcirc\times2$

---

04 연립방정식 $\begin{cases} 2x+7y=3 \\ 5x+3y=-7 \end{cases}$ 을 푸시오.

한 걸음 더

유형 3 연립방정식의 해가 주어진 경우

05 연립방정식 $\begin{cases} ax+by=1 \\ bx-ay=8 \end{cases}$ 의 해가 $x=-1,\ y=-2$

일 때, 수 $a,\ b$의 값은?

① $a=-3,\ b=2$ ② $a=-2,\ b=3$
③ $a=2,\ b=-3$ ④ $a=3,\ b=-3$
⑤ $a=3,\ b=-2$

06 연립방정식 $\begin{cases} 3x-y=-6 \\ ax+2y=7 \end{cases}$ 을 만족시키는 y의 값이 3

일 때, 수 a의 값을 구하시오.

정답과 해설 105쪽

유형 4 계수가 소수 또는 분수인 연립방정식

07 연립방정식 $\begin{cases} 0.3x-0.1y=0.1 \\ 0.03x-0.1y=-0.44 \end{cases}$ 의 해가 $x=a$, $y=b$일 때, ab의 값은?

① -8 ② -6 ③ 4
④ 8 ⑤ 10

08 연립방정식 $\begin{cases} \dfrac{1}{2}x-\dfrac{3}{4}y=5 \\ \dfrac{1}{6}x+\dfrac{1}{3}y=-\dfrac{2}{3} \end{cases}$ 를 푸시오.

유형 5 $A=B=C$ 꼴의 방정식

09 방정식 $2x-y+1=x+y=-x+2y-5$의 해가 $x=a$, $y=b$일 때, a^2+b^2의 값을 구하시오.

10 방정식 $\dfrac{3y+4}{5}=\dfrac{2x-1}{3}=\dfrac{x+y}{4}$ 를 푸시오.

한 걸음 더 ★
유형 6 두 연립방정식의 해가 서로 같은 경우

11 두 연립방정식
$$\begin{cases} ax+2y=10 \\ 3x+y=8 \end{cases} , \quad \begin{cases} 4x-y=6 \\ 2x+by=-4 \end{cases}$$
의 해가 서로 같을 때, 수 a, b에 대하여 $a-b$의 값을 구하시오.

12 두 연립방정식
$$\begin{cases} ax-y=9 \\ 5x+2y=4 \end{cases} , \quad \begin{cases} 0.2x-0.1y=0.7 \\ x+by=14 \end{cases}$$
의 해가 서로 같을 때 수 a, b에 대하여 ab의 값은?

① -12 ② -6 ③ -1
④ 6 ⑤ 12

03 연립일차방정식의 활용

✓ 수에 대한 문제

01 서로 다른 두 정수가 있다. 두 수의 합은 28이고 큰 수는 작은 수의 2배보다 4만큼 크다고 한다. 다음 물음에 답하시오.

(1) 큰 수를 x, 작은 수를 y라 할 때, 연립방정식을 세우시오.

(2) (1)의 연립방정식을 푸시오.

(3) 두 수를 구하시오.

02 각 자리의 숫자의 합이 6인 두 자리 자연수가 있다. 이 수의 십의 자리의 숫자와 일의 자리의 숫자를 바꾼 수는 처음 수보다 18만큼 작다고 한다. 다음 물음에 답하시오.

(1) 처음 수의 십의 자리의 숫자를 x, 일의 자리의 숫자를 y라 할 때, 연립방정식을 세우시오.

(2) (1)의 연립방정식을 푸시오.

(3) 처음 수를 구하시오.

✓ 개수, 가격에 대한 문제

03 한 개에 800원인 사과와 한 개에 600원인 귤을 합하여 8개를 사고 6000원을 지불하였다. 다음 물음에 답하시오.

(1) 사과를 x개, 귤을 y개 샀다고 할 때, 연립방정식을 세우시오.

(2) (1)의 연립방정식을 푸시오.

(3) 귤을 몇 개 샀는지 구하시오.

04 어느 가게에서 사탕 1개와 초콜릿 1개를 담은 A 상자와 사탕 1개와 초콜릿 2개를 담은 B 상자를 팔고 있다. 이 가게에서 사탕 15개와 초콜릿 24개를 사려고 할 때, 다음 물음에 답하시오.

(1) A 상자를 x개, B 상자를 y개 산다고 할 때, 연립방정식을 세우시오.

(2) (1)의 연립방정식을 푸시오.

(3) A 상자를 몇 개 사야 하는지 구하시오.

✓ 거리, 속력, 시간에 대한 문제

05 집에서 6 km 떨어진 영화관까지 가는데 처음에는 시속 4 km로 걷다가 도중에 시속 8 km로 뛰어서 1시간 만에 도착하였다. 다음 물음에 답하시오.

(1) 걸어간 거리를 x km, 뛰어간 거리를 y km라 할 때, 연립방정식을 세우시오.

(2) (1)의 연립방정식을 푸시오.

(3) 뛰어간 거리는 몇 km인지 구하시오.

06 집에서 9 km 떨어진 도서관까지 가는데 처음에는 자전거를 타고 시속 12 km로 가다가 중간에 자전거가 고장 나서 시속 3 km로 걸었더니 총 2시간이 걸렸다. 다음 물음에 답하시오.

(1) 자전거를 타고 간 거리를 x km, 걸어간 거리를 y km라 할 때, 연립방정식을 세우시오.

(2) (1)의 연립방정식을 푸시오.

(3) 걸어간 거리는 몇 km인지 구하시오.

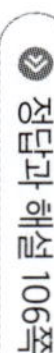

유형 **1** 수에 대한 문제

01 두 자연수의 합이 64이고 차가 32일 때, 두 자연수 중 작은 수는?

① 10 ② 12 ③ 14
④ 16 ⑤ 18

02 각 자리의 숫자의 합이 11인 두 자리 자연수가 있다. 이 수의 십의 자리의 숫자와 일의 자리의 숫자를 바꾼 수는 처음 수의 3배보다 31만큼 작을 때, 처음 수는?

① 38 ② 47 ③ 56
④ 65 ⑤ 83

유형 **2** 개수, 가격에 대한 문제

03 농구 경기에서 2점 슛과 3점 슛을 합하여 9개를 성공하여 20점을 득점하였다. 2점 슛을 몇 개 성공했는가?

① 3개 ② 4개 ③ 5개
④ 6개 ⑤ 7개

04 어느 미술관의 입장료는 어른과 어린이로 구별되어 있는데 어른 1명과 어린이 2명의 요금의 합은 4000원이고, 어른 2명과 어린이 3명의 요금의 합은 7000원이다. 어른 1명과 어린이 1명의 요금을 각각 구하시오.

유형 **3** 나이에 대한 문제

05 현재 아버지와 아들의 나이의 합은 52살이고, 10년 후에는 아버지의 나이가 아들의 나이의 3배가 된다고 한다. 현재 아들의 나이는?

① 7살 ② 8살 ③ 9살
④ 10살 ⑤ 11살

06 형의 나이는 동생의 나이보다 4살이 많고, 형의 나이의 4배는 동생의 나이의 5배보다 2살이 많다. 이때 형과 동생의 나이의 합을 구하시오.

07 둘레의 길이가 $80\ cm$인 직사각형의 가로의 길이가 세로의 길이의 2배보다 $5\ cm$만큼 짧을 때, 세로의 길이를 구하시오.

08 아랫변의 길이가 윗변의 길이보다 $3\ cm$만큼 더 긴 사다리꼴이 있다. 이 사다리꼴의 높이가 $8\ cm$이고 넓이가 $68\ cm^2$일 때, 아랫변의 길이는?

① $9\ cm$ ② $10\ cm$ ③ $11\ cm$
④ $12\ cm$ ⑤ $13\ cm$

09 나래가 산책을 하는데 처음에는 시속 $3\ km$로 걷다가 도중에 시속 $6\ km$로 달렸다. 총 $5.5\ km$인 산책로를 가는 데 1시간 10분이 걸렸다고 할 때, 나래가 걸어간 거리는?

① $1\ km$ ② $\dfrac{3}{2}\ km$ ③ $2\ km$
④ $\dfrac{5}{2}\ km$ ⑤ $3\ km$

10 하진이가 도서관에 갔다 오는데 갈 때는 시속 $2\ km$로 걷고, 올 때는 다른 길을 택하여 시속 $4\ km$로 걸었다. 총 $6\ km$를 걷는 데 2시간 30분이 걸렸다고 할 때, 하진이가 도서관에서 올 때 걸은 거리를 구하시오.

11 희철이와 우석이가 가위바위보를 하여 이긴 사람은 3계단씩 올라가고, 진 사람은 2계단씩 내려가기로 하였다. 얼마 후 처음 위치보다 희철이는 18계단을, 우석이는 3계단을 올라가 있었을 때, 우석이가 이긴 횟수를 구하시오.

(단, 비기는 경우는 없다.)

12 서연이와 우진이가 가위바위보를 하여 이긴 사람은 2계단씩 올라가고 진 사람은 1계단씩 내려가기로 하였다. 얼마 후 처음 위치보다 서연이는 14계단을, 우진이는 8계단을 올라가 있었을 때, 서연이가 이긴 횟수는?

(단, 비기는 경우는 없다.)

① 9   ② 10   ③ 11
④ 12   ⑤ 13

서술형 감잡기

01 연립방정식 $\begin{cases} x+4y=-3 \\ ax-2y=a \end{cases}$ 의 해가 일차방정식 $2x-y=12$를 만족시킬 때, 수 a의 값을 구하시오.

답 ______________________

02 연립방정식 $\begin{cases} 2x-ay=5 \\ 5x+2y=60 \end{cases}$ 을 만족시키는 x의 값이 y의 값의 2배일 때, 수 a의 값을 구하시오.

답 ______________________

03 연립방정식 $\begin{cases} ax+3y=6 \\ -x+by=4 \end{cases}$ 에서 a를 잘못 보고 풀었더니 해가 $x=2$, $y=3$이었고, b를 잘못 보고 풀었더니 해가 $x=3$, $y=1$이었다. 처음의 연립방정식을 푸시오.

답 ______________________

04 소은이와 준서가 가위바위보를 하여 이긴 사람은 2계단 올라가고, 진 사람은 1계단 내려가기로 하였다. 얼마 후 처음의 위치보다 소은이는 12계단을 올라가 있었고, 준서는 3계단을 내려가 있었다. 이때 두 사람은 가위바위보를 모두 몇 번 하였는지 구하시오. (단, 비기는 경우는 없다.)

답 ______________________

01 다음 중 미지수가 2개인 일차방정식은?

① $x-7y$ ② $4x-1=9$
③ $-y+4=2x$ ④ $5x^2-x=0$
⑤ $x+6y=x-3$

02 일차방정식 $3x-y+13=0$의 한 해가 $(a-2,\ 4)$일 때, a의 값을 구하시오.

03 $x,\ y$의 값이 음이 아닌 정수일 때, $x+4y=12$의 해는 모두 몇 개인가?

① 2개 ② 3개 ③ 4개
④ 5개 ⑤ 6개

04 다음 연립방정식 중 해가 $(3,\ 2)$인 것은?

① $\begin{cases} x=y-1 \\ 2x+y=7 \end{cases}$ ② $\begin{cases} x-y=0 \\ 2x+y=3 \end{cases}$

③ $\begin{cases} y=2x \\ y=3-x \end{cases}$ ④ $\begin{cases} x+y=5 \\ x-y=1 \end{cases}$

⑤ $\begin{cases} 3x-y=9 \\ x-2y=-2 \end{cases}$

서술형
05 연립방정식 $\begin{cases} ax+6y=14 \\ 4x-3y=5 \end{cases}$ 의 해가 $x=2,\ y=b$일

때, $a+b$의 값을 구하시오. (단, a는 수)

06 연립방정식 $\begin{cases} 3x-2y=6 & \cdots\cdots\ \bigcirc \\ 2y=x-3 & \cdots\cdots\ \bigcirc\!\!\!\bigcirc \end{cases}$ 을 풀기 위해

ⓛ을 ㉠에 대입하여 y를 없앴더니 $2x=a$가 되었다. 이때 수 a의 값은?

① -6 ② -3 ③ 3
④ 6 ⑤ 9

07 연립방정식 $\begin{cases} x-2y=4 & \cdots\cdots ㉠ \\ 2x+3y=15 & \cdots\cdots ㉡ \end{cases}$ 에서 y를 없

애려고 할 때, 다음 중 필요한 식은?

① ㉠×2+㉡×3 　　② ㉠×2−㉡×3

③ ㉠×3+㉡×2 　　④ ㉠×3−㉡×2

⑤ ㉠×3+㉡×4

08 연립방정식 $\begin{cases} ax-by=5 \\ bx-2ay=-2 \end{cases}$ 의 해가 $x=3,\ y=-2$

일 때, 수 a, b에 대하여 $a-b$의 값을 구하시오.

09 두 연립방정식

$$\begin{cases} 6x+5y=-9 \\ ax-3y=-1 \end{cases},\quad \begin{cases} 4x+by=5 \\ 3x-2y=-18 \end{cases}$$

의 해가 서로 같을 때, 수 a, b에 대하여 $a-b$의 값은?

① -9 　　② -5 　　③ -3

④ 5 　　⑤ 9

10 연립방정식 $\begin{cases} ax+by=5 \\ bx+ay=10 \end{cases}$ 에서 잘못하여 a와 b를 서

로 바꾸어 놓고 풀었더니 해가 $x=8,\ y=7$이었다. 처음의
연립방정식을 푸시오.

11 연립방정식 $\begin{cases} 3x-2y=8 \\ ax+3y=5 \end{cases}$ 의 해가 일차방정식

$2x+y=3$을 만족시킬 때, 수 a의 값은?

① -6 　　② -4 　　③ 2

④ 4 　　⑤ 6

12 다음 연립방정식을 푸시오.

$$\begin{cases} \dfrac{2}{3}x+\dfrac{3}{5}y=5 \\ 0.3(x+y)-0.1y=1.9 \end{cases}$$

13 연립방정식 $\begin{cases} x+2y=a \\ \dfrac{x-y}{2}+\dfrac{y}{5}=\dfrac{7}{5} \end{cases}$ 을 만족시키는 x의 값

이 y의 값의 2배일 때, 수 a의 값은?

① 4 　　② 5 　　③ 6

④ 7 　　⑤ 8

14 다음 방정식을 푸시오.

$$\frac{x+y+8}{5}=\frac{5x+2y-7}{3}=\frac{3x-1}{4}$$

15 두 자리 자연수가 있다. 이 수의 십의 자리의 숫자의 3배는 일의 자리의 숫자보다 2만큼 크고, 십의 자리의 숫자와 일의 자리의 숫자를 바꾼 수는 처음 수의 2배보다 1만큼 작을 때, 처음 수를 구하시오.

16 어느 농장에 돼지와 닭을 합하여 40마리가 있고, 돼지와 닭의 다리의 수의 합이 110일 때, 닭은 몇 마리 있는지 구하시오.

Level Up

17 연립방정식 $\begin{cases} ax+3y=3 \\ x+2y=8 \end{cases}$ 을 만족시키는 x와 y의 값의 비가 $2:3$일 때, 수 a의 값을 구하시오.

18 형이 집에서 할머니 댁을 향해 분속 $50\ \text{m}$로 걸어간 지 30분 후에 동생이 집에서 분속 $80\ \text{m}$로 형을 따라 출발하였다. 두 사람이 만나는 것은 동생이 집에서 출발한 지 몇 분 후인지 구하시오.

19 회원 수가 45명인 어느 동아리에서 남학생의 $\frac{1}{2}$과 여학생의 $\frac{1}{3}$이 영화 보는 것을 좋아하여 총 19명의 회원이 영화를 보러 가기로 하였다. 이 동아리의 남학생은 몇 명인지 구하시오.

일차함수

함수

자연수 x의 약수의 개수 y

x	1	2	3	4	⋯
y	1	2	2	3	⋯

y의 값이 하나

➡ y는 x의 함수이다.

두 변수 x, y에 대하여 x의 값이 변함에 따라 y의 값이 하나씩 정해지는 대응 관계가 있을 때, y를 x의 함수라 하고, 기호로 $y=f(x)$와 같이 나타낸다.

함숫값

함수 $y=f(x)$에서

$f(a)$의 값 ➡ $x=a$일 때의 함숫값

➡ $x=a$일 때, y의 값

➡ $f(x)$에 x 대신 a를 대입하여 얻은 값

함수 $y=f(x)$에서 x의 값에 따라 하나씩 정해지는 y의 값 $f(x)$를 x에서의 함숫값이라 한다.

일차함수

$y=\underset{\text{일차식}}{2x+3}$ ➡ $y=(x$에 대한 일차식)

➡ y는 x에 대한 일차함수이다.

함수 $y=f(x)$에서

$$y=ax+b \ (a,\ b\text{는 수},\ a\neq0)$$

와 같이 y가 x에 대한 일차식으로 나타내어질 때, 이 함수를 x에 대한 일차함수라 한다.

일차함수 $y=ax+b$ 의 그래프	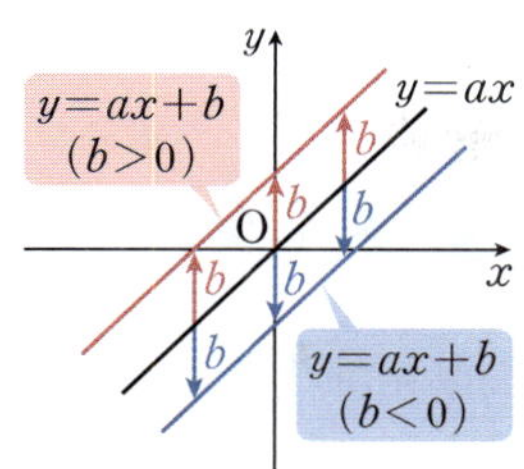	(1) **평행이동**: 한 도형을 일정한 방향으로 일정한 거리만큼 이동하는 것 (2) 일차함수 $y=ax+b$의 그래프 일차함수 $y=ax$의 그래프를 y축의 방향으로 b만큼 평행이동한 직선

일차함수의 그래프의 절편	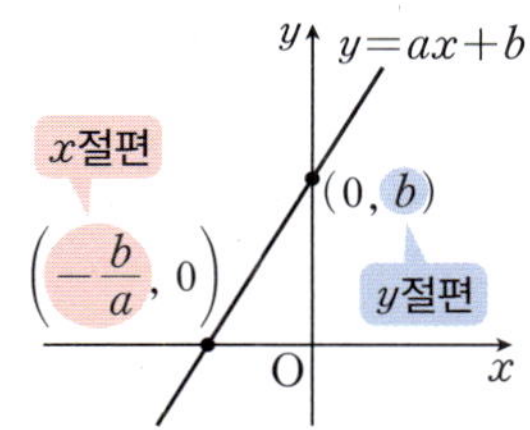	(1) x**절편**: 함수의 그래프가 x축과 만나는 점의 x좌표 ➡ $y=0$일 때, x의 값 (2) y**절편**: 함수의 그래프가 y축과 만나는 점의 y좌표 ➡ $x=0$일 때, y의 값

일차함수의 그래프의 기울기	$(\text{기울기})=\dfrac{(y\text{의 값의 증가량})}{(x\text{의 값의 증가량})}=a$ ← 항상 일정	x의 값의 증가량에 대한 y의 값의 증가량의 비율은 항상 일정하고, 그 비율을 **기울기**라 한다.

일차함수 $y=ax+b$ 의 그래프의 성질	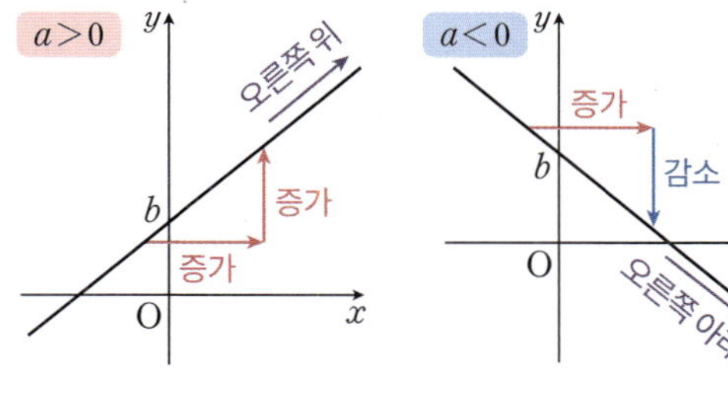	일차함수 $y=ax+b$의 그래프는 ① $a>0$이면 ➡ 오른쪽 위로 향하는 직선 (↗) ② $a<0$이면 ➡ 오른쪽 아래로 향하는 직선 (↘)

일차함수의 활용	❶ **변수 정하기** 문제의 뜻을 이해하고 변하는 두 양을 x, y로 놓는다. ❷ **함수 구하기** x, y 사이의 관계를 일차함수 $y=ax+b$로 나타낸다. ❸ **답 구하기** 일차함수의 식이나 그래프를 이용하여 문제를 푸는 데 필요한 값을 찾는다. ❹ **확인하기** 구한 답이 문제의 뜻에 맞는지 확인한다.

01 함수

✓ 함수

01 다음 표를 완성하고, y가 x의 함수인 것은 ○표, 함수가 아닌 것은 ×표를 하시오.

(1) 한 개에 500원인 아이스크림 x개의 가격 y원 　　　(　　)

x(개)	1	2	3	4	⋯
y(원)					⋯

(2) 자연수 x 이하의 홀수 y 　　　(　　)

x	1	2	3	4	⋯
y					⋯

(3) 자연수 x를 5로 나눈 나머지 y 　　　(　　)

x	1	2	3	4	⋯
y					⋯

02 다음 중 y가 x의 함수인 것은 ○표, 함수가 아닌 것은 ×표를 하시오.

(1) 자연수 x보다 작은 짝수 y 　　　(　　)

(2) 넓이가 $12\ \text{cm}^2$인 직사각형의 가로의 길이 $x\ \text{cm}$와 세로의 길이 $y\ \text{cm}$ 　　　(　　)

(3) 50 m 달리기를 할 때, 달린 거리 $x\ \text{m}$와 남은 거리 $y\ \text{m}$ 　　　(　　)

(4) 하루 24시간 중 밤의 길이가 x시간일 때의 낮의 길이 y시간 　　　(　　)

✓ 함숫값 구하기

01 다음 함수 $y=f(x)$에 대하여 $f(-1)$의 값을 구하시오.

(1) $f(x)=-\dfrac{1}{3}x$ 　　　(2) $f(x)=-5x+3$

(3) $f(x)=\dfrac{6}{x}$ 　　　(4) $f(x)=\dfrac{2}{x}-1$

02 함수 $f(x)=4x+1$에 대하여 다음 함숫값을 구하시오.

(1) $f(2)$ 　　　(2) $f(-3)$

(3) $f\left(\dfrac{1}{2}\right)$ 　　　(4) $f(5)+f(-1)$

03 두 함수 $f(x)=\dfrac{3}{2}x,\ g(x)=-\dfrac{3}{x}+2$에 대하여 다음 함숫값을 구하시오.

(1) $f(8)$ 　　　(2) $f\left(-\dfrac{1}{3}\right)$

(3) $g(6)$ 　　　(4) $g(-1)$

유형 1 함수의 뜻

01 다음 중 y가 x의 함수인 것을 모두 고르면? (정답 2개)

① 자연수 x의 역수 y
② 자연수 x 미만의 짝수의 개수 y
③ 자연수 x보다 큰 소수 y
④ 자연수 x와 서로소인 자연수 y
⑤ 어떤 수 x에 가장 가까운 정수 y

02 다음 보기 중 y가 x의 함수인 것을 모두 고르시오.

보기
ㄱ. 자연수 x의 소인수 y
ㄴ. 자연수 x보다 2만큼 큰 수 y
ㄷ. 자연수 x와 32의 최대공약수 y
ㄹ. 몸무게가 x kg인 사람의 키 y cm

유형 2 함숫값

03 함수 $f(x)=-8x$에 대하여 $f\left(-\dfrac{1}{2}\right)+f(1)$의 값은?

① -8
② -6
③ -4
④ -2
⑤ 0

04 두 함수 $f(x)=3x,\ g(x)=-\dfrac{6}{x}$에 대하여 $f(2)\times g(3)$의 값은?

① -20
② -16
③ -12
④ -8
⑤ -4

05 함수 $f(x)=$ (자연수 x보다 작은 소수의 개수)에 대하여 $f(6)$의 값을 구하시오.

유형 3 함숫값이 주어졌을 때, 미지수 구하기

06 함수 $f(x)=\dfrac{a}{x}$에 대하여 $f(2)=-4$일 때, $f(-2)+f(4)$의 값은? (단, a는 수)

① -6
② -4
③ -2
④ 2
⑤ 4

07 함수 $f(x)=-\dfrac{2}{3}x+k$에 대하여 $f(3)=4$일 때, $f(-6)$의 값을 구하시오. (단, k는 수)

02 일차함수와 그 그래프

개념 3 일차함수

✓ 일차함수의 뜻

01 다음 중 y가 x에 대한 일차함수인 것은 ○표, 일차함수가 아닌 것은 ×표를 하시오.

(1) $y=5x-1$　　　　　　　　　　（　　　）

(2) $y=\dfrac{4}{x}+2$　　　　　　　　　（　　　）

(3) $y=2x^2-x(2x-1)$　　　　（　　　）

(4) $y=20-4x$　　　　　　　　　（　　　）

✓ 일차함수의 식으로 나타내기

02 다음 문장에서 y를 x에 대한 식으로 나타내고, y가 x에 대한 일차함수인 것은 ○표, 함수가 아닌 것은 ×표를 하시오.

(1) 올해 x살인 성민이의 10년 후의 나이 y살

　➜ $y=$＿＿＿＿＿＿＿＿＿　（　　　）

(2) 전체 쪽수가 80쪽인 책을 x쪽 읽고 남은 쪽수 y

　➜ $y=$＿＿＿＿＿＿＿＿＿　（　　　）

(3) 시속 x km로 y시간 동안 달린 거리 20 km

　➜ $y=$＿＿＿＿＿＿＿＿＿　（　　　）

(4) 무게가 200 g인 치즈 한 개를 x조각으로 똑같이 나눌 때, 한 조각의 무게 y g

　➜ $y=$＿＿＿＿＿＿＿＿＿　（　　　）

개념 4 일차함수 $y=ax+b$의 그래프

✓ 일차함수 $y=ax+b$의 그래프

01 오른쪽 그림은 일차함수 $y=x$의 그래프이다. 이 그래프를 이용하여 오른쪽 좌표평면 위에 다음 일차함수의 그래프를 그리시오.

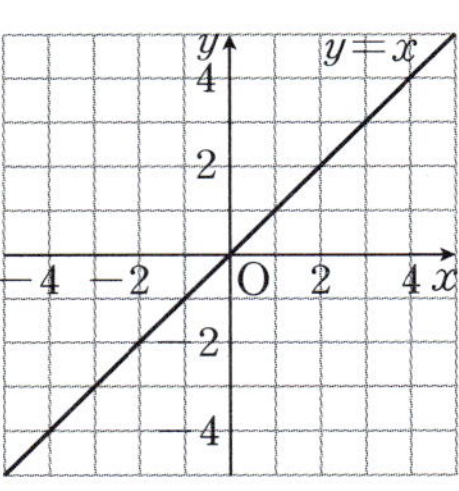

(1) $y=x+4$　　　　　(2) $y=x-2$

02 오른쪽 그림은 일차함수 $y=-\dfrac{1}{2}x$의 그래프이다. 이 그래프를 이용하여 오른쪽 좌표평면 위에 다음 일차함수의 그래프를 그리시오.

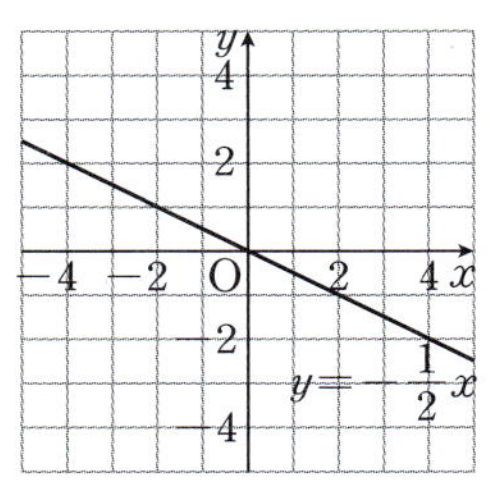

(1) $y=-\dfrac{1}{2}x+2$　　　(2) $y=-\dfrac{1}{2}x-3$

✓ 일차함수의 그래프의 평행이동

03 다음 일차함수의 그래프를 y축의 방향으로 [ ] 안의 수만큼 평행이동한 그래프가 나타내는 일차함수의 식을 구하시오.

(1) $y=5x-1$　[4]　　　(2) $y=-\dfrac{3}{2}x+1$　[-7]

04 다음 일차함수의 그래프는 일차함수 $y=3x-1$의 그래프를 y축의 방향으로 얼마만큼 평행이동한 것인지 구하시오.

(1) $y=3x+4$　　　　　(2) $y=3x-\dfrac{1}{2}$

유형 1 일차함수의 뜻

01 다음 중 y가 x에 대한 일차함수가 <u>아닌</u> 것을 모두 고르면? (정답 2개)

① $y=\dfrac{3}{2}x$
② $3x+y=2x+1$
③ $3x=4(x+y)-x$
④ $xy=-1$
⑤ $x^2-3y=x+x^2+3$

02 다음 중 y가 x에 대한 일차함수인 것은?

① $xy=240$
② $x^2-y=0$
③ $y=2000-500x$
④ $2x=2(x+y)$
⑤ $y^2+x=x^2+y^2$

유형 2 일차함수의 함숫값

03 일차함수 $f(x)=-3x+4$에 대하여 $f(a)=1$일 때, 수 a의 값을 구하시오.

04 일차함수 $f(x)=ax+2$에 대하여 $f(-1)=-2$, $f(b)=10$일 때, $a+b$의 값은? (단, a는 수)

① 2
② 4
③ 6
④ 8
⑤ 10

유형 3 일차함수의 그래프의 평행이동

05 다음 일차함수 중 그 그래프가 일차함수 $y=\dfrac{1}{3}x$의 그래프를 평행이동하여 겹쳐지는 것을 모두 고르면? (정답 2개)

① $y=3x$
② $y=-\dfrac{1}{3}x$
③ $y=\dfrac{1}{3}x-1$
④ $y=3x-1$
⑤ $y=\dfrac{1}{3}x+8$

06 일차함수 $y=5x+k$의 그래프를 y축의 방향으로 2만큼 평행이동하였더니 일차함수 $y=ax+10$의 그래프와 겹쳐졌다. 이때 수 a, k에 대하여 $a+k$의 값을 구하시오.

유형 4 평행이동한 그래프 위의 점

07 일차함수 $y=4x$의 그래프를 y축의 방향으로 -2만큼 평행이동한 그래프가 점 $(k, -5)$를 지날 때, k의 값을 구하시오.

08 일차함수 $y=-x+3$의 그래프를 y축의 방향으로 p만큼 평행이동한 그래프가 점 $(1, 3)$을 지날 때, p의 값을 구하시오.

✔ 일차함수의 그래프의 x절편과 y절편

01 다음 일차함수의 그래프의 x절편과 y절편을 각각 구하시오.

(1) 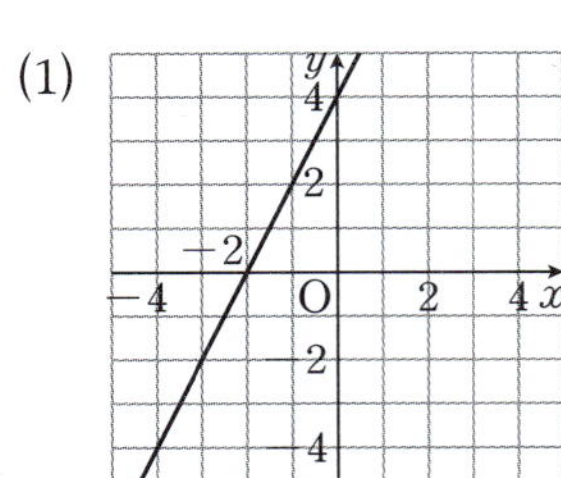

➜ x절편: ____________

y절편: ____________

(2) 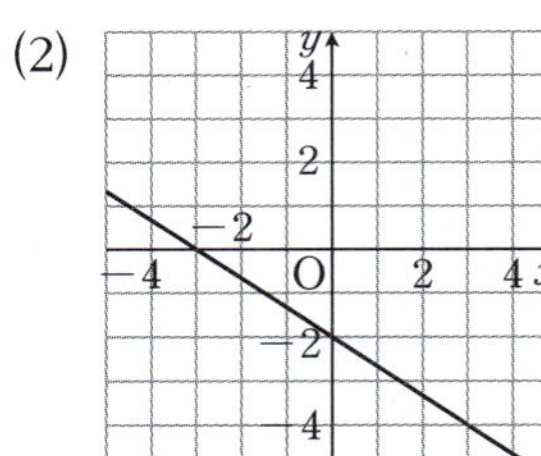

➜ x절편: ____________

y절편: ____________

✔ 일차함수의 식에서의 x절편과 y절편

02 다음 일차함수의 그래프의 x절편과 y절편을 각각 구하시오.

(1) $y=2x-4$

➜ x절편: ____________, y절편: ____________

(2) $y=-x+6$

➜ x절편: ____________, y절편: ____________

(3) $y=3x+9$

➜ x절편: ____________, y절편: ____________

(4) $y=-4x-3$

➜ x절편: ____________, y절편: ____________

✔ x절편과 y절편을 이용하여 일차함수의 그래프 그리기

01 다음 일차함수의 그래프의 x절편과 y절편을 각각 구하고, 이를 이용하여 좌표평면 위에 그래프를 그리시오.

(1) $y=x+3$

➜ x절편: ____________

y절편: ____________

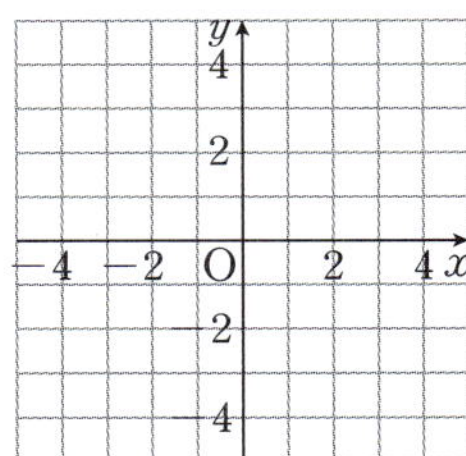

(2) $y=-3x+6$

➜ x절편: ____________

y절편: ____________

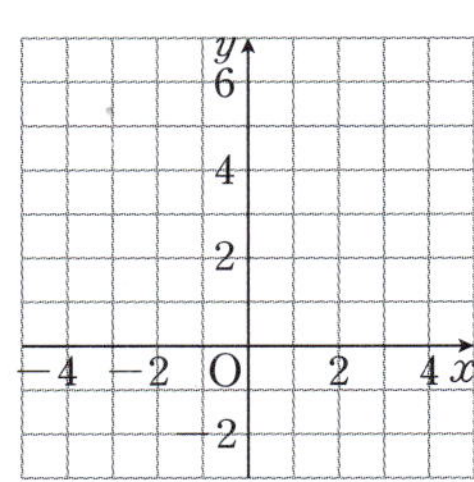

(3) $y=\dfrac{2}{3}x-2$

➜ x절편: ____________

y절편: ____________

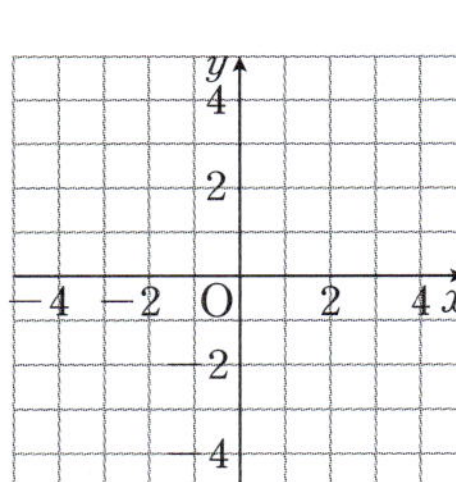

(4) $y=\dfrac{3}{4}x-3$

➜ x절편: ____________

y절편: ____________

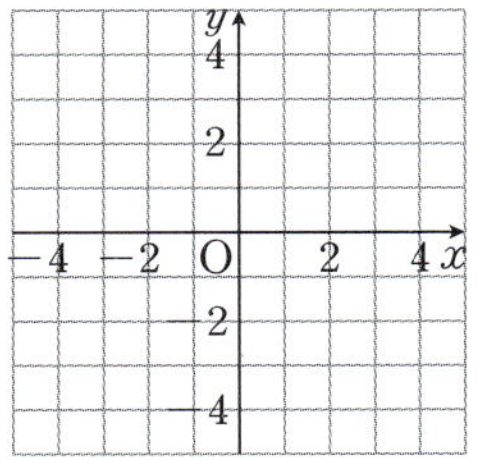

✔ 일차함수의 그래프의 기울기 구하기

01 다음 □ 안에 알맞은 수를 써넣고, 일차함수의 그래프의 기울기를 구하시오.

(1) 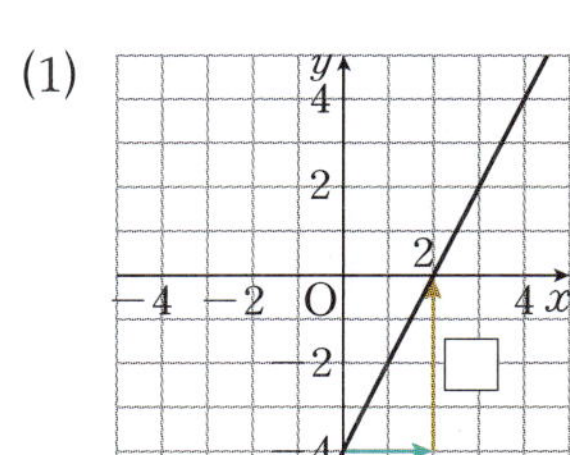

(2) 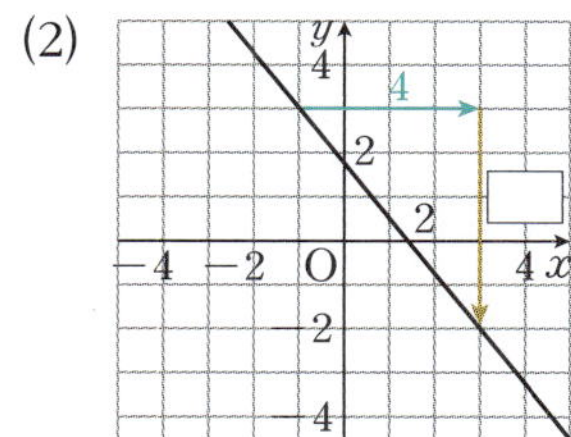

02 다음 일차함수의 그래프의 기울기를 구하고, x의 값이 [　] 안의 수만큼 증가할 때, y의 값의 증가량을 구하시오.

(1) $y=3x+2$ 　$[\,2\,]$

(2) $y=-2x-\dfrac{1}{4}$ 　$[\,4\,]$

(3) $y=-5x+3$ 　$[\,3\,]$

✔ 두 점을 지나는 일차함수의 그래프의 기울기 구하기

03 다음 두 점을 지나는 일차함수의 그래프의 기울기를 구하시오.

(1) $(-1,\ 2),\ (3,\ 5)$

(2) $(0,\ 6),\ (1,\ 4)$

(3) $(2,\ -7),\ (4,\ -5)$

(4) $(-4,\ 8),\ (-2,\ 5)$

✔ 기울기와 y절편을 이용하여 일차함수의 그래프 그리기

01 다음 일차함수의 그래프의 기울기와 y절편을 각각 구하고, 이를 이용하여 좌표평면 위에 그래프를 그리시오.

(1) $y=2x+1$

→ 기울기: ＿＿＿＿＿＿

　y절편: ＿＿＿＿＿＿

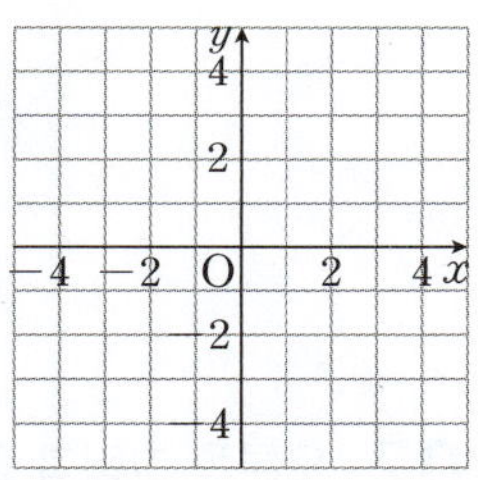

(2) $y=-4x+2$

→ 기울기: ＿＿＿＿＿＿

　y절편: ＿＿＿＿＿＿

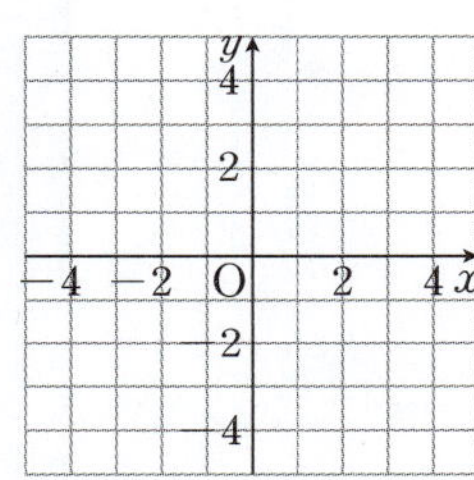

(3) $y=3x-5$

→ 기울기: ＿＿＿＿＿＿

　y절편: ＿＿＿＿＿＿

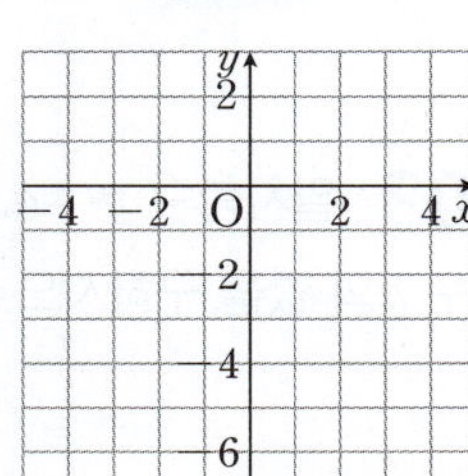

(4) $y=\dfrac{1}{2}x-4$

→ 기울기: ＿＿＿＿＿＿

　y절편: ＿＿＿＿＿＿

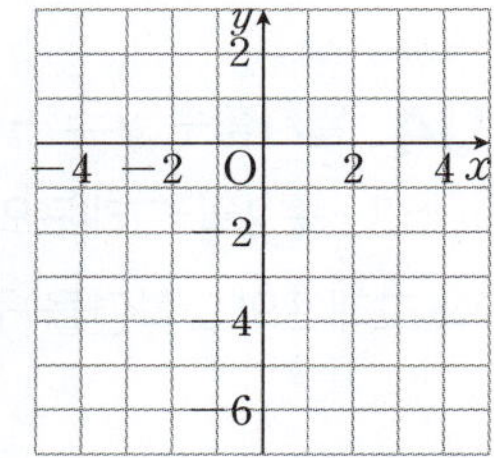

필수 유형 익히기

01 일차함수 $y=\dfrac{1}{2}x-4$의 그래프의 x절편을 m, y절편을 n이라 할 때, $m+n$의 값을 구하시오.

02 오른쪽 그림과 같은 일차함수 $y=\dfrac{3}{2}x-1$의 그래프에서 두 점 A, B의 좌표를 차례대로 구하시오.

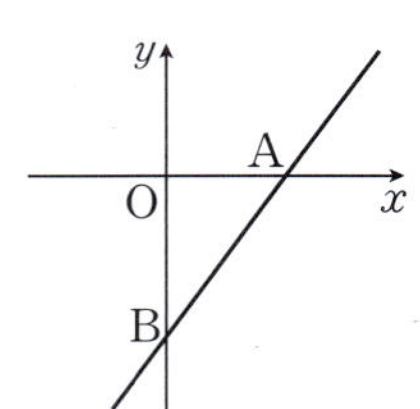

03 일차함수 $y=ax+2$의 그래프의 x절편이 -4일 때, 수 a의 값을 구하시오.

04 일차함수 $y=-2x-k$의 그래프가 일차함수 $y=3x+2$의 그래프와 y축 위에서 만날 때, $y=-2x-k$의 그래프의 x절편을 구하시오. (단, k는 수)

05 다음 일차함수의 그래프 중 x의 값이 4만큼 증가할 때, y의 값이 10만큼 감소하는 것은?

① $y=-\dfrac{5}{2}x+3$ ② $y=-\dfrac{2}{5}x+1$

③ $y=\dfrac{2}{5}x-2$ ④ $y=\dfrac{5}{2}x+5$

⑤ $y=4x-1$

06 일차함수 $y=2x+2$의 그래프에서 x의 값이 -1에서 2까지 증가할 때, y의 값은 k에서 5까지 증가한다. 이때 k의 값을 구하시오.

07 두 점 $(-1, a)$, $(2, -3)$을 지나는 일차함수의 그래프의 기울기가 -2일 때, a의 값은?

① 2 ② 3 ③ 4
④ 5 ⑤ 6

08 두 점 $(-5, 2)$, $(k, 6)$을 지나는 일차함수의 그래프의 기울기가 -1일 때, k의 값을 구하시오.

09 다음 중 일차함수 $y=-2x-4$의 그래프는?

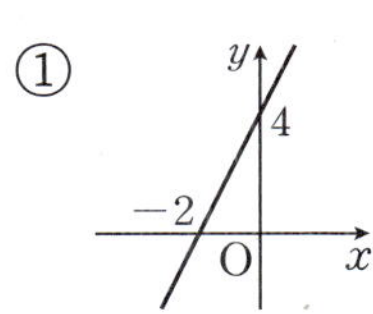
① 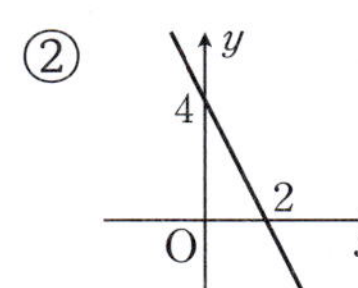
② 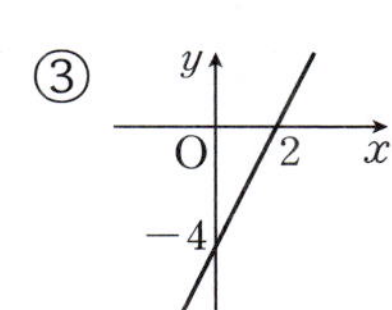
③

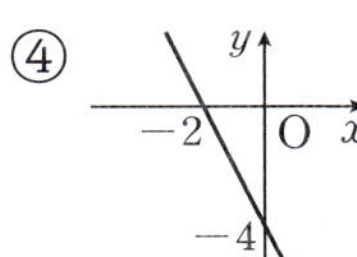
④ 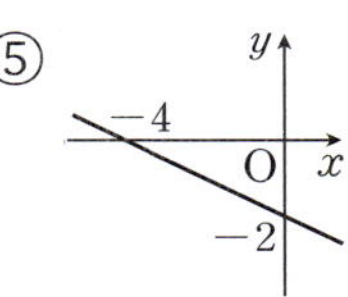
⑤

10 다음 중 일차함수 $y=\dfrac{1}{3}x+1$의 그래프는?

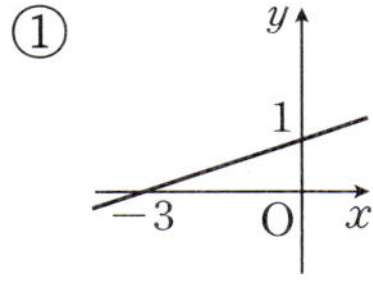
① 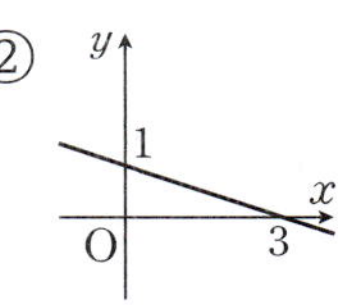
② 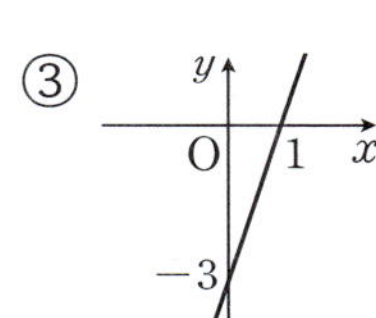
③

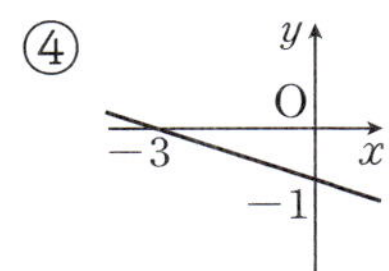
④ 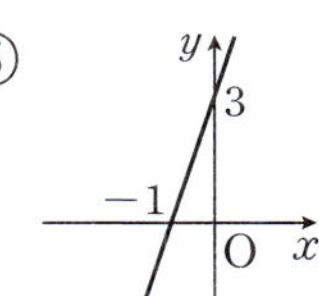
⑤

11 일차함수 $y=-2x-6$의 그래프와 x축 및 y축으로 둘러싸인 삼각형의 넓이를 구하시오.

12 일차함수 $y=ax+4$의 그래프와 x축 및 y축으로 둘러싸인 삼각형의 넓이가 16일 때, 양수 a의 값을 구하시오.

13 세 점 $(-1, 5)$, $(2, a)$, $(5, -1)$이 한 직선 위에 있을 때, a의 값을 구하시오.

14 오른쪽 그림과 같이 세 점이 한 직선 위에 있을 때, a의 값을 구하시오.

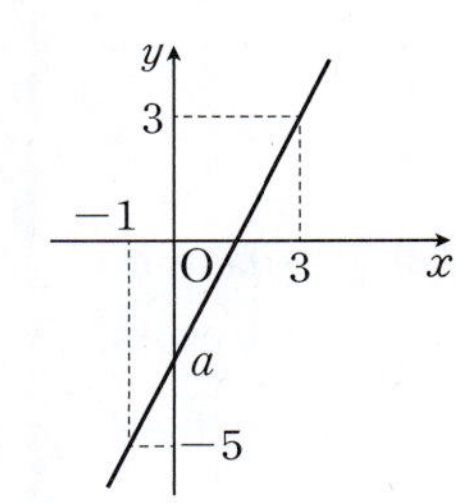

03 일차함수의 그래프의 성질과 식

개념 9 일차함수 $y=ax+b$의 그래프의 성질

✓ 일차함수의 그래프의 성질

01 다음을 만족시키는 일차함수의 식을 **보기**에서 모두 고르시오.

> 보기
> ㄱ. $y=5x+1$ ㄴ. $y=-4x-2$
> ㄷ. $y=-x+3$ ㄹ. $y=\dfrac{2}{3}x-1$

(1) x의 값이 증가할 때, y의 값도 증가하는 직선

(2) 오른쪽 아래로 향하는 직선

(3) y절편이 음수인 직선

(4) y축과 양의 부분에서 만나는 직선

(5) y축에 가장 가까운 직선

✓ 일차함수의 그래프에서 기울기와 y절편의 부호

02 일차함수와 그 그래프가 다음과 같을 때, 수 a, b의 부호를 각각 정하시오.

(1) $y=ax-b$

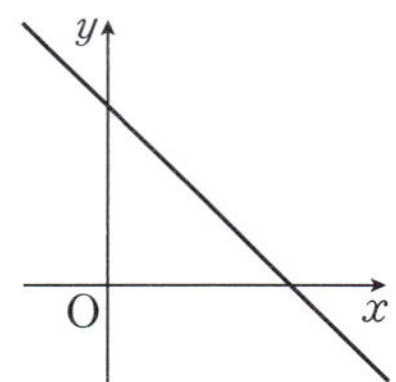

(2) $y=bx+a$

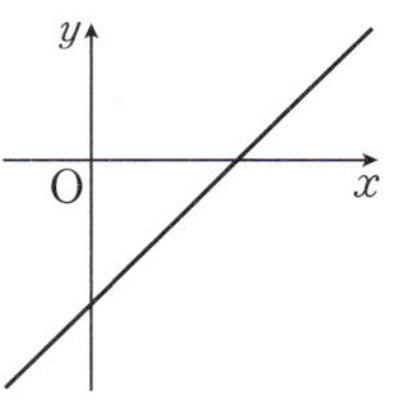

개념 10 일차함수의 그래프의 평행과 일치

✓ 일차함수의 그래프의 평행과 일치

01 **보기**의 일차함수의 그래프에 대하여 다음 물음에 답하시오.

> 보기
> ㄱ. $y=-x+4$ ㄴ. $y=-2x-6$
> ㄷ. $y=-\dfrac{1}{2}x+3$ ㄹ. $y=3x-1$
> ㅁ. $y=-2(x+3)$ ㅂ. $y=2\left(1-\dfrac{1}{2}x\right)$

(1) 서로 평행한 것끼리 짝 지으시오.

(2) 일치하는 것끼리 짝 지으시오.

✓ 두 일차함수의 그래프가 서로 평행하거나 일치하기 위한 조건

02 다음 두 일차함수의 그래프가 서로 평행할 때, 수 a의 값을 구하시오.

(1) $y=ax-2,\ y=-3x+2$

(2) $y=\dfrac{5}{4}x+3,\ y=ax-1$

(3) $y=2ax+6,\ y=-4x-2$

03 다음 두 일차함수의 그래프가 일치할 때, 수 a, b의 조건을 각각 구하시오.

(1) $y=ax+3,\ y=-4x+b$

(2) $y=2ax-1,\ y=6x-b$

(3) $y=\dfrac{a}{4}x-12,\ y=-\dfrac{1}{2}x+2b$

필수 유형 익히기

---

01 다음 중 일차함수 $y=-2x+4$의 그래프에 대한 설명으로 옳지 <u>않은</u> 것은?

① 오른쪽 아래로 향하는 직선이다.
② x절편은 2, y절편은 4이다.
③ x의 값이 증가할 때, y의 값은 감소한다.
④ y축과 음의 부분에서 만난다.
⑤ 일차함수 $y=-2x$의 그래프를 y축의 방향으로 4만큼 평행이동한 것이다.

02 다음 중 일차함수 $y=\dfrac{3}{4}x-3$의 그래프에 대한 설명으로 옳은 것을 모두 고르면? (정답 2개)

① x절편은 -4, y절편은 -3이다.
② 오른쪽 위로 향하는 직선이다.
③ x의 값이 8만큼 증가할 때, y의 값은 6만큼 감소한다.
④ 점 $(8, 3)$을 지난다.
⑤ y축과 양의 부분에서 만난다.

---

03 $a-b>0$, $ab<0$일 때, 다음 중 일차함수 $y=ax+b$의 그래프로 알맞은 것은?

① 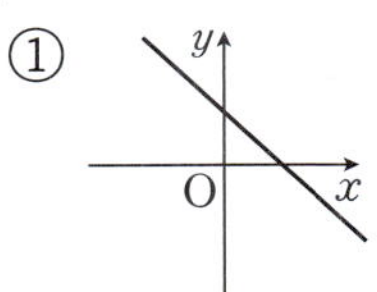 ② 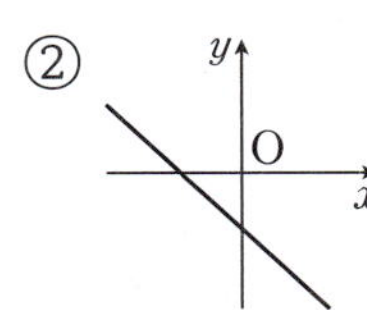 ③ 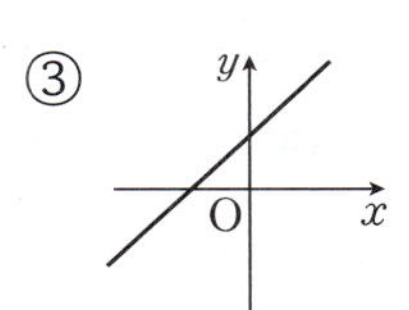

④ 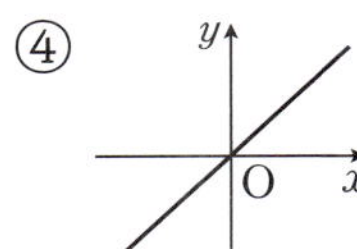 ⑤ 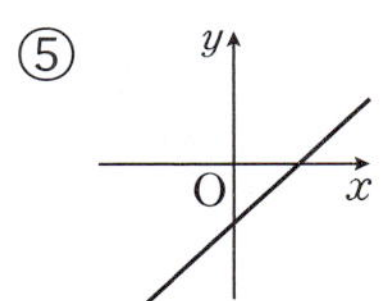

---

04 일차함수 $y=ax-b$의 그래프가 오른쪽 그림과 같을 때, 다음 중 $y=bx+a$의 그래프로 알맞은 것은?

(단, a, b는 수)

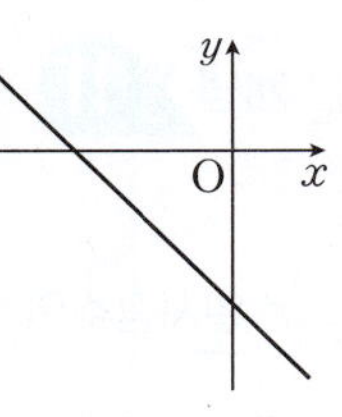

① 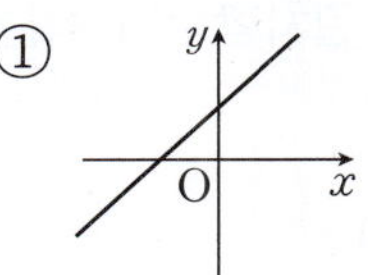 ② 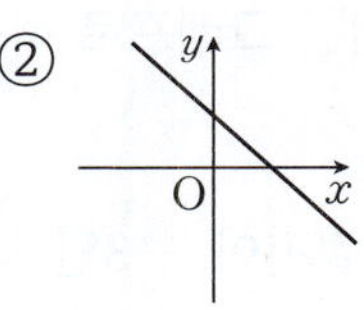 ③ 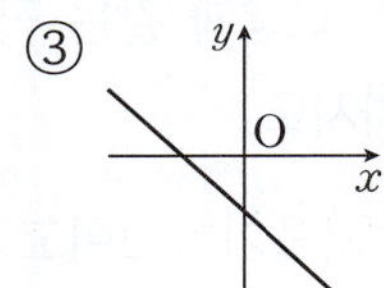

④ 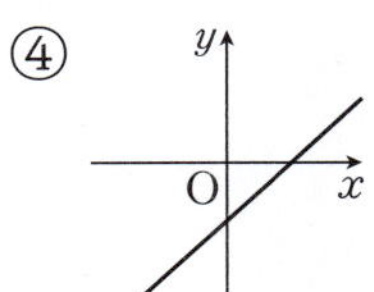 ⑤ 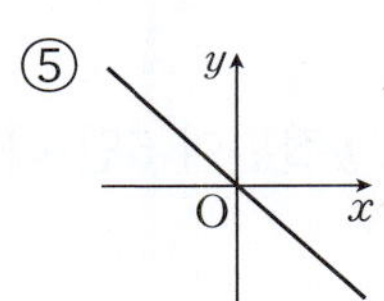

---

05 두 일차함수 $y=2ax+3$, $y=(a-3)x+5$가 서로 평행할 때, 수 a의 값을 구하시오.

06 일차함수 $y=-\dfrac{1}{3}x+b$의 그래프를 y축의 방향으로 2만큼 평행이동하면 일차함수 $y=ax-4$의 그래프와 일치할 때, 수 a, b에 대하여 ab의 값을 구하시오.

개념 11 일차함수의 식 구하기;
기울기와 y절편을 이용

✔ 일차함수의 식 구하기; 기울기와 y절편을 이용

01 다음과 같은 직선을 그래프로 하는 일차함수의 식을 구하시오.

(1) 기울기가 2이고 y절편이 -3인 직선

(2) 기울기가 -4이고 y절편이 5인 직선

(3) 기울기가 $\dfrac{1}{3}$이고 y절편이 -6인 직선

(4) 기울기가 -3이고 점 $(0,\ 4)$를 지나는 직선

(5) 기울기가 5이고 점 $(0,\ -3)$을 지나는 직선

(6) 기울기가 $-\dfrac{1}{2}$이고 점 $(0,\ 1)$을 지나는 직선

02 다음과 같은 직선을 그래프로 하는 일차함수의 식을 구하시오.

(1) 일차함수 $y=2x+1$의 그래프와 평행하고, y절편이 4인 직선

(2) 일차함수 $y=\dfrac{3}{5}x-2$의 그래프와 평행하고, y절편이 -1인 직선

(3) 일차함수 $y=-4x-6$의 그래프와 평행하고, y절편이 $\dfrac{1}{3}$인 직선

03 다음과 같은 직선을 그래프로 하는 일차함수의 식을 구하시오.

(1) x의 값이 2만큼 증가할 때 y의 값은 4만큼 증가하고, y절편이 -5인 직선

(2) x의 값이 3만큼 증가할 때 y의 값은 9만큼 감소하고, y절편이 1인 직선

(3) 오른쪽 그림의 직선과 평행하고, y절편이 1인 직선

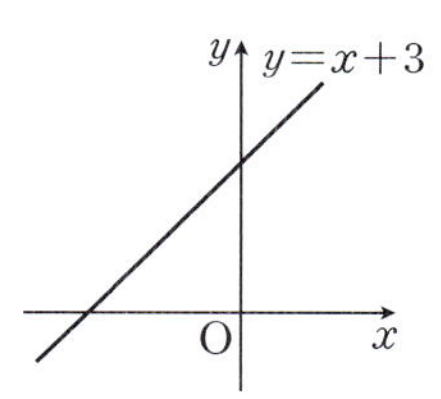

(4) 오른쪽 그림의 직선과 평행하고, y절편이 $-\dfrac{1}{2}$인 직선

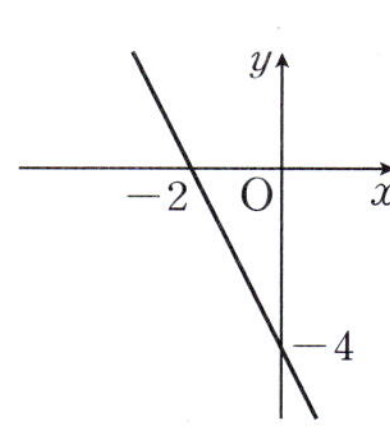

개념 12 일차함수의 식 구하기;
기울기와 한 점의 좌표를 이용

✔ 일차함수의 식 구하기; 기울기와 한 점의 좌표를 이용

01 다음과 같은 직선을 그래프로 하는 일차함수의 식을 구하시오.

(1) 기울기가 3이고 점 $(1,\ -1)$을 지나는 직선

(2) 기울기가 -1이고 점 $(-2,\ 4)$를 지나는 직선

(3) 기울기가 $\dfrac{1}{2}$이고 점 $\left(-3,\ -\dfrac{1}{2}\right)$을 지나는 직선

02 다음과 같은 직선을 그래프로 하는 일차함수의 식을 구하시오.

(1) 일차함수 $y=-2x+5$의 그래프와 평행하고, 점 $(3, 3)$을 지나는 직선

(2) 일차함수 $y=4x-3$의 그래프와 평행하고, 점 $(1, 2)$를 지나는 직선

(3) 일차함수 $y=-\dfrac{2}{3}x+3$의 그래프와 평행하고, 점 $(-6, 0)$을 지나는 직선

03 다음과 같은 직선을 그래프로 하는 일차함수의 식을 구하시오.

(1) x의 값이 1만큼 증가할 때 y의 값은 3만큼 증가하고, 점 $(2, 5)$를 지나는 직선

(2) x의 값이 3만큼 증가할 때 y의 값은 5만큼 감소하고, 점 $(3, -4)$를 지나는 직선

(3) 오른쪽 그림의 직선과 평행하고, 점 $(-1, 2)$를 지나는 직선

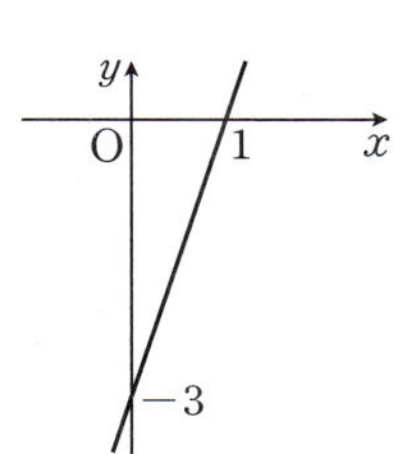

(4) 오른쪽 그림의 직선과 평행하고, 점 $(4, -3)$을 지나는 직선

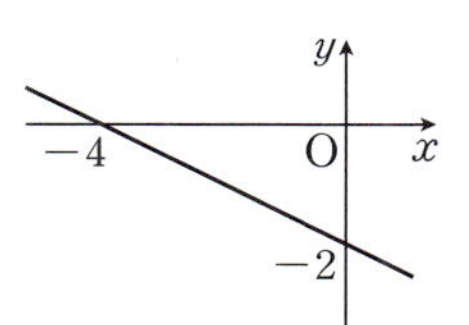

✔ 일차함수의 식 구하기; 서로 다른 두 점의 좌표를 이용

01 다음 두 점을 지나는 직선을 그래프로 하는 일차함수의 식을 구하시오.

(1) $(1, 1)$, $(3, -3)$

(2) $(2, -3)$, $(5, 0)$

(3) $(3, 2)$, $(6, 7)$

(4) $(-4, -8)$, $(2, 10)$

✔ 일차함수의 식 구하기; 그래프 위의 서로 다른 두 점의 좌표를 이용

02 다음 그림의 직선을 그래프로 하는 일차함수의 식을 구하시오.

(1) 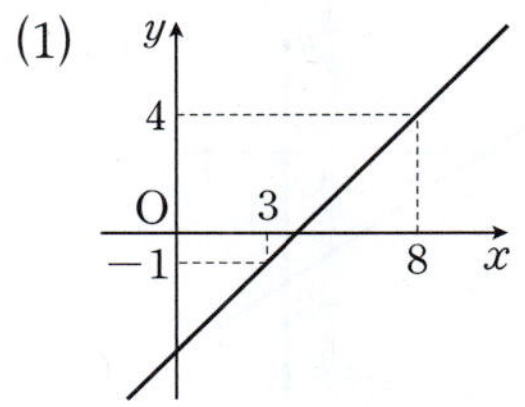

(2) 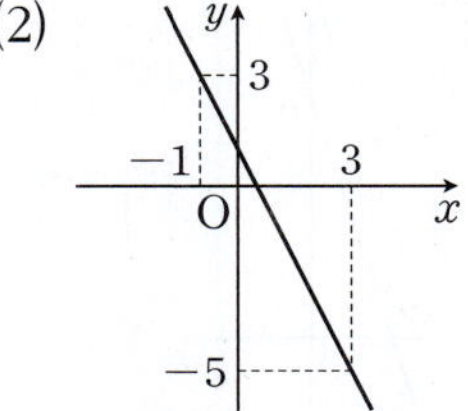

(3) 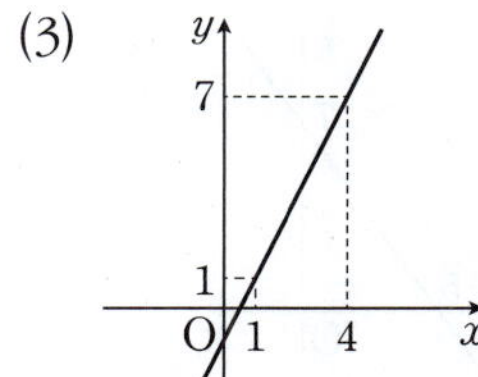

(4) 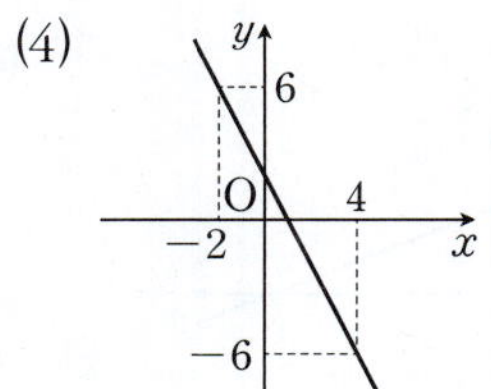

개념 14 일차함수의 식 구하기; x절편과 y절편을 이용

✔ 일차함수의 식 구하기; x절편과 y절편을 이용

01 다음과 같은 직선을 그래프로 하는 일차함수의 식을 구하시오.

(1) x절편이 3, y절편이 6인 직선

(2) x절편이 2, y절편이 -5인 직선

(3) x절편이 -8, y절편이 -4인 직선

(4) x절편이 -1, y절편이 3인 직선

✔ 일차함수의 식 구하기; 그래프 위의 x절편과 y절편을 이용

02 다음 그림의 직선을 그래프로 하는 일차함수의 식을 구하시오.

(1) 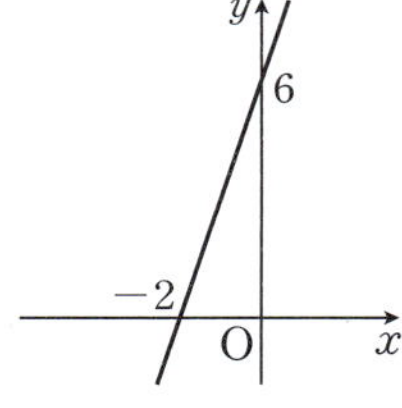

(2) 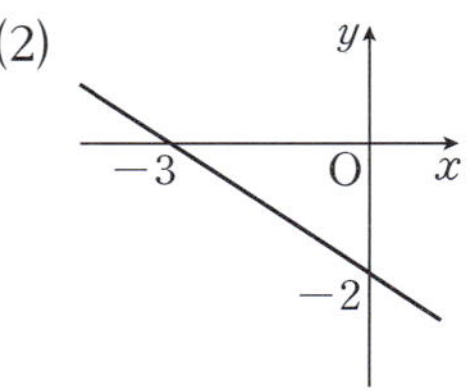

(3) 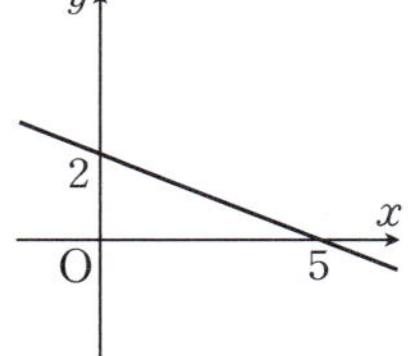

(4) 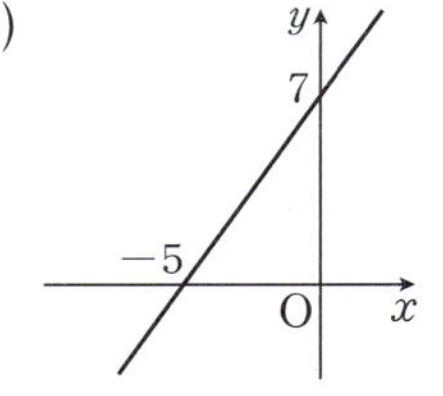

유형 1 일차함수의 식 구하기; 기울기와 y절편을 이용

01 x의 값이 3만큼 감소할 때 y의 값은 2만큼 감소하고 y절편이 2인 직선을 그래프로 하는 일차함수의 식을 $y = ax + b$라 할 때, 수 a, b에 대하여 ab의 값은?

① $\dfrac{1}{3}$ ② $\dfrac{2}{3}$ ③ 1

④ $\dfrac{4}{3}$ ⑤ $\dfrac{5}{3}$

02 일차함수 $y = 2x + 3$의 그래프와 평행하고, y절편이 -4인 일차함수의 그래프가 점 $(k, 10)$을 지날 때, k의 값을 구하시오.

유형 2 일차함수의 식 구하기; 기울기와 한 점의 좌표를 이용

03 x의 값이 2만큼 증가할 때 y의 값은 6만큼 증가하고 점 $(-2, 1)$을 지나는 일차함수의 그래프의 x절편을 구하시오.

04 오른쪽 그림의 직선과 평행하고, 점 $(10, 5)$를 지나는 직선을 그래프로 하는 일차함수의 식은?

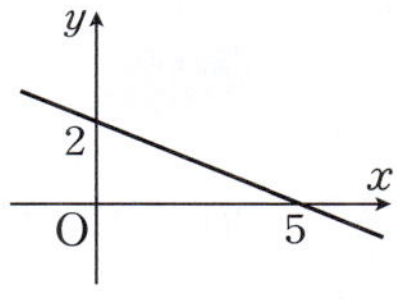

① $y=-\dfrac{2}{5}x-9$　　② $y=-\dfrac{5}{2}x-9$

③ $y=-\dfrac{2}{5}x+9$　　④ $y=\dfrac{2}{5}x-9$

⑤ $y=\dfrac{2}{5}x+9$

일차함수의 식 구하기;
서로 다른 두 점의 좌표를 이용

05 두 점 $(3, -1)$, $(6, 5)$를 지나는 직선을 그래프로 하는 일차함수의 그래프의 기울기를 a, x절편을 b, y절편을 c라 할 때, $a+b+c$의 값을 구하시오.

06 오른쪽 그림의 일차함수의 그래프의 y절편은?

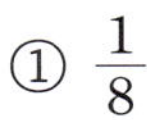

① $\dfrac{1}{8}$　　② $\dfrac{1}{7}$

③ $\dfrac{1}{6}$　　④ $\dfrac{1}{5}$

⑤ $\dfrac{1}{4}$

일차함수의 식 구하기;
x절편과 y절편을 이용

07 일차함수 $y=-\dfrac{1}{2}x+1$의 그래프와 x절편이 같고 y절편이 5인 직선을 그래프로 하는 일차함수의 식을 구하시오.

08 오른쪽 그림의 일차함수의 그래프가 점 $(-6, k)$를 지날 때, k의 값은?

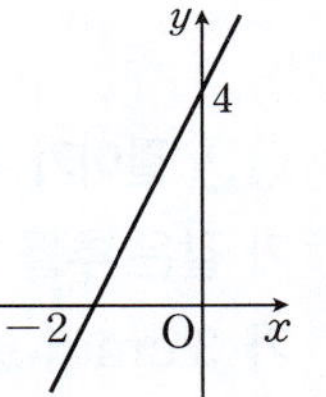

① -10　　② -9

③ -8　　④ -7

⑤ -6

09 일차함수 $y=-x+3$의 그래프와 x축 위에서 만나고, 일차함수 $y=-\dfrac{7}{3}x-6$의 그래프와 y축 위에서 만나는 일차함수의 그래프가 점 $(a, -3)$을 지날 때, a의 값은?

① $\dfrac{1}{2}$　　② 1　　③ $\dfrac{3}{2}$

④ 2　　⑤ $\dfrac{5}{2}$

<개념 15> **일차함수의 활용**

✓ 길이에 대한 문제

01 길이가 15 cm인 양초에 불을 붙이면 1분마다 0.3 cm씩 짧아진다고 할 때, 다음 물음에 답하시오.

(1) 불을 붙인 지 x분 후의 양초의 길이를 y cm라 할 때, x와 y 사이의 관계식을 구하시오.

(2) 양초가 완전히 타는 데 걸리는 시간을 구하시오.

02 길이가 4 cm인 용수철에 무게가 같은 추를 한 개 매달 때마다 길이가 3 cm씩 늘어난다고 할 때, 다음 물음에 답하시오.
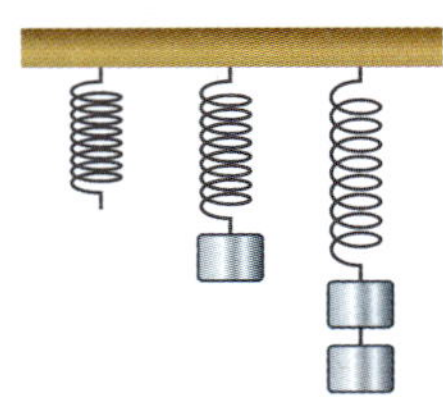

(1) 추 x개를 매달았을 때의 용수철의 길이를 y cm라 할 때, x와 y 사이의 관계식을 구하시오.

(2) 용수철의 길이가 22 cm일 때, 매단 추의 개수를 구하시오.

✓ 물의 양에 대한 문제

03 15 L의 물이 들어 있는 욕조에 1분마다 3 L씩 물을 더 넣을 때, 다음 물음에 답하시오.

(1) 물을 넣기 시작한 지 x분 후에 욕조에 들어 있는 물의 양을 y L라 할 때, x와 y 사이의 관계식을 구하시오.

(2) 물을 넣기 시작한 지 10분 후에 욕조에 들어 있는 물의 양을 구하시오.

<유형 1> **온도, 길이에 대한 문제**

01 20 ℃의 물을 가열하면 물의 온도가 매분 5 ℃씩 올라간다고 한다. 10분 동안 가열하였을 때의 물의 온도를 구하시오.

02 50 ℃의 물이 담긴 컵을 실온에 두면 1분이 지날 때마다 물의 온도가 2 ℃씩 내려간다고 한다. 물의 온도가 20 ℃가 되는 것은 컵을 실온에 둔 지 몇 분 후인지 구하시오.

03 수직으로 하강하는 어느 놀이기구는 2초에 7 m씩 내려온다고 한다. 200 m 높이에서 출발하여 멈추지 않고 내려올 때, 10초 후의 놀이기구의 높이는?

① 150 m ② 155 m ③ 160 m
④ 165 m ⑤ 170 m

04 200 L의 물이 들어 있는 물통에서 1분에 5 L씩 물이 흘러나올 때, 20분 후 물통에 남아 있는 물의 양을 구하시오.

05 50 L의 물이 들어 있는 물탱크에 2분에 9 L씩 물을 넣는다고 할 때, 물탱크에 들어 있는 물의 양이 77 L가 되는 것은 물을 넣기 시작한 지 몇 분 후인지 구하시오.

06 윤호가 집에서 400 km 떨어진 할머니 댁까지 자동차를 타고 시속 80 km로 갈 때, 윤호가 할머니 댁까지 가는 데 걸리는 시간을 구하시오.

07 A 지점으로부터 320 km 떨어진 B 지점까지 자동차를 타고 시속 95 km로 가고 있다. 출발한 지 2시간 후에 남은 거리는 몇 km인지 구하시오.

08 희정이가 집에서 10 km 떨어진 은지네 집까지 시속 4 km로 걸어갈 때, 은지네 집까지 남은 거리가 2 km가 되는 것은 출발한 지 몇 시간 후인지 구하시오.

09 오른쪽 그림과 같은 직사각형 ABCD에서 점 P가 점 B를 출발하여 변 BC를 따라 점 C까지 1초에 0.5 cm씩 움직인다. $\triangle ABP$의 넓이가 12 cm²가

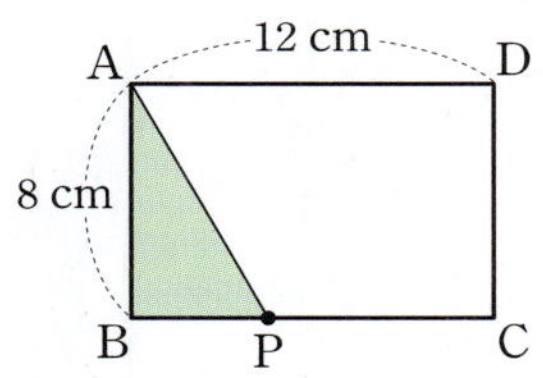

는 것은 점 P가 점 B를 출발한 지 몇 초 후인지 구하시오.

10 오른쪽 그림과 같은 직각삼각형 ABC에서 점 P가 점 B를 출발하여 변 BA를 따라 점 A까지 1초에 2 cm씩 움직일 때, $\triangle APC$의 넓이가 60 cm²가 되는 것은 점 P가 점 B를 출발한 지 몇 초 후인지 구하시오.

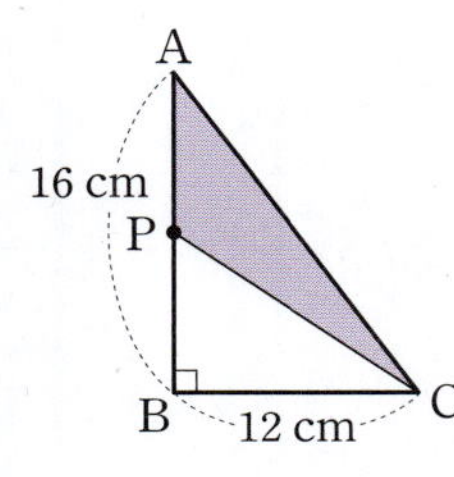

서술형 감잡기

01 일차함수 $y=8x-2$의 그래프를 y축의 방향으로 k만큼 평행이동하면 일차함수 $y=ax+3$의 그래프와 일치한다. 이때 $a+k$의 값을 구하시오. (단, a는 수)

답 ______________

02 두 일차함수 $y=-\dfrac{1}{2}x+2$, $y=x-4$의 그래프와 y축으로 둘러싸인 삼각형의 넓이를 구하시오.

답 ______________

03 일차함수 $y=ax+1$의 그래프는 $y=-4x+8$의 그래프와 평행하고, 점 $(-3,\,b)$를 지난다. 이때 $a+b$의 값을 구하시오. (단, a는 수)

답 ______________

04 1 L의 휘발유로 8 km를 달릴 수 있는 자동차가 있다. 이 자동차에 48 L의 휘발유를 넣고 x km를 달린 후에 남아 있는 휘발유의 양을 y L라 할 때, 96 km를 달린 후에 남아 있는 휘발유의 양을 구하시오.

답 ______________

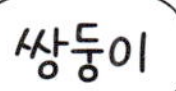

단원 마무리하기

01 다음 중 y가 x의 함수가 <u>아닌</u> 것은?

① 자연수 x보다 작은 합성수 y

② 시속 x km로 8 km를 이동하는 데 걸리는 시간 y 시간

③ 자연수 x를 5로 나누었을 때의 나머지 y

④ x개의 바구니에 2개씩 담긴 사과의 총 개수 y

⑤ 자연수 x의 5배인 수 y

02 함수 $f(x)=ax$에 대하여 $f\left(-\dfrac{1}{3}\right)=1$일 때, $f(6)$의 값을 구하시오.

03 다음 중 y가 x에 대한 일차함수가 <u>아닌</u> 것을 모두 고르면? (정답 2개)

① $y=-2x$ ② $y=2+3x-x^2$

③ $y=2(2+x)$ ④ $y=\dfrac{5}{x}$

⑤ $y=\dfrac{1}{2}x-4$

04 두 일차함수 $f(x)=ax+5$, $g(x)=\dfrac{1}{3}x-b$에 대하여 $f(-1)=3$, $g(6)=-2$일 때, $f(3)+g(-3)$의 값을 구하시오. (단, a, b는 수)

05 일차함수 $y=\dfrac{5}{3}x+k$의 그래프를 y축의 방향으로 2만큼 평행이동한 그래프가 점 $(-6, -9)$를 지날 때, 수 k의 값을 구하시오.

06 일차함수 $y=\dfrac{1}{2}x+k$의 그래프가 일차함수 $y=-x-4$와 x축 위에서 만날 때, 수 k의 값을 구하시오.

서술형

07 일차함수 $y=ax+3$의 그래프는 x의 값이 2에서 5까지 증가할 때, y의 값은 6만큼 감소한다. 이 일차함수의 그래프가 점 $(b, -5)$를 지날 때, 수 a, b에 대하여 $a+b$의 값을 구하시오.

08 오른쪽 그림과 같은 일차함수의 그래프의 기울기가 1일 때, k의 값을 구하시오.

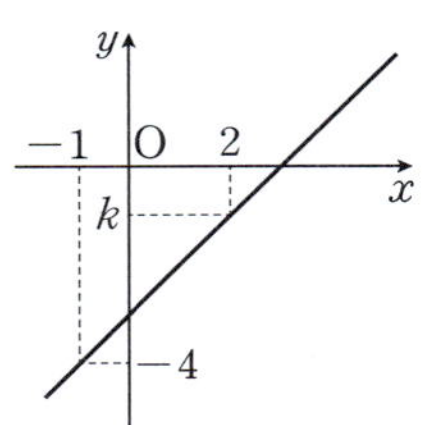

09 다음 중 일차함수 $y=-3x-3$의 그래프는?

① 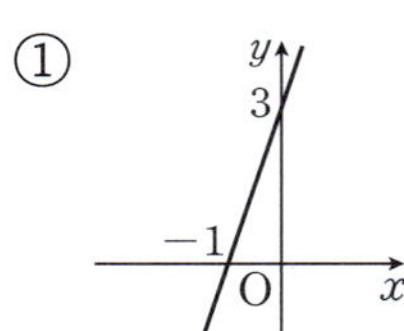 ② 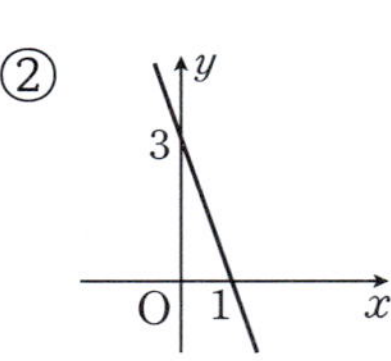

③ 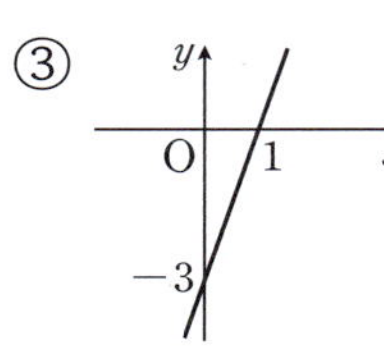 ④ 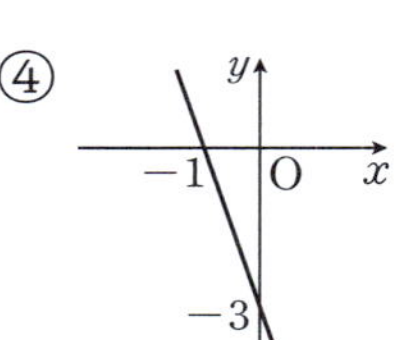

⑤ 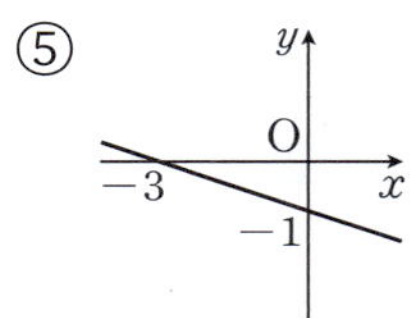

10 일차함수 $y=-ax+2$의 그래프와 x축 및 y축으로 둘러싸인 삼각형의 넓이가 8일 때, 양수 a의 값을 구하시오.

11 두 점 $(-a, 2a-1)$, $(-2, -3)$을 지나는 직선 위에 점 $(1, -5)$가 있을 때, a의 값을 구하시오.

12 다음 중 일차함수 $y=-4x-3$의 그래프에 대한 설명으로 옳지 <u>않은</u> 것은?

① 오른쪽 아래로 향하는 직선이다.

② x절편은 $-\dfrac{3}{4}$, y절편은 -3이다.

③ x의 값이 2만큼 증가할 때 y의 값은 8만큼 감소한다.

④ 제3사분면을 지나지 않는다.

⑤ $y=-4x+3$의 그래프를 y축의 방향으로 -6만큼 평행이동한 것이다.

13 일차함수 $y=ax+b$의 그래프가 오른쪽 그림과 같을 때, 다음 중 일차함수 $y=bx-a$의 그래프가 지나지 <u>않는</u> 사분면은? (단, a, b는 수)

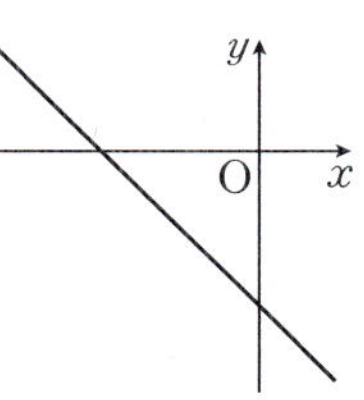

① 제1사분면 ② 제2사분면
③ 제3사분면 ④ 제4사분면
⑤ 제2, 4사분면

14 두 일차함수 $y=(m+1)x-6$과 $y=\dfrac{1}{2}mx+3$의 그래프가 서로 평행할 때, 수 m의 값을 구하시오.

15 오른쪽 그림의 직선과 평행하고, 점 $(2, 5)$를 지나는 직선을 그래프로 하는 일차함수의 식을 구하시오.

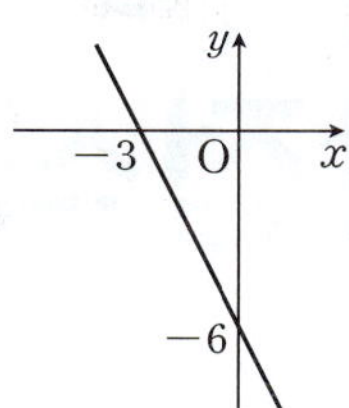

16 두 점 $(-2, -1)$, $(2, -3)$을 지나는 일차함수의 그래프를 y축의 방향으로 6만큼 평행이동한 그래프가 점 $(k, 1)$을 지날 때, k의 값을 구하시오.

17 일차함수 $y = ax + b$의 그래프가 오른쪽 그림과 같을 때, $y = bx - a$의 그래프의 기울기와 y절편의 곱을 구하시오.

(단, a, b는 수)

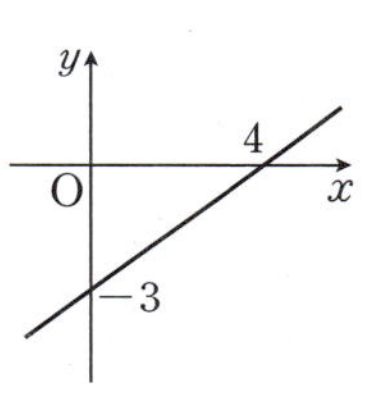

18 공기 중에서 소리의 속력은 기온이 0 °C일 때 초속 331 m이고, 기온이 5 °C 올라갈 때마다 소리의 속력이 초속 3 m씩 증가한다고 한다. 소리의 속력이 초속 346 m가 될 때의 기온을 구하시오.

19 A 지점에 있는 태풍이 북동쪽으로 240 km 떨어진 B 지점을 향해 시속 16 km로 이동하고 있다. 태풍이 B 지점에 도달하는 것은 A 지점을 출발한 지 몇 시간 후인지 구하시오. (단, 태풍의 이동 경로는 직선으로 나타난다.)

Level Up

20 오른쪽 그림과 같이 좌표평면 위에 두 점 $A(-1, -1)$, $B(-2, 2)$가 있다. 일차함수 $y = ax + 3$의 그래프가 선분 AB와 만나도록 하는 수 a의 값의 범위를 구하시오.

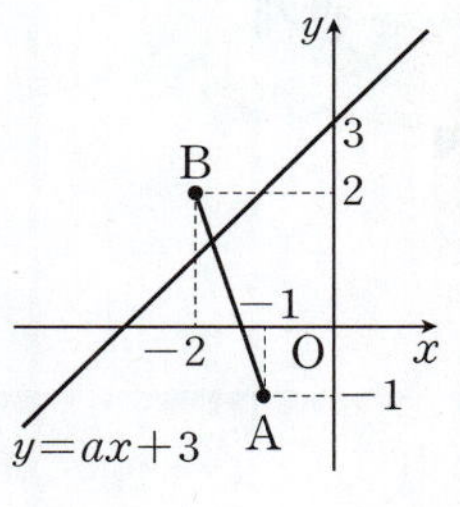

21 오른쪽 그림에서 점 P는 점 B를 출발하여 선분 BC를 따라 점 C까지 1초에 2 cm씩 움직인다. 점 P가 점 B를 출발한 지 x초 후의 $\triangle ABP$와 $\triangle CDP$의 넓이의 합을 y cm^{2}라 할 때, 다음 물음에 답하시오.

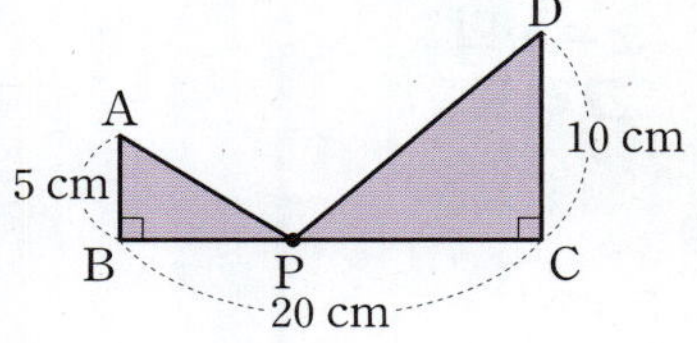

(1) x와 y 사이의 관계식을 구하시오.
(2) 점 P가 점 B를 출발한 지 몇 초 후에 $\triangle ABP$와 $\triangle CDP$의 넓이의 합이 60 cm^{2}가 되는지 구하시오.

일차함수와 일차방정식의 관계

일차함수와 일차방정식의 관계

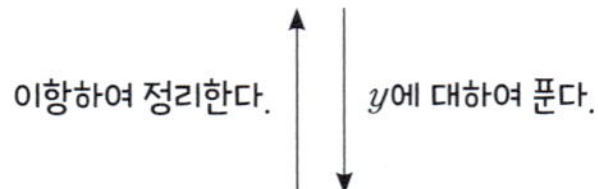

일차방정식
$$ax+by+c=0 \ (a\neq0, b\neq0)$$

이항하여 정리한다. / y에 대하여 푼다.

일차함수
$$y=-\frac{a}{b}x-\frac{c}{b}$$

미지수가 2개인 일차방정식
$$ax+by+c=0 \ (a, b, c\text{는 수}, a\neq0, b\neq0)$$
의 그래프는 일차함수
$$y=-\frac{a}{b}x-\frac{c}{b}$$
의 그래프와 같다.

일차방정식 $x=p$의 그래프

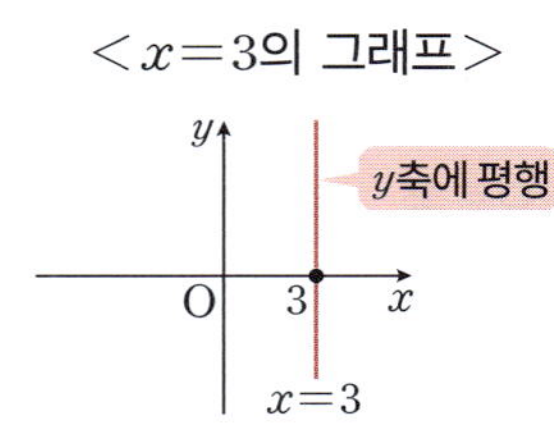

점 $(p, 0)$을 지나고 y축에 평행한 직선
└ x축에 수직

일차방정식 $y=q$의 그래프

점 $(0, q)$를 지나고 x축에 평행한 직선
└ y축에 수직

연립방정식 $\begin{cases} x-y=1 \\ x+2y=4 \end{cases}$ 의 해

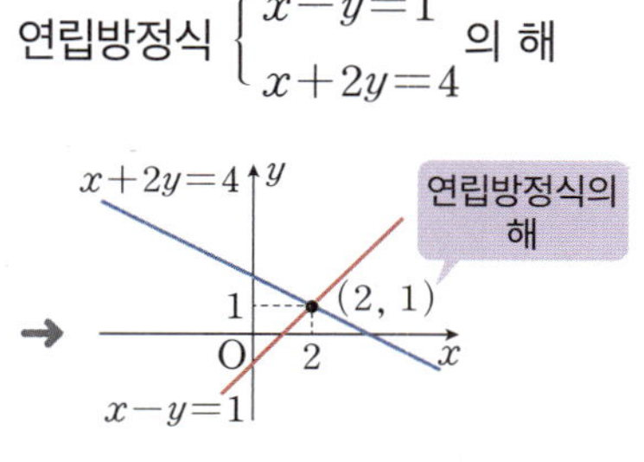

두 일차방정식
$$ax+by+c=0,\ a'x+b'y+c'=0$$
의 그래프의 교점의 좌표는

연립방정식 $\begin{cases} ax+by+c=0 \\ a'x+b'y+c'=0 \end{cases}$ 의 해와 같다.

두 일차방정식의 그래프의
교점의 좌표
$(p,\ q)$

$\longleftrightarrow$

연립방정식의 해
$x=p,\ y=q$

연립방정식 $\begin{cases} ax+by+c=0 \\ a'x+b'y+c'=0 \end{cases}$ 의 해의 개수는 두 일차방정식 $ax+by+c=0,\ a'x+b'y+c'=0$의 그래프의 교점의 개수와 같다.

두 일차방정식의 그래프의 위치 관계	한 점에서 만난다.	평행하다.	일치한다.
두 그래프의 교점의 개수	한 개이다.	없다.	무수히 많다.
연립방정식의 해의 개수	해가 한 쌍이다.	해가 없다.	해가 무수히 많다.
기울기와 y절편	기울기가 다르다.	기울기는 같고 y절편은 다르다.	기울기와 y절편이 각각 같다.

01 일차함수와 일차방정식

✓ 일차방정식의 그래프와 일차함수의 그래프 (1)

01 일차방정식 $x+y-2=0$에 대하여 물음에 답하시오.

(1) 일차방정식을 만족시키는 x, y의 값을 구하여 표를 완성하시오.

x	$\cdots$	-2	-1	0	1	2	$\cdots$
y	$\cdots$	4					$\cdots$

(2) (1)에서 구한 해의 순서쌍 (x, y)를 오른쪽 좌표평면 위에 나타내시오.

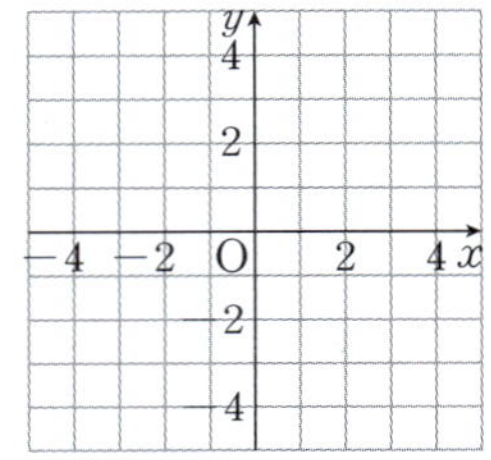

(3) x, y의 값의 범위가 수 전체일 때, 일차방정식의 그래프를 오른쪽 좌표평면 위에 그리시오.

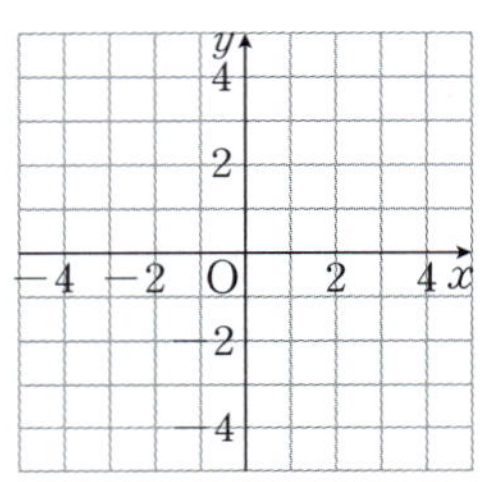

02 일차방정식 $2x-y+1=0$에 대하여 물음에 답하시오.

(1) 일차방정식을 만족시키는 x, y의 값을 구하여 표를 완성하시오.

x	$\cdots$	-2	-1	0	1	2	$\cdots$
y	$\cdots$						$\cdots$

(2) (1)에서 구한 해의 순서쌍 (x, y)를 오른쪽 좌표평면 위에 나타내시오.

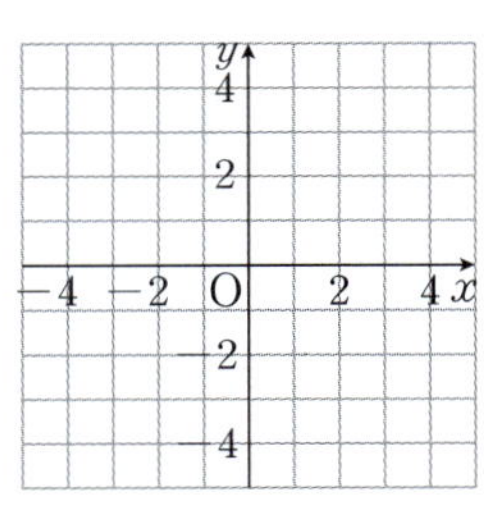

(3) x, y의 값의 범위가 수 전체일 때, 일차방정식의 그래프를 오른쪽 좌표평면 위에 그리시오.

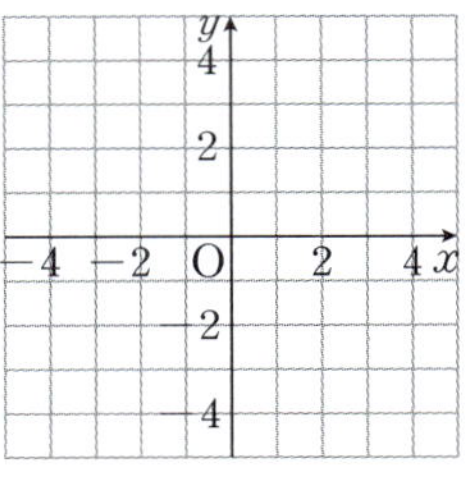

03 다음 일차방정식을 일차함수 $y=ax+b$ 꼴로 나타내시오. (단, a, b는 수)

(1) $3x-y-6=0$

(2) $-x+4y+2=0$

(3) $2x-3y+9=0$

(4) $2x+y-4=0$

(5) $x-2y+4=0$

(6) $3x+2y-6=0$

04 다음 일차방정식과 그 그래프가 같은 일차함수의 식을 **보기**에서 고르시오.

┌ 보기 ┐

ㄱ. $y=2x-\dfrac{1}{2}$ ㄴ. $y=3x-2$

ㄷ. $y=-\dfrac{1}{3}x+3$ ㄹ. $y=\dfrac{3}{2}x+\dfrac{1}{4}$

(1) $-3x+y+2=0$ (2) $6x-4y+1=0$

(3) $x+3y-9=0$ (4) $4x-2y-1=0$

✔ 일차방정식의 그래프와 일차함수의 그래프 (2)

05 다음 일차방정식의 그래프의 기울기, x절편, y절편을 각각 구하시오.

(1) $5x-y-4=0$

→ 기울기: ________

　 x절편: ________

　 y절편: ________

(2) $3x+2y-6=0$

→ 기울기: ________

　 x절편: ________

　 y절편: ________

(3) $4x-3y+3=0$

→ 기울기: ________

　 x절편: ________

　 y절편: ________

(4) $x+7y+14=0$

→ 기울기: ________

　 x절편: ________

　 y절편: ________

(5) $-x+5y-3=0$

→ 기울기: ________

　 x절편: ________

　 y절편: ________

(6) $-2x-6y+1=0$

→ 기울기: ________

　 x절편: ________

　 y절편: ________

06 다음 일차방정식을 $y=ax+b$ 꼴로 나타내고, 그 그래프를 그리시오.

(1) $2x+y-4=0$

→ ________________

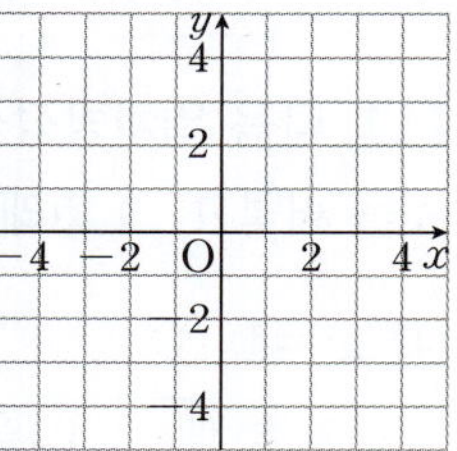

(2) $3x-4y+12=0$

→ ________________

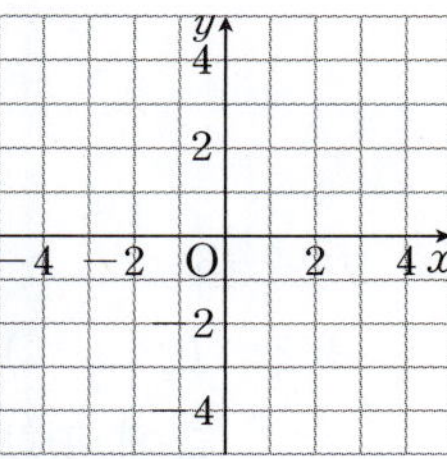

(3) $2x+3y-6=0$

→ ________________

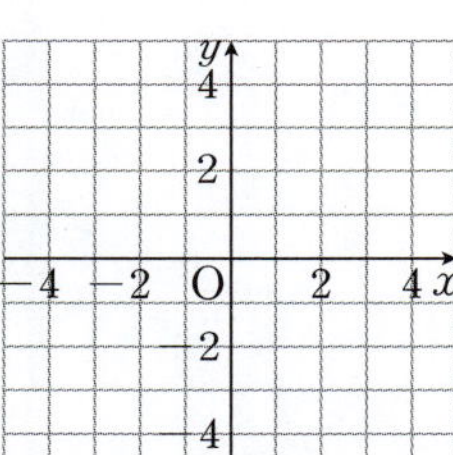

(4) $5x-2y-5=0$

→ ________________

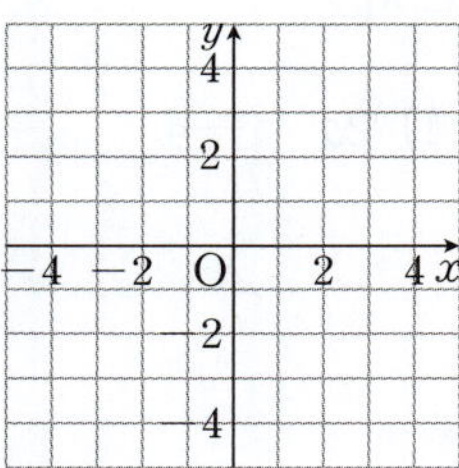

(5) $x+4y-4=0$

→ ________________

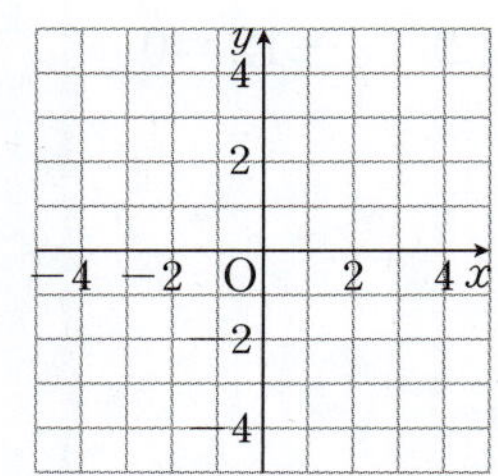

개념 2 일차방정식 $x=p$, $y=q$의 그래프

$x=p$, $y=q$의 그래프

01 다음 일차방정식의 그래프에 대하여 □ 안에 알맞은 것을 써넣고, 그 그래프를 오른쪽 좌표평면 위에 그리시오.

(1) $x=1$

➜ 점 (□, 0)을 지나고
  □축에 평행한 직선

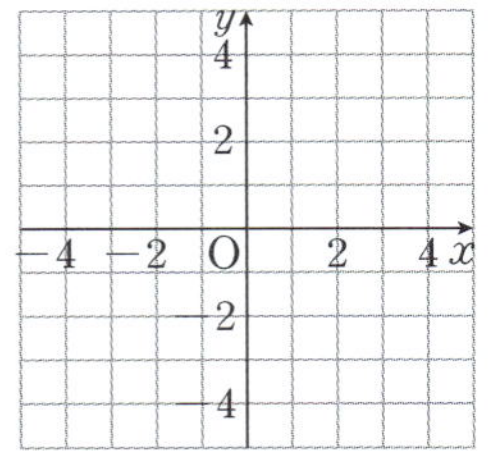

(2) $y=-3$

➜ 점 (0, □)을 지나고
  □축에 평행한 직선

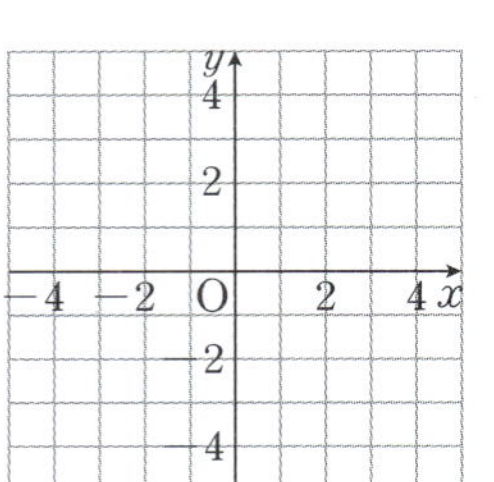

02 다음 일차방정식의 그래프를 오른쪽 좌표평면 위에 그리시오.

(1) $2x=-4$

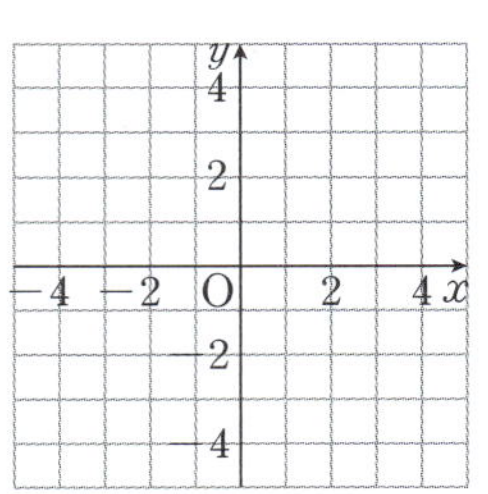

(2) $3y-12=0$

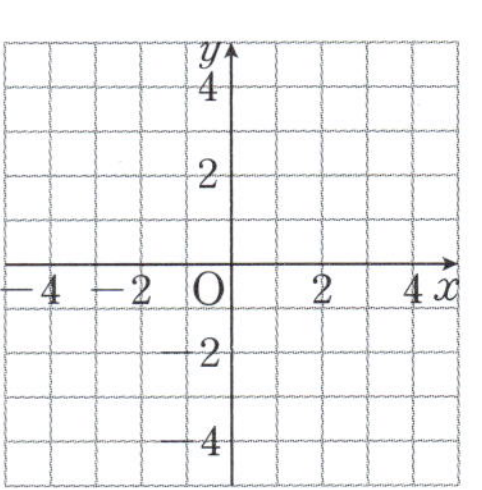

03 다음과 같은 직선의 방정식을 구하시오.

(1)

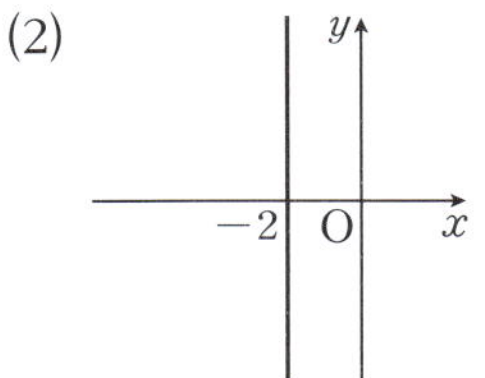

(2)

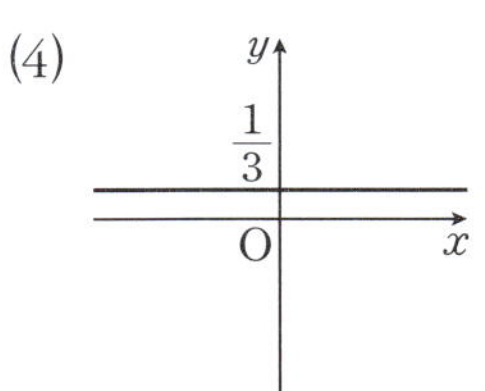

(3)

(4)

(5) 점 $(1, 5)$를 지나고 x축에 평행한 직선

(6) 점 $(-3, 2)$를 지나고 y축에 평행한 직선

(7) 점 $(4, -1)$을 지나고 x축에 수직인 직선

(8) 점 $(-2, -6)$을 지나고 y축에 수직인 직선

유형 1 일차함수와 일차방정식의 관계

01 다음 일차함수 중 그 그래프가 일차방정식 $3x-2y-12=0$의 그래프와 같은 것은?

① $y=-\dfrac{3}{2}x-6$ ② $y=-\dfrac{2}{3}x-4$

③ $y=\dfrac{2}{3}x-4$ ④ $y=\dfrac{3}{2}x-6$

⑤ $y=\dfrac{3}{2}x+6$

02 일차방정식 $4x+2y-5=0$의 그래프의 기울기를 a, y절편을 b라 할 때, ab의 값은?

① -5 ② -4 ③ 2
④ 4 ⑤ 5

유형 2 일차방정식의 그래프 위의 점

03 일차방정식 $-2x+y+5=0$의 그래프가 점 $(3,\ a)$를 지날 때, a의 값을 구하시오.

04 일차방정식 $kx+2y-1=0$의 그래프가 점 $(-1,\ 2)$를 지날 때, k의 값을 구하시오. (단, k는 수)

유형 3 직선의 방정식 구하기

05 직선 $6x+3y-4=0$과 평행하고 y절편이 -3인 직선의 방정식은?

① $2x-y-3=0$ ② $2x-y-1=0$
③ $2x+y-1=0$ ④ $2x+y+1=0$
⑤ $2x+y+3=0$

06 두 점 $(1,\ 3)$, $(6,\ -2)$를 지나는 직선의 방정식은?

① $x+y-4=0$ ② $x+2y-4=0$
③ $x+y+4=0$ ④ $x-2y+4=0$
⑤ $x-y+4=0$

유형 4 좌표축에 평행한 직선 위의 점 (1)

07 점 $(-2, 7)$을 지나고 x축에 평행한 직선의 방정식은?

① $x=-2$ ② $x=7$ ③ $y=-2$
④ $y=7$ ⑤ $y=9$

08 일차방정식 $2x-ay-b=0$의 그래프가 점 $(3, -4)$를 지나고 x축에 수직일 때, 수 a, b의 값을 각각 구하시오.

유형 5 좌표축에 평행한 직선 위의 점 (2)

09 두 점 $(2a+3, -4)$, $(5, a)$를 지나는 직선이 y축에 평행할 때, a의 값을 구하시오.

10 두 점 $(7, 4b-5)$, $(2, -2b+7)$을 지나는 직선이 x축에 평행할 때, b의 값은?

① 1 ② 2 ③ 3
④ 4 ⑤ 5

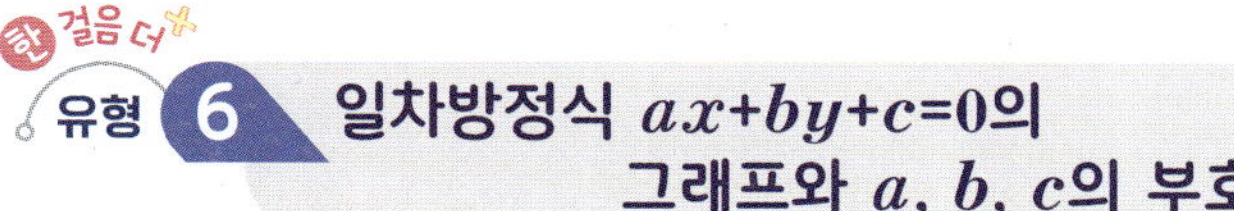

유형 6 일차방정식 $ax+by+c=0$의 그래프와 a, b, c의 부호

11 일차방정식 $x-ay-b=0$의 그래프가 오른쪽 그림과 같을 때, 다음 중 옳은 것은? (단, a, b는 수)

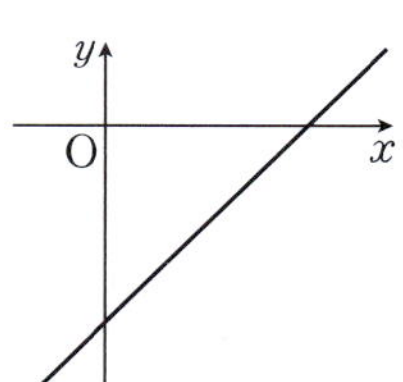

① $a>0$, $b>0$
② $a>0$, $b<0$
③ $a<0$, $b>0$
④ $a<0$, $b=0$
⑤ $a<0$, $b<0$

12 $a<0$, $b>0$, $c<0$일 때, 일차방정식 $ax+by+c=0$의 그래프가 지나지 <u>않는</u> 사분면은?

① 제1사분면 ② 제2사분면
③ 제3사분면 ④ 제4사분면
⑤ 제2, 4사분면

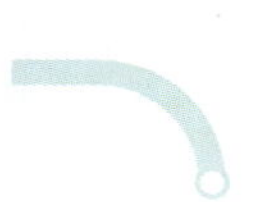

02 두 일차함수의 그래프와 연립일차방정식

일차방정식의 그래프와 연립방정식의 해

✓ 두 그래프의 교점의 좌표를 이용하여 방정식의 해 구하기

01 주어진 그래프를 이용하여 다음 연립방정식을 푸시오.

(1) $\begin{cases} x+y=4 \\ x-y=2 \end{cases}$

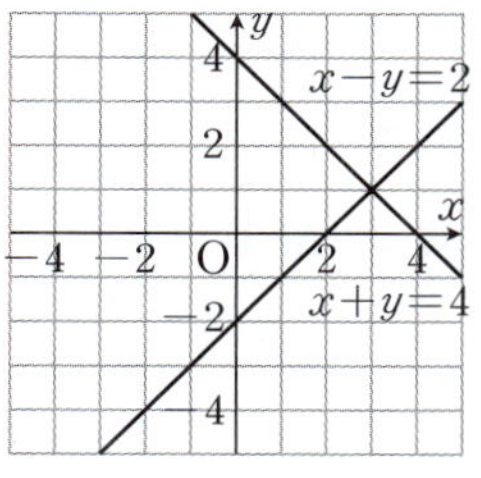

(2) $\begin{cases} x+y=3 \\ 2x-y=3 \end{cases}$

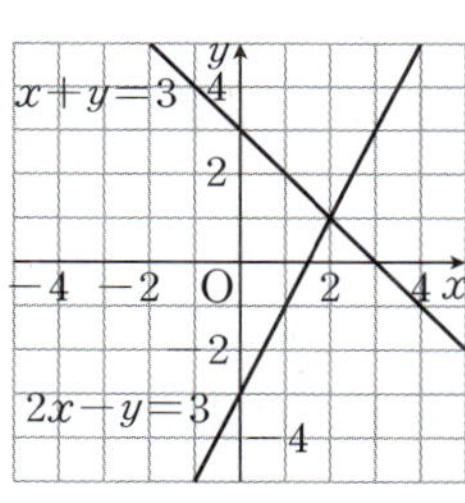

(3) $\begin{cases} x-2y=5 \\ 4x+y=2 \end{cases}$

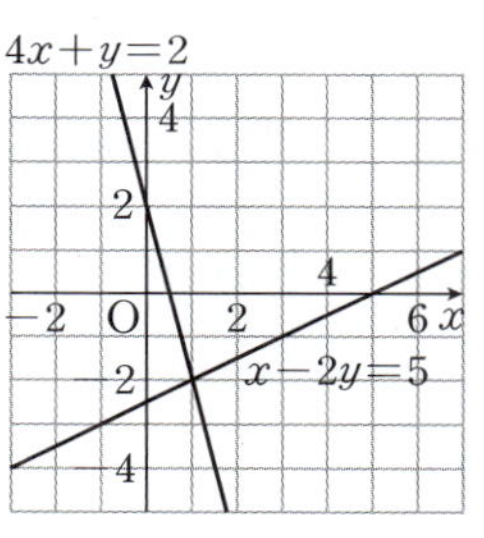

(4) $\begin{cases} 3x+y=-6 \\ 5x-3y=4 \end{cases}$

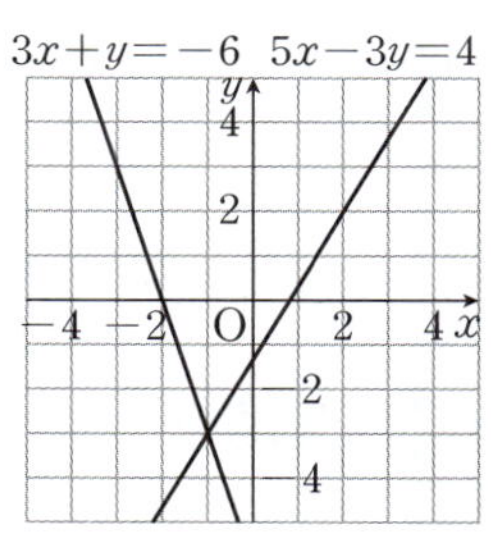

(5) $\begin{cases} 2x-3y=-12 \\ 4x+3y=-6 \end{cases}$

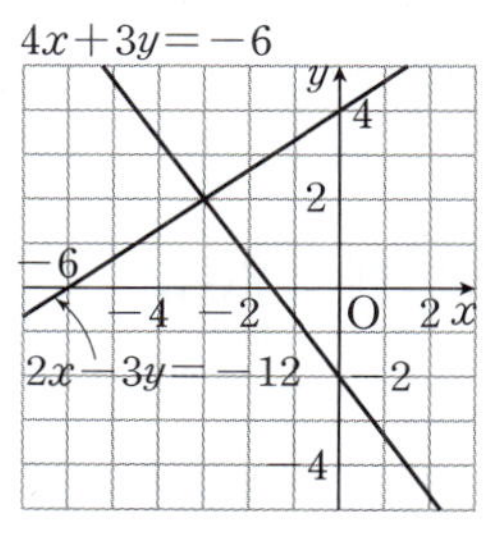

02 다음 연립방정식의 두 일차방정식의 그래프를 각각 좌표평면 위에 그리고, 그 그래프를 이용하여 연립방정식을 푸시오.

(1) $\begin{cases} x+y=1 \\ 3x+y=-3 \end{cases}$

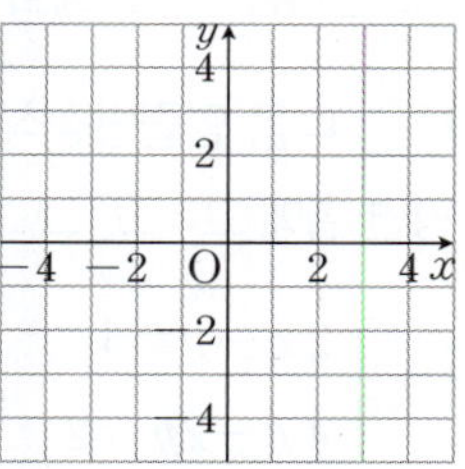

(2) $\begin{cases} 2x+y=1 \\ x-2y=8 \end{cases}$

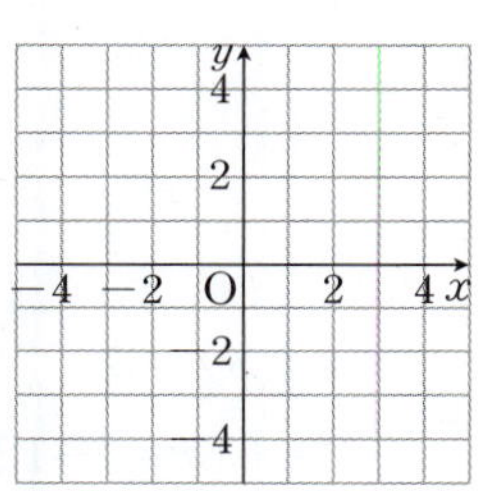

✓ 두 그래프의 교점의 좌표 구하기

03 연립방정식을 이용하여 다음 두 일차방정식의 그래프의 교점의 좌표를 구하시오.

(1) $x+3y=2,\ 2x-y=-3$

(2) $-3x+4y=10,\ 4x-y=4$

(3) $x+y-2=0,\ 3x-5y-14=0$

(4) $x+2y-12=0,\ x-3y+13=0$

(5) $x+y-2=0,\ 3x+4y-6=0$

(6) $2x-y+5=0,\ 3x+y+10=0$

✔ 연립방정식의 해의 개수와 두 그래프의 위치 관계 (1)

01 다음 연립방정식의 두 일차방정식의 그래프를 각각 좌표평면 위에 그리고, 그 그래프를 이용하여 연립방정식을 푸시오.

(1) $\begin{cases} 2x-y=1 \\ 4x-2y=2 \end{cases}$

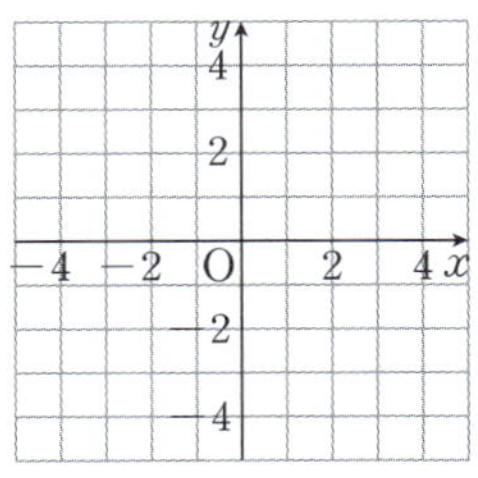

(2) $\begin{cases} x+3y=3 \\ 2x+6y=-12 \end{cases}$

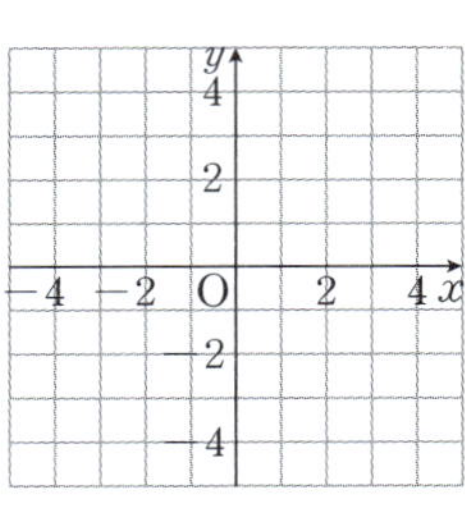

02 보기의 연립방정식 중 다음에 해당하는 것을 모두 고르시오.

보기
ㄱ. $\begin{cases} x-y=0 \\ x+y=0 \end{cases}$ ㄴ. $\begin{cases} x+3y=1 \\ 2x+6y=2 \end{cases}$

ㄷ. $\begin{cases} 2x-3y=4 \\ -4x-6y=8 \end{cases}$ ㄹ. $\begin{cases} 3x-y=-1 \\ 9x-3y=3 \end{cases}$

(1) 해가 한 쌍인 연립방정식

(2) 해가 없는 연립방정식

(3) 해가 무수히 많은 연립방정식

03 보기의 연립방정식 중 두 일차방정식의 그래프의 교점의 개수가 다음과 같은 것을 모두 고르시오.

보기
ㄱ. $\begin{cases} 2x-y=4 \\ x-2y=4 \end{cases}$ ㄴ. $\begin{cases} x-y=2 \\ -x+y=-2 \end{cases}$

ㄷ. $\begin{cases} 2x+y=-3 \\ 6x+3y=1 \end{cases}$ ㄹ. $\begin{cases} 2x+3y=-2 \\ 4x-6y=4 \end{cases}$

(1) 교점이 한 개인 것

(2) 교점이 무수히 많은 것

(3) 교점이 없는 것

✔ 연립방정식의 해의 개수와 두 그래프의 위치 관계 (2)

04 연립방정식 $\begin{cases} ax-y=-3 \\ 2x-y=b \end{cases}$의 해가 다음과 같을 때, 수 a, b의 조건을 각각 구하시오.

(1) 해가 한 쌍이다.

(2) 해가 없다.

(3) 해가 무수히 많다.

05 연립방정식 $\begin{cases} ax-2y=2 \\ -3x+6y=b \end{cases}$의 해가 다음과 같을 때, 수 a, b의 조건을 각각 구하시오.

(1) 해가 한 쌍이다.

(2) 해가 없다.

(3) 해가 무수히 많다.

필수 유형 한 번 더 익히기

유형 ❶ 연립방정식의 해와 그래프

01 두 일차방정식 $2x-y-5=0$, $5x+2y+1=0$의 그래프의 교점의 좌표를 구하시오.

02 연립방정식
$$\begin{cases} ax-y-10=0 \\ x+by-6=0 \end{cases}$$
의 두 일차방정식의 그래프가 오른쪽 그림과 같을 때, 수 a, b에 대하여 $a+b$의 값은?

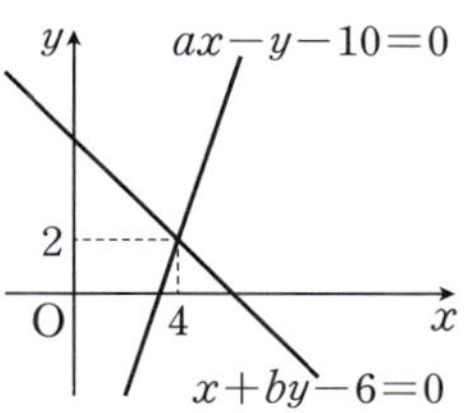

① 1 　　　② 2 　　　③ 3
④ 4 　　　⑤ 5

유형 ❷ 두 직선의 교점을 지나는 직선의 방정식

03 두 일차방정식 $x-2y-4=0$, $3x-y+3=0$의 그래프의 교점과 점 $(1, 2)$를 지나는 직선의 방정식의 y절편을 구하시오.

04 두 일차방정식 $4x-y-1=0$, $7x+2y+17=0$의 그래프의 교점을 지나고 y절편이 -3인 직선의 방정식은?

① $x-2y-3=0$ 　　　② $2x-y-3=0$
③ $x+2y-3=0$ 　　　④ $2x-y+3=0$
⑤ $x-2y+3=0$

유형 ❸ 두 직선과 좌표축으로 둘러싸인 도형의 넓이

05 오른쪽 그림과 같이 두 직선 $x+y-5=0$, $4x-3y+8=0$과 x축으로 둘러싸인 도형의 넓이는?

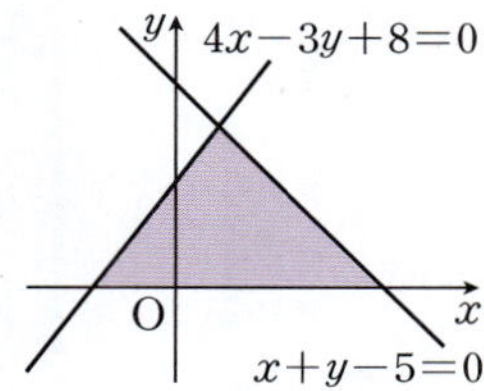

① 12 　　　② 14 　　　③ 16
④ 18 　　　⑤ 20

06 오른쪽 그림과 같이 두 일차방정식 $x+y-1=0$, $\dfrac{1}{2}x-y-5=0$의 그래프와 y축으로 둘러싸인 도형의 넓이를 구하시오.

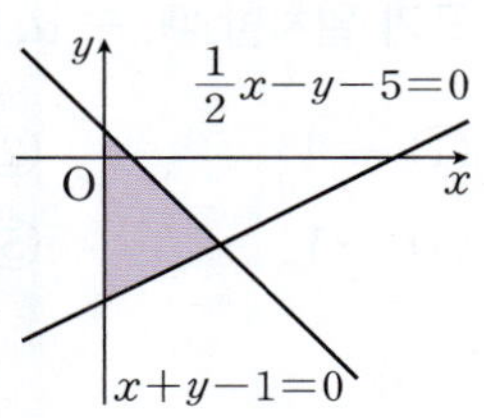

한 걸음 더 유형 ❹ 한 점에서 만나는 세 직선

07 세 직선 $2x+y+1=0$, $x+y-1=0$, $kx-2y+12=0$이 한 점에서 만날 때, 수 k의 값은?

① -9 　　　② -3 　　　③ 3
④ 9 　　　⑤ 15

08 세 일차방정식 $x-2y=-1$, $3x-y=7$, $ax-y+1=0$의 그래프가 한 점에서 만날 때, 수 a의 값을 구하시오.

09 두 일차방정식 $3x-2y=a$, $bx+4y=-8$의 그래프가 일치할 때, 수 a, b에 대하여 $a+b$의 값은?

① -4 ② -3 ③ -2
④ -1 ⑤ 0

10 연립방정식 $\begin{cases} (a-2)x+2y=-5 \\ bx+4y=3a-1 \end{cases}$의 해가 무수히 많을 때, 수 a, b에 대하여 $a+b$의 값을 구하시오.

11 연립방정식 $\begin{cases} (a+3)x-y=3 \\ -6x+3y=6 \end{cases}$의 해가 없을 때, 수 a의 값은?

① -5 ② -4 ③ -3
④ -2 ⑤ -1

12 두 직선 $x-3y=3$, $2x+ay=-3$의 교점이 존재하지 않을 때, 수 a의 값은?

① -6 ② -3 ③ 2
④ 3 ⑤ 6

13 오른쪽 그림과 같이 일차방정식 $x+2y-4=0$의 그래프가 x축, y축과 만나는 점을 각각 A, B라 하자. 직선 $y=ax$가 삼각형 OAB의 넓이를 이등분할 때, 수 a의 값을 구하시오. (단, O는 원점)

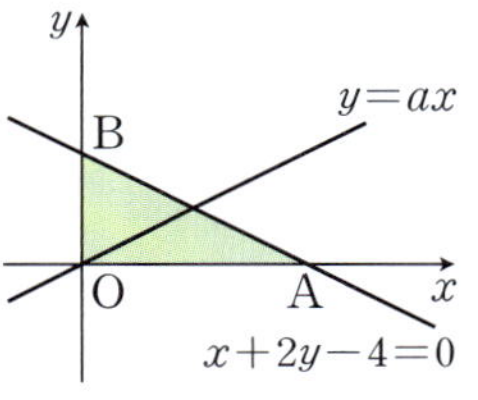

01 일차방정식 $ax-5y+b=0$ 의 그래프가 오른쪽 그림과 같을 때, ab의 값을 구하시오. (단, a, b는 수)

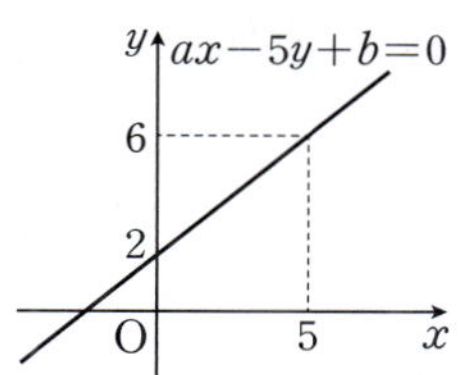

답 ________________

02 일차방정식 $ax+by+1=0$의 그래프가 점 $(5, 1)$을 지나고 y축에 평행할 때, 수 a, b의 값을 각각 구하시오.

답 ________________

03 오른쪽 그림과 같이 세 직선 $x=6$, $y=2$, $4x-3y=0$으로 둘러싸인 도형의 넓이를 구하시오.

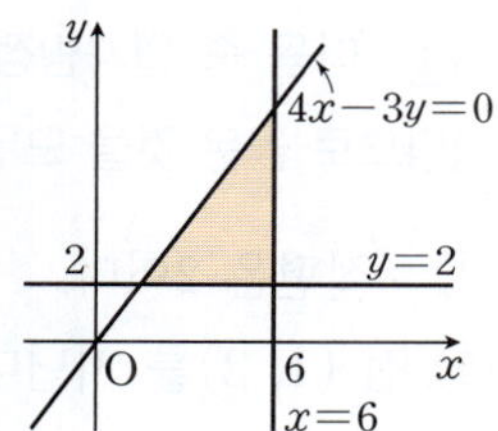

답 ________________

04 오른쪽 그림과 같이 두 일차방정식 $ax-y=-9$, $2x+3y=-5$의 그래프의 교점의 x좌표가 -4일 때, 수 a의 값을 구하시오.

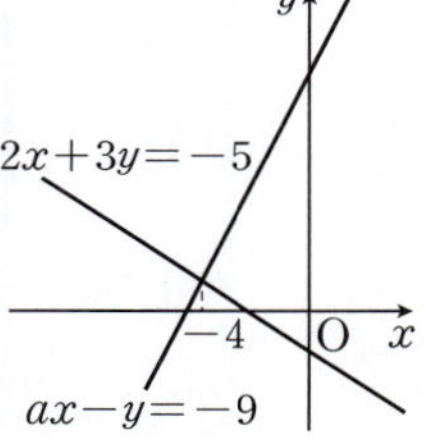

답 ________________

단원 마무리하기

 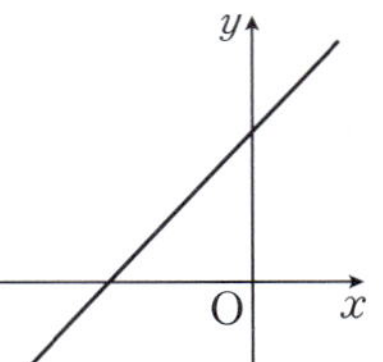

01 다음 중 일차방정식 $x-2y+4=0$의 그래프에 대한 설명으로 옳은 것을 모두 고르면? (정답 2개)

① x절편은 2이다.

② 점 $(1, 2)$를 지닌다.

③ 일차함수 $y=\dfrac{1}{2}x$의 그래프와 평행하다.

④ 제3사분면을 지나지 않는다.

⑤ x의 값이 6만큼 증가할 때, y의 값은 3만큼 증가한다.

서술형

02 일차방정식 $ax-5y-2=0$의 그래프가 점 $(-3, 2)$를 지날 때, 이 그래프의 기울기를 구하시오. (단, a는 수)

03 일차방정식 $ax+by-8=0$의 그래프가 오른쪽 그림과 같을 때, 수 a, b에 대하여 $a+b$의 값을 구하시오.

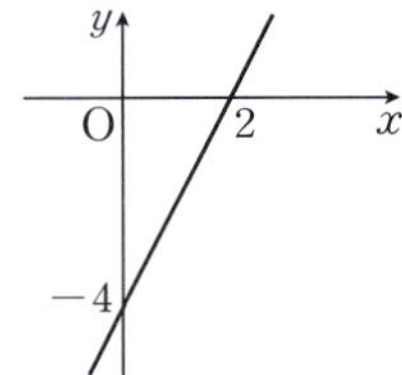

04 일차방정식 $x+ay+b=0$의 그래프가 오른쪽 그림과 같을 때, 다음 중 옳은 것은? (단, a, b는 수)

① $a>0$, $b>0$

② $a>0$, $b<0$

③ $a>0$, $b=0$

④ $a<0$, $b>0$

⑤ $a<0$, $b<0$

05 일차방정식 $3x+y-5=0$의 그래프와 평행하고, 점 $(1, 4)$를 지나는 직선의 방정식을 구하시오.

06 점 $(-5, 3)$을 지나고 y축에 평행한 직선의 방정식을 구하시오.

07 두 점 $(2, 3a-1)$, $(6, -2a+3)$을 지나는 직선이 y축에 수직일 때, 두 점을 지나는 직선의 방정식은?

① $y=-\dfrac{1}{5}$　　② $y=\dfrac{2}{5}$　　③ $y=1$

④ $y=\dfrac{7}{5}$　　⑤ $y=2$

08 일차방정식 $ax+by-9=0$의 그래프가 오른쪽 그림과 같을 때, 수 a, b에 대하여 $a+b$의 값을 구하시오.

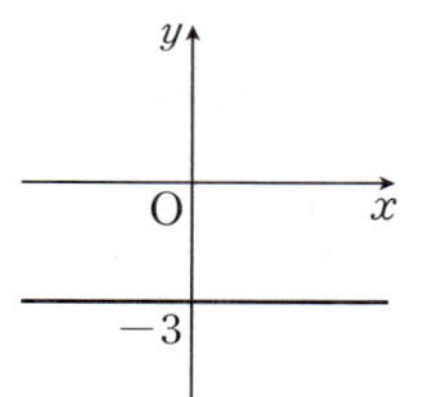

09 다음 네 직선으로 둘러싸인 도형의 넓이가 30일 때, 양수 k의 값은?

$$x+3=0, \quad 2x-4=0, \quad y=2k, \quad y+k=0$$

① $\dfrac{1}{2}$ 　　② 1 　　③ $\dfrac{3}{2}$

④ 2 　　⑤ $\dfrac{5}{2}$

10 두 일차방정식 $3x-y+10=0$, $-2x+y-4=0$의 그래프의 교점의 좌표를 (a, b)라 할 때, ab의 값은?

① -48 　　② -24 　　③ 12
④ 24 　　⑤ 48

11 두 일차방정식 $ax+y=-1$, $x+by=-5$의 그래프가 오른쪽 그림과 같을 때, 수 a, b에 대하여 $a+b$의 값을 구하시오.

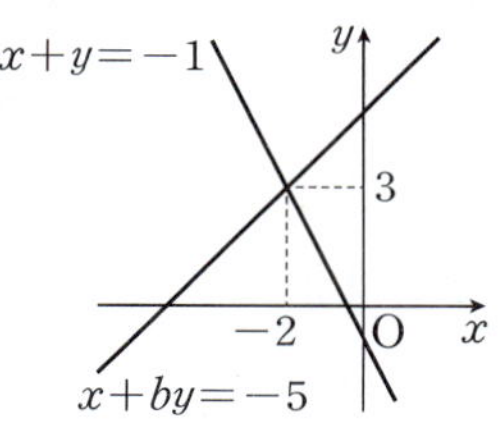

12 두 일차방정식 $2x+y-9=0$, $x-y+3=0$의 그래프의 교점을 지나고, y절편이 -2인 직선의 x절편을 구하시오.

13 두 직선 $x+2y-5=0$, $2x+y+5=0$의 교점을 지나고, 직선 $y=x+3$과 평행한 직선의 방정식을 구하시오.

14 오른쪽 그림과 같이 두 일차방정식 $x+y-1=0$, $x-y+5=0$의 그래프와 x축으로 둘러싸인 도형의 넓이는?

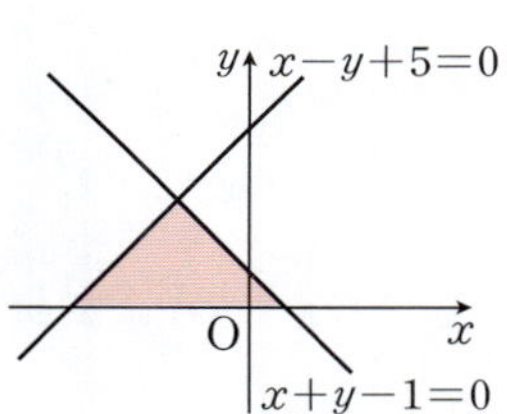

① 8 　　② 9 　　③ 10
④ 11 　　⑤ 12

15 오른쪽 그림과 같이 직선 $y=-\dfrac{2}{5}x+8$이 x축, y축과 만나는 점을 각각 A, B라 하자. 삼각형 OAB의 넓이를 직선 $y=ax$가 이등분할 때, 수 a의 값을 구하시오.

(단, O는 원점)

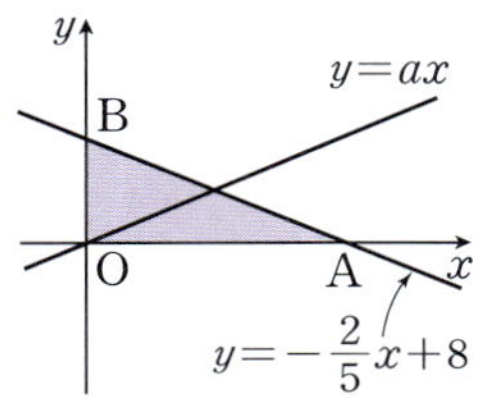

16 연립방정식 $\begin{cases} ax-3y-6=0 \\ 3x-y+b=0 \end{cases}$ 의 해가 없을 때, 수 a, b의 조건은?

① $a \neq -1$, $b=2$
② $a=1$, $b \neq 2$
③ $a \neq 1$, $b=2$
④ $a=9$, $b \neq -2$
⑤ $a \neq 9$, $b=-2$

서술형
17 연립방정식 $\begin{cases} ax-8y=-2 \\ 8x+16y=b \end{cases}$ 의 해가 무수히 많을 때, 직선 $y=ax+b$가 지나지 <u>않는</u> 사분면을 구하시오.

(단, a, b는 수)

Level Up

18 일차방정식 $ax+by-c=0$의 그래프가 오른쪽 그림과 같을 때, 다음 중 일차함수 $y=\dfrac{b}{a}x+bc$의 그래프로 알맞은 것은? (단, a, b, c는 수)

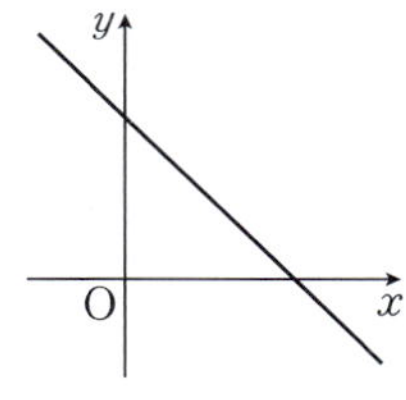

① 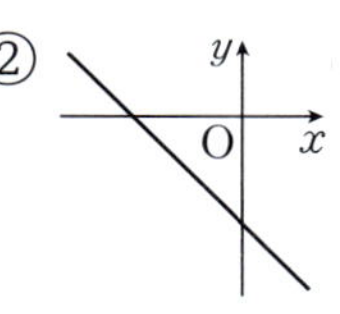 ② ③ 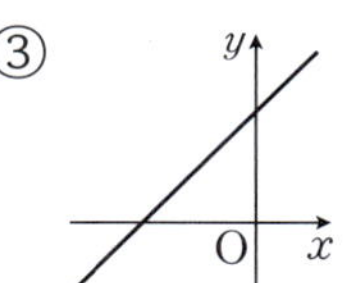

④ 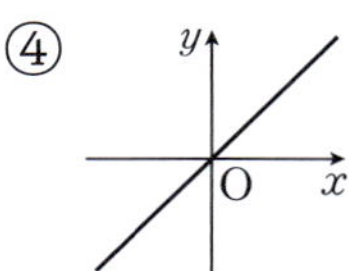 ⑤ 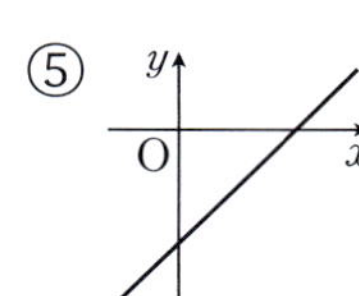

19 세 직선 $2x+y+3=0$, $x-3y+5=0$, $3x+2y+a=0$이 삼각형을 이루지 않도록 하는 수 a의 값은?

① 3
② 4
③ 5
④ 6
⑤ 7

20 어느 출판사에서 책 A를 출간한 지 5개월 후에 책 B를 출간하였다. 오른쪽 그림은 책 A를 출간한 지 x개월 후 책의 누적 판매량을 y권이라 할 때, x와 y 사이의 관계를 그래프로 나타낸 것이다. 두 책 A, B의 누적 판매량이 같아지는 것은 책 A를 출간한 지 몇 개월 후인지 구하시오.

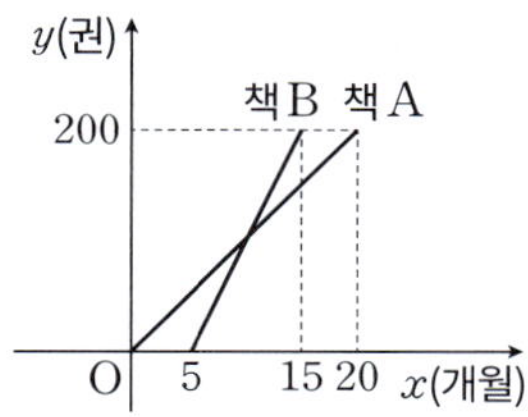

정답과 해설 135쪽

Memo

Memo

리:피트 개념

중등 수학 2-1

Contact Mirae-N

www.mirae-n.com

(우)06532 서울시 서초구 신반포로 321

1800-8890

미래엔 교과서 연계 도서

교과서 예습 복습과 학교 시험 대비까지
한 권으로 완성하는 자율학습서와 실전 유형서

미래엔 교과서 자습서

[2022 개정]
국어 (신유식) 1-1, 1-2, 2-1, 2-2
　　(민병곤) 1-1, 1-2, 2-1, 2-2
영어 1, 2
수학 1, 2
사회 ①, ②
역사 ①, ②
도덕 ①, ②
과학 1, 2
기술·가정 ①, ②
생활 일본어, 생활 중국어, 한문

[2015 개정]
국어 3-1, 3-2
영어 3
수학 3
사회 ②
역사 ②
도덕 ②
과학 3
기술·가정 ①, ②
생활 일본어, 생활 중국어, 한문

미래엔 교과서 평가 문제집

[2022 개정]
국어 (신유식) 1-1, 1-2, 2-1, 2-2
　　(민병곤) 1-1, 1-2, 2-1, 2-2
영어 1-1, 1-2, 2-1, 2-2
사회 ①, ②
역사 ①, ②
도덕 ①, ②
과학 1, 2

[2015 개정]
국어 3-1, 3-2
영어 3-1, 3-2
사회 ②
역사 ②
도덕 ②
과학 3

예비 고1을 위한 고등 도서

비주얼 개념서

룩 LOOK

이미지 연상으로 필수 개념을 쉽게 익히는
비주얼 개념서

국어 문법
영어 분석독해

문학 입문서

작품 이해에서 문제 해결까지
손쉬운 비법을 담은 문학 입문서

현대 문학, 고전 문학

필수 개념 기본서

복잡한 개념은 쉽게, 핵심 문제는 완벽하게!
사회·과학 내신과 수능의 필수 개념 기본서

사회 통합사회1, 통합사회2,
　　한국사1, 한국사2
과학 통합과학1, 통합과학2

학교 시험에서 잘 써먹을 수 있는
개념 정리와 필수 유형으로 정리했다!

꼼꼼한 개념 학습
꼭 알아야 할 교과서 핵심 개념을 필수 탐구와 자료로 꼼꼼하게 익히자!

기출 적응 훈련
꼭 출제되는 문제 유형을 단계별 문제를 풀며 완벽하게 적응하자!

반복 실전 훈련
다양한 문제 유형으로 반복하며 실전에 자신 있게 다가가자!

미래엔이 PICK한 개념과 유형으로 실력 PEAK에 도달하세요.

고등학교 내신과 수능을 다 잡는
필수 개념 기본서

사회	통합사회1, 통합사회2, 한국사1, 한국사2
과학	통합과학1, 통합과학2, 물리학, 화학, 생명과학, 지구과학

정답과 해설

중등 수학 2-1

1 유리수와 순환소수

01 유리수의 소수 표현

개념 1
8쪽

개념 Bridge 답 유한, 무한

개념 check

01 답 (1) 1.25, 유한소수
(2) 0.125, 유한소수
(3) 0.727272…, 무한소수
(4) 0.58333…, 무한소수
(5) 0.08, 유한소수
(6) −0.222…, 무한소수

(1) $\dfrac{5}{4}=5\div4=1.25$

(2) $\dfrac{1}{8}=1\div8=0.125$

(3) $\dfrac{8}{11}=8\div11=0.727272\cdots$

(4) $\dfrac{7}{12}=7\div12=0.58333\cdots$

(5) $\dfrac{2}{25}=2\div25=0.08$

(6) $-\dfrac{2}{9}=-(2\div9)=-0.222\cdots$

01-1 답 (1) 1.5, 유한소수
(2) 0.444…, 무한소수
(3) 0.181818…, 무한소수
(4) 1.01, 유한소수
(5) −2.6, 유한소수
(6) −1.1666…, 무한소수

(1) $\dfrac{3}{2}=3\div2=1.5$

(2) $\dfrac{4}{9}=4\div9=0.444\cdots$

(3) $\dfrac{2}{11}=2\div11=0.181818\cdots$

(4) $\dfrac{101}{100}=1.01$

(5) $-\dfrac{13}{5}=-(13\div5)=-2.6$

(6) $-\dfrac{7}{6}=-(7\div6)=-1.1666\cdots$

개념 2
9쪽

개념 Bridge 답 5, 1, 7, 2

개념 check

01 답 (1) $1.\dot{5}$ (2) $0.2\dot{1}$ (3) $2.3\dot{4}\dot{8}$ (4) $3.5\dot{1}\dot{0}$

01-1 답 (1) $3.2\dot{8}$ (2) $-0.7\dot{6}\dot{9}$ (3) $1.9\dot{4}\dot{5}$ (4) $4.52\dot{6}$

02 답 (1) 42 (2) $0.\dot{4}\dot{2}$

(1) $\dfrac{14}{33}=0.424242\cdots$이므로 순환마디는 42이다.

02-1 답 (1) $0.\dot{5}$ (2) $0.\dot{3}\dot{6}$ (3) $2.8\dot{3}$ (4) $1.\dot{1}8\dot{5}$

(1) $\dfrac{5}{9}=0.555\cdots=0.\dot{5}$

(2) $\dfrac{4}{11}=0.363636\cdots=0.\dot{3}\dot{6}$

(3) $\dfrac{17}{6}=2.8333\cdots=2.8\dot{3}$

(4) $\dfrac{32}{27}=1.185185185\cdots=1.\dot{1}8\dot{5}$

필수 유형 익히기
10쪽

01 ㄱ, ㄷ	01-1 ④	02 ②	02-1 ④
03 ②	03-1 ③	04 7	04-1 5

01

ㄱ. $\dfrac{13}{6}=2.1666\cdots$ (무한소수)

ㄴ. $\dfrac{15}{8}=1.875$ (유한소수)

ㄷ. $\dfrac{7}{11}=0.636363\cdots$ (무한소수)

ㄹ. $\dfrac{33}{20}=1.65$ (유한소수)

따라서 분수를 소수로 나타낼 때, 무한소수인 것은 ㄱ, ㄷ이다.

01-1

① $\dfrac{5}{6}=0.8333\cdots$ (무한소수)

② $\dfrac{14}{9}=1.555\cdots$ (무한소수)

③ $\dfrac{11}{12}=0.91666\cdots$ (무한소수)

④ $\dfrac{3}{16}=0.1875$ (유한소수)

⑤ $\dfrac{1}{27}=0.037037037\cdots$ (무한소수)

따라서 분수를 소수로 나타낼 때, 유한소수인 것은 ④이다.

02

① $1.3555\cdots=1.3\dot{5}$

③ $1.456456456\cdots=1.\dot{4}5\dot{6}$

④ $2.090909\cdots=2.\dot{0}\dot{9}$

⑤ $4.784784784\cdots=4.\dot{7}8\dot{4}$

따라서 순환소수의 표현이 옳은 것은 ②이다.

02-1

④ $1.737373\cdots=1.\dot{7}\dot{3}$

03

$\dfrac{8}{55}=0.1454545\cdots=0.1\dot{4}\dot{5}$

따라서 순환소수로 바르게 나타낸 것은 ②이다.

03-1

$\dfrac{50}{27}=1.851851851\cdots=1.\dot{8}5\dot{1}$

따라서 순환소수로 바르게 나타낸 것은 ③이다.

04

$0.2\dot{3}84\dot{7}$의 순환마디를 이루는 숫자의 개수는 4이고, 소수점 아래 2번째 자리에서 순환마디가 시작되므로 소수점 아래 65번째 자리의 숫자는 순환마디가 시작된 후 $65-1=64$(번째)자리의 숫자와 같다.

이때 $64=4\times16$이므로 소수점 아래 65번째 자리의 숫자는 순환마디의 4번째 숫자인 7이다.

04-1

$\dfrac{3}{7}=0.\dot{4}2857\dot{1}$이므로 순환마디는 428571이다.

순환마디를 이루는 숫자의 개수는 6이고, $100=6\times16+4$이므

로 소수점 아래 100번째 자리의 숫자는 순환마디의 4번째 숫자와 같다.

따라서 소수점 아래 100번째 자리의 숫자는 5이다.

02 유리수의 분수 표현

개념 **3** 11쪽

개념 Bridge 답 유한, 순환

개념 check

01 답 (1) 0.75 (2) 0.375 (3) 0.16 (4) 0.35

(1) $\dfrac{3}{4}=\dfrac{3}{2^2}=\dfrac{3\times5^2}{2^2\times5^2}=\dfrac{75}{100}=0.75$

(2) $\dfrac{3}{8}=\dfrac{3}{2^3}=\dfrac{3\times5^3}{2^3\times5^3}=\dfrac{375}{1000}=0.375$

(3) $\dfrac{4}{25}=\dfrac{4}{5^2}=\dfrac{4\times2^2}{5^2\times2^2}=\dfrac{16}{100}=0.16$

(4) $\dfrac{7}{20}=\dfrac{7}{2^2\times5}=\dfrac{7\times5}{2^2\times5\times5}=\dfrac{35}{100}=0.35$

02 답 (1) ○ (2) ×

(1) $\dfrac{21}{2\times3\times7}=\dfrac{1}{2}$

분모의 소인수가 2뿐이므로 유한소수로 나타낼 수 있다.

(2) $\dfrac{55}{121}=\dfrac{5}{11}$

분모의 소인수에 2 또는 5 이외의 11이 있으므로 유한소수로 나타낼 수 없다.

02-1 답 ㄱ, ㄹ

ㄱ. 분모의 소인수가 2뿐이므로 유한소수로 나타낼 수 있다.

ㄴ. 분모의 소인수에 2 또는 5 이외의 7이 있으므로 유한소수로 나타낼 수 없다.

ㄷ. $\dfrac{50}{9}=\dfrac{50}{3^2}$

분모의 소인수에 2 또는 5 이외의 3이 있으므로 유한소수로 나타낼 수 없다.

ㄹ. $\dfrac{39}{60}=\dfrac{13}{20}=\dfrac{13}{2^2\times5}$

분모의 소인수가 2 또는 5뿐이므로 유한소수로 나타낼 수 있다.

따라서 유한소수로 나타낼 수 있는 것은 ㄱ, ㄹ이다.

개념 Bridge **답** 100, 100, 1000, 10, 1000, 10

개념 check

01 **답** (1) 10, 9, 16, $\dfrac{16}{9}$　(2) 100, 10, 90, 31, $\dfrac{31}{90}$

01-1 **답** (1) $\dfrac{8}{9}$　(2) $\dfrac{31}{99}$　(3) $\dfrac{151}{90}$　(4) $\dfrac{2056}{495}$

(1) $x=0.888\cdots$이라 하면

$$10x=8.888\cdots$$
$$-\underline{x=0.888\cdots}$$
$$9x=8$$

$$\therefore x=\dfrac{8}{9}$$

(2) $x=0.313131\cdots$이라 하면

$$100x=31.313131\cdots$$
$$-\underline{x=\ 0.313131\cdots}$$
$$99x=31$$

$$\therefore x=\dfrac{31}{99}$$

(3) $x=1.6777\cdots$이라 하면

$$100x=167.777\cdots$$
$$-\underline{\ 10x=\ 16.777\cdots}$$
$$90x=151$$

$$\therefore x=\dfrac{151}{90}$$

(4) $x=4.1535353\cdots$이라 하면

$$1000x=4153.535353\cdots$$
$$-\underline{\ \ 10x=\ \ \ 41.535353\cdots}$$
$$990x=4112$$

$$\therefore x=\dfrac{4112}{990}=\dfrac{2056}{495}$$

개념 Bridge **답** 9, 3, $\dfrac{35}{9}$, 12, $\dfrac{114}{90}$, $\dfrac{57}{45}$

개념 check

01 **답** (1) $\dfrac{5}{9}$　(2) $\dfrac{325}{99}$　(3) $\dfrac{97}{90}$　(4) $\dfrac{613}{495}$

(2) $3.\dot{2}\dot{8}=\dfrac{328-3}{99}=\dfrac{325}{99}$

(3) $1.0\dot{7}=\dfrac{107-10}{90}=\dfrac{97}{90}$

(4) $1.2\dot{3}\dot{8}=\dfrac{1238-12}{990}=\dfrac{1226}{990}=\dfrac{613}{495}$

01-1 **답** (1) $\dfrac{37}{9}$　(2) $\dfrac{73}{99}$　(3) $\dfrac{7}{12}$　(4) $\dfrac{163}{45}$

(1) $4.\dot{1}=\dfrac{41-4}{9}=\dfrac{37}{9}$

(3) $0.58\dot{3}=\dfrac{583-58}{900}=\dfrac{525}{900}=\dfrac{7}{12}$

(4) $3.6\dot{2}=\dfrac{362-36}{90}=\dfrac{326}{90}=\dfrac{163}{45}$

02 **답** (1) ○　(2) ○　(3) ×　(4) ○

(2), (4) 순환소수는 분수로 나타낼 수 있으므로 유리수이다.
(3) 순환하지 않는 무한소수이므로 유리수가 아니다.

02-1 **답** ㄱ, ㄴ, ㄹ, ㅂ

ㄷ. 순환하지 않는 무한소수이므로 유리수가 아니다.
ㄹ. 순환소수는 분수로 나타낼 수 있으므로 유리수이다.
ㅁ. 순환하지 않는 무한소수이므로 유리수가 아니다.
따라서 유리수인 것은 ㄱ, ㄴ, ㄹ, ㅂ이다.

필수 유형 익히기　　　14~16쪽

01 24	**01-1** ②		
02 ③	**02-1** ㄱ, ㄷ, ㄹ		
03 7	**03-1** 3		
04 3, 6, 9		**04-1** ②, ⑤	
05 (개) 100　(내) 10　(대) 90　(래) 139　(매) $\dfrac{139}{90}$			
05-1 ③			
06 ④	**06-1** ③	**07** 2	**07-1** 3
08 ③	**08-1** ④		
09 ④	**09-1** ㄱ, ㄷ, ㄹ		
10 (1) $\dfrac{16}{15}$　(2) 풀이 참조　(3) 12		**10-1** ②	

$\dfrac{11}{50}=\dfrac{11}{2\times 5^2}=\dfrac{11\times 2}{2\times 5^2\times 2}=\dfrac{22}{100}=0.22$

따라서 $a=2$, $b=100$, $c=0.22$이므로

$a+bc=2+100\times 0.22=2+22=24$

01-1

$\dfrac{27}{150}=\dfrac{9}{\boxed{50}}=\dfrac{9}{2\times 5^2}=\dfrac{9\times \boxed{2}}{2\times 5^2\times \boxed{2}}=\dfrac{\boxed{18}}{100}=\boxed{0.18}$

이므로

① 50   ② 2   ③ 2   ④ 18   ⑤ 0.18

따라서 옳지 않은 것은 ②이다.

02

① $\dfrac{4}{15}=\dfrac{4}{3\times 5}$

② $\dfrac{3}{56}=\dfrac{3}{2^3\times 7}$

③ $\dfrac{21}{2^2\times 3\times 7}=\dfrac{1}{2^2}$

④ $\dfrac{28}{120}=\dfrac{7}{30}=\dfrac{7}{2\times 3\times 5}$

⑤ $\dfrac{6}{2\times 3^2\times 5}=\dfrac{1}{3\times 5}$

따라서 유한소수로 나타낼 수 있는 것은 ③이다.

02-1

ㄱ. $\dfrac{5}{12}=\dfrac{5}{2^2\times 3}$

ㄴ. $\dfrac{14}{35}=\dfrac{2}{5}$

ㄷ. $\dfrac{6}{2^3\times 3^2\times 5}=\dfrac{1}{2^2\times 3\times 5}$

ㄹ. $\dfrac{6}{45}=\dfrac{2}{15}=\dfrac{2}{3\times 5}$

ㅁ. $\dfrac{9}{2\times 3\times 5^2}=\dfrac{3}{2\times 5^2}$

따라서 유한소수로 나타낼 수 없는 것은 ㄱ, ㄷ, ㄹ이다.

03

$\dfrac{3}{84}\times x=\dfrac{1}{2^2\times 7}\times x$가 유한소수가 되려면 x는 7의 배수이어

야 한다.

따라서 x의 값이 될 수 있는 가장 작은 자연수는 7이다.

03-1

$\dfrac{x}{3\times 5^2\times 11}$가 유한소수가 되려면 x는 3×11, 즉 33의 배수이

어야 한다.

따라서 x의 값이 될 수 있는 두 자리 자연수는 33, 66, 99의 3

개이다.

04

$\dfrac{35}{2^2\times 5\times x}=\dfrac{7}{2^2\times x}$이 순환소수가 되려면 기약분수의 분모에

2 또는 5 이외의 소인수가 있어야 한다.

이때 x는 한 자리 자연수이므로

$x=3,\ 6,\ 7,\ 9$

그런데 $x=7$이면 $\dfrac{7}{2^2\times 7}=\dfrac{1}{2^2}$

따라서 x의 값이 될 수 있는 한 자리 자연수는 3, 6, 9이다.

04-1

$\dfrac{x}{360}=\dfrac{x}{2^3\times 3^2\times 5}$가 순환소수가 되려면 기약분수의 분모에 2

또는 5 이외의 소인수가 있어야 한다.

① $x=9$이면 $\dfrac{9}{2^3\times 3^2\times 5}=\dfrac{1}{2^3\times 5}$

② $x=15$이면 $\dfrac{15}{2^3\times 3^2\times 5}=\dfrac{1}{2^3\times 3}$

③ $x=27$이면 $\dfrac{27}{2^3\times 3^2\times 5}=\dfrac{3}{2^3\times 5}$

④ $x=45$이면 $\dfrac{45}{2^3\times 3^2\times 5}=\dfrac{1}{2^3}$

⑤ $x=96$이면 $\dfrac{96}{2^3\times 3^2\times 5}=\dfrac{4}{3\times 5}$

따라서 x의 값이 될 수 있는 것은 ②, ⑤이다.

05-1

③ ㈐ 99

06

$x=2.\dot{3}6\dot{8}=2.368368368\cdots$이므로

$1000x=2368.368368368\cdots$

$\therefore\ 1000x-x=2366$

따라서 가장 편리한 식은 ④이다.

06-1

각각의 순환소수를 분수로 나타낼 때, 가장 편리한 식은 다음과 같다.

① $x=0.00\dot{3}=0.00333\cdots$이므로

$1000x=3.333\cdots,\ 100x=0.333\cdots$

$\therefore 1000x-100x=3$

② $x=1.\dot{5}\dot{7}=1.575757\cdots$이므로

$100x=157.575757\cdots$

$\therefore 100x-x=156$

③ $x=3.1464646\cdots$이므로

$1000x=3146.464646\cdots$

$10x=31.464646\cdots$

$\therefore 1000x-10x=3115$

④ $x=3.902902902\cdots$이므로

$1000x=3902.902902902\cdots$

$\therefore 1000x-x=3899$

⑤ $x=7.2888\cdots$이므로

$100x=728.888\cdots$

$10x=72.888\cdots$

$\therefore 100x-10x=656$

따라서 $1000x-10x$를 이용하는 것이 가장 편리한 것은 ③이다.

07

구하는 분수를 $\dfrac{a}{28}$ (a는 자연수)라 하면 $\dfrac{1}{4}=\dfrac{7}{28}$, $\dfrac{6}{7}=\dfrac{24}{28}$ 이

므로 $\dfrac{a}{28}$ 는 $\dfrac{7}{28}$ 과 $\dfrac{24}{28}$ 사이에 있는 분수이다.

즉, a는 7과 24 사이의 자연수이다.

이때 $\dfrac{a}{28}=\dfrac{a}{2^2\times 7}$ 가 유한소수가 되려면 a는 7의 배수이어야

하므로 7과 24 사이의 자연수 중에서 a의 값이 될 수 있는 수는 14, 21이다.

따라서 구하는 분수는 $\dfrac{14}{28}$, $\dfrac{21}{28}$ 의 2개이다.

07-1

구하는 분수를 $\dfrac{a}{45}$ (a는 자연수)라 하면 $\dfrac{1}{9}=\dfrac{5}{45}$, $\dfrac{4}{5}=\dfrac{36}{45}$ 이

므로 $\dfrac{a}{45}$ 는 $\dfrac{5}{45}$ 와 $\dfrac{36}{45}$ 사이에 있는 분수이다.

즉, a는 5와 36 사이의 자연수이다.

이때 $\dfrac{a}{45}=\dfrac{a}{3^2\times 5}$ 가 유한소수가 되려면 a는 3^2, 즉 9의 배수

이어야 하므로 5와 36 사이의 자연수 중에서 a의 값이 될 수 있는 수는 9, 18, 27이다.

따라서 분수는 구하는 $\dfrac{9}{45}$, $\dfrac{18}{45}$, $\dfrac{27}{45}$ 의 3개이다.

08

① $0.\dot{2}\dot{1}=\dfrac{21}{99}=\dfrac{7}{33}$

② $0.3\dot{5}=\dfrac{35-3}{90}=\dfrac{16}{45}$

③ $3.\dot{1}\dot{2}=\dfrac{312-3}{99}=\dfrac{103}{33}$

④ $0.\dot{2}3\dot{4}=\dfrac{234}{999}=\dfrac{26}{111}$

⑤ $1.1\dot{8}\dot{2}=\dfrac{1182-11}{990}=\dfrac{1171}{990}$

따라서 옳지 않은 것은 ③이다.

08-1

① $0.7\dot{3}=\dfrac{73-7}{90}$

② $0.1\dot{2}\dot{0}=\dfrac{120-1}{990}$

③ $4.0\dot{6}=\dfrac{406-40}{90}$

⑤ $1.\dot{3}1\dot{5}=\dfrac{1315-1}{999}$

따라서 옳은 것은 ④이다.

09

① 무한소수 중 순환소수만 유리수이다.

② $\dfrac{1}{3}=0.333\cdots$은 정수가 아닌 유리수이지만 유한소수로 나타낼 수 없다.

③ 모든 유리수는 분수로 나타낼 수 있다.

⑤ 순환소수 $0.\dot{2}\dot{7}$을 기약분수로 나타내면 $\dfrac{3}{11}$ 으로 분모가 3의 배수가 아니다.

따라서 옳은 것은 ④이다.

09-1

ㄴ. 유한소수는 모두 유리수이다.

따라서 옳은 것은 ㄱ, ㄷ, ㄹ이다.

10

(1) $1.0\dot{6}=\dfrac{106-10}{90}=\dfrac{16}{15}$

(2) $\dfrac{16}{15}\times n=\dfrac{16}{3\times5}\times n$이 유한소수가 되려면 n은 3의 배수이어야 한다.

10-1

$0.4\dot{8}=\dfrac{48-4}{90}=\dfrac{22}{45}$

이때 $\dfrac{22}{45}\times n=\dfrac{22}{3^{2}\times5}\times n$이 유한소수가 되려면 n은 3^{2}, 즉 9의 배수이어야 한다.
따라서 n의 값이 될 수 없는 것은 ②이다.

01

① 단계　두 분수의 분모를 소인수분해 하기　◀ 30 %

$\dfrac{1}{30}=\dfrac{1}{2\times3\times5}$, $\dfrac{4}{70}=\dfrac{2}{35}=\dfrac{2}{5\times\boxed{7}}$

② 단계　자연수 a의 조건 구하기　◀ 50 %

두 분수에 자연수 a를 곱하여 모두 유한소수가 되게 하려면 a는 3과 $\boxed{7}$의 공배수, 즉 $\boxed{21}$의 배수이어야 한다.

③ 단계　a의 값이 될 수 있는 가장 작은 자연수 구하기　◀ 20 %

$\boxed{21}$의 배수 중 가장 작은 자연수는 $\boxed{21}$이다.

01-1

① 단계　두 분수의 분모를 소인수분해 하기　◀ 30 %

$\dfrac{13}{90}=\dfrac{13}{2\times3^{2}\times5}$, $\dfrac{30}{175}=\dfrac{6}{35}=\dfrac{6}{5\times7}$

② 단계　자연수 a의 조건 구하기　◀ 50 %

두 분수에 자연수 a를 곱하여 모두 유한소수가 되게 하려면 a는 9와 7의 공배수, 즉 63의 배수이어야 한다.

③ 단계　a의 값이 될 수 있는 가장 작은 자연수 구하기　◀ 20 %

63의 배수 중 가장 작은 자연수는 63이다.

02

① 단계　처음 기약분수의 분자 구하기　◀ 40 %

수현이는 분자를 제대로 보았으므로 $0.1\dot{4}=\dfrac{\boxed{13}}{90}$에서 처음 기약분수의 분자는 $\boxed{13}$이다.

② 단계　처음 기약분수의 분모 구하기　◀ 40 %

은우는 분모를 제대로 보았으므로 $0.\dot{7}=\dfrac{\boxed{7}}{9}$에서 처음 기약분수의 분모는 $\boxed{9}$이다.

③ 단계　처음 기약분수를 순환소수로 나타내기　◀ 20 %

처음 기약분수는 $\dfrac{\boxed{13}}{9}$이므로 이를 순환소수로 나타내면 $\boxed{1.\dot{4}}$이다.

02-1

① 단계　처음 기약분수의 분자 구하기　◀ 40 %

선우는 분자를 제대로 보았으므로 $0.5\dot{2}=\dfrac{52-5}{90}=\dfrac{47}{90}$에서 처음 기약분수의 분자는 47이다.

② 단계　처음 기약분수의 분모 구하기　◀ 40 %

시아는 분모를 제대로 보았으므로 $0.\dot{3}\dot{8}=\dfrac{38}{99}$에서 처음 기약분수의 분모는 99이다.

③ 단계　처음 기약분수를 순환소수로 나타내기　◀ 20 %

처음 기약분수는 $\dfrac{47}{99}$이므로 이를 순환소수로 나타내면 $0.\dot{4}\dot{7}$이다.

01

① $\dfrac{21}{8}$은 유리수이다.

② $2.318318318\cdots$은 무한소수이다.

③ 5.409는 유한소수이다.

④ $\dfrac{17}{6}$을 소수로 나타내면 $2.8333\cdots$이므로 무한소수이다.

⑤ $\dfrac{4}{11}$를 소수로 나타내면 $0.363636\cdots$이므로 무한소수이다.

따라서 옳은 것은 ⑤이다.

02 주어진 순환소수의 순환마디는 각각 다음과 같다.
① 30 ② 87 ③ 21 ④ 25 ⑤ 34
따라서 바르게 연결된 것은 ⑤이다.

03 $\dfrac{5}{12}=0.41666\cdots=0.41\dot{6}$이므로 순환마디를 이루는 숫자
의 개수는 1이다.
$\therefore a=1$
$\dfrac{17}{22}=0.7727272\cdots=0.7\dot{7}\dot{2}$이므로 순환마디를 이루는 숫자의
개수는 2이다.
$\therefore b=2$
$\therefore a+b=1+2=3$

04 ② $3.183183183\cdots=3.\dot{1}8\dot{3}$
⑤ $0.465465465\cdots=0.\dot{4}6\dot{5}$

05 **❶ 단계** 분수를 순환소수로 나타내고 순환마디 구하기 ◀ 30 %
$\dfrac{11}{27}=0.\dot{4}0\dot{7}$이므로 순환마디는 407이다.
❷ 단계 순환마디의 규칙성 이용하기 ◀ 50 %
순환마디를 이루는 숫자의 개수는 3이고, $50=3\times16+2$이므로
소수점 아래 50번째 자리의 숫자는 순환마디의 2번째 숫자와 같
다.
❸ 단계 소수점 아래 50번째 자리의 숫자 구하기 ◀ 20 %
따라서 소수점 아래 50번째 자리의 숫자는 0이다.

06 $\dfrac{7}{250}=\dfrac{7}{2\times5^3}=\dfrac{7\times\boxed{\text{(가) }2^2}}{2\times5^3\times\boxed{\text{(가) }2^2}}$

$\qquad=\dfrac{\boxed{\text{(나) }28}}{\boxed{\text{(다) }10^3}}=\boxed{\text{(라) }0.028}$

07 ① $\dfrac{2}{45}=\dfrac{2}{3^2\times5}$
② $\dfrac{5}{56}=\dfrac{5}{2^3\times7}$
③ $\dfrac{9}{2^2\times3\times5}=\dfrac{3}{2^2\times5}$
④ $\dfrac{18}{40}=\dfrac{9}{20}=\dfrac{9}{2^2\times5}$
⑤ $\dfrac{12}{2^2\times3^2\times5}=\dfrac{1}{3\times5}$
따라서 유한소수로 나타낼 수 있는 것은 ③, ④이다.

08 (ⅰ) 분모의 소인수가 2뿐인 분수
$\dfrac{1}{2},\ \dfrac{1}{4},\ \dfrac{1}{8},\ \dfrac{1}{16},\ \dfrac{1}{32}$의 5개
(ⅱ) 분모의 소인수가 5뿐인 분수
$\dfrac{1}{5},\ \dfrac{1}{25}$의 2개
(ⅲ) 분모의 소인수가 2 또는 5뿐인 분수
$\dfrac{1}{10},\ \dfrac{1}{20},\ \dfrac{1}{40},\ \dfrac{1}{50}$의 4개
이상에서 주어진 분수 중 유한소수로 나타낼 수 있는 분수의 개
수는
$5+2+4=11$

09 ① $x=3$이면 $\dfrac{54}{2^2\times5\times3}=\dfrac{9}{2\times5}$
② $x=6$이면 $\dfrac{54}{2^2\times5\times6}=\dfrac{9}{2^2\times5}$
③ $x=15$이면 $\dfrac{54}{2^2\times5\times15}=\dfrac{9}{2\times5^2}$
④ $x=18$이면 $\dfrac{54}{2^2\times5\times18}=\dfrac{3}{2^2\times5}$
⑤ $x=21$이면 $\dfrac{54}{2^2\times5\times21}=\dfrac{9}{2\times5\times7}$
따라서 x의 값이 될 수 없는 것은 ⑤이다.

10 **❶ 단계** 순환소수를 기약분수로 나타내고 분모를 소인수분해하기
$\qquad\qquad\qquad\qquad\qquad\qquad\qquad\qquad\qquad$ ◀ 50 %
$1.4\dot{1}=\dfrac{141-14}{90}=\dfrac{127}{90}=\dfrac{127}{2\times3^2\times5}$
❷ 단계 x의 값의 조건 구하기 ◀ 30 %
$\dfrac{127}{2\times3^2\times5}\times x$가 유한소수가 되려면 x는 9의 배수이어야 한다.
❸ 단계 x의 값이 될 수 있는 가장 큰 두 자리 자연수 구하기 ◀ 20 %
따라서 x의 값이 될 수 있는 가장 큰 두 자리 자연수는 99이다.

11 $\dfrac{x}{90}=\dfrac{x}{2\times3^2\times5}$가 순환소수가 되려면 기약분수의 분모
에 2 또는 5 이외의 소인수가 있어야 한다.
① $x=9$이면 $\dfrac{9}{2\times3^2\times5}=\dfrac{1}{2\times5}$
② $x=18$이면 $\dfrac{18}{2\times3^2\times5}=\dfrac{1}{5}$
③ $x=24$이면 $\dfrac{24}{2\times3^2\times5}=\dfrac{4}{3\times5}$
④ $x=32$이면 $\dfrac{32}{2\times3^2\times5}=\dfrac{16}{3^2\times5}$

⑤ $x=36$이면 $\dfrac{36}{2\times 3^2\times 5}=\dfrac{2}{5}$

따라서 x의 값이 될 수 있는 것은 ③, ④이다.

12 ③ x는 순환소수이므로 유리수이다.
④ 분수로 나타낼 때, 이용할 수 있는 가장 편리한 식은
$1000x-10x$이다.
⑤ $1000x=3052.525252\cdots$
$10x=30.525252\cdots$
$1000x-10x=3022,\ 990x=3022$
$\therefore\ x=\dfrac{3022}{990}=\dfrac{1511}{495}$

따라서 옳지 않은 것은 ④이다.

13 ① $0.\dot{7}\dot{3}=\dfrac{73}{99}$

② $0.\dot{3}4\dot{5}=\dfrac{345}{999}=\dfrac{115}{333}$

③ $0.\dot{1}\dot{6}=\dfrac{16}{99}$

④ $2.\dot{8}\dot{9}=\dfrac{289-2}{99}=\dfrac{287}{99}$

⑤ $0.5\dot{3}\dot{6}=\dfrac{536-5}{990}=\dfrac{531}{990}=\dfrac{59}{110}$

따라서 옳은 것은 ④이다.

14 $0.4\dot{6}=\dfrac{46-4}{90}=\dfrac{42}{90}=\dfrac{7}{15}$이므로 $a=\dfrac{15}{7}$

$2.\dot{7}=\dfrac{27-2}{9}=\dfrac{25}{9}$이므로 $b=\dfrac{9}{25}$

$\therefore\ ab=\dfrac{15}{7}\times\dfrac{9}{25}=\dfrac{27}{35}$

15 ❶ 단계 자연수 x에 대한 방정식 세우기 ◀ 50 %
$0.\dot{3}x-0.3x=0.5$
❷ 단계 x의 값 구하기 ◀ 50 %
$\dfrac{3}{9}x-\dfrac{3}{10}x=\dfrac{5}{10}$, $\dfrac{1}{3}x-\dfrac{3}{10}x=\dfrac{1}{2}$
위의 식의 양변에 30을 곱하면
$10x-9x=15$ $\therefore\ x=15$

16 ① $0.\dot{8}=\dfrac{8}{9}$이므로 $\dfrac{9}{10}>0.\dot{8}$

② $0.\dot{3}=\dfrac{3}{9}=\dfrac{1}{3}$이므로 $0.\dot{3}>\dfrac{1}{4}$

③ $0.\dot{5}=0.555\cdots$
$0.\dot{5}\dot{1}=0.515151\cdots$
$\therefore\ 0.\dot{5}>0.\dot{5}\dot{1}$

④ $0.\dot{7}=\dfrac{7}{9}$이므로 $0.\dot{7}>\dfrac{7}{10}$

⑤ $0.3\dot{2}\dot{8}=0.3282828\cdots$
$0.\dot{3}2\dot{8}=0.328328328\cdots$
$\therefore\ 0.3\dot{2}\dot{8}<0.\dot{3}2\dot{8}$

따라서 옳은 것은 ⑤이다.

17 ③ $\dfrac{3}{30}=\dfrac{1}{10}=0.1$은 분모가 30이지만 유한소수로 나타
낼 수 있다.
④ 무한소수는 순환소수와 순환소수가 아닌 무한소수로 이루어
져 있으므로 모두 순환소수로 나타낼 수는 없다.

18 두 정수 $a,\ b\,(b\neq 0)$에 대하여 a를 b로 나누었을 때의 계
산 결과는 유리수이다.
⑤ 순환소수가 아닌 무한소수는 유리수가 아니다.

19 (1) $\dfrac{8}{21}=0.380952380952\cdots=0.\dot{3}8095\dot{2}$이므로 순환마
디를 이루는 숫자의 개수는 6이다.
(2) $30=6\times 5$이므로 소수점 아래 30번째 자리의 숫자까지 순
환마디가 5번 반복된다.
$\therefore\ a_1+a_2+a_3+\cdots+a_{30}=(3+8+0+9+5+2)\times 5$
$=27\times 5=135$

20 조건 ㈎에서 x는 9의 배수이고, 조건 ㈏에서 x는 12의 배
수이다.
따라서 x는 9와 12의 공배수, 즉 36의 배수이므로 x의 값이 될
수 있는 가장 작은 자연수는 36이다.

21 $2+\dfrac{6}{10^2}+\dfrac{6}{10^3}+\dfrac{6}{10^4}+\cdots$
$=2+0.06+0.006+0.0006+\cdots$
$=2.0666\cdots=2.0\dot{6}$
$=\dfrac{206-20}{90}=\dfrac{31}{15}$
따라서 $a=15,\ b=31$이므로
$b-a=31-15=16$

01 지수법칙

개념 1   22쪽

개념 Bridge 답 4, 4, 4, 6

개념 check

01 답 (1) 3^7 (2) x^4 (3) a^{15} (4) $x^9 y^7$

(1) $3^2 \times 3^5 = 3^{2+5} = 3^7$

(2) $x \times x^3 = x^{1+3} = x^4$

(3) $a^6 \times a^4 \times a^5 = a^{6+4+5} = a^{15}$

(4) $x^7 \times x^2 \times y^3 \times y^4 = x^{7+2} \times y^{3+4} = x^9 y^7$

01-1 답 (1) x^7 (2) 5^9 (3) $x^6 y^2$ (4) $a^5 b^7$

(1) $x^3 \times x^4 = x^{3+4} = x^7$

(2) $5^7 \times 5^2 = 5^{7+2} = 5^9$

(3) $x \times x^5 \times y^2 = x^{1+5} \times y^2 = x^6 y^2$

(4) $a^2 \times b^3 \times a^3 \times b^4 = a^2 \times a^3 \times b^3 \times b^4 = a^{2+3} \times b^{3+4} = a^5 b^7$

01-2 답 (1) 6   (2) 3

(1) $a^5 \times a^\square = a^{5+\square} = a^{11}$이므로 $5 + \square = 11$ $\therefore \square = 6$

(2) $2^3 \times 2^\square \times 2^4 = 2^{3+\square+4} = 2^{7+\square} = 2^{10}$이므로
$7 + \square = 10$ $\therefore \square = 3$

개념 2   23쪽

개념 Bridge 답 3, 3, 3, 6

개념 check

01 답 (1) 7^{10} (2) x^8 (3) x^{38} (4) $a^{12} b^{11}$

(1) $(7^2)^5 = 7^{2 \times 5} = 7^{10}$

(2) $(x^4)^2 = x^{4 \times 2} = x^8$

(3) $(x^6)^3 \times (x^4)^5 = x^{6 \times 3} \times x^{4 \times 5} = x^{18} \times x^{20} = x^{38}$

(4) $(a^3)^4 \times b^7 \times (b^2)^2 = a^{3 \times 4} \times b^7 \times b^{2 \times 2}$
$= a^{12} \times b^7 \times b^4 = a^{12} b^{11}$

01-1 답 (1) a^{18} (2) x^{10} (3) 2^{21} (4) $x^{27} y^8$

(1) $(a^6)^3 = a^{6 \times 3} = a^{18}$

(2) $(x^2)^3 \times x^4 = x^{2 \times 3} \times x^4 = x^6 \times x^4 = x^{10}$

(3) $(2^3)^5 \times (2^2)^3 = 2^{3 \times 5} \times 2^{2 \times 3} = 2^{15} \times 2^6 = 2^{21}$

(4) $(x^6)^2 \times (y^2)^4 \times (x^5)^3 = x^{6 \times 2} \times y^{2 \times 4} \times x^{5 \times 3}$
$= x^{12} \times y^8 \times x^{15} = x^{27} y^8$

01-2 답 (1) 3   (2) 7

(1) $(a^8)^\square = a^{8 \times \square} = a^{24}$이므로 $8 \times \square = 24$ $\therefore \square = 3$

(2) $(x^2)^\square \times x^4 = x^{2 \times \square} \times x^4 = x^{2 \times \square + 4} = x^{18}$이므로
$2 \times \square + 4 = 18$ $\therefore \square = 7$

개념 3   24쪽

개념 Bridge 답 ① 2, 3   ② 1   ③ 2, 3

개념 check

01 답 (1) a^3 (2) $\dfrac{1}{x^5}$ (3) 1   (4) $\dfrac{1}{a^4}$

(1) $a^8 \div a^5 = a^{8-5} = a^3$

(2) $x^4 \div x^9 = \dfrac{1}{x^{9-4}} = \dfrac{1}{x^5}$

(3) $(x^2)^6 \div (x^3)^4 = x^{12} \div x^{12} = 1$

(4) $a^5 \div a \div a^8 = a^{5-1} \div a^8 = a^4 \div a^8 = \dfrac{1}{a^{8-4}} = \dfrac{1}{a^4}$

01-1 답 (1) $\dfrac{1}{a^5}$ (2) 1   (3) a^7 (4) x^4

(1) $a^8 \div a^{13} = \dfrac{1}{a^{13-8}} = \dfrac{1}{a^5}$

(3) $a^{15} \div (a^4)^2 = a^{15} \div a^8 = a^{15-8} = a^7$

(4) $x^{12} \div x^3 \div x^5 = x^{12-3} \div x^5 = x^9 \div x^5 = x^{9-5} = x^4$

01-2 답 (1) 2   (2) 5

(1) $a^6 \div a^\square = a^{6-\square} = a^4$이므로
$6 - \square = 4$ $\therefore \square = 2$

(2) $a^\square \div a^7 = \dfrac{1}{a^{7-\square}} = \dfrac{1}{a^2}$이므로
$7 - \square = 2$ $\therefore \square = 5$

개념 **Bridge** 답 ① 3, 3　② 3, 3

개념 **check**

01 답 (1) x^9y^6　(2) $4x^6y^4$　(3) $\dfrac{a^4}{b^{12}}$　(4) $-\dfrac{x^6}{y^{15}}$

(1) $(x^3y^2)^3=(x^3)^3\times(y^2)^3=x^9y^6$

(2) $(2x^3y^2)^2=2^2\times(x^3)^2\times(y^2)^2=4x^6y^4$

(3) $\left(\dfrac{a}{b^3}\right)^4=\dfrac{a^4}{(b^3)^4}=\dfrac{a^4}{b^{12}}$

(4) $\left(-\dfrac{x^2}{y^5}\right)^3=(-1)^3\times\dfrac{(x^2)^3}{(y^5)^3}=-\dfrac{x^6}{y^{15}}$

01-1 답 (1) $-8a^{12}$　(2) $81a^{12}b^4$　(3) $\dfrac{a^{24}}{b^{12}}$　(4) $\dfrac{x^2y^4}{9}$

(1) $(-2a^4)^3=(-2)^3\times(a^4)^3=-8a^{12}$

(2) $(3a^3b)^4=3^4\times(a^3)^4\times b^4=81a^{12}b^4$

(3) $\left(\dfrac{a^4}{b^2}\right)^6=\dfrac{(a^4)^6}{(b^2)^6}=\dfrac{a^{24}}{b^{12}}$

(4) $\left(-\dfrac{1}{3}xy^2\right)^2=\left(-\dfrac{1}{3}\right)^2\times x^2\times(y^2)^2=\dfrac{x^2y^4}{9}$

01-2 답 (1) 2, 10　(2) 4, 6

(1) ☐ 안에 알맞은 수를 차례대로 A, B라 하면
　$(a^Ab^5)^2=a^{2A}b^{10}=a^4b^B$이므로
　$2A=4$, $10=B$
　$\therefore A=2$, $B=10$

(2) ☐ 안에 알맞은 수를 차례대로 A, B라 하면
　$\left(\dfrac{y^A}{2x^3}\right)^2=\dfrac{y^{2A}}{4x^6}=\dfrac{y^8}{4x^B}$이므로
　$2A=8$, $6=B$
　$\therefore A=4$, $B=6$

필수 유형 익히기

01 ⑤	**01-1** ④	**02** ③	**02-1** 2^3
03 ③	**03-1** ⑤	**04** ①	**04-1** 2
05 ④	**05-1** ⑤	**06** ②	**06-1** 8자리

01

① $a^3\times a^5=a^8$

② $(x^3)^5=x^{15}$

③ $7^7\div7^3\div7^4=1$

④ $\left(-\dfrac{a}{b^2}\right)^4=\dfrac{a^4}{b^8}$

따라서 옳은 것은 ⑤이다.

01-1

④ $(5x^3)^2=5^2\times(x^3)^2=25x^6$

02

$81^3\times27^2\div9^3=(3^4)^3\times(3^3)^2\div(3^2)^3$
$\qquad\qquad=3^{12}\times3^6\div3^6$
$\qquad\qquad=3^{18}\div3^6=3^{12}$

$\therefore x=12$

02-1

$8\times16^2\div4^4=2^3\times(2^4)^2\div(2^2)^4$
$\qquad\qquad=2^3\times2^8\div2^8$
$\qquad\qquad=2^{11}\div2^8=2^3$

03

$(5x^a)^b=5^bx^{ab}=125x^{12}$이므로
$5^b=125$, $ab=12$
따라서 $a=4$, $b=3$이므로
$a-b=4-3=1$

03-1

$\left\{\left(-\dfrac{2y}{3x}\right)^3\right\}^2=\left(-\dfrac{2^3y^3}{3^3x^3}\right)^2=\dfrac{2^6y^6}{3^6x^6}$

04

$3^5+3^5+3^5=3\times3^5=3^6$

04-1

$\dfrac{2^7+2^7+2^7+2^7}{8^2+8^2}=\dfrac{4\times2^7}{2\times8^2}=\dfrac{2^2\times2^7}{2\times(2^3)^2}$
$\qquad\qquad\qquad=\dfrac{2^2\times2^7}{2\times2^6}=\dfrac{2^9}{2^7}=2^2$

$\therefore \square=2$

05

$32^x = (2^5)^x = 2^{5x} = (2^x)^5 = A^5$

05-1

$\dfrac{1}{243^8} = \dfrac{1}{(3^5)^8} = \dfrac{1}{3^{40}} = \dfrac{1}{(3^4)^{10}} = \dfrac{1}{A^{10}}$

06

$2^6 \times 5^4 = 2^2 \times 2^4 \times 5^4$
$\qquad = 2^2 \times (2 \times 5)^4 = 4 \times 10^4$
$\qquad = 40000$

따라서 $2^6 \times 5^4$은 5자리 자연수이므로
$n = 5$

06-1

$A = 2^8 \times 3^2 \times 5^6 = 2^2 \times 2^6 \times 3^2 \times 5^6$
$\quad = 2^2 \times 3^2 \times (2 \times 5)^6 = 36 \times 10^6$
$\quad = 36000000$

따라서 A는 8자리 자연수이다.

02 단항식의 곱셈과 나눗셈

개념 5

28쪽

개념 Bridge 답 계수, 문자, $12ab$

개념 check

01 답 (1) $18a^7$ (2) $-2a^3b^2$ (3) $10x^5y^5$ (4) $-30a^6b^3$

(1) $3a^3 \times 6a^4 = (3 \times 6) \times (a^3 \times a^4) = 18a^7$

(2) $a^2b \times (-2ab) = (-2) \times (a^2 \times a) \times (b \times b) = -2a^3b^2$

(3) $\dfrac{2}{5}xy^3 \times (5x^2y)^2 = \dfrac{2}{5}xy^3 \times 25x^4y^2$
$\qquad\qquad = \left(\dfrac{2}{5} \times 25\right) \times (x \times x^4) \times (y^3 \times y^2)$
$\qquad\qquad = 10x^5y^5$

(4) $(-3a) \times 2a^5b \times 5b^2 = (-3) \times 2 \times 5 \times (a \times a^5) \times (b \times b^2)$
$\qquad\qquad\qquad = -30a^6b^3$

01-1 답 (1) $16a^4$ (2) $-15a^8$ (3) $-3x^3y$ (4) $2x^4y^5$

(1) $8a^3 \times 2a = (8 \times 2) \times (a^3 \times a) = 16a^4$

(2) $5a^2 \times (-3a^6) = \{5 \times (-3)\} \times (a^2 \times a^6) = -15a^8$

(3) $(-5x) \times \dfrac{3}{5}x^2y = \left(-5 \times \dfrac{3}{5}\right) \times (x \times x^2) \times y$
$\qquad\qquad\qquad = -3x^3y$

(4) $3y \times \left(-\dfrac{1}{6}xy^4\right) \times (-4x^3)$
$\quad = \left\{3 \times \left(-\dfrac{1}{6}\right) \times (-4)\right\} \times (x \times x^3) \times (y \times y^4)$
$\quad = 2x^4y^5$

01-2 답 (1) $12x^5y^9$ (2) $-81a^{10}b^8$

(1) $\dfrac{3}{2}x^2y^3 \times (2xy^2)^3 = \dfrac{3}{2}x^2y^3 \times 8x^3y^6 = 12x^5y^9$

(2) $6b^4 \times \left(-\dfrac{3}{2}a^3b\right)^3 \times 4ab = 6b^4 \times \left(-\dfrac{27}{8}a^9b^3\right) \times 4ab$
$\qquad\qquad\qquad\qquad = -81a^{10}b^8$

개념 6

29쪽

개념 Bridge 답 $4xy$, $4xy$

개념 check

01 답 (1) ab^3 (2) $2x^2$ (3) $-\dfrac{1}{2}x^2y^9$ (4) $\dfrac{2x}{y}$

(1) $(-ab^2)^2 \div ab = a^2b^4 \div ab = \dfrac{a^2b^4}{ab} = ab^3$

(2) $(-16x^5y^6) \div (-2xy^2)^3 = (-16x^5y^6) \div (-8x^3y^6)$
$\qquad\qquad\qquad = \dfrac{-16x^5y^6}{-8x^3y^6} = 2x^2$

(3) $(xy^2)^4 \div \left(-\dfrac{2x^2}{y}\right) = x^4y^8 \times \left(-\dfrac{y}{2x^2}\right) = -\dfrac{1}{2}x^2y^9$

(4) $x^2y \div 3y^2 \div \dfrac{1}{6}x = x^2y \times \dfrac{1}{3y^2} \times \dfrac{6}{x} = \dfrac{2x}{y}$

01-1 답 (1) $5a^2$ (2) $-2ab$ (3) $-\dfrac{6a^2}{b}$ (4) $\dfrac{25x^3}{y^{10}}$

(1) $10a^3 \div 2a = \dfrac{10a^3}{2a} = 5a^2$

(2) $(-6a^2b^2) \div 3ab = \dfrac{-6a^2b^2}{3ab} = -2ab$

(3) $8a^3b \div \left(-\dfrac{4}{3}ab^2\right) = 8a^3b \times \left(-\dfrac{3}{4ab^2}\right)$
$\qquad\qquad\qquad = -\dfrac{6a^2}{b}$

(4) $(-5x^4)^2 \div (xy^2)^5 = 25x^8 \div x^5 y^{10}$
$$= \frac{25x^8}{x^5 y^{10}} = \frac{25x^3}{y^{10}}$$

01-2 답 (1) 2 (2) $-\dfrac{1}{6}a^2$

(1) $12x^3 \div 2x^2 \div 3x = 12x^3 \times \dfrac{1}{2x^2} \times \dfrac{1}{3x} = 2$

(2) $3a^5 \div \left(-\dfrac{9}{2}a\right) \div 4a^2 = 3a^5 \times \left(-\dfrac{2}{9a}\right) \times \dfrac{1}{4a^2} = -\dfrac{1}{6}a^2$

개념 7   30쪽

개념 Bridge 답 8, a^{12}, $-6a^8$

개념 check

01 답 (1) $3x^5$ (2) $-6a^3b^3$

(1) $12x^3 \times x^4 \div (-2x)^2 = 12x^3 \times x^4 \div 4x^2$
$$= 12x^3 \times x^4 \times \frac{1}{4x^2}$$
$$= 3x^5$$

(2) $18a^5b \div (-3a^2)^3 \times 9a^4b^2 = 18a^5b \div (-27a^6) \times 9a^4b^2$
$$= 18a^5b \times \left(-\frac{1}{27a^6}\right) \times 9a^4b^2$$
$$= -6a^3b^3$$

01-1 답 (1) $-\dfrac{9}{2}a$ (2) $16x^2$ (3) $-48x^6y^5$ (4) $-a^2b^6$

(1) $4a^2 \times (-9a) \div 8a^2 = 4a^2 \times (-9a) \times \dfrac{1}{8a^2}$
$$= -\frac{9}{2}a$$

(2) $(-12x^2) \div (-3x) \times 4x = (-12x^2) \times \left(-\dfrac{1}{3x}\right) \times 4x$
$$= 16x^2$$

(3) $(-2xy^2)^3 \times 6x^3y \div (-y)^2 = (-8x^3y^6) \times 6x^3y \div y^2$
$$= (-8x^3y^6) \times 6x^3y \times \frac{1}{y^2}$$
$$= -48x^6y^5$$

(4) $(a^3b)^2 \div \left(-\dfrac{a^2}{b}\right)^3 \times a^2b = a^6b^2 \div \left(-\dfrac{a^6}{b^3}\right) \times a^2b$
$$= a^6b^2 \times \left(-\frac{b^3}{a^6}\right) \times a^2b$$
$$= -a^2b^6$$

02 답 (1) $4x^3$ (2) $2a^4b^2$

(1) $4x^2 \times \boxed{} = 16x^5$에서
$$\boxed{} = 16x^5 \div 4x^2$$
$$= \frac{16x^5}{4x^2} = 4x^3$$

(2) $10a^6b^3 \div \boxed{} = 5a^2b$에서
$$\boxed{} = 10a^6b^3 \div 5a^2b$$
$$= \frac{10a^6b^3}{5a^2b} = 2a^4b^2$$

02-1 답 (1) $-5ab^2$ (2) $\dfrac{1}{4}y$

(1) $6a^2 \times \boxed{} = -30a^3b^2$에서
$$\boxed{} = (-30a^3b^2) \div 6a^2$$
$$= \frac{-30a^3b^2}{6a^2} = -5ab^2$$

(2) $2xy^2 \div \boxed{} = 8xy$에서
$$\boxed{} = 2xy^2 \div 8xy$$
$$= \frac{2xy^2}{8xy} = \frac{1}{4}y$$

필수 유형 익히기   31~32쪽

01 ⑤	**01-1** 9	**02** ③	**02-1** $\dfrac{x^3}{3y}$
03 ①	**03-1** 16	**04** ③	**04-1** $-\dfrac{1}{4}x^2y^2$
05 $\dfrac{5}{2}x^4y^3$		**05-1** $4b^3$	
06 (1) $15ab^4$ (2) $45b^5$		**06-1** $3xy^5$	

01

⑤ $(6x^2y^5)^2 \times \left(-\dfrac{x}{3y}\right)^2 = 36x^4y^{10} \times \dfrac{x^2}{9y^2} = 4x^6y^8$

01-1

$(-2x^2y)^3 \times 8xy^4 \times \left(-\dfrac{1}{32x^5y^2}\right)$
$$= (-8x^6y^3) \times 8xy^4 \times \left(-\frac{1}{32x^5y^2}\right)$$
$$= 2x^2y^5$$

따라서 $A=2$, $B=2$, $C=5$이므로
$A+B+C=2+2+5=9$

02

$(3a^3b^2)^3 \div \dfrac{9}{2}a^2b = 27a^9b^6 \times \dfrac{2}{9a^2b} = 6a^7b^5$

따라서 $x=7$, $y=5$

02-1

$A = 16x^8y^3 \div (4x^2y)^2$
$\quad = 16x^8y^3 \div 16x^4y^2$
$\quad = \dfrac{16x^8y^3}{16x^4y^2} = x^4y$

$B = 12x^3y^2 \div (-2x)^2$
$\quad = 12x^3y^2 \div 4x^2$
$\quad = \dfrac{12x^3y^2}{4x^2} = 3xy^2$

$\therefore\ A \div B = x^4y \div 3xy^2$
$\qquad\qquad = \dfrac{x^4y}{3xy^2}$
$\qquad\qquad = \dfrac{x^3}{3y}$

03

$(-4x^3) \times (2xy)^3 \div \dfrac{1}{4}x^2y$

$= (-4x^3) \times 8x^3y^3 \div \dfrac{1}{4}x^2y$

$= (-4x^3) \times 8x^3y^3 \times \dfrac{4}{x^2y}$

$= -128x^4y^2$

03-1

$(-3xy^A)^2 \times 8x^4 \div 4x^By^3$

$= 9x^2y^{2A} \times 8x^4 \times \dfrac{1}{4x^By^3} = \dfrac{18x^6y^{2A}}{x^By^3}$

즉, $\dfrac{18x^6y^{2A}}{x^By^3} = Cxy^3$이므로

$18=C$, $6-B=1$, $2A-3=3$
따라서 $A=3$, $B=5$, $C=18$이므로
$A-B+C=3-5+18=16$

04

$36a^3 \times \boxed{} \div 12a^4 = 9a$에서

$\boxed{} = 9a \div 36a^3 \times 12a^4$

$\qquad = 9a \times \dfrac{1}{36a^3} \times 12a^4 = 3a^2$

04-1

$3xy^2 \div \boxed{} \times (-2x^2y) = 24xy$에서

$\boxed{} = 3xy^2 \times (-2x^2y) \div 24xy$

$\qquad = 3xy^2 \times (-2x^2y) \times \dfrac{1}{24xy} = -\dfrac{1}{4}x^2y^2$

05

$6xy^3 \times (\text{높이}) = 15x^5y^6$이므로
$(\text{높이}) = 15x^5y^6 \div 6xy^3$
$\qquad\quad = \dfrac{15x^5y^6}{6xy^3} = \dfrac{5}{2}x^4y^3$

05-1

$\dfrac{1}{2} \times 4a^2b \times 3ab \times (\text{높이}) = 24a^3b^5$이므로

$6a^3b^2 \times (\text{높이}) = 24a^3b^5$
따라서
$(\text{높이}) = 24a^3b^5 \div 6a^3b^2$
$\qquad\quad = \dfrac{24a^3b^5}{6a^3b^2} = 4b^3$

06

(1) $A \div \dfrac{3b}{a} = 5a^2b^3$이므로

$\quad A = 5a^2b^3 \times \dfrac{3b}{a} = 15ab^4$

(2) $A=15ab^4$이므로 바르게 계산하면

$\quad 15ab^4 \times \dfrac{3b}{a} = 45b^5$

06-1

어떤 식을 A라 하면
$A \div \left(-\dfrac{2y^2}{x}\right) = \dfrac{3}{4}x^3y$이므로

$A = \dfrac{3}{4}x^3y \times \left(-\dfrac{2y^2}{x}\right) = -\dfrac{3}{2}x^2y^3$

따라서 바르게 계산하면
$\left(-\dfrac{3}{2}x^2y^3\right) \times \left(-\dfrac{2y^2}{x}\right) = 3xy^5$

01 $4x^5y^2$　**01-1** $-18x^7y$　**02** $6a^2b^4$　**02-1** $6x^3y^2$

01

① 단계　A 계산하기　◀ 40 %
$A=(-4xy)^2\times(x^2y)^3$
$\quad=16x^2y^2\times\boxed{x^6y^3}=16x^8y^5$

② 단계　B 계산하기　◀ 40 %

$B=(2xy^3)^2\div\dfrac{y^3}{x}=4x^2y^6\times\dfrac{x}{y^3}=\boxed{4x^3y^3}$

③ 단계　$A\div B$ 계산하기　◀ 20 %
$\therefore\ A\div B=16x^8y^5\div\boxed{4x^3y^3}$
$\qquad\quad=16x^8y^5\times\dfrac{1}{\boxed{4x^3y^3}}=\boxed{4x^5y^2}$

01-1

① 단계　A 계산하기　◀ 40 %
$A=x^3y^2\times(-3xy)^2$
$\quad=x^3y^2\times9x^2y^2=9x^5y^4$

② 단계　B 계산하기　◀ 40 %
$B=16x^5y^3\div(-2xy^2)^3$
$\quad=16x^5y^3\div(-8x^3y^6)$
$\quad=16x^5y^3\times\left(-\dfrac{1}{8x^3y^6}\right)=-\dfrac{2x^2}{y^3}$

③ 단계　$A\times B$ 계산하기　◀ 20 %
$\therefore\ A\times B=9x^5y^4\times\left(-\dfrac{2x^2}{y^3}\right)=-18x^7y$

02

① 단계　직사각형의 넓이 구하기　◀ 40 %
(직사각형의 넓이)$=5ab^3\times9a^3b^2$
$\qquad\qquad\qquad\ =\boxed{45a^4b^5}$

② 단계　삼각형의 높이 구하기　◀ 60 %

(삼각형의 넓이)$=\dfrac{1}{2}\times15a^2b\times$(높이)이고, 직사각형의 넓이와

삼각형의 넓이가 서로 같으므로

$\dfrac{15a^2b}{2}\times$(높이)$=\boxed{45a^4b^5}$

따라서

(높이)$=\boxed{45a^4b^5}\div\dfrac{15a^2b}{2}$

$\qquad\ =45a^4b^5\times\dfrac{2}{15a^2b}=\boxed{6a^2b^4}$

02-1

① 단계　직각삼각형의 넓이 구하기　◀ 40 %

(직각삼각형의 넓이)$=\dfrac{1}{2}\times16x^2y\times3x^2y^3$
$\qquad\qquad\qquad\qquad\ =24x^4y^4$

② 단계　직사각형의 세로의 길이 구하기　◀ 60 %

(직사각형의 넓이)$=4xy^2\times$(세로의 길이)이고, 직각삼각형의

넓이와 직사각형의 넓이가 서로 같으므로

$4xy^2\times$(세로의 길이)$=24x^4y^4$

따라서

(세로의 길이)$=24x^4y^4\div4xy^2$

$\qquad\qquad\quad=24x^4y^4\times\dfrac{1}{4xy^2}=6x^3y^2$

---

01 ③	**02** 6	**03** 22	**04** 32	**05** ④　**06** ⑤
07 ③	**08** ⑤	**09** ④	**10** 73	**11** ④　**12** 8

13 ②　**14** $A=\dfrac{1}{6}a^3b^4,\ B=\dfrac{3}{2}a^5b^4$

15 $30a^4b^5$　　　**16** ①　**17** 17　**18** $16x^4y^4$

19 $\dfrac{4}{9}b$

01　$81^2\times27^3\div9^3=(3^4)^2\times(3^3)^3\div(3^2)^3$
$\qquad\qquad\qquad\quad=3^8\times3^9\div3^6$
$\qquad\qquad\qquad\quad=3^{17}\div3^6=3^{11}$
$\therefore\ x=11$

02　$x^{14}\div(x^2)^4\div x^{\square}=x^{14}\div x^8\div x^{\square}=x^6\div x^{\square}$
즉, $x^6\div x^{\square}=1$이므로 $\square=6$

03　① 단계　m의 값 구하기　◀ 40 %
$(a^2)^4\times(a^m)^3=a^8\times a^{3m}=a^{8+3m}=a^{29}$이므로
$8+3m=29$
$3m=21$　　$\therefore\ m=7$

2단계 n의 값 구하기 ◀ 40 %

$(b^6)^2 \div b^n = b^{12} \div b^n = \dfrac{1}{b^3}$이므로

$\dfrac{1}{b^{n-12}} = \dfrac{1}{b^3}$, $n-12=3$ $\therefore n=15$

3단계 $m+n$의 값 구하기 ◀ 20 %

$\therefore m+n=7+15=22$

04 $\left(\dfrac{2x^{2a}}{y^3}\right)^4 = \dfrac{16x^{8a}}{y^{12}} = \dfrac{bx^8}{y^{6c}}$이므로

$8a=8$, $16=b$, $12=6c$

따라서 $a=1$, $b=16$, $c=2$이므로

$abc=1\times16\times2=32$

05 ㄱ. $(a^2)^3 = a^6$

ㄹ. $(2a^2b^6)^3 = 8a^6b^{18}$

06 ① $a^\square \times a^2 = a^{\square+2} = a^8$이므로

$\square+2=8$ $\therefore \square=6$

② $\dfrac{x^\square}{x^9} = \dfrac{1}{x^3}$이므로 $9-\square=3$ $\therefore \square=6$

③ $\left(\dfrac{y^5}{x^\square}\right)^2 = \dfrac{y^{10}}{x^{\square\times2}} = \dfrac{y^{10}}{x^{12}}$이므로

$\square\times2=12$ $\therefore \square=6$

④ $(a^2b^\square)^3 = a^6b^{\square\times3} = a^6b^{18}$이므로

$\square\times3=18$ $\therefore \square=6$

⑤ $x^\square \times x^2 \div x^3 = x^{\square+2} \div x^3 = x^7$이므로

$\square+2-3=7$ $\therefore \square=8$

따라서 $\square$ 안에 알맞은 수가 다른 하나는 ⑤이다.

07 $\dfrac{3^5+3^5+3^5}{4^5+4^5} \times \dfrac{8^2+8^2+8^2}{9^2+9^2+9^2}$

$= \dfrac{3\times3^5}{2\times4^5} \times \dfrac{3\times8^2}{3\times9^2} = \dfrac{3\times3^5}{2\times(2^2)^5} \times \dfrac{3\times(2^3)^2}{3\times(3^2)^2}$

$= \dfrac{3\times3^5}{2\times2^{10}} \times \dfrac{3\times2^6}{3\times3^4} = \dfrac{3^6}{2^{11}} \times \dfrac{2^6}{3^4}$

$= \dfrac{3^2}{2^5} = \dfrac{9}{32}$

08 $80^x = (2^4\times5)^x = 2^{4x}\times5^x$

$= (2^x)^4 \times 5^x = A^4B$

09 ② $(-6ab) \div \dfrac{1}{2}a = (-6ab) \times \dfrac{2}{a} = -12b$

③ $(2a^3)^2 \times 5a = 4a^6 \times 5a = 20a^7$

④ $(-3a^2)^2 \div 4a^2b = 9a^4 \times \dfrac{1}{4a^2b} = \dfrac{9a^2}{4b}$

⑤ $(-27x^4) \div (9x)^2 = (-27x^4) \div 81x^2$

$= \dfrac{-27x^4}{81x^2} = -\dfrac{1}{3}x^2$

따라서 옳지 않은 것은 ④이다.

10 $(3x^2y)^3 \times (-xy^2)^5 \times (-4x^5y^6)$

$= 27x^6y^3 \times (-x^5y^{10}) \times (-4x^5y^6)$

$= 108x^{16}y^{19}$

따라서 $a=108$, $b=16$, $c=19$이므로

$a-b-c=108-16-19=73$

11 $(xy^3)^2 \div \left(-\dfrac{x}{y^2}\right)^2 \div (-x^3y^2)^5$

$= x^2y^6 \div \dfrac{x^2}{y^4} \div (-x^{15}y^{10})$

$= x^2y^6 \times \dfrac{y^4}{x^2} \times \left(-\dfrac{1}{x^{15}y^{10}}\right)$

$= -\dfrac{1}{x^{15}}$

12 **1단계** 좌변을 계산하기 ◀ 30 %

$(-3x^2y)^a \times bxy^3 \div x^2y$

$= (-3)^a x^{2a}y^a \times bxy^3 \div x^2y$

$= (-3)^a x^{2a}y^a \times bxy^3 \times \dfrac{1}{x^2y}$

$= \dfrac{(-3)^a bx^{2a}y^{a+2}}{x}$

2단계 a, b, c의 값 구하기 ◀ 50 %

즉, $\dfrac{(-3)^a bx^{2a}y^{a+2}}{x} = 162x^7y^c$이므로

$(-3)^a b = 162$, $2a-1=7$, $a+2=c$

$2a-1=7$에서 $2a=8$ $\therefore a=4$

$a=4$를 $(-3)^a b = 162$에 대입하면

$81b=162$ $\therefore b=2$

$a=4$를 $a+2=c$에 대입하면
$c=6$

③ 단계 $a-b+c$의 값 구하기 ◀ 20 %
$\therefore a-b+c=4-2+6=8$

13 $4a^5b^3 \times \boxed{} \div (-2a^2b)^2 = -3a^3b$에서

$\boxed{} = (-3a^3b) \div 4a^5b^3 \times (-2a^2b)^2$

$\qquad = (-3a^3b) \times \dfrac{1}{4a^5b^3} \times 4a^4b^2$

$\qquad = -3a^2$

14 ① 단계 B에 알맞은 식 구하기 ◀ 50 %

$B \div \dfrac{1}{2}b^3 = 3a^5b$이므로

$B = 3a^5b \times \dfrac{1}{2}b^3 = \dfrac{3}{2}a^5b^4$

② 단계 A에 알맞은 식 구하기 ◀ 50 %

$A \times (-3a)^2 = \dfrac{3}{2}a^5b^4$이므로

$A \times 9a^2 = \dfrac{3}{2}a^5b^4$

$\therefore A = \dfrac{3}{2}a^5b^4 \div 9a^2$

$\qquad = \dfrac{3}{2}a^5b^4 \times \dfrac{1}{9a^2}$

$\qquad = \dfrac{1}{6}a^3b^4$

15 (직육면체의 부피) $= 5a^2b^2 \times \dfrac{3}{2}a \times 4ab^3$
$\qquad\qquad\qquad\qquad = 30a^4b^5$

16 $\dfrac{1}{3} \times \pi \times (3x)^2 \times (\text{높이}) = 48\pi x^2 y$이므로

$3\pi x^2 \times (\text{높이}) = 48\pi x^2 y$
따라서
$(\text{높이}) = 48\pi x^2 y \div 3\pi x^2$

$\qquad\quad = 48\pi x^2 y \times \dfrac{1}{3\pi x^2}$

$\qquad\quad = 16y$

17 $\dfrac{2^7 \times 3^2 \times 25^4}{10} = \dfrac{2^7 \times 3^2 \times (5^2)^4}{10} = \dfrac{2^7 \times 3^2 \times 5^8}{2 \times 5}$

$\qquad = 2^6 \times 3^2 \times 5^7 = 2^6 \times 3^2 \times 5 \times 5^6$

$\qquad = 3^2 \times 5 \times (2 \times 5)^6 = 45 \times 10^6$

$\qquad = 45000000$

따라서 $\dfrac{2^7 \times 3^2 \times 25^4}{10}$은 8자리 자연수이므로 $n=8$이고,

각 자리 숫자의 합은 $4+5=9$이므로 $k=9$
$\therefore n+k=8+9=17$

18 $12x^3y^4 = (-3xy^2) \times A$에서

$A = 12x^3y^4 \div (-3xy^2)$

$\qquad = 12x^3y^4 \times \left(-\dfrac{1}{3xy^2}\right) = -4x^2y^2$

$-\dfrac{2}{3}x^5y^7 = 12x^3y^4 \times B$에서

$B = \left(-\dfrac{2}{3}x^5y^7\right) \div 12x^3y^4$

$\qquad = \left(-\dfrac{2}{3}x^5y^7\right) \times \dfrac{1}{12x^3y^4} = -\dfrac{1}{18}x^2y^3$

$B = A \times C$에서 $-\dfrac{1}{18}x^2y^3 = (-4x^2y^2) \times C$이므로

$C = \left(-\dfrac{1}{18}x^2y^3\right) \div (-4x^2y^2)$

$\qquad = \left(-\dfrac{1}{18}x^2y^3\right) \times \left(-\dfrac{1}{4x^2y^2}\right) = \dfrac{1}{72}y$

$\therefore B \times A \div C = \left(-\dfrac{1}{18}x^2y^3\right) \times (-4x^2y^2) \div \dfrac{1}{72}y$

$\qquad\qquad = \left(-\dfrac{1}{18}x^2y^3\right) \times (-4x^2y^2) \times \dfrac{72}{y}$

$\qquad\qquad = 16x^4y^4$

19 (원기둥 A의 부피) $= \pi \times (2a)^2 \times b$
$\qquad\qquad\qquad\quad = \pi \times 4a^2 \times b$
$\qquad\qquad\qquad\quad = 4\pi a^2 b$

(원기둥 B의 부피) $= \pi \times (3a)^2 \times (\text{원기둥 B의 높이})$
$\qquad\qquad\qquad\quad = \pi \times 9a^2 \times (\text{원기둥 B의 높이})$
$\qquad\qquad\qquad\quad = 9\pi a^2 \times (\text{원기둥 B의 높이})$

원기둥 A와 원기둥 B의 부피가 서로 같으므로
$9\pi a^2 \times (\text{원기둥 B의 높이}) = 4\pi a^2 b$
따라서
$(\text{원기둥 B의 높이}) = 4\pi a^2 b \div 9\pi a^2$

$\qquad\qquad\qquad\quad = 4\pi a^2 b \times \dfrac{1}{9\pi a^2}$

$\qquad\qquad\qquad\quad = \dfrac{4}{9}b$

 **다항식의 계산**

01 다항식의 덧셈과 뺄셈

개념 Bridge 답 $3x,\ 5y,\ 5x-2y,\ 3x,\ 5y,\ -x+8y$

개념 check

01 답 (1) $x-2y$ (2) $7x-11y$
       (3) $2x-14y+9$ (4) $\dfrac{17x-23y}{12}$

(1) $(-x+3y)+(2x-5y)=-x+3y+2x-5y$
$\qquad\qquad\qquad\qquad\quad=-x+2x+3y-5y$
$\qquad\qquad\qquad\qquad\quad=x-2y$

(2) $(5x-4y)-(-2x+7y)=5x-4y+2x-7y$
$\qquad\qquad\qquad\qquad\qquad=5x+2x-4y-7y$
$\qquad\qquad\qquad\qquad\qquad=7x-11y$

(3) $(4x-8y+5)-2(x+3y-2)$
$\quad=4x-8y+5-2x-6y+4$
$\quad=4x-2x-8y-6y+5+4$
$\quad=2x-14y+9$

(4) $\dfrac{2x-5y}{3}+\dfrac{3x-y}{4}=\dfrac{4(2x-5y)+3(3x-y)}{12}$
$\qquad\qquad\qquad\quad=\dfrac{8x-20y+9x-3y}{12}$
$\qquad\qquad\qquad\quad=\dfrac{17x-23y}{12}$

01-1 답 (1) $6x+y$ (2) $8x-6y-7$
       (3) $\dfrac{7a+13b}{6}$ (4) $-\dfrac{1}{2}x-\dfrac{11}{6}y$

(1) $(5x-3y)-(-x-4y)=5x-3y+x+4y$
$\qquad\qquad\qquad\qquad=5x+x-3y+4y$
$\qquad\qquad\qquad\qquad=6x+y$

(2) $2(x-4y)+(6x+2y-7)=2x-8y+6x+2y-7$
$\qquad\qquad\qquad\qquad\qquad=2x+6x-8y+2y-7$
$\qquad\qquad\qquad\qquad\qquad=8x-6y-7$

(3) $\dfrac{3a+b}{2}-\dfrac{a-5b}{3}=\dfrac{3(3a+b)-2(a-5b)}{6}$
$\qquad\qquad\qquad\quad=\dfrac{9a+3b-2a+10b}{6}$
$\qquad\qquad\qquad\quad=\dfrac{7a+13b}{6}$

(4) $\left(\dfrac{1}{3}x-\dfrac{3}{2}y\right)-\left(\dfrac{5}{6}x+\dfrac{1}{3}y\right)$
$\quad=\dfrac{1}{3}x-\dfrac{3}{2}y-\dfrac{5}{6}x-\dfrac{1}{3}y$
$\quad=\dfrac{1}{3}x-\dfrac{5}{6}x-\dfrac{3}{2}y-\dfrac{1}{3}y$
$\quad=-\dfrac{1}{2}x-\dfrac{11}{6}y$

01-2 답 (1) $7a-b$ (2) $-5x+4y$

(1) $5a-\{3b-2(a+b)\}$
$\quad=5a-(3b-2a-2b)$
$\quad=5a-(-2a+b)$
$\quad=5a+2a-b$
$\quad=7a-b$

(2) $-4x-[-2y+\{3x-5y-(2x-3y)\}]$
$\quad=-4x-\{-2y+(3x-5y-2x+3y)\}$
$\quad=-4x-\{-2y+(x-2y)\}$
$\quad=-4x-(-2y+x-2y)$
$\quad=-4x-(x-4y)$
$\quad=-4x-x+4y$
$\quad=-5x+4y$

개념 Bridge 답 $1,\ 2,\ $이차식

개념 check

01 답 (1) $\times$ (2) $\bigcirc$ (3) $\bigcirc$ (4) $\times$

02 답 (1) $3x^2+x-1$ (2) $2a^2+2a+1$
       (3) $\dfrac{5x^2-3x-22}{12}$ (4) $3x^2-4x-2$

(1) $(2x^2-2x+1)+(x^2+3x-2)$
$\quad=2x^2-2x+1+x^2+3x-2$
$\quad=2x^2+x^2-2x+3x+1-2$
$\quad=3x^2+x-1$

(2) $(4a^2-3a-2)-(2a^2-5a-3)$
$=4a^2-3a-2-2a^2+5a+3$
$=4a^2-2a^2-3a+5a-2+3$
$=2a^2+2a+1$

(3) $\dfrac{3x^2-5x-2}{4}-\dfrac{x^2-3x+4}{3}$
$=\dfrac{3(3x^2-5x-2)-4(x^2-3x+4)}{12}$
$=\dfrac{9x^2-15x-6-4x^2+12x-16}{12}$
$=\dfrac{5x^2-3x-22}{12}$

(4) $(x^2-4x)-\{3x^2-(5x^2-2)\}$
$=(x^2-4x)-(3x^2-5x^2+2)$
$=(x^2-4x)-(-2x^2+2)$
$=x^2-4x+2x^2-2$
$=x^2+2x^2-4x-2$
$=3x^2-4x-2$

02-1 답 (1) $-x^2+9x+2$ (2) $\dfrac{8x^2+6x+3}{6}$
(3) $-2a^2+3a$ (4) $-2a^2+5a+7$

(1) $(7x^2-x+4)-2(4x^2-5x+1)$
$=7x^2-x+4-8x^2+10x-2$
$=7x^2-8x^2-x+10x+4-2$
$=-x^2+9x+2$

(2) $\dfrac{-2x^2+3}{3}+\dfrac{4x^2+2x-1}{2}$
$=\dfrac{2(-2x^2+3)+3(4x^2+2x-1)}{6}$
$=\dfrac{-4x^2+6+12x^2+6x-3}{6}$
$=\dfrac{8x^2+6x+3}{6}$

(3) $(3a^2-2a)-\{2a+(5a^2-7a)\}$
$=(3a^2-2a)-(2a+5a^2-7a)$
$=(3a^2-2a)-(5a^2-5a)$
$=3a^2-2a-5a^2+5a$
$=3a^2-5a^2-2a+5a$
$=-2a^2+3a$

(4) $2a^2+[a-3a^2-\{a^2-(4a+7)\}]$
$=2a^2+\{a-3a^2-(a^2-4a-7)\}$
$=2a^2+(a-3a^2-a^2+4a+7)$
$=2a^2+(-3a^2-a^2+a+4a+7)$
$=2a^2+(-4a^2+5a+7)$
$=2a^2-4a^2+5a+7$
$=-2a^2+5a+7$

01 ①   **01-1** $-\dfrac{5}{36}$ **02** ②   **02-1** 3
03 ①   **03-1** 9
04 (1) $5x^2+x$ (2) $8x^2-x+4$
04-1 $-17x^2-x+3$

01

$(a+2b+1)-3(3a+b-4)$
$=a+2b+1-9a-3b+12$
$=-8a-b+13$

01-1

$\left(-\dfrac{1}{2}x+\dfrac{2}{3}y\right)+\left(\dfrac{1}{3}x+\dfrac{1}{6}y\right)$
$=-\dfrac{1}{2}x+\dfrac{2}{3}y+\dfrac{1}{3}x+\dfrac{1}{6}y$
$=-\dfrac{1}{6}x+\dfrac{5}{6}y$

따라서 $a=-\dfrac{1}{6}$, $b=\dfrac{5}{6}$ 이므로

$ab=-\dfrac{1}{6}\times\dfrac{5}{6}=-\dfrac{5}{36}$

02

$(-x^2+8x-6)-5(x^2+2x-3)$
$=-x^2+8x-6-5x^2-10x+15$
$=-6x^2-2x+9$

따라서 x^2의 계수는 -6이고, 상수항은 9이므로 구하는 합은
$-6+9=3$

02-1

$\dfrac{x^2+2x+1}{2}+\dfrac{2x^2-x}{4}$
$=\dfrac{2(x^2+2x+1)+(2x^2-x)}{4}$
$=\dfrac{2x^2+4x+2+2x^2-x}{4}$
$=\dfrac{4x^2+3x+2}{4}=x^2+\dfrac{3}{4}x+\dfrac{1}{2}$

따라서 $a=1$, $b=\dfrac{3}{4}$, $c=\dfrac{1}{2}$ 이므로

$a+4b-2c=1+4\times\dfrac{3}{4}-2\times\dfrac{1}{2}=3$

03

$2a-[3b-\{3a+(-a+2b)\}]$
$=2a-\{3b-(3a-a+2b)\}$
$=2a-\{3b-(2a+2b)\}$
$=2a-(3b-2a-2b)$
$=2a-(-2a+b)$
$=2a+2a-b$
$=4a-b$

03-1

$5a-[2a-3a^2-\{4a-3a^2-(a^2-3a)\}]$
$=5a-\{2a-3a^2-(4a-3a^2-a^2+3a)\}$
$=5a-\{2a-3a^2-(-4a^2+7a)\}$
$=5a-(2a-3a^2+4a^2-7a)$
$=5a-(a^2-5a)$
$=5a-a^2+5a$
$=-a^2+10a$
따라서 $x=-1$, $y=10$이므로
$x+y=-1+10=9$

04

(1) 어떤 식을 A라 하면
$\quad A-(3x^2-2x+4)=2x^2+3x-4$이므로
$\quad A=(2x^2+3x-4)+(3x^2-2x+4)$
$\quad\quad =2x^2+3x-4+3x^2-2x+4$
$\quad\quad =5x^2+x$
(2) 바르게 계산하면
$\quad (5x^2+x)+(3x^2-2x+4)$
$\quad =5x^2+x+3x^2-2x+4$
$\quad =8x^2-x+4$

04-1

어떤 식을 A라 하면
$A+(5x^2-2)=-7x^2-x-1$이므로
$A=(-7x^2-x-1)-(5x^2-2)$
$\quad =-7x^2-x-1-5x^2+2$
$\quad =-12x^2-x+1$
따라서 바르게 계산하면
$(-12x^2-x+1)-(5x^2-2)$
$=-12x^2-x+1-5x^2+2$
$=-17x^2-x+3$

02 단항식과 다항식의 곱셈과 나눗셈

개념 3 41쪽

개념 Bridge 답 ① $3a$, $3a$, $12a^2+3ab$
② $-a$, $-a$, $-2a^2+ab$

개념 check

01 답 (1) $24x^2-6x$ (2) $-8x^2+6xy$
(3) $3a^2+2ab$ (4) $5a^2+10ab-5a$

01-1 답 (1) $6x^2-8x$ (2) $xy-5y^2$ (3) $-2a+3a^2$
(4) $12x^2-10xy$ (5) $-8x^2y+4xy^2-12xy$
(6) $-6a^2b+12ab^2-15ab$

개념 4 42쪽

개념 Bridge 답 $12x^2y+9x$, $12x^2y$, $9x$, $4xy+3$,
$\dfrac{1}{3x}$, $\dfrac{1}{3x}$, $\dfrac{1}{3x}$, $4xy+3$

개념 check

01 답 (1) $-3x-y$ (2) $-9a+6$
(3) $12a^2-12b$ (4) $3x^2-y+\dfrac{4}{3}$

(1) $(9x^2+3xy)\div(-3x)=\dfrac{9x^2+3xy}{-3x}$
$\quad\quad\quad\quad\quad\quad\quad =-3x-y$

(2) $(-6a^2+4a)\div\dfrac{2}{3}a=(-6a^2+4a)\times\dfrac{3}{2a}$
$\quad\quad\quad\quad\quad\quad\quad =-9a+6$

(3) $(-6a^3b+6ab^2)\div\left(-\dfrac{1}{2}ab\right)$
$\quad =(-6a^3b+6ab^2)\times\left(-\dfrac{2}{ab}\right)$
$\quad =12a^2-12b$

(4) $(9x^3y-3xy^2+4xy)\div 3xy$
$\quad =\dfrac{9x^3y-3xy^2+4xy}{3xy}$
$\quad =3x^2-y+\dfrac{4}{3}$

01-1 답 (1) $-3x^2-4y$ (2) $-20x+5$
     (3) $-6ab+4b$ (4) $-\dfrac{3}{2}x+y-\dfrac{1}{2}$

(1) $(9x^2y+12y^2)\div(-3y)=\dfrac{9x^2y+12y^2}{-3y}$
$$=-3x^2-4y$$

(2) $(-4x^2+x)\div\dfrac{1}{5}x=(-4x^2+x)\times\dfrac{5}{x}$
$$=-20x+5$$

(3) $(3ab^2-2b^2)\div\left(-\dfrac{b}{2}\right)=(3ab^2-2b^2)\times\left(-\dfrac{2}{b}\right)$
$$=-6ab+4b$$

(4) $(6x^2y-4xy^2+2xy)\div(-4xy)$
$$=\dfrac{6x^2y-4xy^2+2xy}{-4xy}$$
$$=-\dfrac{3}{2}x+y-\dfrac{1}{2}$$

개념 **5**　43쪽

개념 Bridge 답 $\dfrac{1}{x^2}$, $3-12x$, $-10x+3$

개념 check

01 답 (1) $10x^2-4x$ (2) a^2+4a (3) $7xy$

(1) $\left(-3x^2+\dfrac{6}{5}x\right)\div 3x\times(-10x)$
$$=\left(-3x^2+\dfrac{6}{5}x\right)\times\dfrac{1}{3x}\times(-10x)$$
$$=\left(-3x^2+\dfrac{6}{5}x\right)\times\left(-\dfrac{10}{3}\right)$$
$$=10x^2-4x$$

(2) $3a(a-2)+(-a^3+5a^2)\div\dfrac{a}{2}$
$$=3a(a-2)+(-a^3+5a^2)\times\dfrac{2}{a}$$
$$=3a^2-6a-2a^2+10a$$
$$=a^2+4a$$

(3) $2x\left(2x+\dfrac{5}{2}y\right)-(4x^3y-2x^2y^2)\div xy$
$$=2x\left(2x+\dfrac{5}{2}y\right)-\dfrac{4x^3y-2x^2y^2}{xy}$$
$$=4x^2+5xy-4x^2+2xy$$
$$=7xy$$

01-1 답 (1) $6ab^2-18b^3$ (2) $2x^3+9x^2-3x$
     (3) $-3x^2$ (4) $2a^2-9ab$

(1) $(2a^2-6ab)\div\dfrac{4}{3}a\times(2b)^2$
$$=(2a^2-6ab)\div\dfrac{4}{3}a\times 4b^2$$
$$=(2a^2-6ab)\times\dfrac{3}{4a}\times 4b^2$$
$$=(2a^2-6ab)\times\dfrac{3b^2}{a}$$
$$=6ab^2-18b^3$$

(2) $3x(4x-1)+(16x^4-24x^3)\div 8x$
$$=3x(4x-1)+\dfrac{16x^4-24x^3}{8x}$$
$$=12x^2-3x+2x^3-3x^2$$
$$=2x^3+9x^2-3x$$

(3) $xy\left(\dfrac{y}{x}-\dfrac{x}{y}\right)-\dfrac{2x^3y+xy^3}{xy}$
$$=y^2-x^2-2x^2-y^2$$
$$=-3x^2$$

(4) $(a^2b-2ab^2)\times 8a^2b\div(-2ab)^2-5ab$
$$=(a^2b-2ab^2)\times 8a^2b\div 4a^2b^2-5ab$$
$$=(a^2b-2ab^2)\times 8a^2b\times\dfrac{1}{4a^2b^2}-5ab$$
$$=(a^2b-2ab^2)\times\dfrac{2}{b}-5ab$$
$$=2a^2-4ab-5ab$$
$$=2a^2-9ab$$

필수 유형 익히기

44~45쪽

01 ④	**01-1** 28	**02** ②	**02-1** 5
03 ⑤	**03-1** 2		
04 $-9x-2y$		**04-1** -6	
05 $-9a^2+3ab$		**05-1** $-7x^2+21$	
06 $27x^3y^2-9x^2y^2$		**06-1** $8a+2b$	
07 $10ab-b^2$		**07-1** $-\dfrac{3}{2}y^2+6xy$	

01

① $xy(x-2y)=x^2y-2xy^2$
② $-x(2x^2+7x)=-2x^3-7x^2$

③ $(4x-y)2y=8xy-2y^2$
⑤ $-b(3a^2-2ab+b^2)=-3a^2b+2ab^2-b^3$
따라서 옳은 것은 ④이다.

01-1

$-2x(x+3y-5)=-2x^2-6xy+10x$이므로 $a=-2$
$(4x-2y+1)\times 7x=28x^2-14xy+7x$이므로 $b=-14$
$\therefore ab=-2\times(-14)=28$

02

② $(15a^2-12ab)\div(-3a)=\dfrac{15a^2-12ab}{-3a}$
$\qquad\qquad\qquad\qquad\quad =-5a+4b$

02-1

$(6x^2y-4xy^2+8xy)\div\dfrac{2}{5}xy$

$=(6x^2y-4xy^2+8xy)\times\dfrac{5}{2xy}$

$=15x-10y+20$
따라서 $a=15$, $b=-10$, $c=20$이므로
$a-b-c=15-(-10)-20=5$

03

$\dfrac{6xy^2-8x^2}{-2x}-\dfrac{25xy-10x^2y}{5y}$

$=-3y^2+4x-5x+2x^2$
$=2x^2-x-3y^2$
$=2\times(-3)^2-(-3)-3\times 2^2$
$=18+3-12$
$=9$

03-1

$(a+2b)\times(-4a)-\left(\dfrac{2}{3}a^3+\dfrac{5}{6}a^2b\right)\div\left(-\dfrac{1}{6}a\right)$

$=(a+2b)\times(-4a)-\left(\dfrac{2}{3}a^3+\dfrac{5}{6}a^2b\right)\times\left(-\dfrac{6}{a}\right)$

$=-4a^2-8ab+4a^2+5ab$

$=-3ab$

$=-3\times(-1)\times\dfrac{2}{3}=2$

04

$(12x^3+8x^2y)\div(2x)^2+(3xy+y^2)\times\left(-\dfrac{4}{y}\right)$

$=(12x^3+8x^2y)\div 4x^2+(3xy+y^2)\times\left(-\dfrac{4}{y}\right)$

$=\dfrac{12x^3+8x^2y}{4x^2}+(3xy+y^2)\times\left(-\dfrac{4}{y}\right)$

$=3x+2y-12x-4y$

$=-9x-2y$

04-1

$(a+6)\times(-2b)-(9a^2-18a^2b)\div\left(\dfrac{3}{2}a\right)^2$

$=(a+6)\times(-2b)-(9a^2-18a^2b)\div\dfrac{9}{4}a^2$

$=(a+6)\times(-2b)-(9a^2-18a^2b)\times\dfrac{4}{9a^2}$

$=-2ab-12b-4+8b$

$=-2ab-4b-4$
따라서 ab의 계수는 -2이고, b의 계수는 -4이므로 구하는 합은
$-2+(-4)=-6$

05

$\left(-\dfrac{4}{3}ab\right)\times\boxed{}=12a^3b-4a^2b^2$에서

$\boxed{}=(12a^3b-4a^2b^2)\div\left(-\dfrac{4}{3}ab\right)$

$\qquad\;=(12a^3b-4a^2b^2)\times\left(-\dfrac{3}{4ab}\right)$

$\qquad\;=-9a^2+3ab$

05-1

$\boxed{}\div\left(-\dfrac{7}{x}\right)=x^3-3x$에서

$\boxed{}=(x^3-3x)\times\left(-\dfrac{7}{x}\right)$

$\qquad\;=-7x^2+21$

06

(사다리꼴의 넓이)
$=\dfrac{1}{2}\times\{3y+(9xy-6y)\}\times 6x^2y$

$=\dfrac{1}{2}\times(9xy-3y)\times 6x^2y$

$=27x^3y^2-9x^2y^2$

06-1

$(\text{삼각형의 넓이})=\dfrac{1}{2}\times(\text{밑변의 길이})\times 6a$
$\qquad\qquad\quad\;\;=3a\times(\text{밑변의 길이})$
$\qquad\qquad\quad\;\;=24a^2+6ab$

이므로

$(\text{밑변의 길이})=(24a^2+6ab)\div 3a$
$\qquad\qquad\quad\;\;=\dfrac{24a^2+6ab}{3a}$
$\qquad\qquad\quad\;\;=8a+2b$

07

(색칠한 부분의 넓이)
$=(①의 넓이)+(②의 넓이)$
$\qquad\qquad\qquad\;\;+(③의 넓이)$
$=\dfrac{1}{2}\times(5a-2b)\times 3b+\dfrac{1}{2}\times 2b\times 2b$
$\qquad\qquad\qquad\;\;+\dfrac{1}{2}\times 5a\times b$
$=\dfrac{15}{2}ab-3b^2+2b^2+\dfrac{5}{2}ab$
$=10ab-b^2$

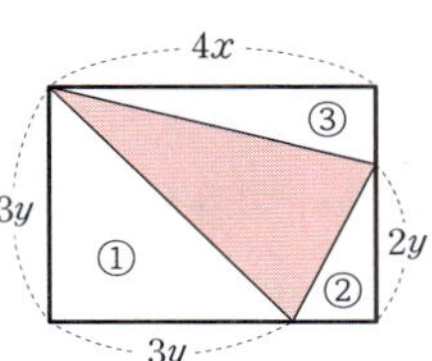

07-1

(색칠한 부분의 넓이)
$=(\text{직사각형의 넓이})$
$\qquad\quad-\{(①의 넓이)+(②의 넓이)$
$\qquad\qquad\qquad\;\;+(③의 넓이)\}$
$=4x\times 3y$
$\qquad-\left\{\dfrac{1}{2}\times 3y\times 3y+\dfrac{1}{2}\times(4x-3y)\times 2y+\dfrac{1}{2}\times 4x\times y\right\}$
$=12xy-\left(\dfrac{9}{2}y^2+4xy-3y^2+2xy\right)$
$=12xy-\left(\dfrac{3}{2}y^2+6xy\right)$
$=12xy-\dfrac{3}{2}y^2-6xy$
$=-\dfrac{3}{2}y^2+6xy$

서술형 감잡기　46쪽

01 -4		**01-1** -1	
02 $11a^2-12ab$		**02-1** $-4x^2y+xy^2$	

01

① 단계　주어진 식 계산하기　◀ 70 %

$5a^2-[3ab-b^2+\{2a^2-(ab-6b^2)\}]$
$=5a^2-\{3ab-b^2+(2a^2-ab+\boxed{6}\,b^2)\}$
$=5a^2-(2a^2+2ab+\boxed{5}\,b^2)$
$=\boxed{3}\,a^2-2ab-\boxed{5}\,b^2$

② 단계　모든 항의 계수의 합 구하기　◀ 30 %

따라서 a^2의 계수는 $\boxed{3}$, ab의 계수는 -2, b^2의 계수는 $\boxed{-5}$
이므로 모든 항의 계수의 합은
$\boxed{3}+(-2)+(\boxed{-5})=\boxed{-4}$

01-1

① 단계　주어진 식 계산하기　◀ 70 %

$3x^2-[-4x^2-\{x^2-3(5x-1)\}-6x]$
$=3x^2-\{-4x^2-(x^2-15x+3)-6x\}$
$=3x^2-(-5x^2+9x-3)$
$=8x^2-9x+3$

② 단계　x^2의 계수와 x의 계수의 합 구하기　◀ 30 %

따라서 x^2의 계수는 8이고, x의 계수는 -9이므로 구하는 합은
$8+(-9)=-1$

02

① 단계　A 계산하기　◀ 30 %

$A=(15ab-9b^2)\times\dfrac{a}{3b}=5a^2-\boxed{3ab}$

② 단계　B 계산하기　◀ 30 %

$B=(-4a^3b+6a^2b^2)\div\dfrac{2}{3}ab$
$\quad=(-4a^3b+6a^2b^2)\times\dfrac{3}{\boxed{2ab}}=-6a^2+9ab$

③ 단계　$A-B$ 계산하기　◀ 40 %

$A-B=(5a^2-\boxed{3ab})-(-6a^2+9ab)$
$\qquad\;=5a^2-\boxed{3ab}+6a^2-\boxed{9ab}$
$\qquad\;=11a^2-\boxed{12ab}$

02-1

① 단계　A 계산하기　◀ 30 %

$A=2xy\times(3x-2y)$
$\quad=6x^2y-4xy^2$

$$B=(-x^2y^3+2x^3y^2)\div\left(-\frac{1}{5}xy\right)$$
$$=(-x^2y^3+2x^3y^2)\times\left(-\frac{5}{xy}\right)$$
$$=5xy^2-10x^2y$$

③ 단계 $A+B$ 계산하기 ◀ 40 %

$$A+B=(6x^2y-4xy^2)+(5xy^2-10x^2y)$$
$$=6x^2y-4xy^2+5xy^2-10x^2y$$
$$=-4x^2y+xy^2$$

단원 마무리하기
47~48쪽

01 ⑤	**02** $\dfrac{4}{5}$	**03** ⑤	**04** $2a+5b-7$
05 ①, ⑤	**06** -6	**07** ②, ④	**08** ④
09 상민, 승희	**10** $32a^4b^4-48a^3b^5$		
11 $6xy-9y^2$	**12** ①	**13** $-a+b$	
14 $6a+5b$			

01 ⑤ $3(a-4b-2)-(2b-6)=3a-14b$

02 $\dfrac{2x+3y}{5}+\dfrac{x-2y-1}{4}$

$$=\frac{4(2x+3y)+5(x-2y-1)}{20}$$
$$=\frac{8x+12y+5x-10y-5}{20}$$
$$=\frac{13x+2y-5}{20}$$
$$=\frac{13}{20}x+\frac{1}{10}y-\frac{1}{4}$$

따라서 $a=\dfrac{13}{20}$, $b=\dfrac{1}{10}$, $c=-\dfrac{1}{4}$이므로

$$a-b-c=\frac{13}{20}-\frac{1}{10}-\left(-\frac{1}{4}\right)=\frac{4}{5}$$

03 $ax+4-[by-\{3x-(x+y)\}]$
$$=ax+4-\{by-(3x-x-y)\}$$
$$=ax+4-\{by-(2x-y)\}$$
$$=ax+4-(by-2x+y)$$
$$=ax+4-by+2x-y$$
$$=(a+2)x+(-b-1)y+4$$

따라서 $a+2=5$, $-b-1=-2$이므로
$a=3$, $b=1$
$$\therefore\ a+b=3+1=4$$

04 ① 단계 주어진 식의 좌변 계산하기 ◀ 50 %

$4a-[3b-\{2a+6b-(a+\boxed{})\}]$
$=4a-\{3b-(2a+6b-a-\boxed{})\}$
$=4a-\{3b-(a+6b-\boxed{})\}$
$=4a-(3b-a-6b+\boxed{})$
$=4a-(-a-3b+\boxed{})$
$=4a+a+3b-\boxed{}$
$=5a+3b-\boxed{}$

② 단계 □ 안에 알맞은 식 구하기 ◀ 50 %

$5a+3b-\boxed{}=3a-2b+7$이므로
$\boxed{}=(5a+3b)-(3a-2b+7)$
$=5a+3b-3a+2b-7$
$=2a+5b-7$

05 ① $-(a^2+4a-1)+4a=-a^2+1$
② $5x^3-x(x^2-3)=4x^3+3x$
③ $2(y-3y^2)+6y^2=2y$
④ $10b^2-(8b^2+7b)-2b^2=-7b$
⑤ $\dfrac{x^2-1}{2}+x=\dfrac{1}{2}x^2+x-\dfrac{1}{2}$

따라서 이차식인 것은 ①, ⑤이다.

06 $(ax^2-7x+5)-(2x^2+x-1)$
$$=ax^2-7x+5-2x^2-x+1$$
$$=(a-2)x^2-8x+6$$

따라서 x^2의 계수는 $a-2$이고, 상수항은 6이므로
$(a-2)+6=-2$, $a+4=-2$
$$\therefore\ a=-6$$

07 ① $x(6x+4y)=6x^2+4xy$
② $-2xy(x^2-5y^2)=-2x^3y+10xy^3$
③ $(6ab-2b^3)\div2b=\dfrac{6ab-2b^3}{2b}$
$$=3a-b^2$$
④ $(-3x^4y^2+9xy)\div(-3y)=\dfrac{-3x^4y^2+9xy}{-3y}$
$$=x^4y-3x$$

⑤ $(15a^2b^3+10ab^2)\div\dfrac{5}{2}ab=(15a^2b^3+10ab^2)\times\dfrac{2}{5ab}$
$$=6ab^2+4b$$
따라서 옳은 것은 ②, ④이다.

08 $\left(5x^4-\dfrac{8}{3}x^3y\right)\div2x^2-\left(\dfrac{4}{3}x^2y-x^3\right)\div\dfrac{2}{3}x$

$$=\left(5x^4-\dfrac{8}{3}x^3y\right)\times\dfrac{1}{2x^2}-\left(\dfrac{4}{3}x^2y-x^3\right)\times\dfrac{3}{2x}$$

$$=\dfrac{5}{2}x^2-\dfrac{4}{3}xy-2xy+\dfrac{3}{2}x^2$$

$$=4x^2-\dfrac{10}{3}xy$$

따라서 $a=4$, $b=-\dfrac{10}{3}$이므로

$$a+b=4+\left(-\dfrac{10}{3}\right)=\dfrac{2}{3}$$

09 $\{3x^2y+(-x)^2\}\div\left(-\dfrac{3}{4}x\right)-y(y-3x)$

$$=(3x^2y+x^2)\times\left(-\dfrac{4}{3x}\right)-y(y-3x)$$

$$=-4xy-\dfrac{4}{3}x-y^2+3xy$$

$$=-y^2-xy-\dfrac{4}{3}x$$

[지영] 항은 모두 3개이다.
[건우] y^2의 계수는 -1이다.
따라서 바르게 말한 학생은 상민, 승희이다.

10 어떤 식을 A라 하면
$A\div4ab^2=2a^2-3ab$이므로
$A=(2a^2-3ab)\times4ab^2$
$$=8a^3b^2-12a^2b^3$$
따라서 바르게 계산하면
$(8a^3b^2-12a^2b^3)\times4ab^2=32a^4b^4-48a^3b^5$

11 원뿔의 부피 구하는 식 세우기　◀ 50 %
$(원뿔의 부피)=\dfrac{1}{3}\times\pi\times(5x)^2\times(원뿔의 높이)$

$$=\dfrac{25}{3}\pi x^2\times(원뿔의 높이)$$

$$=50\pi x^3y-75\pi x^2y^2$$

 원뿔의 높이 구하기　◀ 50 %
따라서
$(원뿔의 높이)=(50\pi x^3y-75\pi x^2y^2)\div\dfrac{25}{3}\pi x^2$

$$=(50\pi x^3y-75\pi x^2y^2)\times\dfrac{3}{25\pi x^2}$$

$$=6xy-9y^2$$

12 $(x^2y-xy^2)\div\dfrac{1}{3}xy-(2x^2-x^3)\times\left(-\dfrac{2}{x}\right)^2$

$$=(x^2y-xy^2)\times\dfrac{3}{xy}-(2x^2-x^3)\times\dfrac{4}{x^2}$$

$$=3x-3y-8+4x$$

$$=7x-3y-8$$

$$=7\times(-1)-3\times\dfrac{1}{3}-8$$

$$=-16$$

13 A가 적힌 면과 마주 보는 면을 찾아 등식 세우기
　　　　　　　　　　　　　　　　◀ 50 %
다항식 A가 적힌 면과 마주 보는 면에는 $3a-2b+5$가 적혀 있
으므로
$A+(3a-2b+5)=(4a-1)+(-2a-b+6)$
$$=4a-1-2a-b+6$$
$$=2a-b+5$$
 A 구하기　◀ 50 %
따라서
$A=(2a-b+5)-(3a-2b+5)$
$$=2a-b+5-3a+2b-5$$
$$=-a+b$$

14 $3b\times3\times(큰 직육면체의 높이)=36ab+18b^2$이므로
$(큰 직육면체의 높이)=(36ab+18b^2)\div9b$

$$=\dfrac{36ab+18b^2}{9b}=4a+2b$$

$2b\times3\times(작은 직육면체의 높이)=12ab+18b^2$이므로
$(작은 직육면체의 높이)=(12ab+18b^2)\div6b$

$$=\dfrac{12ab+18b^2}{6b}=2a+3b$$

$\therefore h=(4a+2b)+(2a+3b)$
$$=4a+2b+2a+3b$$
$$=6a+5b$$

01 부등식의 해와 그 성질

개념 1
50쪽

개념 Bridge 답 $x+10$, $700x \le 6000$

개념 check

01 답 (1) $2x+4 \ge 25$ (2) $2(x+3) \le 10$
　　(3) $800x < 16000$

02 답 3, 4
$x=1$일 때, $-2 \times 1 + 6 < 4 \times 1 - 7$ (거짓)
$x=2$일 때, $-2 \times 2 + 6 < 4 \times 2 - 7$ (거짓)
$x=3$일 때, $-2 \times 3 + 6 < 4 \times 3 - 7$ (참)
$x=4$일 때, $-2 \times 4 + 6 < 4 \times 4 - 7$ (참)
따라서 주어진 부등식의 해는 3, 4이다.

02-1 답 (1) 0, 2 (2) -2, 0, 2
(1) $x=-2$일 때, $-2+5 \ge 4$ (거짓)
　　$x=0$일 때, $0+5 \ge 4$ (참)
　　$x=2$일 때, $2+5 \ge 4$ (참)
　　따라서 주어진 부등식의 해는 0, 2이다.
(2) $x=-2$일 때, $3-(-2) < 6$ (참)
　　$x=0$일 때, $3-0 < 6$ (참)
　　$x=2$일 때, $3-2 < 6$ (참)
　　따라서 주어진 부등식의 해는 -2, 0, 2이다.

개념 2
51쪽

개념 check

01 답 (1) $<$ (2) $<$ (3) $<$ (4) $>$
$a<b$에서
(3) $\dfrac{a}{6} < \dfrac{b}{6}$　∴ $\dfrac{a}{6}+4 < \dfrac{b}{6}+4$
(4) $-a > -b$　∴ $-a+2 > -b+2$

01-1 답 (1) $\ge$ (2) $\le$ (3) $\ge$ (4) $\le$
$a \ge b$에서
(3) $3a \ge 3b$　∴ $3a-1 \ge 3b-1$
(4) $-\dfrac{a}{2} \le -\dfrac{b}{2}$　∴ $5-\dfrac{a}{2} \le 5-\dfrac{b}{2}$

02 답 (1) $<$ (2) $\ge$ (3) $\ge$ (4) $<$
(4) $5-\dfrac{2}{3}a > 5-\dfrac{2}{3}b$에서 $-\dfrac{2}{3}a > -\dfrac{2}{3}b$
　　∴ $a<b$

02-1 답 (1) $>$ (2) $<$ (3) $<$ (4) $>$
$6a-1 > 6b-1$에서 $6a > 6b$　∴ $a>b$
$a>b$에서
(3) $-a < -b$　∴ $1-a < 1-b$
(4) $\dfrac{a}{3} > \dfrac{b}{3}$　∴ $\dfrac{a}{3}+2 > \dfrac{b}{3}+2$

필수 유형 익히기
52쪽

01 ⑤　　01-1 $1+3x \le 12$
02 ⑤　　02-1 ④　　03 ②　　03-1 ④
04 (1) $-11 < 5x-1 \le 14$ (2) $-1 \le -x+2 < 4$
04-1 ③

02
① $2 \times 3 - 5 \ge 7$ (거짓)
② $3 \times 3 < 3+1$ (거짓)
③ $4(3-2) \le 3$ (거짓)
④ $1-\dfrac{3}{2} > \dfrac{1}{3}$ (거짓)
⑤ $6-3 \times 3 \ge 3-8$ (참)
따라서 $x=3$일 때 참인 부등식은 ⑤이다.

02-1
① $x=0$일 때, $5 \times 0 \le 0$ (참)
② $x=-4$일 때, $\dfrac{1}{2} \times (-4) + 5 > 0$ (참)
③ $x=1$일 때, $-3 \times 1 + 4 \le 9$ (참)
④ $x=2$일 때, $1-2 \times 2 \ge 2$ (거짓)
⑤ $x=3$일 때, $0.7 \times 3 + 0.6 < 3$ (참)
따라서 [ ] 안의 수가 주어진 부등식의 해가 아닌 것은 ④이다.

03
$a>b$에서
① $a+11 > b+11$
② $-a < -b$　∴ $1-a < 1-b$
③ $-\dfrac{a}{2} < -\dfrac{b}{2}$

④ $\dfrac{a}{5} > \dfrac{b}{5}$ $\quad \therefore \dfrac{a}{5} - \dfrac{1}{3} > \dfrac{b}{5} - \dfrac{1}{3}$

⑤ $4a > 4b$ $\quad \therefore 4a - 7 > 4b - 7$

따라서 옳은 것은 ②이다.

03-1

$1 - 2a \leq 1 - 2b$에서 $-2a \leq -2b$ $\quad \therefore a \geq b$

$a \geq b$에서

② $-a \leq -b$ $\quad \therefore -a + 6 \leq -b + 6$

③ $4a \geq 4b$ $\quad \therefore 4a - 1 \geq 4b - 1$

④ $-5a \leq -5b$ $\quad \therefore 2 - 5a \leq 2 - 5b$

⑤ $-\dfrac{a}{2} \leq -\dfrac{b}{2}$ $\quad \therefore 7 - \dfrac{a}{2} \leq 7 - \dfrac{b}{2}$

따라서 옳지 않은 것은 ④이다.

04

(1) $-2 < x \leq 3$의 각 변에 5를 곱하면

$-10 < 5x \leq 15$

$-10 < 5x \leq 15$의 각 변에서 1을 빼면

$-11 < 5x - 1 \leq 14$

(2) $-2 < x \leq 3$의 각 변에 -1을 곱하면

$-3 \leq -x < 2$

$-3 \leq -x < 2$의 각 변에 2를 더하면

$-1 \leq -x + 2 < 4$

04-1

$-3 < x < 1$의 각 변에 2를 곱하면

$-6 < 2x < 2$

$-6 < 2x < 2$의 각 변에 3을 더하면

$-3 < 2x + 3 < 5$

따라서 $2x + 3$의 값이 될 수 있는 것은 ③이다.

02 일차부등식의 풀이

개념 **3** 53쪽

개념 **Bridge** 답 $5,\ 2x - 4$

개념 check

01 답 (1) ○ (2) × (3) ○ (4) ○

(1) $6x + 5 < 11 - 6x$에서 $12x - 6 < 0$이므로 일차부등식이다.

(2) $2x + 6 \geq x^2$에서 $-x^2 + 2x + 6 \geq 0$이므로 일차부등식이 아니다.

(3) $7x^2 + 4 \leq 10x + 7x^2$에서 $-10x + 4 \leq 0$이므로 일차부등식이다.

(4) $3x > 5x + 1$에서 $-2x - 1 > 0$이므로 일차부등식이다.

02 답 (1) $x \leq 2$, 그림은 풀이 참조

(2) $x > -3$, 그림은 풀이 참조

(1) $6x - 2 \leq x + 8$에서

$5x \leq 10$ $\quad \therefore x \leq 2$

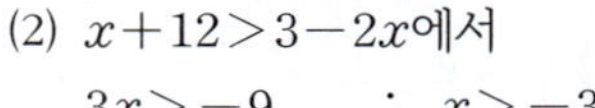

(2) $x + 12 > 3 - 2x$에서

$3x > -9$ $\quad \therefore x > -3$

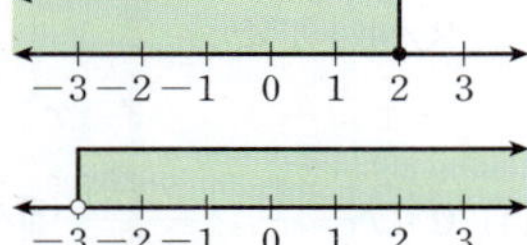

02-1 답 (1) $x \geq -5$, 그림은 풀이 참조

(2) $x > \dfrac{7}{3}$, 그림은 풀이 참조

(1) $5x + 9 \geq 2x - 6$에서

$3x \geq -15$ $\quad \therefore x \geq -5$

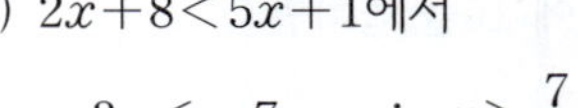

(2) $2x + 8 < 5x + 1$에서

$-3x < -7$ $\quad \therefore x > \dfrac{7}{3}$

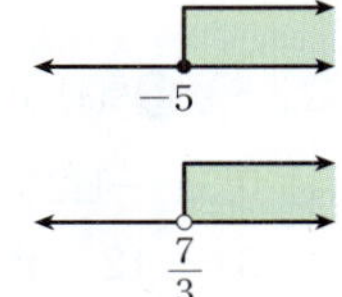

개념 **4** 54쪽

개념 **Bridge** 답 $2x + 6,\ 10,\ 6$

개념 check

01 답 (1) $x \leq \dfrac{4}{3}$ (2) $x > -6$

(1) $5x - 2 \leq 2(x + 1)$에서 $5x - 2 \leq 2x + 2$

$3x \leq 4$ $\quad \therefore x \leq \dfrac{4}{3}$

(2) $x > -3(x + 4) - 12$에서 $x > -3x - 12 - 12$

$4x > -24$ $\quad \therefore x > -6$

01-1 답 (1) $x < -1$ (2) $x \leq -5$

(1) $6(x + 2) < 3(x + 3)$에서 $6x + 12 < 3x + 9$

$3x < -3$ $\quad \therefore x < -1$

(2) $5 - (3x + 2) \geq -2(x - 4)$에서

$5 - 3x - 2 \geq -2x + 8$, $-3x + 3 \geq -2x + 8$

$-x \geq 5$ $\quad \therefore x \leq -5$

02 답 (1) $x \geq -9$ (2) $x > 12$ (3) $x > 4$ (4) $x \leq \dfrac{5}{3}$

(1) $0.1x \leq 0.4x + 2.7$의 양변에 10을 곱하면
$x \leq 4x + 27$
$-3x \leq 27$ ∴ $x \geq -9$

(2) $0.12x > 0.6 + 0.07x$의 양변에 100을 곱하면
$12x > 60 + 7x$
$5x > 60$ ∴ $x > 12$

(3) $\dfrac{1}{2}x + \dfrac{1}{6} < \dfrac{2}{3}x - \dfrac{1}{2}$의 양변에 6을 곱하면
$3x + 1 < 4x - 3$
$-x < -4$ ∴ $x > 4$

(4) $0.4x - \dfrac{1}{3} \geq \dfrac{x-1}{2}$에서 $\dfrac{2}{5}x - \dfrac{1}{3} \geq \dfrac{x-1}{2}$
이 식의 양변에 30을 곱하면
$12x - 10 \geq 15(x-1)$, $12x - 10 \geq 15x - 15$
$-3x \geq -5$ ∴ $x \leq \dfrac{5}{3}$

02-1 답 (1) $x > 16$ (2) $x \geq 12$ (3) $x \leq -6$ (4) $x > 3$

(1) $0.3x - 1.2 > 0.1x + 2$의 양변에 10을 곱하면
$3x - 12 > x + 20$
$2x > 32$ ∴ $x > 16$

(2) $0.5x - 3 \geq 0.2(x+3)$의 양변에 10을 곱하면
$5x - 30 \geq 2(x+3)$
$5x - 30 \geq 2x + 6$, $3x \geq 36$ ∴ $x \geq 12$

(3) $\dfrac{x+3}{3} - \dfrac{x-2}{4} \leq 1$의 양변에 12를 곱하면
$4(x+3) - 3(x-2) \leq 12$
$4x + 12 - 3x + 6 \leq 12$, $x + 18 \leq 12$ ∴ $x \leq -6$

(4) $3 - \dfrac{x}{5} < 0.2(x+9)$에서 $3 - \dfrac{x}{5} < \dfrac{1}{5}(x+9)$
이 식의 양변에 5를 곱하면
$15 - x < x + 9$
$-2x < -6$ ∴ $x > 3$

필수 유형 익히기 55~56쪽

01 ④	**01-1** ⑤	**02** ④	**02-1** ③
03 ②	**03-1** ③	**04** ⑤	**04-1** 4
05 ③	**05-1** 13	**06** ②	**06-1** ①
07 (1) $x > \dfrac{1}{a}$ (2) $x < \dfrac{1}{a}$		**07-1** ⑤	

01

ㄱ. $3x - 2 < 3x + 5$에서 $-7 < 0$
ㄴ. $2x + 1 \geq -2x - 3$에서 $4x + 4 \geq 0$
ㄷ. $2(x+3) \leq 2x$에서 $6 \leq 0$
ㄹ. $x^2 + 4x > 7 + x^2$에서 $4x - 7 > 0$
따라서 일차부등식인 것은 ㄴ, ㄹ이다.

01-1

① $x < \dfrac{1}{2}$에서 $x - \dfrac{1}{2} < 0$

② $7x + 1 \geq -5$에서 $7x + 6 \geq 0$

③ $6x - 4 \leq -6x + 10$에서 $12x - 14 \leq 0$

④ $x^2 + 7x - 1 \geq x^2$에서 $7x - 1 \geq 0$

⑤ $\dfrac{1}{x} - 3 \leq 9 - 2x$에서 $2x - 12 + \dfrac{1}{x} \leq 0$

따라서 일차부등식이 아닌 것은 ⑤이다.

02

① $7 - 2x < -1$에서
$-2x < -8$ ∴ $x > 4$

② $x < 32 - 3x$에서
$4x < 32$ ∴ $x < 8$

③ $4x + 3 > 2x + 15$에서
$2x > 12$ ∴ $x > 6$

④ $3x - 5 < -x + 19$에서
$4x < 24$ ∴ $x < 6$

⑤ $5x - 11 > 8x + 7$에서
$-3x > 18$ ∴ $x < -6$

따라서 해가 $x < 6$인 것은 ④이다.

02-1

① $12 - 5x < -x$에서
$-4x < -12$ ∴ $x > 3$

② $3x - 2 > 7$에서
$3x > 9$ ∴ $x > 3$

③ $8x + 3 > 9x - 2$에서
$-x > -5$ ∴ $x < 5$

④ $2x - 6 < 4x - 12$에서
$-2x < -6$ ∴ $x > 3$

---

⑤ $5+10x>8x+11$에서
  $2x>6$ $\therefore x>3$
따라서 해가 나머지 넷과 다른 하나는 ③이다.

03

$8-5x\leq4x+17$에서
$-9x\leq9$ $\therefore x\geq-1$
따라서 주어진 부등식의 해를 수직선 위에 나
타내면 오른쪽 그림과 같다.

03-1

주어진 그림에서 해는 $x\leq-1$
① $2x\leq x+1$에서 $x\leq1$
② $-3x+4<-7x$에서
  $4x<-4$ $\therefore x<-1$
③ $4x+6\leq2$에서
  $4x\leq-4$ $\therefore x\leq-1$
④ $1+x>-x-1$에서
  $2x>-2$ $\therefore x>-1$
⑤ $9-3x\geq x+5$에서
  $-4x\geq-4$ $\therefore x\leq1$
따라서 해를 수직선 위에 나타냈을 때, 주어진 그림과 같은 것은
③이다.

04

$-(x-2)+11\leq8(x-4)$에서 $-x+2+11\leq8x-32$
$-9x\leq-45$ $\therefore x\geq5$

04-1

$6(x-1)>2x-3(x-5)$에서 $6x-6>2x-3x+15$
$7x>21$ $\therefore x>3$
따라서 주어진 부등식을 만족시키는 x의 값 중 가장 작은 정수
는 4이다.

05

$0.7x+2>1.3x+\dfrac{1}{5}$에서 $\dfrac{7}{10}x+2>\dfrac{13}{10}x+\dfrac{1}{5}$
이 식의 양변에 10을 곱하면

$7x+20>13x+2$
$-6x>-18$ $\therefore x<3$

05-1

$0.4x-1.2\leq\dfrac{x+3}{4}$에서 $\dfrac{2}{5}x-\dfrac{6}{5}\leq\dfrac{x+3}{4}$
이 식의 양변에 20을 곱하면
$8x-24\leq5(x+3)$
$8x-24\leq5x+15$, $3x\leq39$ $\therefore x\leq13$
따라서 주어진 부등식을 만족시키는 자연수 x는 1, 2, 3, …,
13의 13개이다.

06

$-3x+a\leq9$에서
$-3x\leq9-a$ $\therefore x\geq-\dfrac{9-a}{3}$
이 부등식의 해가 $x\geq-4$이므로
$-\dfrac{9-a}{3}=-4$, $9-a=12$
$\therefore a=-3$

06-1

$7x-3>9x+k$에서
$-2x>k+3$ $\therefore x<-\dfrac{k+3}{2}$
이 부등식의 해가 $x<2$이므로
$-\dfrac{k+3}{2}=2$, $k+3=-4$ $\therefore k=-7$

07

$ax-1>0$에서 $ax>1$
(1) $a>0$이므로 $x>\dfrac{1}{a}$
(2) $a<0$이므로 $x<\dfrac{1}{a}$

07-1

$8-ax\leq12$에서 $-ax\leq4$
$a<0$에서 $-a>0$이므로 $x\leq-\dfrac{4}{a}$

03 일차부등식의 활용

개념 5
57~58쪽

개념 check

01 답 (1) $x+(x+1)>21$ (2) 11, 12

(1) 연속하는 두 자연수를 x, $x+1$이라 하면
$$x+(x+1)>21$$

(2) $x+(x+1)>21$에서 $2x+1>21$
$$2x>20 \qquad \therefore x>10$$
따라서 x의 값 중 가장 작은 자연수가 11이므로 구하는 두 자연수는 11, 12이다.

01-1 답 22, 23, 24

연속하는 세 자연수를 $x-1$, x, $x+1$이라 하면
$$(x-1)+x+(x+1)\le69$$
$$3x\le69 \qquad \therefore x\le23$$
따라서 x의 값 중 가장 큰 자연수가 23이므로 구하는 세 자연수는 22, 23, 24이다.

02 답 (1) $300x+200(10-x)<3000$ (2) 9개

(1) 자를 x개 산다고 하면 지우개는 $(10-x)$개 살 수 있으므로
$$300x+200(10-x)<3000$$

(2) $300x+200(10-x)<3000$에서 $100x+2000<3000$
$$100x<1000 \qquad \therefore x<10$$
따라서 자는 최대 9개까지 살 수 있다.

02-1 답 13개

망고를 x개 담는다고 하면
$$400+200x\le3000$$
$$200x\le2600 \qquad \therefore x\le13$$
따라서 망고는 최대 13개까지 담을 수 있다.

03 답 (1) $18000+4000x>30000+2500x$ (2) 9개월 후

(2) $18000+4000x>30000+2500x$에서
$$1500x>12000 \qquad \therefore x>8$$
따라서 9개월 후부터 지윤이의 예금액이 석진이의 예금액보다 많아진다.

03-1 답 6개월 후

x개월 후 건우의 예금액이 나은이의 예금액의 2배보다 처음으로 많아진다고 하면
$$45000+8000x>2(28000+3000x)$$
$$45000+8000x>56000+6000x$$

$$2000x>11000 \qquad \therefore x>\frac{11}{2}$$
따라서 6개월 후부터 건우의 예금액이 나은이의 예금액의 2배보다 많아진다.

개념 6
58쪽

개념 check

01 답 (1) 풀이 참조 (2) $\dfrac{x}{4}+\dfrac{x}{2}\le3$ (3) 4 km

(1)

	갈 때	올 때	전체
거리	x km	x km	
속력	시속 4 km	시속 2 km	
시간	$\dfrac{x}{4}$시간	$\dfrac{x}{2}$시간	3시간 이내

(3) $\dfrac{x}{4}+\dfrac{x}{2}\le3$에서 $x+2x\le12$
$$3x\le12 \qquad \therefore x\le4$$
따라서 최대 4 km 떨어진 지점까지 갔다 올 수 있다.

01-1 답 $\dfrac{12}{5}$ km

출발점에서 x km 떨어진 지점까지 갔다 온다고 하면
$$\frac{x}{2}+\frac{x}{3}\le2$$
$$3x+2x\le12, \ 5x\le12 \qquad \therefore x\le\frac{12}{5}$$
따라서 최대 $\dfrac{12}{5}$ km 떨어진 지점까지 갔다 올 수 있다.

필수 유형 익히기
59~60쪽

01 ②		**01-1** 15		**02** 7송이		**02-1** 6개
03 5 cm		**03-1** 20 cm		**04** 18명		**04-1** 12장
05 9개월 후				**05-1** 11개월 후		
06 $\dfrac{5}{2}$ km		**06-1** 6 km		**07** 11개		**07-1** 6권

01

어떤 자연수를 x라 하면

$5x-7 \leq 3x+5$

$2x \leq 12$ $\quad \therefore x \leq 6$

따라서 어떤 자연수 중 가장 큰 수는 6이다.

01-1

연속하는 두 홀수를 x, $x+2$라 하면

$3x+1 \geq 2(x+2)$

$3x+1 \geq 2x+4$ $\quad \therefore x \geq 3$

따라서 x의 값 중에서 가장 작은 홀수는 3이므로 구하는 두 홀수의 곱은

$3 \times 5 = 15$

02

장미를 x송이 산다고 하면 카네이션은 $(12-x)$송이 살 수 있으므로

$1200x+1000(12-x)+2500 \leq 16000$

$200x+14500 \leq 16000$, $200x \leq 1500$ $\quad \therefore x \leq \dfrac{15}{2}$

따라서 장미는 최대 7송이까지 살 수 있다.

02-1

초콜릿을 x개 산다고 하면 사탕은 $(15-x)$개 살 수 있으므로

$700x+300(15-x)+2000 \leq 9000$

$400x+6500 \leq 9000$, $400x \leq 2500$ $\quad \therefore x \leq \dfrac{25}{4}$

따라서 초콜릿은 최대 6개까지 살 수 있다.

03

아랫변의 길이를 $x\,\mathrm{cm}$라 하면

$\dfrac{1}{2} \times (3+x) \times 4 < 16$

$6+2x < 16$, $2x < 10$ $\quad \therefore x < 5$

따라서 아랫변의 길이는 5 cm 미만이어야 한다.

03-1

세로의 길이를 $x\,\mathrm{cm}$라 하면 가로의 길이는 $(x+15)\,\mathrm{cm}$이므로

$2\{(x+15)+x\} \geq 110$

$4x+30 \geq 110$, $4x \geq 80$ $\quad \therefore x \geq 20$

따라서 세로의 길이는 20 cm 이상이어야 한다.

04

x명이 입장한다고 하면

$3000 \times 10 + 2500(x-10) \leq 50000$

$2500x+5000 \leq 50000$, $2500x \leq 45000$ $\quad \therefore x \leq 18$

따라서 최대 18명까지 입장할 수 있다.

04-1

사진을 x장 인화한다고 하면

$4000+400(x-4) \leq 600x$

$400x+2400 \leq 600x$, $-200x \leq -2400$ $\quad \therefore x \geq 12$

따라서 사진을 12장 이상 인화해야 한다.

05

x개월 후부터 주연이의 예금액이 100000원을 넘는다고 하면

$80000+2500x > 100000$

$2500x > 20000$ $\quad \therefore x > 8$

따라서 9개월 후부터 주연이의 예금액이 100000원을 넘게 된다.

05-1

x개월 후부터 진우의 예금액이 채아의 예금액보다 많아진다고 하면

$15000+1500x > 20000+1000x$

$500x > 5000$ $\quad \therefore x > 10$

따라서 11개월 후부터 진우의 예금액이 채아의 예금액보다 많아진다.

06

자전거를 타고 이동한 거리를 $x\,\mathrm{km}$라 하면 걸어서 이동한 거리는 $(10-x)\,\mathrm{km}$이므로

$\dfrac{x}{10} + \dfrac{10-x}{2} \leq 4$

$x+5(10-x) \leq 40$, $-4x \leq -10$ $\quad \therefore x \geq \dfrac{5}{2}$

따라서 자전거를 타고 이동한 거리는 최소 $\dfrac{5}{2}\,\mathrm{km}$이다.

06-1

올라간 거리를 $x\,\mathrm{km}$라 하면 내려간 거리는 $(x+2)\,\mathrm{km}$이므로

$\dfrac{x}{3} + \dfrac{x+2}{4} \leq 4$

$4x+3(x+2) \leq 48$, $7x+6 \leq 48$

$7x \leq 42$ $\quad \therefore x \leq 6$

따라서 올라갈 수 있는 거리는 최대 6 km이다.

07

음료수를 x개 산다고 하면

$1100x > 900x + 2000$

$200x > 2000$ $\quad \therefore\ x > 10$

따라서 음료수를 11개 이상 살 경우 할인 매장에서 사는 것이 유리하다.

07-1

만화책을 x권 산다고 하면

$8000 \times \left(1 - \dfrac{10}{100}\right) \times x + 4000 < 8000x$

$7200x + 4000 < 8000x$, $-800x < -4000$ $\quad \therefore\ x > 5$

따라서 만화책을 6권 이상 살 경우 인터넷 서점을 이용하는 것이 유리하다.

서술형 감잡기 61쪽

01 1	**01-1** 0	**02** 96점	**02-1** 91점

01

1단계 부등식 $ax - 6 \leq 4(x - 3)$의 해를 a에 대한 식으로 나타내기 ◀ 60 %

$ax - 6 \leq 4(x - 3)$에서 $ax - 6 \leq 4x - 12$

$(\boxed{a-4})x \leq -6$ ······ ㉠

주어진 그림에서 이 부등식의 해가 $x \geq \boxed{2}$이므로

$a - 4 < 0$이어야 한다.

㉠의 양변을 $a - 4$로 나누면 $x \geq \dfrac{-6}{a-4}$

2단계 a의 값 구하기 ◀ 40 %

즉, $\dfrac{-6}{a-4} = \boxed{2}$이므로 $a - 4 = \boxed{-3}$

$\therefore\ a = \boxed{1}$

01-1

1단계 부등식 $3 - ax > \dfrac{1}{2}(2x + 12)$의 해를 a에 대한 식으로 나타내기 ◀ 60 %

$3 - ax > \dfrac{1}{2}(2x + 12)$에서 $3 - ax > x + 6$

$(-a - 1)x > 3$ ······ ㉠

주어진 그림에서 이 부등식의 해가 $x < -3$이므로

$-a - 1 < 0$이어야 한다.

㉠의 양변을 $-a - 1$로 나누면 $x < \dfrac{3}{-a-1}$

2단계 a의 값 구하기 ◀ 40 %

즉, $\dfrac{3}{-a-1} = -3$이므로 $-a - 1 = -1$

$\therefore\ a = 0$

02

1단계 일차부등식 세우기 ◀ 40 %

과학 시험에서 x점을 받는다고 하면

$\dfrac{88 + 92 + 84 + x}{4} \geq 90$

2단계 일차부등식의 해 구하기 ◀ 40 %

$264 + x \geq \boxed{360}$ $\quad \therefore\ x \geq \boxed{96}$

3단계 평균 점수가 90점 이상이 되려면 몇 점 이상을 받아야 하는지 구하기 ◀ 20 %

따라서 과학 시험에서 $\boxed{96}$점 이상을 받아야 한다.

02-1

1단계 일차부등식 세우기 ◀ 40 %

4회째 수학 시험에서 x점을 받는다고 하면

$\dfrac{83 \times 3 + x}{4} \geq 85$

2단계 일차부등식의 해 구하기 ◀ 40 %

$249 + x \geq 340$ $\quad \therefore\ x \geq 91$

3단계 평균 점수가 85점 이상이 되려면 몇 점 이상을 받아야 하는지 구하기 ◀ 20 %

따라서 4회째 수학 시험에서 91점 이상을 받아야 한다.

단원 마무리하기 62~64쪽

01 ①, ⑤	**02** ③	**03** ④	**04** ④	**05** 21
06 ④	**07** 3	**08** ③	**09** $x > -5$	**10** -2
11 2	**12** ②	**13** 4	**14** -5	**15** 15	**16** 7개
17 1 km	**18** ⑤	**19** ⑤	**20** 13명

01 ②, ④ 등식 ③ 다항식

따라서 부등식인 것은 ①, ⑤이다.

02 ③ $6x \leq 7000$

03 ① $x = -2$일 때, $-2 - 1 > -3$ (거짓)

② $x = 2$일 때, $3 \times 2 + 1 \leq -4$ (거짓)

③ $x=1$일 때, $5<2-7\times1$ (거짓)
④ $x=-1$일 때, $-4\times(-1)\geq1-(-1)$ (참)
⑤ $x=0$일 때, $4-3\times0>7-0$ (거짓)
따라서 [ ] 안의 수가 주어진 부등식의 해인 것은 ④이다.

04 $a<b$에서
③ $2a<2b$ $\therefore 2a-8<2b-8$
④ $\dfrac{a}{11}<\dfrac{b}{11}$ $\therefore -2+\dfrac{a}{11}<-2+\dfrac{b}{11}$
⑤ $-\dfrac{a}{2}>-\dfrac{b}{2}$ $\therefore -7-\dfrac{a}{2}>-7-\dfrac{b}{2}$
따라서 옳지 않은 것은 ④이다.

05 ❶단계 A의 값의 범위 구하기   ◀ 70 %
$-5<x\leq2$의 각 변에 -3을 곱하면
$-6\leq-3x<15$
$-6\leq-3x<15$의 각변에 7을 더하면
$1\leq7-3x<22$
$\therefore 1\leq A<22$
❷단계 $b-a$의 값 구하기   ◀ 30 %
따라서 $a=1$, $b=22$이므로
$b-a=22-1=21$

06 $4x-6\leq ax+2-3x$에서 $4x-6-ax-2+3x\leq0$
$\therefore (7-a)x-8\leq0$
이 부등식이 x에 대한 일차부등식이 되려면
$7-a\neq0$ $\therefore a\neq7$

07 $2x+5>5x-7$에서 $-3x>-12$ $\therefore x<4$
따라서 주어진 부등식을 만족시키는 x의 값 중 가장 큰 정수는 3이다.

08 $3x-4\geq a-x$에서
$4x\geq a+4$ $\therefore x\geq\dfrac{a+4}{4}$
이 부등식의 해가 $x\geq-1$이므로
$\dfrac{a+4}{4}=-1$
$a+4=-4$ $\therefore a=-8$

09 $ax-4<2(x+3)-5a$에서 $ax-4<2x+6-5a$
$ax-2x<-5a+10$
$(a-2)x<-5(a-2)$
$a<2$에서 $a-2<0$이므로
$x>-5$

10 ❶단계 부등식 $1-x\geq3x+a-5$의 해 구하기   ◀ 60 %
$1-x\geq3x+a-5$에서
$-4x\geq a-6$ $\therefore x\leq-\dfrac{a-6}{4}$
❷단계 a의 값 구하기   ◀ 40 %
이 부등식의 해 중 가장 큰 수가 2이므로
$-\dfrac{a-6}{4}=2$
$a-6=-8$ $\therefore a=-2$

11 $3(3x-5)+2<9-5(x-4)$에서
$9x-15+2<9-5x+20$
$14x<42$ $\therefore x<3$
따라서 주어진 부등식을 만족시키는 자연수 x는 1, 2의 2개이다.

12 $-(x-2)\leq2(3x+7)+9$에서
$-x+2\leq6x+14+9$
$-7x\leq21$ $\therefore x\geq-3$
따라서 주어진 부등식의 해를 수직선 위에 나타내면 ②와 같다.

13 $\dfrac{2x+1}{5}-\dfrac{3(x-5)}{4}\leq1.2x-\dfrac{x-1}{2}$에서
$\dfrac{2x+1}{5}-\dfrac{3(x-5)}{4}\leq\dfrac{6}{5}x-\dfrac{x-1}{2}$
이 식의 양변에 20을 곱하면
$4(2x+1)-15(x-5)\leq24x-10(x-1)$
$-7x+79\leq14x+10$
$-21x\leq-69$ $\therefore x\geq\dfrac{23}{7}$
따라서 주어진 부등식을 만족시키는 x의 값 중 가장 작은 자연수는 4이다.

14 ❶단계 부등식 $\dfrac{1}{4}(3x-5)\geq\dfrac{2x-1}{3}+\dfrac{x-3}{2}$의 해 구하기

◀ 40 %

$\dfrac{1}{4}(3x-5)\geq\dfrac{2x-1}{3}+\dfrac{x-3}{2}$의 양변에 12를 곱하면
$3(3x-5)\geq4(2x-1)+6(x-3)$
$9x-15\geq14x-22$
$-5x\geq-7$ $\therefore x\leq\dfrac{7}{5}$
❷단계 부등식 $2(x+a)\geq7x-17$의 해 구하기   ◀ 40 %
$2(x+a)\geq7x-17$에서 $2x+2a\geq7x-17$
$-5x\geq-2a-17$ $\therefore x\leq\dfrac{2a+17}{5}$
❸단계 a의 값 구하기   ◀ 20 %
두 부등식의 해가 서로 같으므로

$$\frac{7}{5}=\frac{2a+17}{5}$$

$$2a+17=7,\ 2a=-10 \qquad \therefore\ a=-5$$

15 두 수 중 큰 수가 x이므로 작은 수는 $x-7$이다.

$$x+(x-7)<25$$

$$2x<32 \qquad \therefore\ x<16$$

따라서 x의 값이 될 수 있는 가장 큰 정수는 15이다.

16 ① 단계 펜을 x개 산다고 하고, 일차부등식의 식 세우기

◀ 40 %

펜을 x개 산다고 하면 연필은 $(10-x)$개 살 수 있으므로

$$500x+300(10-x)\le4500$$

② 단계 부등식의 해 구하기 ◀ 40 %

$$200x+3000\le4500$$

$$200x\le1500 \qquad \therefore\ x\le\frac{15}{2}$$

③ 단계 펜의 최대 개수 구하기 ◀ 20 %

따라서 펜은 최대 7개까지 살 수 있다.

17 영화관에서 식당까지의 거리를 $x\,\mathrm{km}$라 하면

$$\frac{x}{3}+\frac{50}{60}+\frac{x}{3}\le\frac{3}{2}$$

$$2x+5+2x\le9,\ 4x\le4 \qquad \therefore\ x\le1$$

따라서 영화관에서 $1\,\mathrm{km}$ 이내에 있는 식당을 이용할 수 있다.

18 $3ax-b(x-7)<2bx+7a$에서 $3(a-b)x<7(a-b)$

$a-b>0$이므로 $x<\dfrac{7}{3}$

19 $3(x+2a)\le x+3$에서 $3x+6a\le x+3$

$$2x\le3-6a \qquad \therefore\ x\le\frac{3-6a}{2}$$

주어진 부등식을 만족시키는 양수 x가 존재하지 않으므로 오른쪽 그림에서

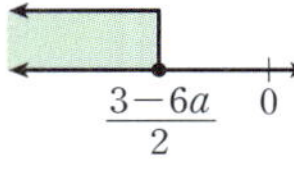

$$\frac{3-6a}{2}\le0,\ 3-6a\le0$$

$$-6a\le-3 \qquad \therefore\ a\ge\frac{1}{2}$$

20 x명이 입장한다고 하면

$$4000\times\left(1-\frac{20}{100}\right)\times15<4000x$$

$$48000<4000x$$

$$-4000x<-48000 \qquad \therefore\ x>12$$

따라서 13명 이상일 때, 15명의 단체 입장권을 사는 것이 유리하다.

---

01 연립일차방정식과 그 해

개념 **1** 66쪽

개념 Bridge 답 $y,\ y$

개념 check

01 답 (1) ○ (2) × (3) ○ (4) ×

(2) x의 차수가 2이다.

(4) $-y-1=0$이므로 미지수가 1개이다.

02 답 표는 풀이 참조, $(1, 8), (2, 6), (3, 4), (4, 2)$

x	1	2	3	4	5
y	8	6	4	2	0

02-1 답 (1), (3)

$x=4,\ y=2$를 주어진 일차방정식에 각각 대입하면

(1) $4\times4-2=14$

(2) $-4+5\times2\ne7$

(3) $2\times4-3\times2=2$

(4) $-3\times4-2\ne-13$

따라서 해가 $x=4,\ y=2$인 것은 (1), (3)이다.

개념 **2** 67쪽

개념 Bridge 답 $3,\ 1$

개념 check

01 답 표는 풀이 참조, $(3, 1)$

[㉠의 해]

x	1	2	3	4
y	3	2	1	0

[㉡의 해]

x	1	2	3	4	5	⋯
y	0	$\frac{1}{2}$	1	$\frac{3}{2}$	2	⋯

01-1 답 (2), (3)

$x=2$, $y=4$를 주어진 연립방정식에 각각 대입하면

(1) $\begin{cases} 2+4=6 \\ 2-4\neq-1 \end{cases}$

(2) $\begin{cases} 3\times2-4=2 \\ 2+2\times4=10 \end{cases}$

(3) $\begin{cases} 4\times2+4=12 \\ 3\times2+2\times4=14 \end{cases}$

(4) $\begin{cases} 2\times2-3\times4=-8 \\ 5\times2-2\times4\neq3 \end{cases}$

따라서 해가 $x=2$, $y=4$인 것은 (2), (3)이다.

01

① 등식이 아니므로 일차방정식이 아니다.
② 차수가 2이므로 일차방정식이 아니다.
④ $y+3=0$이므로 미지수가 1개인 일차방정식이다.
⑤ x가 분모에 있으므로 일차방정식이 아니다.
따라서 미지수가 2개인 일차방정식은 ③이다.

01-1

③ x의 차수가 2이므로 일차방정식이 아니다.

02

주어진 순서쌍의 x, y의 값을 $x-3y=4$에 각각 대입하면
① $-2-3\times(-2)=4$
② $1-3\times(-1)=4$
③ $2-3\times\left(-\dfrac{1}{3}\right)\neq4$
④ $4-3\times0=4$
⑤ $5-3\times\dfrac{1}{3}=4$
따라서 $x-3y=4$의 해가 아닌 것은 ③이다.

02-1

$x=-2$, $y=3$을 주어진 일차방정식에 각각 대입하면
① $-2+3\times3\neq11$
② $2\times(-2)-3\neq-5$
③ $-(-2)+2\times3\neq5$
④ $4\times(-2)+5\times3-7=0$
⑤ $5\times(-2)\neq1-3\times3$
따라서 $x=-2$, $y=3$을 해로 갖는 것은 ④이다.

03

$x+4y=20$에 $y=1$, 2, 3, $\ldots$을 차례로 대입하여 x의 값도 자연수인 해를 구하면 $(4, 4)$, $(8, 3)$, $(12, 2)$, $(16, 1)$이다.

03-1

$3x+2y=17$에 $x=1$, 2, 3, $\ldots$을 차례로 대입하여 y의 값도 자연수인 해를 구하면 $(1, 7)$, $(3, 4)$, $(5, 1)$의 3개이다.

04

$x=5$, $y=1$을 $2x-ay=11$에 대입하면
$10-a=11$　　$\therefore a=-1$

04-1

$x=-2$, $y=k$를 $4x+y=-9$에 대입하면
$-8+k=-9$　　$\therefore k=-1$

05

$x=5$, $y=-1$을 주어진 연립방정식에 각각 대입하면
① $\begin{cases} 5+(-1)\neq-4 \\ 5-(-1)=6 \end{cases}$

② $\begin{cases} 5=1-4\times(-1) \\ -1\neq3\times5-14 \end{cases}$

③ $\begin{cases} 5+2\times(-1)=3 \\ 2\times5+3\times(-1)=7 \end{cases}$

④ $\begin{cases} 2\times5+(-1)=9 \\ 5-2\times(-1)\neq4 \end{cases}$

⑤ $\begin{cases} 3\times5-2\times(-1)\neq10 \\ -2\times5+5\times(-1)=-15 \end{cases}$

따라서 $x=5$, $y=-1$이 해인 것은 ③이다.

05-1

$x=-2$, $y=3$을 주어진 연립방정식에 각각 대입하면

ㄱ. $\begin{cases} 3\times(-2)+3\neq4 \\ -2+2\times3=4 \end{cases}$

ㄴ. $\begin{cases} -2-5\times3=-17 \\ 2\times(-2)-3\times3=-13 \end{cases}$

ㄷ. $\begin{cases} 2\times(-2)+3\times3\neq-4 \\ -2-3\neq-6 \end{cases}$

ㄹ. $\begin{cases} 2\times(-2)+3=-1 \\ 4\times(-2)+2\times3=-2 \end{cases}$

따라서 $x=-2$, $y=3$이 해인 것은 ㄴ, ㄹ이다.

06

$x=\boxed{5}$, $y=\boxed{2}$를 ㉠에 대입하면
$a\times\boxed{5}+\boxed{2}=7$ $\therefore$ $a=\boxed{1}$
$x=\boxed{5}$, $y=\boxed{2}$를 ㉡에 대입하면
$\boxed{5}+b\times\boxed{2}=11$ $\therefore$ $b=\boxed{3}$

06-1

$x=3$, $y=-1$을 $x+ay=-2$에 대입하면
$3-a=-2$ $\therefore$ $a=5$
$x=3$, $y=-1$을 $2x-y=b$에 대입하면
$6+1=b$ $\therefore$ $b=7$
$\therefore$ $ab=5\times7=35$

07

$x=2$, $y=b$를 $x+y=8$에 대입하면
$2+b=8$ $\therefore$ $b=6$
$x=2$, $y=6$을 $2x+y=a$에 대입하면
$4+6=a$ $\therefore$ $a=10$
$\therefore$ $a+b=10+6=16$

07-1

$x=b$, $y=-1$을 $3x+2y=7$에 대입하면
$3b-2=7$, $3b=9$ $\therefore$ $b=3$
$x=3$, $y=-1$을 $x-ay=-2$에 대입하면
$3+a=-2$ $\therefore$ $a=-5$
$\therefore$ $ab=-5\times3=-15$

02 연립일차방정식의 풀이

개념 3 70쪽

개념 Bridge 답 $x+2$, 5

개념 check

01 답 $2y+7$, $2y+7$, -3, -3, -3, 1, 1, -3

01-1 답 (1) $x=-5$, $y=-9$ (2) $x=7$, $y=-2$
(3) $x=-1$, $y=2$ (4) $x=2$, $y=4$

(1) $\begin{cases} y=3x+6 & \cdots\cdots ㉠ \\ x-2y=13 & \cdots\cdots ㉡ \end{cases}$

㉠을 ㉡에 대입하면 $x-2(3x+6)=13$
$-5x=25$ $\therefore$ $x=-5$
$x=-5$를 ㉠에 대입하면 $y=-15+6=-9$

(2) $\begin{cases} x=-3y+1 & \cdots\cdots ㉠ \\ 2x+5y=4 & \cdots\cdots ㉡ \end{cases}$

㉠을 ㉡에 대입하면 $2(-3y+1)+5y=4$
$-y=2$ $\therefore$ $y=-2$
$y=-2$를 ㉠에 대입하면 $x=6+1=7$

(3) $\begin{cases} x-y=-3 & \cdots\cdots ㉠ \\ 3x+5y=7 & \cdots\cdots ㉡ \end{cases}$

㉠에서 $x=y-3$ $\cdots\cdots ㉢$
㉢을 ㉡에 대입하면 $3(y-3)+5y=7$
$8y=16$ $\therefore$ $y=2$
$y=2$를 ㉢에 대입하면 $x=2-3=-1$

(4) $\begin{cases} 2x+y=8 & \cdots\cdots ㉠ \\ 4x-3y=-4 & \cdots\cdots ㉡ \end{cases}$

㉠에서 $y=-2x+8$ $\cdots\cdots ㉢$
㉢을 ㉡에 대입하면 $4x-3(-2x+8)=-4$
$10x=20$ $\therefore$ $x=2$
$x=2$를 ㉢에 대입하면 $y=-4+8=4$

개념 4 71쪽

개념 Bridge 답 2, 5

개념 check

01 답 7, 14, 2, 2, -1, 2, -1

 (1) $x=3$, $y=1$ (2) $x=3$, $y=5$
(3) $x=1$, $y=2$ (4) $x=-2$, $y=2$

(1) $\begin{cases} x+2y=5 & \cdots\cdots \text{㉠} \\ 7x-2y=19 & \cdots\cdots \text{㉡} \end{cases}$

㉠+㉡을 하면
$8x=24$ $\therefore$ $x=3$
$x=3$을 ㉠에 대입하면 $3+2y=5$
$2y=2$ $\therefore$ $y=1$

(2) $\begin{cases} 3x-y=4 & \cdots\cdots \text{㉠} \\ 3x+2y=19 & \cdots\cdots \text{㉡} \end{cases}$

㉠−㉡을 하면 $-3y=-15$ $\therefore$ $y=5$
$y=5$를 ㉠에 대입하면 $3x-5=4$
$3x=9$ $\therefore$ $x=3$

(3) $\begin{cases} 4x+y=6 & \cdots\cdots \text{㉠} \\ x-3y=-5 & \cdots\cdots \text{㉡} \end{cases}$

㉠$\times3+$㉡을 하면 $13x=13$ $\therefore$ $x=1$
$x=1$을 ㉠에 대입하면 $4+y=6$
$\therefore$ $y=2$

(4) $\begin{cases} 2x+3y=2 & \cdots\cdots \text{㉠} \\ 5x-4y=-18 & \cdots\cdots \text{㉡} \end{cases}$

㉠$\times5-$㉡$\times2$를 하면 $23y=46$ $\therefore$ $y=2$
$y=2$를 ㉠에 대입하면 $2x+6=2$
$2x=-4$ $\therefore$ $x=-2$

개념 5

72쪽

개념 check

01 답 (1) $x=1$, $y=-3$ (2) $x=-1$, $y=3$

(1) $\begin{cases} 3x-y=6 & \cdots\cdots \text{㉠} \\ 5(2x-1)+y=2 & \cdots\cdots \text{㉡} \end{cases}$

㉡을 정리하면 $10x+y=7$ $\cdots\cdots$ ㉢
㉠+㉢을 하면 $13x=13$ $\therefore$ $x=1$
$x=1$을 ㉢에 대입하면 $10+y=7$
$\therefore$ $y=-3$

(2) $\begin{cases} 3(x+2y)+4x=11 & \cdots\cdots \text{㉠} \\ x+2(y-5)=-5 & \cdots\cdots \text{㉡} \end{cases}$

㉠을 정리하면 $7x+6y=11$ $\cdots\cdots$ ㉢
㉡을 정리하면 $x+2y=5$ $\cdots\cdots$ ㉣
㉢−㉣$\times3$을 하면 $4x=-4$ $\therefore$ $x=-1$
$x=-1$을 ㉣에 대입하면 $-1+2y=5$
$2y=6$ $\therefore$ $y=3$

01-1 답 (1) $x=-1$, $y=-2$ (2) $x=3$, $y=-1$

(1) $\begin{cases} x+2(x-y)=1 & \cdots\cdots \text{㉠} \\ 3(x+y)-y=-7 & \cdots\cdots \text{㉡} \end{cases}$

㉠을 정리하면 $3x-2y=1$ $\cdots\cdots$ ㉢
㉡을 정리하면 $3x+2y=-7$ $\cdots\cdots$ ㉣
㉢+㉣을 하면 $6x=-6$ $\therefore$ $x=-1$
$x=-1$을 ㉢에 대입하면 $-3-2y=1$
$-2y=4$ $\therefore$ $y=-2$

(2) $\begin{cases} 2(x-y)=3-5y & \cdots\cdots \text{㉠} \\ 3x-4(x+2y)=5 & \cdots\cdots \text{㉡} \end{cases}$

㉠을 정리하면 $2x+3y=3$ $\cdots\cdots$ ㉢
㉡을 정리하면 $-x-8y=5$ $\cdots\cdots$ ㉣
㉢+㉣$\times2$를 하면 $-13y=13$ $\therefore$ $y=-1$
$y=-1$을 ㉣에 대입하면 $-x+8=5$
$\therefore$ $x=3$

02 답 (1) $x=-4$, $y=3$ (2) $x=1$, $y=-2$

(1) $\begin{cases} 0.6x+0.5y=-0.9 & \cdots\cdots \text{㉠} \\ 0.02x+0.03y=0.01 & \cdots\cdots \text{㉡} \end{cases}$

㉠$\times10$을 하면 $6x+5y=-9$ $\cdots\cdots$ ㉢
㉡$\times100$을 하면 $2x+3y=1$ $\cdots\cdots$ ㉣
㉢−㉣$\times3$을 하면 $-4y=-12$ $\therefore$ $y=3$
$y=3$을 ㉣에 대입하면 $2x+9=1$
$2x=-8$ $\therefore$ $x=-4$

(2) $\begin{cases} \dfrac{x}{3}+\dfrac{y}{15}=\dfrac{1}{5} & \cdots\cdots \text{㉠} \\ \dfrac{x}{8}+\dfrac{y}{4}=-\dfrac{3}{8} & \cdots\cdots \text{㉡} \end{cases}$

㉠$\times15$를 하면 $5x+y=3$ $\cdots\cdots$ ㉢
㉡$\times8$을 하면 $x+2y=-3$ $\cdots\cdots$ ㉣
㉢$\times2-$㉣을 하면 $9x=9$ $\therefore$ $x=1$
$x=1$을 ㉢에 대입하면 $5+y=3$
$\therefore$ $y=-2$

02-1 답 (1) $x=3$, $y=-1$ (2) $x=8$, $y=-3$
(3) $x=5$, $y=3$ (4) $x=2$, $y=4$

(1) $\begin{cases} 0.4x+y=0.2 & \cdots\cdots \text{㉠} \\ 0.07x+0.05y=0.16 & \cdots\cdots \text{㉡} \end{cases}$

㉠$\times10$을 하면 $4x+10y=2$ $\cdots\cdots$ ㉢
㉡$\times100$을 하면 $7x+5y=16$ $\cdots\cdots$ ㉣
㉢−㉣$\times2$를 하면 $-10x=-30$ $\therefore$ $x=3$
$x=3$을 ㉣에 대입하면 $21+5y=16$
$5y=-5$ $\therefore$ $y=-1$

(2) $\begin{cases} \dfrac{x}{4}+\dfrac{y}{3}=1 & \cdots\cdots \ \text{㉠} \\ \dfrac{x}{2}-\dfrac{y}{3}=5 & \cdots\cdots \ \text{㉡} \end{cases}$

㉠$\times12$를 하면 $3x+4y=12$　$\cdots\cdots$ ㉢

㉡$\times6$을 하면 $3x-2y=30$　$\cdots\cdots$ ㉣

㉢$-$㉣을 하면 $6y=-18$　$\therefore\ y=-3$

$y=-3$을 ㉢에 대입하면 $3x-12=12$

$3x=24$　$\therefore\ x=8$

(3) $\begin{cases} \dfrac{1}{5}x-\dfrac{2}{3}y=-1 & \cdots\cdots \ \text{㉠} \\ 0.2x+0.5y=2.5 & \cdots\cdots \ \text{㉡} \end{cases}$

㉠$\times15$를 하면 $3x-10y=-15$　$\cdots\cdots$ ㉢

㉡$\times10$을 하면 $2x+5y=25$　$\cdots\cdots$ ㉣

㉢$+$㉣$\times2$를 하면 $7x=35$　$\therefore\ x=5$

$x=5$를 ㉣에 대입하면 $10+5y=25$

$5y=15$　$\therefore\ y=3$

(4) $\begin{cases} 0.6x-0.1y=0.8 & \cdots\cdots \ \text{㉠} \\ \dfrac{3}{4}x-\dfrac{2}{5}y=-\dfrac{1}{10} & \cdots\cdots \ \text{㉡} \end{cases}$

㉠$\times10$을 하면 $6x-y=8$　$\cdots\cdots$ ㉢

㉡$\times20$을 하면 $15x-8y=-2$　$\cdots\cdots$ ㉣

㉢$\times8-$㉣을 하면 $33x=66$　$\therefore\ x=2$

$x=2$를 ㉢에 대입하면 $12-y=8$

$\therefore\ y=4$

개념 6

73쪽

개념 **Bridge** 답 $1,\ 1$

개념 **check**

01 답 (1) $5,\ 5,\ 3x-y$　(2) $x=2,\ y=1$

(2) $\begin{cases} 2x+y=5 & \cdots\cdots \ \text{㉠} \\ 3x-y=5 & \cdots\cdots \ \text{㉡} \end{cases}$

㉠$+$㉡을 하면 $5x=10$　$\therefore\ x=2$

$x=2$를 ㉠에 대입하면 $4+y=5$

$\therefore\ y=1$

01-1 답 (1) $x=3,\ y=3$　(2) $x=1,\ y=3$
　　　　 (3) $x=5,\ y=-1$　(4) $x=-3,\ y=-2$

(1) 주어진 방정식에서

$\begin{cases} x-7y=-18 \\ 2x-8y=-18 \end{cases}$, 즉 $\begin{cases} x-7y=-18 & \cdots\cdots \ \text{㉠} \\ x-4y=-9 & \cdots\cdots \ \text{㉡} \end{cases}$

㉠$-$㉡을 하면 $-3y=-9$　$\therefore\ y=3$

$y=3$을 ㉡에 대입하면 $x-12=-9$　$\therefore\ x=3$

(2) 주어진 방정식에서

$\begin{cases} 6x+2y-9=3 \\ 2x-3y+10=3 \end{cases}$, 즉 $\begin{cases} 3x+y=6 & \cdots\cdots \ \text{㉠} \\ 2x-3y=-7 & \cdots\cdots \ \text{㉡} \end{cases}$

㉠$\times3+$㉡을 하면 $11x=11$　$\therefore\ x=1$

$x=1$을 ㉠에 대입하면 $3+y=6$　$\therefore\ y=3$

(3) 주어진 방정식에서

$\begin{cases} \dfrac{x+y}{2}=2 \\ \dfrac{x-y}{3}=2 \end{cases}$, 즉 $\begin{cases} x+y=4 & \cdots\cdots \ \text{㉠} \\ x-y=6 & \cdots\cdots \ \text{㉡} \end{cases}$

㉠$+$㉡을 하면 $2x=10$　$\therefore\ x=5$

$x=5$를 ㉠에 대입하면 $5+y=4$　$\therefore\ y=-1$

(4) 주어진 방정식에서

$\begin{cases} 2x+5y=4x+y-2 \\ 2x+5y=8x-3y+2 \end{cases}$, 즉 $\begin{cases} x-2y=1 & \cdots\cdots \ \text{㉠} \\ 3x-4y=-1 & \cdots\cdots \ \text{㉡} \end{cases}$

㉠$\times2-$㉡을 하면 $-x=3$　$\therefore\ x=-3$

$x=-3$을 ㉠에 대입하면 $-3-2y=1$

$-2y=4$　$\therefore\ y=-2$

필수 유형 익히기

74~75쪽

01 10	**01-1** 13	**02** ④	**02-1** ④
03 $a=-3,\ b=4$		**03-1** 4	
04 14	**04-1** 9		
05 $x=-2,\ y=1$		**05-1** 6	
06 $a=-4,\ b=-2$		**06-1** 36	

01

㉡을 ㉠에 대입하면 $x+3(3x-8)=6$

$x+9x-24=6,\ 10x=30$

$\therefore\ a=10$

01-1

㉠을 ㉡에 대입하면 $-2(-5y-2)+3y=-22$

$10y+4+3y=-22,\ 13y=-26$

$\therefore\ a=13$

02

y를 없애려면 y의 계수의 절댓값을 같게 만들어야 한다.

즉, ㉠$\times5+$㉡$\times2$를 하면 $41x=82$가 되어 y가 없어진다.

02-1

x를 없애려면 x의 계수의 절댓값을 같게 만들어야 한다.
즉, ㉠$\times 3-$㉡$\times 4$를 하면 $-17y=-68$이 되어 x가 없어진다.

03

$x=-4$, $y=2$를 주어진 연립방정식에 대입하면

$$\begin{cases} -4a+2b=20 & \cdots\cdots \text{㉠} \\ -12a-2b=28 & \cdots\cdots \text{㉡} \end{cases}$$

㉠$+$㉡을 하면 $-16a=48$ $\quad\therefore\ a=-3$
$a=-3$을 ㉠에 대입하면 $12+2b=20$
$2b=8$ $\quad\therefore\ b=4$

03-1

$x=2$, $y=-1$을 주어진 연립방정식에 대입하면

$$\begin{cases} 2a+b=6 & \cdots\cdots \text{㉠} \\ 2b-a=2 & \cdots\cdots \text{㉡} \end{cases}$$

㉠$+$㉡$\times 2$를 하면 $5b=10$ $\quad\therefore\ b=2$
$b=2$를 ㉡에 대입하면 $-a+4=2$
$\therefore\ a=2$
$\therefore\ a+b=2+2=4$

04

$$\begin{cases} 0.2x+0.1y=2 & \cdots\cdots \text{㉠} \\ \dfrac{x}{6}-\dfrac{y}{4}=-1 & \cdots\cdots \text{㉡} \end{cases}$$

㉠$\times 10$을 하면 $2x+y=20$ $\quad\cdots\cdots$ ㉢
㉡$\times 12$를 하면 $2x-3y=-12$ $\quad\cdots\cdots$ ㉣
㉢$-$㉣을 하면 $4y=32$ $\quad\therefore\ y=8$
$y=8$을 ㉢에 대입하면 $2x+8=20$
$2x=12$ $\quad\therefore\ x=6$
따라서 $a=6$, $b=8$이므로
$a+b=6+8=14$

04-1

$$\begin{cases} \dfrac{x}{8}+\dfrac{y}{5}=-\dfrac{1}{2} & \cdots\cdots \text{㉠} \\ 0.5x-0.2y=3 & \cdots\cdots \text{㉡} \end{cases}$$

㉠$\times 40$을 하면 $5x+8y=-20$ $\quad\cdots\cdots$ ㉢
㉡$\times 10$을 하면 $5x-2y=30$ $\quad\cdots\cdots$ ㉣
㉢$-$㉣을 하면 $10y=-50$ $\quad\therefore\ y=-5$
$y=-5$를 ㉣에 대입하면 $5x+10=30$
$5x=20$ $\quad\therefore\ x=4$
$\therefore\ x-y=4-(-5)=9$

05

주어진 방정식에서

$$\begin{cases} 5x+3y=3x-y \\ 3x-y=x-2y-3 \end{cases},\ \text{즉}\ \begin{cases} x=-2y & \cdots\cdots \text{㉠} \\ 2x+y=-3 & \cdots\cdots \text{㉡} \end{cases}$$

㉠을 ㉡에 대입하면
$-4y+y=-3$, $-3y=-3$ $\quad\therefore\ y=1$
$y=1$을 ㉠에 대입하면 $x=-2$

05-1

주어진 방정식에서

$$\begin{cases} \dfrac{x+y+3}{3}=x-1 \\ \dfrac{4x-5y}{2}=x-1 \end{cases},\ \text{즉}\ \begin{cases} 2x-y=6 & \cdots\cdots \text{㉠} \\ 2x-5y=-2 & \cdots\cdots \text{㉡} \end{cases}$$

㉠$-$㉡을 하면 $4y=8$ $\quad\therefore\ y=2$
$y=2$를 ㉠에 대입하면 $2x-2=6$
$2x=8$ $\quad\therefore\ x=4$
따라서 $a=4$, $b=2$이므로
$a+b=4+2=6$

06

$$\begin{cases} 3x+2y=-6 & \cdots\cdots \text{㉠} \\ x+3y=5 & \cdots\cdots \text{㉡} \end{cases}$$

㉠$-$㉡$\times 3$을 하면 $-7y=-21$ $\quad\therefore\ y=3$
$y=3$을 ㉡에 대입하면 $x+9=5$ $\quad\therefore\ x=-4$
$x=-4$, $y=3$을 $ax-3y=7$에 대입하면
$-4a-9=7$, $-4a=16$ $\quad\therefore\ a=-4$
$x=-4$, $y=3$을 $-2x+by=2$에 대입하면
$8+3b=2$, $3b=-6$ $\quad\therefore\ b=-2$

06-1

$$\begin{cases} 2x-5y=9 & \cdots\cdots \text{㉠} \\ 3x-2y=8 & \cdots\cdots \text{㉡} \end{cases}$$

㉠$\times 3-$㉡$\times 2$를 하면 $-11y=11$ $\quad\therefore\ y=-1$
$y=-1$을 ㉠에 대입하면 $2x+5=9$
$2x=4$ $\quad\therefore\ x=2$
$x=2$, $y=-1$을 $x+6y=a$에 대입하면
$2-6=a$ $\quad\therefore\ a=-4$
$x=2$, $y=-1$을 $bx-10y=-8$에 대입하면
$2b+10=-8$, $2b=-18$ $\quad\therefore\ b=-9$
$\therefore\ ab=-4\times(-9)=36$

03 연립일차방정식의 활용

개념 **Bridge**　답　$x+y$, $x-y$. $x+y$, $x-y$, 14, 11, 14,
　　　　11, 14, 11, 14, 11

개념 **check**

01　답　(1) $\begin{cases} x+y=6 \\ 10y+x=(10x+y)+18 \end{cases}$

　　　　(2) $x=2$, $y=4$　(3) 24

(2) $\begin{cases} x+y=6 \\ 10y+x=(10x+y)+18 \end{cases}$, 즉 $\begin{cases} x+y=6 & \cdots\cdots\text{㉠} \\ x-y=-2 & \cdots\cdots\text{㉡} \end{cases}$

　　㉠+㉡을 하면 $2x=4$　∴ $x=2$

　　$x=2$를 ㉠에 대입하면 $2+y=6$　∴ $y=4$

01-1　답　62

처음 수의 십의 자리의 숫자를 x, 일의 자리의 숫자를 y라 하면

$\begin{cases} x+y=8 \\ 10y+x=(10x+y)-36 \end{cases}$, 즉 $\begin{cases} x+y=8 & \cdots\cdots\text{㉠} \\ x-y=4 & \cdots\cdots\text{㉡} \end{cases}$

㉠+㉡을 하면 $2x=12$　∴ $x=6$

$x=6$을 ㉠에 대입하면 $6+y=8$　∴ $y=2$

따라서 처음 수는 62이다.

02　답　(1) $\begin{cases} x+y=9 \\ 800x+1000y=7800 \end{cases}$

　　　　(2) $x=6$, $y=3$　(3) 키위: 6개, 사과: 3개

(2) $\begin{cases} x+y=9 \\ 800x+1000y=7800 \end{cases}$, 즉 $\begin{cases} x+y=9 & \cdots\cdots\text{㉠} \\ 4x+5y=39 & \cdots\cdots\text{㉡} \end{cases}$

　　㉠×4−㉡을 하면 $-y=-3$　∴ $y=3$

　　$y=3$을 ㉠에 대입하면 $x+3=9$　∴ $x=6$

02-1　답　14

닭이 x마리, 토끼가 y마리 있다고 하면

$\begin{cases} x+y=21 & \cdots\cdots\text{㉠} \\ 2x+4y=70 & \cdots\cdots\text{㉡} \end{cases}$

㉠×2−㉡을 하면 $-2y=-28$　∴ $y=14$

$y=14$를 ㉠에 대입하면 $x+14=21$

∴ $x=7$

따라서 토끼의 수는 14이다.

03　답　(1) 표는 풀이 참조, $\begin{cases} x+y=10 \\ \dfrac{x}{3}+\dfrac{y}{4}=3 \end{cases}$

　　　　(2) $x=6$, $y=4$

　　　　(3) 올라간 거리: 6 km, 내려온 거리: 4 km

(1)

	올라갈 때	내려갈 때	전체
거리(km)	x	y	10
속력(km/시)	3	4	
시간(시간)	$\dfrac{x}{3}$	$\dfrac{y}{4}$	3

(2) $\begin{cases} x+y=10 \\ \dfrac{x}{3}+\dfrac{y}{4}=3 \end{cases}$, 즉 $\begin{cases} x+y=10 & \cdots\cdots\text{㉠} \\ 4x+3y=36 & \cdots\cdots\text{㉡} \end{cases}$

　　㉠×3−㉡을 하면 $-x=-6$　∴ $x=6$

　　$x=6$을 ㉠에 대입하면 $6+y=10$　∴ $y=4$

03-1　답　4 km

시속 4 km로 걸어간 거리를 x km, 시속 8 km로 뛰어간 거리를 y km라 하면

$\begin{cases} x+y=8 \\ \dfrac{x}{4}+\dfrac{y}{8}=\dfrac{3}{2} \end{cases}$, 즉 $\begin{cases} x+y=8 & \cdots\cdots\text{㉠} \\ 2x+y=12 & \cdots\cdots\text{㉡} \end{cases}$

㉠−㉡을 하면 $-x=-4$　∴ $x=4$

$x=4$를 ㉠에 대입하면 $4+y=8$　∴ $y=4$

따라서 시속 8 km로 뛰어간 거리는 4 km이다.

필수 유형 익히기　　78~79쪽

01 ②　　**01-1** 38

02 객관식: 12, 주관식: 4　**02-1** 2명

03 언니: 14살, 동생: 6살　**03-1** ⑤

04 17 cm　**04-1** 5 cm　**05** 6 km　**05-1** 2 km

06 8　　**06-1** 23

01

큰 수를 x, 작은 수를 y라 하면

$\begin{cases} x+y=30 \\ x=4y \end{cases}$

∴ $x=24$, $y=6$

따라서 두 수는 각각 24, 6이므로 구하는 차는

$24-6=18$

01-1

처음 수의 십의 자리의 숫자를 x, 일의 자리의 숫자를 y라 하면

$\begin{cases} y=x+5 \\ 10y+x=2(10x+y)+7 \end{cases}$, 즉 $\begin{cases} y=x+5 \\ -19x+8y=7 \end{cases}$

$\therefore\ x=3,\ y=8$

따라서 처음 수는 38이다.

02

맞힌 객관식 문제의 수를 x, 주관식 문제의 수를 y라 하면

$\begin{cases} x+y=16 \\ 4x+6y=72 \end{cases}$, 즉 $\begin{cases} x+y=16 \\ 2x+3y=36 \end{cases}$

$\therefore\ x=12,\ y=4$

따라서 은정이가 맞힌 객관식 문제의 수는 12, 주관식 문제의 수는 4이다.

02-1

박물관에 입장한 어른의 수를 x, 청소년의 수를 y이라 하면

$\begin{cases} x+y=7 \\ 3000x+2000y=19000 \end{cases}$, 즉 $\begin{cases} x+y=7 \\ 3x+2y=19 \end{cases}$

$\therefore\ x=5,\ y=2$

따라서 입장한 청소년은 2명이다.

03

현재 언니의 나이를 x살, 동생의 나이를 y살이라 하면

$\begin{cases} x-y=8 \\ x+6=2(y+6)-4 \end{cases}$, 즉 $\begin{cases} x-y=8 \\ x-2y=2 \end{cases}$

$\therefore\ x=14,\ y=6$

따라서 현재 언니의 나이는 14살, 동생의 나이는 6살이다.

03-1

현재 이모의 나이를 x살, 재호의 나이를 y살이라 하면

$\begin{cases} x=3y \\ x-5=4(y-5) \end{cases}$, 즉 $\begin{cases} x=3y \\ x-4y=-15 \end{cases}$

$\therefore\ x=45,\ y=15$

따라서 현재 이모의 나이는 45살, 재호의 나이는 15살이다.

04

가로의 길이를 $x\,\mathrm{cm}$, 세로의 길이를 $y\,\mathrm{cm}$라 하면

$\begin{cases} 2(x+y)=58 \\ x=y+5 \end{cases}$, 즉 $\begin{cases} x+y=29 \\ x=y+5 \end{cases}$

$\therefore\ x=17,\ y=12$

따라서 가로의 길이는 17 cm이다.

04-1

윗변의 길이를 $x\,\mathrm{cm}$, 아랫변의 길이를 $y\,\mathrm{cm}$라 하면

$\begin{cases} x=y-4 \\ \dfrac{1}{2}\times(x+y)\times8=56 \end{cases}$, 즉 $\begin{cases} x=y-4 \\ x+y=14 \end{cases}$

$\therefore\ x=5,\ y=9$

따라서 윗변의 길이는 5 cm이다.

05

올라간 거리를 $x\,\mathrm{km}$, 내려온 거리를 $y\,\mathrm{km}$라 하면

$\begin{cases} y=x+4 \\ \dfrac{x}{2}+\dfrac{y}{3}=3 \end{cases}$, 즉 $\begin{cases} y=x+4 \\ 3x+2y=18 \end{cases}$

$\therefore\ x=2,\ y=6$

따라서 내려온 거리는 6 km이다.

05-1

뛰어간 거리를 $x\,\mathrm{km}$, 걸어간 거리를 $y\,\mathrm{km}$라 하면

$\begin{cases} y=x-2 \\ \dfrac{x}{6}+\dfrac{y}{3}=\dfrac{4}{3} \end{cases}$, 즉 $\begin{cases} y=x-2 \\ x+2y=8 \end{cases}$

$\therefore\ x=4,\ y=2$

따라서 걸어간 거리는 2 km이다.

06

서준이가 이긴 횟수를 x, 진 횟수를 y라 하면 민주가 이긴 횟수는 y, 진 횟수는 x이므로

$\begin{cases} x+y=18 \\ 3y-2x=14 \end{cases}$

$\therefore\ x=8,\ y=10$

따라서 서준이가 이긴 횟수는 8이다.

06-1

성범이가 이긴 횟수를 x, 진 횟수를 y라 하면 유리가 이긴 횟수는 y, 진 횟수는 x이므로

$\begin{cases} 4x-3y=22 \\ 4y-3x=1 \end{cases}$

$\therefore\ x=13,\ y=10$

따라서 가위바위보를 한 횟수는

$13+10=23$

서술형 감잡기

| **01** -5 | **01-1** 6 | **02** -2 | **02-1** 16 |
| **03** $x=4,\ y=3$ | | **03-1** $x=-1,\ y=-1$ | |

01

①단계 주어진 연립방정식과 해가 같은 연립방정식 세우기

◀ 40 %

주어진 연립방정식의 해는 세 일차방정식을 모두 만족시키므로

연립방정식 $\begin{cases} y=4x+7 & \cdots\cdots ㉠ \\ 2x+y=-5 & \cdots\cdots ㉡ \end{cases}$ 의 해와 같다.

②단계 새로 만든 연립방정식의 해 구하기 ◀ 40 %

㉠을 ㉡에 대입하면

$2x+(\boxed{4x+7})=-5 \qquad \therefore\ x=\boxed{-2}$

$x=-2$를 ㉠에 대입하면 $y=\boxed{-1}$

③단계 a의 값 구하기 ◀ 20 %

$x=\boxed{-2},\ y=\boxed{-1}$을 $2x+ay=1$에 대입하면

$-4-a=1 \qquad \therefore\ a=\boxed{-5}$

01-1

①단계 주어진 연립방정식과 해가 같은 연립방정식 세우기 ◀ 40 %

주어진 연립방정식의 해는 세 일차방정식을 모두 만족시키므로

연립방정식 $\begin{cases} 5x+3y=16 & \cdots\cdots ㉠ \\ -3x+y=-4 & \cdots\cdots ㉡ \end{cases}$ 의 해와 같다.

②단계 새로 만든 연립방정식의 해 구하기 ◀ 40 %

㉠$-$㉡$\times 3$을 하면 $14x=28 \qquad \therefore\ x=2$

$x=2$를 ㉡에 대입하면 $-6+y=-4 \qquad \therefore\ y=2$

③단계 k의 값 구하기 ◀ 20 %

$x=2,\ y=2$를 $2x+y=k$에 대입하면

$4+2=k \qquad \therefore\ k=6$

02

①단계 해의 조건을 식으로 나타내기 ◀ 30 %

y의 값이 x의 값의 2배이므로 $y=\boxed{2}x$

②단계 $x,\ y$의 값 구하기 ◀ 50 %

$\begin{cases} -x+3y=10 & \cdots\cdots ㉠ \\ y=2x & \cdots\cdots ㉡ \end{cases}$ 에서

㉡을 ㉠에 대입하면

$-x+\boxed{6}x=10 \qquad \therefore\ x=\boxed{2}$

$x=\boxed{2}$를 ㉡에 대입하면 $y=\boxed{4}$

③단계 a의 값 구하기 ◀ 20 %

$x=\boxed{2},\ y=\boxed{4}$를 $2x-ay=12$에 대입하면

$\boxed{4}-4a=12 \qquad \therefore\ a=\boxed{-2}$

02-1

①단계 해의 조건을 식으로 나타내기 ◀ 30 %

x와 y의 합이 3이므로 $x+y=3$

②단계 $x,\ y$의 값 구하기 ◀ 50 %

$\begin{cases} 3x-2y=-11 & \cdots\cdots ㉠ \\ x+y=3 & \cdots\cdots ㉡ \end{cases}$

㉠$+$㉡$\times 2$를 하면 $5x=-5 \qquad \therefore\ x=-1$

$x=-1$을 ㉡에 대입하면 $-1+y=3 \qquad \therefore\ y=4$

③단계 k의 값 구하기 ◀ 20 %

$x=-1,\ y=4$를 $4x+5y=k$에 대입하면

$-4+20=k \qquad \therefore\ k=16$

03

①단계 민지가 바르게 본 일차방정식 찾기 ◀ 10 %

민지는 a를 잘못 보았으므로 민지가 바르게 본 일차방정식은

$3x-by=6$

②단계 b의 값 구하기 ◀ 20 %

$x=6,\ y=6$은 $3x-by=6$의 해이므로

$18-6b=6 \qquad \therefore\ b=\boxed{2}$

③단계 윤아가 바르게 본 일차방정식 찾기 ◀ 10 %

윤아는 b를 잘못 보았으므로 윤아가 바르게 본 일차방정식은

$ax+2y=10$

④단계 a의 값 구하기 ◀ 20 %

$x=2,\ y=4$는 $ax+2y=10$의 해이므로

$2a+8=10 \qquad \therefore\ a=\boxed{1}$

⑤단계 처음의 연립방정식 세우기 ◀ 20 %

처음의 연립방정식은

$\begin{cases} \boxed{1}x+2y=10 & \cdots\cdots ㉠ \\ 3x-\boxed{2}y=6 & \cdots\cdots ㉡ \end{cases}$

⑥단계 처음의 연립방정식 풀기 ◀ 20 %

㉠$+$㉡을 하면

$\boxed{4}x=16 \qquad \therefore\ x=\boxed{4}$

$x=\boxed{4}$를 ㉠에 대입하면

$\boxed{4}+2y=10 \qquad \therefore\ y=\boxed{3}$

03-1

①단계 정우가 바르게 본 일차방정식 찾기 ◀ 10 %

정우는 a를 잘못 보았으므로 정우가 바르게 본 일차방정식은

$x+by=2$

②단계 b의 값 구하기 ◀ 20 %

$x=8,\ y=2$는 $x+by=2$의 해이므로

$8+2b=2,\ 2b=-6$

$\therefore\ b=-3$

③ _{단계} 준희가 바르게 본 일차방정식 찾기 ◀ 10 %
준희는 b를 잘못 보았으므로 준희가 바르게 본 일차방정식은
$ax-4y=1$
④ _{단계} a의 값 구하기 ◀ 20 %
$x=7$, $y=5$는 $ax-4y=1$의 해이므로
$7a-20=1$, $7a=21$
$\therefore a=3$
⑤ _{단계} 처음의 연립방정식 세우기 ◀ 20 %
따라서 처음의 연립방정식은 $\begin{cases} 3x-4y=1 & \cdots\cdots ㉠ \\ x-3y=2 & \cdots\cdots ㉡ \end{cases}$
⑥ _{단계} 처음의 연립방정식 풀기 ◀ 20 %
㉠$-$㉡$\times3$을 하면
$5y=-5$ $\therefore y=-1$
$y=-1$을 ㉡에 대입하면
$x+3=2$ $\therefore x=-1$

단원 마무리하기 82~84쪽

01 ①, ④	**02** ⑤	**03** 5개 **04** ⑤ **05** 2
06 ④ **07** ② **08** -10		**09** 4
10 $x=\dfrac{11}{5}$, $y=-\dfrac{2}{5}$	**11** ① **12** ⑤ **13** 3	
14 1 **15** ③ **16** 7개 **17** ② **18** 12분 후		
19 400명		

01 ① $\dfrac{x}{4}-y+3=0$이므로 미지수가 2개인 일차방정식이다.

② xy는 x, y에 대한 차수가 2이다.
③ x가 분모에 있으므로 일차방정식이 아니다.
④ $-x+y+3=0$이므로 미지수가 2개인 일차방정식이다.
⑤ $2x^2-4x-3=0$이므로 x의 차수가 2이다.
따라서 미지수가 2개인 일차방정식은 ①, ④이다.

02 $x=-3$, $y=2$를 $x-ay+7=0$에 대입하면
$-3-2a+7=0$, $-2a=-4$ $\therefore a=2$

03 x, y가 음이 아닌 정수일 때, $5x+y=24$의 해는
$(0,\ 24)$, $(1,\ 19)$, $(2,\ 14)$, $(3,\ 9)$, $(4,\ 4)$의 5개이다.

04 ⑤ $x=2$, $y=1$을 두 일차방정식에 각각 대입하면
$\quad 2\times2-1=3$, $2=2\times1$

05 ① _{단계} b의 값 구하기 ◀ 40 %
$x=b$, $y=-2$를 $3x+2y=5$에 대입하면
$3b-4=5$, $3b=9$ $\therefore b=3$
② _{단계} a의 값 구하기 ◀ 40 %
$x=3$, $y=-2$를 $ax+2y=11$에 대입하면
$3a-4=11$, $3a=15$ $\therefore a=5$
③ _{단계} $a-b$의 값 구하기 ◀ 20 %
$\therefore a-b=5-3=2$

06 $\begin{cases} 3x-4y=8 & \cdots\cdots ㉠ \\ x=3y-19 & \cdots\cdots ㉡ \end{cases}$
㉡을 ㉠에 대입하면 $3(3y-19)-4y=8$
$5y-57=8$, $5y=65$
$\therefore k=5$

07 ㉠$\times3-$㉡$\times2$를 하면 $-19y=-19$가 되어 x가 없어진다.

08 $x=4$, $y=2$를 주어진 연립방정식에 대입하면
$\begin{cases} -4a+2b=18 & \cdots\cdots ㉠ \\ -8a-2b=6 & \cdots\cdots ㉡ \end{cases}$
㉠$+$㉡을 하면 $-12a=24$ $\therefore a=-2$
$a=-2$를 ㉠에 대입하면 $8+2b=18$ $\therefore b=5$
$\therefore ab=-2\times5=-10$

09 $\begin{cases} 2x-y=-4 & \cdots\cdots ㉠ \\ x-y=-1 & \cdots\cdots ㉡ \end{cases}$
㉠$-$㉡을 하면 $x=-3$
$x=-3$을 ㉡에 대입하면 $-3-y=-1$
$\therefore y=-2$
$x=-3$, $y=-2$를 $x-2y=a$에 대입하면
$-3+4=a$ $\therefore a=1$
$x=-3$, $y=-2$를 $-x+by=9$에 대입하면
$3-2b=9$, $-2b=6$ $\therefore b=-3$
$\therefore a-b=1-(-3)=4$

10 ① _{단계} a, b의 값 구하기 ◀ 60 %
$x=2$, $y=1$은 $\begin{cases} bx-ay=3 \\ ax+by=4 \end{cases}$의 해이므로
$\begin{cases} 2b-a=3 & \cdots\cdots ㉠ \\ 2a+b=4 & \cdots\cdots ㉡ \end{cases}$
㉠$\times2+$㉡을 하면
$5b=10$ $\therefore b=2$
$b=2$를 ㉠에 대입하면

$4-a=3$ $\therefore a=1$

2단계 처음의 연립방정식 풀기   ◀ 40 %

따라서 처음의 연립방정식은 $\begin{cases} x-2y=3 & \cdots\cdots\ ㉢ \\ 2x+y=4 & \cdots\cdots\ ㉣ \end{cases}$

㉢+㉣×2를 하면

$5x=11$ $\therefore x=\dfrac{11}{5}$

$x=\dfrac{11}{5}$을 ㉣에 대입하면

$\dfrac{22}{5}+y=4$ $\therefore y=-\dfrac{2}{5}$

11 $\begin{cases} 2(x+1)-5y=22 & \cdots\cdots\ ㉠ \\ 11x+5y=6 & \cdots\cdots\ ㉡ \end{cases}$

㉠을 정리하면 $2x-5y=20$ $\cdots\cdots\ ㉢$

㉡+㉢을 하면 $13x=26$ $\therefore x=2$

$x=2$를 ㉢에 대입하면 $4-5y=20$

$-5y=16$ $\therefore y=-\dfrac{16}{5}$

$x=2,\ y=-\dfrac{16}{5}$을 $3x+5y=a$에 대입하면

$6-16=a$ $\therefore a=-10$

12 $\begin{cases} 0.3x+\dfrac{1}{5}y=0.5 & \cdots\cdots\ ㉠ \\ 3x+1=2(x+y) & \cdots\cdots\ ㉡ \end{cases}$

㉠×10을 하면 $3x+2y=5$ $\cdots\cdots\ ㉢$

㉡을 정리하면 $x-2y=-1$ $\cdots\cdots\ ㉣$

㉢+㉣을 하면 $4x=4$ $\therefore x=1$

$x=1$을 ㉢에 대입하면 $3+2y=5$

$2y=2$ $\therefore y=1$

13 $\begin{cases} \dfrac{x}{4}-\dfrac{y}{2}=\dfrac{5}{4} & \cdots\cdots\ ㉠ \\ y=3x & \cdots\cdots\ ㉡ \end{cases}$

㉠×4를 하면 $x-2y=5$ $\cdots\cdots\ ㉢$

㉡을 ㉢에 대입하면 $x-6x=5$

$-5x=5$ $\therefore x=-1$

$x=-1$을 ㉡에 대입하면 $y=-3$

$x=-1,\ y=-3$을 $3x-2y=a$에 대입하면

$-3+6=a$ $\therefore a=3$

14 **1단계** 연립방정식 세우기   ◀ 30 %

주어진 방정식에서

$\begin{cases} x+2y+2=-4x+3y-5 \\ -4x+3y-5=4x+4y+1 \end{cases}$, 즉 $\begin{cases} 5x-y=-7 & \cdots\cdots\ ㉠ \\ -8x-y=6 & \cdots\cdots\ ㉡ \end{cases}$

2단계 연립방정식 풀기   ◀ 50 %

㉠−㉡을 하면 $13x=-13$ $\therefore x=-1$

$x=-1$을 ㉠에 대입하면

$-5-y=-7$ $\therefore y=2$

3단계 $a+b$의 값 구하기   ◀ 20 %

따라서 $a=-1,\ b=2$이므로

$a+b=-1+2=1$

15 처음 수의 십의 자리의 숫자를 x, 일의 자리의 숫자를 y라 하면

$\begin{cases} x+y=9 \\ 10y+x=2(10x+y)-9 \end{cases}$, 즉 $\begin{cases} x+y=9 \\ -19x+8y=-9 \end{cases}$

$\therefore x=3,\ y=6$

따라서 처음 수는 36이다.

16 자두를 x개, 귤을 y개 샀다고 하면

$\begin{cases} x+y=15 \\ 500x+1000y=11000 \end{cases}$, 즉 $\begin{cases} x+y=15 \\ x+2y=22 \end{cases}$

$\therefore x=8,\ y=7$

따라서 귤을 7개 샀다.

17 $x:y=3:2$에서 $2x=3y$이므로

$\begin{cases} 4x-3y=12 \\ 2x=3y \end{cases}$

$\therefore x=6,\ y=4$

$x=6,\ y=4$를 $3x+ky+4=12$에 대입하면

$18+4k+4=12,\ 4k=-10$ $\therefore k=-\dfrac{5}{2}$

18 형이 출발한 지 x분 후, 동생이 출발한 지 y분 후에 두 사람이 만났다고 하면

$\begin{cases} 50x=200y \\ x=y+9 \end{cases}$, 즉 $\begin{cases} x=4y \\ x=y+9 \end{cases}$

$\therefore x=12,\ y=3$

따라서 두 사람이 만나는 것은 형이 출발한지 12분 후이다.

19 남학생을 x명, 여학생을 y명이라 하면

$\begin{cases} x+y=700 \\ \dfrac{1}{3}x+\dfrac{1}{4}y=700\times\dfrac{2}{7} \end{cases}$, 즉 $\begin{cases} x+y=700 \\ 4x+3y=2400 \end{cases}$

$\therefore x=300,\ y=400$

따라서 이 학교의 여학생은 400명이다.

 **일차함수**

01 함수

개념 1 86쪽

개념 Bridge 답 ① 표는 풀이 참조, 함수가 아니다
② 표는 풀이 참조, 함수이다

①

x	1	2	3	4	$\cdots$
y	1	1, 2	1, 3	1, 2, 4	$\cdots$

②

x	1	2	3	4	$\cdots$
y	1	2	2	3	$\cdots$

개념 check

01 답 (1) × (2) ○ (3) ○ (4) ○

(1)

x	1	2	3	4	$\cdots$
y	없다.	1	1, 2	1, 2, 3	$\cdots$

$x=1$일 때, y의 값이 없으므로 x의 값 하나에 y의 값이 하나로 정해지지 않는다.

(2)

x	1	2	3	4	$\cdots$
y	0	0	1	1	$\cdots$

x의 값이 변함에 따라 y의 값이 하나씩 정해지므로 y는 x의 함수이다.

(3)

x	1	2	3	4	$\cdots$
y	9	8	7	6	$\cdots$

x의 값이 변함에 따라 y의 값이 하나씩 정해지므로 y는 x의 함수이다.

(4)

x	1	2	3	4	$\cdots$
y	400	800	1200	1600	$\cdots$

x의 값이 변함에 따라 y의 값이 하나씩 정해지므로 y는 x의 함수이다.

01-1 답 (1) × (2) × (3) ○ (4) ○

(1)

x	1	2	3	$\cdots$
y	1, 2, 3, $\cdots$	2, 4, 6, $\cdots$	3, 6, 9, $\cdots$	$\cdots$

x의 각 값에 대응하는 y의 값이 2개 이상이므로 x의 값 하나에 y의 값이 하나로 정해지지 않는다.

(2)

x	1	2	3	4	$\cdots$
y	-1, 1	-2, 2	-3, 3	-4, 4	$\cdots$

$x=1$일 때, y의 값이 -1, 1의 2개이므로 x의 값에 y의 값이 하나로 정해지지 않는다.

(3)

x	1	2	3	4	$\cdots$
y	1	2	0	1	$\cdots$

x의 값이 변함에 따라 y의 값이 하나씩 정해지므로 y는 x의 함수이다.

(4)

x	1	2	3	4	$\cdots$
y	3	6	9	12	$\cdots$

x의 값이 변함에 따라 y의 값이 하나씩 정해지므로 y는 x의 함수이다.

개념 2 87쪽

개념 Bridge 답 ① 3, 4 ② 5, -10

개념 check

01 답 (1) 1 (2) -5 (3) -7 (4) $-\dfrac{7}{2}$

(1) $f(-2)=-\dfrac{1}{2}\times(-2)=1$

(2) $f(-2)=3\times(-2)+1=-5$

(3) $f(-2)=\dfrac{14}{-2}=-7$

(4) $f(-2)=\dfrac{3}{-2}-2=-\dfrac{7}{2}$

01-1 답 (1) 16 (2) -2 (3) 1 (4) -18

(1) $f(-3)=-5\times(-3)+1=16$

(2) $f\left(\dfrac{3}{5}\right)=-5\times\dfrac{3}{5}+1=-2$

(3) $f(0)=-5\times0+1=1$

(4) $2f(2)=2\times(-5\times2+1)=-18$

01-2 답 (1) -20 (2) $-\dfrac{1}{2}$ (3) 3 (4) -2

(1) $f(10)=-2\times10=-20$

(2) $f\left(\dfrac{1}{4}\right)=-2\times\dfrac{1}{4}=-\dfrac{1}{2}$

(3) $g(2)=\dfrac{6}{2}=3$

(4) $g(-3)=\dfrac{6}{-3}=-2$

필수 유형 익히기 88쪽

01 ㄷ, ㄹ　**01-1** ㄱ, ㄹ　**02** ④　**02-1** ①
03 ⑤　**03-1** -2

01

ㄱ. $x=1$일 때, y의 값이 없으므로 y는 x의 함수가 아니다.

ㄴ. $x=5$일 때, $y=2$, 3으로 y의 값이 하나로 정해지지 않으므로 y는 x의 함수가 아니다.

ㅁ. $x=170$일 때, 몸무게 y는 하나로 정해지지 않으므로 y는 x의 함수가 아니다.

따라서 y가 x의 함수인 것은 ㄷ, ㄹ이다.

01-1

ㄴ. $x=2$일 때, y의 값이 없으므로 y는 x의 함수가 아니다.

ㄷ. $x=15$일 때, 키 y는 하나로 정해지지 않으므로 y는 x의 함수가 아니다.

따라서 y가 x의 함수인 것은 ㄱ, ㄹ이다.

02

$f(1)=-4\times1=-4$
$f(-2)=-4\times(-2)=8$
$\therefore\ f(1)+f(-2)=-4+8=4$

02-1

$f(5)=-\dfrac{10}{5}=-2$

$g(3)=\dfrac{2}{3}\times3=2$

$\therefore\ f(5)-g(3)=-2-2=-4$

03

$f(2)=2a$이므로 $2a=-9$　　$\therefore\ a=-\dfrac{9}{2}$

따라서 $f(x)=-\dfrac{9}{2}x$이므로

$f(-4)=-\dfrac{9}{2}\times(-4)=18$

03-1

$f(-3)=\dfrac{a}{-3}$이므로 $\dfrac{a}{-3}=4$　　$\therefore\ a=-12$

따라서 $f(x)=-\dfrac{12}{x}$이므로

$f(6)=-\dfrac{12}{6}=-2$

02 일차함수와 그 그래프

개념 3 89쪽

개념 Bridge 답 일차함수이다, 일차함수가 아니다

개념 check

01 답 (1) ○ (2) × (3) ○ (4) ×

(2) $y=x-(x+7)$에서 $y=-7$이고 -7은 일차식이 아니다.

(4) $\dfrac{3}{x}+1$은 x가 분모에 있으므로 일차식이 아니다.

02 답 (1) $y=x+8$, 일차함수이다.
　　　　(2) $y=5000-900x$, 일차함수이다.
　　　　(3) $y=\dfrac{40}{x}$, 일차함수가 아니다.

02-1 답 (1) $y=\pi x^2$, 일차함수가 아니다.
　　　　(2) $y=\dfrac{8}{x}$, 일차함수가 아니다.
　　　　(3) $y=50-2x$, 일차함수이다.

개념 **Bridge** 답 4, 3

개념 **check**

01 답 $y=-x$

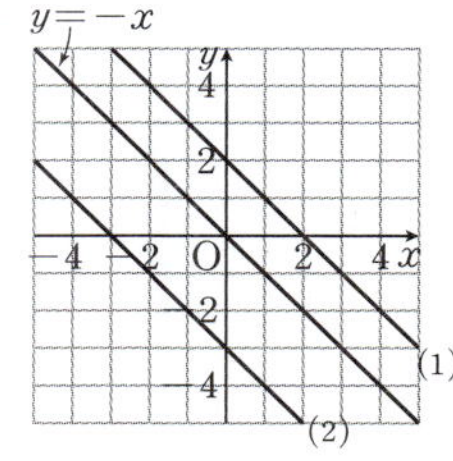

02 답 (1) $y=2x+\dfrac{1}{6}$ (2) $y=-x+2$

(2) $y=-x+5$를 y축의 방향으로 -3만큼 평행이동한 그래프
의 식은
$$y=-x+5-3 \quad \therefore y=-x+2$$

02-1 답 (1) 5 (2) -6

(1) $y=-x+6$의 그래프가 $y=-x+1$의 그래프를 y축의 방
향으로 a만큼 평행이동한 것이라 하면
$$1+a=6 \quad \therefore a=5$$
(2) $y=-x-5$의 그래프가 $y=-x+1$의 그래프를 y축의 방
향으로 a만큼 평행이동한 것이라 하면
$$1+a=-5 \quad \therefore a=-6$$

필수 유형 익히기   91쪽

01 르, ㅂ	**01-1** ②, ④	**02** -6	**02-1** $\dfrac{1}{2}$
03 ③	**03-1** 4	**04** 3	**04-1** -5

01

ㄹ. $y=\dfrac{1}{2}x$

ㅂ. $y=-\dfrac{3}{2}x+3$

01-1

① $y=\dfrac{1}{5}x+\dfrac{2}{5}$

② $y=\dfrac{3}{x}$

③ $y=7x$

④ $x=4$

⑤ $y=-4x+2$

따라서 y가 x에 대한 일차함수가 아닌 것은 ②, ④이다.

02

$f(a)=2a+5$이므로 $2a+5=-7$
$$2a=-12 \quad \therefore a=-6$$

02-1

$f(-2)=-2a-7$이므로 $-2a-7=-10$
$$-2a=-3 \quad \therefore a=\dfrac{3}{2}$$

따라서 $f(x)=\dfrac{3}{2}x-7$이므로

$$f(5)=\dfrac{3}{2}\times5-7=\dfrac{1}{2}$$

03

③ $y=-2x$의 그래프를 y축의 방향으로 $\dfrac{1}{5}$만큼 평행이동하면

$y=-2x+\dfrac{1}{5}$의 그래프와 겹쳐진다.

03-1

$y=ax+2$의 그래프를 y축의 방향으로 -5만큼 평행이동한 그
래프의 식은
$$y=ax+2-5 \quad \therefore y=ax-3$$
이 식이 $y=-\dfrac{4}{3}x+b$와 같아야 하므로

$$a=-\dfrac{4}{3}, \ b=-3$$

$$\therefore ab=-\dfrac{4}{3}\times(-3)=4$$

04

$y=4x+1$의 그래프를 y축의 방향으로 -3만큼 평행이동한 그
래프의 식은
$$y=4x+1-3 \quad \therefore y=4x-2$$
이 그래프가 점 $(a, 10)$을 지나므로
$$10=4a-2, \ -4a=-12 \quad \therefore a=3$$

$y=-4x+3$의 그래프를 y축의 방향으로 k만큼 평행이동한 그래프의 식은

$y=-4x+3+k$

이 그래프가 점 $(-2, 6)$을 지나므로

$6=-4\times(-2)+3+k$ $\quad\therefore k=-5$

개념 **5** 92쪽

개념 Bridge 답 -3, -3, 3, 3

개념 check

01 답 (1) 3, 2 (2) 0, 0 (3) 4, -2

02 답 (1) x절편: $-\dfrac{5}{2}$, y절편: 5 (2) x절편: 8, y절편: 2

(1) $y=0$일 때, $0=2x+5$ $\quad\therefore x=-\dfrac{5}{2}$

  $x=0$일 때, $y=5$

  따라서 x절편은 $-\dfrac{5}{2}$, y절편은 5이다.

(2) $y=0$일 때, $0=-\dfrac{1}{4}x+2$ $\quad\therefore x=8$

  $x=0$일 때, $y=2$

  따라서 x절편은 8, y절편은 2이다.

02-1 답 (1) x절편: 0, y절편: 0 (2) x절편: $\dfrac{1}{2}$, y절편: $-\dfrac{1}{2}$

(3) x절편: 20, y절편: 4 (4) x절편: -4, y절편: 6

(1) $y=0$일 때, $0=-3x$ $\quad\therefore x=0$

  $x=0$일 때, $y=0$

  따라서 x절편은 0, y절편은 0이다.

(2) $y=0$일 때, $0=x-\dfrac{1}{2}$ $\quad\therefore x=\dfrac{1}{2}$

  $x=0$일 때, $y=-\dfrac{1}{2}$

  따라서 x절편은 $\dfrac{1}{2}$, y절편은 $-\dfrac{1}{2}$이다.

(3) $y=0$일 때, $0=-\dfrac{1}{5}x+4$ $\quad\therefore x=20$

  $x=0$일 때, $y=4$

  따라서 x절편은 20, y절편은 4이다.

(4) $y=0$일 때, $0=\dfrac{3}{2}x+6$ $\quad\therefore x=-4$

  $x=0$일 때, $y=6$

  따라서 x절편은 -4, y절편은 6이다.

개념 **6** 93쪽

개념 Bridge 답 -1, 1, -1, 1

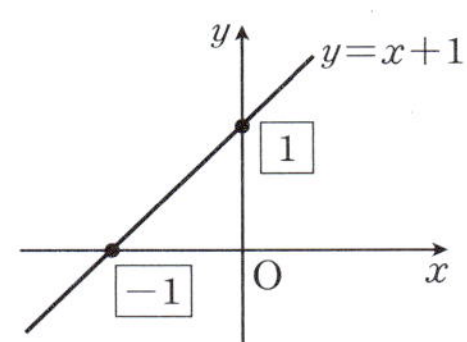

개념 check

01 답 (1) 풀이 참조 (2) 풀이 참조

(1) $y=0$일 때, $0=x-1$ $\quad\therefore x=1$

  $x=0$일 때, $y=-1$

  따라서 x절편은 1, y절편은 -1이므로 그래프는 오른쪽 그림과 같다.

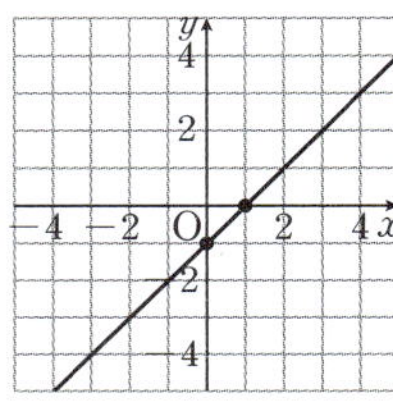

(2) $y=0$일 때, $0=-\dfrac{1}{2}x-2$

  $\therefore x=-4$

  $x=0$일 때, $y=-2$

  따라서 x절편은 -4, y절편은 -2이므로 그래프는 오른쪽 그림과 같다.

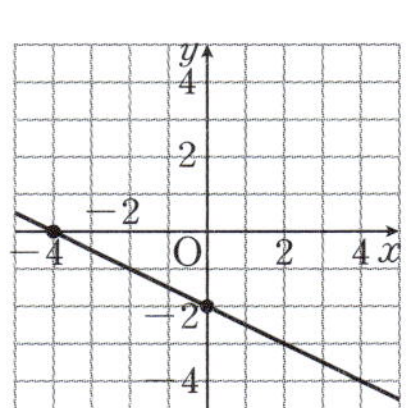

01-1 답 (1) 풀이 참조 (2) 풀이 참조

(1) $y=0$일 때, $0=2x-4$ $\quad\therefore x=2$

  $x=0$일 때, $y=-4$

  따라서 x절편은 2, y절편은 -4이므로 그래프는 오른쪽 그림과 같다.

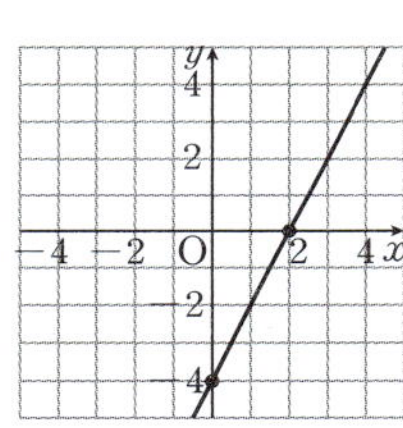

(2) $y=0$일 때, $0=-\dfrac{1}{3}x+1$

  $\therefore x=3$

  $x=0$일 때, $y=1$

  따라서 x절편은 3, y절편은 1이므로 그래프는 오른쪽 그림과 같다.

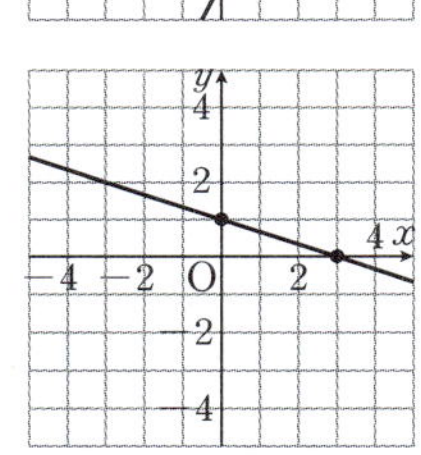

개념 **7** 94쪽

개념 Bridge 답 ①

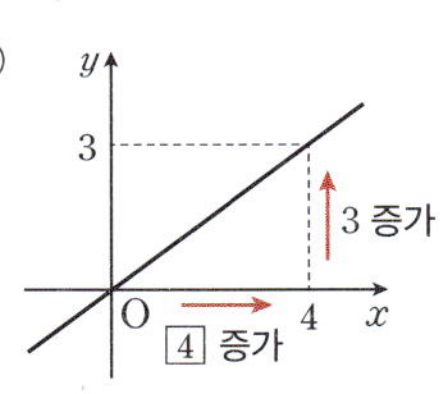

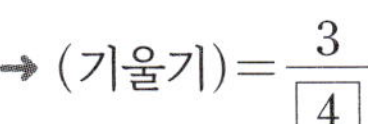

$\rightarrow$ (기울기)$=\dfrac{3}{\boxed{4}}$

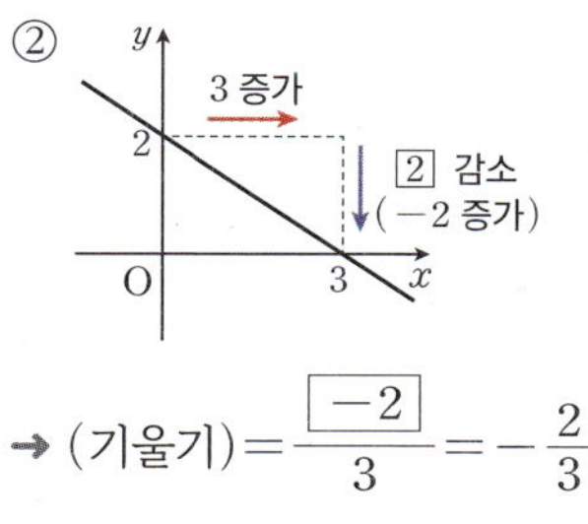

$$\rightarrow (기울기)=\frac{\boxed{-2}}{3}=-\frac{2}{3}$$

개념 check

01 답 (1) 기울기: 6, y의 값의 증가량: 12
  (2) 기울기: -2, y의 값의 증가량: 8

(1) 기울기가 6이므로

$$\frac{(y의 값의 증가량)}{2}=6$$

$$\therefore (y의 값의 증가량)=12$$

(2) 기울기가 -2이므로

$$\frac{(y의 값의 증가량)}{-4}=-2$$

$$\therefore (y의 값의 증가량)=8$$

01-1 답 (1) 기울기: $\frac{1}{3}$, y의 값의 증가량: -2

  (2) 기울기: $-\frac{2}{3}$, y의 값의 증가량: $-\frac{10}{3}$

(1) 기울기가 $\frac{1}{3}$이므로

$$\frac{(y의 값의 증가량)}{-6}=\frac{1}{3}$$

$$\therefore (y의 값의 증가량)=-2$$

(2) 기울기가 $-\frac{2}{3}$이므로

$$\frac{(y의 값의 증가량)}{5}=-\frac{2}{3}$$

$$\therefore (y의 값의 증가량)=-\frac{10}{3}$$

02 답 (1) 3 (2) -2

(1) $(기울기)=\dfrac{7-4}{2-1}=3$

(2) $(기울기)=\dfrac{-2-8}{0-(-5)}=-2$

02-1 답 (1) 2 (2) $-\frac{2}{3}$ (3) $\frac{5}{2}$ (4) $-\frac{3}{2}$

(1) $(기울기)=\dfrac{-6-(-2)}{1-3}=2$

(2) $(기울기)=\dfrac{-1-1}{3-0}=-\dfrac{2}{3}$

(3) $(기울기)=\dfrac{3-(-7)}{2-(-2)}=\dfrac{5}{2}$

(4) $(기울기)=\dfrac{6-0}{0-4}=-\dfrac{3}{2}$

개념 8 95쪽

개념 Bridge 답 $1,\ 1,\ \frac{1}{2},\ 1,\ 2$

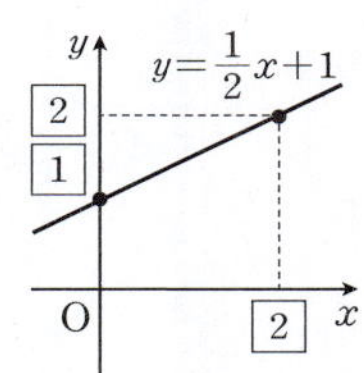

개념 check

01 답 (1) 풀이 참조 (2) 풀이 참조

(1) y절편은 1, 기울기는 -3이므로 그 래프는 점 $(0, 1)$에서 x의 값이 1만 큼 증가하고 y의 값이 -3만큼 감소 한 점 $(1, -2)$를 지난다. 따라서 그 래프는 오른쪽 그림과 같다.

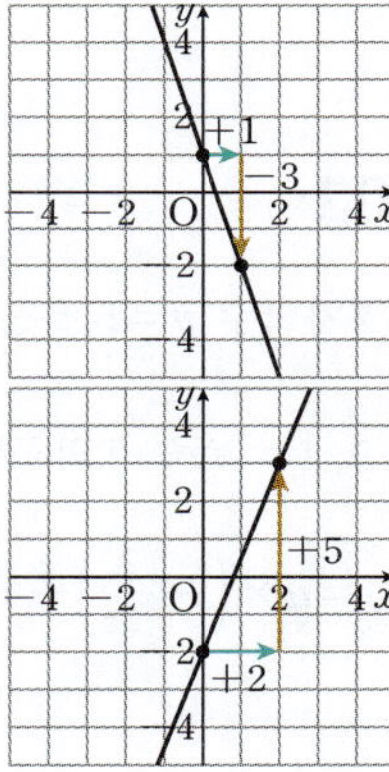

(2) y절편은 -2, 기울기는 $\frac{5}{2}$이므로 그 래프는 점 $(0, -2)$에서 x의 값이 2 만큼 증가하고 y의 값이 5만큼 증가 한 점 $(2, 3)$을 지난다. 따라서 그래 프는 오른쪽 그림과 같다.

01-1 답 (1) 풀이 참조 (2) 풀이 참조

(1) y절편은 2, 기울기는 -2이므로 그 래프는 점 $(0, 2)$에서 x의 값이 1만 큼 증가하고 y의 값이 2만큼 감소한 점 $(1, 0)$을 지난다. 따라서 그래프는 오른쪽 그림과 같다.

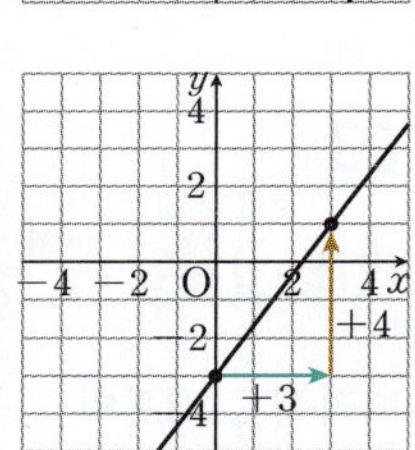

(2) y절편은 -3, 기울기는 $\frac{4}{3}$이므로 그 래프는 점 $(0, -3)$에서 x의 값이 3 만큼 증가하고 y의 값이 4만큼 증가 한 점 $(3, 1)$을 지난다. 따라서 그래 프는 오른쪽 그림과 같다.

01	①	01-1	$(0,\ 1),\ \left(\dfrac{6}{5},\ 0\right)$				
02	-3	02-1	10	03	②	03-1	1
04	⑤	04-1	3	05	①	05-1	④
06	20	06-1	3	07	-5	07-1	$-\dfrac{1}{2}$

01

$y=0$일 때, $0=\dfrac{4}{5}x-2$　　$\therefore\ x=\dfrac{5}{2}$

$x=0$일 때, $y=-2$

따라서 x절편은 $\dfrac{5}{2}$, y절편은 -2이므로

$m=\dfrac{5}{2},\ n=-2$

$\therefore\ mn=\dfrac{5}{2}\times(-2)=-5$

01-1

$x=0$일 때, $y=1$　　$\therefore\ \mathrm{A}(0,\ 1)$

$y=0$일 때, $0=-\dfrac{5}{6}x+1,\ x=\dfrac{6}{5}$　　$\therefore\ \mathrm{B}\left(\dfrac{6}{5},\ 0\right)$

02

일차함수 $y=5x-\dfrac{1}{3}$의 그래프에서 $x=0$일 때, $y=-\dfrac{1}{3}$

즉, $y=ax-1$의 그래프의 x절편이 $-\dfrac{1}{3}$이므로

$0=a\times\left(-\dfrac{1}{3}\right)-1$　　$\therefore\ a=-3$

02-1

$y=\dfrac{5}{3}x-k$의 그래프의 x절편이 -6이므로

$0=\dfrac{5}{3}\times(-6)-k$　　$\therefore\ k=-10$

따라서 $y=\dfrac{5}{3}x+10$이므로 구하는 y절편은 10이다.

03

$(기울기)=\dfrac{-4}{8-(-2)}=-\dfrac{2}{5}$

따라서 그래프의 기울기가 $-\dfrac{2}{5}$인 것은 ②이다.

03-1

$(기울기)=\dfrac{k-(-5)}{4}=\dfrac{k+5}{4}$

즉, $\dfrac{k+5}{4}=\dfrac{3}{2}$이므로

$k+5=6$　　$\therefore\ k=1$

04

$\dfrac{11-k}{-2-3}=-2$이므로

$11-k=10$　　$\therefore\ k=1$

04-1

$\dfrac{a-8}{-3-2}=1$이므로

$a-8=-5$　　$\therefore\ a=3$

05

$y=3x+9$의 그래프의 x절편은 -3, y절편은 9이므로 그래프는 ①이다.

05-1

$y=-\dfrac{1}{4}x+1$의 그래프의 x절편은 4, y절편은 1이므로 그래프는 ④이다.

06

$y=-\dfrac{5}{8}x+5$의 그래프의 x절편은 8, y절편은 5이므로 그 그래프는 오른쪽 그림과 같다.

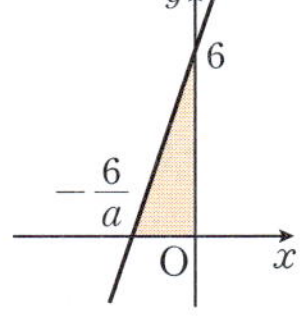

따라서 구하는 넓이는

$\dfrac{1}{2}\times8\times5=20$

06-1

$y=ax+6$의 그래프의 x절편은 $-\dfrac{6}{a}$, y절편은 6이므로 $a>0$일 때, 그 그래프는 오른쪽 그림과 같다.

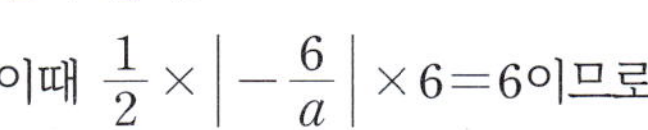

이때 $\dfrac{1}{2}\times\left|-\dfrac{6}{a}\right|\times6=6$이므로

$\dfrac{18}{a}=6$　　$\therefore\ a=3$

07

세 점이 한 직선 위에 있으므로 두 점 $(-5,\ 7)$, $(5,\ -1)$을 지나는 직선의 기울기와 두 점 $(5,\ -1)$, $(10,\ k)$를 지나는 직선의 기울기가 같다.

즉, $\dfrac{-1-7}{5-(-5)}=\dfrac{k-(-1)}{10-5}$이므로

$-\dfrac{4}{5}=\dfrac{k+1}{5}$, $k+1=-4$ $\therefore k=-5$

07-1

세 점이 한 직선 위에 있으므로 두 점 $(2,\ 4)$, $(-1,\ a)$를 지나는 직선의 기울기와 두 점 $(2,\ 4)$, $(-4,\ -5)$를 지나는 직선의 기울기가 같다.

즉, $\dfrac{a-4}{-1-2}=\dfrac{-5-4}{-4-2}$이므로

$\dfrac{a-4}{-3}=\dfrac{3}{2}$, $a-4=-\dfrac{9}{2}$ $\therefore a=-\dfrac{1}{2}$

03 일차함수의 그래프의 성질과 식

 개념 **9** 98쪽

개념 check

01 답 (1) ㄱ, ㄷ, ㅁ (2) ㄴ, ㄹ, ㅂ (3) ㄴ, ㄷ, ㄹ (4) ㄷ

(1) 오른쪽 위로 향하는 직선은 기울기가 양수이므로 ㄱ, ㄷ, ㅁ이다.
(2) x의 값이 증가할 때, y의 값은 감소하는 직선은 기울기가 음수이므로 ㄴ, ㄹ, ㅂ이다.
(3) y축과 양의 부분에서 만나는 직선은 y절편이 양수이므로 ㄴ, ㄷ, ㄹ이다.
(4) x축에 가장 가까운 직선은 기울기의 절댓값이 가장 작은 직선이므로 ㄷ이다.

02 답 $a>0$, $b<0$

주어진 그래프가 오른쪽 위로 향하는 직선이므로
$(\text{기울기})=a>0$
또, 그래프가 y축과 음의 부분에서 만나므로
$(y\text{절편})=b<0$

02-1 답 $a<0$, $b>0$

주어진 그래프가 오른쪽 아래로 향하는 직선이므로
$(\text{기울기})=a<0$
또, 그래프가 y축과 양의 부분에서 만나므로
$(y\text{절편})=b>0$

개념 **10** 99쪽

개념 Bridge 답 평행, 일치

개념 check

01 답 (1) ㄱ과 ㅁ (2) ㄴ과 ㅂ

ㅁ. $y=\dfrac{1}{3}(2+3x)=x+\dfrac{2}{3}$

ㅂ. $y=-2(x-2)=-2x+4$

02 답 -12

기울기가 같아야 하므로
$12=-a$ $\therefore a=-12$

02-1 답 $a=-2$, $b=-5$

기울기와 y절편이 각각 같아야 하므로
$a=-2$, $b=-5$

필수 유형 익히기 100쪽

01 ③	**01-1** ㄱ, ㄹ	**02** ⑤	**02-1** ①
03 -8	**03-1** 1		

01

② x절편은 15, y절편은 -5이므로 x절편과 y절편의 합은
 $15+(-5)=10$
③ $(\text{기울기})=\dfrac{1}{3}>0$이므로 x의 값이 증가하면 y의 값도 증가한다.
④ x절편이 양수이므로 x축과 양의 부분에서 만난다.
따라서 옳지 않은 것은 ③이다.

01-1

ㄱ. $x=-2$, $y=7$을 $y=-2x+3$에 대입하면
$7=-2\times(-2)+3$이므로 점 $(-2, 7)$을 지난다.

ㄴ. x절편은 $\dfrac{3}{2}$, y절편은 3이다.

ㄷ. (기울기)$=-2<0$이므로 오른쪽 아래로 향하는 직선이다.

ㄹ. y절편이 양수이므로 y축과 양의 부분에서 만난다.

ㅁ. x의 값이 4만큼 증가할 때, y의 값은 8만큼 감소한다.

따라서 옳은 것은 ㄱ, ㄹ이다.

02

$a+b<0$, $ab>0$이므로 $a<0$, $b<0$

따라서 $y=ax+b$의 그래프로 알맞은 것은 ⑤이다.

02-1

주어진 그래프가 오른쪽 아래로 향하므로
$a<0$ $\qquad$ $\therefore$ $-a>0$
y축과 양의 부분에서 만나므로 $b>0$
따라서 $y=bx-a$의 그래프로 알맞은 것은 ①이다.

03

기울기가 같아야 하므로
$-a=8$ $\qquad$ $\therefore$ $a=-8$

03-1

기울기와 y절편이 각각 같아야 하므로
$-p=4$, $5=q$
따라서 $p=-4$, $q=5$이므로
$p+q=-4+5=1$

개념 11 101쪽

개념 Bridge 답 3, 1

개념 check

01 답 (1) $y=-5x+7$ (2) $y=\dfrac{3}{4}x-1$

$\qquad$ (3) $y=-2x+1$ (4) $y=\dfrac{9}{4}x-3$

(2) 기울기가 $\dfrac{3}{4}$이고 y절편이 -1이므로 구하는 일차함수의 식은

$$y=\dfrac{3}{4}x-1$$

---

(3) 기울기가 -2이고 y절편이 1이므로 구하는 일차함수의 식은
$y=-2x+1$

(4) 기울기가 $\dfrac{9}{4}$이고 y절편이 -3이므로 구하는 일차함수의 식

은 $y=\dfrac{9}{4}x-3$

01-1 답 (1) $y=4x-9$ (2) $y=-2x+5$

$\qquad$ (3) $y=3x+\dfrac{4}{5}$ (4) $y=-\dfrac{1}{2}x+8$

(2) 기울기가 -2이고 y절편이 5이므로 구하는 일차함수의 식은
$y=-2x+5$

(3) 기울기가 3이고 y절편이 $\dfrac{4}{5}$이므로 구하는 일차함수의 식은

$$y=3x+\dfrac{4}{5}$$

(4) 기울기가 $\dfrac{-1}{2}$, 즉 $-\dfrac{1}{2}$이고, y절편이 8이므로 구하는 일차

함수의 식은 $y=-\dfrac{1}{2}x+8$

01-2 답 $a=2$, $b=2$

기울기가 2이고 y절편이 2인 일차함수의 식은 $y=2x+2$이므로
$a=2$, $b=2$

개념 12 102쪽

개념 Bridge 답 4, 2, 9, $4x+1$

개념 check

01 답 (1) $y=-3x-1$ (2) $y=\dfrac{3}{2}x+9$

(1) 구하는 일차함수의 식을 $y=-3x+b$로 놓으면 이 그래프
가 점 $(1, -4)$를 지나므로
$-4=-3\times1+b$ $\qquad$ $\therefore$ $b=-1$
따라서 구하는 일차함수의 식은 $y=-3x-1$

(2) 구하는 일차함수의 식을 $y=\dfrac{3}{2}x+b$로 놓으면 이 그래프가

점 $(-6, 0)$을 지나므로

$0=\dfrac{3}{2}\times(-6)+b$ $\qquad$ $\therefore$ $b=9$

따라서 구하는 일차함수의 식은 $y=\dfrac{3}{2}x+9$

01-1 답 (1) $y=\dfrac{1}{3}x+5$ (2) $y=-\dfrac{2}{3}x+3$

  (3) $y=-2x-1$

(1) 구하는 일차함수의 식을 $y=\dfrac{1}{3}x+b$로 놓으면 이 그래프가

점 $(-3, 4)$를 지나므로

$4=\dfrac{1}{3}\times(-3)+b$ $\therefore b=5$

따라서 구하는 일차함수의 식은 $y=\dfrac{1}{3}x+5$

(2) 구하는 일차함수의 식을 $y=-\dfrac{2}{3}x+b$로 놓으면 이 그래프

가 점 $(6, -1)$을 지나므로

$-1=-\dfrac{2}{3}\times6+b$ $\therefore b=3$

따라서 구하는 일차함수의 식은 $y=-\dfrac{2}{3}x+3$

(3) (기울기)$=\dfrac{-4}{2}=-2$

구하는 일차함수의 식을 $y=-2x+b$로 놓으면 이 그래프

가 점 $(1, -3)$을 지나므로

$-3=-2\times1+b$ $\therefore b=-1$

따라서 구하는 일차함수의 식은 $y=-2x-1$

01-2 답 $a=\dfrac{3}{4}$, $b=7$

주어진 그림에서 (기울기)$=\dfrac{-3-0}{0-4}=\dfrac{3}{4}$ $\therefore a=\dfrac{3}{4}$

구하는 일차함수의 식을 $y=\dfrac{3}{4}x+b$로 놓으면 이 그래프가 점

$(-4, 4)$를 지나므로

$4=\dfrac{3}{4}\times(-4)+b$ $\therefore b=7$

개념 **13**

103쪽

개념 Bridge 답 -2, -2, -4, $-2x-4$

개념 check

01 답 (1) $y=2x+4$ (2) $y=-x-1$

(1) 두 점 $(-1, 2)$, $(1, 6)$을 지나므로

(기울기)$=\dfrac{6-2}{1-(-1)}=2$

구하는 일차함수의 식을 $y=2x+b$로 놓으면 이 그래프가

점 $(1, 6)$을 지나므로

$6=2\times1+b$ $\therefore b=4$

따라서 구하는 일차함수의 식은 $y=2x+4$

(2) 두 점 $(-2, 1)$, $(2, -3)$을 지나므로

(기울기)$=\dfrac{-3-1}{2-(-2)}=-1$

구하는 일차함수의 식을 $y=-x+b$로 놓으면 이 그래프가

점 $(-2, 1)$을 지나므로

$1=-(-2)+b$ $\therefore b=-1$

따라서 구하는 일차함수의 식은 $y=-x-1$

01-1 답 (1) $y=-x+3$ (2) $y=3x+15$

(1) 두 점 $(4, -1)$, $(6, -3)$을 지나므로

(기울기)$=\dfrac{-3-(-1)}{6-4}=-1$

구하는 일차함수의 식을 $y=-x+b$로 놓으면 이 그래프가

점 $(4, -1)$을 지나므로

$-1=-4+b$ $\therefore b=3$

따라서 구하는 일차함수의 식은 $y=-x+3$

(2) 두 점 $(-6, -3)$, $(-4, 3)$을 지나므로

(기울기)$=\dfrac{3-(-3)}{-4-(-6)}=3$

구하는 일차함수의 식을 $y=3x+b$로 놓으면 이 그래프가

점 $(-4, 3)$을 지나므로

$3=3\times(-4)+b$ $\therefore b=15$

따라서 구하는 일차함수의 식은 $y=3x+15$

02 답 $y=-\dfrac{1}{2}x+2$

두 점 $(-2, 3)$, $(6, -1)$을 지나므로

(기울기)$=\dfrac{-1-3}{6-(-2)}=-\dfrac{1}{2}$

구하는 일차함수의 식을 $y=-\dfrac{1}{2}x+b$로 놓으면 이 그래프가

점 $(-2, 3)$을 지나므로

$3=-\dfrac{1}{2}\times(-2)+b$ $\therefore b=2$

따라서 구하는 일차함수의 식은 $y=-\dfrac{1}{2}x+2$

02-1 답 $y=\dfrac{2}{3}x-4$

두 점 $(3, -2)$, $(9, 2)$를 지나므로

(기울기)$=\dfrac{2-(-2)}{9-3}=\dfrac{2}{3}$

구하는 일차함수의 식을 $y=\dfrac{2}{3}x+b$로 놓으면 이 그래프가 점

$(3, -2)$를 지나므로

$-2=\dfrac{2}{3}\times3+b$ $\therefore b=-4$

따라서 구하는 일차함수의 식은 $y=\dfrac{2}{3}x-4$

개념 14 104쪽

개념 Bridge 답 $2,\ -8,\ 4,\ -8,\ 4x-8$

개념 check

01 답 $y=\dfrac{2}{3}x-4$

두 점 $(6,\ 0),\ (0,\ -4)$를 지나므로

$(\text{기울기})=\dfrac{-4-0}{0-6}=\dfrac{2}{3}$

y절편이 -4이므로 구하는 일차함수의 식은 $y=\dfrac{2}{3}x-4$

01-1 답 $(1)\ y=-2x-6$ $(2)\ y=\dfrac{2}{5}x-2$

(1) 두 점 $(-3,\ 0),\ (0,\ -6)$을 지나므로

　$(\text{기울기})=\dfrac{-6-0}{0-(-3)}=-2$

　y절편이 -6이므로 구하는 일차함수의 식은 $y=-2x-6$

(2) 두 점 $(5,\ 0),\ (0,\ -2)$를 지나므로

　$(\text{기울기})=\dfrac{-2-0}{0-5}=\dfrac{2}{5}$

　y절편이 -2이므로 구하는 일차함수의 식은 $y=\dfrac{2}{5}x-2$

02 답 $y=2x+8$

두 점 $(-4,\ 0),\ (0,\ 8)$을 지나므로

$(\text{기울기})=\dfrac{8-0}{0-(-4)}=2$

y절편이 8이므로 구하는 일차함수의 식은 $y=2x+8$

02-1 답 $y=-\dfrac{5}{3}x-5$

두 점 $(-3,\ 0),\ (0,\ -5)$를 지나므로

$(\text{기울기})=\dfrac{-5-0}{0-(-3)}=-\dfrac{5}{3}$

y절편이 -5이므로 구하는 일차함수의 식은 $y=-\dfrac{5}{3}x-5$

필수 유형 익히기 105쪽

01 $y=-3x+7$		**01-1** -1	
02 ④		**02-1** $y=\dfrac{2}{3}x-6$	
03 -25		**03-1** $y=\dfrac{3}{5}x+\dfrac{11}{5}$	
04 $y=-2x-6$		**04-1** 5	

01

$(\text{기울기})=\dfrac{-6}{2}=-3$이고, y절편이 7이므로 구하는 일차함수의 식은

$y=-3x+7$

01-1

기울기가 5이고, y절편이 3이므로 일차함수의 식은 $y=5x+3$

이 그래프가 점 $(k,\ -2)$를 지나므로

$-2=5\times k+3$ $\therefore k=-1$

02

$(\text{기울기})=\dfrac{-3}{6-2}=-\dfrac{3}{4}$

일차함수의 식을 $y=-\dfrac{3}{4}x+b$로 놓으면 이 그래프가 점

$(8,\ 2)$를 지나므로

$2=-\dfrac{3}{4}\times8+b$ $\therefore b=8$

따라서 구하는 일차함수의 식은

$y=-\dfrac{3}{4}x+8$

02-1

두 점 $(3,\ 0),\ (0,\ -2)$를 지나는 직선과 평행하므로

$(\text{기울기})=\dfrac{-2-0}{0-3}=\dfrac{2}{3}$

일차함수의 식을 $y=\dfrac{2}{3}x+b$로 놓으면 이 그래프가 점

$(6,\ -2)$를 지나므로

$-2=\dfrac{2}{3}\times6+b$ $\therefore b=-6$

따라서 구하는 일차함수의 식은

$y=\dfrac{2}{3}x-6$

03

두 점 $(1, -2), (4, 7)$을 지나므로

$(기울기)=\dfrac{7-(-2)}{4-1}=3$ $\therefore a=3$

y절편이 c이므로 일차함수의 식은 $y=3x+c$

이 그래프가 점 $(1, -2)$를 지나므로

$-2=3\times1+c$ $\therefore c=-5$

일차함수의 식이 $y=3x-5$이므로 x절편은 $\dfrac{5}{3}$이다.

$\therefore b=\dfrac{5}{3}$

$\therefore abc=3\times\dfrac{5}{3}\times(-5)=-25$

03-1

두 점 $(-2, 1), (3, 4)$를 지나므로

$(기울기)=\dfrac{4-1}{3-(-2)}=\dfrac{3}{5}$

구하는 일차함수의 식을 $y=\dfrac{3}{5}x+b$로 놓으면 이 그래프가 점 $(-2, 1)$을 지나므로

$1=\dfrac{3}{5}\times(-2)+b$ $\therefore b=\dfrac{11}{5}$

따라서 구하는 일차함수의 식은

$y=\dfrac{3}{5}x+\dfrac{11}{5}$

04

$y=-3x-9$의 그래프의 x절편은 -3이다.

즉, 구하는 일차함수의 그래프는 두 점 $(-3, 0), (0, -6)$을 지나므로

$(기울기)=\dfrac{-6-0}{0-(-3)}=-2$

y절편이 -6이로 구하는 일차함수의 식은

$y=-2x-6$

04-1

두 점 $(-2, 0), (0, -5)$를 지나므로

$(기울기)=\dfrac{-5-0}{0-(-2)}=-\dfrac{5}{2}$

y절편이 -5이므로 일차함수의 식은 $y=-\dfrac{5}{2}x-5$

이 그래프가 점 $(-4, k)$를 지나므로

$k=-\dfrac{5}{2}\times(-4)-5=5$

04 일차함수의 활용

개념 **15**　　　　　　　　　　106쪽

개념 check

01 답 (1) $y=12-0.4x$ (2) 8 cm

(2) $x=10$을 $y=12-0.4x$에 대입하면 $y=12-0.4\times10=8$
따라서 불을 붙인 지 10분 후에 남아 있는 초의 길이는
8 cm이다.

01-1 답 14 cm

20 g인 추를 달았을 때 5 cm가 늘어났으므로 1 g인 추를 달 때마다 $\dfrac{5}{20}$ cm, 즉 $\dfrac{1}{4}$ cm씩 늘어난다.

추의 무게가 x g일 때, 용수철의 길이를 y cm라 하면

$y=\dfrac{1}{4}x+10$

$x=16$을 $y=\dfrac{1}{4}x+10$에 대입하면 $y=\dfrac{1}{4}\times16+10=14$

따라서 무게가 16 g인 추를 달았을 때, 용수철의 길이는 14 cm이다.

02 답 (1) $y=5x+100$ (2) 250 L

(2) $x=30$을 $y=5x+100$에 대입하면 $y=5\times30+100=250$
따라서 물을 넣기 시작한 지 30분 후에 수영장에 들어 있는 물의 양은 250 L이다.

02-1 답 96 L

5분에 10 L씩 물이 흘러나오므로 1분에 2 L씩 물이 흘러나온다.
x분 후에 물통에 남아 있는 물의 양을 y L라 하면
$y=120-2x$
$x=12$를 $y=120-2x$에 대입하면 $y=120-2\times12=96$
따라서 물이 흘러나오기 시작한 지 12분 후에 물통에 남아 있는 물의 양은 96 L이다.

필수 유형 익히기　　　　107쪽

01 34 m		**01-1** 48분 후
02 50 L		**02-1** 21분 후
03 70분 후		**03-1** 3시간
04 6초 후		**04-1** 3초 후

01

x초 후의 엘리베이터의 높이를 y m라 하면

$y=50-2x$

$x=8$을 $y=50-2x$에 대입하면

$y=50-2\times8=34$

따라서 8초 후의 엘리베이터의 높이는 34 m이다.

01-1

4분이 지날 때마다 $3\,^{\circ}\mathrm{C}$씩 내려가므로 1분이 지날 때마다

$\dfrac{3}{4}\,^{\circ}\mathrm{C}$씩 내려간다.

x분 후의 물의 온도를 $y\,^{\circ}\mathrm{C}$라 하면

$y=80-\dfrac{3}{4}x$

$y=44$를 $y=80-\dfrac{3}{4}x$에 대입하면

$44=80-\dfrac{3}{4}x$　　$\therefore\ x=48$

따라서 물의 온도가 $44\,^{\circ}\mathrm{C}$가 되는 것은 실온에 둔 지 48분 후이다.

02

x분 후의 남아 있는 물의 양을 y L라 하면

$y=100-2x$

$x=25$를 $y=100-2x$에 대입하면

$y=100-2\times25=50$

따라서 25분 후 남아 있는 물의 양은 50 L이다.

02-1

3분에 8 L씩 물을 넣으므로 1분에 $\dfrac{8}{3}$ L씩 물을 넣는다.

x분 후에 물탱크에 들어 있는 물의 양을 y L라 하면

$y=\dfrac{8}{3}x+40$

$y=96$을 $y=\dfrac{8}{3}x+40$에 대입하면

$96=\dfrac{8}{3}x+40$　　$\therefore\ x=21$

따라서 물의 양이 96 L가 되는 것은 물을 넣기 시작한 지 21분 후이다.

03

1시간 동안 6 km를 달리므로 1분 동안 $\dfrac{6}{60}$ km, 즉 $\dfrac{1}{10}$ km 를 달린다.

출발한 지 x분 후에 결승점까지 남은 거리를 y km라 하면

$y=10-\dfrac{1}{10}x$

$y=3$을 $y=10-\dfrac{1}{10}x$에 대입하면

$3=10-\dfrac{1}{10}x$　　$\therefore\ x=70$

따라서 결승점까지 남은 거리가 3 km가 되는 것은 출발한 지 70분 후이다.

03-1

출발한 지 x시간 후에 캠핑장까지 남은 거리를 y km라 하면

$y=270-90x$

$y=0$을 $y=270-90x$에 대입하면

$0=270-90x$　　$\therefore\ x=3$

따라서 서진이가 캠핑장까지 가는 데 걸리는 시간은 3시간이다.

04

x초 후에 $\overline{\mathrm{BP}}=2x$ cm이므로 x초 후의 $\triangle\mathrm{ABP}$의 넓이를 $y\,\mathrm{cm^2}$라 하면

$y=\dfrac{1}{2}\times2x\times15$　　$\therefore\ y=15x$

$y=90$을 $y=15x$에 대입하면

$90=15x$　　$\therefore\ x=6$

따라서 $\triangle\mathrm{ABP}$의 넓이가 $90\,\mathrm{cm^2}$가 되는 것은 6초 후이다.

04-1

x초 후에 $\overline{\mathrm{AP}}=(22-3x)$ cm이므로 x초 후의 $\triangle\mathrm{APC}$의 넓이를 $y\,\mathrm{cm^2}$라 하면

$y=\dfrac{1}{2}\times(22-3x)\times16$

$\therefore\ y=-24x+176$

$y=104$를 $y=-24x+176$에 대입하면

$104=-24x+176$　　$\therefore\ x=3$

따라서 $\triangle\mathrm{APC}$의 넓이가 $104\,\mathrm{cm^2}$가 되는 것은 3초 후이다.

서술형 꽉잡기　　108~109쪽

01 9	**01-1** 45	**02** 18	**02-1** 54
03 2	**03-1** 3		
04 33 L	**04-1** 640 km		

01

①단계 평행이동한 그래프의 식 구하기   ◀ 30 %

$y=-2x+a$의 그래프를 y축의 방향으로 -2만큼 평행이동한
그래프의 식은

$y=\boxed{-2x+a-2}$

②단계 a, b의 값 구하기   ◀ 50 %

이 그래프가 $y=2bx+8$의 그래프와 일치하므로

$-2=\boxed{2b}$, $a-2=8$

$\therefore\ a=\boxed{10}$, $b=\boxed{-1}$

③단계 $a+b$의 값 구하기   ◀ 20 %

$\therefore\ a+b=\boxed{10}+(\boxed{-1})=\boxed{9}$

01-1

①단계 평행이동한 그래프의 식 구하기   ◀ 30 %

$y=4x+a$의 그래프를 y축의 방향으로 6만큼 평행이동한 그래
프의 식은

$y=4x+a+6$

②단계 a, b의 값 구하기   ◀ 50 %

이 그래프가 $y=(b-1)x+3b$의 그래프와 일치하므로

$4=b-1$, $a+6=3b$

$\therefore\ a=9$, $b=5$

③단계 ab의 값 구하기   ◀ 20 %

$\therefore\ ab=9\times5=45$

02

①단계 두 일차함수의 그래프 그리기   ◀ 60 %

$y=-x+3$의 x절편은 $\boxed{3}$, y절편은 3이고

$y=\dfrac{1}{3}x+3$의 x절편은 $\boxed{-9}$, y절편은 3이므로 두 일차함수의

그래프는 다음 그림과 같다.

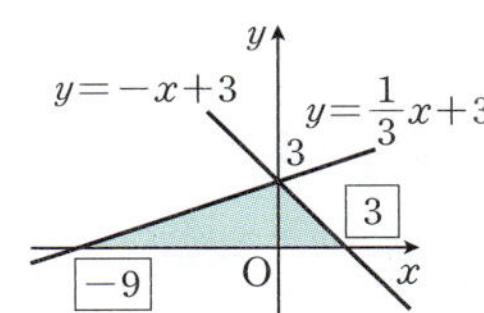

②단계 삼각형의 넓이 구하기   ◀ 40 %

따라서 구하는 넓이는 $\dfrac{1}{2}\times\boxed{12}\times3=\boxed{18}$

02-1

①단계 두 일차함수의 그래프 그리기   ◀ 60 %

$y=x-6$의 x절편은 6, y절편은 -6이고

$y=-2x+12$의 x절편은 6, y절편은 12이므로

두 일차함수의 그래프는 다음 그림과 같다.

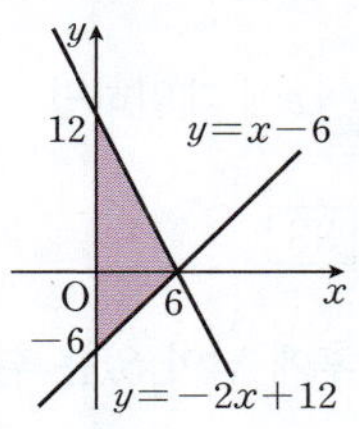

②단계 삼각형의 넓이 구하기   ◀ 40 %

따라서 구하는 넓이는 $\dfrac{1}{2}\times18\times6=54$

03

①단계 a의 값 구하기   ◀ 40 %

$y=ax+3$과 $y=2x+\dfrac{1}{5}$의 그래프가 서로 평행하므로

$a=\boxed{2}$

②단계 b의 값 구하기   ◀ 40 %

$y=\boxed{2}x+3$의 그래프가 점 $(-1,\ b)$를 지나므로

$b=\boxed{2}\times(-1)+3=\boxed{1}$

③단계 ab의 값 구하기   ◀ 20 %

$\therefore\ ab=\boxed{2}\times\boxed{1}=\boxed{2}$

03-1

①단계 a의 값 구하기   ◀ 40 %

$y=-ax+2$와 $y=\dfrac{1}{3}x+1$의 그래프가 서로 평행하므로

$a=-\dfrac{1}{3}$

②단계 b의 값 구하기   ◀ 40 %

$y=\dfrac{1}{3}x+2$의 그래프가 점 $(4,\ b)$를 지나므로 $b=\dfrac{10}{3}$

③단계 $a+b$의 값 구하기   ◀ 20 %

$\therefore\ a+b=-\dfrac{1}{3}+\dfrac{10}{3}=3$

04

①단계 x와 y 사이의 관계식 구하기   ◀ 50 %

15 km를 달리는 데 1 L의 휘발유가 소모되므로 1 km를 달리

는 데 $\boxed{\dfrac{1}{15}}$ L의 휘발유가 소모된다.

$\therefore\ y=38-\boxed{\dfrac{1}{15}}x$

$x=75$를 $y=38-\dfrac{1}{15}x$에 대입하면

$y=38-\dfrac{1}{15}\times75=33$

따라서 75 km를 달린 후에 남아 있는 휘발유의 양은 33 L이다.

04-1

1 단계 x와 y 사이의 관계식 구하기 ◀ 50 %

1 L의 휘발유로 16 km를 달릴 수 있으므로 $\dfrac{1}{16}$ L의 휘발유로 1 km를 달릴 수 있다.

$\therefore\ y=40-\dfrac{1}{16}x$

2 단계 휘발유를 모두 사용할 때까지 자동차가 달릴 수 있는 거리 구하기 ◀ 50 %

$y=0$을 $y=40-\dfrac{1}{16}x$에 대입하면

$0=40-\dfrac{1}{16}x\qquad\therefore\ x=640$

따라서 휘발유를 모두 사용할 때까지 자동차가 달릴 수 있는 거리는 640 km이다.

단원 마무리하기 110~112쪽

01 ②	**02** $-\dfrac{2}{3}$	**03** ㄷ, ㅂ	**04** 12
05 -3	**06** -12	**07** 5	**08** 5	**09** ①
10 -2	**11** $\dfrac{9}{2}$	**12** ②	**13** 제2사분면	**14** 1
15 ①	**16** -4	**17** $\dfrac{20}{3}$	**18** ①	**19** 14시간 후
20 $\dfrac{1}{2}\le a\le2$	**21** (1) $y=-\dfrac{2}{5}x+27$ (2) 15초 후		

01 ② $x=5$일 때, $y=1$, 3으로 y의 값이 하나로 정해지지 않으므로 y는 x의 함수가 아니다.

02 $f(-1)=-\dfrac{a}{-1}=a$이므로

$a=2$

따라서 $f(x)=-\dfrac{2}{x}$이므로

$f(3)=-\dfrac{2}{3}$

03 ㄱ. x항이 없으므로 y는 x에 대한 일차함수가 아니다.

ㄴ, ㅁ. $y=(x$에 대한 이차식) 꼴이므로 y는 x에 대한 일차함수가 아니다.

ㄹ. x가 분모에 있으므로 y는 x에 대한 일차함수가 아니다.

04 $f(-1)=-2+k$이므로

$-2+k=0\qquad\therefore\ k=2$

즉, $f(x)=2x+2$이므로

$f(1)=2\times1+2=4,\ f(3)=2\times3+2=8$

$\therefore\ f(1)+f(3)=4+8=12$

05 $y=-2x+k$의 그래프를 y축의 방향으로 -1만큼 평행이동한 그래프의 식은

$y=-2x+k-1$

이 그래프가 점 $(-3,\ 2)$를 지나므로

$2=-2\times(-3)+k-1\qquad\therefore\ k=-3$

06 $y=-2x+m$의 그래프가 $y=-\dfrac{1}{3}x-2$의 그래프와 x축 위에서 만나므로 두 그래프의 x절편이 같다.

$y=-\dfrac{1}{3}x-2$에서 $y=0$일 때,

$0=-\dfrac{1}{3}x-2\qquad\therefore\ x=-6$

즉, $y=-\dfrac{1}{3}x-2$의 그래프의 x절편은 -6이다.

$y=-2x+m$의 그래프의 x절편도 -6이므로

$0=-2\times(-6)+m\qquad\therefore\ m=-12$

07 1 단계 a의 값 구하기 ◀ 40 %

$(기울기)=\dfrac{-9}{3}=-3$이므로 $a=-3$

2 단계 b의 값 구하기 ◀ 40 %

$y=-3x-5$의 그래프가 점 $(b,\ 19)$를 지나므로

$19=-3\times b-5\qquad\therefore\ b=-8$

$\therefore a-b=-3-(-8)=5$

08 두 점 $(-1,\ -4),\ (k,\ -2)$를 지나므로

$(기울기)=\dfrac{-2-(-4)}{k-(-1)}=\dfrac{1}{3}$

$k+1=6$ $\therefore k=5$

09 $y=\dfrac{4}{5}x+8$의 그래프의 x절편은 -10, y절편은 8이므로

그래프는 ①이다.

10 $y=ax-8$의 그래프의 x절편은 $\dfrac{8}{a}$, y절

편은 -8이므로 $a<0$일 때, 그 그래프는 오른

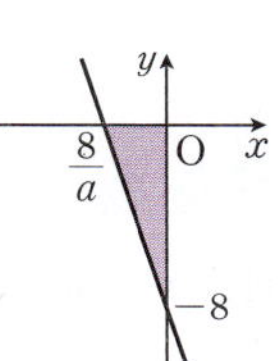

쪽 그림과 같다.

이때 $\dfrac{1}{2}\times\left|\dfrac{8}{a}\right|\times|-8|=16$이므로

$|a|=2$ $\therefore a=-2$

11 세 점이 한 직선 위에 있으므로 두 점 $(-1,\ 1-2k)$, $(3,\ 4)$를 지나는 직선의 기울기와 두 점 $(3,\ 4),\ (5,\ 2k+1)$을 지나는 직선의 기울기가 같다.

즉, $\dfrac{4-(1-2k)}{3-(-1)}=\dfrac{(2k+1)-4}{5-3}$이므로

$\dfrac{2k+3}{4}=\dfrac{2k-3}{2},\ 4k+6=8k-12$

$-4k=-18$ $\therefore k=\dfrac{9}{2}$

12 ② $y=-\dfrac{3}{4}x-6$에서 $y=0$일 때,

$0=-\dfrac{3}{4}x-6$ $\therefore x=-8$

따라서 x절편은 -8이다.

13 주어진 그래프가 오른쪽 위로 향하므로

$a>0$ $\therefore -a<0$

y축과 양의 부분에서 만나므로 $b>0$

따라서 $y=bx-a$의 그래프는 오른쪽 그림과

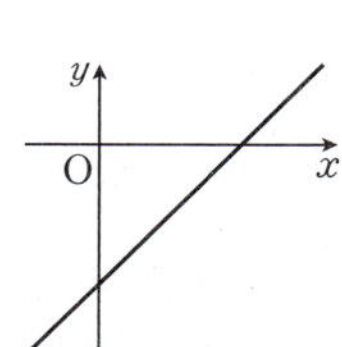

같으므로 제2사분면을 지나지 않는다.

14 기울기가 같아야 하므로

$m=3m-2,\ -2m=-2$ $\therefore m=1$

15 두 점 $(-4,\ 0),\ (0,\ 3)$을 지나는 직선과 평행하므로

$(기울기)=\dfrac{3-0}{0-(-4)}=\dfrac{3}{4}$

일차함수의 식을 $y=\dfrac{3}{4}x+b$로 놓으면 이 그래프가 점

$(4,\ -1)$을 지나므로

$-1=\dfrac{3}{4}\times4+b$ $\therefore b=-4$

따라서 구하는 일차함수의 식은 $y=\dfrac{3}{4}x-4$

16 ① 단계 두 점을 지나는 일차함수의 그래프의 식 구하기

◀ 40 %

두 점 $(-2,\ 4),\ (6,\ -8)$을 지나므로

$(기울기)=\dfrac{-8-4}{6-(-2)}=-\dfrac{3}{2}$

일차함수의 식을 $y=-\dfrac{3}{2}x+b$로 놓으면 이 그래프가 점

$(-2,\ 4)$를 지나므로

$4=-\dfrac{3}{2}\times(-2)+b$ $\therefore b=1$

$\therefore y=-\dfrac{3}{2}x+1$

② 단계 평행이동한 그래프의 식 구하기 ◀ 30 %

이 그래프를 y축의 방향으로 -5만큼 평행이동한 그래프의 식은

$y=-\dfrac{3}{2}x+1-5$ $\therefore y=-\dfrac{3}{2}x-4$

③ 단계 k의 값 구하기 ◀ 30 %

이 그래프가 점 $(k,\ 2)$를 지나므로

$2=-\dfrac{3}{2}k-4,\ \dfrac{3}{2}k=-6$ $\therefore k=-4$

17 두 점 $(-3,\ 0),\ (0,\ 5)$를 지나므로

$(기울기)=\dfrac{5-0}{0-(-3)}=\dfrac{5}{3}$ $\therefore a=\dfrac{5}{3}$

y절편이 5이므로 $b=5$

일차함수 $y=5x+\dfrac{5}{3}$의 기울기는 5이고, y절편은 $\dfrac{5}{3}$이므로 구

하는 합은

$5+\dfrac{5}{3}=\dfrac{20}{3}$

18 기온이 $3\,^\circ\mathrm{C}$ 올라갈 때마다 소리의 속력은 초속 $1.8\,\mathrm{m}$씩 증가하므로 기온이 $1\,^\circ\mathrm{C}$ 올라갈 때마다 소리의 속력은 초속 $0.6\,\mathrm{m}$씩 증가한다.

기온이 $x\,^\circ\mathrm{C}$일 때, 소리의 속력을 초속 $y\,\mathrm{m}$라 하면

$y=0.6x+331$

$x=23$을 $y=0.6x+331$에 대입하면

$y=0.6\times23+331=344.8$

따라서 기온이 $23\,^\circ\mathrm{C}$일 때, 소리의 속력은 초속 $344.8\,\mathrm{m}$이다.

19 x시간 후의 태풍과 B 지점 사이의 거리를 $y\,\mathrm{km}$라 하면

$y=350-25x$

$y=0$을 $y=350-25x$에 대입하면

$0=350-25x$　　$\therefore\ x=14$

따라서 태풍이 B 지점에 도달하는 것은 A 지점을 출발한 지 14시간 후이다.

20 $y=ax+1$의 그래프는 a의 값에 관계없이 항상 점 $(0,\ 1)$을 지나므로 오른쪽 그림에서

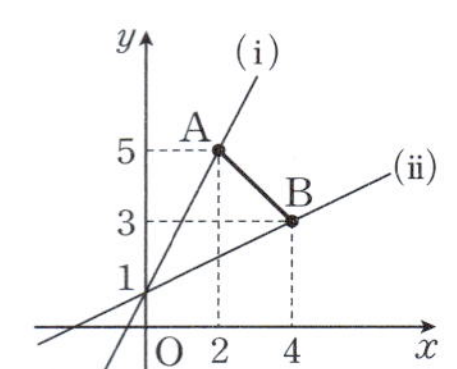

(ⅰ) $y=ax+1$의 그래프가 점 $\mathrm{A}(2,\ 5)$를 지날 때,

　　$5=2a+1,\ -2a=-4$

　　$\therefore\ a=2$

(ⅱ) $y=ax+1$의 그래프가 점 $\mathrm{B}(4,\ 3)$을 지날 때,

　　$3=4a+1,\ -4a=-2$

　　$\therefore\ a=\dfrac{1}{2}$

(ⅰ), (ⅱ)에서 $\dfrac{1}{2}\leq a\leq2$

21 (1) x초 후에 $\overline{\mathrm{BP}}=\dfrac{2}{5}x\,\mathrm{cm}$, $\overline{\mathrm{DP}}=\left(9-\dfrac{2}{5}x\right)\mathrm{cm}$이므로

$y=\dfrac{1}{2}\times\dfrac{2}{5}x\times4+\dfrac{1}{2}\times\left(9-\dfrac{2}{5}x\right)\times6$

$\therefore\ y=-\dfrac{2}{5}x+27$

(2) $y=21$을 $y=-\dfrac{2}{5}x+27$에 대입하면

$21=-\dfrac{2}{5}x+27$　　$\therefore\ x=15$

따라서 $\triangle\mathrm{ABP}$와 $\triangle\mathrm{CPD}$의 넓이의 합이 $21\,\mathrm{cm}^2$가 되는 것은 15초 후이다.

7　일차함수와 일차방정식의 관계

01 일차함수와 일차방정식

개념 1　　　　　　　　　114쪽

개념 check

01 답 (1) $y=4x+7$　(2) $y=\dfrac{1}{5}x+\dfrac{3}{5}$

01-1 답 (1) $y=-\dfrac{1}{3}x+3$　(2) $y=2x-\dfrac{1}{2}$

02 답 (1) x절편: -4, y절편: -2　(2) 풀이 참조

(1) $x+2y+4=0$에서 $2y=-x-4$

　　$\therefore\ y=-\dfrac{1}{2}x-2$

　　$y=0$을 이 식에 대입하면

　　$0=-\dfrac{1}{2}x-2$　　$\therefore\ x=-4$

　　따라서 x절편은 -4, y절편은 -2이다.

(2) 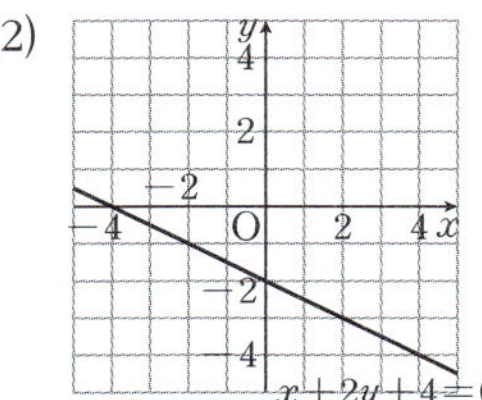

02-1 답 (1) 풀이 참조　(2) 풀이 참조

(1) $4x-y-4=0$에서 $y=4x-4$

　　$y=0$을 이 식에 대입하면

　　$0=4x-4$　　$\therefore\ x=1$

　　따라서 x절편은 1, y절편은 -4이므로 그래프는 오른쪽 그림과 같다.

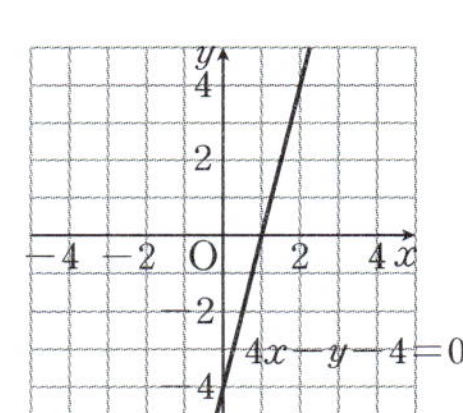

(2) $2x+3y-6=0$에서 $3y=-2x+6$

　　$\therefore\ y=-\dfrac{2}{3}x+2$

　　$y=0$을 이 식에 대입하면

　　$0=-\dfrac{2}{3}x+2$　　$\therefore\ x=3$

　　따라서 x절편은 3, y절편은 2이므로 그래프는 오른쪽 그림과 같다.

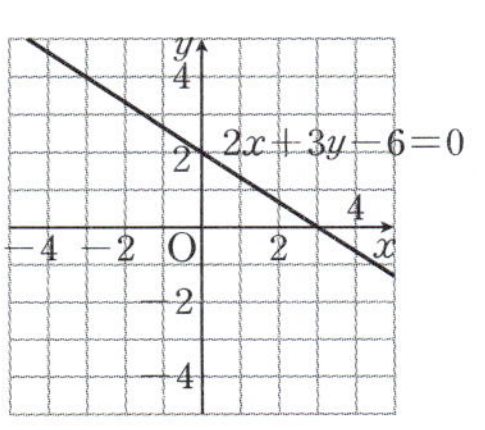

개념 2

개념 Bridge 답 ① 3, y ② -4, x

개념 check

01 답 (1) 풀이 참조 (2) 풀이 참조
　　　 (3) 풀이 참조 (4) 풀이 참조

(1) $x-1=0$에서 $x=1$
(2) $y+5=2$에서 $y=-3$
(3) $2x+1=-5$에서 $2x=-6$
　 $\therefore x=-3$
(4) $3y-12=0$에서 $3y=12$
　 $\therefore y=4$

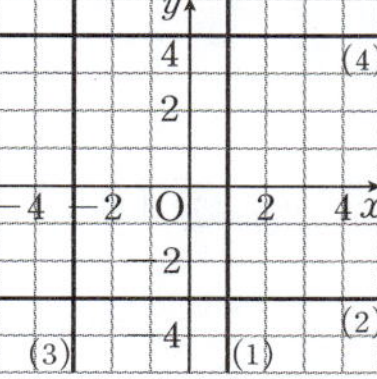

01-1 답 (1) 풀이 참조 (2) 풀이 참조
　　　　 (3) 풀이 참조 (4) 풀이 참조

(1) $x+4=0$에서 $x=-4$
(2) $y-6=-4$에서 $y=2$
(3) $2x-4=0$에서 $2x=4$
　 $\therefore x=2$
(4) $3y+5=2$에서 $3y=-3$
　 $\therefore y=-1$

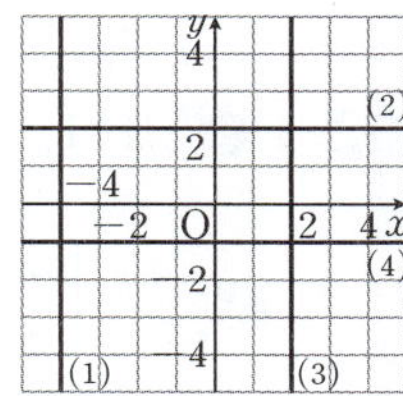

02 답 $x=-5$

y축에 평행한 직선의 방정식은 $x=(수)$ 꼴이고 점 $(-5, 3)$을 지나므로
$x=-5$

02-1 답 (1) $y=4$ (2) $x=-1$

(1) x축에 평행한 직선의 방정식은 $y=(수)$ 꼴이고 점 $(-7, 4)$를 지나므로
　 $y=4$
(2) 두 점 $(-1, 2)$, $(-1, 6)$의 x좌표가 모두 -1이므로
　 $x=-1$

필수 유형 익히기

116~117쪽

01 ④	**01-1** ⑤	**02** ④	**02-1** 4
03 ②	**03-1** ①		
04 $x=-3$, $y=1$		**04-1** $y=-6$	
05 ①	**05-1** (1) 3 (2) $x=5$		
06 ④	**06-1** ②		

01

$6x-4y+1=0$에서 $y=\dfrac{3}{2}x+\dfrac{1}{4}$

01-1

$2x-y+3=0$에서 $y=2x+3$
따라서 $2x-y+3=0$의 그래프의 기울기는 2, y절편은 3이므로 그 그래프는 ⑤이다.

02

④ $x=3$, $y=5$를 $3x+y-4=0$에 대입하면
　 $9+5-4\neq0$

02-1

$4x-y+12=0$의 그래프가 점 $(-2, a)$를 지나므로
$-8-a+12=0$ 　 $\therefore a=4$

03

직선 $5x+y=7$, 즉 $y=-5x+7$과 이 직선과 평행한 직선의 기울기는 -5이다.
구하는 직선의 방정식을 $y=-5x+b$로 놓으면 이 직선이 점 $(2, 0)$을 지나므로
$0=-10+b$ 　 $\therefore b=10$
따라서 구하는 직선의 방정식은
$y=-5x+10$, 즉 $5x+y-10=0$

03-1

두 점 $(2, 4)$, $(3, 7)$을 지나므로
$(기울기)=\dfrac{7-4}{3-2}=3$
구하는 직선의 방정식을 $y=3x+b$로 놓으면 이 직선이 점 $(2, 4)$를 지나므로
$4=6+b$ 　 $\therefore b=-2$
따라서 구하는 직선의 방정식은
$y=3x-2$, 즉 $3x-y-2=0$

04

x축에 수직인 직선의 방정식은 $x=(수)$ 꼴이고 점 $(-3, 1)$을 지나므로
$x=-3$

y축에 수직인 직선의 방정식은 $y=(수)$ 꼴이고 점 $(-3,\ 1)$을 지나므로
$y=1$

04-1

$y+7=0$에서 $y=-7$
이 직선에 평행한 직선의 방정식은 $y=(수)$ 꼴이고 점 $(5,\ -6)$을 지나므로
$y=-6$

05

y좌표가 같아야 하므로
$2a+1=-1,\ 2a=-2$　　$\therefore\ a=-1$

05-1

(1) x좌표가 같아야 하므로
　　$a+2=4a-7,\ -3a=-9$　　$\therefore\ a=3$
(2) 두 점 $\mathrm{A}(5,\ 1)$, $\mathrm{B}(5,\ -3)$의 x좌표가 모두 5이므로
　　$x=5$

06

$ax-y+b=0$에서 $y=ax+b$
주어진 그래프에서 $a<0$, $b<0$
$ax+by-1=0$에서 $y=-\dfrac{a}{b}x+\dfrac{1}{b}$

$a<0$, $b<0$이므로 $-\dfrac{b}{a}<0$, $\dfrac{1}{b}<0$

따라서 $ax+by-1=0$의 그래프로 알맞은 것은 ④이다.

06-1

$x+ay+b=0$에서 $y=-\dfrac{1}{a}x-\dfrac{b}{a}$

주어진 그래프에서 $-\dfrac{1}{a}<0$, $-\dfrac{b}{a}>0$이므로

$a>0$, $b<0$

02 두 일차함수의 그래프와 연립일차방정식

개념 3
118쪽

개념 Bridge　답 2, 1

개념 check

01　답 $x=2$, $y=-1$

01-1　답 (1) $x=-1$, $y=-1$　(2) $x=0$, $y=2$

02　답 $(1,\ 2)$

연립방정식 $\begin{cases} x-3y=-5 \\ 5x-2y=1 \end{cases}$ 의 해가 $x=1$, $y=2$이므로

두 그래프의 교점의 좌표는 $(1,\ 2)$이다.

02-1　답 (1) $(1,\ 3)$　(2) $\left(4,\ \dfrac{9}{2}\right)$

(1) 연립방정식 $\begin{cases} 2x+y=5 \\ 2x-y=-1 \end{cases}$ 의 해가 $x=1$, $y=3$이므로

　　두 그래프의 교점의 좌표는 $(1,\ 3)$이다.

(2) 연립방정식 $\begin{cases} -x+2y=5 \\ 3x-4y=-6 \end{cases}$ 의 해가 $x=4$, $y=\dfrac{9}{2}$이므로

　　두 그래프의 교점의 좌표는 $\left(4,\ \dfrac{9}{2}\right)$이다.

개념 4
119~120쪽

개념 Bridge　답 없다, 많다

개념 check

01　답 (1) 풀이 참조　(2) 해가 없다.

(1)

01-1 답 (1) 그래프는 풀이 참조, 해가 없다.
(2) 그래프는 풀이 참조, 해가 무수히 많다.

(1) 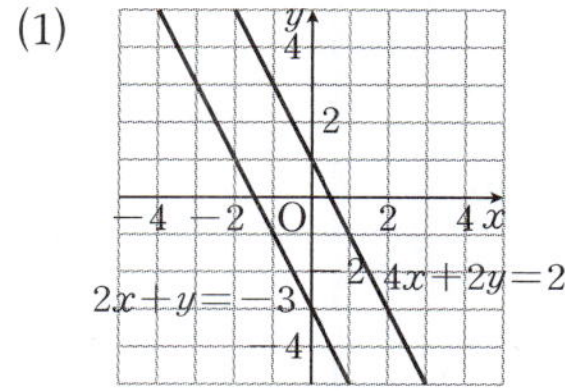

(2) 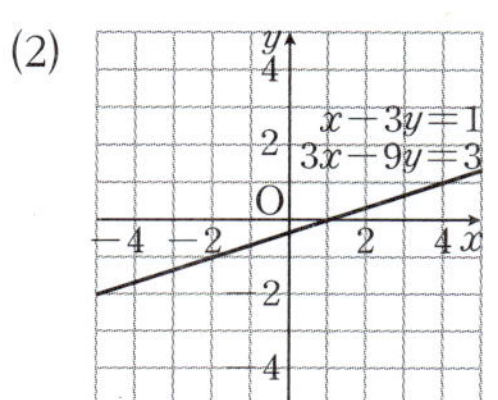

01-2 답 (1) ㄱ (2) ㄷ (3) ㄴ

ㄱ. $2x-y=1$에서 $y=2x-1$

$x+2y=3$에서 $y=-\dfrac{1}{2}x+\dfrac{3}{2}$

ㄴ. $x-y=2$에서 $y=x-2$

$2x-2y=-3$에서 $y=x+\dfrac{3}{2}$

ㄷ. $3x+y=2$에서 $y=-3x+2$

$6x+2y=4$에서 $y=-3x+2$

02 답 (1) $a\neq-2$ (2) $a=-2$, $b\neq-6$
(3) $a=-2$, $b=-6$

$ax+y=3$에서 $y=-ax+3$

$4x-2y=b$에서 $y=2x-\dfrac{b}{2}$

(1) 연립방정식의 해가 한 쌍이려면 두 그래프의 기울기가 달라
야 하므로
$-a\neq2$ ∴ $a\neq-2$

(2) 연립방정식의 해가 없으려면 두 그래프의 기울기는 같고, y
절편은 달라야 하므로
$-a=2$, $3\neq-\dfrac{b}{2}$ ∴ $a=-2$, $b\neq-6$

(3) 연립방정식의 해가 무수히 많으려면 두 그래프의 기울기와 y
절편이 각각 같아야 하므로
$-a=2$, $3=-\dfrac{b}{2}$ ∴ $a=-2$, $b=-6$

02-1 답 (1) $a\neq-4$ (2) $a=-4$, $b\neq-1$
(3) $a=-4$, $b=-1$

$ax+2y=2$에서 $y=-\dfrac{a}{2}x+1$

$2x-y=b$에서 $y=2x-b$

(1) 연립방정식의 해가 한 쌍이려면 두 그래프의 기울기가 달라
야 하므로
$-\dfrac{a}{2}\neq2$ ∴ $a\neq-4$

(2) 연립방정식의 해가 없으려면 두 그래프의 기울기는 같고, y
절편은 달라야 하므로
$-\dfrac{a}{2}=2$, $1\neq-b$ ∴ $a=-4$, $b\neq-1$

(3) 연립방정식의 해가 무수히 많으려면 두 그래프의 기울기와 y
절편이 각각 같아야 하므로
$-\dfrac{a}{2}=2$, $1=-b$ ∴ $a=-4$, $b=-1$

01	②	01-1	1	02	①	02-1	④
03	6	03-1	8	04	1	04-1	-2
05	0	05-1	-3	06	⑤	06-1	①
07	$\dfrac{2}{3}$	07-1	$-\dfrac{4}{5}$				

01

연립방정식 $\begin{cases} x+2y-1=0 \\ 2x-y+3=0 \end{cases}$ 의 해가 $x=-1$, $y=1$이므로

두 그래프의 교점의 좌표는 $(-1,\ 1)$이다.
따라서 $a=-1$, $b=1$이므로
$a-b=-1-1=-2$

01-1

연립방정식 $\begin{cases} x-y=5 \\ 3x+y=3 \end{cases}$ 의 해가 $x=2$, $y=-3$이므로

두 그래프의 교점의 좌표는 $(2,\ -3)$이다.
이 점이 일차함수 $y=2ax-7$의 그래프 위에 있으므로
$-3=4a-7$, $-4a=-4$ ∴ $a=1$

02

연립방정식 $\begin{cases} 3x+y+1=0 \\ 5x-2y-13=0 \end{cases}$ 의 해가 $x=1$, $y=-4$이므로

두 직선의 교점의 좌표는 $(1,\ -4)$이다.
기울기가 -1이므로 직선의 방정식을 $y=-x+b$로 놓으면 이
직선이 점 $(1,\ -4)$를 지나므로

$-4=-1+b$ $\therefore b=-3$

따라서 구하는 직선의 방정식은

$y=-x-3$, 즉 $x+y+3=0$

02-1

연립방정식 $\begin{cases} 3x-y-4=0 \\ x+2y+1=0 \end{cases}$ 의 해가 $x=1$, $y=-1$이므로 두

직선의 교점의 좌표는 $(1, -1)$이다.

두 점 $(1, -1)$, $(3, -5)$를 지나므로

$(기울기)=\dfrac{-5-(-1)}{3-1}=-2$

직선의 방정식을 $y=-2x+b$로 놓으면 이 직선이 점

$(1, -1)$을 지나므로

$-1=-2+b$ $\therefore b=1$

따라서 직선의 방정식은 $y=-2x+1$이므로 y절편은 1이다.

03

연립방정식 $\begin{cases} x-y+5=0 \\ x+2y-1=0 \end{cases}$ 의 해가 $x=-3$, $y=2$이므로 두

직선의 교점의 좌표는 $(-3, 2)$이다.

두 직선 $x-y+5=0$, $x+2y-1=0$의

x절편이 각각 -5, 1이므로 오른쪽 그림

에서 구하는 넓이는

$\dfrac{1}{2}\times 6\times 2=6$

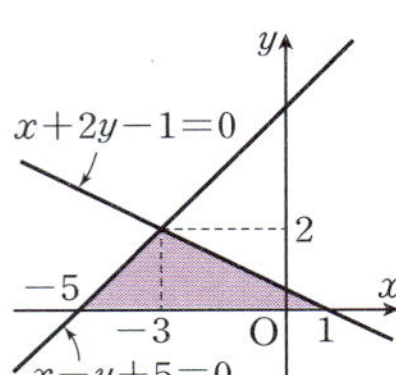

03-1

연립방정식 $\begin{cases} x+y-6=0 \\ 3x-y-2=0 \end{cases}$ 의 해가 $x=2$, $y=4$이므로 두 그

래프의 교점의 좌표는 $(2, 4)$이다.

두 일차방정식 $x+y-6=0$,

$3x-y-2=0$의 그래프의 y절편이 각각

6, -2이므로 오른쪽 그림에서 구하는 넓

이는

$\dfrac{1}{2}\times 8\times 2=8$

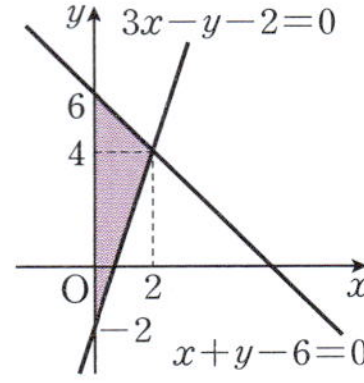

04

연립방정식 $\begin{cases} x+y=0 \\ 2x+y-2=0 \end{cases}$ 의 해가 $x=2$, $y=-2$이므로 세

직선의 교점의 좌표는 $(2, -2)$이다.

$x=2$, $y=-2$를 $ax-y-4=0$에 대입하면

$2a+2-4=0$, $2a=2$ $\therefore a=1$

04-1

연립방정식 $\begin{cases} 3x-y=0 \\ 3x+2y-9=0 \end{cases}$ 의 해가 $x=1$, $y=3$이므로 세 직

선의 교점의 좌표는 $(1, 3)$이다.

$x=1$, $y=3$을 $x-y-k=0$에 대입하면

$1-3-k=0$ $\therefore k=-2$

05

$ax-3y=1$에서 $y=\dfrac{a}{3}x-\dfrac{1}{3}$

$4x-6y=b$에서 $y=\dfrac{2}{3}x-\dfrac{b}{6}$

두 그래프의 기울기와 y절편이 각각 같아야 하므로

$\dfrac{a}{3}=\dfrac{2}{3}$, $-\dfrac{1}{3}=-\dfrac{b}{6}$ $\therefore a=2$, $b=2$

$\therefore b-a=2-2=0$

05-1

$x+ay=3$에서 $y=-\dfrac{1}{a}x+\dfrac{3}{a}$

$-3x+9y=b$에서 $y=\dfrac{1}{3}x+\dfrac{b}{9}$

두 그래프의 기울기와 y절편이 각각 같아야 하므로

$-\dfrac{1}{a}=\dfrac{1}{3}$, $\dfrac{3}{a}=\dfrac{b}{9}$ $\therefore a=-3$, $b=-9$

$y=0$을 $y=-3x-9$에 대입하면

$0=-3x-9$ $\therefore x=-3$

따라서 일차함수 $y=-3x-9$의 x절편은 -3이다.

06

$ax-2y=4$에서 $y=\dfrac{a}{2}x-2$

$2x+4y=b$에서 $y=-\dfrac{1}{2}x+\dfrac{b}{4}$

두 그래프의 기울기는 같고, y절편은 달라야 하므로

$\dfrac{a}{2}=-\dfrac{1}{2}$, $-2\neq\dfrac{b}{4}$ $\therefore a=-1$, $b\neq -8$

06-1

$3x+y=2$에서 $y=-3x+2$

$-9x-3y=a$에서 $y=-3x-\dfrac{a}{3}$

두 직선의 기울기는 같고, y절편은 달라야 하므로

$2\neq -\dfrac{a}{3}$ $\therefore a\neq -6$

따라서 수 a의 값이 될 수 없는 것은 ①이다.

07

$2x+3y-6=0$의 그래프의 x절편
은 3, y절편은 2이므로
A$(3, 0)$, B$(0, 2)$
오른쪽 그림에서

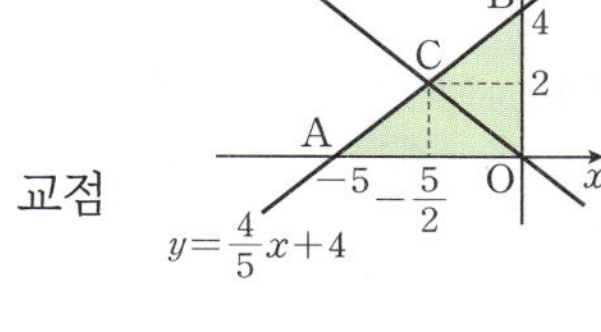

$$\triangle\text{OAB}=\frac{1}{2}\times 3\times 2=3$$

두 직선 $2x+3y-6=0$, $y=ax$의 교점을 C라 하자.

$\triangle\text{OAC}=\frac{1}{2}\triangle\text{OAB}=\frac{3}{2}$이므로 점 C의 y좌표를 k라 하면

$$\frac{1}{2}\times 3\times k=\frac{3}{2}$$

$$\therefore k=1$$

$y=1$을 $2x+3y-6=0$에 대입하면

$$2x+3-6=0,\ 2x=3\qquad \therefore x=\frac{3}{2}$$

$$\therefore \text{C}\left(\frac{3}{2},\ 1\right)$$

즉, 직선 $y=ax$가 점 $\left(\frac{3}{2},\ 1\right)$을 지나므로

$$1=\frac{3}{2}a\qquad \therefore a=\frac{2}{3}$$

07-1

직선 $y=\frac{4}{5}x+4$가 x축, y축과 만나는 점을 각각 A, B라 하면
직선 $y=\frac{4}{5}x+4$의 x절편은 -5, y절편은 4이므로
A$(-5, 0)$, B$(0, 4)$
오른쪽 그림에서

$$\triangle\text{AOB}=\frac{1}{2}\times 5\times 4=10$$

두 직선 $y=\frac{4}{5}x+4$, $y=ax$의 교점
을 C라 하자.

$\triangle\text{AOC}=\frac{1}{2}\triangle\text{AOB}=5$이므로 점 C의 y좌표를 k라 하면

$$\frac{1}{2}\times 5\times k=5$$

$$\therefore k=2$$

$y=2$를 $y=\frac{4}{5}x+4$에 대입하면

$$2=\frac{4}{5}x+4,\ \frac{4}{5}x=-2\qquad \therefore x=-\frac{5}{2}$$

$$\therefore \text{C}\left(-\frac{5}{2},\ 2\right)$$

즉, 직선 $y=ax$가 점 $\left(-\frac{5}{2},\ 2\right)$를 지나므로

$$2=-\frac{5}{2}a\qquad \therefore a=-\frac{4}{5}$$

01 $a=1,\ b=0$		**01-1** $a=0,\ b=-2$	
02 3		**02-1** -2	

01

1단계 점 $(3, -2)$를 지나고 y축에 평행한 직선의 방정식 구하기

◀ 40 %

y축에 평행한 직선의 방정식은 $x=$(수) 꼴이고 점 $(3, -2)$를
지나므로
$x=\boxed{3}$

2단계 일차방정식을 **1단계**의 식의 꼴로 정리하기   ◀ 30 %

$ax+by-3=0$에서 $x=\boxed{-\dfrac{b}{a}}y+\dfrac{3}{a}$

3단계 $a,\ b$의 값 구하기   ◀ 30 %

따라서 $0=\boxed{-\dfrac{b}{a}}$, $\boxed{3}=\dfrac{3}{a}$이므로

$a=\boxed{1},\ b=\boxed{0}$

01-1

1단계 점 $(7, 4)$를 지나고 x축에 평행한 직선의 방정식 구하기

◀ 40 %

x축에 평행한 직선의 방정식은 $y=$(수) 꼴이고 점 $(7, -4)$를
지나므로
$y=-4$

2단계 일차방정식을 **1단계**의 식의 꼴로 정리하기   ◀ 30 %

$ax-by+8=0$에서 $y=\dfrac{a}{b}x+\dfrac{8}{b}$

3단계 $a,\ b$의 값 구하기   ◀ 30 %

따라서 $0=\dfrac{a}{b}$, $-4=\dfrac{8}{b}$이므로

$a=0,\ b=-2$

02

①단계 두 일차방정식의 그래프의 교점의 좌표 구하기 ◀ 50 %

$y=-2$를 $2x-y-4=0$에 대입하면

$2x+\boxed{2}-4=0,\ 2x=\boxed{2}$ ∴ $x=\boxed{1}$

즉, 두 일차방정식의 그래프의 교점의 좌표는 ($\boxed{1}$, -2)이다.

②단계 a의 값 구하기 ◀ 50 %

$x=\boxed{1},\ y=-2$를 $5x+ay+1=0$에 대입하면

$\boxed{5}-2a+1=0,\ -2a=\boxed{-6}$ ∴ $a=\boxed{3}$

02-1

①단계 두 일차방정식의 그래프의 교점의 좌표 구하기 ◀ 50 %

$x=2$를 $x+y+1=0$에 대입하면

$2+y+1=0$ ∴ $y=-3$

즉, 두 일차방정식의 그래프의 교점의 좌표는 $(2, -3)$이다.

②단계 a의 값 구하기 ◀ 50 %

$x=2,\ y=-3$을 $x+ay-8=0$에 대입하면

$2-3a-8=0,\ -3a=6$ ∴ $a=-2$

단원 마무리하기 124~126쪽

01 ②, ④	**02** -3	**03** -1	**04** ①	**05** ③
06 ③	**07** 1	**08** ②	**09** 7	**10** 12	**11** $\frac{1}{2}$
12 $\frac{1}{2}$	**13** ④	**14** 6	**15** $-\frac{3}{2}$	
16 ①, ④		**17** 제3사분면	**18** ①	

19 (1) $-4,\ 6$ (2) -2 (3) $-4,\ -2,\ 6$

20 $\frac{18}{5}$분 후

01 $2x+3y-4=0$에서 $y=-\dfrac{2}{3}x+\dfrac{4}{3}$

① 기울기는 $-\dfrac{2}{3}$이다.

② $y=0$일 때, $x=2$이므로 x절편은 2이다.

③ y절편은 $\dfrac{4}{3}$이다.

④ 그래프는 오른쪽 그림과 같으므로 제 3사분면을 지나지 않는다.

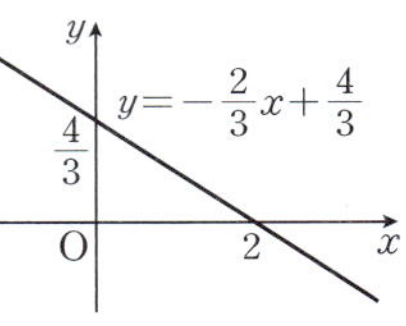

⑤ (기울기)<0이므로 x의 값이 증가하면 y의 값은 감소한다.

따라서 옳은 것은 ②, ④이다.

02 ①단계 a의 값 구하기 ◀ 40 %

일차방정식 $3x+5y=-2$의 그래프가 점 $(1, a)$를 지나므로

$3+5a=-2,\ 5a=-5$ ∴ $a=-1$

②단계 b의 값 구하기 ◀ 40 %

일차방정식 $3x+5y=-2$의 그래프가 점 $(b, 2)$를 지나므로

$3b+10=-2,\ 3b=-12$ ∴ $b=-4$

③단계 $b-a$의 값 구하기 ◀ 20 %

∴ $b-a=-4-(-1)=-3$

03 일차방정식 $ax+by-6=0$의 그래프가 점 $(3, 0)$을 지나므로

$3a-6=0$ ∴ $a=2$

일차방정식 $ax+by-6=0$의 그래프가 점 $(0, -2)$를 지나므로

$-2b-6=0$ ∴ $b=-3$

∴ $a+b=2+(-3)=-1$

(다른 풀이)

두 점 $(3, 0),\ (0, -2)$를 지나므로

(기울기)$=\dfrac{0-(-2)}{3-0}=\dfrac{2}{3}$

y절편이 -2이므로 구하는 직선의 방정식은

$y=\dfrac{2}{3}x-2$, 즉 $2x-3y-6=0$

따라서 $a=2,\ b=-3$이므로

$a+b=2+(-3)=-1$

04 $x+ay-b=0$에서 $y=-\dfrac{1}{a}x+\dfrac{b}{a}$

주어진 그래프에서 $-\dfrac{1}{a}<0,\ \dfrac{b}{a}>0$이므로

$a>0,\ b>0$

05 두 점 $(-4, 0),\ (0, 2)$를 지나므로

(기울기)$=\dfrac{2-0}{0-(-4)}=\dfrac{1}{2}$

이 직선과 평행한 직선의 기울기는 $\dfrac{1}{2}$이므로 구하는 직선의 방정식을 $y=\dfrac{1}{2}x+b$로 놓으면 이 직선이 점 $(9, 3)$을 지나므로

$3=\dfrac{9}{2}+b$ ∴ $b=-\dfrac{3}{2}$

따라서 구하는 직선의 방정식은

$y=\dfrac{1}{2}x-\dfrac{3}{2}$, 즉 $x-2y-3=0$

06 y축에 수직인 직선의 방정식은 $y=$(수) 꼴이고 점 $(4, -3)$을 지나므로

$y=-3$, 즉 $y+3=0$

07 x좌표가 같아야 하므로

$a-2=1-2a,\ 3a=3$　∴ $a=1$

08 x축에 평행한 직선의 방정식은 $y=$(수) 꼴이고 점 $(0, -5)$를 지나므로

$y=-5$

$ax-by-10=0$에서 $y=\dfrac{a}{b}x-\dfrac{10}{b}$이므로

$0=\dfrac{a}{b},\ -5=-\dfrac{10}{b}$

∴ $a=0,\ b=2$

즉, $bx+ay=4$에서 $2x=4$　∴ $x=2$

따라서 구하는 그래프는 ②이다.

09 $2x-6=0$에서 $x=3$, $y+k=0$에서 $y=-k$이므로 주어진 네 직선은 오른쪽 그림과 같다.

이때 네 직선으로 둘러싸인 도형의 넓이가 36이고 k가 양수이므로

$4\times\{2-(-k)\}=36$

$8+4k=36,\ 4k=28$

∴ $k=7$

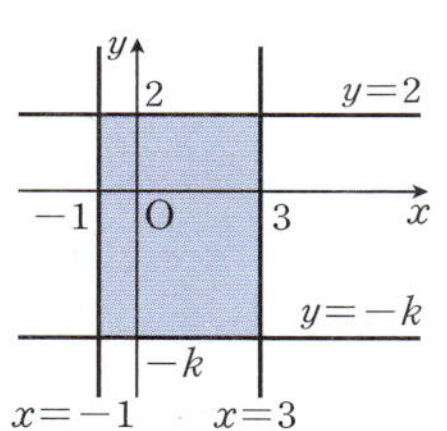

10 연립방정식 $\begin{cases} x-4y+3=0 \\ 2x-5y-9=0 \end{cases}$의 해가 $x=17$, $y=5$이므로 두 그래프의 교점의 좌표는 $(17, 5)$이다.

따라서 $a=17$, $b=5$이므로

$a-b=17-5=12$

11 ① 단계 연립방정식의 해 구하기　◀ 30 %

두 일차방정식의 그래프의 교점의 좌표가 $(2, -1)$이므로 연립방정식 $\begin{cases} x+ay=4 \\ bx-3y=8 \end{cases}$의 해는 $x=2$, $y=-1$이다.

② 단계 a의 값 구하기　◀ 30 %

$x=2$, $y=-1$을 일차방정식 $x+ay=4$에 대입하면

$2-a=4$　∴ $a=-2$

③ 단계 b의 값 구하기　◀ 30 %

$x=2$, $y=-1$을 일차방정식 $bx-3y=8$에 대입하면

$2b+3=8$　∴ $b=\dfrac{5}{2}$

④ 단계 $a+b$의 값 구하기　◀ 10 %

∴ $a+b=-2+\dfrac{5}{2}=\dfrac{1}{2}$

12 ① 단계 두 직선의 교점의 좌표 구하기　◀ 40 %

연립방정식 $\begin{cases} 2x-y=1 \\ 3x+2y=12 \end{cases}$의 해가 $x=2$, $y=3$이므로 두 직선의 교점의 좌표는 $(2, 3)$이다.

② 단계 교점을 지나고 y절편이 -1인 직선의 방정식 구하기　◀ 30 %

교점을 지나는 직선의 y절편이 -1이므로 직선의 방정식을 $y=ax-1$로 놓으면 이 직선이 점 $(2, 3)$을 지나므로

$3=2a-1,\ 2a=4$　∴ $a=2$

③ 단계 x절편 구하기　◀ 30 %

$y=0$을 $y=2x-1$에 대입하면

$0=2x-1$　∴ $x=\dfrac{1}{2}$

따라서 직선의 방정식은 $y=2x-1$이므로 x절편은 $\dfrac{1}{2}$이다.

13 연립방정식 $\begin{cases} x+4y+12=0 \\ -3x+2y-8=0 \end{cases}$의 해가 $x=-4$, $y=-2$이므로 두 그래프의 교점의 좌표는 $(-4, -2)$이다.

직선 $x-3y=12$, 즉 $y=\dfrac{1}{3}x-4$의 기울기가 $\dfrac{1}{3}$이므로 구하는 직선의 방정식을 $y=\dfrac{1}{3}x+b$로 놓으면 이 직선이 점 $(-4, -2)$를 지나므로

$-2=-\dfrac{4}{3}+b$　∴ $b=-\dfrac{2}{3}$

따라서 구하는 직선의 방정식은

$y=\dfrac{1}{3}x-\dfrac{2}{3}$, 즉 $x-3y-2=0$

14 연립방정식 $\begin{cases} x+y=4 \\ 2x-y=2 \end{cases}$의 해가 $x=2$, $y=2$이므로 두 직선의 교점의 좌표는 $(2, 2)$이다.

두 직선 $x+y=4$, $2x-y=2$의 y절편이
각각 4, -2이므로 오른쪽 그림에서 구하
는 넓이는
$\dfrac{1}{2} \times 6 \times 2 = 6$

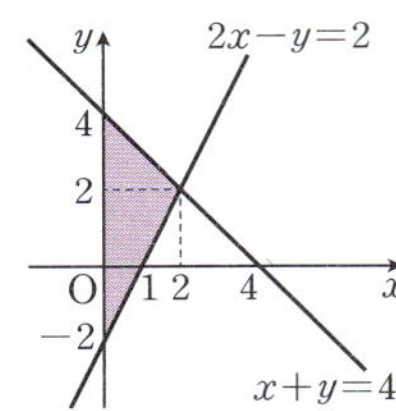

15 직선 $y=\dfrac{3}{2}x+6$의 x절편은 -4, y절편은 6이므로
$A(-4, 0)$, $B(0, 6)$
오른쪽 그림에서
$\triangle AOB = \dfrac{1}{2} \times 4 \times 6 = 12$
두 직선 $y=\dfrac{3}{2}x+6$, $y=mx$의 교점을 C

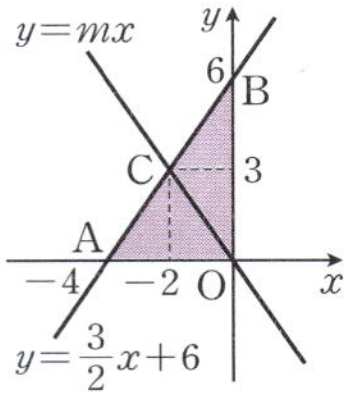

라 하자.
$\triangle AOC = \dfrac{1}{2} \triangle AOB = 6$이므로 점 C의 y좌표를 k라 하면
$\dfrac{1}{2} \times 4 \times k = 6$　∴ $k=3$
$y=3$을 $y=\dfrac{3}{2}x+6$에 대입하면
$3 = \dfrac{3}{2}x+6$　∴ $x=-2$
∴ $C(-2, 3)$
즉, 직선 $y=mx$가 점 $(-2, 3)$을 지나므로
$3 = -2m$　∴ $m = -\dfrac{3}{2}$

16 ① $3x-2y-6=0$에서 $y=\dfrac{3}{2}x-3$
$\quad -3x+2y-6=0$에서 $y=\dfrac{3}{2}x+3$
④ $x+3y-2=0$에서 $y=-\dfrac{1}{3}x+\dfrac{2}{3}$
$\quad 2x+6y+4=0$에서 $y=-\dfrac{1}{3}x-\dfrac{2}{3}$

17 ❶ 단계 a, b의 값 구하기 ◀ 50 %
$ax-y-3=0$에서 $y=ax-3$
$2x+y-b=0$에서 $y=-2x+b$
두 그래프의 기울기와 y절편이 각각 같아야 하므로
$a=-2$, $b=-3$
❷ 단계 직선 $y=ax-b$가 지나지 않는 사분면 구하기 ◀ 50 %
따라서 직선 $y=ax-b$, 즉 $y=-2x+3$
은 오른쪽 그림과 같으므로 제 3 사분면을
지나지 않는다.

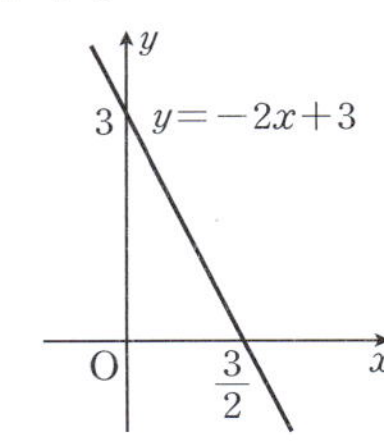

18 $ax+by+c=0$에서 $y=-\dfrac{a}{b}x-\dfrac{c}{b}$

주어진 그래프에서 $-\dfrac{a}{b}>0$, $-\dfrac{c}{b}<0$이므로

$-\dfrac{c}{b}<0$, $-ab>0$

따라서 $y=-\dfrac{c}{b}x-ab$의 그래프로 알맞은 것은 ①이다.

19 (1) 두 직선 $6x-y-1=0$, $kx-y+7=0$이 서로 평행
　하거나 두 직선 $4x+y-9=0$, $kx-y+7=0$이 서로 평
　행해야 하므로
　$k=6$ 또는 $k=-4$
(2) 연립방정식 $\begin{cases} 6x-y-1=0 \\ 4x+y-9=0 \end{cases}$의 해가 $x=1$, $y=5$이므로 세
　직선의 교점의 좌표는 $(1, 5)$이다.
　$x=1$, $y=5$를 $kx-y+7=0$에 대입하면
　$k-5+7=0$　∴ $k=-2$
(3) 세 직선에 의하여 삼각형이 만들어지지 않도록 하려면 세 직
　선 중 어느 두 직선이 평행하거나 세 직선이 한 점에서 만나
　야 하므로 구하는 모든 k의 값은 -4, -2, 6이다.

20 물탱크 A에 남아 있는 물의 양을 나타내는 직선의 방정식
을 $y=mx+1100$으로 놓으면 이 직선이 점 $(3, 500)$을 지나
므로
$500 = 3m+1100$
$-3m=600$　∴ $m=-200$
따라서 물탱크 A에 남아 있는 물의 양을 나타내는 직선의 방정
식은 $y=-200x+1100$
물탱크 B에 남아 있는 물의 양을 나타내는 직선의 방정식을
$y=nx+200$으로 놓으면 이 직선이 점 $(3, 350)$을 지나므로
$350 = 3n+200$
$-3n=-150$　∴ $n=50$
따라서 물탱크 B에 남아 있는 물의 양을 나타내는 직선의 방정
식은 $y=50x+200$

연립방정식 $\begin{cases} y=-200x+1100 \\ y=50x+200 \end{cases}$의 해가 $x=\dfrac{18}{5}$, $y=380$이

므로 두 그래프의 교점의 좌표는 $\left(\dfrac{18}{5}, 380\right)$이다.

따라서 두 물탱크에 남아 있는 물의 양이 같아지는 것은 $\dfrac{18}{5}$분

후이다.

1 유리수와 순환소수

01 유리수의 소수 표현

개념 1   4쪽

01 답 (1) 유 (2) 무 (3) 유 (4) 무

02 답 (1) 9, 0.222⋯, 무 (2) 0.1666⋯, 무
     (3) 1.8333⋯, 무   (4) -3.2, 유
     (5) $-0.285714⋯$, 무

개념 2   4쪽

01 답 (1) 5, $0.\dot{5}$ (2) 97, $1.3\dot{9}\dot{7}$ (3) 303, $3.\dot{3}0\dot{3}$

02 답 (1) 0.1333⋯, $0.1\dot{3}$ (2) 0.454545⋯, $0.\dot{4}\dot{5}$
     (3) 0.370370370⋯, $0.\dot{3}7\dot{0}$

필수 유형 익히기   5쪽

01 3   **02** ②, ⑤   **03** ④   **04** ①, ③
05 ③   **06** ⑤   **07** 3   **08** 2

01

무한소수는 ㄴ, ㄷ, ㅂ의 3개이다.

02

① $\dfrac{16}{3}=5.333⋯$ (무한소수)

② $-\dfrac{51}{6}=-8.5$ (유한소수)

③ $-\dfrac{10}{13}=-0.769230⋯$ (무한소수)

④ $\dfrac{38}{30}=1.2666⋯$ (무한소수)

⑤ $\dfrac{35}{56}=0.625$ (유한소수)

따라서 분수를 소수로 나타낼 때, 유한소수인 것은 ②, ⑤이다.

03

주어진 순환소수의 순환마디는 각각 다음과 같다.
① 26   ② 49   ③ 316   ④ 87   ⑤ 459
따라서 바르게 연결된 것은 ④이다.

04

① $1.515151⋯=1.\dot{5}\dot{1}$
③ $2.543543543⋯=2.\dot{5}4\dot{3}$

05

$\dfrac{6}{11}=0.545454⋯=0.\dot{5}\dot{4}$

따라서 순환소수를 바르게 나타낸 것은 ③이다.

06

$\dfrac{5}{27}=0.185185185⋯=0.\dot{1}8\dot{5}$

따라서 순환소수를 바르게 나타낸 것은 ⑤이다.

07

$0.3\dot{8}\dot{4}$의 순환마디를 이루는 숫자의 개수는 3이고,
$22=3×7+1$이므로 소수점 아래 22번째 자리의 숫자는 순환
마디의 첫 번째 숫자와 같다.
따라서 소수점 아래 22번째 자리의 숫자는 3이다.

08

$\dfrac{12}{37}=0.324324324⋯=0.\dot{3}2\dot{4}$이므로 순환마디는 324이다.

순환마디를 이루는 숫자의 개수는 3이고, $35=3×11+2$이므로
소수점 아래 35번째 자리의 숫자는 순환마디의 2번째 숫자와 같
다.
따라서 소수점 아래 35번째 자리의 숫자는 2이다.

02 유리수의 분수 표현

개념 3   6쪽

01 답 (1) $\dfrac{3}{5}$, 5 (2) $\dfrac{7}{20}$, 2, 5 (3) $\dfrac{14}{25}$, 5

(1) $0.6=\dfrac{6}{10}=\dfrac{3}{5}$

    따라서 분모의 소인수는 5이다.

(2) $0.35 = \dfrac{35}{100} = \dfrac{7}{20}$

따라서 $20 = 2^2 \times 5$이므로 분모의 소인수는 2, 5이다.

(3) $0.56 = \dfrac{56}{100} = \dfrac{14}{25}$

따라서 $25 = 5^2$이므로 분모의 소인수는 5이다.

02 답 (1) 5^2, 5^2, 25, 0.25

　(2) 5^3, 5^3, 875, 0.875

　(3) 2, 2, 14, 0.14

　(4) 40, 5^2, 5^2, 225, 0.225

(1) $\dfrac{1}{4} = \dfrac{1 \times \boxed{5^2}}{2^2 \times \boxed{5^2}} = \dfrac{\boxed{25}}{100} = \boxed{0.25}$

(2) $\dfrac{7}{8} = \dfrac{7 \times \boxed{5^3}}{2^3 \times \boxed{5^3}} = \dfrac{\boxed{875}}{1000} = \boxed{0.875}$

(3) $\dfrac{7}{50} = \dfrac{7 \times \boxed{2}}{2 \times 5^2 \times \boxed{2}} = \dfrac{\boxed{14}}{100} = \boxed{0.14}$

(4) $\dfrac{27}{120} = \dfrac{9}{\boxed{40}} = \dfrac{9 \times \boxed{5^2}}{2^3 \times 5 \times \boxed{5^2}} = \dfrac{\boxed{225}}{1000} = \boxed{0.225}$

03 답 (1) 2, 2, 5, 있다　(2) 3, 5, 3, 없다

04 답 (1) ○　(2) ×　(3) ×　(4) ○　(5) ○　(6) ×

(1) $\dfrac{6}{3 \times 5^2} = \dfrac{2}{5^2}$

분모의 소인수가 5뿐이므로 유한소수로 나타낼 수 있다.

(2) $\dfrac{14}{2^2 \times 5 \times 7^2} = \dfrac{1}{2 \times 5 \times 7}$

분모에 2 또는 5 이외의 소인수 7이 있으므로 유한소수로 나타낼 수 없다.

(3) $\dfrac{15}{36} = \dfrac{5}{12} = \dfrac{5}{2^2 \times 3}$

분모에 2 또는 5 이외의 소인수 3이 있으므로 유한소수로 나타낼 수 없다.

(4) $\dfrac{21}{84} = \dfrac{1}{4} = \dfrac{1}{2^2}$

분모의 소인수가 2뿐이므로 유한소수로 나타낼 수 있다.

(5) $\dfrac{33}{110} = \dfrac{3}{10} = \dfrac{3}{2 \times 5}$

분모의 소인수가 2 또는 5뿐이므로 유한소수로 나타낼 수 있다.

(6) $\dfrac{18}{132} = \dfrac{3}{22} = \dfrac{3}{2 \times 11}$

분모에 2 또는 5 이외의 소인수 11이 있으므로 유한소수로 나타낼 수 없다.

01 답 (1) 10, 9, 9　(2) 100, 99, 99, $\dfrac{4}{11}$

　(3) 100, 99, 25, $\dfrac{25}{99}$　(4) $\dfrac{7}{9}$

　(5) $\dfrac{4}{3}$　(6) $\dfrac{212}{99}$　(7) $\dfrac{34}{333}$

(4) $x = 0.777\cdots$이라 하면

$$10x = 7.777\cdots$$
$$-)\quad x = 0.777\cdots$$
$$\overline{\quad 9x = 7 \quad}$$

$\therefore x = \dfrac{7}{9}$

(5) $x = 1.333\cdots$이라 하면

$$10x = 13.333\cdots$$
$$-)\quad x = 1.333\cdots$$
$$\overline{\quad 9x = 12 \quad}$$

$\therefore x = \dfrac{12}{9} = \dfrac{4}{3}$

(6) $x = 2.141414\cdots$라 하면

$$100x = 214.141414\cdots$$
$$-)\quad x = 2.141414\cdots$$
$$\overline{\quad 99x = 212 \quad}$$

$\therefore x = \dfrac{212}{99}$

(7) $x = 0.102102102\cdots$라 하면

$$1000x = 102.102102102\cdots$$
$$-)\quad x = 0.102102102\cdots$$
$$\overline{\quad 999x = 102 \quad}$$

$\therefore x = \dfrac{102}{999} = \dfrac{34}{333}$

02 답 (1) 100, 10, 90, 90, $\dfrac{22}{45}$

　(2) 1000, 10, 990, 990, $\dfrac{1066}{495}$

　(3) 1000, 10, 990, 195, $\dfrac{13}{66}$

　(4) $\dfrac{1}{15}$　(5) $\dfrac{88}{45}$　(6) $\dfrac{73}{330}$　(7) $\dfrac{1237}{900}$

(4) $x = 0.0666\cdots$이라 하면

$$100x = 6.666\cdots$$
$$-)\quad 10x = 0.666\cdots$$
$$\overline{\quad 90x = 6 \quad}$$

$\therefore x = \dfrac{6}{90} = \dfrac{1}{15}$

(5) $x=1.9555\cdots$라 하면

$$\begin{array}{r}100x=195.555\cdots\\-)10x=19.555\cdots\\\hline 90x=176\end{array}$$

$$\therefore x=\frac{176}{90}=\frac{88}{45}$$

(6) $x=0.2212121\cdots$이라 하면

$$\begin{array}{r}1000x=221.212121\cdots\\-)10x=2.212121\cdots\\\hline 990x=219\end{array}$$

$$\therefore x=\frac{219}{990}=\frac{73}{330}$$

(7) $x=1.37444\cdots$라 하면

$$\begin{array}{r}1000x=1374.444\cdots\\-)100x=137.444\cdots\\\hline 900x=1237\end{array}$$

$$\therefore x=\frac{1237}{900}$$

개념 5　　　　　　　　　　8쪽

01 답 (1) 풀이 참조　(2) $\dfrac{4}{9}$　(3) $\dfrac{304}{333}$　(4) $\dfrac{61}{9}$　(5) $\dfrac{325}{99}$

(1) $0.\dot{1}\dot{5}=\dfrac{15}{\boxed{99}}=\boxed{\dfrac{5}{33}}$

전체의 수

순환마디 숫자 $\boxed{2}$ 개

(3) $0.\dot{9}1\dot{2}=\dfrac{912}{999}=\dfrac{304}{333}$

(4) $6.\dot{7}=\dfrac{67-6}{9}=\dfrac{61}{9}$

(5) $3.\dot{2}\dot{8}=\dfrac{328-3}{99}=\dfrac{325}{99}$

02 답 (1) 풀이 참조　(2) $\dfrac{151}{90}$　(3) $\dfrac{41}{330}$　(4) $\dfrac{8}{75}$　(5) $\dfrac{358}{165}$

(1) $0.9\dot{2}=\dfrac{92-\boxed{9}}{\boxed{90}}=\boxed{\dfrac{83}{90}}$

전체의 수　순환하지 않는 부분의 수

순환마디 숫자 $\boxed{1}$ 개, 소수점 아래에서 순환하지 않는 숫자 $\boxed{1}$ 개

(2) $1.6\dot{7}=\dfrac{167-16}{90}=\dfrac{151}{90}$

(3) $0.1\dot{2}\dot{4}=\dfrac{124-1}{990}=\dfrac{123}{990}=\dfrac{41}{330}$

(4) $0.10\dot{6}=\dfrac{106-10}{900}=\dfrac{96}{900}=\dfrac{8}{75}$

(5) $2.1\dot{6}\dot{9}=\dfrac{2169-21}{990}=\dfrac{2148}{990}=\dfrac{358}{165}$

03 답 (1) ○　(2) ×　(3) ○　(4) ×　(5) ×
　　　(6) ×　(7) ×　(8) ○　(9) ○　(10) ○

(2) 분모에 2 또는 5 이외의 소인수 3이 있으므로 유한소수로 나타낼 수 없다.

(4) 순환소수가 아닌 무한소수이므로 분수로 나타낼 수 없다.

(5) 순환소수가 아닌 무한소수는 유리수가 아니다.

(6) 정수가 아닌 유리수는 유한소수 또는 순환소수로 나타낼 수 있다.

(7) 순환소수가 아닌 무한소수는 분수로 나타낼 수 없다.

필수 유형 익히기　　　9~11쪽

01 110	**02** ③, ④		**03** ③	**04** 2	**05** 4
06 13	**07** 7, 9		**08** ③		
09 (가) 100　(나) 99　(다) 12　(라) $\dfrac{4}{33}$					
10 (가) 1000　(나) 100　(다) 900　(라) 3065　(마) $\dfrac{613}{180}$					
11 ③	**12** ④	**13** 3	**14** 5	**15** ③	**16** ③
17 5	**18** ②, ③, ⑤	**19** 9	**20** 110		

01

$$\frac{17}{20}=\frac{17}{2^2\times5}=\frac{17\times5}{2^2\times5\times5}=\frac{85}{100}=0.85$$

따라서 $a=5$, $b=5$, $c=100$, $d=0.85$이므로

$$ab+cd=5\times5+100\times0.85=110$$

02

① $\dfrac{39}{12}=\dfrac{13}{4}=\dfrac{13\times5^2}{2^2\times5^2}=\dfrac{325}{10^2}$

② $\dfrac{12}{30}=\dfrac{2}{5}=\dfrac{2\times2}{5\times2}=\dfrac{4}{10}$

③ $\dfrac{7}{42}=\dfrac{1}{6}=\dfrac{1}{2\times3}$

④ $\dfrac{3}{51}=\dfrac{1}{17}$

⑤ $\dfrac{27}{75}=\dfrac{9}{25}=\dfrac{9\times2^2}{5^2\times2^2}=\dfrac{36}{10^2}$

따라서 분모를 10의 거듭제곱 꼴로 나타낼 수 없는 것은 ③, ④이다.

03

ㄱ. $\dfrac{12}{45} = \dfrac{4}{15} = \dfrac{4}{3 \times 5}$

ㄴ. $\dfrac{33}{110} = \dfrac{3}{10} = \dfrac{3}{2 \times 5}$

ㄷ. $\dfrac{9}{72} = \dfrac{1}{8} = \dfrac{1}{2^3}$

ㄹ. $\dfrac{3}{36} = \dfrac{1}{12} = \dfrac{1}{2^2 \times 3}$

따라서 유한소수로 나타낼 수 있는 것은 ㄴ, ㄷ이다.

04

유한소수가 되려면 기약분수로 나타내었을 때, 분모의 소인수가 2 또는 5뿐이어야 한다.

이때 주어진 분수의 분모는 모두 $28 = 2^2 \times 7$이므로 유한소수로 나타낼 수 있는 것은 분자가 7의 배수인 것이다.

즉, $\dfrac{7}{28} = \dfrac{1}{4} = \dfrac{1}{2^2}$, $\dfrac{14}{28} = \dfrac{1}{2}$이므로 유한소수로 나타낼 수 있는 분수는 $\dfrac{7}{28}$, $\dfrac{14}{28}$의 2개이다.

05

$\dfrac{3}{315} \times x = \dfrac{1}{3 \times 5 \times 7} \times x$가 유한소수가 되려면 x는 3×7, 즉 21의 배수이어야 한다.

따라서 x의 값이 될 수 있는 두 자리의 자연수는 21, 42, 63, 84의 4개이다.

06

$\dfrac{x}{2^2 \times 5 \times 13}$가 유한소수가 되려면 x는 13의 배수이어야 한다.

따라서 x의 값이 될 수 있는 가장 작은 자연수는 13이다.

07

$\dfrac{27}{3^2 \times 5 \times x} = \dfrac{3}{5 \times x}$이 순환소수가 되려면 기약분수의 분모에 2 또는 5 이외의 소인수가 있어야 한다.

이때 x는 10보다 작은 자연수이므로

$x = 3,\ 6,\ 7,\ 9$

그런데 $x=3$이면 $\dfrac{3}{5 \times 3} = \dfrac{1}{5}$, $x=6$이면 $\dfrac{3}{5 \times 6} = \dfrac{1}{2 \times 5}$

따라서 x의 값이 될 수 있는 10보다 작은 자연수는 7, 9이다.

08

$\dfrac{x}{165} = \dfrac{x}{3 \times 5 \times 11}$가 순환소수가 되려면 기약분수의 분모에 2 또는 5 이외의 소인수가 있어야 한다.

① $x = 20$이면 $\dfrac{20}{3 \times 5 \times 11} = \dfrac{4}{3 \times 11}$

② $x = 27$이면 $\dfrac{27}{3 \times 5 \times 11} = \dfrac{9}{5 \times 11}$

③ $x = 33$이면 $\dfrac{33}{3 \times 5 \times 11} = \dfrac{1}{5}$

④ $x = 42$이면 $\dfrac{42}{3 \times 5 \times 11} = \dfrac{14}{5 \times 11}$

⑤ $x = 50$이면 $\dfrac{50}{3 \times 5 \times 11} = \dfrac{10}{3 \times 11}$

따라서 x의 값이 될 수 없는 것은 ③이다.

11

① $x = 1.\dot{2}\dot{1} = 1.212121 \cdots$에서
$100x = 121.212121 \cdots$이므로
$100x - x = 120$

② $x = 0.5\dot{8} = 0.5888 \cdots$에서
$100x = 58.888 \cdots$, $10x = 5.888 \cdots$이므로
$100x - 10x = 53$

③ $x = 3.1\dot{6}\dot{7} = 3.1676767 \cdots$에서
$1000x = 3167.676767 \cdots$, $10x = 31.676767 \cdots$이므로
$1000x - 10x = 3136$

④ $x = 2.9\dot{4} = 2.9444 \cdots$에서
$100x = 294.444 \cdots$, $10x = 29.444 \cdots$이므로
$100x - 10x = 265$

⑤ $x = 3.\dot{3}0\dot{6} = 3.306306306 \cdots$에서
$1000x = 3306.306306306 \cdots$이므로
$1000x - x = 3303$

따라서 바르게 연결된 것은 ③이다.

12

$x = 0.2\dot{1}4\dot{5} = 0.2145145145 \cdots$이므로
$10000x = 2145.145145145 \cdots$
$10x = 2.145145145 \cdots$
$10000x - 10x = 2143$, $9990x = 2143$
$\therefore x = \dfrac{2143}{9990}$

따라서 가장 편리한 식은 ④이다.

13

구하는 분수를 $\dfrac{a}{35}$ (a는 자연수)라 하면 $\dfrac{1}{7}=\dfrac{5}{35}$, $\dfrac{4}{5}=\dfrac{28}{35}$

이므로 $\dfrac{a}{35}$ 는 $\dfrac{5}{35}$ 와 $\dfrac{28}{35}$ 사이에 있는 분수이다.

즉, a는 5와 28 사이의 자연수이다.

이때 $\dfrac{a}{35}=\dfrac{a}{5\times 7}$ 가 유한소수가 되려면 a는 7의 배수이어야 하

므로 5와 28 사이의 자연수 중에서 a의 값이 될 수 있는 수는

7, 14, 21이다.

따라서 구하는 분수는 $\dfrac{7}{35}$, $\dfrac{14}{35}$, $\dfrac{21}{35}$ 의 3개이다.

14

구하는 분수를 $\dfrac{a}{30}$ (a는 자연수)라 하면 $\dfrac{1}{3}=\dfrac{10}{30}$, $\dfrac{9}{10}=\dfrac{27}{30}$

이므로 $\dfrac{a}{30}$ 는 $\dfrac{10}{30}$ 과 $\dfrac{27}{30}$ 사이에 있는 분수이다.

즉, a는 10과 27 사이의 자연수이다.

이때 $\dfrac{a}{30}=\dfrac{a}{2\times 3\times 5}$ 가 유한소수가 되려면 a는 3의 배수이어

야 하므로 10과 27 사이의 자연수 중에서 a의 값이 될 수 있는

수는 12, 15, 18, 21, 24이다.

따라서 구하는 분수는 $\dfrac{12}{30}$, $\dfrac{15}{30}$, $\dfrac{18}{30}$, $\dfrac{21}{30}$, $\dfrac{24}{30}$ 의 5개이다.

15

① $3.\dot{8}=\dfrac{38-3}{9}$

② $1.0\dot{3}=\dfrac{103-10}{90}$

④ $0.2\dot{3}\dot{4}=\dfrac{234-2}{990}$

⑤ $4.2\dot{0}\dot{7}=\dfrac{4207-420}{900}$

따라서 옳은 것은 ③이다.

16

① $0.\dot{1}\dot{7}=\dfrac{17}{99}$

② $0.4\dot{6}=\dfrac{46-4}{90}=\dfrac{42}{90}=\dfrac{7}{15}$

③ $0.2\dot{3}\dot{4}=\dfrac{234-2}{990}=\dfrac{232}{990}=\dfrac{116}{495}$

④ $3.\dot{7}=\dfrac{37-3}{9}=\dfrac{34}{9}$

⑤ $3.0\dot{5}=\dfrac{305-30}{90}=\dfrac{275}{90}=\dfrac{55}{18}$

따라서 옳은 것은 ③이다.

17

유리수는 0, $-\dfrac{1}{6}$, $2.7\dot{2}\dot{3}$, -1, $\dfrac{35}{7}$ 의 5개이다.

18

② 무한소수 중에는 순환소수가 아닌 무한소수도 있다.

③ 유한소수는 모두 유리수이다.

⑤ $\dfrac{1}{3}=0.333\cdots$ 에서 $\dfrac{1}{3}$ 은 기약분수이지만 유한소수로 나타낼

수 없다.

19

$1.0\dot{5}=\dfrac{105-10}{90}=\dfrac{95}{90}=\dfrac{19}{18}$

이때 $\dfrac{19}{18}\times n=\dfrac{19}{2\times 3^2}\times n$ 이 유한소수가 되려면 n은 3^2, 즉 9

의 배수이어야 하므로 가장 작은 자연수 n은 9이다.

20

$0.\dot{2}\dot{7}=\dfrac{27}{99}=\dfrac{3}{11}$

따라서 $\dfrac{3}{11}\times n$ 이 유한소수가 되려면 n은 11의 배수이어야 하

므로 가장 작은 세 자리 자연수 n은 110이다.

서술형 감잡기

12쪽

| **01** 77 | **02** $2.\dot{4}$ | **03** $4.\dot{6}$ | **04** $9.\dot{6}$ |

01

1단계 두 분수의 분모를 소인수분해 하기 ◀ 30 %

$\dfrac{3}{165}=\dfrac{1}{5\times 11}$, $\dfrac{17}{56}=\dfrac{17}{2^3\times 7}$

2단계 자연수 a의 조건 구하기 ◀ 50 %

두 분수에 자연수 a를 곱하여 모두 유한소수가 되게 하려면 a는

11과 7의 공배수, 즉 77의 배수이어야 한다.

3단계 a의 값이 될 수 있는 가장 작은 자연수 구하기 ◀ 20 %

77의 배수 중 가장 작은 자연수는 77이다.

02

1단계 0.4$\dot{0}\dot{9}$를 기약분수로 나타내기 ◀ 40 %

$$0.4\dot{0}\dot{9}=\frac{409-4}{990}=\frac{405}{990}=\frac{9}{22}$$

2단계 a, b의 값 각각 구하기 ◀ 20 %

$a=22$, $b=9$

3단계 분수 $\dfrac{a}{b}$를 순환소수로 나타내기 ◀ 40 %

$$\frac{a}{b}=\frac{22}{9}=2.444\cdots=2.\dot{4}$$

03

1단계 처음 기약분수의 분자 구하기 ◀ 40 %

인성이는 분자를 제대로 보았으므로 $1.\dot{5}=\dfrac{15-1}{9}=\dfrac{14}{9}$에서

처음 기약분수의 분자는 14이다.

2단계 처음 기약분수의 분모 구하기 ◀ 40 %

영조는 분모를 제대로 보았으므로 $0.\dot{6}=\dfrac{6}{9}=\dfrac{2}{3}$에서 처음 기약

분수의 분모는 3이다.

3단계 처음 기약분수를 순환소수로 나타내기 ◀ 20 %

처음 기약분수는 $\dfrac{14}{3}$이므로 이를 순환소수로 나타내면 $4.\dot{6}$이다.

04

1단계 일차방정식의 계수를 분수로 바꾸기 ◀ 40 %

$0.\dot{3}x-2=1.\dot{2}$에서 $\dfrac{3}{9}x-2=\dfrac{12-1}{9}$

2단계 일차방정식의 해 구하기 ◀ 40 %

위의 식의 양변에 9를 곱하면

$3x-18=11$, $3x=29$ $\therefore x=\dfrac{29}{3}$

3단계 일차방정식의 해를 순환소수로 나타내기 ◀ 20 %

따라서 해를 순환소수로 나타내면

$$x=\frac{29}{3}=9.666\cdots=9.\dot{6}$$

쌍둥이

단원 마무리하기 13~15쪽

01 3	**02** ③	**03** 2	**04** ⑤	**05** 5
06 23.15		**07** ④	**08** ②	**09** ①, ③
10 9	**11** ②, ④		**12** ⑤	**13** ② **14** 55
15 3	**16** 10	**17** ①, ③		**18** ③, ⑤
19 (1) 6 (2) 108		**20** 105	**21** 901	

01

$1.6 \rightarrow$ 유한소수

$\dfrac{10}{3}=3.333\cdots \rightarrow$ 무한소수

$\pi=3.14159265\cdots \rightarrow$ 무한소수

$-\dfrac{8}{25}=-0.32 \rightarrow$ 유한소수

$\dfrac{1}{14}=0.0714285\cdots \rightarrow$ 무한소수

따라서 무한소수인 것은 $\dfrac{10}{3}$, π, $\dfrac{1}{14}$의 3개이다.

02

주어진 분수를 소수로 나타내어 순환마디를 구하면 다음과 같다.

① $\dfrac{5}{9}=0.555\cdots \rightarrow 5$

② $\dfrac{1}{18}=0.0555\cdots \rightarrow 5$

③ $\dfrac{8}{3}=2.666\cdots \rightarrow 6$

④ $\dfrac{7}{45}=0.1555\cdots \rightarrow 5$

⑤ $\dfrac{23}{90}=0.2555\cdots \rightarrow 5$

따라서 순환마디가 나머지 넷과 다른 하나는 ③이다.

03

$\dfrac{14}{27}=0.518518518\cdots=0.\dot{5}1\dot{8}$이므로 순환마디를 이루는

숫자의 개수는 3이다.

$\therefore a=3$

$\dfrac{2}{15}=0.1333\cdots=0.1\dot{3}$이므로 순환마디를 이루는 숫자의 개수

는 1이다.

$\therefore b=1$

$\therefore a-b=3-1=2$

04

① $0.5333\cdots=0.5\dot{3}$

② $7.070707\cdots=7.\dot{0}\dot{7}$

③ $-3.0222\cdots=-3.0\dot{2}$

④ $0.134134134\cdots=0.\dot{1}3\dot{4}$

따라서 순환소수의 표현이 옳은 것은 ⑤이다.

05

1단계 순환마디 구하기 ◀ 30 %

$0.2\dot{1}84\dot{5}$의 순환마디는 1845이다.

2단계 순환마디의 규칙성 이용하기 ◀ 50 %

순환마디를 이루는 숫자의 개수는 4이고, 소수점 아래 2번째 자리에서 순환마디가 시작되므로 소수점 아래 65번째 자리의 숫자

는 순환마디가 시작된 후 $65-1=64$(번째)자리의 숫자와 같다.
이때 $64=4\times16$이므로 소수점 아래 65번째 자리의 숫자는 순환마디의 4번째 숫자와 같다.

❸ 단계 소수점 아래 65번째 자리의 숫자 구하기 ◀ 20 %
따라서 소수점 아래 65번째 자리의 숫자는 5이다.

06 $\dfrac{21}{140}=\dfrac{3}{20}=\dfrac{3}{2^2\times5}=\dfrac{3\times5}{2^2\times5\times5}=\dfrac{15}{100}=0.15$

따라서 $a=3$, $b=5$, $c=15$, $d=0.15$이므로
$a+b+c+d=3+5+15+0.15=23.15$

07 ① $\dfrac{8}{32}=\dfrac{1}{4}=\dfrac{1}{2^2}$

② $\dfrac{6}{3\times5^2}=\dfrac{2}{5^2}$

③ $\dfrac{7}{50}=\dfrac{7}{2\times5^2}$

④ $\dfrac{28}{60}=\dfrac{7}{15}=\dfrac{7}{3\times5}$

⑤ $\dfrac{14}{2^2\times5\times7}=\dfrac{1}{2\times5}$

따라서 유한소수로 나타낼 수 없는 것은 ④이다.

08 (ⅰ) 분모의 소인수가 2뿐인 분수

$\dfrac{1}{16}$의 1개

(ⅱ) 분모의 소인수가 5뿐인 분수

$\dfrac{1}{25}$의 1개

(ⅲ) 분모의 소인수가 2 또는 5뿐인 분수

$\dfrac{1}{10}$, $\dfrac{1}{20}$의 2개

이상에서 주어진 분수 중 유한소수로 나타낼 수 있는 분수의 개수는
$1+1+2=4$

09 $\dfrac{21}{40\times x}=\dfrac{21}{2^3\times5\times x}$

① $x=12$이면 $\dfrac{21}{2^3\times5\times12}=\dfrac{7}{2^5\times5}$

② $x=13$이면 $\dfrac{21}{2^2\times5\times13}$

③ $x=14$이면 $\dfrac{21}{2^3\times5\times14}=\dfrac{3}{2^4\times5}$

④ $x=17$이면 $\dfrac{21}{2^2\times5\times17}$

⑤ $x=18$이면 $\dfrac{21}{2^3\times5\times18}=\dfrac{7}{2^4\times3\times5}$

따라서 x의 값이 될 수 있는 것은 ①, ③이다.

10 ❶ 단계 순환소수를 기약분수로 나타내고 분모를 소인수분해하기
◀ 50 %

$0.39\dot{0}=\dfrac{390-3}{990}=\dfrac{387}{990}=\dfrac{43}{110}=\dfrac{43}{2\times5\times11}$

❷ 단계 x의 값의 조건 구하기 ◀ 20 %

$\dfrac{43}{2\times5\times11}\times x$가 유한소수가 되려면 x는 11의 배수이어야 한다.

❸ 단계 x의 값이 될 수 있는 두 자리 자연수의 개수 구하기 ◀ 30 %
따라서 x의 값이 될 수 있는 두 자리 자연수는 11, 22, 33, $\cdots$, 99의 9개이다.

11 $\dfrac{x}{450}=\dfrac{x}{2\times3^2\times5^2}$가 순환소수가 되려면 기약분수의 분모에 2 또는 5 이외의 소인수가 있어야 한다.

① $x=21$이면 $\dfrac{21}{2\times3^2\times5^2}=\dfrac{7}{2\times3\times5^2}$

② $x=27$이면 $\dfrac{27}{2\times3^2\times5^2}=\dfrac{3}{2\times5^2}$

③ $x=30$이면 $\dfrac{30}{2\times3^2\times5^2}=\dfrac{1}{3\times5}$

④ $x=36$이면 $\dfrac{36}{2\times3^2\times5^2}=\dfrac{2}{5^2}$

⑤ $x=42$이면 $\dfrac{42}{2\times3^2\times5^2}=\dfrac{7}{3\times5^2}$

따라서 x의 값이 될 수 없는 것은 ②, ④이다.

12 ⑤ $1000x=2041.414141\cdots$
$10x=20.414141\cdots$
$1000x-10x=2021$
$990x=2021$
$\therefore\ x=\dfrac{2021}{990}$

13 ㄱ. $1.0\dot{3}=\dfrac{103-10}{90}$

ㄷ. $2.\dot{6}\dot{8}=\dfrac{268-2}{99}$

14 $3.0\dot{5}=\dfrac{305-30}{90}=\dfrac{275}{90}=\dfrac{55}{18}$

$\therefore\ A=55$

15 자연수 x에 대한 방정식 세우기 ◀ 50 %

$2.\dot{6}x - 2.6x = 0.2$

 x의 값 구하기 ◀ 50 %

$\dfrac{26-2}{9}x - \dfrac{26}{10}x = \dfrac{2}{10}$, $\dfrac{8}{3}x - \dfrac{13}{5}x = \dfrac{1}{5}$

위의 식의 양변에 15를 곱하면

$40x - 39x = 3$ $\therefore$ $x = 3$

16 $0.\dot{x} = \dfrac{x}{9}$이므로 $\dfrac{1}{5} < 0.\dot{x} < \dfrac{2}{3}$에서 $\dfrac{1}{5} < \dfrac{x}{9} < \dfrac{2}{3}$

$\dfrac{9}{45} < \dfrac{5x}{45} < \dfrac{30}{45}$, $9 < 5x < 30$

즉, 조건을 만족하는 한 자리 자연수 x는 2, 3, 4, 5이다.

따라서 $a = 5$, $b = 2$이므로

$ab = 5 \times 2 = 10$

17 ① 유리수는 정수 또는 유한소수 또는 순환소수로 나타낼
수 있다.

③ 순환소수는 분수로 나타낼 수 있다.

18 두 정수 a, b $(b \neq 0)$에 대하여 $\dfrac{a}{b}$ 꼴로 나타낼 수 없는 수
는 유리수가 아닌 수이므로 ③, ⑤이다.

19 (1) $\dfrac{23}{7} = 3.285714285714\cdots = 3.\dot{2}8571\dot{4}$이므로 순환마

디를 이루는 숫자의 개수는 6이다.

(2) $24 = 6 \times 4$이므로 소수점 아래 24번째 자리까지 순환마디가
4번 반복된다.

$\therefore$ $a_1 + a_2 + a_3 + \cdots + a_{24}$

$= (2 + 8 + 5 + 7 + 1 + 4) \times 4$

$= 27 \times 4 = 108$

20 조건 ㈎에서 x는 7의 배수이고, 조건 ㈏에서 x는 3의 배
수이다.

따라서 x는 7과 3의 공배수, 즉 21의 배수이므로 x의 값이 될
수 있는 가장 작은 세 자리 자연수는 105이다.

21 $3 + \dfrac{2}{10^3} + \dfrac{2}{10^4} + \dfrac{2}{10^5} + \cdots$

$= 3 + 0.002 + 0.0002 + 0.00002 + \cdots$

$= 3.00222\cdots = 3.00\dot{2}$

$= \dfrac{3002 - 300}{900} = \dfrac{1351}{450}$

따라서 $a = 450$, $b = 1351$이므로

$b - a = 1351 - 450 = 901$

2 단항식의 계산

01 지수법칙

　　　　　　　　　　　　　　　18쪽

01 답 (1) a^7 (2) 2^{12} (3) b^{16} (4) x^{11} (5) 3^7
(6) a^{10} (7) y^{13} (8) $a^{10}b^8$ (9) $x^{10}y^7$

(1) $a^3 \times a^4 = a^{3+\boxed{4}} = a^{\boxed{7}}$

(2) $2^7 \times 2^5 = 2^{7+5} = 2^{12}$

(3) $b^5 \times b^{11} = b^{5+11} = b^{16}$

(4) $x^6 \times x^3 \times x^2 = x^{6+3+2} = x^{11}$

(5) $3^2 \times 3^4 \times 3 = 3^{2+4+1} = 3^7$

(6) $a^5 \times a^2 \times a^3 = a^{5+2+3} = a^{10}$

(7) $y^4 \times y \times y^2 \times y^6 = y^{4+1+2+6} = y^{13}$

(8) $a \times b^8 \times a^9 = a \times a^9 \times b^8 = a^{1+9} \times b^8 = a^{10}b^8$

(9) $x^3 \times x^7 \times y^2 \times y^5 = x^{3+7} \times y^{2+5} = x^{10}y^7$

02 답 (1) 6 (2) 7 (3) 3 (4) 5

(1) $2^{\square} \times 2^2 = 2^{\square+2} = 2^8$이므로

$\square + 2 = 8$ $\therefore$ $\square = 6$

(2) $a^4 \times a^{\square} = a^{4+\square} = a^{11}$이므로

$4 + \square = 11$ $\therefore$ $\square = 7$

(3) $y \times y^{\square} \times y^5 = y^{\square+6} = y^9$이므로

$\square + 6 = 9$ $\therefore$ $\square = 3$

(4) $3^3 \times 3^2 \times 3^{\square} = 3^{5+\square} = 3^{10}$이므로

$5 + \square = 10$ $\therefore$ $\square = 5$

　　　　　　　　　　　　　　　18쪽

01 답 (1) a^8 (2) 3^{15} (3) x^{28} (4) y^{24} (5) x^{14}
(6) 7^9 (7) a^{14} (8) $a^{13}b^{18}$ (9) x^7y^{21}

(1) $(a^2)^4 = a^{2 \times \boxed{4}} = a^{\boxed{8}}$

(2) $(3^3)^5 = 3^{3 \times 5} = 3^{15}$

(3) $(x^7)^4 = x^{7 \times 4} = x^{28}$

(4) $\{(y^4)^3\}^2 = (y^{4 \times 3})^2 = (y^{12})^2 = y^{12 \times 2} = y^{24}$

(5) $(x^5)^2 \times x^4 = x^{\boxed{5} \times 2} \times x^4 = x^{\boxed{10}} \times x^4$

$= x^{\boxed{10}+4} = x^{\boxed{14}}$

(6) $7\times(7^4)^2=7\times7^{4\times2}=7\times7^8=7^9$

(7) $(a^3)^4\times a^2=a^{3\times4}\times a^2=a^{12}\times a^2=a^{14}$

(8) $(a^2)^4\times(b^6)^3\times a^5=a^{2\times4}\times b^{6\times3}\times a^5$
$$=a^8\times b^{18}\times a^5$$
$$=a^8\times a^5\times b^{18}$$
$$=a^{13}b^{18}$$

(9) $x\times(y^3)^7\times(x^3)^2=x\times y^{3\times7}\times x^{3\times2}$
$$=x\times y^{21}\times x^6$$
$$=x\times x^6\times y^{21}$$
$$=x^7y^{21}$$

02 답 (1) 2 (2) 5 (3) 2 (4) 3

(1) $(a^8)^\square=a^{8\times\square}=a^{16}$이므로
$$8\times\square=16 \qquad \therefore \square=2$$

(2) $(b^\square)^4=b^{\square\times4}=b^{20}$이므로
$$\square\times4=20 \qquad \therefore \square=5$$

(3) $(x^\square)^3\times x^2=x^{\square\times3+2}=x^8$이므로
$$\square\times3+2=8, \quad \square\times3=6 \qquad \therefore \square=2$$

(4) $(y^3)^4\times y^3=y^{15}=y^{\square\times5}$이므로
$$15=\square\times5 \qquad \therefore \square=3$$

개념 3 19쪽

01 답 (1) a^4 (2) $\dfrac{1}{a^3}$ (3) 2^5 (4) $\dfrac{1}{y^4}$

(5) 1 (6) x^3 (7) $\dfrac{1}{a}$ (8) 1

(1) $a^6\div a^2=a^{\boxed{6}-\boxed{2}}=a^{\boxed{4}}$

(2) $a^4\div a^7=\dfrac{1}{a^{\boxed{7}-\boxed{4}}}=\dfrac{1}{a^{\boxed{3}}}$

(3) $2^{10}\div2^5=2^{10-5}=2^5$

(4) $y^5\div y^9=\dfrac{1}{y^{9-5}}=\dfrac{1}{y^4}$

(6) $x^8\div x^4\div x=x^{8-\boxed{4}}\div x=x^{\boxed{4}}\div x=x^{\boxed{4}-1}=x^{\boxed{3}}$

(7) $a^9\div a^7\div a^3=a^{9-7}\div a^3=a^2\div a^3=\dfrac{1}{a^{3-2}}=\dfrac{1}{a}$

(8) $5^6\div5^2\div5^4=5^{6-2}\div5^4=5^4\div5^4=1$

02 답 (1) 5 (2) 6 (3) 11 (4) 7

(1) $a^7\div a^\square=a^{7-\square}=a^2$이므로
$$7-\square=2 \qquad \therefore \square=5$$

(2) $x^\square\div x^6=1$이므로 $\square=6$

(3) $y^8\div y^\square=\dfrac{1}{y^{\square-8}}=\dfrac{1}{y^3}$이므로
$$\square-8=3 \qquad \therefore \square=11$$

(4) $3^{10}\div3^2\div3^\square=3^8\div3^\square=3^{8-\square}=3^{8-\square}=3$이므로
$$8-\square=1 \qquad \therefore \square=7$$

개념 4 19쪽

01 답 (1) a^3b^6 (2) $\dfrac{a^4}{b^8}$ (3) $x^{20}y^{15}$ (4) $\dfrac{a^6}{b^{10}}$ (5) $25x^8$

(6) $32a^{15}b^5$ (7) $-27x^6y^{15}$ (8) $\dfrac{64}{a^9}$ (9) $\dfrac{81a^4}{b^{24}}$

(1) $(ab^2)^3=a^{\boxed{3}}\times b^{2\times\boxed{3}}=a^{\boxed{3}}b^{\boxed{6}}$

(2) $\left(\dfrac{a}{b^2}\right)^4=\dfrac{a^{\boxed{4}}}{b^{2\times\boxed{4}}}=\dfrac{a^{\boxed{4}}}{b^{\boxed{8}}}$

(3) $(x^4y^3)^5=x^{4\times5}\times y^{3\times5}=x^{20}y^{15}$

(4) $\left(\dfrac{a^3}{b^5}\right)^2=\dfrac{a^{3\times2}}{b^{5\times2}}=\dfrac{a^6}{b^{10}}$

(5) $(5x^4)^2=5^{\boxed{2}}\times x^{4\times\boxed{2}}=\boxed{25}\,x^{\boxed{8}}$

(6) $(2a^3b)^5=2^5\times a^{3\times5}\times b^5=32a^{15}b^5$

(7) $(-3x^2y^5)^3=(-3)^3\times x^{2\times3}\times y^{5\times3}=-27x^6y^{15}$

(8) $\left(\dfrac{4}{a^3}\right)^3=\dfrac{4^3}{a^{3\times3}}=\dfrac{64}{a^9}$

(9) $\left(-\dfrac{3a}{b^6}\right)^4=\dfrac{(-3)^4\times a^4}{b^{6\times4}}=\dfrac{81a^4}{b^{24}}$

02 답 (1) 4 (2) 3 (3) 4

(1) $(a^\square b^3)^4=a^{\square\times4}b^{12}=a^{16}b^{12}$이므로
$$\square\times4=16 \qquad \therefore \square=4$$

(2) $(-2x^2)^\square=(-2)^\square x^{2\times\square}=-8x^6$이므로
$$(-2)^\square=-8, \ 2\times\square=6 \qquad \therefore \square=3$$

(3) $\left(\dfrac{a^\square}{b}\right)^7=\dfrac{a^{\square\times7}}{b^7}=\dfrac{a^{28}}{b^7}$이므로
$$\square\times7=28 \qquad \therefore \square=4$$

01 ③	**02** ④	**03** ⑤	**04** 3	**05** ③	**06** ④
07 ③	**08** ②	**09** $\dfrac{1}{16}$	**10** ③	**11** ③	**12** ①
13 ⑤					

01

ㄴ. $(a^3)^4=a^{12}$

ㄷ. $a^8 \div a^{12}=\dfrac{1}{a^4}$

02

① $a^3 \times a^{\square}=a^{3+\square}=a^8$이므로

$3+\square=8$ ∴ $\square=5$

② $\dfrac{x^2}{x^{\square}}=\dfrac{1}{x^3}$이므로 $\square-2=3$ ∴ $\square=5$

③ $\left(\dfrac{y^{\square}}{x^4}\right)^2=\dfrac{y^{\square \times 2}}{x^8}=\dfrac{y^{10}}{x^8}$이므로

$\square \times 2=10$ ∴ $\square=5$

④ $(a^2 b^{\square})^4=a^8 b^{\square \times 4}=a^8 b^{24}$이므로

$\square \times 4=24$ ∴ $\square=6$

⑤ $x^{\square} \times x^3 \div x^2=x^{\square+3} \div x^2=x^6$이므로

$\square+3-2=6$ ∴ $\square=5$

따라서 $\square$ 안에 알맞은 수가 다른 하나는 ④이다.

03

$2^x \times 32=2^x \times 2^5=2^{x+5}$, $64^3=(2^6)^3=2^{18}$이므로

$2^{x+5}=2^{18}$, $x+5=18$

∴ $x=13$

04

$3^{11-\square} \div 3^6=3^{5-\square}=3^2$이므로

$5-\square=2$ ∴ $\square=3$

05

③ $\left(-\dfrac{3y}{x}\right)^2=\dfrac{9y^2}{x^2}$

06

$\left(\dfrac{3x^a}{y^3}\right)^b=\dfrac{3^b x^{ab}}{y^{3b}}=\dfrac{27x^6}{y^c}$이므로

$3^b=27$, $ab=6$, $3b=c$

따라서 $a=2$, $b=3$, $c=9$이므로

$a+b+c=2+3+9=14$

07

$4^2 \times 4^2 \times 4^2 \times 4^2=4^{2+2+2+2}=4^8$이므로 $a=8$

$4^2+4^2+4^2+4^2=4 \times 4^2=4^3$이므로 $b=3$

∴ $a-b=8-3=5$

08

$\dfrac{3^7+3^7+3^7}{81}=\dfrac{3 \times 3^7}{3^4}=\dfrac{3^8}{3^4}=3^4$

09

$A=2^4+2^4+2^4+2^4=4 \times 2^4=2^2 \times 2^4=2^6$

$B=8^3+8^3=2 \times 8^3=2 \times (2^3)^3=2 \times 2^9=2^{10}$

∴ $A \div B=2^6 \div 2^{10}=\dfrac{1}{2^4}=\dfrac{1}{16}$

10

$\dfrac{1}{9^{10}}=\dfrac{1}{(3^2)^{10}}=\dfrac{1}{3^{20}}=\dfrac{1}{(3^{10})^2}=\dfrac{1}{A^2}$

11

$12^3=(2^2 \times 3)^3=2^6 \times 3^3=(2^3)^2 \times 3^3=A^2 B$

12

$2^7 \times 5^5=2^2 \times 2^5 \times 5^5=2^2 \times (2 \times 5)^5=4 \times 10^5$

$=400000$

따라서 $2^7 \times 5^5$은 6자리 자연수이므로 $n=6$

13

$2^{10} \times 5^8 \times 7=2^2 \times 2^8 \times 5^8 \times 7$

$=2^2 \times 7 \times (2 \times 5)^8=28 \times 10^8$

$=2800000000$

따라서 $2^{10} \times 5^8 \times 7$은 10자리 자연수이므로 $n=10$

02 단항식의 곱셈과 나눗셈

개념 5   22쪽

01 답 (1) $15xy^3$ (2) $-3a^7$ (3) $-24xy$ (4) $18x^2y^3$
     (5) $20a^3b$ (6) $-2x^3y^8$

(1) $3x \times 5y^3 = (3 \times 5) \times x \times y^3 = 15xy^3$

(2) $a^3 \times (-3a^4) = -3 \times (a^3 \times a^4) = -3a^7$

(3) $(-4x) \times 6y = (-4 \times 6) \times x \times y = -24xy$

(4) $9x^2y \times 2y^2 = (9 \times 2) \times x^2 \times (y \times y^2) = 18x^2y^3$

(5) $(-5a^2) \times (-4ab) = \{-5 \times (-4)\} \times (a^2 \times a) \times b$
              $= 20a^3b$

(6) $\left(-\dfrac{1}{7}x^2y^3\right) \times 14xy^5$

    $= \left(-\dfrac{1}{7} \times 14\right) \times (x^2 \times x) \times (y^3 \times y^5)$

    $= -2x^3y^8$

02 답 (1) $-4a^5b^2$ (2) $-8a^5b^7$ (3) $-25x^8y^7$ (4) $5x^9y^{14}$

(1) $(-a)^3 \times (-2ab)^2 = (-a^3) \times (4a^2b^2) = -4a^5b^2$

(2) $(4ab^2)^3 \times \left(-\dfrac{1}{8}a^2b\right) = 64a^3b^6 \times \left(-\dfrac{1}{8}a^2b\right) = -8a^5b^7$

(3) $(-x^2y)^3 \times (5xy^2)^2 = (-x^6y^3) \times (25x^2y^4) = -25x^8y^7$

(4) $xy^3 \times 5x^2y \times (-x^3y^5)^2 = xy^3 \times 5x^2y \times x^6y^{10} = 5x^9y^{14}$

개념 6   22쪽

01 답 (1) $20a^2$ (2) $\dfrac{5x^2}{y^2}$ (3) $-12x^3$ (4) $3a^2b^3$ (5) $-\dfrac{18}{a^5}$
     (6) 1

(1) $4a^3 \div \dfrac{1}{5}a = 4a^3 \times \dfrac{5}{a} = 20a^2$

(2) $15x^6 \div 3x^4y^2 = \dfrac{15x^6}{3x^4y^2} = \dfrac{5x^2}{y^2}$

(3) $3x^5 \div \left(-\dfrac{1}{4}x^2\right) = 3x^5 \times \left(-\dfrac{4}{x^2}\right) = -12x^3$

(4) $6a^3b^4 \div 2ab = \dfrac{6a^3b^4}{2ab} = 3a^2b^3$

(5) $(-2a^3) \div \left(\dfrac{1}{3}a^4\right)^2 = (-2a^3) \div \dfrac{1}{9}a^8$

                 $= (-2a^3) \times \dfrac{9}{a^8}$

                 $= -\dfrac{18}{a^5}$

(6) $(x^2)^6 \div (x^3)^4 = x^{12} \div x^{12} = 1$

02 답 (1) $3x^6$ (2) $-\dfrac{3a}{b^3}$ (3) $\dfrac{10}{3}x^3y^{13}$

(1) $12x^7 \div 4x^3 \div \dfrac{1}{x^2} = 12x^7 \times \dfrac{1}{\boxed{4x^3}} \times x^2 = \boxed{3x^6}$

(2) $9a^5b^3 \div (-3ab^4) \div a^3b^2 = 9a^5b^3 \times \left(-\dfrac{1}{3ab^4}\right) \times \dfrac{1}{a^3b^2}$

                 $= -\dfrac{3a}{b^3}$

(3) $(2x^3y^6)^2 \div \dfrac{3x}{y^2} \div \dfrac{2}{5}x^2y = 4x^6y^{12} \div \dfrac{3x}{y^2} \div \dfrac{2}{5}x^2y$

                 $= 4x^6y^{12} \times \dfrac{y^2}{3x} \times \dfrac{5}{2x^2y}$

                 $= \dfrac{10}{3}x^3y^{13}$

개념 7   23쪽

01 답 (1) $\dfrac{1}{2}x^3$ (2) $-3b^3$ (3) $10a^3$ (4) $-8a^2$ (5) $4x^6$
     (6) $\dfrac{2y^4}{x}$

(1) $3x^5 \times x \div 6x^3 = 3x^5 \times x \times \dfrac{1}{\boxed{6x^3}} = \boxed{\dfrac{1}{2}x^3}$

(2) $15a^3b^2 \div \left(-\dfrac{5a^3}{b^4}\right) \times \dfrac{1}{b^3}$

    $= 15a^3b^2 \times \left(-\dfrac{b^4}{\boxed{5a^3}}\right) \times \dfrac{1}{b^3} = \boxed{-3b^3}$

(3) $5a^4 \times 2a \div a^2 = 5a^4 \times 2a \times \dfrac{1}{a^2} = 10a^3$

(4) $16a^3 \div 8a^2 \times (-4a) = 16a^3 \times \dfrac{1}{8a^2} \times (-4a) = -8a^2$

(5) $28x^3 \times \dfrac{1}{7x^2} \div \dfrac{1}{x^5} = 28x^3 \times \dfrac{1}{7x^2} \times x^5 = 4x^6$

(6) $(-xy^5) \div (-3x^6y^2) \times 6x^4y$

    $= (-xy^5) \times \left(-\dfrac{1}{3x^6y^2}\right) \times 6x^4y$

    $= \dfrac{2y^4}{x}$

02 답 (1) $14a^5b^7$ (2) $8x^7y^6$ (3) $-\dfrac{1}{2}a^{10}$ (4) $-\dfrac{2b^6}{a^9}$
     (5) $\dfrac{9}{4}x^7y^3$ (6) $-\dfrac{32x^6}{3y^3}$

(1) $(-a^2b)^2 \div \dfrac{1}{2}a^3 \times 7a^4b^5 = \boxed{a^4b^2} \div \dfrac{1}{2}a^3 \times 7a^4b^5$

                 $= \boxed{a^4b^2} \times \dfrac{2}{\boxed{a^3}} \times 7a^4b^5$

                 $= \boxed{14a^5b^7}$

(2) $(x^2y)^5 \times (-4xy^2)^2 \div 2x^5y^3$
$\quad = x^{10}y^5 \times 16x^2y^4 \div 2x^5y^3$
$\quad = x^{10}y^5 \times 16x^2y^4 \times \dfrac{1}{2x^5y^3} = 8x^7y^6$

(3) $12a^6b^4 \div (-3a^5b^7) \times \left(\dfrac{1}{2}a^3b\right)^3$
$\quad = 12a^6b^4 \div (-3a^5b^7) \times \dfrac{1}{8}a^9b^3$
$\quad = 12a^6b^4 \times \left(-\dfrac{1}{3a^5b^7}\right) \times \dfrac{1}{8}a^9b^3 = -\dfrac{1}{2}a^{10}$

(4) $10a^6b^5 \times \dfrac{b^4}{5a^3} \div (-a^4b)^3$
$\quad = 10a^6b^5 \times \dfrac{b^4}{5a^3} \div (-a^{12}b^3)$
$\quad = 10a^6b^5 \times \dfrac{b^4}{5a^3} \times \left(-\dfrac{1}{a^{12}b^3}\right) = -\dfrac{2b^6}{a^9}$

(5) $(-3xy^2)^4 \div \left(\dfrac{2y^3}{x}\right)^2 \times \dfrac{1}{9}xy$
$\quad = 81x^4y^8 \div \dfrac{4y^6}{x^2} \times \dfrac{1}{9}xy$
$\quad = 81x^4y^8 \times \dfrac{x^2}{4y^6} \times \dfrac{1}{9}xy = \dfrac{9}{4}x^7y^3$

(6) $(-6x^3y^5)^2 \times \dfrac{x^3}{y} \div \left(-\dfrac{3xy^4}{2}\right)^3$
$\quad = 36x^6y^{10} \times \dfrac{x^3}{y} \div \left(-\dfrac{27x^3y^{12}}{8}\right)$
$\quad = 36x^6y^{10} \times \dfrac{x^3}{y} \times \left(-\dfrac{8}{27x^3y^{12}}\right) = -\dfrac{32x^6}{3y^3}$

03 답 (1) $3xy$ (2) $-3x^3y^2$ (3) $\dfrac{5}{2}a^4b^3$ (4) $-4a^2b$

(1) $2x^2y \times \boxed{} = 6x^3y^2$에서
$\quad \boxed{} = 6x^3y^2 \div 2x^2y$
$\quad\quad = \dfrac{6x^3y^2}{2x^2y} = 3xy$

(2) $12x^4y^5 \div \boxed{} = -4xy^3$에서
$\quad \boxed{} = 12x^4y^5 \div (-4xy^3)$
$\quad\quad = \dfrac{12x^4y^5}{-4xy^3} = -3x^3y^2$

(3) $6a^3b^2 \times \boxed{} = 15a^7b^5$에서
$\quad \boxed{} = 15a^7b^5 \div 6a^3b^2$
$\quad\quad = \dfrac{15a^7b^5}{6a^3b^2} = \dfrac{5}{2}a^4b^3$

(4) $(-8a^6b^3) \div \boxed{} = 2a^4b^2$에서
$\quad \boxed{} = (-8a^6b^3) \div 2a^4b^2$
$\quad\quad = \dfrac{-8a^6b^3}{2a^4b^2} = -4a^2b$

01 ⑤	**02** ⑤	**03** 2	**04** 21	**05** ②	**06** ①
07 ②	**08** $-6x^6y^2$		**09** ②	**10** $12x^2y^2$	
11 ①	**12** ④				

01

$(-3x^2y)^2 \times xy^3 = 9x^4y^2 \times xy^3$
$\quad\quad\quad\quad\quad\quad = 9x^5y^5$
따라서 $A=9$, $B=5$, $C=5$이므로
$A+B+C=9+5+5=19$

02

$A = x^2y \times (-3xy)^2$
$\quad = x^2y \times 9x^2y^2 = 9x^4y^3$
$B = 4xy^2 \times \dfrac{1}{8x^3y} = \dfrac{y}{2x^2}$
$\therefore A \times B = 9x^4y^3 \times \dfrac{y}{2x^2} = \dfrac{9}{2}x^2y^4$

03

$8x^8y^6 \div (-2x^Ay^2)^3 = 8x^8y^6 \div (-8x^{3A}y^6)$
$\quad\quad\quad\quad\quad\quad\quad = 8x^8y^6 \times \left(-\dfrac{1}{8x^{3A}y^6}\right)$
$\quad\quad\quad\quad\quad\quad\quad = -\dfrac{x^8}{x^{3A}}$
즉, $-\dfrac{x^8}{x^{3A}} = -x^2$이므로
$8-3A=2$, $-3A=-6$
$\therefore A=2$

04

$24x^ay^8 \div \dfrac{3}{7}xy^b \div (2xy)^2$
$= 24x^ay^8 \div \dfrac{3}{7}xy^b \div 4x^2y^2$
$= 24x^ay^8 \times \dfrac{7}{3xy^b} \times \dfrac{1}{4x^2y^2}$
$= \dfrac{14x^ay^6}{x^3y^b}$
즉, $\dfrac{14x^ay^6}{x^3y^b} = cxy^3$이므로
$14=c$, $a-3=1$, $6-b=3$
따라서 $a=4$, $b=3$, $c=14$이므로
$a+b+c=4+3+14=21$

05

$(-5x^3y)^3 \times \dfrac{1}{20}xy^2 \div \left(\dfrac{1}{4}xy^2\right)^2$

$=(-125x^9y^3) \times \dfrac{1}{20}xy^2 \div \dfrac{1}{16}x^2y^4$

$=(-125x^9y^3) \times \dfrac{1}{20}xy^2 \times \dfrac{16}{x^2y^4}$

$=-100x^8y$

06

$(-3x^2y)^3 \div 6xy^a \times 8x^by^3$

$=(-27x^6y^3) \div 6xy^a \times 8x^by^3$

$=(-27x^6y^3) \times \dfrac{1}{6xy^a} \times 8x^by^3$

$=-\dfrac{36x^{5+b}y^6}{y^a}$

즉, $-\dfrac{36x^{5+b}y^6}{y^a}=-cx^7y^5$이므로

$-36=-c,\ 5+b=7,\ 6-a=5$

따라서 $a=1,\ b=2,\ c=36$이므로

$a+b-c=1+2-36=-33$

07

$(-2x)^2 \div 2xy \times \boxed{}=2x^2y^2$에서

$\boxed{}=2x^2y^2 \div (-2x)^2 \times 2xy$

$=2x^2y^2 \div 4x^2 \times 2xy$

$=2x^2y^2 \times \dfrac{1}{4x^2} \times 2xy=xy^3$

08

$(-2x^2y)^3 \div \boxed{} \times (-x^2y)=-\dfrac{4}{3}x^2y^2$에서

$\boxed{}=(-2x^2y)^3 \times (-x^2y) \div \left(-\dfrac{4}{3}x^2y^2\right)$

$=(-8x^6y^3) \times (-x^2y) \times \left(-\dfrac{3}{4x^2y^2}\right)=-6x^6y^2$

09

$\dfrac{1}{2} \times 4a^2b \times (높이)=8a^4b^2$이므로

$2a^2b \times (높이)=8a^4b^2$

따라서

$(높이)=8a^4b^2 \div 2a^2b$

$=\dfrac{8a^4b^2}{2a^2b}=4a^2b$

10

$\dfrac{1}{2} \times 2x^2y \times 3xy^4 \times (높이)=36x^5y^7$이므로

$3x^3y^5 \times (높이)=36x^5y^7$

따라서

$(높이)=36x^5y^7 \div 3x^3y^5$

$=\dfrac{36x^5y^7}{3x^3y^5}=12x^2y^2$

11

$A \div 3ab^4=-2a^3b^5$이므로

$A=(-2a^3b^5) \times 3ab^4=-6a^4b^9$

따라서 바르게 계산하면

$(-6a^4b^9) \times 3ab^4=-18a^5b^{13}$

12

어떤 식을 A라 하면

$A \div \dfrac{ab^4}{2}=\dfrac{16a}{b}$이므로

$A=\dfrac{16a}{b} \times \dfrac{ab^4}{2}=8a^2b^3$

따라서 바르게 계산하면

$8a^2b^3 \times \dfrac{ab^4}{2}=4a^3b^7$

서술형 감잡기

01 11	**02** $-24x^5y^3$	**03** $36y^5$	**04** $6a^2b^2$

01

1단계 밑을 통일하여 나타내기 ◀ 60 %

$27^{x+3}=(3^3)^{x+3}=3^{3x+9}$이므로

$3^{4x-2}=3^{3x+9}$

2단계 x의 값 구하기 ◀ 40 %

$4x-2=3x+9$

$\therefore x=11$

02

1단계 A 계산하기 ◀ 40 %

$A=(-28x^3y^5) \div 7xy^3$

$=(-28x^3y^5) \times \dfrac{1}{7xy^3}=-4x^2y^2$

② 단계 B 계산하기 ◀ 40 %

$B = (2x^2y)^2 \times \dfrac{3}{2xy}$

$\quad = 4x^4y^2 \times \dfrac{3}{2xy} = 6x^3y$

③ 단계 $A \times B$ 계산하기 ◀ 20 %

$\therefore \ A \times B = (-4x^2y^2) \times 6x^3y$

$\qquad\qquad = -24x^5y^3$

03

① 단계 어떤 식 구하기 ◀ 60 %

어떤 식을 A라 하면

$(-12xy^3) \div A = 4x^2y$이므로

$A = (-12xy^3) \div 4x^2y$

$\quad = \dfrac{-12xy^3}{4x^2y} = -\dfrac{3y^2}{x}$

② 단계 바르게 계산한 식 구하기 ◀ 40 %

따라서 바르게 계산하면

$(-12xy^3) \times \left(-\dfrac{3y^2}{x}\right) = 36y^5$

04

① 단계 직사각형의 넓이 구하기 ◀ 40 %

(직사각형의 넓이)$= 6a^3b \times 4a^4b^3$

$\qquad\qquad\qquad\quad = 24a^7b^4$

② 단계 삼각형의 높이 구하기 ◀ 60 %

(삼각형의 넓이)$= \dfrac{1}{2} \times 8a^5b^2 \times$(높이)이고, 직사각형의 넓이와

삼각형의 넓이가 서로 같으므로

$4a^5b^2 \times$(높이)$= 24a^7b^4$

따라서

(높이)$= 24a^7b^4 \div 4a^5b^2$

$\qquad\quad = 24a^7b^4 \times \dfrac{1}{4a^5b^2} = 6a^2b^2$

01 $16 \times 2^x \div 8 = 2^4 \times 2^x \div 2^3 = 2^{4+x} \div 2^3$

즉, $2^{4+x} \div 2^3 = 2^6$이므로

$4 + x - 3 = 6 \qquad \therefore \ x = 5$

02 $x^{10} \div (x^3)^2 \div x^\square = x^{10} \div x^6 \div x^\square = x^4 \div x^\square$

즉, $x^4 \div x^\square = 1$이므로 $\square = 4$

03 **①** 단계 x의 값 구하기 ◀ 40 %

$(5^3)^x \times (5^2)^6 = 5^{3x} \times 5^{12} = 5^{3x+12} = 5^{27}$이므로

$3x + 12 = 27, \ 3x = 15$

$\therefore \ x = 5$

② 단계 y의 값 구하기 ◀ 40 %

$7^{25} \div (7^4)^y = 7^{25} \div 7^{4y} = 7^{25-4y} = 7$이므로

$25 - 4y = 1 \qquad \therefore \ y = 6$

③ 단계 $x+y$의 값 구하기 ◀ 20 %

$\therefore \ x + y = 5 + 6 = 11$

04 $(3x^a)^b = 3^b x^{ab} = 81x^{12}$이므로

$3^b = 81, \ ab = 12 \qquad \therefore \ a = 3, \ b = 4$

$\left(-\dfrac{4x^c}{y}\right)^3 = -\dfrac{64x^{3c}}{y^3} = -\dfrac{dx^6}{y^3}$이므로

$64 = d, \ 3c = 6 \qquad \therefore \ c = 2, \ d = 64$

$\therefore \ a + b + c + d = 3 + 4 + 2 + 64 = 73$

05 ① $a^3 \times a^4 = a^7$

② $(a^2)^5 = a^{10}$

③ $a^6 \div a^2 = a^4$

⑤ $\left(\dfrac{2a}{b^2}\right)^3 = \dfrac{8a^3}{b^6}$

따라서 옳은 것은 ④이다.

06 ① $x^\square \times x^2 = x^{\square+2} = x^6$이므로

$\quad \square + 2 = 6 \qquad \therefore \ \square = 4$

② $x^4 \div x^\square = \dfrac{1}{x}$에서 $\dfrac{1}{x^{\square-4}} = \dfrac{1}{x}$이므로

$\quad \square - 4 = 1 \qquad \therefore \ \square = 5$

③ $(x^\square)^2 \times x^5 = x^{\square \times 2 + 5} = x^{11}$이므로

$\quad \square \times 2 + 5 = 11 \qquad \therefore \ \square = 3$

④ $(x^5)^\square \div x^4 = x^{5 \times \square - 4} = x^6$이므로

$\quad 5 \times \square - 4 = 6 \qquad \therefore \ \square = 2$

⑤ $\left(\dfrac{b^5}{a^\square}\right)^3=\dfrac{b^{15}}{a^{\square\times 3}}=\dfrac{b^{15}}{a^{12}}$이므로

$\quad\quad \square\times 3=12 \quad \therefore \square=4$

따라서 $\square$ 안에 알맞은 수가 가장 큰 것은 ②이다.

07 $5^2\times 5^2\times 5^2\times 5^2\times 5^2=5^{2+2+2+2+2}=5^{10}$이므로
$a=10$
$4^5+4^5+4^5+4^5=4\times 4^5=4^6=(2^2)^6=2^{12}$이므로
$b=12$
$(7^3)^5=7^{15}$이므로 $c=15$
$\therefore a-b+c=10-12+15=13$

08 $49^3\div 49^7=\dfrac{1}{49^4}=\dfrac{1}{(7^2)^4}=\dfrac{1}{7^8}$

$\quad\quad\quad =\dfrac{1}{(7^4)^2}=\dfrac{1}{A^2}$

09 ③ $(x^3y^5)^2\times\left(-\dfrac{x}{y^2}\right)^4=x^6y^{10}\times\dfrac{x^4}{y^8}=x^{10}y^2$

④ $(2x^3y)^4\div 8x^2y=16x^{12}y^4\div 8x^2y=2x^{10}y^3$

⑤ $27a^8\div\left(-\dfrac{3}{4}a^3\right)^2=27a^8\div\dfrac{9}{16}a^6$

$\quad\quad\quad\quad\quad =27a^8\times\dfrac{16}{9a^6}=48a^2$

따라서 옳지 않은 것은 ④이다.

10 $(-x^2y^4)^2\times\left(\dfrac{x^3}{y^2}\right)^3\times\dfrac{1}{x^8}=x^4y^8\times\dfrac{x^9}{y^6}\times\dfrac{1}{x^8}$

$\quad\quad\quad\quad\quad\quad\quad\quad =x^5y^2$

11 $\dfrac{4y^7}{x^5}\div(-6xy^2)^2\div\left(\dfrac{y}{x^3}\right)^4=\dfrac{4y^7}{x^5}\div 36x^2y^4\div\dfrac{y^4}{x^{12}}$

$\quad\quad\quad\quad\quad\quad\quad\quad =\dfrac{4y^7}{x^5}\times\dfrac{1}{36x^2y^4}\times\dfrac{x^{12}}{y^4}$

$\quad\quad\quad\quad\quad\quad\quad\quad =\dfrac{x^5}{9y}$

따라서 $a=9$, $b=1$, $c=5$이므로
$a+b+c=9+1+5=15$

12 ① 단계 좌변을 계산하기 ◀ 30 %
$(-3x^3y)^a\times 4x^2y^5\div 12x^by$

$=(-3)^ax^{3a}y^a\times 4x^2y^5\times\dfrac{1}{12x^by}$

$=\dfrac{(-3)^ax^{3a+2}y^{a+4}}{3x^b}$

② 단계 a, b, c의 값 구하기 ◀ 50 %
즉, $\dfrac{(-3)^ax^{3a+2}y^{a+4}}{3x^b}=-cx^3y^7$이므로

$\dfrac{(-3)^a}{3}=-c$, $3a+2-b=3$, $a+4=7$

$a+4=7$에서 $a=3$

$a=3$을 $\dfrac{(-3)^a}{3}=-c$에 대입하면

$-9=-c \quad \therefore c=9$

$a=3$을 $3a+2-b=3$에 대입하면

$11-b=3 \quad \therefore b=8$

③ 단계 $a-b+c$의 값 구하기 ◀ 20 %
$\therefore a+b-c=3+8-9=2$

13 $\left(-\dfrac{x}{2y}\right)^2\times\boxed{}\div 9x^2y=-\dfrac{5}{2}x^7y^2$에서

$\boxed{}=\left(-\dfrac{5}{2}x^7y^2\right)\div\left(-\dfrac{x}{2y}\right)^2\times 9x^2y$

$\quad\quad =\left(-\dfrac{5}{2}x^7y^2\right)\div\dfrac{x^2}{4y^2}\times 9x^2y$

$\quad\quad =\left(-\dfrac{5}{2}x^7y^2\right)\times\dfrac{4y^2}{x^2}\times 9x^2y$

$\quad\quad =-90x^7y^5$

14 ① 단계 (내)에 알맞은 식 구하기 ◀ 50 %

$\dfrac{1}{2}x^2y\times 36x^8y^4=18x^{10}y^5$

이므로 (내)에 알맞은 식은 $18x^{10}y^5$이다.

② 단계 (대)에 알맞은 식 구하기 ◀ 50 %
$18x^{10}y^5\div(-3xy^2)^2=18x^{10}y^5\div 9x^2y^4$

$\quad\quad\quad\quad\quad\quad =18x^{10}y^5\times\dfrac{1}{9x^2y^4}$

$\quad\quad\quad\quad\quad\quad =2x^8y$

이므로 (대)에 알맞은 식은 $2x^8y$이다.

15 $(\text{직육면체의 부피})=\dfrac{1}{2}a^3b\times 7a\times 6ab^2$

$\quad\quad\quad\quad\quad\quad =21a^5b^3$

16 $\dfrac{1}{3}\times\dfrac{1}{2}\times 3ab\times 4b\times($ 높이$)=18a^3b^3$이므로

$2ab^2\times($ 높이$)=18a^3b^3$

따라서

$($ 높이$)=18a^3b^3\div 2ab^2$

$\qquad=18a^3b^3\times\dfrac{1}{2ab^2}$

$\qquad=9a^2b$

17 $\dfrac{2^{17}\times15^{10}}{6^{10}}=\dfrac{2^{17}\times(3\times5)^{10}}{(2\times3)^{10}}=\dfrac{2^{17}\times3^{10}\times5^{10}}{2^{10}\times3^{10}}$

$\qquad=2^7\times5^{10}=2^7\times5^3\times5^7$

$\qquad=5^3\times(2\times5)^7=125\times10^7$

$\qquad=1250000000$

따라서 $\dfrac{2^{17}\times15^{10}}{6^{10}}$ 은 10자리 자연수이므로 $n=10$

18 $(a^2b)^3=A\times ab^6$에서

$A=(a^2b)^3\div ab^6=a^6b^3\div ab^6=\dfrac{a^6b^3}{ab^6}=\dfrac{a^5}{b^3}$

$A=a^4\times B$에서 $\dfrac{a^5}{b^3}=a^4\times B$이므로

$B=\dfrac{a^5}{b^3}\div a^4=\dfrac{a^5}{b^3}\times\dfrac{1}{a^4}=\dfrac{a}{b^3}$

$ab^6=B\times C$에서 $ab^6=\dfrac{a}{b^3}\times C$이므로

$C=ab^6\div\dfrac{a}{b^3}=ab^6\times\dfrac{b^3}{a}=b^9$

19 (1) (원기둥의 부피)$=\pi\times(2a^2b)^2\times3ab^3$

$\qquad=\pi\times4a^4b^2\times3ab^3$

$\qquad=12\pi a^5b^5$

(2) (원뿔의 부피)$=\dfrac{1}{3}\times\pi\times(3ab^2)^2\times($ 원뿔의 높이$)$

$\qquad=\dfrac{1}{3}\times\pi\times9a^2b^4\times($ 원뿔의 높이$)$

$\qquad=3\pi a^2b^4\times($ 원뿔의 높이$)$

원기둥과 원뿔의 부피가 서로 같으므로

$3\pi a^2b^4\times($ 원뿔의 높이$)=12\pi a^5b^5$

따라서

(원뿔의 높이)$=12\pi a^5b^5\div 3\pi a^2b^4$

$\qquad=12\pi a^5b^5\times\dfrac{1}{3\pi a^2b^4}$

$\qquad=4a^3b$

---

3 다항식의 계산

01 다항식의 덧셈과 뺄셈

개념 1 　　　　　　　　　32쪽

01 답 (1) $4x+7y$　(2) $-a-6b$　(3) $6a-2b$　(4) $-5x-8y$

(5) $7x+y$　　(6) $9a-3b$　　(7) $9a+3b+2$

(8) $-7x+4y+12$

(1) $(3x-y)+(x+8y)=3x-y+x+8y$

$\qquad=3x+\boxed{x}-y+\boxed{8y}$

$\qquad=\boxed{4x+7y}$

(2) $(a-5b)-(2a+b)=a-5b-2a-b$

$\qquad=a-\boxed{2a}-5b-\boxed{b}$

$\qquad=\boxed{-a-6b}$

(3) $(2a+3b)+(4a-5b)=2a+3b+4a-5b$

$\qquad=2a+4a+3b-5b$

$\qquad=6a-2b$

(4) $(x-9y)+(-6x+y)=x-9y-6x+y$

$\qquad=x-6x-9y+y$

$\qquad=-5x-8y$

(5) $(8x-3y)-(x-4y)=8x-3y-x+4y$

$\qquad=8x-x-3y+4y$

$\qquad=7x+y$

(6) $(6a-b)-(-3a+2b)=6a-b+3a-2b$

$\qquad=6a+3a-b-2b$

$\qquad=9a-3b$

(7) $(7a+2b-1)+(2a+b+3)$

$\quad=7a+2b-1+2a+b+3$

$\quad=7a+2a+2b+b-1+3$

$\quad=9a+3b+2$

(8) $(-5x+y+4)-(2x-3y-8)$

$\quad=-5x+y+4-2x+3y+8$

$\quad=-5x-2x+y+3y+4+8$

$\quad=-7x+4y+12$

02 답 (1) $4x-3y$　(2) $3a+8b$　(3) $9x-8y$　(4) $15a+5b$

(5) $-7y$　(6) $\dfrac{11x-7y}{6}$　(7) $-\dfrac{x}{4}$　(8) $\dfrac{-8a+11b}{15}$

(1) $(x-9y)+3(x+2y)=x-9y+3x+6y$

$\qquad=x+3x-9y+6y$

$\qquad=4x-3y$

(2) $5(2a+b)+(-7a+3b)=10a+5b-7a+3b$
$$=10a-7a+5b+3b$$
$$=3a+8b$$

(3) $6(3x-y)-(9x+2y)=18x-6y-9x-2y$
$$=18x-9x-6y-2y$$
$$=9x-8y$$

(4) $3(a-b)+4(3a+2b)=3a-3b+12a+8b$
$$=3a+12a-3b+8b$$
$$=15a+5b$$

(5) $2(x-5y)-\dfrac{1}{3}(6x-9y)=2x-10y-2x+3y$
$$=2x-2x-10y+3y$$
$$=-7y$$

(6) $\dfrac{4x+y}{3}+\dfrac{x-3y}{2}=\dfrac{2(4x+y)+3(x-3y)}{6}$
$$=\dfrac{8x+2y+3x-9y}{6}$$
$$=\dfrac{11x-7y}{6}$$

(7) $\dfrac{2x+3y}{2}-\dfrac{5x+6y}{4}=\dfrac{2(2x+3y)-(5x+6y)}{4}$
$$=\dfrac{4x+6y-5x-6y}{4}$$
$$=-\dfrac{x}{4}$$

(8) $\dfrac{-a+b}{3}-\dfrac{a-2b}{5}=\dfrac{5(-a+b)-3(a-2b)}{15}$
$$=\dfrac{-5a+5b-3a+6b}{15}$$
$$=\dfrac{-8a+11b}{15}$$

03 답 (1) $-x+4y$ (2) $5x-y$ (3) $8a+b$ (4) $8b$
(5) $-6x+4y+8$ (6) $7x-5y$

(1) $x-\{3y-(-2x+7y)\}$
$$=x-(3y+\boxed{2}x-\boxed{7}y)$$
$$=x-(\boxed{2}x-\boxed{4}y)$$
$$=x-\boxed{2}x+\boxed{4}y$$
$$=\boxed{-x+4y}$$

(2) $7x+\{x-(3x+y)\}=7x+(x-3x-y)$
$$=7x+(-2x-y)$$
$$=7x-2x-y$$
$$=5x-y$$

(3) $4a-\{a-2b-(5a-b)\}=4a-(a-2b-5a+b)$
$$=4a-(-4a-b)$$
$$=4a+4a+b$$
$$=8a+b$$

(4) $a+2b-\{4a-b-(3a+5b)\}$
$$=a+2b-(4a-b-3a-5b)$$
$$=a+2b-(a-6b)$$
$$=a+2b-a+6b$$
$$=8b$$

(5) $5y-[2x-\{7-(4x+y)\}-1]$
$$=5y-\{2x-(7-4x-y)-1\}$$
$$=5y-(2x-7+4x+y-1)$$
$$=5y-(6x+y-8)$$
$$=5y-6x-y+8$$
$$=-6x+4y+8$$

(6) $6x-[2y+\{x-(2x-3y)\}]$
$$=6x-\{2y+(x-2x+3y)\}$$
$$=6x-\{2y+(-x+3y)\}$$
$$=6x-(2y-x+3y)$$
$$=6x-(-x+5y)$$
$$=6x+x-5y$$
$$=7x-5y$$

33쪽

개념 2

01 답 (1) ○ (2) × (3) × (4) × (5) ○ (6) ○ (7) ×
(6) $3x^2+x-x^2=2x^2+x$이므로 이차식이다.
(7) $6y^2-(6y^2-5y+1)=5y-1$이므로 일차식이다.

02 답 (1) $4x^2+2x+1$ (2) $-3x^2-4x-1$ (3) $4a^2$
(4) $-7x^2+4$ (5) x^2+2x+6 (6) $-4a^2+a+8$
(7) $-x^2-6x+2$ (8) $3a^2-2a+6$

(1) $(x^2+6x-4)+(3x^2-4x+5)$
$$=x^2+6x-4+3x^2-4x+5$$
$$=x^2+\boxed{3}x^2+\boxed{6}x-4x-4+\boxed{5}$$
$$=\boxed{4x^2+2x+1}$$

(2) $(2x^2-x+1)-(5x^2+3x+2)$
$$=2x^2-x+1-\boxed{5}x^2-3x-\boxed{2}$$
$$=2x^2-\boxed{5}x^2-x-3x+1-\boxed{2}$$
$$=\boxed{-3x^2-4x-1}$$

(3) $(a^2-a)+(3a^2+a)=a^2-a+3a^2+a$
$$=a^2+3a^2-a+a$$
$$=4a^2$$

(4) $(-5x^2+1)-(2x^2-3)=-5x^2+1-2x^2+3$
$$=-5x^2-2x^2+1+3$$
$$=-7x^2+4$$

(5) $(2x^2-x)+(-x^2+3x+6)=2x^2-x-x^2+3x+6$
$\qquad\qquad\qquad\qquad\qquad =2x^2-x^2-x+3x+6$
$\qquad\qquad\qquad\qquad\qquad =x^2+2x+6$

(6) $(3a^2+5)-(7a^2-a-3)=3a^2+5-7a^2+a+3$
$\qquad\qquad\qquad\qquad\qquad =3a^2-7a^2+a+5+3$
$\qquad\qquad\qquad\qquad\qquad =-4a^2+a+8$

(7) $(3x^2-5x-6)+(-4x^2-x+8)$
$\quad =3x^2-5x-6-4x^2-x+8$
$\quad =3x^2-4x^2-5x-x-6+8$
$\quad =-x^2-6x+2$

(8) $(a^2+5a-4)-(-2a^2+7a-10)$
$\quad =a^2+5a-4+2a^2-7a+10$
$\quad =a^2+2a^2+5a-7a-4+10$
$\quad =3a^2-2a+6$

03 답 (1) $3a^2-15a-4$　(2) $5x^2-5x-3$　(3) $9y^2+13y-5$
$\qquad$ (4) $a-1$　(5) $\dfrac{5x^2+3x}{4}$　(6) $\dfrac{16x^2+7x-4}{6}$
$\qquad$ (7) $2a^2+5a+2$　(8) $3x^2-8x+1$

(1) $2(a^2-9a+1)+(a^2+3a-6)$
$\quad =2a^2-18a+2+a^2+3a-6$
$\quad =2a^2+a^2-18a+3a+2-6$
$\quad =3a^2-15a-4$

(2) $(2x^2+10x-9)-3(-x^2+5x-2)$
$\quad =2x^2+10x-9+3x^2-15x+6$
$\quad =2x^2+3x^2+10x-15x-9+6$
$\quad =5x^2-5x-3$

(3) $4(y^2-3y)-5(-y^2-5y+1)$
$\quad =4y^2-12y+5y^2+25y-5$
$\quad =4y^2+5y^2-12y+25y-5$
$\quad =9y^2+13y-5$

(4) $-\left(a^2-\dfrac{5}{2}a+3\right)+\dfrac{1}{4}(4a^2-6a+8)$
$\quad =-a^2+\dfrac{5}{2}a-3+a^2-\dfrac{3}{2}a+2$
$\quad =-a^2+a^2+\dfrac{5}{2}a-\dfrac{3}{2}a-3+2$
$\quad =a-1$

(5) $\dfrac{3x^2-5x-2}{4}+\dfrac{x^2+4x+1}{2}$
$\quad =\dfrac{3x^2-5x-2+2(x^2+4x+1)}{4}$
$\quad =\dfrac{3x^2-5x-2+2x^2+8x+2}{4}$
$\quad =\dfrac{5x^2+3x}{4}$

(6) $\dfrac{4x^2+3x-6}{2}-\dfrac{-2x^2+x-7}{3}$
$\quad =\dfrac{3(4x^2+3x-6)-2(-2x^2+x-7)}{6}$
$\quad =\dfrac{12x^2+9x-18+4x^2-2x+14}{6}$
$\quad =\dfrac{16x^2+7x-4}{6}$

(7) $3a^2+2-\{-a^2-(5a-2a^2)\}$
$\quad =3a^2+2-(-a^2-5a+2a^2)$
$\quad =3a^2+2-(a^2-5a)$
$\quad =3a^2+2-a^2+5a$
$\quad =2a^2+5a+2$

(8) $-5x-[7-\{4x^2-(-8+x^2)\}+3x]$
$\quad =-5x-\{7-(4x^2+8-x^2)+3x\}$
$\quad =-5x-\{7-(3x^2+8)+3x\}$
$\quad =-5x-(7-3x^2-8+3x)$
$\quad =-5x-(-3x^2+3x-1)$
$\quad =-5x+3x^2-3x+1$
$\quad =3x^2-8x+1$

필수 유형 익히기 (한 번 더)　34쪽

01 ④	02 ③	03 6	04 1	05 ④
06 $-4a+11b$		07 ④	08 $-13x^2+6x-11$	

01

$\left(\dfrac{3}{2}x-y\right)+\left(\dfrac{2}{3}x+\dfrac{1}{6}y\right)=\dfrac{3}{2}x-y+\dfrac{2}{3}x+\dfrac{1}{6}y$
$\qquad\qquad\qquad\qquad\qquad =\dfrac{13}{6}x-\dfrac{5}{6}y$

02

$(-5x+3y-8)-2(3x+7y-6)$
$=-5x+3y-8-6x-14y+12$
$=-11x-11y+4$
따라서 x의 계수는 -11이고, 상수항은 4이므로 구하는 합은
$-11+4=-7$

03

$3(x^2+2x-1)-(-2x^2+5x-8)$
$=3x^2+6x-3+2x^2-5x+8$
$=5x^2+x+5$

따라서 x^2의 계수는 5이고, x의 계수는 1이므로 구하는 합은
$5+1=6$

04

$$\frac{x^2-2x+7}{5}+\frac{3x^2+x-4}{2}$$
$$=\frac{2(x^2-2x+7)+5(3x^2+x-4)}{10}$$
$$=\frac{2x^2-4x+14+15x^2+5x-20}{10}$$
$$=\frac{17x^2+x-6}{10}=\frac{17}{10}x^2+\frac{1}{10}x-\frac{3}{5}$$

따라서 $a=\dfrac{17}{10}$, $b=\dfrac{1}{10}$, $c=-\dfrac{3}{5}$이므로

$$a-b+c=\frac{17}{10}-\frac{1}{10}+\left(-\frac{3}{5}\right)=1$$

05

$$-2x-[8y-\{2y-(-x+3y)\}]$$
$$=-2x-\{8y-(2y+x-3y)\}$$
$$=-2x-\{8y-(x-y)\}$$
$$=-2x-(8y-x+y)$$
$$=-2x-(-x+9y)$$
$$=-2x+x-9y$$
$$=-x-9y$$

따라서 $a=-1$, $b=-9$이므로
$$a-b=-1-(-9)=8$$

06

$$6a-[a-3b-\{-5a+b-(4a-7b)\}]$$
$$=6a-\{a-3b-(-5a+b-4a+7b)\}$$
$$=6a-\{a-3b-(-9a+8b)\}$$
$$=6a-(a-3b+9a-8b)$$
$$=6a-(10a-11b)$$
$$=6a-10a+11b$$
$$=-4a+11b$$

07

어떤 식을 A라 하면
$A-(x^2+2x+1)=-2x^2+5x+7$이므로
$A=(-2x^2+5x+7)+(x^2+2x+1)$
$\quad=-2x^2+5x+7+x^2+2x+1$
$\quad=-x^2+7x+8$

따라서 바르게 계산하면
$(-x^2+7x+8)+(x^2+2x+1)$
$=-x^2+7x+8+x^2+2x+1$
$=9x+9$

08

어떤 식을 A라 하면
$A+(5x^2-2x+3)=-3x^2+2x-5$이므로
$A=(-3x^2+2x-5)-(5x^2-2x+3)$
$\quad=-3x^2+2x-5-5x^2+2x-3$
$\quad=-8x^2+4x-8$

따라서 바르게 계산하면
$(-8x^2+4x-8)-(5x^2-2x+3)$
$=-8x^2+4x-8-5x^2+2x-3$
$=-13x^2+6x-11$

02 단항식과 다항식의 곱셈과 나눗셈

개념 3 35쪽

01 답 (1) $3a^2+12a$ (2) $-4a^2+5a$ (3) $3x-x^2$
　　　(4) $6x^2-9xy$ (5) $-10a^2+5ab-5a$

(1) $3a(a+4)=3a\times a+3a\times\boxed{4}$
$\qquad\qquad=\boxed{3a^2+12a}$

(2) $-a(4a-5)=(-a)\times 4a-(-a)\times 5$
$\qquad\qquad=-4a^2+5a$

(3) $\dfrac{1}{2}x(6-2x)=\dfrac{1}{2}x\times 6-\dfrac{1}{2}x\times 2x$
$\qquad\qquad=3x-x^2$

(4) $\dfrac{3}{2}x(4x-6y)=\dfrac{3}{2}x\times 4x-\dfrac{3}{2}x\times 6y$
$\qquad\qquad=6x^2-9xy$

(5) $5a(-2a+b-1)=5a\times(-2a)+5a\times b-5a\times 1$
$\qquad\qquad=-10a^2+5ab-5a$

02 답 (1) $2x^2+6x$ (2) $-3a^2+12a$ (3) $4a^2-16a$
　　　(4) $\dfrac{1}{2}a^2b-24ab^2$ (5) $-28xy+16y^2-12y$

(1) $(x+3)\times 2x=\boxed{x}\times 2x+3\times 2x$
$\qquad\qquad=\boxed{2x^2+6x}$

(2) $(a-4)\times(-3a)=a\times(-3a)-4\times(-3a)$
$\qquad\qquad\qquad =-3a^2+12a$

(3) $(3a-12)\times\dfrac{4}{3}a=3a\times\dfrac{4}{3}a-12\times\dfrac{4}{3}a$
$\qquad\qquad\qquad\quad =4a^2-16a$

(4) $\left(\dfrac{1}{16}a-3b\right)\times 8ab=\dfrac{1}{16}a\times 8ab-3b\times 8ab$
$\qquad\qquad\qquad\qquad\quad =\dfrac{1}{2}a^2b-24ab^2$

(5) $(7x-4y+3)\times(-4y)$
$\quad =7x\times(-4y)-4y\times(-4y)+3\times(-4y)$
$\quad =-28xy+16y^2-12y$

03 답 (1) $6a^2$ (2) x^2-11x (3) $-6a^2+8ab$
$\qquad$ (4) $11x^2-12xy$

(1) $(4a^2-2a)+2a(a+1)=4a^2-2a+\boxed{2a^2}+2a$
$\qquad\qquad\qquad\qquad\quad =\boxed{6a^2}$

(2) $-2x(x+1)+(3x^2-9x)=-2x^2-2x+3x^2-9x$
$\qquad\qquad\qquad\qquad\qquad =x^2-11x$

(3) $6a(a+2b)-4a(3a+b)=6a^2+12ab-12a^2-4ab$
$\qquad\qquad\qquad\qquad\qquad =-6a^2+8ab$

(4) $x(x-7y)-5x(-2x+y)=x^2-7xy+10x^2-5xy$
$\qquad\qquad\qquad\qquad\qquad =11x^2-12xy$

개념 4 35쪽

01 답 (1) $6x-8$ (2) $8b+12$ (3) $-3xy+18y$
$\qquad$ (4) $-4ab+14$ (5) $6x^2-2$ (6) $-4a^2+8b$
$\qquad$ (7) $2x^2-x-3$ (8) $-a^2+3a-4b$

(1) $(3x^2-4x)\div\dfrac{x}{2}=(3x^2-4x)\times\boxed{\dfrac{2}{x}}$
$\qquad\qquad\qquad =3x^2\times\boxed{\dfrac{2}{x}}-4x\times\boxed{\dfrac{2}{x}}$
$\qquad\qquad\qquad =\boxed{6x-8}$

(2) $(2ab+3a)\div\dfrac{a}{4}=(2ab+3a)\times\dfrac{4}{a}$
$\qquad\qquad\qquad =2ab\times\dfrac{4}{a}+3a\times\dfrac{4}{a}$
$\qquad\qquad\qquad =8b+12$

(3) $(x^2y-6xy)\div\left(-\dfrac{x}{3}\right)=(x^2y-6xy)\times\left(-\dfrac{3}{x}\right)$
$\qquad\qquad\qquad\qquad =x^2y\times\left(-\dfrac{3}{x}\right)-6xy\times\left(-\dfrac{3}{x}\right)$
$\qquad\qquad\qquad\qquad =-3xy+18y$

(4) $(-2a^2b+7a)\div\dfrac{a}{2}=(-2a^2b+7a)\times\dfrac{2}{a}$
$\qquad\qquad\qquad\qquad =-2a^2b\times\dfrac{2}{a}+7a\times\dfrac{2}{a}$
$\qquad\qquad\qquad\qquad =-4ab+14$

(5) $(9x^2y-3y)\div\dfrac{3y}{2}=(9x^2y-3y)\times\dfrac{2}{3y}$
$\qquad\qquad\qquad\qquad =9x^2y\times\dfrac{2}{3y}-3y\times\dfrac{2}{3y}$
$\qquad\qquad\qquad\qquad =6x^2-2$

(6) $(5a^3b-10ab^2)\div\left(-\dfrac{5}{4}ab\right)$
$\quad =(5a^3b-10ab^2)\times\left(-\dfrac{4}{5ab}\right)$
$\quad =5a^3b\times\left(-\dfrac{4}{5ab}\right)-10ab^2\times\left(-\dfrac{4}{5ab}\right)$
$\quad =-4a^2+8b$

(7) $(10x^3-5x^2-15x)\div 5x=\dfrac{10x^3-5x^2-15x}{5x}$
$\qquad\qquad\qquad\qquad =\dfrac{10x^3}{5x}-\dfrac{5x^2}{5x}-\dfrac{15x}{5x}$
$\qquad\qquad\qquad\qquad =2x^2-x-3$

(8) $(a^3b-3a^2b+4ab^2)\div(-ab)$
$\quad =\dfrac{a^3b-3a^2b+4ab^2}{-ab}$
$\quad =\dfrac{a^3b}{-ab}-\dfrac{3a^2b}{-ab}+\dfrac{4ab^2}{-ab}$
$\quad =-a^2+3a-4b$

02 답 (1) $5y-4$ (2) $-2a-3$ (3) $3x^3-2y$ (4) $-2ab+3$
$\qquad$ (5) $-4ab^2+5b^3$ (6) $-2x^3y+\dfrac{y}{3}$
$\qquad$ (7) $-7a-14b+21$ (8) $-6x+2y+3$

(1) $(5xy-4x)\div x=\dfrac{5xy-4x}{\boxed{x}}$
$\qquad\qquad\qquad =\dfrac{5xy}{\boxed{x}}-\dfrac{4x}{\boxed{x}}$
$\qquad\qquad\qquad =\boxed{5y-4}$

(2) $(4a^2+6a)\div(-2a)=\dfrac{4a^2+6a}{-2a}$
$\qquad\qquad\qquad =\dfrac{4a^2}{-2a}+\dfrac{6a}{-2a}$
$\qquad\qquad\qquad =-2a-3$

(3) $(12x^4-8xy)\div 4x=\dfrac{12x^4-8xy}{4x}$
$\qquad\qquad\qquad =\dfrac{12x^4}{4x}-\dfrac{8xy}{4x}$
$\qquad\qquad\qquad =3x^3-2y$

(4) $(6a^3b-9a^2)\div(-3a^2)=\dfrac{6a^3b-9a^2}{-3a^2}$

$\qquad\qquad\qquad\qquad\quad=\dfrac{6a^3b}{-3a^2}-\dfrac{9a^2}{-3a^2}$

$\qquad\qquad\qquad\qquad\quad=-2ab+3$

(5) $(-8a^2b^3+10ab^4)\div2ab=\dfrac{-8a^2b^3+10ab^4}{2ab}$

$\qquad\qquad\qquad\qquad\qquad\quad=\dfrac{-8a^2b^3}{2ab}+\dfrac{10ab^4}{2ab}$

$\qquad\qquad\qquad\qquad\qquad\quad=-4ab^2+5b^3$

(6) $(6x^4y^2-xy^2)\div(-3xy)=\dfrac{6x^4y^2-xy^2}{-3xy}$

$\qquad\qquad\qquad\qquad\qquad\quad=\dfrac{6x^4y^2}{-3xy}-\dfrac{xy^2}{-3xy}$

$\qquad\qquad\qquad\qquad\qquad\quad=-2x^3y+\dfrac{y}{3}$

(7) $(ab+2b^2-3b)\div\left(-\dfrac{b}{7}\right)$

$\quad=(ab+2b^2-3b)\times\left(-\dfrac{7}{b}\right)$

$\quad=ab\times\left(-\dfrac{7}{b}\right)+2b^2\times\left(-\dfrac{7}{b}\right)-3b\times\left(-\dfrac{7}{b}\right)$

$\quad=-7a-14b+21$

(8) $\left(-x^2y+\dfrac{1}{3}xy^2+\dfrac{1}{2}xy\right)\div\dfrac{1}{6}xy$

$\quad=\left(-x^2y+\dfrac{1}{3}xy^2+\dfrac{1}{2}xy\right)\times\dfrac{6}{xy}$

$\quad=(-x^2y)\times\dfrac{6}{xy}+\dfrac{1}{3}xy^2\times\dfrac{6}{xy}+\dfrac{1}{2}xy\times\dfrac{6}{xy}$

$\quad=-6x+2y+3$

개념 5　36쪽

01 답 (1) $7x^2+2x$ (2) $-12x^2-xy$
　　　(3) $-3x^2y+xy$ (4) $8a^2b-ab^2$

(1) $x(5x+3)+(12x^3-6x^2)\div6x$

$\quad=5x^2+\boxed{3x}+\dfrac{12x^3-6x^2}{\boxed{6x}}$

$\quad=5x^2+\boxed{3x}+\boxed{2x^2}-x$

$\quad=\boxed{7x^2+2x}$

(2) $-5x(2x-y)-(x^3+3x^2y)\div\dfrac{x}{2}$

$\quad=-10x^2+5xy-(x^3+3x^2y)\times\dfrac{2}{x}$

$\quad=-10x^2+5xy-2x^2-6xy$

$\quad=-12x^2-xy$

---

(3) $\dfrac{12x^2y^2-8xy^2}{4y}+(-2xy+y)\times3x$

$\quad=3x^2y-2xy-6x^2y+3xy$

$\quad=-3x^2y+xy$

(4) $(6a-4b)\times\dfrac{3}{2}ab+(a^3b^2-5a^2b^3)\div(-ab)$

$\quad=(6a-4b)\times\dfrac{3}{2}ab+\dfrac{a^3b^2-5a^2b^3}{-ab}$

$\quad=9a^2b-6ab^2-a^2b+5ab^2$

$\quad=8a^2b-ab^2$

02 답 (1) $3a^2-4ab$ (2) $14x^2y-7x^2$ (3) $10ab$

(1) $\dfrac{1}{3}a(6a-3b)+(4a^4-12a^3b)\div(-2a)^2$

$\quad=\dfrac{1}{3}a(6a-3b)+(4a^4-12a^3b)\div\boxed{4a^2}$

$\quad=\dfrac{1}{3}a(6a-3b)+\dfrac{4a^4-12a^3b}{\boxed{4a^2}}$

$\quad=2a^2-\boxed{ab}+\boxed{a^2}-3ab$

$\quad=\boxed{3a^2-4ab}$

(2) $(-2x)^2\times(3y-2)+(6x^3y+3x^3)\div3x$

$\quad=4x^2\times(3y-2)+(6x^3y+3x^3)\div3x$

$\quad=4x^2\times(3y-2)+\dfrac{6x^3y+3x^3}{3x}$

$\quad=12x^2y-8x^2+2x^2y+x^2$

$\quad=14x^2y-7x^2$

(3) $(4-a)\times ab-(6a^4b+a^5b)\div(-a)^3$

$\quad=(4-a)\times ab-(6a^4b+a^5b)\div(-a^3)$

$\quad=(4-a)\times ab-\dfrac{6a^4b+a^5b}{-a^3}$

$\quad=4ab-a^2b+6ab+a^2b$

$\quad=10ab$

---

01 ②	**02** ②	**03** ③	**04** -5	**05** ③	**06** -1
07 $-21x^3+15x^2y$			**08** ④	**09** ②	
10 $-\dfrac{15}{2}x^4y^3+\dfrac{1}{2}x^4y^2$			**11** ⑤	**12** $\dfrac{14}{3}a+8$	
13 $6ab-b^2$		**14** $\dfrac{35}{2}ab+4b^2$			

01

$$(6x-4y)\times\left(-\frac{1}{2}x\right)=-3x^2+2xy$$

따라서 $a=-3$, $b=2$이므로
$$ab=-3\times2=-6$$

03

$$(10x^2y-8xy^2)\div\left(-\frac{2}{3}xy\right)=(10x^2y-8xy^2)\times\left(-\frac{3}{2xy}\right)$$
$$=-15x+12y$$

따라서 x의 계수는 -15이고, y의 계수는 12이므로 구하는 합은
$$-15+12=-3$$

04

$$\frac{6x^2y-9xy^2+12xy}{3xy}=2x-3y+4$$

따라서 $a=2$, $b=-3$, $c=4$이므로
$$a+b-c=2+(-3)-4=-5$$

05

$$x(x+2y)-y(2x+y)=x^2+2xy-2xy-y^2$$
$$=x^2-y^2$$
$$=5^2-(-4)^2=9$$

06

$$(4ab+10b^2)\div2b+(21a^2-9ab)\div3a$$
$$=\frac{4ab+10b^2}{2b}+\frac{21a^2-9ab}{3a}$$
$$=2a+5b+7a-3b$$
$$=9a+2b$$
$$=9\times\frac{1}{3}+2\times(-2)$$
$$=-1$$

07

$$(14x^2y-10xy^2)\div\left(-\frac{2}{3}xy\right)\times(-x)^2$$
$$=(14x^2y-10xy^2)\times\left(-\frac{3}{2xy}\right)\times x^2$$
$$=(14x^2y-10xy^2)\times\left(-\frac{3x}{2y}\right)$$
$$=-21x^3+15x^2y$$

08

$$(16a^3b^2+12a^2b^3)\div\frac{4}{5}ab-(2a+b)\times3ab$$
$$=(16a^3b^2+12a^2b^3)\times\frac{5}{4ab}-(2a+b)\times3ab$$
$$=20a^2b+15ab^2-6a^2b-3ab^2$$
$$=14a^2b+12ab^2$$

따라서 모든 항의 계수의 합은
$$14+12=26$$

09

$$\left(-\frac{4}{3}a\right)\times\boxed{}=8a^2-16a\text{에서}$$
$$\boxed{}=(8a^2-16a)\div\left(-\frac{4}{3}a\right)$$
$$=(8a^2-16a)\times\left(-\frac{3}{4a}\right)$$
$$=-6a+12$$

10

$$\boxed{}\div\left(-\frac{5}{4}x^3y^2\right)=6xy-\frac{2}{5}x\text{에서}$$
$$\boxed{}=\left(6xy-\frac{2}{5}x\right)\times\left(-\frac{5}{4}x^3y^2\right)$$
$$=-\frac{15}{2}x^4y^3+\frac{1}{2}x^4y^2$$

11

$$(\text{사다리꼴의 넓이})=\frac{1}{2}\times(5y^2+4xy)\times3xy$$
$$=(5y^2+4xy)\times\frac{3}{2}xy$$
$$=\frac{15}{2}xy^3+6x^2y^2$$

12

$$3ab\times(\text{다른 대각선의 길이})\div2=7a^2b+12ab\text{이므로}$$
$$(\text{다른 대각선의 길이})=(7a^2b+12ab)\div\frac{3}{2}ab$$
$$=(7a^2b+12ab)\times\frac{2}{3ab}$$
$$=\frac{14}{3}a+8$$

13

(색칠한 부분의 넓이)
$$=(①의 넓이)+(②의 넓이)$$
$$+(③의 넓이)$$
$$=\frac{1}{2}\times 2b\times b+\frac{1}{2}\times 4a\times b$$
$$+\frac{1}{2}\times(4a-2b)\times 2b$$
$$=b^2+2ab+4ab-2b^2$$
$$=6ab-b^2$$

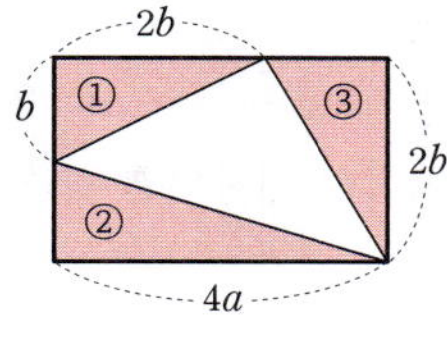

14

(색칠한 부분의 넓이)
$$=(직사각형의 넓이)$$
$$-\{(①의 넓이)+(②의 넓이)$$
$$+(③의 넓이)\}$$
$$=7b\times(5a+2b)$$
$$-\left\{\frac{1}{2}\times 3b\times(5a+2b)+\frac{1}{2}\times 7b\times 2b+\frac{1}{2}\times 4b\times 5a\right\}$$
$$=35ab+14b^2-\left(\frac{15}{2}ab+3b^2+7b^2+10ab\right)$$
$$=35ab+14b^2-\left(\frac{35}{2}ab+10b^2\right)$$
$$=35ab+14b^2-\frac{35}{2}ab-10b^2$$
$$=\frac{35}{2}ab+4b^2$$

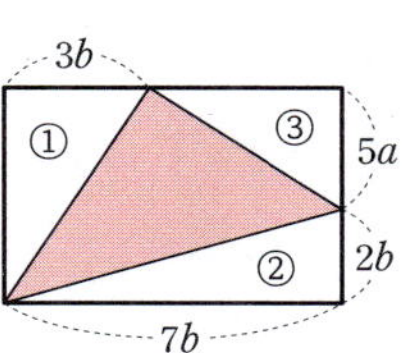

서술형 확실히 감잡기

39쪽

01 $-12x^2+9x+3$	**02** 1
03 ㉡, $3a^2-2a+1$	**04** $16a-b$

01

① 단계 A 구하기 ◀ 30 %

$A+(4x^2-x+1)=-x^2+x+3$에서
$$A=(-x^2+x+3)-(4x^2-x+1)$$
$$=-x^2+x+3-4x^2+x-1$$
$$=-5x^2+2x+2$$

② 단계 B 구하기 ◀ 30 %

$$B=(-5x^2+2x+2)-(2x^2-5x+1)$$
$$=-5x^2+2x+2-2x^2+5x-1$$
$$=-7x^2+7x+1$$

③ 단계 $A+B$를 x에 대한 식으로 나타내기 ◀ 40 %

$$\therefore A+B=(-5x^2+2x+2)+(-7x^2+7x+1)$$
$$=-5x^2+2x+2-7x^2+7x+1$$
$$=-12x^2+9x+3$$

02

① 단계 주어진 식 계산하기 ◀ 70 %

$$3x-[2x-4y-\{x-2y+(2x-5y)\}]$$
$$=3x-\{2x-4y-(3x-7y)\}$$
$$=3x-(-x+3y)$$
$$=4x-3y$$

② 단계 x의 계수와 y의 계수의 합 구하기 ◀ 30 %

따라서 x의 계수는 4이고, y의 계수는 -3이므로 구하는 합은
$$4+(-3)=1$$

03

① 단계 처음으로 틀린 부분 찾기 ◀ 40 %

처음으로 틀린 부분은 ㉡이다.

② 단계 바르게 계산한 식 구하기 ◀ 60 %

바르게 계산하면
$$(12a^3-8a^2+4a)\div 4a=\frac{12a^3-8a^2+4a}{4a}$$
$$=3a^2-2a+1$$

04

① 단계 A 계산하기 ◀ 30 %

$$A=(9a^2b+3ab^2)\times\frac{4}{3ab}$$
$$=12a+4b$$

② 단계 B 계산하기 ◀ 30 %

$$B=(12a^2-15ab)\div(-3a)$$
$$=\frac{12a^2-15ab}{-3a}$$
$$=-4a+5b$$

③ 단계 $A-B$ 계산하기 ◀ 40 %

$$\therefore A-B=(12a+4b)-(-4a+5b)$$
$$=12a+4b+4a-5b$$
$$=16a-b$$

단원 마무리하기

40~41쪽

01 ④	**02** ⑤	**03** ⑤	**04** $2a+25b$	**05** ⑤
06 ①	**07** ②, ⑤	**08** ⑤	**09** ③	**10** ④
11 $6y^2-15y$	**12** 8	**13** $4x+4y+3$	
14 (1) $3x+2y$ (2) $3x-y$ (3) $h=6x+y$			

01 $(8x+3y-2)-(5x+4y-2)$
$=8x+3y-2-5x-4y+2$
$=3x-y$
따라서 $a=3$, $b=-1$이므로
$a-b=3-(-1)=4$

02 $\dfrac{4(3x-y)}{3}-\dfrac{3(x-2y)}{4}=\dfrac{16(3x-y)-9(x-2y)}{12}$
$=\dfrac{48x-16y-9x+18y}{12}$
$=\dfrac{39x+2y}{12}$
$=\dfrac{13}{4}x+\dfrac{1}{6}y$

03 $8a-[-3b-\{4a+5b-(7a-9b)\}]$
$=8a-\{-3b-(4a+5b-7a+9b)\}$
$=8a-\{-3b-(-3a+14b)\}$
$=8a-(-3b+3a-14b)$
$=8a-(3a-17b)$
$=8a-3a+17b$
$=5a+17b$
따라서 a의 계수는 5이고, b의 계수는 17이므로 구하는 합은
$5+17=22$

04 ①단계 주어진 식의 좌변 계산하기 ◀ 50 %
$7a-[2a+9b-\{-a-(5b-\boxed{})\}]$
$=7a-\{2a+9b-(-a-5b+\boxed{})\}$
$=7a-(3a+14b-\boxed{})$
$=4a-14b+\boxed{}$
②단계 □ 안에 알맞은 식 구하기 ◀ 50 %
$4a-14b+\boxed{}=6a+11b$이므로
$\boxed{}=(6a+11b)-(4a-14b)$
$=6a+11b-4a+14b$
$=2a+25b$

05 ③ $(x^2-2x)-(x^2+x-1)=-3x+1$
④ $(x^2+2x-3)\times(-x)=-x^3-2x^2+3x$
⑤ $(2x^3+x)\div x=2x^2+1$
따라서 이차식인 것은 ⑤이다.

06 $-2(x^2+5x-3)+(7x^2+x-4)$
$=-2x^2-10x+6+7x^2+x-4$
$=5x^2-9x+2$
따라서 x의 계수는 -9이고, 상수항은 2이므로 구하는 곱은
$-9\times2=-18$

07 ② $3x(x^2-4y-2)=3x^3-12xy-6x$
⑤ $(8x^2y+4xy^2)\div\left(-\dfrac{4}{3}xy\right)=(8x^2y+4xy^2)\times\left(-\dfrac{3}{4xy}\right)$
$=-6x-3y$

08 $\dfrac{12x^2-15xy}{3x}-\dfrac{6xy+14y^2}{-2y}$
$=4x-5y+3x+7y$
$=7x+2y$

09 $\dfrac{10b^2-15ab+5b}{5b}-(-2a^2b)^2\div(-a^3b^2)$
$=\dfrac{10b^2-15ab+5b}{5b}-4a^4b^2\div(-a^3b^2)$
$=\dfrac{10b^2-15ab+5b}{5b}-\dfrac{4a^4b^2}{-a^3b^2}$
$=2b-3a+1+4a$
$=a+2b+1$
따라서 옳은 것은 ㄴ, ㄷ이다.

10 어떤 식을 A라 하면
$A\div2x=3x+5y-1$이므로
$A=(3x+5y-1)\times2x$
$=6x^2+10xy-2x$
따라서 바르게 계산하면
$(6x^2+10xy-2x)\times2x=12x^3+20x^2y-4x^2$

11 ①단계 원뿔의 부피 구하는 식 세우기 ◀ 50 %
(원뿔의 부피)$=\dfrac{1}{3}\times\pi\times(4x)^2\times$(원뿔의 높이)
$=\dfrac{16}{3}\pi x^2\times$(원뿔의 높이)
$=32\pi x^2y^2-80\pi x^2y$

따라서

$$(\text{원뿔의 높이})=(32\pi x^2y^2-80\pi x^2y)\div\frac{16}{3}\pi x^2$$

$$=(32\pi x^2y^2-80\pi x^2y)\times\frac{3}{16\pi x^2}$$

$$=6y^2-15y$$

12 $ab(a-b)-\dfrac{4ab^3-6a^2b^2}{2b}$

$$=a^2b-ab^2-2ab^2+3a^2b$$

$$=4a^2b-3ab^2$$

$$=4\times\left(-\frac{1}{2}\right)^2\times2-3\times\left(-\frac{1}{2}\right)\times2^2$$

$$=2+6=8$$

13 ① 단계 A가 적힌 면과 평행한 면을 찾아 등식 세우기 ◀ 50 %
다항식 A가 적힌 면과 평행한 면에는 $x-7y+1$이 적혀 있으므로

$$A+(x-7y+1)=(5x-y)+(-2y+4)$$

$$=5x-y-2y+4$$

$$=5x-3y+4$$

② 단계 A 구하기 ◀ 50 %
따라서

$$A=(5x-3y+4)-(x-7y+1)$$

$$=5x-3y+4-x+7y-1$$

$$=4x+4y+3$$

14 (1) $3x\times5\times(\text{큰 직육면체의 높이})=45x^2+30xy$이므로

$$(\text{큰 직육면체의 높이})=(45x^2+30xy)\div15x$$

$$=\frac{45x^2+30xy}{15x}$$

$$=3x+2y$$

(2) $x\times5\times(\text{작은 직육면체의 높이})=15x^2-5xy$이므로

$$(\text{작은 직육면체의 높이})=(15x^2-5xy)\div5x$$

$$=\frac{15x^2-5xy}{5x}$$

$$=3x-y$$

(3) $h=(3x+2y)+(3x-y)$

$$=3x+2y+3x-y$$

$$=6x+y$$

ㅤ일차부등식

01 부등식의 해와 그 성질

개념 **1** 44쪽

01 답 (1) > (2) < (3) ≥ (4) ≤ (5) ≥ (6) <

02 답 (1) ○ (2) × (3) × (4) ○

(1) $1+2\geq3$ (참)
(2) $3\times(-2)-1<-8$ (거짓)
(3) $5-(-3)\leq-3+5$ (거짓)
(4) $6\times2-1>(-2)\times2+7$ (참)

03 답 (1) 표는 풀이 참조, -1, 0
　　　(2) 표는 풀이 참조, -1, 0, 1

(1)

x의 값	$2x+5$의 값	대소 비교	6	참, 거짓
-1	$2\times(-1)+5=3$	<	6	참
0	$2\times0+5=5$	<	6	참
1	$2\times1+5=7$	<	6	거짓
2	$2\times2+5=9$	<	6	거짓

→ 주어진 부등식의 해는 -1, 0이다.

(2)

x의 값	$-4x+3$의 값	대소 비교	-1	참, 거짓
-1	$-4\times(-1)+3=7$	≥	-1	참
0	$-4\times0+3=3$	≥	-1	참
1	$-4\times1+3=-1$	≥	-1	참
2	$-4\times2+3=-5$	≥	-1	거짓

→ 주어진 부등식의 해는 -1, 0, 1이다.

개념 **2** 44~45쪽

01 답 (1) > (2) > (3) > (4) <

02 답 (1) ≤ (2) ≤ (3) ≥ (4) ≤

03 답 (1) > (2) < (3) < (4) >

$a>b$에서
(1) $4a>4b$　∴ $4a-1>4b-1$
(2) $-3a<-3b$　∴ $-3a+5<-3b+5$

(3) $-a<-b$ $\therefore$ $-a-4<-b-4$

(4) $\dfrac{a}{2}>\dfrac{b}{2}$ $\therefore$ $\dfrac{a}{2}-7>\dfrac{b}{2}-7$

04 답 (1) $\geq$ (2) $>$ (3) $\leq$ (4) $>$

(1) $-5a+3\leq-5b+3$에서 $-5a\leq-5b$ $\therefore$ $a\geq b$

(2) $a-8>b-8$에서 $a>b$

(3) $-\dfrac{a}{3}-6\geq-\dfrac{b}{3}-6$에서 $-\dfrac{a}{3}\geq-\dfrac{b}{3}$ $\therefore$ $a\leq b$

(4) $2-a<2-b$에서 $-a<-b$ $\therefore$ $a>b$

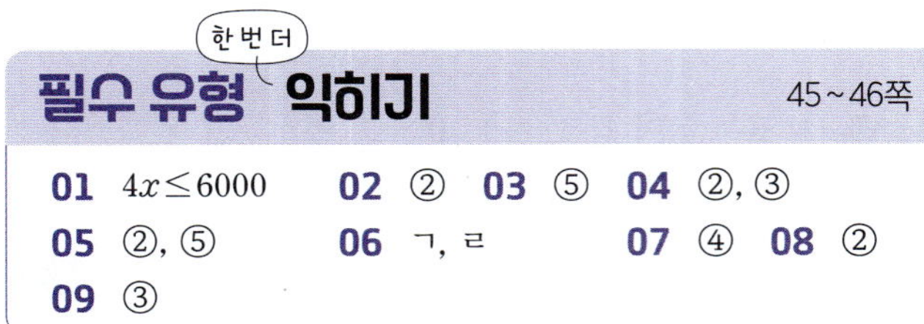

01	$4x\leq6000$	02	②	03	⑤	04	②, ③
05	②, ⑤	06	ㄱ, ㄹ	07	④	08	②
09	③						

02

② $5a\geq a+20$

03

① $2-4\geq0$ (거짓)

② $0.3\times2-1>0$ (거짓)

③ $5-2<0$ (거짓)

④ $3\times2-4<0$ (거짓)

⑤ $\dfrac{2-4}{2}\leq0$ (참)

따라서 $x=2$일 때 참인 부등식은 ⑤이다.

04

① $x=-2$일 때, $-2+2<-2$ (거짓)

② $x=-1$일 때, $5\times(-1)+2\leq3$ (참)

③ $x=2$일 때, $3\times2>-2+4$ (참)

④ $x=1$일 때, $7-8\times1\geq5$ (거짓)

⑤ $x=0$일 때, $-3-6\times0>0$ (거짓)

따라서 [ ] 안의 수가 주어진 부등식의 해인 것은 ②, ③이다.

05

$a<b$에서

① $-a>-b$ $\therefore$ $2-a>2-b$

② $-5a>-5b$ $\therefore$ $-5a+1>-5b+1$

③ $3a<3b$ $\therefore$ $3a-(-4)<3b-(-4)$

④ $-8a>-8b$ $\therefore$ $-8a+\dfrac{1}{2}>-8b+\dfrac{1}{2}$

⑤ $a\div\dfrac{1}{6}<b\div\dfrac{1}{6}$ $\therefore$ $a\div\dfrac{1}{6}-2<b\div\dfrac{1}{6}-2$

따라서 옳은 것은 ②, ⑤이다.

06

$7-3a<7-3b$에서 $-3a<-3b$ $\therefore$ $a>b$

$a>b$에서

ㄱ. $a-3>b-3$

ㄴ. $-5a<-5b$ $\therefore$ $-5a+1<-5b+1$

ㄷ. $\dfrac{1}{2}a>\dfrac{1}{2}b$

ㄹ. $-\dfrac{4}{3}a<-\dfrac{4}{3}b$ $\therefore$ $6-\dfrac{4}{3}a<6-\dfrac{4}{3}b$

따라서 옳은 것은 ㄱ, ㄹ이다.

07

$a>b$에서

① $a-4>b-4$

② $a+6>b+6$

③ $3a>3b$ $\therefore$ $3a+2>3b+2$

④ $-a<-b$ $\therefore$ $-a+\dfrac{1}{7}<-b+\dfrac{1}{7}$

⑤ $\dfrac{a}{5}>\dfrac{b}{5}$ $\therefore$ $\dfrac{a}{5}-3>\dfrac{a}{5}-3$

따라서 부등호의 방향이 나머지 넷과 다른 하나는 ④이다.

08

$x\geq2$의 양변에 -2를 곱하면

$-2x\leq-4$

$-2x\leq-4$의 양변에 1을 더하면

$-2x+1\leq-3$

$\therefore$ $A\leq-3$

09

$-8\leq x<4$의 각 변에 $-\dfrac{1}{4}$을 곱하면

$-1<-\dfrac{1}{4}x\leq2$

$-1<-\dfrac{1}{4}x\leq2$의 각 변에 5를 더하면

$4<5-\dfrac{1}{4}x\leq7$ $\therefore$ $4<A\leq7$

따라서 $a=4$, $b=7$이므로

$b-a=7-4=3$

02 일차부등식의 풀이

개념 3 　　　　47쪽

01 답 (1) $3x-4$, ○　(2) x^2-2x+6, ×　(3) -5, ×

02 답 (1) $x\geq-3$　(2) $x>\dfrac{1}{2}$　(3) $x<-5$　(4) $x\leq-2$

　　　(5) $x\geq\dfrac{3}{4}$　(6) $x>1$　(7) $x>-4$

(1) $4x+9\geq-3$에서
　　$4x\geq-12$　　∴ $x\geq-3$
(2) $5<6x+2$에서
　　$-6x<-3$　　∴ $x>\dfrac{1}{2}$
(3) $2x-5>3x$에서
　　$-x>5$　　∴ $x<-5$
(4) $2x+3\leq-3x-7$에서
　　$5x\leq-10$　　∴ $x\leq-2$
(5) $-6x+9\leq2x+3$에서
　　$-8x\leq-6$　　∴ $x\geq\dfrac{3}{4}$
(6) $12-3x<4x+5$에서
　　$-7x<-7$　　∴ $x>1$
(7) $-2x+1>-5x-11$에서
　　$3x>-12$　　∴ $x>-4$

03 (1) $x>3$, 그림은 풀이 참조　(2) $x<\dfrac{1}{2}$, 그림은 풀이 참조

　　　(3) $x<1$, 그림은 풀이 참조　(4) $x\geq2$, 그림은 풀이 참조

　　　(5) $x\leq-3$, 그림은 풀이 참조

　　　(6) $x>-\dfrac{2}{5}$, 그림은 풀이 참조

(1) $2x-5>1$에서
　　$2x>6$　　∴ $x>3$
(2) $3x<-x+2$에서
　　$4x<2$　　∴ $x<\dfrac{1}{2}$
(3) $-5x+7>2x$에서
　　$-7x>-7$　　∴ $x<1$
(4) $x+2\leq5x-6$에서
　　$-4x\leq-8$　　∴ $x\geq2$
(5) $-3x-11\geq2x+4$에서
　　$-5x\geq15$　　∴ $x\leq-3$

(6) $-9x+4<-4x+6$에서
　　$-5x<2$　　∴ $x>-\dfrac{2}{5}$

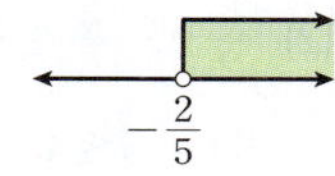

개념 4 　　　　47~48쪽

01 답 (1) $x\leq3$　(2) $x>\dfrac{1}{4}$　(3) $x<-3$　(4) $x\geq11$

(1) $3(x+2)\geq5x$에서 $3x+6\geq5x$
　　$-2x\geq-6$　　∴ $x\leq3$
(2) $6x-7>2(x-3)$에서 $6x-7>2x-6$
　　$4x>1$　　∴ $x>\dfrac{1}{4}$
(3) $-(9-x)+5(x+4)<-7$에서
　　$-9+x+5x+20<-7$
　　$6x<-18$　　∴ $x<-3$
(4) $4(-x+2)\leq-3(x+1)$에서
　　$-4x+8\leq-3x-3$
　　$-x\leq-11$　　∴ $x\geq11$

02 답 (1) $x>-2$　(2) $x\leq-4$　(3) $x>10$　(4) $x\leq1$

(1) $0.4x>0.1x-0.6$의 양변에 10을 곱하면
　　$4x>x-6$
　　$3x>-6$　　∴ $x>-2$
(2) $0.2x-1.2\geq0.5x$의 양변에 10을 곱하면
　　$2x-12\geq5x$
　　$-3x\geq12$　　∴ $x\leq-4$
(3) $0.08x+0.15<0.1x-0.05$의 양변에 100을 곱하면
　　$8x+15<10x-5$
　　$-2x<-20$　　∴ $x>10$
(4) $1.4x-0.6\leq0.2(x+3)$의 양변에 10을 곱하면
　　$14x-6\leq2(x+3)$, $14x-6\leq2x+6$
　　$12x\leq12$　　∴ $x\leq1$

03 답 (1) $x>2$　(2) $x\leq1$　(3) $x<-\dfrac{2}{5}$　(4) $x\geq1$

　　　(5) $x\leq6$　(6) $x>-2$　(7) $x\leq2$　(8) $x\leq\dfrac{1}{5}$

(1) $\dfrac{3}{8}x+\dfrac{1}{2}<x-\dfrac{3}{4}$의 양변에 8을 곱하면
　　$3x+4<8x-6$
　　$-5x<-10$　　∴ $x>2$

(1) $x>3$ 그림:
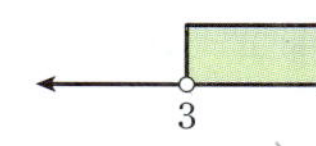

(2) $x<\dfrac{1}{2}$ 그림:
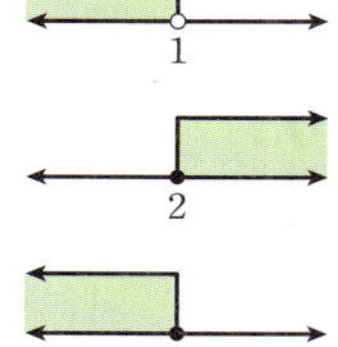

(2) $\dfrac{3}{2}x-\dfrac{5}{6}\leq\dfrac{2}{3}x$의 양변에 6을 곱하면

$9x-5\leq4x$

$5x\leq5$ $\therefore\ x\leq1$

(3) $\dfrac{2}{5}-\dfrac{5}{4}x>-x+\dfrac{1}{2}$의 양변에 20을 곱하면

$8-25x>-20x+10$

$-5x>2$ $\therefore\ x<-\dfrac{2}{5}$

(4) $\dfrac{3x-1}{2}\geq\dfrac{x+2}{3}$의 양변에 6을 곱하면

$3(3x-1)\geq2(x+2),\ 9x-3\geq2x+4$

$7x\geq7$ $\therefore\ x\geq1$

(5) $\dfrac{x-3}{6}\leq-\dfrac{x}{4}+2$의 양변에 12를 곱하면

$2(x-3)\leq-3x+24,\ 2x-6\leq-3x+24$

$5x\leq30$ $\therefore\ x\leq6$

(6) $\dfrac{1}{4}x-1<0.4x-0.7$에서 $\dfrac{1}{4}x-1<\dfrac{2}{5}x-\dfrac{7}{10}$

이 식의 양변에 20을 곱하면

$5x-20<8x-14$

$-3x<6$ $\therefore\ x>-2$

(7) $0.7x-\dfrac{4-x}{5}\leq1$에서 $\dfrac{7}{10}x-\dfrac{4-x}{5}\leq1$

이 식의 양변에 10을 곱하면

$7x-2(4-x)\leq10,\ 7x-8+2x\leq10$

$9x\leq18$ $\therefore\ x\leq2$

(8) $\dfrac{1}{3}(2-x)\geq0.5(x+1)$에서 $\dfrac{1}{3}(2-x)\geq\dfrac{1}{2}(x+1)$

이 식의 양변에 6을 곱하면

$2(2-x)\geq3(x+1),\ 4-2x\geq3x+3$

$-5x\geq-1$ $\therefore\ x\leq\dfrac{1}{5}$

01 ④   **02** 2

03 (1) $x\geq-3$, 그림은 풀이 참조

     (2) $x<1$, 그림은 풀이 참조

04 ④   **05** ④   **06** ③, ④   **07** ④

08 $x\leq2$ **09** (1) $x<4$ (2) $x\geq2$ **10** ③

11 -2 **12** ②   **13** ①   **14** $x<3$

01

① $6<1+7$에서 $-2<0$

② $4-x>-5-x$에서 $9>0$

③ $10x+1<8-x^2$에서 $x^2+10x-7<0$

④ $x(x-1)\geq x^2+1$에서 $-x-1\geq0$

⑤ $\dfrac{2}{x}-4<9$에서 $\dfrac{2}{x}-13\leq0$

따라서 일차부등식인 것은 ④이다.

02

ㄱ. $x^2<x(x-1)$에서 $x<0$

ㄴ. $3x^2\leq2x^2-1$에서 $x^2+1\leq0$

ㄷ. $\dfrac{x}{7}-1\geq3$에서 $\dfrac{x}{7}-4\geq0$

ㄹ. $x-6<x-2$에서 $-4<0$

ㅁ. $5(x+3)>4+5x$에서 $11>0$

ㅂ. $9\geq8-\dfrac{1}{x}$에서 $\dfrac{1}{x}+1\geq0$

따라서 일차부등식은 ㄱ, ㄷ의 2개이다.

03

(1) $x-1\leq4x+8$에서

     $-3x\leq9$ $\therefore\ x\geq-3$

(2) $-3x+4>2x-1$에서

     $-5x>-5$ $\therefore\ x<1$

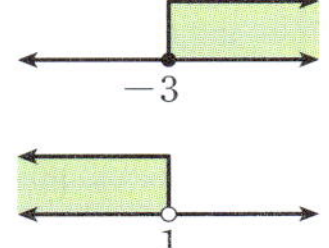

04

① $4x-5>-3x+2$에서

     $7x>7$ $\therefore\ x>1$

② $-4x+2<-2x$에서

     $-2x<-2$ $\therefore\ x>1$

③ $x-8>-7$에서 $x>1$

④ $x-5>2x-6$에서

     $-x>-1$ $\therefore\ x<1$

⑤ $2x-1<3x-2$에서

     $-x<-1$ $\therefore\ x>1$

따라서 해가 나머지 넷과 다른 하나는 ④이다.

05

$5x-9<6$에서

$5x<15$ $\therefore\ x<3$

따라서 주어진 부등식의 해를 수직선 위에 나타내면 ④와 같다.

06

주어진 그림에서 해는 $x<1$
① $5+4x>1$에서
  $4x>-4$ $\therefore\ x>-1$
② $3-2x<2-x$에서
  $-x<-1$ $\therefore\ x>1$
③ $-3x+2>x-2$에서
  $-4x>-4$ $\therefore\ x<1$
④ $8x-12<-x-3$에서
  $9x<9$ $\therefore\ x<1$
⑤ $-2x\le3x+10$에서
  $-5x\le10$ $\therefore\ x\ge-2$
따라서 해를 수직선 위에 나타냈을 때, 주어진 그림과 같은 것은
③, ④이다.

07

$6(x+2)-7>12-5(x-3)$에서
$6x+12-7>12-5x+15$
$11x>22$ $\therefore\ x>2$
따라서 주어진 부등식을 만족시키는 x의 값 중 가장 작은 정수
는 3이다.

08

$4(x+1)\ge3(5x-6)$에서 $4x+4\ge15x-18$
$-11x\ge-22$ $\therefore\ x\le2$

09

(1) $\dfrac{x}{2}-\dfrac{x-4}{3}<2$의 양변에 6을 곱하면
  $3x-2(x-4)<12,\ 3x-2x+8<12$ $\therefore\ x<4$
(2) $0.5(x-3)+0.9\ge0.2x$의 양변에 10을 곱하면
  $5(x-3)+9\ge2x,\ 5x-15+9\ge2x$
  $3x\ge6$ $\therefore\ x\ge2$

10

$\dfrac{x+5}{3}-4<\dfrac{3x-2}{5}-\dfrac{x}{2}$의 양변에 30을 곱하면
$10(x+5)-120<6(3x-2)-15x$
$10x+50-120<18x-12-15x$
$7x<58$ $\therefore\ x<\dfrac{58}{7}$
따라서 주어진 부등식을 만족시키는 자연수 x는 1, 2, 3, 4,
5, 6, 7, 8의 8개이다.

11

$2(x-2)-3(x+1)\ge6a$에서 $2x-4-3x-3\ge6a$
$-x\ge6a+7$ $\therefore\ x\le-6a-7$
주어진 그림에서 이 부등식의 해가 $x\le5$이므로
$-6a-7=5$
$-6a=12$ $\therefore\ a=-2$

12

$ax-4\ge8$에서 $ax\ge12$
이 부등식의 해가 $x\le-3$이므로 $a<0$
따라서 $x\le\dfrac{12}{a}$이므로 $\dfrac{12}{a}=-3$
$\therefore\ a=-4$

13

$-ax-4a\ge0$에서 $-ax\ge4a$
$a>0$에서 $-a<0$이므로 $x\le-4$

14

$a(x+2)>5a$에서 $ax+2a>5a,\ ax>3a$
$a<0$이므로 $x<3$

03 일차부등식의 활용

개념 **5**   50~51쪽

01 답 7

어떤 자연수를 x라 하면
$4x+6>30$
$4x>24$ $\therefore\ x>6$
따라서 어떤 자연수 중 가장 작은 수는 7이다.

02 답 14, 15

연속하는 두 자연수를 $x,\ x+1$이라 하면
$x+(x+1)>27$
$2x+1>27,\ 2x>26$ $\therefore\ x>13$
따라서 x의 값 중 작은 자연수가 14이므로 구하는 두 자연수는
14, 15이다.

03 답 (1) 표는 풀이 참조, $500x+300(20-x)\leq7000$
  (2) $x\leq5$ (3) 5개

(1)

	사과	귤
개수(개)	x	$20-x$
가격(원)	$500x$	$300(20-x)$

(2) $500x+300(20-x)\leq7000$에서
  $200x+6000\leq7000$
  $200x\leq1000$ ∴ $x\leq5$
  따라서 사과는 최대 5개 살 수 있다.

04 답 6개

팥빵을 x개 산다고 하면 크림빵은 $(20-x)$개 살 수 있으므로
$900(20-x)+1200x\leq20000$
$18000+300x\leq20000$

$300x\leq2000$ ∴ $x\leq\dfrac{20}{3}$

따라서 팥빵은 최대 6개까지 살 수 있다.

05 답 23개

사과를 x개 담는다고 하면
$200x+400\leq5000$
$200x\leq4600$ ∴ $x\leq23$
따라서 사과는 최대 23개 담을 수 있다.

06 답 (1) $6000+1000x>9000+600x$ (2) $x>\dfrac{15}{2}$

  (3) 8주 후

(2) $6000+1000x>9000+600x$에서
  $400x>3000$ ∴ $x>\dfrac{15}{2}$

  따라서 8주 후부터 민영이의 저금액이 성호의 저금액보다
  많아진다.

개념 6 51쪽

01 답 (1) 표는 풀이 참조, $\dfrac{x}{2}+\dfrac{x}{3}\leq5$ (2) $x\leq6$ (3) 6 km

(1)

	갈 때	올 때	전체
거리	x km	x km	
속력	시속 2 km	시속 3 km	
시간	$\dfrac{x}{2}$	$\dfrac{x}{3}$	5시간 이내

(2) $\dfrac{x}{2}+\dfrac{x}{3}\leq5$에서 $3x+2x\leq30$
  $5x\leq30$ ∴ $x\leq6$
  따라서 최대 6 km 떨어진 지점까지 갔다 올 수 있다.

02 답 (1) $\dfrac{x}{3}+\dfrac{x}{4}\leq\dfrac{7}{3}$ (2) $x\leq4$ (3) 4 km

(2) $\dfrac{x}{3}+\dfrac{x}{4}\leq\dfrac{7}{3}$에서 $4x+3x\leq28$
  $7x\leq28$ ∴ $x\leq4$
  따라서 최대 4 km까지 올라갔다 내려올 수 있다.

필수 유형 익히기 (한 번 더) 52~53쪽

01 ④	**02** 120	**03** ③	**04** 4개
05 9 cm	**06** 25 cm	**07** ③	**08** 10개
09 17주 후	**10** 21개월 후		**11** 4 km
12 3 km	**13** 4봉지	**14** ③	

01

어떤 자연수를 x라 하면
$4x+9\geq6x-3$
$-2x\geq-12$ ∴ $x\leq6$
따라서 어떤 자연수 중 가장 큰 수는 6이다.

02

연속하는 두 짝수를 x, $x+2$라 하면
$3x+20>4(x+2)$
$3x+20>4x+8$, $-x>-12$ ∴ $x<12$
따라서 x의 값 중 가장 큰 짝수는 10이므로 구하는 두 짝수의
곱은
$10\times12=120$

03

오렌지를 x개 산다고 하면 사과는 $(30-x)$개 살 수 있으므로
$1000x+800(30-x)\leq28000$
$200x+24000\leq28000$, $200x\leq4000$ ∴ $x\leq20$
따라서 오렌지는 최대 20개까지 살 수 있다.

04

쿠키를 x개 산다고 하면

$800x + 1000 < 5000$

$800x < 4000$ $\quad \therefore x < 5$

따라서 쿠키를 최대 4개 살 수 있다.

05

아랫변의 길이를 $x\,\text{cm}$라 하면

$\dfrac{1}{2} \times (4+x) \times 6 \geq 39$

$12 + 3x \geq 39,\ 3x \geq 27$ $\quad \therefore x \geq 9$

따라서 아랫변의 길이는 9 cm 이상이어야 한다.

06

세로의 길이를 $x\,\text{cm}$라 하면 가로의 길이는 $(2x-5)\,\text{cm}$이므로

$2\{(2x-5)+x\} \leq 140$

$6x - 10 \leq 140,\ 6x \leq 150$ $\quad \therefore x \leq 25$

따라서 세로의 길이는 25 cm 이하이어야 한다.

07

x분 동안 자전거를 탄다고 하면

$4000 + 200(x-30) \leq 10000$

$200x - 2000 \leq 10000,\ 200x \leq 12000$ $\quad \therefore x \leq 60$

따라서 최대 60분 동안 자전거를 탈 수 있다.

08

튜브를 x개 대여한다고 하면

$2000 \times 5 + 1200(x-5) \leq 16000$

$1200x + 4000 \leq 16000,\ 1200x \leq 12000$ $\quad \therefore x \leq 10$

따라서 최대 10개까지 튜브를 대여할 수 있다.

09

x주 후부터 은우의 예금액이 소희의 예금액보다 많아진다고 하면

$32000 + 2000x > 40000 + 1500x$

$500x > 8000$ $\quad \therefore x > 16$

따라서 17주 후부터 은우의 예금액이 소희의 예금액보다 많아진다.

10

x개월 후부터 보영이의 예금액이 지우의 예금액의 2배 이상이 된다고 하면

$8000 + 6000x \geq 2(25000 + 2000x)$

$8000 + 6000x \geq 50000 + 4000x$

$2000x \geq 42000$ $\quad \therefore x \geq 21$

따라서 21개월 후부터 보영이의 예금액이 지우의 예금액의 2배 이상이 된다.

11

자전거를 탄 거리를 $x\,\text{km}$라 하면 걸은 거리는 $(12-x)\,\text{km}$이므로

$\dfrac{x}{12} + \dfrac{12-x}{3} \leq 3$

$x + 4(12-x) \leq 36,\ -3x \leq -12$ $\quad \therefore x \geq 4$

따라서 자전거를 탄 거리는 최소 4 km이다.

12

갈 때 걸은 거리를 $x\,\text{km}$라 하면 올 때 걸은 거리는 $(x+1)\,\text{km}$이므로

$\dfrac{x}{2} + \dfrac{x+1}{4} \leq 1$

$3x + 1 \leq 4,\ 3x \leq 3$ $\quad \therefore x \leq 1$

따라서 갈 때 걸은 거리는 최대 1 km이고, 올 때 걸은 거리는 최대 2 km이므로 영주가 걸은 거리는 최대 $1+2=3\,(\text{km})$이다.

13

지점토를 x봉지 산다고 하면

$3200x > 2600x + 1800$

$600x > 1800$ $\quad \therefore x > 3$

따라서 지점토를 4봉지 이상 살 경우 할인점에서 사는 것이 유리하다.

14

장미를 x송이 산다고 하면

$1000x > 1000 \times \left(1 - \dfrac{40}{100}\right) \times x + 2800$

$1000x > 600x + 2800$ $\quad 400x > 2800$ $\quad \therefore x > 7$

따라서 장미를 8송이 이상 살 경우 꽃시장에서 사는 것이 유리하다.

01 -7	**02** 7	**03** 92점	**04** $\dfrac{7}{4}$ km

01

① 단계 부등식 $2(x-a)<3x+10$의 해를 a에 대한 식으로 나타내기 ◀ 60 %

$2(x-a)<3x+10$에서
$2x-2a<3x+10$
$-x<10+2a$ ∴ $x>-10-2a$

② 단계 a의 값 구하기 ◀ 40 %
주어진 그림에서 이 부등식의 해는 $x>4$
즉, $-10-2a=4$이므로
$-2a=14$ ∴ $a=-7$

02

① 단계 부등식 $0.6x+2\geq0.4(x-1)+6.8$의 해 구하기 ◀ 40 %
$0.6x+2\geq0.4(x-1)+6.8$의 양변에 10을 곱하면
$6x+20\geq4(x-1)+68$
$6x+20\geq4x-4+68$, $2x\geq44$ ∴ $x\geq22$

② 단계 부등식 $\dfrac{x-1}{7}\geq\dfrac{x}{3}-3$의 해 구하기 ◀ 40 %

$\dfrac{x-1}{7}\geq\dfrac{x}{3}-3$의 양변에 21을 곱하면
$3(x-1)\geq7x-63$
$3x-3\geq7x-63$, $-4x\geq-60$ ∴ $x\leq15$

③ 단계 $a+b$의 값 구하기 ◀ 20 %
따라서 $a=22$, $b=15$이므로
$a-b=22-15=7$

03

① 단계 일차부등식 세우기 ◀ 40 %
네 번째 수학 시험에서 x점을 받는다고 하면
$\dfrac{84+96+88+x}{4}\geq90$

② 단계 일차부등식의 해 구하기 ◀ 40 %
$268+x\geq360$ ∴ $x\geq92$

③ 단계 평균 점수가 90점 이상이 되려면 몇 점 이상을 받아야 하는지 구하기 ◀ 20 %
따라서 네 번째 수학 시험에서 92점 이상을 받아야 한다.

04

① 단계 일차부등식 세우기 ◀ 40 %
시속 3 km로 걸은 거리를 x km라 하면 시속 5 km로 뛰어간 거리는 $(x+2)$ km이므로
$$\dfrac{x}{3}+\dfrac{x+2}{5}\leq\dfrac{4}{3}$$

② 단계 일차부등식의 해 구하기 ◀ 40 %
$5x+3(x+2)\leq20$, $8x\leq14$ ∴ $x\leq\dfrac{7}{4}$

③ 단계 걸린 시간이 1시간 20분 이내이려면 우람이가 시속 3 km로 몇 km까지 걸을 수 있는지 구하기 ◀ 20 %
따라서 우람이가 시속 3 km로 걸은 거리는 최대 $\dfrac{7}{4}$ km이다.

01 ②, ④	**02** ②	**03** ④, ⑤	**04** ④
05 22	**06** ①	**07** 3	**08** ②	**09** 1	**10** 4
11 2	**12** ④	**13** $x\leq\dfrac{10}{3}$	**14** 7	**15** 7
16 ②	**17** $\dfrac{5}{3}$ km	**18** ④	**19** ①	**20** 26명

01 ① 다항식 ③, ⑤ 등식
따라서 부등식인 것은 ②, ④이다.

02 ㄱ. $4a\geq a-3$

ㄷ. 4개에 x원인 오렌지 한 개의 가격은 $\dfrac{x}{4}$원이므로
$$\dfrac{x}{4}\times7<8000$$

03 ① $x=-1$일 때, $5\times(-1)+2<-7$ (거짓)

② $x=-2$일 때, $3+\dfrac{3}{2}\times(-2)<0$ (거짓)

③ $x=0$일 때, $3\times0+2\leq-1$ (거짓)

④ $x=2$일 때, $6-4\times2<2\times2$ (참)

⑤ $x=1$일 때, $\dfrac{1}{2}-\dfrac{1}{4}<1$ (참)

따라서 [ ] 안의 수가 주어진 부등식의 해인 것은 ④, ⑤이다.

04 $-7a+4\leq-7b+4$에서 $-7a\leq-7b$ $\quad\therefore\ a\geq b$
$a\geq b$에서
③ $2a\geq2b$ $\quad\therefore\ 2a-1\geq2b-1$
④ $\dfrac{a}{5}\geq\dfrac{b}{5}$ $\quad\therefore\ \dfrac{a}{5}-2\geq\dfrac{b}{5}-2$
⑤ $-\dfrac{a}{6}\leq-\dfrac{b}{6}$ $\quad\therefore\ 3-\dfrac{a}{6}\leq3-\dfrac{b}{6}$
따라서 옳지 않은 것은 ④이다.

05 ❶단계 A의 값의 범위 구하기 ◀ 70 %
$2\leq x\leq9$의 각 변에 -3을 곱하면
$-27\leq-3x\leq-6$
$-27\leq-3x\leq-6$의 각 변에 5를 더하면
$-22\leq-3x+5\leq-1$
$\therefore\ -22\leq A\leq-1$
❷단계 ab의 값 구하기 ◀ 30 %
따라서 $a=-1$, $b=-22$이므로
$ab=-1\times(-22)=22$

06 $-ax+12\geq4x-3$에서 $-ax+12-4x+3\geq0$
$\therefore\ (-a-4)x+15\geq0$
이 부등식이 x에 대한 일차부등식이 되려면
$-a-4\neq0$ $\quad\therefore\ a\neq-4$

07 $6(x-1)\geq-x+15$에서 $6x-6\geq-x+15$
$7x\geq21$ $\quad\therefore\ x\geq3$
따라서 주어진 부등식을 만족시키는 가장 작은 정수 x의 값은 3
이다.

08 $5x+4\leq4a+x$에서
$4x\leq4a-4$ $\quad\therefore\ x\leq a-1$
이 부등식의 해가 $x\leq6$이므로
$a-1=6$ $\quad\therefore\ a=7$

09 $ax-2a>4(x-2)$에서 $ax-2a>4x-8$
$(a-4)x>2(a-4)$
$a<4$에서 $a-4<0$이므로
$x<2$
따라서 주어진 부등식을 만족시키는 가장 큰 정수 x의 값은 1
이다.

10 ❶단계 부등식 $2x-a\leq2+4x$의 해 구하기 ◀ 60 %
$2x-a\leq2+4x$에서
$-2x\leq a+2$ $\quad\therefore\ x\geq-\dfrac{a+2}{2}$
❷단계 a의 값 구하기 ◀ 40 %
이 부등식의 해 중 가장 작은 수가 -3이므로
$-\dfrac{a+2}{2}=-3$
$a+2=6$ $\quad\therefore\ a=4$

11 $2(3x-8)+7<9-5(x-3)$에서
$6x-16+7<9-5x+15$
$11x<33$ $\quad\therefore\ x<3$
따라서 주어진 부등식을 만족시키는 자연수 x는 1, 2의 2개이다.

12 $5(x+3)\geq8(x-3)$에서 $5x+15\geq8x-24$
$-3x\geq-39$ $\quad\therefore\ x\leq13$
따라서 주어진 부등식의 해를 수직선 위에 나타내면 ④와 같다.

13 $-0.8x+3\geq\dfrac{4-x}{2}$에서 $-\dfrac{4}{5}x+3\geq\dfrac{4-x}{2}$
이 식의 양변에 10을 곱하면
$-8x+30\geq5(4-x)$
$-8x+30\geq20-5x,\ -3x\geq-10$
$\therefore\ x\leq\dfrac{10}{3}$

14 ❶단계 부등식 $x-a\leq-5(x+3)+2$의 해 구하기 ◀ 40 %
$x-a\leq-5(x+3)+2$에서 $x-a\leq-5x-15+2$
$6x\leq a-13$ $\quad\therefore\ x\leq\dfrac{a-13}{6}$
❷단계 부등식 $\dfrac{x-1}{2}\geq\dfrac{4x+1}{3}$의 해 구하기 ◀ 40 %
$\dfrac{x-1}{2}\geq\dfrac{4x+1}{3}$의 양변에 6을 곱하면
$3(x-1)\geq2(4x+1)$
$3x-3\geq8x+2,\ -5x\geq5$
$\therefore\ x\leq-1$
❸단계 a의 값 구하기 ◀ 20 %
두 부등식의 해가 서로 같으므로
$\dfrac{a-13}{6}=-1$
$a-13=-6$ $\quad\therefore\ a=7$

15 두 수 중 작은 수가 x이므로 큰 수는 $x+2$이다.

$x+(x+2)\leq16$

$2x+2\leq16,\ 2x\leq14$ $\quad\therefore\ x\leq7$

따라서 x의 값이 될 수 있는 가장 큰 정수는 7이다.

16 ① 단계 사과를 x개 산다고 하고, 일차부등식의 식 세우기

◀ 40 %

사과를 x개 산다고 하면 단감은 $(24-x)$개 살 수 있으므로

$1000x+800(24-x)\leq21000$

② 단계 부등식의 해 구하기 ◀ 40 %

$200x+19200\leq21000$

$200x\leq1800$ $\quad\therefore\ x\leq9$

③ 단계 사과의 최대 개수 구하기 ◀ 20 %

따라서 사과는 최대 9개까지 살 수 있다.

17 버스터미널에서 상점까지의 거리를 x km라 하면

$\dfrac{x}{5}+\dfrac{40}{60}+\dfrac{x}{5}\leq\dfrac{4}{3}$

$3x+10+3x\leq20,\ 6x\leq10$ $\quad\therefore\ x\leq\dfrac{5}{3}$

따라서 버스터미널에서 $\dfrac{5}{3}$ km 이내에 있는 상점을 이용할 수 있다.

18 $ax-4\leq b(x+1)$에서 $(a-b)x\leq b+4$

$a<b$에서 $a-b<0$이므로

$x\geq\dfrac{b+4}{a-b}$

19 $6x-2a\leq5x+7$에서 $x\leq2a+7$

주어진 부등식을 만족시키는 자연수 x가 존재하지 않으므로 오른쪽 그림에서

$2a+7<1$

$2a<-6$ $\quad\therefore\ a<-3$

20 x명이 입장한다고 하면

$5000\times30<6000x$

$150000<6000x$ $\quad\therefore\ x>25$

따라서 26명 이상일 때, 30명의 단체 입장권을 사는 것이 유리하다.

---

5 연립일차방정식

01 연립일차방정식과 그 해

개념 **1**
60쪽

01 답 (1) × (2) ○ (3) × (4) ×

(4) 우변의 모든 항을 좌변으로 이항하면

$3x=0$이므로 미지수가 2개인 일차방정식이 아니다.

02 답 (1)

x	1	2	3	4	…
y	6	4	2	0	…

6, 4, 2

(2)

x	7	4	1	-2	…
y	1	2	3	4	…

$(7,\ 1),\ (4,\ 2),\ (1,\ 3)$

개념 **2**
60쪽

01 답 (1)

x	1	2	3
y	3	2	1

x	1	2
y	5	2

, 2, 2

(2)

x	1	2	3	4
y	7	5	3	1

x	4	5	6	…
y	1	2	3	…

, $(4,\ 1)$

02 답 (1) × (2) ○ (3) ×

(1) $\begin{cases} -1+2=1 \\ 2\times(-1)-2\neq0 \end{cases}$

(2) $\begin{cases} -1-3\times2=-7 \\ 4\times(-1)+3\times2=2 \end{cases}$

(3) $\begin{cases} 3\times(-1)+2\neq1 \\ 2\times(-1)-5\times2=-12 \end{cases}$

01 ③   **02** ㄷ, ㄹ   **03** ①, ④
04 ㄴ, ㄹ   **05** $(2, 3), (5, 1)$ **06** 2   **07** 4
08 -3 **09** ③   **10** ㄴ, ㄹ   **11** ④
12 -5 **13** $a=6, b=4$ **14** 6

01

① 미지수가 1개이다.
② 등식이 아니므로 방정식이 아니다.
④ 미지수는 2개이지만 x의 차수가 2이다.
⑤ $x+y=x-y+1$에서 $2y-1=0$이므로 미지수가 1개이다.
따라서 미지수가 2개인 일차방정식은 ③이다.

02

ㄱ. 차수가 2이다.
ㄴ. 등식이 아니므로 방정식이 아니다.
ㄹ. $3x-y^2=y-y^2+1$에서 $3x-y-1=0$이므로 미지수가 2개인 일차방정식이다.
ㅁ. $5x-3=x$에서 $4x-3=0$이므로 미지수가 1개이다.
ㅂ. x, y가 분모에 있으므로 일차방정식이 아니다.
따라서 미지수가 2개인 일차방정식은 ㄷ, ㄹ이다.

03

각각의 x, y의 값을 $-x+2y=4$에 대입하면
① $6+2\times(-1)=4$
② $3+2\times2\neq4$
③ $-2+2\times0\neq4$
④ $-4+2\times4=4$
⑤ $-5+2\times(-1)\neq4$
따라서 $-x+2y=4$의 해인 것은 ①, ④이다.

04

$x=-1, y=3$을 주어진 일차방정식에 각각 대입하면
ㄱ. $-1+4\times3\neq10$
ㄴ. $1+2\times3=7$
ㄷ. $2\times(-1)-3\neq1$
ㄹ. $4\times(-1)+5\times3=11$
따라서 $(-1, 3)$을 해로 갖는 것은 ㄴ, ㄹ이다.

05

$2x+3y=13$에 $y=1, 2, 3, \ldots$을 차례로 대입하여 x의 값도 자연수인 해를 구하면 $(2, 3), (5, 1)$이다.

06

$4x+3y=19$에 $x=1, 2, 3, \ldots$을 차례로 대입하여 y의 값도 자연수인 해를 구하면 $(1, 5), (4, 1)$의 2개이다.

07

$x=2, y=-2$를 $ax+3y=2$에 대입하면
$2a-6=2, 2a=8$ $\therefore a=4$

08

$x=k, y=2$를 $6x-5y=-28$에 대입하면
$6k-10=-28, 6k=-18$ $\therefore k=-3$

09

③ $x=-1, y=3$을 두 일차방정식에 각각 대입하면
$3\times(-1)-3=-6, 1+2\times3=7$

10

ㄴ. $x=4, y=-2$를 두 일차방정식에 각각 대입하면
$4+2\times(-2)=0, 3\times4+4\times(-2)=4$
ㄹ. $x=4, y=-2$를 두 일차방정식에 각각 대입하면
$2\times4-2=6, 3\times4-2\times(-2)=16$

11

$x=6, y=2$를 $3x+ay=10$에 대입하면
$18+2a=10, 2a=-8$ $\therefore a=-4$
$x=6, y=2$를 $bx+5y=-2$에 대입하면
$6b+10=-2, 6b=-12$ $\therefore b=-2$
$\therefore ab=-4\times(-2)=8$

12

$x=-1, y=-2$를 $x+ay=3$에 대입하면
$-1-2a=3, -2a=4$ $\therefore a=-2$
$x=-1, y=-2$를 $bx+4y=-5$에 대입하면
$-b-8=-5$ $\therefore b=-3$
$\therefore a+b=-2+(-3)=-5$

13

$x=b, y=-1$을 $3x+2y=10$에 대입하면
$3b-2=10, 3b=12$ $\therefore b=4$
$x=4, y=-1$을 $x-2y=a$에 대입하면
$4+2=a$ $\therefore a=6$

$x=b$, $y=4$를 $5x-8y=-7$에 대입하면
$5b-32=-7$, $5b=25$　∴ $b=5$
$x=5$, $y=4$를 $x-y=a$에 대입하면
$5-4=a$　∴ $a=1$
∴ $a+b=1+5=6$

02 연립일차방정식의 풀이

개념 3　63쪽

01 답 (1) $x=4$, $y=8$　(2) $x=-3$, $y=-1$
(3) $x=1$, $y=-2$　(4) $x=3$, $y=2$
(5) $x=1$, $y=-1$　(6) $x=-6$, $y=-2$
(7) $x=-1$, $y=4$　(8) $x=-2$, $y=3$

(1) ㉠을 ㉡에 대입하면
　$4x-2x=8$　∴ $x=4$
　$x=4$를 ㉠에 대입하면 $y=8$
(2) ㉡을 ㉠에 대입하면
　$6y+4y=-10$　∴ $y=-1$
　$y=-1$을 ㉡에 대입하면 $x=-3$
(3) ㉠을 ㉡에 대입하면
　$x-3(x-3)=7$
　$-2x=-2$　∴ $x=1$
　$x=1$을 ㉠에 대입하면 $y=1-3=-2$
(4) ㉠을 ㉡에 대입하면 $3(2y-1)-2y=5$
　$4y=8$　∴ $y=2$
　$y=2$를 ㉠에 대입하면 $x=4-1=3$
(5) ㉠을 x에 대하여 풀면
　$x=2y+3$　$\cdots\cdots$ ㉢
　㉢을 ㉡에 대입하면 $2(2y+3)+3y=-1$
　$7y=-7$　∴ $y=-1$
　$y=-1$을 ㉢에 대입하면 $x=-2+3=1$
(6) ㉠을 x에 대하여 풀면
　$x=3y$　$\cdots\cdots$ ㉢
　㉢을 ㉡에 대입하면 $-9y+5y=8$
　$-4y=8$　∴ $y=-2$
　$y=-2$를 ㉢에 대입하면 $x=-6$
(7) ㉠을 y에 대하여 풀면
　$y=-3x+1$　$\cdots\cdots$ ㉢

㉢을 ㉡에 대입하면 $5x+2(-3x+1)=3$
　$-x=1$　∴ $x=-1$
　$x=-1$을 ㉢에 대입하면 $y=3+1=4$
(8) ㉠을 y에 대하여 풀면
　$y=2x+7$　$\cdots\cdots$ ㉢
　㉢을 ㉡에 대입하면 $3x+4(2x+7)=6$
　$11x=-22$　∴ $x=-2$
　$x=-2$를 ㉢에 대입하면 $y=-4+7=3$

개념 4　63쪽

01 답 (1) $x=2$, $y=1$　(2) $x=-1$, $y=3$
(3) $x=1$, $y=5$　(4) $x=-2$, $y=-1$
(5) $x=2$, $y=-1$　(6) $x=4$, $y=-2$
(7) $x=3$, $y=4$　(8) $x=-2$, $y=3$

(1) ㉠$-$㉡을 하면
　$2y=2$　∴ $y=1$
　$y=1$을 ㉡에 대입하면
　$x+2=4$　∴ $x=2$
(2) ㉠$+$㉡을 하면
　$2y=6$　∴ $y=3$
　$y=3$을 ㉠에 대입하면 $2x-3=-5$
　$2x=-2$　∴ $x=-1$
(3) ㉠$+$㉡을 하면
　$5x=5$　∴ $x=1$
　$x=1$을 ㉠에 대입하면
　$3+y=8$　∴ $y=5$
(4) ㉠$\times3+$㉡을 하면
　$13x=-26$　∴ $x=-2$
　$x=-2$를 ㉠에 대입하면
　$-8+y=-9$　∴ $y=-1$
(5) ㉠$-$㉡$\times2$를 하면
　$7y=-7$　∴ $y=-1$
　$y=-1$을 ㉡에 대입하면
　$x+4=6$　∴ $x=2$
(6) ㉠$\times3-$㉡$\times2$를 하면
　$11y=-22$　∴ $y=-2$
　$y=-2$를 ㉠에 대입하면 $2x-10=-2$
　$2x=8$　∴ $x=4$
(7) ㉠$\times2-$㉡$\times5$를 하면
　$-11x=-33$　∴ $x=3$
　$x=3$을 ㉡에 대입하면 $15-2y=7$
　$-2y=-8$　∴ $y=4$

(8) ㉠×5+㉡×3을 하면
$-y=-3$ ∴ $y=3$
$y=3$을 ㉡에 대입하면 $5x+9=-1$
$5x=-10$ ∴ $x=-2$

64쪽

개념 5

01 답 (1) $x=-2$, $y=2$ (2) $x=-5$, $y=1$
　　　 (3) $x=8$, $y=2$ (4) $x=2$, $y=-\dfrac{3}{2}$

(1) ㉠을 정리하면 $2x+3y=2$ $\cdots\cdots$ ㉢
　 ㉢×5−㉡×2를 하면 $23y=46$ ∴ $y=2$
　 $y=2$를 ㉢에 대입하면 $2x+6=2$
　 $2x=-4$ ∴ $x=-2$

(2) ㉡을 정리하면 $x-3y=-8$ $\cdots\cdots$ ㉢
　 ㉠−㉢×2를 하면 $7y=7$ ∴ $y=1$
　 $y=1$을 ㉢에 대입하면 $x-3=-8$ ∴ $x=-5$

(3) ㉡을 정리하면 $x-y=6$ $\cdots\cdots$ ㉢
　 ㉠+㉢×3을 하면 $5x=40$ ∴ $x=8$
　 $x=8$을 ㉢에 대입하면 $8-y=6$ ∴ $y=2$

(4) ㉠을 정리하면 $4x+2y=5$ $\cdots\cdots$ ㉢
　 ㉡을 정리하면 $2x-2y=7$ $\cdots\cdots$ ㉣
　 ㉢+㉣을 하면 $6x=12$ ∴ $x=2$
　 $x=2$를 ㉢에 대입하면 $8+2y=5$
　 $2y=-3$ ∴ $y=-\dfrac{3}{2}$

02 답 (1) $x=1$, $y=-1$ (2) $x=2$, $y=-\dfrac{1}{5}$
　　　 (3) $x=3$, $y=0$ (4) $x=4$, $y=-3$
　　　 (5) $x=-3$, $y=5$ (6) $x=1$, $y=-2$

(1) ㉠×10을 하면 $3x+y=2$ $\cdots\cdots$ ㉢
　 ㉡×10을 하면 $5x-3y=8$ $\cdots\cdots$ ㉣
　 ㉢×3+㉣을 하면 $14x=14$ ∴ $x=1$
　 $x=1$을 ㉢에 대입하면 $3+y=2$ ∴ $y=-1$

(2) ㉠×10을 하면 $4x+10y=6$ $\cdots\cdots$ ㉢
　 ㉡×10을 하면 $3x+5y=5$ $\cdots\cdots$ ㉣
　 ㉢−㉣×2를 하면 $-2x=-4$ ∴ $x=2$
　 $x=2$를 ㉣에 대입하면 $6+5y=5$
　 $5y=-1$ ∴ $y=-\dfrac{1}{5}$

(3) ㉠×15를 하면 $5x+3y=15$ $\cdots\cdots$ ㉢
　 ㉡×6을 하면 $x-y=3$ $\cdots\cdots$ ㉣

㉢+㉣×3을 하면 $8x=24$ ∴ $x=3$
$x=3$을 ㉣에 대입하면 $3-y=3$ ∴ $y=0$

(4) ㉠×6을 하면 $3x+2y=6$ $\cdots\cdots$ ㉢
　 ㉡×12를 하면 $3x-4y=24$ $\cdots\cdots$ ㉣
　 ㉢−㉣을 하면 $6y=-18$ ∴ $y=-3$
　 $y=-3$을 ㉢에 대입하면 $3x-6=6$
　 $3x=12$ ∴ $x=4$

(5) ㉠×3을 하면 $2x+3y=9$ $\cdots\cdots$ ㉢
　 ㉡×10을 하면 $2x-y=-11$ $\cdots\cdots$ ㉣
　 ㉢−㉣을 하면 $4y=20$ ∴ $y=5$
　 $y=5$를 ㉣에 대입하면 $2x-5=-11$ ∴ $x=-3$

(6) ㉠×10을 하면 $2x-5y=12$ $\cdots\cdots$ ㉢
　 ㉡×20을 하면 $4x+y=2$ $\cdots\cdots$ ㉣
　 ㉢×2−㉣을 하면 $-11y=22$ ∴ $y=-2$
　 $y=-2$를 ㉣에 대입하면 $4x-2=2$
　 $4x=4$ ∴ $x=1$

64쪽

개념 6

01 답 (1) $x=4$, $y=4$ (2) $x=2$, $y=-3$
　　　 (3) $x=2$, $y=2$ (4) $x=-2$, $y=3$

(1) 주어진 방정식에서
$$\begin{cases} 3x-y=8 & \cdots\cdots ㉠ \\ x+y=8 & \cdots\cdots ㉡ \end{cases}$$
㉠+㉡을 하면 $4x=16$ ∴ $x=4$
$x=4$를 ㉡에 대입하면 $4+y=8$ ∴ $y=4$

(2) 주어진 방정식에서
$$\begin{cases} 2x+y=1 \\ -3x+2y+13=1 \end{cases}, \ 즉 \begin{cases} 2x+y=1 & \cdots\cdots ㉠ \\ -3x+2y=-12 & \cdots\cdots ㉡ \end{cases}$$
㉠×2−㉡을 하면 $7x=14$ ∴ $x=2$
$x=2$를 ㉠에 대입하면 $4+y=1$ ∴ $y=-3$

(3) 주어진 방정식에서
$$\begin{cases} 6x-y=x+8 \\ x+8=2x+3y \end{cases}, \ 즉 \begin{cases} 5x-y=8 & \cdots\cdots ㉠ \\ x+3y=8 & \cdots\cdots ㉡ \end{cases}$$
㉠×3+㉡을 하면 $16x=32$ ∴ $x=2$
$x=2$를 ㉠에 대입하면 $10-y=8$ ∴ $y=2$

(4) 주어진 방정식에서
$$\begin{cases} 5x-2y=9x+2 \\ 9x+2=1-2x-7y \end{cases}, \ 즉 \begin{cases} 2x+y=-1 & \cdots\cdots ㉠ \\ 11x+7y=-1 & \cdots\cdots ㉡ \end{cases}$$
㉠×7−㉡을 하면 $3x=-6$ ∴ $x=-2$
$x=-2$를 ㉠에 대입하면 $-4+y=-1$ ∴ $y=3$

필수 유형 익히기 （한 번 더）

01 ③	**02** ②	**03** ①, ④	**04** $x=-2,\ y=1$	
05 ⑤	**06** -1	**07** ⑤	**08** $x=4,\ y=-4$	
09 10	**10** $x=-1,\ y=-3$	**11** 7	**12** ①	

01

㉠을 ㉡에 대입하면
$2(y+2)+3y=-6,\ 5y=-10$
$\therefore k=-10$

02

$$\begin{cases} 2y=x-1 & \cdots\cdots ㉠ \\ 2y=3x-7 & \cdots\cdots ㉡ \end{cases}$$

㉠을 ㉡에 대입하면
$x-1=3x-7,\ -2x=-6 \qquad \therefore x=3$
$x=3$을 ㉠에 대입하면
$2y=3-1,\ 2y=2 \qquad \therefore y=1$
$\therefore x+y=3+1=4$

03

① ㉠-㉡을 하면 $-7y=7$
④ ㉠×5+㉡×2를 하면 $7x=42$

04

$$\begin{cases} 2x+7y=3 & \cdots\cdots ㉠ \\ 5x+3y=-7 & \cdots\cdots ㉡ \end{cases}$$

㉠×5-㉡×2를 하면 $29y=29 \qquad \therefore y=1$
$y=1$을 ㉠에 대입하면
$2x+7=3,\ 2x=-4 \qquad \therefore x=-2$

05

$x=-1,\ y=-2$를 주어진 연립방정식에 대입하면

$$\begin{cases} -a-2b=1 & \cdots\cdots ㉠ \\ -b+2a=8 & \cdots\cdots ㉡ \end{cases}$$

㉠×2+㉡을 하면 $-5b=10 \qquad \therefore b=-2$
$b=-2$를 ㉠에 대입하면
$-a+4=1 \qquad \therefore a=3$

06

$y=3$을 $3x-y=-6$에 대입하면
$3x-3=-6,\ 3x=-3 \qquad \therefore x=-1$

$x=-1,\ y=3$을 $ax+2y=7$에 대입하면
$-a+6=7 \qquad \therefore a=-1$

07

$$\begin{cases} 0.3x-0.1y=0.1 & \cdots\cdots ㉠ \\ 0.03x-0.1y=-0.44 & \cdots\cdots ㉡ \end{cases}$$

㉠×10을 하면 $3x-y=1 \qquad\cdots\cdots ㉢$
㉡×100을 하면 $3x-10y=-44 \qquad\cdots\cdots ㉣$
㉢-㉣을 하면 $9y=45 \qquad \therefore y=5$
$y=5$를 ㉢에 대입하면 $3x-5=1$
$3x=6 \qquad \therefore x=2$
따라서 $a=2,\ b=5$이므로
$ab=2\times5=10$

08

$$\begin{cases} \dfrac{1}{2}x-\dfrac{3}{4}y=5 & \cdots\cdots ㉠ \\ \dfrac{1}{6}x+\dfrac{1}{3}y=-\dfrac{2}{3} & \cdots\cdots ㉡ \end{cases}$$

㉠×4를 하면 $2x-3y=20 \qquad\cdots\cdots ㉢$
㉡×6을 하면 $x+2y=-4 \qquad\cdots\cdots ㉣$
㉢-㉣×2를 하면 $-7y=28 \qquad \therefore y=-4$
$y=-4$를 ㉣에 대입하면
$x-8=-4 \qquad \therefore x=4$

09

주어진 방정식에서

$$\begin{cases} 2x-y+1=x+y \\ x+y=-x+2y-5 \end{cases} \text{즉} \begin{cases} x-2y=-1 & \cdots\cdots ㉠ \\ 2x-y=-5 & \cdots\cdots ㉡ \end{cases}$$

㉠×2-㉡을 하면 $-3y=3 \qquad \therefore y=-1$
$y=-1$을 ㉠에 대입하면 $x+2=-1 \qquad \therefore x=-3$
따라서 $a=-3,\ b=-1$이므로
$a^2+b^2=(-3)^2+(-1)^2=9+1=10$

10

주어진 방정식에서

$$\begin{cases} \dfrac{3y+4}{5}=\dfrac{2x-1}{3} \\ \dfrac{2x-1}{3}=\dfrac{x+y}{4} \end{cases} \text{즉} \begin{cases} 10x-9y=17 & \cdots\cdots ㉠ \\ 5x-3y=4 & \cdots\cdots ㉡ \end{cases}$$

㉠-㉡×2를 하면 $-3y=9 \qquad \therefore y=-3$
$y=-3$을 ㉡에 대입하면 $5x+9=4$
$5x=-5 \qquad \therefore x=-1$

11

$$\begin{cases} 3x+y=8 & \cdots\cdots \text{㉠} \\ 4x-y=6 & \cdots\cdots \text{㉡} \end{cases}$$

㉠+㉡을 하면

$7x=14 \qquad \therefore x=2$

$x=2$를 ㉠에 대입하면

$6+y=8 \qquad \therefore y=2$

$x=2,\ y=2$를 $ax+2y=10$에 대입하면

$2a+4=10,\ 2a=6 \qquad \therefore a=3$

$x=2,\ y=2$를 $2x+by=-4$에 대입하면

$4+2b=-4,\ 2b=-8 \qquad \therefore b=-4$

$\therefore a-b=3-(-4)=7$

12

$$\begin{cases} 5x+2y=4 & \cdots\cdots \text{㉠} \\ 0.2x-0.1y=0.7 & \cdots\cdots \text{㉡} \end{cases}$$

㉡×10을 하면 $2x-y=7 \qquad \cdots\cdots \text{㉢}$

㉠+㉢×2를 하면 $9x=18 \qquad \therefore x=2$

$x=2$를 ㉢에 대입하면 $4-y=7 \qquad \therefore y=-3$

$x=2,\ y=-3$을 $ax-y=9$에 대입하면

$2a+3=9,\ 2a=6 \qquad \therefore a=3$

$x=2,\ y=-3$을 $x+by=14$에 대입하면

$2-3b=14,\ -3b=12 \qquad \therefore b=-4$

$\therefore ab=3\times(-4)=-12$

03 연립일차방정식의 활용

 **개념 7** 67쪽

01 답 (1) $\begin{cases} x+y=28 \\ x=2y+4 \end{cases}$ (2) $x=20,\ y=8$ (3) 20, 8

02 답 (1) $\begin{cases} x+y=6 \\ 10y+x=(10x+y)-18 \end{cases}$ (2) $x=4,\ y=2$

(3) 42

03 답 (1) $\begin{cases} x+y=8 \\ 800x+600y=6000 \end{cases}$ (2) $x=6,\ y=2$ (3) 2개

04 답 (1) $\begin{cases} x+y=15 \\ x+2y=24 \end{cases}$ (2) $x=6,\ y=9$ (3) 6개

05 답 (1) $\begin{cases} x+y=6 \\ \dfrac{x}{4}+\dfrac{y}{8}=1 \end{cases}$ (2) $x=2,\ y=4$ (3) 4 km

(2) $\begin{cases} x+y=6 \\ \dfrac{x}{4}+\dfrac{y}{8}=1 \end{cases}$ 에서 $\begin{cases} x+y=6 \\ 2x+y=8 \end{cases}$

$\therefore x=2,\ y=4$

06 답 (1) $\begin{cases} x+y=9 \\ \dfrac{x}{12}+\dfrac{y}{3}=2 \end{cases}$ (2) $x=4,\ y=5$ (3) 5 km

(2) $\begin{cases} x+y=9 \\ \dfrac{x}{12}+\dfrac{y}{3}=2 \end{cases}$ 에서 $\begin{cases} x+y=9 \\ x+4y=24 \end{cases}$

$\therefore x=4,\ y=5$

한 번 더

필수 유형 익히기 68~69쪽

01 ④ **02** ① **03** ⑤
04 어른: 2000원, 어린이: 1000원 **05** ② **06** 32살
07 15 cm **08** ② **09** ② **10** 2 km
11 9 **12** ④

01

큰 수를 x, 작은 수를 y라 하면

$$\begin{cases} x+y=64 \\ x-y=32 \end{cases}$$

$\therefore x=48,\ y=16$

따라서 작은 수는 16이다.

02

처음 수의 십의 자리의 숫자를 x, 일의 자리의 숫자를 y라 하면

$\begin{cases} x+y=11 \\ 10y+x=3(10x+y)-31 \end{cases}$, 즉 $\begin{cases} x+y=11 \\ 29x-7y=31 \end{cases}$

$\therefore x=3, \ y=8$

따라서 처음 수는 38이다.

03

성공한 2점 슛의 개수를 x, 3점 슛의 개수를 y라 하면

$\begin{cases} x+y=9 \\ 2x+3y=20 \end{cases}$

$\therefore x=7, \ y=2$

따라서 2점 슛은 7개 성공하였다.

04

어른 1명의 요금을 x원, 어린이 1명의 요금을 y원이라 하면

$\begin{cases} x+2y=4000 \\ 2x+3y=7000 \end{cases}$

$\therefore x=2000, \ y=1000$

따라서 어른 1명의 요금은 2000원, 어린이 1명의 요금은 1000원이다.

05

현재 아버지의 나이를 x살, 아들의 나이를 y살이라 하면

$\begin{cases} x+y=52 \\ x+10=3(y+10) \end{cases}$, 즉 $\begin{cases} x+y=52 \\ x-3y=20 \end{cases}$

$\therefore x=44, \ y=8$

따라서 현재 아들의 나이는 8살이다.

06

형의 나이를 x살, 동생의 나이를 y살이라 하면

$\begin{cases} x=y+4 \\ 4x=5y+2 \end{cases}$

$\therefore x=18, \ y=14$

따라서 형의 나이는 18살, 동생의 나이는 14살이므로 형과 동생의 나이의 합은

$18+14=32$(살)

07

가로의 길이를 x cm, 세로의 길이를 y cm라 하면

$\begin{cases} 2(x+y)=80 \\ x=2y-5 \end{cases}$, 즉 $\begin{cases} x+y=40 \\ x=2y-5 \end{cases}$

$\therefore x=25, \ y=15$

따라서 세로의 길이는 15 cm이다.

08

아랫변의 길이를 x cm, 윗변의 길이를 y cm라 하면

$\begin{cases} x=y+3 \\ \dfrac{1}{2}\times(x+y)\times 8=68 \end{cases}$, 즉 $\begin{cases} x=y+3 \\ x+y=17 \end{cases}$

$\therefore x=10, \ y=7$

따라서 아랫변의 길이는 10 cm이다.

09

걸어간 거리를 x km, 달려간 거리를 y km라 하면

$\begin{cases} x+y=5.5 \\ \dfrac{x}{3}+\dfrac{y}{6}=\dfrac{7}{6} \end{cases}$, 즉 $\begin{cases} 2x+2y=11 \\ 2x+y=7 \end{cases}$

$\therefore x=\dfrac{3}{2}, \ y=4$

따라서 걸어간 거리는 $\dfrac{3}{2}$ km이다.

10

갈 때 걸은 거리를 x km, 올 때 걸은 거리를 y km라 하면

$\begin{cases} x+y=6 \\ \dfrac{x}{2}+\dfrac{y}{4}=\dfrac{5}{2} \end{cases}$, 즉 $\begin{cases} x+y=6 \\ 2x+y=10 \end{cases}$

$\therefore x=4, \ y=2$

따라서 올 때 걸은 거리는 2 km이다.

11

희철이가 이긴 횟수를 x, 진 횟수를 y라 하면 우석이가 이긴 횟수는 y, 진 횟수는 x이므로

$\begin{cases} 3x-2y=18 \\ 3y-2x=3 \end{cases}$

$\therefore x=12, \ y=9$

따라서 우석이가 이긴 횟수는 9이다.

12

서연이가 이긴 횟수를 x, 진 횟수를 y라 하면 우진이가 이긴 횟수는 y, 진 횟수는 x이므로

$\begin{cases} 2x-y=14 \\ 2y-x=8 \end{cases}$

$\therefore x=12, \ y=10$

따라서 서연이가 이긴 횟수는 12이다.

서술형 잡잡기   확실히

01 -1	**02** 3	**03** $x=0,\ y=2$	**04** 9번

01

① **단계** 주어진 연립방정식과 해가 같은 연립방정식 세우기 ◀ 40 %

주어진 연립방정식의 해는 세 일차방정식을 모두 만족시키므로

연립방정식 $\begin{cases} x+4y=-3 & \cdots\cdots ㉠ \\ 2x-y=12 & \cdots\cdots ㉡ \end{cases}$ 의 해와 같다.

② **단계** 새로 만든 연립방정식의 해 구하기 ◀ 40 %

㉠×2−㉡을 하면

$9y=-18 \quad \therefore\ y=-2$

$y=-2$를 ㉡에 대입하면

$2x+2=12,\ 2x=10 \quad \therefore\ x=5$

③ **단계** a의 값 구하기 ◀ 20 %

$x=5,\ y=-2$를 $ax-2y=a$에 대입하면

$5a+4=a,\ 4a=-4 \quad \therefore\ a=-1$

02

① **단계** 해의 조건을 식으로 나타내기 ◀ 30 %

x의 값이 y의 값의 2배이므로 $x=2y$

② **단계** $x,\ y$의 값 구하기 ◀ 50 %

$\begin{cases} 5x+2y=60 & \cdots\cdots ㉠ \\ x=2y & \cdots\cdots ㉡ \end{cases}$ 에서

㉡을 ㉠에 대입하면

$10y+2y=60,\ 12y=60 \quad \therefore\ y=5$

$y=5$를 ㉡에 대입하면 $x=10$

③ **단계** a의 값 구하기 ◀ 20 %

$x=10,\ y=5$를 $2x-ay=5$에 대입하면

$20-5a=5,\ -5a=-15 \quad \therefore\ a=3$

03

① **단계** b의 값 구하기 ◀ 30 %

$x=2,\ y=3$은 $-x+by=4$의 해이므로

$-2+3b=4,\ 3b=6$

$\therefore\ b=2$

② **단계** a의 값 구하기 ◀ 30 %

$x=3,\ y=1$은 $ax+3y=6$의 해이므로

$3a+3=6,\ 3a=3$

$\therefore\ a=1$

③ **단계** 처음의 연립방정식을 세우고 풀기 ◀ 40 %

따라서 처음의 연립방정식은 $\begin{cases} x+3y=6 & \cdots\cdots ㉠ \\ -x+2y=4 & \cdots\cdots ㉡ \end{cases}$

㉠+㉡을 하면 $5y=10 \quad \therefore\ y=2$

$y=2$를 ㉠에 대입하면 $x+6=6$

$\therefore\ x=0$

04

① **단계** 연립방정식 세우기 ◀ 30 %

소은이가 이긴 횟수를 x, 진 횟수를 y라 하면 준서가 이긴 횟수는 y, 진 횟수는 x이므로

$\begin{cases} 2x-y=12 & \cdots\cdots ㉠ \\ 2y-x=-3 & \cdots\cdots ㉡ \end{cases}$

② **단계** 연립방정식의 해 구하기 ◀ 50 %

㉠×2+㉡을 하면 $3x=21 \quad \therefore\ x=7$

$x=7$을 ㉠에 대입하면 $14-y=12 \quad \therefore\ y=2$

③ **단계** 두 사람이 가위바위보를 모두 몇 번 하였는지 구하기 ◀ 20 %

따라서 두 사람은 가위바위보를 모두 $7+2=9$(번)하였다.

단원 마무리하기   쌍둥이

01 ③	**02** -1	**03** ③	**04** ④	**05** 5	**06** ③
07 ③	**08** 45	**09** ①	**10** $x=7,\ y=8$	**11** ④	
12 $x=3,\ y=5$	**13** ⑤	**14** $x=3,\ y=-1$			
15 37	**16** 25마리		**17** -3	**18** 50분 후	
19 24명					

01 ① 등식이 아니므로 방정식이 아니다.

② 미지수가 1개이다.

④ 미지수가 1개이고 차수가 2이다.

⑤ $6y+3=0$이므로 미지수가 1개이다.

따라서 미지수가 2개인 일차방정식은 ③이다.

02 $x=a-2,\ y=4$를 $3x-y+13=0$에 대입하면

$3(a-2)-4+13=0$

$3a=-3 \quad \therefore\ a=-1$

03 $x,\ y$가 음이 아닌 정수일 때, $x+4y=12$의 해는

$(0,\ 3),\ (4,\ 2),\ (8,\ 1),\ (12,\ 0)$의 4개이다.

04 ④ $x=3,\ y=2$를 두 일차방정식에 각각 대입하면

$3+2=5,\ 3-2=1$

05 ①단계 b의 값 구하기 ◀ 40 %

$x=2$, $y=b$를 $4x-3y=5$에 대입하면

$8-3b=5$, $-3b=-3$ ∴ $b=1$

②단계 a의 값 구하기 ◀ 40 %

$x=2$, $y=1$을 $ax+6y=14$에 대입하면

$2a+6=14$, $2a=8$ ∴ $a=4$

③단계 $a+b$의 값 구하기 ◀ 20 %

∴ $a+b=4+1=5$

06 ⓛ을 ㉠에 대입하면 $3x-(x-3)=6$

$3x-x+3=6$, $2x=3$

∴ $a=3$

07 ㉠×3+ⓛ×2를 하면 $7x=42$가 되어 y가 없어진다.

08 $x=3$, $y=-2$를 주어진 연립방정식에 대입하면

$$\begin{cases} 3a+2b=5 & \cdots\cdots ㉠ \\ 3b+4a=-2 & \cdots\cdots ⓛ \end{cases}$$

㉠×3−ⓛ×2를 하면 $a=19$

$a=19$를 ㉠에 대입하면 $57+2b=5$

$2b=-52$ ∴ $b=-26$

∴ $a-b=19-(-26)=45$

09 $$\begin{cases} 6x+5y=-9 & \cdots\cdots ㉠ \\ 3x-2y=-18 & \cdots\cdots ⓛ \end{cases}$$

㉠−ⓛ×2를 하면

$9y=27$ ∴ $y=3$

$y=3$을 ⓛ에 대입하면

$3x-6=-18$, $3x=-12$ ∴ $x=-4$

$x=-4$, $y=3$을 $ax-3y=-1$에 대입하면

$-4a-9=-1$, $-4a=8$ ∴ $a=-2$

$x=-4$, $y=3$을 $4x+by=5$에 대입하면

$-16+3b=5$, $3b=21$ ∴ $b=7$

∴ $a-b=-2-7=-9$

10 ①단계 $a,\ b$의 값 구하기 ◀ 60 %

$x=8$, $y=7$은 $\begin{cases} bx+ay=5 \\ ax+by=10 \end{cases}$ 의 해이므로

$$\begin{cases} 7a+8b=5 & \cdots\cdots ㉠ \\ 8a+7b=10 & \cdots\cdots ⓛ \end{cases}$$

㉠×8−ⓛ×7을 하면 $15b=-30$ ∴ $b=-2$

$b=-2$를 ㉠에 대입하면

$7a-16=5$, $7a=21$ ∴ $a=3$

②단계 처음의 연립방정식 풀기 ◀ 40 %

따라서 처음의 연립방정식은 $\begin{cases} 3x-2y=5 & \cdots\cdots ㉢ \\ -2x+3y=10 & \cdots\cdots ㉣ \end{cases}$

㉢×2+㉣×3을 하면

$5y=40$ ∴ $y=8$

$y=8$을 ㉢에 대입하면

$3x-16=5$, $3x=21$ ∴ $x=7$

11 $$\begin{cases} 3x-2y=8 & \cdots\cdots ㉠ \\ 2x+y=3 & \cdots\cdots ⓛ \end{cases}$$

㉠+ⓛ×2를 하면 $7x=14$ ∴ $x=2$

$x=2$를 ⓛ에 대입하면

$4+y=3$ ∴ $y=-1$

$x=2$, $y=-1$을 $ax+3y=5$에 대입하면

$2a-3=5$, $2a=8$ ∴ $a=4$

12 $$\begin{cases} \dfrac{2}{3}x+\dfrac{3}{5}y=5 & \cdots\cdots ㉠ \\ 0.3(x+y)-0.1y=1.9 & \cdots\cdots ⓛ \end{cases}$$

㉠×15를 하면 $10x+9y=75$ $\cdots\cdots ㉢$

ⓛ×10을 하면 $3(x+y)-y=19$

∴ $3x+2y=19$ $\cdots\cdots ㉣$

㉢×3−㉣×10을 하면 $7y=35$ ∴ $y=5$

$y=5$를 ㉣에 대입하면 $3x+10=19$

$3x=9$ ∴ $x=3$

13 $$\begin{cases} x=2y & \cdots\cdots ㉠ \\ \dfrac{x-y}{2}+\dfrac{y}{5}=\dfrac{7}{5} & \cdots\cdots ⓛ \end{cases}$$

ⓛ×10을 하면 $5(x-y)+2y=14$

∴ $5x-3y=14$ $\cdots\cdots ㉢$

㉠을 ㉢에 대입하면 $10y-3y=14$

$7y=14$ ∴ $y=2$

$y=2$를 ㉠에 대입하면 $x=4$

$x=4$, $y=2$를 $x+2y=a$에 대입하면

$4+4=a$ ∴ $a=8$

14 ①단계 연립방정식 세우기 ◀ 30 %

주어진 방정식에서

$$\begin{cases} \dfrac{x+y+8}{5}=\dfrac{3x-1}{4} \\ \dfrac{5x+2y-7}{3}=\dfrac{3x-1}{4} \end{cases},\ 즉\ \begin{cases} 11x-4y=37 & \cdots\cdots ㉠ \\ 11x+8y=25 & \cdots\cdots ⓛ \end{cases}$$

②단계 연립방정식 풀기 ◀ 70 %

㉠－㉡을 하면 $-12y=12$ ∴ $y=-1$
$y=-1$을 ㉠에 대입하면 $11x+4=37$
$11x=33$ ∴ $x=3$

15 처음 수의 십의 자리의 숫자를 x, 일의 자리의 숫자를 y라 하면
$$\begin{cases} 3x=y+2 \\ 10y+x=2(10x+y)-1 \end{cases}, \text{즉} \begin{cases} 3x=y+2 \\ -19x+8y=-1 \end{cases}$$
∴ $x=3$, $y=7$
따라서 처음 수는 37이다.

16 돼지가 x마리, 닭이 y마리 있다고 하면
$$\begin{cases} x+y=40 \\ 4x+2y=110 \end{cases}, \text{즉} \begin{cases} x+y=40 \\ 2x+y=55 \end{cases}$$
∴ $x=15$, $y=25$
따라서 닭은 25마리 있다.

17 $x:y=2:3$에서 $3x=2y$이므로
$$\begin{cases} x+2y=8 \\ 3x=2y \end{cases}$$
∴ $x=2$, $y=3$
$x=2$, $y=3$을 $ax+3y=3$에 대입하면
$2a+9=3$, $2a=-6$ ∴ $a=-3$

18 형이 출발한 지 x분 후, 동생이 출발한 지 y분 후에 두 사람이 만난다고 하면
$$\begin{cases} 50x=80y \\ x=y+30 \end{cases}, \text{즉} \begin{cases} 5x=8y \\ x=y+30 \end{cases}$$
∴ $x=80$, $y=50$
따라서 두 사람이 만나는 것은 동생이 출발한 지 50분 후이다.

19 남학생을 x명, 여학생을 y명이라 하면
$$\begin{cases} x+y=45 \\ \dfrac{1}{2}x+\dfrac{1}{3}y=19 \end{cases}, \text{즉} \begin{cases} x+y=45 \\ 3x+2y=114 \end{cases}$$
∴ $x=24$, $y=21$
따라서 이 동아리의 남학생은 24명이다.

일차함수

01 함수

개념 1   76쪽

01 답 (1) 표는 풀이 참조, ○   (2) 표는 풀이 참조, ×
      (3) 표는 풀이 참조, ○

(1)

x(개)	1	2	3	4	…
y(원)	500	1000	1500	2000	…

(2)

x	1	2	3	4	…
y	1	1	1, 3	1, 3	…

(3)

x	1	2	3	4	…
y	1	2	3	4	…

02 답 (1) ×   (2) ○   (3) ○   (4) ○

(1)

x	1	2	3	4	…
y	없다.	없다.	2	2	…

$x=1$, 2일 때, y의 값이 없으므로 x의 값 하나에 y의 값이 하나로 정해지지 않는다.

개념 2   76쪽

01 답 (1) $\dfrac{1}{3}$ (2) 8   (3) -6 (4) -3

(1) $f(-1)=-\dfrac{1}{3}\times(-1)=\dfrac{1}{3}$

(2) $f(-1)=-5\times(-1)+3=8$

(3) $f(-1)=\dfrac{6}{-1}=-6$

(4) $f(-1)=\dfrac{2}{-1}-1=-3$

02 답 (1) 9   (2) -11 (3) 3   (4) 18

(1) $f(2)=4\times2+1=9$

(2) $f(-3)=4\times(-3)+1=-11$

(3) $f\left(\dfrac{1}{2}\right)=4\times\dfrac{1}{2}+1=3$

(4) $f(5)=4\times5+1=21$
    $f(-1)=4\times(-1)+1=-3$
    ∴ $f(5)+f(-1)=21+(-3)=18$

03 답 (1) 12 (2) $-\dfrac{1}{2}$ (3) $\dfrac{3}{2}$ (4) 5

(1) $f(8)=\dfrac{3}{2}\times 8=12$

(2) $f\left(-\dfrac{1}{3}\right)=\dfrac{3}{2}\times\left(-\dfrac{1}{3}\right)=-\dfrac{1}{2}$

(3) $g(6)=-\dfrac{3}{6}+2=\dfrac{3}{2}$

(4) $g(-1)=-\dfrac{3}{-1}+2=5$

필수 유형 익히기 〔한 번 더〕 77쪽

01 ①, ②	**02** ㄴ, ㄷ	**03** ③	**04** ③
05 3	**06** ④	**07** 10	

01

③ $x=2$일 때, $y=3$, 5, 7, …로 y의 값이 하나로 정해지지 않으므로 y는 x의 함수가 아니다.

④ $x=10$일 때, $y=1$, 3, 7, …로 y의 값이 하나로 정해지지 않으므로 y는 x의 함수가 아니다.

⑤ $x=\dfrac{1}{2}$일 때, $y=0$, 1로 y의 값이 하나로 정해지지 않으므로 y는 x의 함수가 아니다.

따라서 y가 x의 함수인 것은 ①, ②이다.

02

ㄱ. $x=6$일 때, $y=2$, 3으로 y의 값이 하나로 정해지지 않으므로 y는 x의 함수가 아니다.

ㄹ. $x=50$일 때, 키 y는 하나로 정해지지 않으므로 y는 x의 함수가 아니다.

따라서 y가 x의 함수인 것은 ㄴ, ㄷ이다.

03

$f\left(-\dfrac{1}{2}\right)=-8\times\left(-\dfrac{1}{2}\right)=4$

$f(1)=-8\times 1=-8$

$\therefore\ f\left(-\dfrac{1}{2}\right)+f(1)=4+(-8)=-4$

04

$f(2)=3\times 2=6$

$g(3)=-\dfrac{6}{3}=-2$

$\therefore\ f(2)\times g(3)=6\times(-2)=-12$

05

6보다 작은 소수는 2, 3, 5의 3개이므로 $f(6)=3$

06

$f(2)=\dfrac{a}{2}$이므로 $\dfrac{a}{2}=-4$　∴ $a=-8$

따라서 $f(x)=-\dfrac{8}{x}$이므로

$f(-2)=-\dfrac{8}{-2}=4$, $f(4)=-\dfrac{8}{4}=-2$

$\therefore\ f(-2)+f(4)=4+(-2)=2$

07

$f(3)=4$이므로

$-\dfrac{2}{3}\times 3+k=4$, $-2+k=4$　∴ $k=6$

따라서 $f(x)=-\dfrac{2}{3}x+6$이므로

$f(-6)=-\dfrac{2}{3}\times(-6)+6=10$

02 일차함수와 그 그래프

개념 3  78쪽

01 답 (1) ◯ (2) × (3) ◯ (4) ◯

(2) $\dfrac{4}{x}+2$는 x가 분모에 있으므로 일차식이 아니다.

02 답 (1) $x+10$, ◯ (2) $80-x$, ◯

　　　(3) $\dfrac{20}{x}$, ×　(4) $\dfrac{200}{x}$, ×

(3) $\dfrac{20}{x}$은 x가 분모에 있으므로 일차식이 아니다.

(4) $\dfrac{200}{x}$은 x가 분모에 있으므로 일차식이 아니다.

01 답 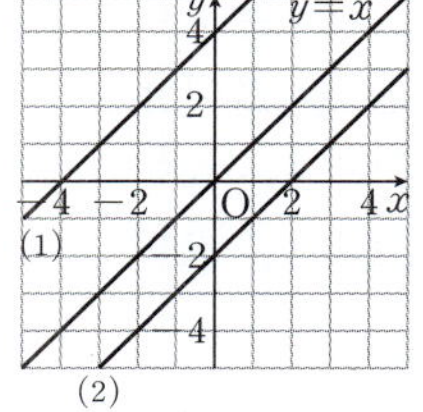

02 답 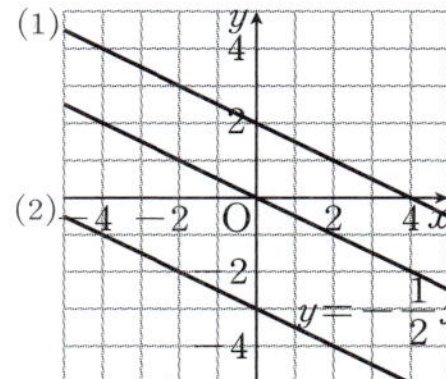

03 답 (1) $y=5x+3$　(2) $y=-\dfrac{3}{2}x-6$

(1) $y=5x-1+4$　　$\therefore\ y=5x+3$

(2) $y=-\dfrac{3}{2}x+1-7$　　$\therefore\ y=-\dfrac{3}{2}x-6$

04 답 (1) 5　(2) $\dfrac{1}{2}$

(1) $y=3x+4$의 그래프가 $y=3x-1$의 그래프를 y축의 방향으로 a만큼 평행이동한 것이라 하면
　$-1+a=4$　　$\therefore\ a=5$

(2) $y=3x-\dfrac{1}{2}$의 그래프가 $y=3x-1$의 그래프를 y축의 방향으로 a만큼 평행이동한 것이라 하면
　$-1+a=-\dfrac{1}{2}$　　$\therefore\ a=\dfrac{1}{2}$

필수 유형 익히기　　79쪽

| **01** ③, ④ | **02** ③ | **03** 1 | **04** ③ |
| **05** ③, ⑤ | **06** 13 | **07** $-\dfrac{3}{4}$ | **08** 1 |

01

② $y=-x+1$

③ $y=0$

④ $y=-\dfrac{1}{x}$

⑤ $y=-\dfrac{1}{3}x-1$

따라서 y가 x에 대한 일차함수가 아닌 것은 ③, ④이다.

02

① $y=\dfrac{240}{x}$

② $y=x^2$

④ $y=0$

⑤ $x^2-x=0$

따라서 y가 x에 대한 일차함수인 것은 ③이다.

03

$f(a)=-3a+4$이므로 $-3a+4=1$
$-3a=-3$　　$\therefore\ a=1$

04

$f(-1)=-a+2$이므로
$-a+2=-2$　　$\therefore\ a=4$
따라서 $f(x)=4x+2$이므로 $f(b)=10$에서
$4b+2=10$
$4b=8$　　$\therefore\ b=2$
$\therefore\ a+b=4+2=6$

05

③ $y=\dfrac{1}{3}x$의 그래프를 y축의 방향으로 -1만큼 평행이동하면

　$y=\dfrac{1}{3}x-1$의 그래프와 겹쳐진다.

⑤ $y=\dfrac{1}{3}x$의 그래프를 y축의 방향으로 8만큼 평행이동하면

　$y=\dfrac{1}{3}x+8$의 그래프와 겹쳐진다.

06

$y=5x+k$의 그래프를 y축의 방향으로 2만큼 평행이동한 그래프의 식은
$y=5x+k+2$
이 식이 $y=ax+10$과 같아야 하므로

$a=5$, $k+2=10$ $\therefore$ $a=5$, $k=8$
$\therefore$ $a+k=5+8=13$

07

$y=4x$의 그래프를 y축의 방향으로 -2만큼 평행이동한 그래프의 식은
$y=4x-2$
이 그래프가 점 $(k,\ -5)$를 지나므로
$-5=4k-2$, $-4k=3$ $\therefore$ $k=-\dfrac{3}{4}$

08

$y=-x+3$의 그래프를 y축의 방향으로 p만큼 평행이동한 그래프의 식은
$y=-x+3+p$
이 그래프가 점 $(1,\ 3)$을 지나므로
$3=-1+3+p$ $\therefore$ $p=1$

개념 5
80쪽

01 답 (1) x절편: -2, y절편: 4
(2) x절편: -3, y절편: -2

02 답 (1) x절편: 2, y절편: -4
(2) x절편: 6, y절편: 6
(3) x절편: -3, y절편: 9
(4) x절편: $-\dfrac{3}{4}$, y절편: -3

(1) $y=0$일 때, $0=2x-4$ $\therefore$ $x=2$
$x=0$일 때, $y=-4$
따라서 x절편은 2, y절편은 -4이다.
(2) $y=0$일 때, $0=-x+6$ $\therefore$ $x=6$
$x=0$일 때, $y=6$
따라서 x절편은 6, y절편은 6이다.
(3) $y=0$일 때, $0=3x+9$ $\therefore$ $x=-3$
$x=0$일 때, $y=9$
따라서 x절편은 -3, y절편은 9이다.
(4) $y=0$일 때, $0=-4x-3$ $\therefore$ $x=-\dfrac{3}{4}$
$x=0$일 때, $y=-3$
따라서 x절편은 $-\dfrac{3}{4}$, y절편은 -3이다.

개념 6
80쪽

01 답 (1) x절편: -3, y절편: 3, 그래프는 풀이 참조
(2) x절편: 2, y절편: 6, 그래프는 풀이 참조
(3) x절편: 3, y절편: -2, 그래프는 풀이 참조
(4) x절편: 4, y절편: -3, 그래프는 풀이 참조

(1) $y=0$일 때, $0=x+3$ $\therefore$ $x=-3$
$x=0$일 때, $y=3$
따라서 x절편은 -3, y절편은 3이므로 그래프는 오른쪽 그림과 같다.
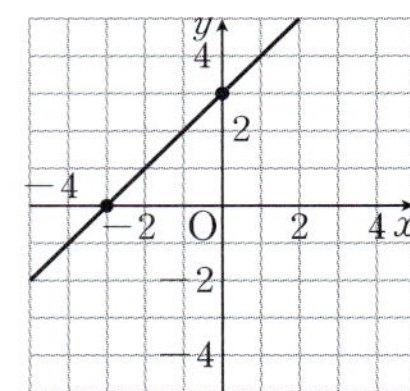

(2) $y=0$일 때, $0=-3x+6$
$\therefore$ $x=2$
$x=0$일 때, $y=6$
따라서 x절편은 2, y절편은 6이므로 그래프는 오른쪽 그림과 같다.
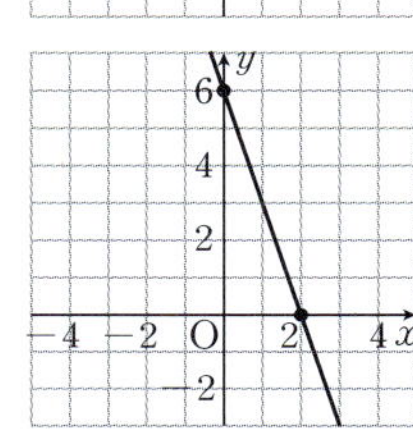

(3) $y=0$일 때, $0=\dfrac{2}{3}x-2$ $\therefore$ $x=3$
$x=0$일 때, $y=-2$
따라서 x절편은 3, y절편은 -2이므로 그래프는 오른쪽 그림과 같다.
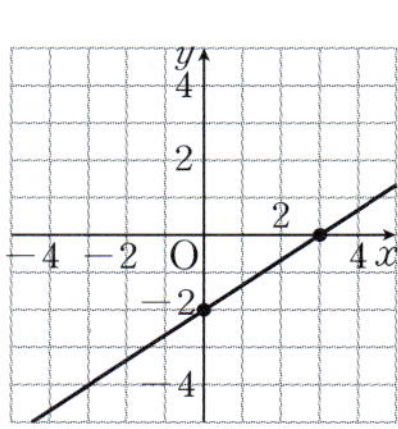

(4) $y=0$일 때, $0=\dfrac{3}{4}x-3$ $\therefore$ $x=4$
$x=0$일 때, $y=-3$
따라서 x절편은 4, y절편은 -3이므로 그래프는 오른쪽 그림과 같다.
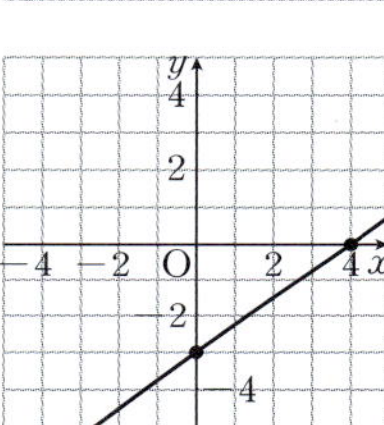

개념 7
81쪽

01 답 (1) 4, 기울기: 2 (2) -5, 기울기: $-\dfrac{5}{4}$

(1) (기울기)$=\dfrac{(y\text{의 값의 증가량})}{(x\text{의 값의 증가량})}=\dfrac{4}{2}=2$

(2) (기울기)$=\dfrac{(y\text{의 값의 증가량})}{(x\text{의 값의 증가량})}=\dfrac{-5}{4}=-\dfrac{5}{4}$

02 탭 (1) 기울기: 3, y의 값의 증가량: 6
   (2) 기울기: -2, y의 값의 증가량: -8
   (3) 기울기: -5, y의 값의 증가량: -15

(1) 기울기가 3이므로 $\dfrac{(y의\ 값의\ 증가량)}{2}=3$

 $\therefore (y의\ 값의\ 증가량)=6$

(2) 기울기가 -2이므로 $\dfrac{(y의\ 값의\ 증가량)}{4}=-2$

 $\therefore (y의\ 값의\ 증가량)=-8$

(3) 기울기가 -5이므로 $\dfrac{(y의\ 값의\ 증가량)}{3}=-5$

 $\therefore (y의\ 값의\ 증가량)=-15$

03 탭 (1) $\dfrac{3}{4}$ (2) -2 (3) 1 (4) $-\dfrac{3}{2}$

(1) $(기울기)=\dfrac{5-2}{3-(-1)}=\dfrac{3}{4}$

(2) $(기울기)=\dfrac{4-6}{1-0}=-2$

(3) $(기울기)=\dfrac{-5-(-7)}{4-2}=1$

(4) $(기울기)=\dfrac{5-8}{-2-(-4)}=-\dfrac{3}{2}$

01 탭 (1) 기울기: 2, y절편: 1, 그래프는 풀이 참조
   (2) 기울기: -4, y절편: 2, 그래프는 풀이 참조
   (3) 기울기: 3, y절편: -5, 그래프는 풀이 참조
   (4) 기울기: $\dfrac{1}{2}$, y절편: -4, 그래프는 풀이 참조

(1) y절편은 1, 기울기는 2이므로 그래프는 점 $(0,\ 1)$에서 x의 값이 1만큼 증가하고 y의 값이 2만큼 증가한 점 $(1,\ 3)$을 지난다.
따라서 그래프는 오른쪽 그림과 같다.

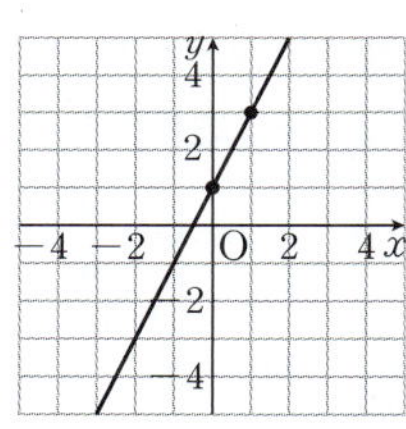

(2) y절편은 2, 기울기는 -4이므로 그래프는 점 $(0,\ 2)$에서 x의 값이 1만큼 증가하고 y의 값이 4만큼 감소한 점 $(1,\ -2)$를 지난다.
따라서 그래프는 오른쪽 그림과 같다.

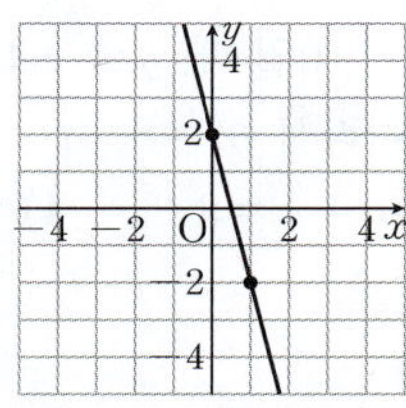

(3) y절편은 -5, 기울기는 3이므로 점 $(0,\ -5)$에서 x의 값이 1만큼 증가하고, y의 값이 3만큼 증가한 점 $(1,\ -2)$를 지난다.
따라서 그래프는 오른쪽 그림과 같다.

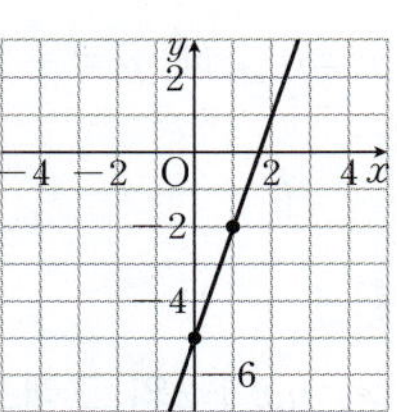

(4) y절편은 -4, 기울기는 $\dfrac{1}{2}$이므로 점 $(0,\ -4)$에서 x의 값이 2만큼 증가하고, y의 값이 1만큼 증가한 점 $(2,\ -3)$을 지닌다.
따라서 그래프는 오른쪽 그림과 같다.

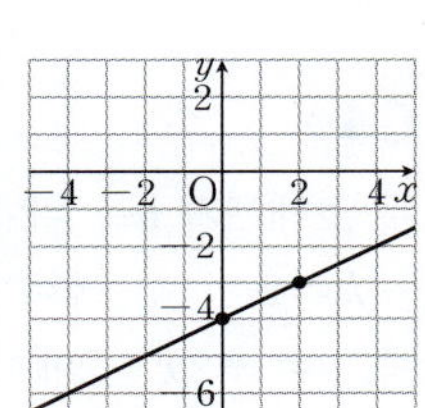

필수 유형 익히기 한 번 더 82~83쪽

01 4	**02** $\left(\dfrac{2}{3},\ 0\right),\ (0,\ -1)$	**03** $\dfrac{1}{2}$
04 1	**05** ①	**06** -1 **07** ② **08** -9 **09** ④
10 ①	**11** 9	**12** $\dfrac{1}{2}$ **13** 2 **14** -3

01

$y=0$일 때, $0=\dfrac{1}{2}x-4$ $\quad\therefore\ x=8$

$x=0$일 때, $y=-4$

따라서 $m=8$, $n=-4$이므로

$m+n=8+(-4)=4$

02

$y=0$일 때, $0=\dfrac{3}{2}x-1$, $x=\dfrac{2}{3}$ $\quad\therefore\ \mathrm{A}\left(\dfrac{2}{3},\ 0\right)$

$x=0$일 때, $y=-1$ $\quad\therefore\ \mathrm{B}(0,\ -1)$

03

$y=ax+2$의 그래프의 x절편이 -4이므로

$0=-4a+2$ $\quad\therefore\ a=\dfrac{1}{2}$

04

두 그래프가 y축 위에서 만나면 두 그래프의 y절편이 같으므로

$-k=2$ $\quad\therefore\ k=-2$

즉, $y=-2x+2$에서

$y=0$일 때, $0=-2x+2$ $\quad\therefore\ x=1$

따라서 $y=-2x+2$의 그래프의 x절편은 1이다.

05

$(\text{기울기})=\dfrac{-10}{4}=-\dfrac{5}{2}$

따라서 그래프의 기울기가 $-\dfrac{5}{2}$인 것은 ①이다.

06

$(\text{기울기})=\dfrac{5-k}{2-(-1)}=\dfrac{5-k}{3}$

즉, $\dfrac{5-k}{3}=2$이므로 $5-k=6$ $\quad\therefore\ k=-1$

07

$\dfrac{-3-a}{2-(-1)}=-2$이므로

$-3-a=-6$ $\quad\therefore\ a=3$

08

$\dfrac{6-2}{k-(-5)}=-1$이므로

$4=-k-5$ $\quad\therefore\ k=-9$

09

$y=-2x-4$의 그래프의 x절편은 -2, y절편은 -4이므로 그래프는 ④이다.

(다른 풀이)

y절편은 -4, 기울기는 -2이므로 그래프는 점 $(0,\ -4)$에서 x의 값이 1만큼 증가하고 y의 값이 2만큼 감소한 점 $(1,\ -6)$을 지난다. 따라서 그래프는 ④이다.

10

$y=\dfrac{1}{3}x+1$의 그래프의 x절편은 -3, y절편은 1이므로 그래프는 ①이다.

(다른 풀이)

y절편은 1, 기울기는 $\dfrac{1}{3}$이므로 그래프는 점 $(0,\ 1)$에서 x의 값이 3만큼 증가하고 y의 값이 1만큼 증가한 점 $(3,\ 2)$를 지난다. 따라서 그래프는 ①이다.

11

$y=-2x-6$의 그래프의 x절편은 -3, y절편은 -6이므로 그 그래프는 오른쪽 그림과 같다.

따라서 구하는 넓이는

$\dfrac{1}{2}\times3\times6=9$

12

$y=ax+4$의 그래프의 x절편은 $-\dfrac{4}{a}$, y절편은 4이므로 $a>0$일 때, 그 그래프는 오른쪽 그림과 같다.

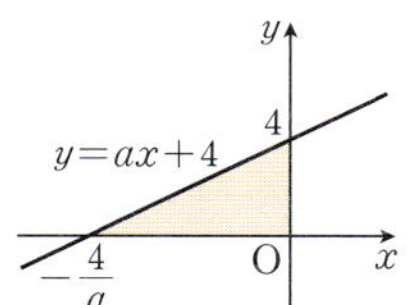

이때 $\dfrac{1}{2}\times\left|-\dfrac{4}{a}\right|\times4=16$이므로

$\dfrac{8}{a}=16$ $\quad\therefore\ a=\dfrac{1}{2}$

13

세 점이 한 직선 위에 있으므로 두 점 $(-1, 5)$, $(2, a)$를 지나는 직선의 기울기와 두 점 $(-1, 5)$, $(5, -1)$을 지나는 직선의 기울기가 같다.

즉, $\dfrac{a-5}{2-(-1)}=\dfrac{-1-5}{5-(-1)}$이므로

$\dfrac{a-5}{3}=-1$, $a-5=-3$ $\therefore a=2$

14

세 점이 한 직선 위에 있으므로 두 점 $(-1, -5)$, $(0, a)$를 지나는 직선의 기울기와 두 점 $(-1, -5)$, $(3, 3)$을 지나는 직선의 기울기가 같다.

즉, $\dfrac{a-(-5)}{0-(-1)}=\dfrac{3-(-5)}{3-(-1)}$이므로

$a+5=2$ $\therefore a=-3$

03 일차함수의 그래프의 성질과 식

개념 9 84쪽

01 답 (1) ㄱ, ㄹ (2) ㄴ, ㄷ (3) ㄴ, ㄹ (4) ㄱ, ㄷ (5) ㄱ

(1) x의 값이 증가할 때, y의 값도 증가하는 직선은 기울기가 양수이므로 ㄱ, ㄹ이다.

(2) 오른쪽 아래로 향하는 직선은 기울기가 음수이므로 ㄴ, ㄷ이다.

(4) y축과 양의 부분에서 만나는 직선은 y절편이 양수이므로 ㄱ, ㄷ이다.

(5) y축에 가장 가까운 직선은 기울기의 절댓값이 가장 큰 직선이므로 ㄱ이다.

02 답 (1) $a<0$, $b<0$ (2) $a<0$, $b>0$

(1) 주어진 그래프가 오른쪽 아래로 향하는 직선이므로
(기울기)$=a<0$
또, y축과 양의 부분에서 만나므로
(y절편)$=-b>0$ $\therefore b<0$

(2) 주어진 그래프가 오른쪽 위로 향하는 직선이므로
(기울기)$=b>0$
또, y축과 음의 부분에서 만나므로 (y절편)$=a<0$

개념 10 84쪽

01 답 (1) ㄱ과 ㅂ (2) ㄴ과 ㅁ

ㅁ. $y=-2(x+3)=-2x-6$

ㅂ. $y=2\left(1-\dfrac{1}{2}x\right)=2-x$

02 답 (1) -3 (2) $\dfrac{5}{4}$ (3) -2

(3) 기울기야 같아야 하므로
$2a=-4$ $\therefore a=-2$

03 답 (1) $a=-4$, $b=3$ (2) $a=3$, $b=1$
　　　(3) $a=-2$, $b=-6$

(2) 기울기와 y절편이 각각 같아야 하므로
$2a=6$, $-1=-b$
$\therefore a=3$, $b=1$

(3) 기울기와 y절편이 각각 같아야 하므로
$\dfrac{a}{4}=-\dfrac{1}{2}$, $-12=2b$
$\therefore a=-2$, $b=-6$

필수 유형 익히기 85쪽

01 ④	**02** ②, ④	**03** ⑤	**04** ④	**05** -3
06 2				

01

④ (y절편)$=4>0$이므로 y축과 양의 부분에서 만난다.

02

① x절편은 4이다.
③ x의 값이 8만큼 증가할 때, y의 값은 6만큼 증가한다.
⑤ (y절편)$=-3<0$이므로 y축과 음의 부분에서 만난다.
따라서 옳은 것은 ②, ④이다.

03

$a-b>0$, $ab<0$이므로 $a>0$, $b<0$
따라서 $y=ax+b$의 그래프로 알맞은 것은 ⑤이다.

04

주어진 그래프가 오른쪽 아래로 향하므로 $a<0$
y축과 음의 부분에서 만나므로 $-b<0$ $\quad\therefore b>0$
따라서 $y=bx+a$의 그래프로 알맞은 것은 ④이다.

05

기울기가 같아야 하므로
$2a=a-3$ $\quad\therefore a=-3$

06

$y=-\dfrac{1}{3}x+b$의 그래프를 y축의 방향으로 2만큼 평행이동하면
$y=-\dfrac{1}{3}x+b+2$

$y=-\dfrac{1}{3}x+b+2$와 $y=ax-4$의 그래프의 기울기와 y절편이

각각 같아야 하므로
$-\dfrac{1}{3}=a$, $b+2=-4$ $\quad\therefore a=-\dfrac{1}{3}$, $b=-6$
$\therefore ab=-\dfrac{1}{3}\times(-6)=2$

개념 11 86쪽

01 답 (1) $y=2x-3$ (2) $y=-4x+5$ (3) $y=\dfrac{1}{3}x-6$

(4) $y=-3x+4$ (5) $y=5x-3$ (6) $y=-\dfrac{1}{2}x+1$

---

02 답 (1) $y=2x+4$ (2) $y=\dfrac{3}{5}x-1$ (3) $y=-4x+\dfrac{1}{3}$

(1) 기울기가 2이고 y절편이 4이므로 구하는 일차함수의 식은
$y=2x+4$

(2) 기울기가 $\dfrac{3}{5}$이고 y절편이 -1이므로 구하는 일차함수의 식
은 $y=\dfrac{3}{5}x-1$

(3) 기울기가 -4이고 y절편이 $\dfrac{1}{3}$이므로 구하는 일차함수의 식
은 $y=-4x+\dfrac{1}{3}$

03 답 (1) $y=2x-5$ (2) $y=-3x+1$
　　　 (3) $y=x+1$ (4) $y=-2x-\dfrac{1}{2}$

(1) 기울기가 $\dfrac{4}{2}=2$이고 y절편이 -5이므로 구하는 일차함수
의 식은 $y=2x-5$

(2) 기울기가 $\dfrac{-9}{3}=-3$이고 y절편이 1이므로 구하는 일차함
수의 식은 $y=-3x+1$

(3) 기울기가 1이고 y절편이 1인 일차함수의 식은
$y=x+1$

(4) 기울기가 -2이고 y절편이 $-\dfrac{1}{2}$인 일차함수의 식은

$y=-2x-\dfrac{1}{2}$

개념 12 86~87쪽

01 답 (1) $y=3x-4$ (2) $y=-x+2$ (3) $y=\dfrac{1}{2}x+1$

(1) 구하는 일차함수의 식을 $y=3x+b$로 놓으면 이 그래프가
점 $(1, -1)$을 지나므로
$-1=3\times1+b$ $\quad\therefore b=-4$
따라서 구하는 일차함수의 식은 $y=3x-4$

(2) 구하는 일차함수의 식을 $y=-x+b$로 놓으면 이 그래프가
점 $(-2, 4)$를 지나므로
$4=-(-2)+b$ $\quad\therefore b=2$
따라서 구하는 일차함수의 식은 $y=-x+2$

(3) 구하는 일차함수의 식을 $y=\dfrac{1}{2}x+b$로 놓으면 이 그래프가

점 $\left(-3,\ -\dfrac{1}{2}\right)$을 지나므로

$$-\dfrac{1}{2}=\dfrac{1}{2}\times(-3)+b \qquad \therefore\ b=1$$

따라서 구하는 일차함수의 식은 $y=\dfrac{1}{2}x+1$

02 답 (1) $y=-2x+9$ (2) $y=4x-2$ (3) $y=-\dfrac{2}{3}x-4$

(1) 구하는 일차함수의 식을 $y=-2x+b$로 놓으면 이 그래프가 점 $(3,\ 3)$을 지나므로

$$3=-2\times3+b \qquad \therefore\ b=9$$

따라서 구하는 일차함수의 식은 $y=-2x+9$

(2) 구하는 일차함수의 식을 $y=4x+b$로 놓으면 이 그래프가 점 $(1,\ 2)$를 지나므로

$$2=4\times1+b \qquad \therefore\ b=-2$$

따라서 구하는 일차함수의 식은 $y=4x-2$

(3) 구하는 일차함수의 식을 $y=-\dfrac{2}{3}x+b$로 놓으면 이 그래프가 점 $(-6,\ 0)$을 지나므로

$$0=-\dfrac{2}{3}\times(-6)+b \qquad \therefore\ b=-4$$

따라서 구하는 일차함수의 식은 $y=-\dfrac{2}{3}x-4$

03 답 (1) $y=3x-1$ (2) $y=-\dfrac{5}{3}x+1$

　　　(3) $y=3x+5$ (4) $y=-\dfrac{1}{2}x-1$

(1) (기울기)$=\dfrac{3}{1}=3$

구하는 일차함수의 식을 $y=3x+b$로 놓으면 이 그래프가 점 $(2,\ 5)$를 지나므로

$$5=3\times2+b \qquad \therefore\ b=-1$$

따라서 구하는 일차함수의 식은 $y=3x-1$

(2) (기울기)$=\dfrac{-5}{3}=-\dfrac{5}{3}$

구하는 일차함수의 식을 $y=-\dfrac{5}{3}x+b$로 놓으면 이 그래프가 점 $(3,\ -4)$를 지나므로

$$-4=-\dfrac{5}{3}\times3+b \qquad \therefore\ b=1$$

따라서 구하는 일차함수의 식은 $y=-\dfrac{5}{3}x+1$

(3) 주어진 그림에서 (기울기)$=\dfrac{-3-0}{0-1}=3$

구하는 일차함수의 식을 $y=3x+b$로 놓으면 이 그래프가 점 $(-1,\ 2)$를 지나므로

$$2=3\times(-1)+b \qquad \therefore\ b=5$$

따라서 구하는 일차함수의 식은 $y=3x+5$

(4) 주어진 그림에서 (기울기)$=\dfrac{-2-0}{0-(-4)}=-\dfrac{1}{2}$

구하는 일차함수의 식을 $y=-\dfrac{1}{2}x+b$로 놓으면 이 그래프가 점 $(4,\ -3)$를 지나므로

$$-3=-\dfrac{1}{2}\times4+b \qquad \therefore\ b=-1$$

따라서 구하는 일차함수의 식은 $y=-\dfrac{1}{2}x-1$

01 답 (1) $y=-2x+3$ (2) $y=x-5$

　　　(3) $y=\dfrac{5}{3}x-3$ (4) $y=3x+4$

(1) 두 점 $(1,\ 1),\ (3,\ -3)$을 지나므로

(기울기)$=\dfrac{-3-1}{3-1}=-2$

구하는 일차함수의 식을 $y=-2x+b$로 놓으면 이 그래프가 점 $(3,\ -3)$을 지나므로

$$-3=-2\times3+b \qquad \therefore\ b=3$$

따라서 구하는 일차함수의 식은 $y=-2x+3$

(2) 두 점 $(2,\ -3),\ (5,\ 0)$을 지나므로

(기울기)$=\dfrac{0-(-3)}{5-2}=1$

구하는 일차함수의 식을 $y=x+b$로 놓으면 이 그래프가 점 $(5,\ 0)$을 지나므로

$$0=5+b \qquad \therefore\ b=-5$$

따라서 구하는 일차함수의 식은 $y=x-5$

(3) 두 점 $(3,\ 2),\ (6,\ 7)$을 지나므로

(기울기)$=\dfrac{7-2}{6-3}=\dfrac{5}{3}$

구하는 일차함수의 식을 $y=\dfrac{5}{3}x+b$로 놓으면 이 그래프가

점 $(3, 2)$를 지나므로

$$2=\dfrac{5}{3}\times 3+b \qquad \therefore b=-3$$

따라서 구하는 일차함수의 식은 $y=\dfrac{5}{3}x-3$

(4) 두 점 $(-4, -8)$, $(2, 10)$을 지나므로

$$(기울기)=\dfrac{10-(-8)}{2-(-4)}=3$$

구하는 일차함수의 식을 $y=3x+b$로 놓으면 이 그래프가

점 $(2, 10)$을 지나므로

$$10=3\times 2+b \qquad \therefore b=4$$

따라서 구하는 일차함수의 식은 $y=3x+4$

02 답 (1) $y=x-4$ (2) $y=-2x+1$
       (3) $y=2x-1$ (4) $y=-2x+2$

(1) 두 점 $(3, -1)$, $(8, 4)$를 지나므로

$$(기울기)=\dfrac{4-(-1)}{8-3}=1$$

구하는 일차함수의 식을 $y=x+b$로 놓으면 이 그래프가 점 $(3, -1)$을 지나므로

$$-1=3+b \qquad \therefore b=-4$$

따라서 구하는 일차함수의 식은 $y=x-4$

(2) 두 점 $(-1, 3)$, $(3, -5)$를 지나므로

$$(기울기)=\dfrac{-5-3}{3-(-1)}=-2$$

구하는 일차함수의 식을 $y=-2x+b$로 놓으면 이 그래프가 점 $(-1, 3)$을 지나므로

$$3=-2\times(-1)+b \qquad \therefore b=1$$

따라서 구하는 일차함수의 식은 $y=-2x+1$

(3) 두 점 $(1, 1)$, $(4, 7)$을 지나므로

$$(기울기)=\dfrac{7-1}{4-1}=2$$

구하는 일차함수의 식을 $y=2x+b$로 놓으면 이 그래프가 점 $(1, 1)$을 지나므로

$$1=2\times 1+b \qquad \therefore b=-1$$

따라서 구하는 일차함수의 식은 $y=2x-1$

(4) 두 점 $(-2, 6)$, $(4, -6)$을 지나므로

$$(기울기)=\dfrac{-6-6}{4-(-2)}=-2$$

구하는 일차함수의 식을 $y=-2x+b$로 놓으면 이 그래프가 점 $(4, -6)$을 지나므로

$$-6=-2\times 4+b \qquad \therefore b=2$$

따라서 구하는 일차함수의 식은 $y=-2x+2$

01 답 (1) $y=-2x+6$ (2) $y=\dfrac{5}{2}x-5$
       (3) $y=-\dfrac{1}{2}x-4$ (4) $y=3x+3$

(1) 두 점 $(3, 0)$, $(0, 6)$을 지나므로

$$(기울기)=\dfrac{6-0}{0-3}=-2$$

y절편이 6이므로 구하는 일차함수의 식은
$y=-2x+6$

(2) 두 점 $(2, 0)$, $(0, -5)$를 지나므로

$$(기울기)=\dfrac{-5-0}{0-2}=\dfrac{5}{2}$$

y절편이 -5이므로 구하는 일차함수의 식은
$y=\dfrac{5}{2}x-5$

(3) 두 점 $(-8, 0)$, $(0, -4)$를 지나므로

$$(기울기)=\dfrac{-4-0}{0-(-8)}=-\dfrac{1}{2}$$

y절편이 -4이므로 구하는 일차함수의 식은
$y=-\dfrac{1}{2}x-4$

(4) 두 점 $(-1, 0)$, $(0, 3)$을 지나므로

$$(기울기)=\dfrac{3-0}{0-(-1)}=3$$

y절편이 3이므로 구하는 일차함수의 식은
$y=3x+3$

02 답 (1) $y=3x+6$ (2) $y=-\dfrac{2}{3}x-2$
       (3) $y=-\dfrac{2}{5}x+2$ (4) $y=\dfrac{7}{5}x+7$

(1) 두 점 $(-2, 0)$, $(0, 6)$을 지나므로

$$(기울기)=\dfrac{6-0}{0-(-2)}=3$$

y절편이 6이므로 구하는 일차함수의 식은
$y=3x+6$

(2) 두 점 $(-3, 0)$, $(0, -2)$를 지나므로

$$(기울기)=\dfrac{-2-0}{0-(-3)}=-\dfrac{2}{3}$$

y절편이 -2이므로 구하는 일차함수의 식은
$y=-\dfrac{2}{3}x-2$

(3) 두 점 $(5, 0)$, $(0, 2)$를 지나므로

$$(기울기)=\dfrac{2-0}{0-5}=-\dfrac{2}{5}$$

y절편이 2이므로 구하는 일차함수의 식은
$y=-\dfrac{2}{5}x+2$

⑷ 두 점 $(-5, 0)$, $(0, 7)$을 지나므로

$(기울기)=\dfrac{7-0}{0-(-5)}=\dfrac{7}{5}$

y절편이 7이므로 구하는 일차함수의 식은

$y=\dfrac{7}{5}x+7$

필수 유형 익히기

01 ④　**02** 7　**03** $-\dfrac{7}{3}$　**04** ③

05 $-\dfrac{3}{2}$　**06** ④　**07** $y=-\dfrac{5}{2}x+5$

08 ③　**09** ③

01

$(기울기)=\dfrac{-2}{-3}=\dfrac{2}{3}$

이고, y절편이 2이므로 일차함수의 식은

$y=\dfrac{2}{3}x+2$

따라서 $a=\dfrac{2}{3}$, $b=2$이므로

$ab=\dfrac{2}{3}\times2=\dfrac{4}{3}$

02

기울기가 2이고, y절편이 -4이므로 일차함수의 식은

$y=2x-4$

이 그래프가 점 $(k, 10)$을 지나므로 $10=2k-4$　　$\therefore k=7$

03

$(기울기)=\dfrac{6}{2}=3$

일차함수의 식을 $y=3x+b$로 놓으면 이 그래프가 점 $(-2, 1)$을 지나므로

$1=3\times(-2)+b$　　$\therefore b=7$

일차함수의 식이 $y=3x+7$이므로 구하는 x절편은 $-\dfrac{7}{3}$이다.

04

두 점 $(5, 0)$, $(0, 2)$를 지나는 직선과 평행하므로

$(기울기)=\dfrac{2-0}{0-5}=-\dfrac{2}{5}$

일차함수의 식을 $y=-\dfrac{2}{5}x+b$로 놓으면 이 그래프가 점 $(10, 5)$를 지나므로

$5=-\dfrac{2}{5}\times10+b$　　$\therefore b=9$

따라서 구하는 일차함수의 식은

$y=-\dfrac{2}{5}x+9$

05

두 점 $(3, -1)$, $(6, 5)$를 지나므로

$(기울기)=\dfrac{5-(-1)}{6-3}=2$　　$\therefore a=2$

y절편이 c이므로 일차함수의 식은

$y=2x+c$

이 그래프가 점 $(3, -1)$을 지나므로

$-1=2\times3+c$　　$\therefore c=-7$

일차함수의 식이 $y=2x-7$이므로 x절편은 $\dfrac{7}{2}$이다.

$\therefore b=\dfrac{7}{2}$

$\therefore a+b+c=2+\dfrac{7}{2}+(-7)=-\dfrac{3}{2}$

06

두 점 $(-2, -1)$, $(3, 2)$를 지나므로

$(기울기)=\dfrac{2-(-1)}{3-(-2)}=\dfrac{3}{5}$

일차함수의 식을 $y=\dfrac{3}{5}x+b$로 놓으면 이 그래프가 점 $(3, 2)$를 지나므로

$2=\dfrac{3}{5}\times3+b$　　$\therefore b=\dfrac{1}{5}$

일차함수의 식이 $y=\dfrac{3}{5}x+\dfrac{1}{5}$이므로 구하는 y절편은 $\dfrac{1}{5}$이다.

07

$y=-\dfrac{1}{2}x+1$의 그래프의 x절편은 2이다.

즉, 두 점 $(2, 0)$, $(0, 5)$를 지나므로

$(기울기)=\dfrac{5-0}{0-2}=-\dfrac{5}{2}$

y절편이 5이므로 구하는 일차함수의 식은

$y=-\dfrac{5}{2}x+5$

08

두 점 $(-2,\,0)$, $(0,\,4)$를 지나므로

$(기울기)=\dfrac{4-0}{0-(-2)}=2$

y절편이 4이므로 일차함수의 식은

$y=2x+4$

이 그래프가 점 $(-6,\,k)$를 지나므로

$k=2\times(-6)+4=-8$

09

$y=-x+3$의 x절편은 3이고, $y=-\dfrac{7}{3}x-6$의 y절편은 -6

이다.

즉, 두 점 $(3,\,0)$, $(0,\,-6)$을 지나므로

$(기울기)=\dfrac{-6-0}{0-3}=2$

y절편이 -6이므로 일차함수의 식은

$y=2x-6$

이 그래프가 점 $(a,\,-3)$을 지나므로

$-3=2a-6 \qquad \therefore\ a=\dfrac{3}{2}$

04 일차함수의 활용

 개념 15
90쪽

01 답 (1) $y=15-0.3x$ (2) 50분

(2) $y=0$을 $y=15-0.3x$에 대입하면

$0=15-0.3x \qquad \therefore\ x=50$

따라서 양초가 완전히 타는 데 걸리는 시간은 50분이다.

02 답 (1) $y=3x+4$ (2) 6

(2) $y=22$를 $y=3x+4$에 대입하면

$22=3x+4 \qquad \therefore\ x=6$

따라서 용수철의 길이가 22 cm일 때, 매단 추의 개수는 6이다.

03 답 (1) $y=3x+15$ (2) 45 L

(2) $x=10$을 $y=3x+15$에 대입하면

$y=3\times10+15=45$

따라서 물을 넣기 시작한 지 10분 후에 욕조에 들어 있는 물의 양은 45 L이다.

필수 유형 익히기 90~91쪽

01 70 °C	**02** 15분 후	**03** ④
04 100 L	**05** 6분 후	**06** 5시간
07 130 km	**08** 2시간 후	**09** 6초 후
10 3초 후		

01

x분 동안 가열했을 때의 물의 온도를 y °C라 하면

$y=5x+20$

$x=10$을 $y=5x+2$에 대입하면

$y=5\times10+20=70$

따라서 10분 동안 가열했을 때의 물의 온도는 70 °C이다.

02

x분 후의 물의 온도를 y °C라 하면

$y=50-2x$

$y=20$을 $y=50-2x$에 대입하면

$20=50-2x \qquad \therefore\ x=15$

따라서 물의 온도가 20 °C가 되는 것은 실온에 둔 지 15분 후이다.

03

2초에 7 m씩 내려오므로 1초에 $\dfrac{7}{2}$ m씩 내려온다.

x초 후의 놀이기구의 높이를 y m라 하면

$y = 200 - \dfrac{7}{2}x$

$x = 10$을 $y = 200 - \dfrac{7}{2}x$에 대입하면

$y = 200 - \dfrac{7}{2} \times 10 = 165$

따라서 10초 후의 놀이기구의 높이는 165 m이다.

04

x분 후에 물통에 남아 있는 물의 양을 y L라 하면

$y = 200 - 5x$

$x = 20$을 $y = 200 - 5x$에 대입하면

$y = 200 - 5 \times 20 = 100$

따라서 20분 후 물통에 남아 있는 물의 양은 100 L이다.

05

2분에 9 L씩 물을 넣으므로 1분에 $\dfrac{9}{2}$ L씩 물을 넣는다.

x분 후에 물탱크에 들어 있는 물의 양을 y L라 하면

$y = \dfrac{9}{2}x + 50$

$y = 77$을 $y = \dfrac{9}{2}x + 50$에 대입하면

$77 = \dfrac{9}{2}x + 50 \qquad \therefore \ x = 6$

따라서 물의 양이 77 L가 되는 것은 물을 넣기 시작한 지 6분 후이다.

06

출발한 지 x시간 후에 할머니 댁까지 남은 거리를 y km라 하면

$y = 400 - 80x$

$y = 0$을 $y = 400 - 80x$에 대입하면

$0 = 400 - 80x \qquad \therefore \ x = 5$

따라서 윤호가 할머니 댁까지 가는 데 걸리는 시간은 5시간이다.

07

출발한 지 x시간 후에 남은 거리를 y km라 하면

$y = 320 - 95x$

$x = 2$를 $y = 320 - 95x$에 대입하면

$y = 320 - 95 \times 2 = 130$

따라서 출발한 지 2시간 후에 남은 거리는 130 km이다.

08

출발한 지 x시간 후에 은지네 집까지 남은 거리를 y km라 하면

$y = 10 - 4x$

$y = 2$를 $y = 10 - 4x$에 대입하면

$2 = 10 - 4x \qquad \therefore \ x = 2$

따라서 은지네 집까지 남은 거리가 2 km가 되는 것은 출발한 지 2시간 후이다.

09

x초 후에 $\overline{\text{BP}} = 0.5x$ cm이므로 x초 후의 $\triangle \text{ABP}$의 넓이를 y cm^{2}라 하면

$y = \dfrac{1}{2} \times 0.5x \times 8 = 2x$

$y = 12$를 $y = 2x$에 대입하면

$12 = 2x \qquad \therefore \ x = 6$

따라서 $\triangle \text{ABP}$의 넓이가 12 cm^{2}가 되는 것은 6초 후이다.

10

x초 후에 $\overline{\text{AP}} = (16 - 2x)$ cm이므로 $\triangle \text{APC}$의 넓이를 y cm^{2}라 하면

$y = \dfrac{1}{2} \times (16 - 2x) \times 12$

$\therefore \ y = -12x + 96$

$y = 60$을 $y = -12x + 96$에 대입하면

$60 = -12x + 96 \qquad \therefore \ x = 3$

따라서 $\triangle \text{APC}$의 넓이가 60 cm^{2}가 되는 것은 3초 후이다.

확실히 서술형 감잡기

92쪽

01 13	**02** 12	**03** 9	**04** 36 L

01

1단계 평행이동한 그래프의 식 구하기 ◀ 30 %

$y=8x-2$의 그래프를 y축의 방향으로 k만큼 평행이동한 그래프의 식은

$y=8x-2+k$

2단계 a, k의 값 구하기 ◀ 50 %

이 그래프가 $y=ax+3$의 그래프와 일치하므로

$8=a$, $-2+k=3$ ∴ $a=8$, $k=5$

3단계 $a+k$의 값 구하기 ◀ 20 %

∴ $a+k=8+5=13$

02

1단계 두 일차함수의 그래프 그리기 ◀ 60 %

$y=-\dfrac{1}{2}x+2$의 x절편은 4, y절편은 2이고 $y=x-4$의 x절편은 4, y절편은 -4이므로 두 일차함수의 그래프는 다음 그림과 같다.

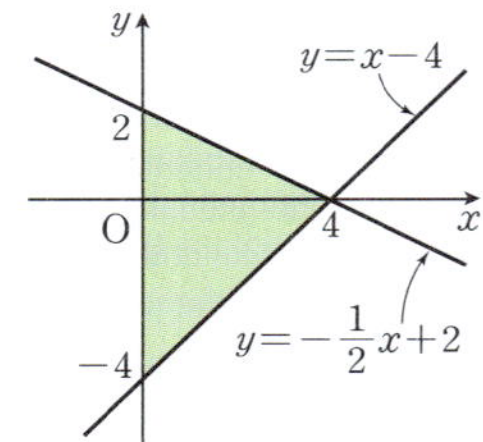

2단계 삼각형의 넓이 구하기 ◀ 40 %

따라서 구하는 넓이는 $\dfrac{1}{2}\times6\times4=12$

03

1단계 a의 값 구하기 ◀ 40 %

$y=ax+1$과 $y=-4x+8$의 그래프가 서로 평행하므로

$a=-4$

2단계 b의 값 구하기 ◀ 40 %

$y=-4x+1$의 그래프가 점 $(-3, b)$를 지나므로

$b=-4\times(-3)+1=13$

3단계 $a+b$의 값 구하기 ◀ 20 %

∴ $a+b=-4+13=9$

04

1단계 x와 y 사이의 관계식 구하기 ◀ 50 %

$1\,\text{L}$의 휘발유로 $8\,\text{km}$를 달릴 수 있으므로 $\dfrac{1}{8}\,\text{L}$의 휘발유로 $1\,\text{km}$를 달릴 수 있다.

∴ $y=48-\dfrac{1}{8}x$

2단계 남아 있는 휘발유의 양 구하기 ◀ 50 %

$x=96$을 $y=48-\dfrac{1}{8}x$에 대입하면

$y=48-\dfrac{1}{8}\times96=36$

따라서 $96\,\text{km}$를 달린 후에 남아 있는 휘발유의 양은 $36\,\text{L}$이다.

쌍둥이

단원 마무리하기   93~95쪽

01 ①	**02** -18	**03** ②, ④	**04** 6
05 -1	**06** 2 **07** 2	**08** -1 **09** ④	**10** $\dfrac{1}{4}$
11 $-\dfrac{5}{2}$	**12** ④	**13** ③ **14** -2	
15 $y=-2x+9$	**16** 6	**17** $\dfrac{9}{4}$ **18** 25 °C	
19 15시간 후	**20** $\dfrac{1}{2}\leq a\leq4$		
21 (1) $y=-5x+100$ (2) 8초 후			

01 ① $x=7$일 때, $y=4$, 6으로 y의 값이 하나로 정해지지 않으므로 y는 x의 함수가 아니다.

02 $f\left(-\dfrac{1}{3}\right)=-\dfrac{1}{3}a$이므로

$-\dfrac{1}{3}a=1$ ∴ $a=-3$

따라서 $f(x)=-3x$이므로

$f(6)=-3\times6=-18$

03 ② $y=(x$에 대한 이차식$)$ 꼴이므로 y는 x에 대한 일차함수가 아니다.

④ x가 분모에 있으므로 y는 x에 대한 일차함수가 아니다.

04 $f(-1)=a\times(-1)+5=-a+5$이므로
$-a+5=3$ $\therefore a=2$
$g(6)=\dfrac{1}{3}\times6-b=2-b$이므로
$2-b=-2$ $\therefore b=4$
즉, $f(x)=2x+5$, $g(x)=\dfrac{1}{3}x-4$이므로
$f(3)=2\times3+5=11$
$g(-3)=\dfrac{1}{3}\times(-3)-4=-5$
$\therefore f(3)+g(-3)=11+(-5)=6$

05 일차함수 $y=\dfrac{5}{3}x+k$의 그래프를 y축의 방향으로 2만큼
평행이동한 그래프의 식은 $y=\dfrac{5}{3}x+k+2$
이 그래프가 점 $(-6,\ -9)$를 지나므로
$-9=\dfrac{5}{3}\times(-6)+k+2$
$\therefore k=-1$

06 $y=\dfrac{1}{2}x+k$의 그래프와 $y=-x-4$의 그래프가 x축 위
에서 만나므로 두 그래프의 x절편이 같다.
$y=-x-4$에서 $y=0$일 때, $0=-x-4$ $\therefore x=-4$
즉, $y=-x-4$의 그래프의 x절편은 -4이다.
$y=\dfrac{1}{2}x+k$의 그래프의 x절편도 -4이므로
$0=\dfrac{1}{2}\times(-4)+k$ $\therefore k=2$

07 ❶ 단계 a의 값 구하기 ◀ 40 %
$(기울기)=\dfrac{-6}{5-2}=-2$이므로 $a=-2$
❷ 단계 b의 값 구하기 ◀ 40 %
$y=-2x+3$의 그래프가 점 $(b,\ -5)$를 지나므로
$-5=-2\times b+3$ $\therefore b=4$
❸ 단계 $a+b$의 값 구하기 ◀ 20 %
$\therefore a+b=-2+4=2$

08 두 점 $(-1,\ -4)$, $(2,\ k)$를 지나므로
$(기울기)=\dfrac{k-(-4)}{2-(-1)}=1$
$k+4=3$ $\therefore k=-1$

09 $y=-3x-3$의 그래프의 x절편은 -1, y절편은 -3이므
로 그래프는 ④이다.

10 $y=-ax+2$의 그래프의 x절편은 $\dfrac{2}{a}$, 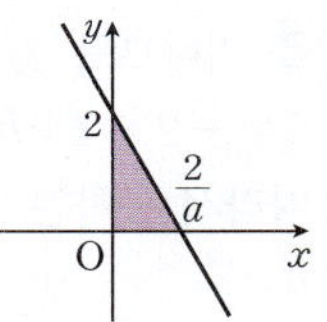
y절편은 2이므로 $a>0$일 때, 그 그래프는
오른쪽 그림과 같다.
이때 $\dfrac{1}{2}\times\dfrac{2}{a}\times2=8$이므로
$\dfrac{2}{a}=8$ $\therefore a=\dfrac{1}{4}$

11 세 점이 한 직선 위에 있어야 하므로 두 점
$(-a,\ 2a-1)$, $(-2,\ -3)$을 지나는 직선의 기울기와 두 점
$(-2,\ -3)$, $(1,\ -5)$를 지나는 직선의 기울기가 같다.
즉, $\dfrac{-3-(2a-1)}{-2-(-a)}=\dfrac{-5-(-3)}{1-(-2)}$이므로
$\dfrac{-2a-2}{a-2}=-\dfrac{2}{3}$, $6a+6=2a-4$
$4a=-10$ $\therefore a=-\dfrac{5}{2}$

12 ④ 일차함수 $y=-4x-3$의 그래프는
오른쪽 그림과 같으므로 제1사분면을 지
나지 않는다.

13 주어진 그래프가 오른쪽 아래로 향하므로
$a<0$ $\therefore -a>0$
y축과 음의 부분에서 만나므로 $b<0$
따라서 $y=bx-a$의 그래프는 오른쪽 그림과
같으므로 제3사분면을 지나지 않는다.

14 기울기가 같아야 하므로

$m+1=\dfrac{1}{2}m,\ \dfrac{1}{2}m=-1$

$\therefore\ m=-2$

15 두 점 $(-3,\ 0),\ (0,\ -6)$을 지나는 직선과 평행하므로

$(\text{기울기})=\dfrac{-6-0}{0-(-3)}=-2$

일차함수의 식을 $y=-2x+b$로 놓으면 이 그래프가 점 $(2,\ 5)$를 지나므로

$5=-2\times2+b\qquad\therefore\ b=9$

따라서 구하는 일차함수의 식은

$y=-2x+9$

16 ① 단계 두 점을 지나는 일차함수의 식 구하기　◀ 40 %

두 점 $(-2,\ -1),\ (2,\ -3)$을 지나므로

$(\text{기울기})=\dfrac{-3-(-1)}{2-(-2)}=-\dfrac{1}{2}$

일차함수의 식을 $y=-\dfrac{1}{2}x+b$로 놓으면 이 그래프가 점 $(2,\ -3)$을 지나므로

$-3=-\dfrac{1}{2}\times2+b\qquad\therefore\ b=-2$

$\therefore\ y=-\dfrac{1}{2}x-2$

② 단계 평행이동한 그래프의 식 구하기　◀ 30 %

이 그래프를 y축의 방향으로 6만큼 평행이동한 그래프의 식은

$y=-\dfrac{1}{2}x-2+6\qquad\therefore\ y=-\dfrac{1}{2}x+4$

③ 단계 k의 값 구하기　◀ 30 %

이 그래프가 점 $(k,\ 1)$을 지나므로

$1=-\dfrac{1}{2}k+4\qquad\therefore\ k=6$

17 두 점 $(4,\ 0),\ (0,\ -3)$을 지나므로

$(\text{기울기})=\dfrac{-3-0}{0-4}=\dfrac{3}{4}\qquad\therefore\ a=\dfrac{3}{4}$

y절편이 -3이므로 $b=-3$

일차함수 $y=-3x-\dfrac{3}{4}$의 기울기는 -3이고, y절편은 $-\dfrac{3}{4}$이므로 구하는 곱은

$-3\times\left(-\dfrac{3}{4}\right)=\dfrac{9}{4}$

18 기온이 $5\,^{\circ}\mathrm{C}$ 올라갈 때마다 소리의 속력은 초속 $3\,\mathrm{m}$씩 증가하므로 기온이 $1\,^{\circ}\mathrm{C}$ 올라갈 때마다 소리의 속력은 초속 $0.6\,\mathrm{m}$씩 증가한다.

기온이 $x\,^{\circ}\mathrm{C}$일 때, 소리의 속력을 초속 $y\,\mathrm{m}$라 하면

$y=0.6x+331$

$y=346$을 $y=0.6x+331$에 대입하면

$346=0.6x+331\qquad\therefore\ x=25$

따라서 소리의 속력이 초속 $346\,\mathrm{m}$가 될 때의 기온은 $25\,^{\circ}\mathrm{C}$이다.

19 x시간 후의 태풍과 B 지점 사이의 거리를 $y\,\mathrm{km}$라 하면

$y=240-16x$

$y=0$을 $y=240-16x$에 대입하면

$0=240-16x\qquad\therefore\ x=15$

따라서 태풍이 B 지점에 도달하는 것은 A 지점을 출발한 지 15시간 후이다.

20 $y=ax+3$의 그래프는 a의 값에 관계없이 항상 점 $(0,\ 3)$을 지나므로 오른쪽 그림에서

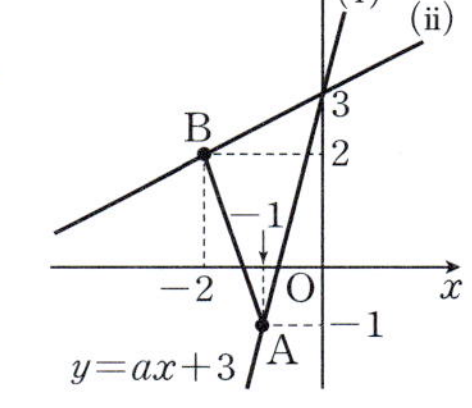

(i) $y=ax+3$의 그래프가 점 A$(-1,\ -1)$을 지날 때,

$-1=-a+3\qquad\therefore\ a=4$

(ii) $y=ax+3$의 그래프가 점 B$(-2,\ 2)$를 지날 때,

$2=-2a+3\qquad\therefore\ a=\dfrac{1}{2}$

(i), (ii)에서 $\dfrac{1}{2}\leq a\leq4$

21 (1) x초 후에 $\overline{\mathrm{BP}}=2x\,\mathrm{cm},\ \overline{\mathrm{CP}}=(20-2x)\,\mathrm{cm}$이므로

$y=\dfrac{1}{2}\times2x\times5+\dfrac{1}{2}\times(20-2x)\times10$

$\therefore\ y=-5x+100$

(2) $y=60$을 $y=-5x+100$에 대입하면

$60=-5x+100\qquad\therefore\ x=8$

따라서 $\triangle\mathrm{ABP}$와 $\triangle\mathrm{CDP}$의 넓이의 합이 $60\,\mathrm{cm}^{2}$가 되는 것은 8초 후이다.

01 일차함수와 일차방정식

개념 1 98~99쪽

01 답 (1)

x	$\cdots$	-2	-1	0	1	2	$\cdots$
y	$\cdots$	4	3	2	1	0	$\cdots$

(2) 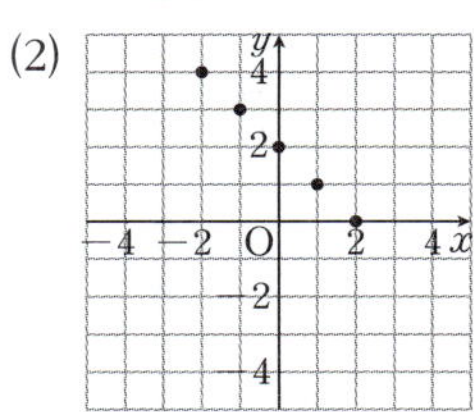

(3) 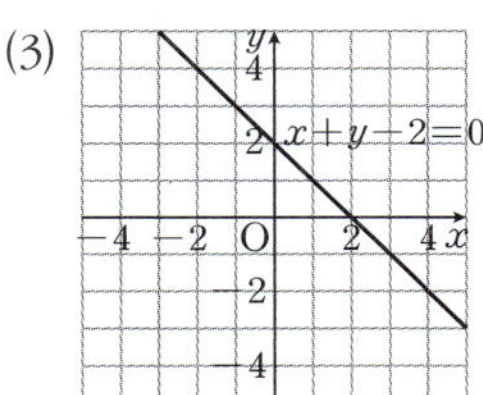

02 답 (1)

x	$\cdots$	-2	-1	0	1	2	$\cdots$
y	$\cdots$	-3	-1	1	3	5	$\cdots$

(2) 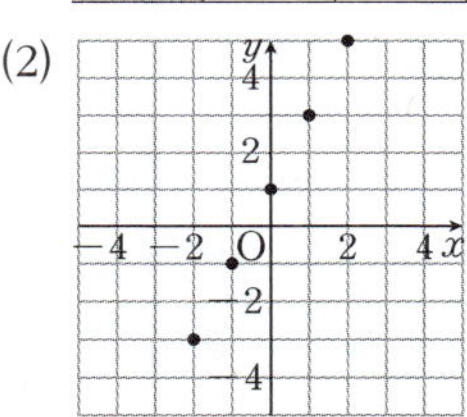

(3) 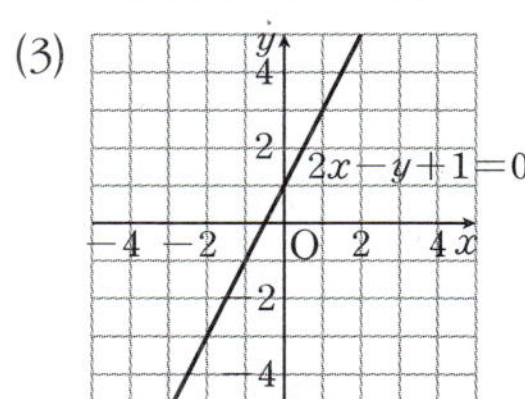

03 답 (1) $y=3x-6$ (2) $y=\dfrac{1}{4}x-\dfrac{1}{2}$ (3) $y=\dfrac{2}{3}x+3$

(4) $y=-2x+4$ (5) $y=\dfrac{1}{2}x+2$ (6) $y=-\dfrac{3}{2}x+3$

04 답 (1) ㄴ (2) ㄹ (3) ㄷ (4) ㄱ

05 답 (1) 5, $\dfrac{4}{5}$, -4　(2) $-\dfrac{3}{2}$, 2, 3

(3) $\dfrac{4}{3}$, $-\dfrac{3}{4}$, 1　(4) $-\dfrac{1}{7}$, -14, -2

(5) $\dfrac{1}{5}$, -3, $\dfrac{3}{5}$　(6) $-\dfrac{1}{3}$, $\dfrac{1}{2}$, $\dfrac{1}{6}$

(1) $5x-y-4=0$에서 $y=5x-4$

$y=0$을 이 식에 대입하면

$0=5x-4$　　$\therefore x=\dfrac{4}{5}$

따라서 그래프의 기울기는 5, x절편은 $\dfrac{4}{5}$, y절편은 -4이다.

(2) $3x+2y-6=0$에서 $y=-\dfrac{3}{2}x+3$

$y=0$을 이 식에 대입하면

$0=-\dfrac{3}{2}x+3$　　$\therefore x=2$

따라서 그래프의 기울기는 $-\dfrac{3}{2}$, x절편은 2, y절편은 3이다.

(3) $4x-3y+3=0$에서 $y=\dfrac{4}{3}x+1$

$y=0$을 이 식에 대입하면

$0=\dfrac{4}{3}x+1$　　$\therefore x=-\dfrac{3}{4}$

따라서 그래프의 기울기는 $\dfrac{4}{3}$, x절편은 $-\dfrac{3}{4}$, y절편은 1 이다.

(4) $x+7y+14=0$에서 $y=-\dfrac{1}{7}x-2$

$y=0$을 이 식에 대입하면

$0=-\dfrac{1}{7}x-2$　　$\therefore x=-14$

따라서 그래프의 기울기는 $-\dfrac{1}{7}$, x절편은 -14, y절편은 -2이다.

(5) $-x+5y-3=0$에서 $y=\dfrac{1}{5}x+\dfrac{3}{5}$

$y=0$을 이 식에 대입하면

$0=\dfrac{1}{5}x+\dfrac{3}{5}$　　$\therefore x=-3$

따라서 그래프의 기울기는 $\dfrac{1}{5}$, x절편은 -3, y절편은 $\dfrac{3}{5}$ 이다.

(6) $-2x-6y+1=0$에서 $y=-\dfrac{1}{3}x+\dfrac{1}{6}$

$y=0$을 이 식에 대입하면

$0=-\dfrac{1}{3}x+\dfrac{1}{6}$　　$\therefore x=\dfrac{1}{2}$

따라서 그래프의 기울기는 $-\dfrac{1}{3}$, x절편은 $\dfrac{1}{2}$, y절편은 $\dfrac{1}{6}$ 이다.

06 답 (1) $y=-2x+4$, 그래프는 풀이 참조

(2) $y=\dfrac{3}{4}x+3$, 그래프는 풀이 참조

(3) $y=-\dfrac{2}{3}x+2$, 그래프는 풀이 참조

(4) $y=\dfrac{5}{2}x-\dfrac{5}{2}$, 그래프는 풀이 참조

(5) $y=-\dfrac{1}{4}x+1$, 그래프는 풀이 참조

(1)
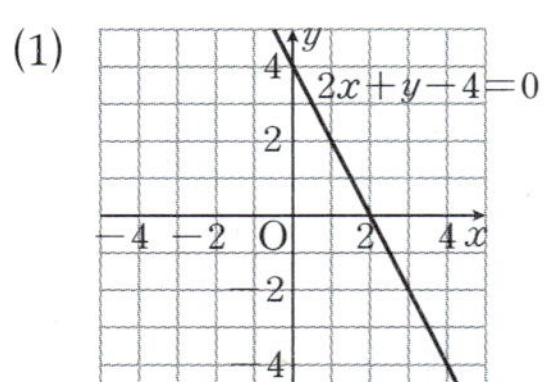

(2)
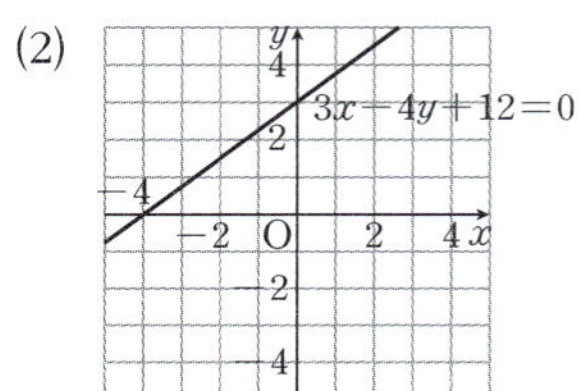

(3)
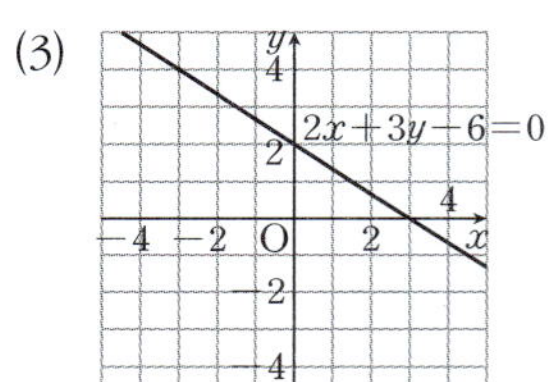

(4)
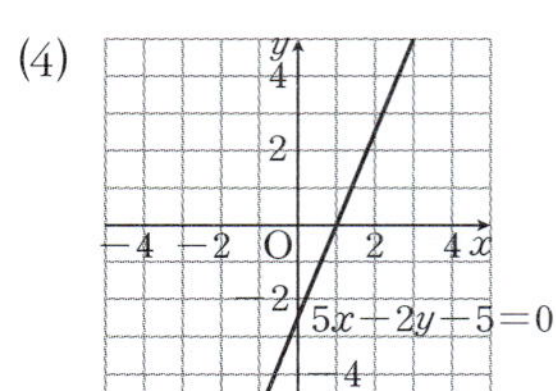

(5)
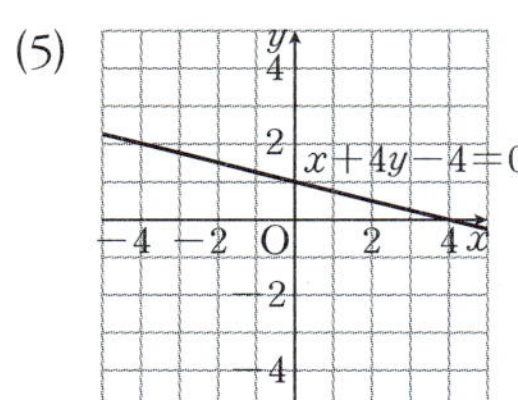

개념 **2** 100쪽

01 답 (1) 1, y, 그래프는 풀이 참조

(2) -3, x, 그래프는 풀이 참조

(1)
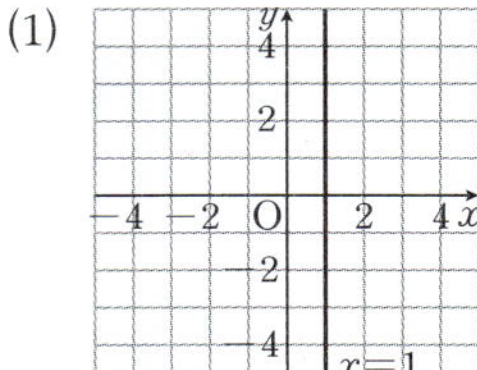

(2)
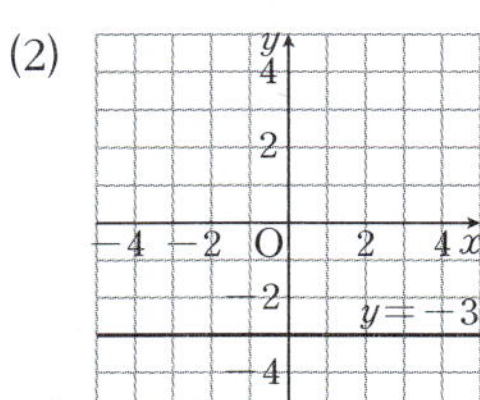

02 답 (1) 풀이 참조 (2) 풀이 참조

(1) $2x=-4$에서 $x=-2$

(2) $3y-12=0$에서 $3y=12$

$\therefore\ y=4$

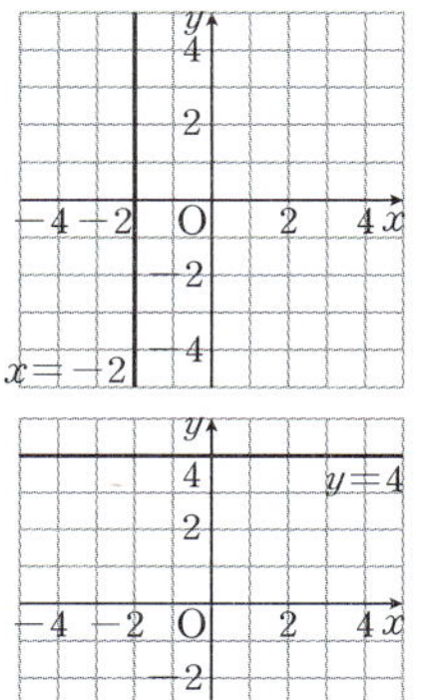

03 답 (1) $x=4$ (2) $x=-2$ (3) $y=-5$ (4) $y=\dfrac{1}{3}$

(5) $y=5$ (6) $x=-3$ (7) $x=4$ (8) $y=-6$

(1) y축에 평행한 직선의 방정식은 $x=$(수) 꼴이고 점 $(4,\ 0)$을 지나므로

$x=4$

(2) y축에 평행한 직선의 방정식은 $x=$(수) 꼴이고 점 $(-2,\ 0)$을 지나므로

$x=-2$

(3) x축에 평행한 직선의 방정식은 $y=$(수) 꼴이고 점 $(0,\ -5)$를 지나므로

$y=-5$

(4) x축에 평행한 직선의 방정식은 $y=$(수) 꼴이고 점 $\left(0,\ \dfrac{1}{3}\right)$을 지나므로

$y=\dfrac{1}{3}$

(5) x축에 평행한 직선의 방정식은 $y=$(수) 꼴이고 점 $(1,\ 5)$를 지나므로

$y=5$

(6) y축에 평행한 직선의 방정식은 $x=$(수) 꼴이고
점 $(-3,\ 2)$를 지나므로
$x=-3$

(7) x축에 수직인 직선의 방정식은 $x=$(수) 꼴이고
점 $(4,\ -1)$을 지나므로
$x=4$

(8) y축에 수직인 직선의 방정식은 $y=$(수) 꼴이고
점 $(-2,\ -6)$을 지나므로
$y=-6$

필수 유형 익히기 한 번 더

101~102쪽

01 ④	**02** ①	**03** 1	**04** 3	**05** ⑤	**06** ①
07 ④	**08** $a=0,\ b=6$	**09** 1	**10** ②	**11** ①	
12 ④					

01
$3x-2y-12=0$에서 $y=\dfrac{3}{2}x-6$

02
$4x+2y-5=0$에서 $y=-2x+\dfrac{5}{2}$

따라서 그래프의 기울기는 -2, y절편은 $\dfrac{5}{2}$이므로
$a=-2,\ b=\dfrac{5}{2}$
$\therefore\ ab=-2\times\dfrac{5}{2}=-5$

03
$-2x+y+5=0$의 그래프가 점 $(3,\ a)$를 지나므로
$-6+a+5=0$ $\therefore\ a=1$

04
$kx+2y-1=0$의 그래프가 점 $(-1,\ 2)$를 지나므로
$-k+4-1=0,\ -k=-3$
$\therefore\ k=3$

05
$6x+3y-4=0$에서 $y=-2x+\dfrac{4}{3}$

이 직선과 평행한 직선은 기울기가 -2이므로 구하는 직선의 방정식은
$y=-2x-3$, 즉 $2x+y+3=0$

06
$(기울기)=\dfrac{-2-3}{6-1}=-1$

구하는 일차함수의 식을 $y=-x+b$로 놓으면 이 그래프가 점 $(1,\ 3)$을 지나므로
$3=-1+b$ $\therefore\ b=4$
따라서 구하는 직선의 방정식은
$y=-x+4$, 즉 $x+y-4=0$

07
x축에 평행한 직선의 방정식은 $y=$(수) 꼴이고 점 $(-2,\ 7)$을 지나므로
$y=7$

08
x축에 수직인 직선의 방정식은 $x=$(수) 꼴이고 점 $(3,\ -4)$를 지나므로
$x=3$
$2x-ay-b=0$에서 $x=\dfrac{a}{2}y+\dfrac{b}{2}$이므로
$0=\dfrac{a}{2},\ 3=\dfrac{b}{2}$ $\therefore\ a=0,\ b=6$

09
x좌표가 같아야 하므로
$2a+3=5,\ 2a=2$ $\therefore\ a=1$

10
y좌표가 같아야 하므로
$4b-5=-2b+7,\ 6b=12$ $\therefore\ b=2$

11
$x-ay-b=0$에서 $y=\dfrac{1}{a}x-\dfrac{b}{a}$

주어진 그래프에서 $\dfrac{1}{a}>0,\ -\dfrac{b}{a}<0$이므로
$a>0,\ b>0$

12

$ax+by+c=0$에서 $y=-\dfrac{a}{b}x-\dfrac{c}{b}$

$a<0$, $b>0$이므로 $-\dfrac{a}{b}>0$

$b>0$, $c<0$이므로 $-\dfrac{c}{b}>0$

따라서 $ax+by+c=0$의 그래프는 오른쪽 그림과 같으므로 제4사분면을 지나지 않는다.

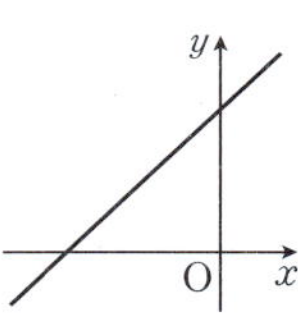

02 두 일차함수의 그래프와 연립일차방정식

개념 3 · · · · · · · · · · · · · · · · · 103쪽

01 답 (1) $x=3$, $y=1$ (2) $x=2$, $y=1$ (3) $x=1$, $y=-2$
(4) $x=-1$, $y=-3$ (5) $x=-3$, $y=2$

02 답 (1) 그래프는 풀이 참조, $x=-2$, $y=3$
(2) 그래프는 풀이 참조, $x=2$, $y=-3$

(1)
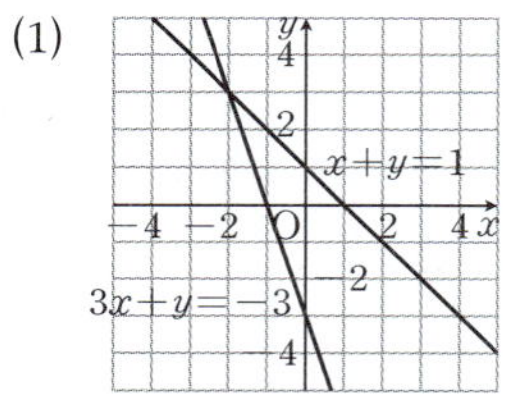

(2)
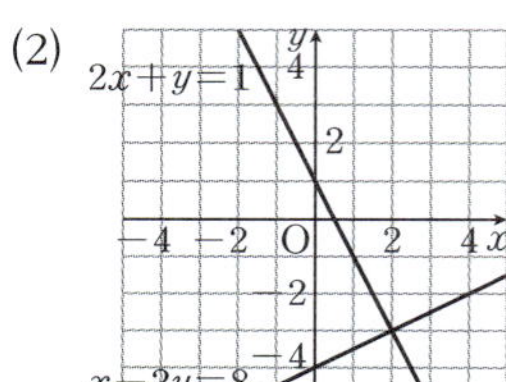

03 답 (1) $(-1,\ 1)$ (2) $(2,\ 4)$ (3) $(3,\ -1)$ (4) $(2,\ 5)$
(5) $(2,\ 0)$ (6) $(-3,\ -1)$

(1) 연립방정식 $\begin{cases} x+3y=2 \\ 2x-y=-3 \end{cases}$ 의 해가 $x=-1$, $y=1$이므로
두 그래프의 교점의 좌표는 $(-1,\ 1)$이다.

(2) 연립방정식 $\begin{cases} -3x+4y=10 \\ 4x-y=4 \end{cases}$ 의 해가 $x=2$, $y=4$이므로
두 그래프의 교점의 좌표는 $(2,\ 4)$이다.

(3) 연립방정식 $\begin{cases} x+y-2=0 \\ 3x-5y-14=0 \end{cases}$ 의 해가 $x=3$, $y=-1$이므로 두 그래프의 교점의 좌표는 $(3,\ -1)$이다.

(4) 연립방정식 $\begin{cases} x+2y-12=0 \\ x-3y+13=0 \end{cases}$ 의 해가 $x=2$, $y=5$이므로 두 그래프의 교점의 좌표는 $(2,\ 5)$이다.

(5) 연립방정식 $\begin{cases} x+y-2=0 \\ 3x+4y-6=0 \end{cases}$ 의 해가 $x=2$, $y=0$이므로 두 그래프의 교점의 좌표는 $(2,\ 0)$이다.

(6) 연립방정식 $\begin{cases} 2x-y+5=0 \\ 3x+y+10=0 \end{cases}$ 의 해가 $x=-3$, $y=-1$이므로 두 그래프의 교점의 좌표는 $(-3,\ -1)$이다.

개념 4 · · · · · · · · · · · · · · · · · 104쪽

01 답 (1) 그래프는 풀이 참조, 해가 무수히 많다.
(2) 그래프는 풀이 참조, 해가 없다.

(1)
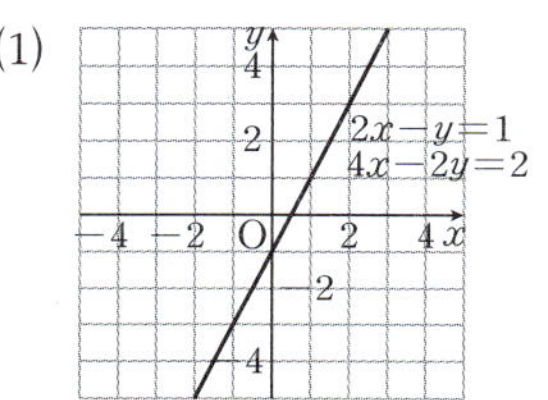

(2)
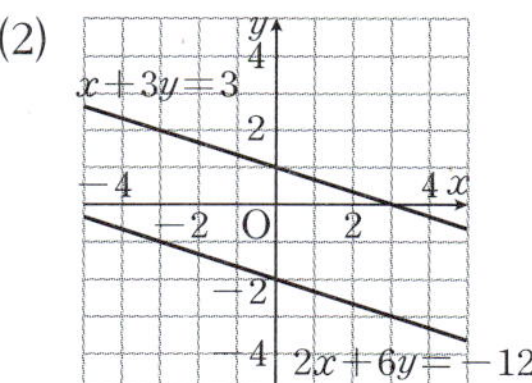

02 답 (1) ㄱ, ㄷ (2) ㄹ (3) ㄴ

ㄱ. $x-y=0$에서 $y=x$
$x+y=0$에서 $y=-x$

ㄴ. $x+3y=1$에서 $y=-\dfrac{1}{3}x+\dfrac{1}{3}$
$2x+6y=2$에서 $y=-\dfrac{1}{3}x+\dfrac{1}{3}$

ㄷ. $2x-3y=4$에서 $y=\dfrac{2}{3}x-\dfrac{4}{3}$
$-4x-6y=8$에서 $y=-\dfrac{2}{3}x-\dfrac{4}{3}$

ㄹ. $3x-y=-1$에서 $y=3x+1$
$9x-3y=3$에서 $y=3x-1$

03 답 (1) ㄱ, ㄹ (2) ㄴ (3) ㄷ

ㄱ. $2x-y=4$에서 $y=2x-4$

　　$x-2y=4$에서 $y=\dfrac{1}{2}x-2$

ㄴ. $x-y=2$에서 $y=x-2$

　　$-x+y=-2$에서 $y=x-2$

ㄷ. $2x+y=-3$에서 $y=-2x-3$

　　$6x+3y=1$에서 $y=-2x+\dfrac{1}{3}$

ㄹ. $2x+3y=-2$에서 $y=-\dfrac{2}{3}x-\dfrac{2}{3}$

　　$4x-6y=4$에서 $y=\dfrac{2}{3}x-\dfrac{2}{3}$

04 답 (1) $a\neq2$ (2) $a=2,\ b\neq-3$ (3) $a=2,\ b=-3$

$ax-y=-3$에서 $y=ax+3$

$2x-y=b$에서 $y=2x-b$

(1) 연립방정식의 해가 한 쌍이려면 두 그래프의 기울기가 달라야 하므로

　　$a\neq2$

(2) 연립방정식의 해가 없으려면 두 그래프의 기울기는 같고, y절편은 달라야 하므로

　　$a=2,\ 3\neq-b$　　∴ $a=2,\ b\neq-3$

(3) 연립방정식의 해가 무수히 많으려면 두 그래프의 기울기와 y절편이 각각 같아야 하므로

　　$a=2,\ 3=-b$　　∴ $a=2,\ b=-3$

05 답 (1) $a\neq1$ (2) $a=1,\ b\neq-6$ (3) $a=1,\ b=-6$

$ax-2y=2$에서 $y=\dfrac{a}{2}x-1$

$-3x+6y=b$에서 $y=\dfrac{1}{2}x+\dfrac{b}{6}$

(1) 연립방정식의 해가 한 쌍이려면 두 그래프의 기울기가 달라야 하므로

　　$\dfrac{a}{2}\neq\dfrac{1}{2}$　　∴ $a\neq1$

(2) 연립방정식의 해가 없으려면 두 그래프의 기울기는 같고, y절편은 달라야 하므로

　　$\dfrac{a}{2}=\dfrac{1}{2},\ -1\neq\dfrac{b}{6}$　　∴ $a=1,\ b\neq-6$

(3) 연립방정식의 해가 무수히 많으려면 두 그래프의 기울기와 y절편이 각각 같아야 하므로

　　$\dfrac{a}{2}=\dfrac{1}{2},\ -1=\dfrac{b}{6}$　　∴ $a=1,\ b=-6$

필수 유형 익히기

01 $(1,\ -3)$	**02** ④	**03** $\dfrac{1}{3}$	**04** ②	**05** ②
06 12	**07** ③	**08** $\dfrac{1}{3}$	**09** ③	**10** -13
11 ⑤	**12** ①	**13** $\dfrac{1}{2}$		

01

연립방정식 $\begin{cases} 2x-y-5=0 \\ 5x+2y+1=0 \end{cases}$ 의 해가 $x=1,\ y=-3$이므로 두 그래프의 교점의 좌표는 $(1,\ -3)$이다.

02

두 그래프의 교점의 좌표가 $(4,\ 2)$이므로 연립방정식

$\begin{cases} ax-y-10=0 \\ x+by-6=0 \end{cases}$ 의 해는 $x=4,\ y=2$이다.

$x=4,\ y=2$를 $ax-y-10=0$에 대입하면

$4a-2-10=0,\ 4a=12$　　∴ $a=3$

$x=4,\ y=2$를 $x+by-6=0$에 대입하면

$4+2b-6=0,\ 2b=2$　　∴ $b=1$

∴ $a+b=3+1=4$

03

연립방정식 $\begin{cases} x-2y-4=0 \\ 3x-y+3=0 \end{cases}$ 의 해가 $x=-2,\ y=-3$이므로 두 그래프의 교점의 좌표는 $(-2,\ -3)$이다.

두 점 $(-2,\ -3),\ (1,\ 2)$를 지나므로

$(\text{기울기})=\dfrac{2-(-3)}{1-(-2)}=\dfrac{5}{3}$

직선의 방정식을 $y=\dfrac{5}{3}x+b$로 놓으면 이 직선이 점 $(1,\ 2)$를 지나므로

$2=\dfrac{5}{3}+b$　　∴ $b=\dfrac{1}{3}$

따라서 직선의 방정식은 $y=\dfrac{5}{3}x+\dfrac{1}{3}$이므로 y절편은 $\dfrac{1}{3}$이다.

04

연립방정식 $\begin{cases} 4x-y-1=0 \\ 7x+2y+17=0 \end{cases}$ 의 해가 $x=-1,\ y=-5$이므로 두 그래프의 교점의 좌표는 $(-1,\ -5)$이다.

y절편이 -3이므로 직선의 방정식을 $y=ax-3$으로 놓으면 이 직선이 점 $(-1,\ -5)$를 지나므로

$-5=-a-3$　　∴ $a=2$

따라서 구하는 직선의 방정식은

$y=2x-3$, 즉 $2x-y-3=0$

05

연립방정식 $\begin{cases} x+y-5=0 \\ 4x-3y+8=0 \end{cases}$ 의 해가 $x=1$, $y=4$이므로 두 직

선의 교점의 좌표는 $(1,\ 4)$이다.

두 직선 $x+y-5=0$, $4x-3y+8=0$
의 x절편이 각각 5, -2이므로 오른쪽
그림에서 구하는 넓이는

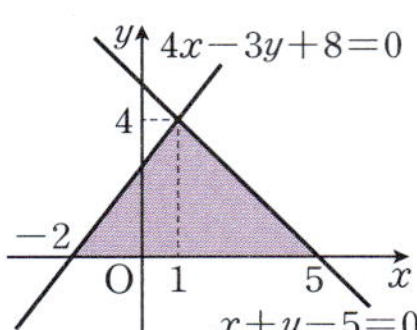

$$\frac{1}{2}\times7\times4=14$$

06

연립방정식 $\begin{cases} x+y-1=0 \\ \dfrac{1}{2}x-y-5=0 \end{cases}$ 의 해가 $x=4$, $y=-3$이므로 두

그래프의 교점의 좌표는 $(4,\ -3)$이다.

두 일차방정식 $x+y-1=0$,

$\dfrac{1}{2}x-y-5=0$의 그래프의 y절편이 각

각 1, -5이므로 오른쪽 그림에서 구하
는 넓이는

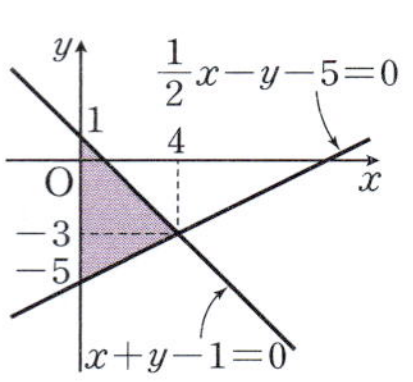

$$\frac{1}{2}\times6\times4=12$$

07

연립방정식 $\begin{cases} 2x+y+1=0 \\ x+y-1=0 \end{cases}$ 의 해가 $x=-2$, $y=3$이므로 세

직선의 교점의 좌표는 $(-2,\ 3)$이다.

$x=-2$, $y=3$을 $kx-2y+12=0$에 대입하면

$-2k-6+12=0$, $-2k+6=0$ $\quad\therefore k=3$

08

연립방정식 $\begin{cases} x-2y=-1 \\ 3x-y=7 \end{cases}$ 의 해가 $x=3$, $y=2$이므로 세 그래

프의 교점의 좌표는 $(3,\ 2)$이다.

$x=3$, $y=2$를 $ax-y+1=0$에 대입하면

$3a-2+1=0$, $3a=1$ $\quad\therefore a=\dfrac{1}{3}$

09

$3x-2y=a$에서 $y=\dfrac{3}{2}x-\dfrac{a}{2}$

$bx+4y=-8$에서 $y=-\dfrac{b}{4}x-2$

두 그래프의 기울기와 y절편이 각각 같으므로

$\dfrac{3}{2}=-\dfrac{b}{4}$, $-\dfrac{a}{2}=-2$ $\quad\therefore a=4$, $b=-6$

$\therefore a+b=4+(-6)=-2$

10

$(a-2)x+2y=-5$에서 $y=-\dfrac{a-2}{2}x-\dfrac{5}{2}$

$bx+4y=3a-1$에서 $y=-\dfrac{b}{4}x+\dfrac{3a-1}{4}$

두 그래프의 기울기와 y절편이 각각 같아야 하므로

$-\dfrac{a-2}{2}=-\dfrac{b}{4}$, $-\dfrac{5}{2}=\dfrac{3a-1}{4}$ $\quad\therefore a=-3$, $b=-10$

$\therefore a+b=-3+(-10)=-13$

11

$(a+3)x-y=3$에서 $y=(a+3)x-3$

$-6x+3y=6$에서 $y=2x+2$

두 그래프의 기울기는 같고, y절편은 달라야 하므로

$a+3=2$ $\quad\therefore a=-1$

12

$x-3y=3$에서 $y=\dfrac{1}{3}x-1$

$2x+ay=-3$에서 $y=-\dfrac{2}{a}x-\dfrac{3}{a}$

두 직선의 기울기는 같고, y절편은 달라야 하므로

$\dfrac{1}{3}=-\dfrac{2}{a}$, $-1\neq-\dfrac{3}{a}$ $\quad\therefore a=-6$

13

$x+2y-4=0$의 그래프의 x절편은 4, y절편은 2이므로
A$(4,\ 0)$, B$(0,\ 2)$

오른쪽 그림에서

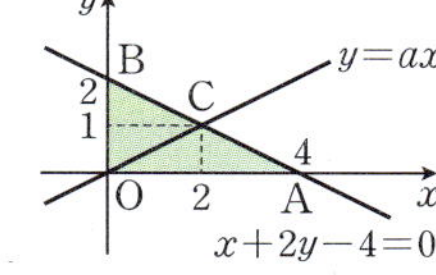

OAB$=\dfrac{1}{2}\times4\times2=4$

두 직선 $x+2y-4=0$, $y=ax$의 교점을 C라 하자.

$\triangle$OAC$=\dfrac{1}{2}\triangle$OAB$=2$이므로 점 C의 y좌표를 k라 하면

$\dfrac{1}{2}\times4\times k=2$ $\quad\therefore k=1$

$y=1$을 $x+2y-4=0$에 대입하면

$x+2-4=0$ $\quad\therefore x=2$

$\therefore$ C$(2,\ 1)$

즉, 직선 $y=ax$가 점 $(2,\ 1)$을 지나므로

$1=2a$ $\quad\therefore a=\dfrac{1}{2}$

서술형 강잡기

01 40	**02** $a=-\dfrac{1}{5}$, $b=0$
03 $\dfrac{27}{2}$	**04** 2

01

1 단계 주어진 그래프가 나타내는 일차함수의 식 구하기 ◀ 50 %

두 점 $(0, 2)$, $(5, 6)$을 지나므로

$(기울기)=\dfrac{6-2}{5-0}=\dfrac{4}{5}$

y절편이 2이므로 일차함수의 식은

$y=\dfrac{4}{5}x+2$

2 단계 a, b의 값 구하기 ◀ 30 %

$ax-5y+b=0$에서 $y=\dfrac{a}{5}x+\dfrac{b}{5}$이므로

$\dfrac{4}{5}=\dfrac{a}{5}$, $2=\dfrac{b}{5}$ ∴ $a=4$, $b=10$

3 단계 ab의 값 구하기 ◀ 20 %

∴ $ab=4\times10=40$

02

1 단계 점 $(5, 1)$을 지나고 y축에 평행한 직선의 방정식 구하기

◀ 40 %

y축에 평행한 직선의 방정식은 $x=(수)$ 꼴이고 점 $(5, 1)$을 지나므로

$x=5$

2 단계 일차방정식을 **1 단계**의 식의 꼴로 정리하기 ◀ 30 %

$ax+by+1=0$에서 $x=-\dfrac{b}{a}y-\dfrac{1}{a}$

3 단계 a, b의 값 구하기 ◀ 30 %

따라서 $0=-\dfrac{b}{a}$, $5=-\dfrac{1}{a}$이므로

$a=-\dfrac{1}{5}$, $b=0$

03

1 단계 교점의 좌표 구하기 ◀ 60 %

두 직선 $x=6$, $4x-3y=0$의 교점의 좌표는 $(6, 8)$

두 직선 $y=2$, $4x-3y=0$의 교점의 좌표는 $\left(\dfrac{3}{2}, 2\right)$

2 단계 넓이 구하기 ◀ 40 %

따라서 오른쪽 그림에서 구하는 넓이는

$\dfrac{1}{2}\times\dfrac{9}{2}\times6=\dfrac{27}{2}$

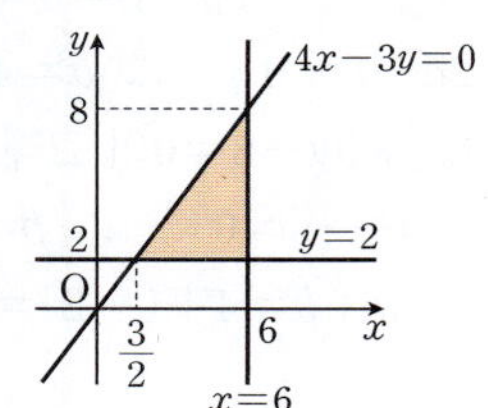

04

1 단계 두 일차방정식의 그래프의 교점의 좌표 구하기 ◀ 50 %

$x=-4$를 $2x+3y=-5$에 대입하면

$-8+3y=-5$, $3y=3$ ∴ $y=1$

즉, 두 일차방정식의 그래프의 교점의 좌표는 $(-4, 1)$이다.

2 단계 a의 값 구하기 ◀ 50 %

$x=-4$, $y=1$을 $ax-y=-9$에 대입하면

$-4a-1=-9$, $-4a=-8$ ∴ $a=2$

단원 마무리하기

01 ③, ⑤	**02** $-\dfrac{4}{5}$	**03** 2	**04** ④
05 $3x+y-7=0$	**06** $x=-5$	**07** ④	**08** -3
09 ④	**10** ⑤	**11** 1	**12** $\dfrac{4}{7}$ **13** $x-y+10=0$
14 ②	**15** $\dfrac{2}{5}$	**16** ④	**17** 제3사분면 **18** ③
19 ②	**20** 10개월 후		

01 $x-2y+4=0$에서 $y=\dfrac{1}{2}x+2$

① x절편은 -4이다.

② 점 $\left(1, \dfrac{5}{2}\right)$를 지난다.

④ 일차함수 $y=\dfrac{1}{2}x+2$의 그래프는 오른

쪽 그림과 같으므로 제4사분면을 지나지 않는다.

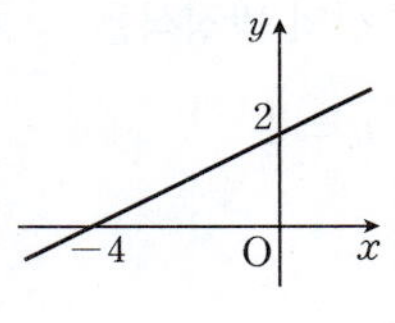

따라서 옳은 것은 ③, ⑤이다.

02 **1 단계** a의 값 구하기 ◀ 50 %

$ax-5y-2=0$의 그래프가 점 $(-3, 2)$를 지나므로

$-3a-10-2=0$, $-3a=12$ ∴ $a=-4$

2 단계 그래프의 기울기 구하기 ◀ 50 %

따라서 $-4x-5y-2=0$에서 $y=-\dfrac{4}{5}x-\dfrac{2}{5}$이므로

구하는 그래프의 기울기는 $-\dfrac{4}{5}$이다.

03 $ax+by-8=0$의 그래프가 점 $(2, 0)$을 지나므로
$2a-8=0$ $\therefore$ $a=4$
$ax+by-8=0$의 그래프가 점 $(0, -4)$를 지나므로
$-4b-8=0$ $\therefore$ $b=-2$
$\therefore$ $a+b=4+(-2)=2$

04 $x+ay+b=0$에서 $y=-\dfrac{1}{a}x-\dfrac{b}{a}$

주어진 그래프에서 $-\dfrac{1}{a}>0$, $-\dfrac{b}{a}>0$이므로

$a<0$, $b>0$

05 $3x+y-5=0$에서 $y=-3x+5$
이 직선과 평행한 직선의 기울기는 -3이므로 구하는 직선의 방정식을 $y=-3x+b$로 놓으면 이 직선이 점 $(1, 4)$를 지나므로
$4=-3+b$ $\therefore$ $b=7$
따라서 구하는 직선의 방정식은
$y=-3x+7$, 즉 $3x+y-7=0$

06 y축에 평행한 직선의 방정식은 $x=(\text{수})$ 꼴이고
점 $(-5, 3)$을 지나므로
$x=-5$

07 y좌표가 같아야 하므로
$3a-1=-2a+3$, $5a=4$ $\therefore$ $a=\dfrac{4}{5}$

두 점 $\left(2, \dfrac{7}{5}\right)$, $\left(6, \dfrac{7}{5}\right)$의 y좌표가 모두 $\dfrac{7}{5}$이므로 구하는 직선의 방정식은

$y=\dfrac{7}{5}$

08 x축에 평행한 직선의 방정식은 $y=(\text{수})$ 꼴이고 점
$(0, -3)$을 지나므로
$y=-3$
$ax+by-9=0$에서 $y=-\dfrac{a}{b}x+\dfrac{9}{b}$이므로

$0=-\dfrac{a}{b}$, $-3=\dfrac{9}{b}$

따라서 $a=0$, $b=-3$이므로
$a+b=0+(-3)=-3$

09 네 직선을 좌표평면 위에 나타내면 오른쪽 그림과 같다.
이 도형의 넓이가 30이므로
$5\times 3k=30$ $\therefore$ $k=2$

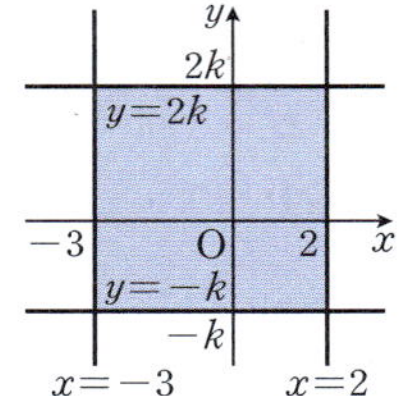

10 연립방정식 $\begin{cases} 3x-y+10=0 \\ -2x+y-4=0 \end{cases}$의 해가 $x=-6$, $y=-8$
이므로 두 그래프의 교점의 좌표는 $(-6, -8)$이다.
따라서 $a=-6$, $b=-8$이므로
$ab=-6\times(-8)=48$

11 ① 단계 연립방정식의 해 구하기 ◀ 30 %
두 일차방정식의 그래프의 교점의 좌표가 $(-2, 3)$이므로 연립

방정식 $\begin{cases} ax+y=-1 \\ x+by=-5 \end{cases}$의 해는 $x=-2$, $y=3$이다.

② 단계 a, b의 값 구하기 ◀ 50 %
$x=-2$, $y=3$을 $ax+y=-1$에 대입하면
$-2a+3=-1$ $\therefore$ $a=2$
$x=-2$, $y=3$을 $x+by=-5$에 대입하면
$-2+3b=-5$ $\therefore$ $b=-1$
③ 단계 $a+b$의 값 구하기 ◀ 20 %
$\therefore$ $a+b=2+(-1)=1$

12 ① 단계 두 일차방정식의 그래프의 교점의 좌표 구하기 ◀ 40 %
연립방정식 $\begin{cases} 2x+y-9=0 \\ x-y+3=0 \end{cases}$의 해가 $x=2$, $y=5$이므로 두 일
차방정식의 그래프의 교점의 좌표는 $(2, 5)$이다.
② 단계 교점을 지나고 y절편이 -2인 직선의 방정식 구하기 ◀ 30 %
교점을 지나는 직선의 y절편이 -2이므로 직선의 방정식을
$y=ax-2$로 놓으면 이 직선이 점 $(2, 5)$를 지나므로
$5=2a-2$ $\therefore$ $a=\dfrac{7}{2}$
③ 단계 x절편 구하기 ◀ 30 %
따라서 직선의 방정식은 $y=\dfrac{7}{2}x-2$이므로

$y=0$을 $y=\dfrac{7}{2}x-2$에 대입하면

$0=\dfrac{7}{2}x-2$ $\therefore$ $x=\dfrac{4}{7}$

즉, x절편은 $\dfrac{4}{7}$이다.

13 연립방정식 $\begin{cases} x+2y-5=0 \\ 2x+y+5=0 \end{cases}$의 해가 $x=-5$, $y=5$이므
로 두 직선의 교점의 좌표는 $(-5, 5)$이다.
직선 $y=x+3$의 기울기가 1이므로 구하는 직선의 방정식을

$y=x+b$로 놓으면 이 직선이 점 $(-5, 5)$를 지나므로
$5=-5+b$ $\quad\therefore b=10$
따라서 구하는 직선의 방정식은
$y=x+10$, 즉 $x-y+10=0$

14 연립방정식 $\begin{cases} x+y-1=0 \\ x-y+5=0 \end{cases}$의 해가 $x=-2$, $y=3$이므로

두 그래프의 교점의 좌표는 $(-2, 3)$이다.
두 일차방정식 $x+y-1=0$,
$x-y+5=0$의 그래프의 x절편이 각각
1, -5이므로 오른쪽 그림에서 구하는
넓이는

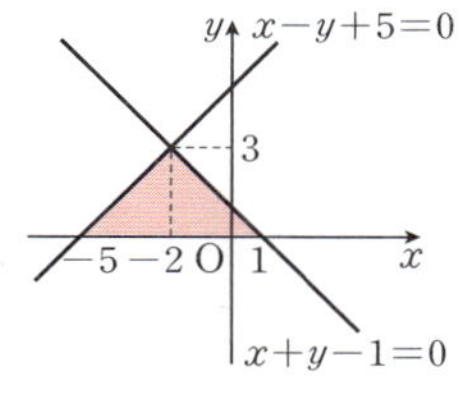

$\dfrac{1}{2} \times 6 \times 3=9$

15 직선 $y=-\dfrac{2}{5}x+8$의 x절편은 20, y절편은 8이므로

$A(20, 0)$, $B(0, 8)$
오른쪽 그림에서

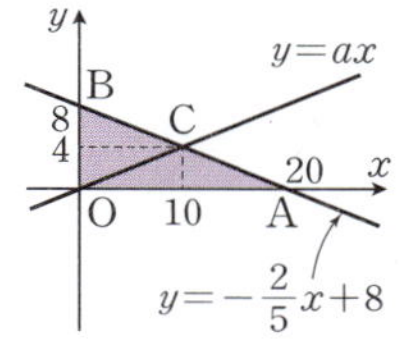

$\triangle OAB=\dfrac{1}{2} \times 20 \times 8=80$

두 직선 $y=-\dfrac{2}{5}x+8$, $y=ax$의 교점을 C라 하자.

$\triangle OAC=\dfrac{1}{2}\triangle OAB=40$이므로 점 C의 y좌표를 k라 하면

$\dfrac{1}{2} \times 20 \times k=40$ $\quad\therefore k=4$

$y=4$를 $y=-\dfrac{2}{5}x+8$에 대입하면 $4=-\dfrac{2}{5}x+8$

$\dfrac{2}{5}x=4$ $\quad\therefore x=10$

$\therefore C(10, 4)$
즉, 직선 $y=ax$가 점 $(10, 4)$를 지나므로

$4=10a$ $\quad\therefore a=\dfrac{2}{5}$

16 $ax-3y-6=0$에서 $y=\dfrac{a}{3}x-2$

$3x-y+b=0$에서 $y=3x+b$
두 그래프의 기울기는 같고, y절편은 달라야 하므로

$\dfrac{a}{3}=3$, $-2 \neq b$ $\quad\therefore a=9$, $b \neq -2$

17 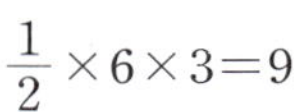 a, b의 값 구하기 ◀ 50 %

$ax-8y=-2$에서 $y=\dfrac{a}{8}x+\dfrac{1}{4}$

$8x+16y=b$에서 $y=-\dfrac{1}{2}x+\dfrac{b}{16}$

두 그래프의 기울기와 y절편이 각각 같아야 하므로

$\dfrac{a}{8}=-\dfrac{1}{2}$, $\dfrac{1}{4}=\dfrac{b}{16}$ $\quad\therefore a=-4$, $b=4$

2 단계 직선 $y=ax+b$가 지나지 않는 사분면 구하기 ◀ 50 %
따라서 직선 $y=ax+b$, 즉 $y=-4x+4$는
오른쪽 그림과 같으므로 제3사분면을 지나지
않는다.

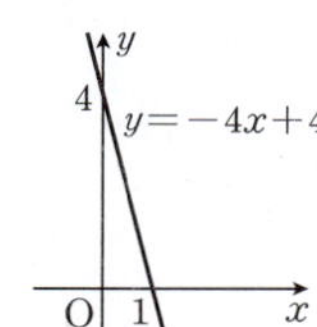

18 $ax+by-c=0$에서 $y=-\dfrac{a}{b}x+\dfrac{c}{b}$

주어진 그래프에서 $-\dfrac{a}{b}<0$, $\dfrac{c}{b}>0$이므로

$\dfrac{b}{a}>0$, $bc>0$

따라서 $y=\dfrac{b}{a}x+bc$의 그래프로 알맞은 것은 ③이다.

19 주어진 세 직선 중 어느 두 직선도 평행하지 않으므로 삼각형을 이루지 않으려면 세 직선이 한 점에서 만나야 한다.

연립방정식 $\begin{cases} 2x+y+3=0 \\ x-3y+5=0 \end{cases}$의 해가 $x=-2$, $y=1$이므로 세

직선의 교점의 좌표는 $(-2, 1)$이다.
$x=-2$, $y=1$을 $3x+2y+a=0$에 대입하면
$-6+2+a=0$ $\quad\therefore a=4$

20 책 A의 누적 판매량을 나타내는 직선은 원점을 지나므로
이 직선의 방정식을 $y=ax$로 놓으면 이 직선이 점 $(20, 200)$
을 지나므로
$200=20a$ $\quad\therefore a=10$
따라서 책 A의 누적 판매량을 나타내는 직선의 방정식은
$y=10x$
책 B의 누적 판매량을 나타내는 직선은 두 점 $(5, 0)$,
$(15, 200)$을 지나므로
$(기울기)=\dfrac{200-0}{15-5}=20$

이 직선의 방정식을 $y=20x+b$로 놓으면 이 직선이 점 $(5, 0)$
을 지나므로
$0=100+b$ $\quad\therefore b=-100$
따라서 책 B의 누적 판매량을 나타내는 직선의 방정식은
$y=20x-100$

연립방정식 $\begin{cases} y=10x \\ y=20x-100 \end{cases}$의 해가 $x=10$, $y=100$이므로 두

그래프의 교점의 좌표는 $(10, 100)$이다.
따라서 두 책 A, B의 누적 판매량이 같아지는 것은 책 A를 출
간한 지 10개월 후이다.

Memo